嵌入式与实时操作系统

[美] 王孔啟（K. C. Wang）著

徐坚 李佳蓓 吴文峰 译

Embedded and Real-Time Operating Systems

机械工业出版社
CHINA MACHINE PRESS

图书在版编目（CIP）数据

嵌入式与实时操作系统 /（美）王孔啟（K. C. Wang）著；徐坚，李佳蓓，吴文峰译．—北京：机械工业出版社，2020.8（2024.4 重印）
（计算机科学丛书）
书名原文：Embedded and Real-Time Operating Systems

ISBN 978-7-111-66135-1

I. 嵌… II. ①王… ②徐… ③李… ④吴… III. 实时操作系统 IV. TP316.2

中国版本图书馆 CIP 数据核字（2020）第 128852 号

北京市版权局著作权合同登记 图字：01-2020-1336 号。

本书涵盖了操作系统的基本概念和原理，展示了如何将它们应用于设计和实现完整的嵌入式与实时操作系统。本书包括有关 ARM 体系结构、ARM 指令及编程、用于开发程序的工具链、用于软件实现和测试的虚拟机、程序执行映像、函数调用约定、运行时堆栈使用以及用汇编代码链接 C 程序的所有基础知识和背景信息。

本书面向计算机科学专业学生和计算机专业人士，可作为嵌入式与实时操作系统、通用操作系统等课程的教材。

出版发行：机械工业出版社（北京市西城区百万庄大街 22 号 邮政编码：100037）

责任编辑：孙榕舒		责任校对：李秋荣	
印 刷：北京建宏印刷有限公司		版 次：2024 年 4 月第 1 版第 2 次印刷	
开 本：185mm × 260mm 1/16		印 张：30	
书 号：ISBN 978-7-111-66135-1		定 价：139.00 元	

客服电话：（010）88361066 88379833 68326294

译者序

操作系统是计算机的灵魂。市面上有关操作系统的书籍汗牛充栋，但“千人一面”，大多只注重讲解操作系统的理论，而较少讲解操作系统的实践。嵌入式与实时操作系统作为操作系统的一个分支领域，大量应用于各种嵌入式设备，是嵌入式设备的“大脑”。当前有关嵌入式与实时操作系统的书籍不多，在仅有的一些书中，理论与实践的结合也不理想。

本书则让人眼前一亮：作者在其第一本书 *Design and Implementation of the MTX Operating System* 的基础上撰写本书，旨在建立一个嵌入式与实时操作系统的理论和实践教学平台。本书对操作系统的概念和原理都做了透彻的讲解，并配套高质量的完整代码，讲解深入浅出，理论和实践完美结合。我们相信，读者通过学习本书，能将操作系统的理论和实践融会贯通，从而功力大增。

鉴于本书的技术性强、可操作性高，本书比较适合作为计算机科学或计算机工程专业的嵌入式操作系统类课程的教材；同时，由于本书的代码翔实、完整，它也特别适合读者自学。

本书的翻译得到了云南师范大学 2020 年度研究生科研创新基金项目的资助，还得到了同行、老师、学生和朋友的帮助和鼓励，在此表示真挚的感谢。书中文字与内容力求忠于原著，但限于译者水平有限，时间仓促，译文中难免有疏漏之处，敬请读者批评指正。

译者

2020 年 7 月于云南昆明

自 2015 年 Springer 出版我的第一本书 *Design and Implementation of the MTX Operating System* 以来，我收到了很多热心读者的反馈，大家比较关心如何在基于 ARM 的移动设备（如 iPod 或 iPhone 等）上运行 MTX 操作系统，这激励了我撰写本书。

本书旨在为嵌入式与实时操作系统的理论和实践教学提供一个合适的平台。书中涵盖了操作系统的基本概念和原理，并介绍了如何将其应用于设计与实现完整的嵌入式与实时操作系统。为了体现本书的可操作性和实用性，本书使用 ARM 工具链进行程序开发，并使用 ARM 虚拟机来演示设计原则和实现技术。

本书的技术性很强，不适合用于入门级课程，因为入门课程仅讲授操作系统的概念和原理，没有任何编程实践。本书专门面向计算机科学 / 工程的嵌入式与实时系统课程，强调理论和实践并重。本书采用循序渐进的风格，并且包含详细的源代码和完整的示例工作系统，这使本书特别适合自学。

事实证明，完成本书的创作是一项非常艰巨、耗时的工作，但是我却喜欢这项挑战。在撰写书稿时，我很幸运地得到了很多人的鼓励和帮助。我想借此机会向所有帮助过我的人表示真诚的感谢，我也非常感谢出版社允许向公众免费开放本书的源代码，这些源代码可以通过网址 http://wang.eecs.wsu.edu/~kcw 下载，或与我直接联系：kwang@eecs.wsu.edu。

特别感谢 Cindy 一如既往的支持和鼓励，使本书得以成功出版。最后，我要再次感谢我的家人，因为我总是借口自己很忙而忽视他们。

K. C. Wang
美国华盛顿州普尔曼
2016 年 10 月

关于作者

Embedded and Real-Time Operating Systems

K. C. Wang，1960年获中国台湾大学电机工程学士学位，1965年获美国西北大学电机工程博士学位。他目前是华盛顿州立大学电机工程与计算机科学学院教授。他的研究方向是操作系统、分布式系统和并行计算。

引　言

1.1 关于本书

本书介绍嵌入式与实时操作系统（Gajski 等，1994）的设计与实现，涵盖操作系统（Operating System，OS）的基本概念和原理（Silberschatz 等，2009；Stallings，2011；Tanenbaum 和 Woodhull，2006；Wang，2015）、嵌入式系统架构（ARM Architectures 2016）、嵌入式系统编程（ARM Programming 2016）、实时系统概念和实时系统需求（Dietrich 和 Walker，2015）。本书还展示了如何将操作系统的理论和实践应用于嵌入式实时操作系统的设计与实现。

1.2 本书的动机

早期的嵌入式系统大多是为特殊应用而设计的，嵌入式系统通常由一个微控制器和一些输入/输出（Input/Output，I/O）设备组成，这些I/O设备用来监控一些输入传感器并生成信号以控制外部设备，例如打开发光二极管（Light Emitting Diode，LED）或激活开关等。因此，早期嵌入式系统的控制程序非常简单，该程序通常以超级循环或简单的事件驱动程序结构的形式编写。然而，随着嵌入式系统计算能力的增强，嵌入式系统不管是在复杂性还是在应用领域方面都有了巨大的飞跃，因此，传统的嵌入式系统软件设计方法已经不再适用。为了应对不断增长的系统复杂性和对额外功能的需求，嵌入式系统需要功能更强大的软件。迄今为止，许多嵌入式系统实际上是大功率计算机，其拥有多核处理器、千兆字节内存和千兆字节存储设备，以便能够运行各种应用程序。为了充分发挥其潜力，现代嵌入式系统需要多功能操作系统的支持。例如，早期的手机向当前智能手机的演进：早期的手机只能打电话，而智能手机则可以使用多核处理器，并能运行经过修改的 Linux（例如 Android）来执行多任务。嵌入式系统软件设计正朝着能适应未来移动环境的多功能操作系统的方向发展。本书旨在展示如何应用操作系统的理论和实践来为嵌入式与实时系统开发操作系统。

1.3 本书的目标读者

本书旨在为教授和学习嵌入式与实时操作系统的理论和实践提供一个合适的平台。涵盖了嵌入式系统体系结构、嵌入式系统编程，以及操作系统和实时系统的基本概念及原理。本书还展示了如何将这些原理和编程技术应用于嵌入式与实时系统的操作系统的设计与实现。本书的读者对象包括希望学习嵌入式与实时操作系统内部细节的计算机科学专业学生和专业人士，本书还适合作为面向计算机科学/工程专业的嵌入式与实时系统的技术性课程的教科书，这些课程要求理论与实践并重。本书的讲解由浅入深，还包含详细的示例代码和完整的示例工作系统，因此特别适合计算机爱好者自学。

本书涵盖了嵌入式与实时系统的软件设计的全部领域，从单处理器（UniProcessor，UP）系统的简单超级循环和事件驱动控制程序，到多核系统上的完整对称多处理器（Symmetric MultiProcessor，SMP）操作系统。同时，本书适用于嵌入式与实时操作系统的高级研究。

1.4 本书的独特之处

相比其他书，本书有以下独特之处：

（1）本书自成一体，涵盖了用于研究嵌入式系统、实时系统和一般操作系统的所有基础知识和背景信息，包括ARM体系结构、ARM指令和编程（ARM Architectures 2016；ARM926EJ-S 2008）、用于开发程序的工具链（ARM toolchain 2016）、用于软件实施和测试的虚拟机（QEMU Emulators 2010）、程序执行映像、函数调用约定、运行时堆栈使用情况、使用汇编代码链接C程序。

（2）中断和中断处理对于嵌入式系统至关重要。本书详细介绍了中断硬件和中断处理，包括非向量中断、向量中断（ARM PL190 2004）、非嵌套中断、嵌套中断（Nesting Interrupts 2011），以及如何在基于ARM MPCore（ARM Cortex-A9 MPCore 2012）的系统中编写通用中断控制器（Generic Interrupt Controller，GIC）（ARM GIC 2013）。本书还展示了如何使用中断处理的原理来开发中断驱动的设备驱动程序和事件驱动的嵌入式系统。

（3）本书介绍了用于开发中断驱动的设备驱动程序的通用框架，重点介绍了中断处理程序和进程之间的交互操作和同步。对于每种设备，在给出其驱动程序实际实现之前，我们先解释其操作原理和编程技术，并通过完整的工作示例程序来演示设备驱动程序。

（4）本书逐步介绍了嵌入式系统的完整操作系统的设计与实现。首先，开发一个简单的多任务内核来支持进程管理和进程同步。然后，将内存管理单元（Memory Management Unit，MMU）（ARM MMU 2008）硬件集成到系统中，以提供虚拟地址映射，并扩展这个简单的内核以支持用户模式的进程和系统调用。最后，在系统中增加进程调度、信号处理、文件系统和用户界面，从而使其成为一个完整的操作系统。本书由浅入深的风格有助于读者更好地学习。

（5）第9章详细介绍了对称多处理器（SMP）（Intel 1997）嵌入式系统。首先，解释了SMP系统的需求，并将ARM MPCore架构（ARM11 2008；ARM Cortex-A9 MPCore 2012）与Intel的SMP系统架构作了比较。然后，介绍了ARM MPCore处理器的SMP特性，这种处理器内含用于中断路由的监听控制单元（Snoop Control Unit，SCU）和GIC，以及由软件生成中断（Software Generated Interrupt，SGI）实现的处理器间通信和同步。该章使用了许多编程示例来说明如何启动ARM MPCore处理器，并指出了在SMP环境中进行同步的必要性。接着，该章讲解了ARM LDREX/STREX指令和内存屏障，并介绍了如何使用它们来实现自旋锁（spinlock）、互斥锁（mutex）和信号量（semaphore），以实现SMP系统中的进程同步。该章介绍了一种通用的SMP内核设计方法，并说明了如何应用其中的原则来为SMP调适单处理器内核。此外，该章还展示了如何使用并行算法进行进程和资源管理，以提高SMP系统的并发性和效率。

（6）第10章讲解了实时操作系统（Real-Time Operating System，RTOS）。该章介绍了实时系统的概念和需求，具体涵盖了实时操作系统中的各种任务调度算法，并展示了如何在实时系统中处理优先级倒置和任务抢占。该章还研究了几种流行的实时操作系统的案例，并为实时操作系统的设计制定了一套通用指南。该章展示了用于单处理器系统的单核实时操作系统（UniProcessor_Real-Time Operating System，UP_RTOS）的设计与实现，然后，将UP_RTOS扩展到SMP的对称多处理器实时操作系统（Symmetric Multiprocessing_Real-Time Operating System，SMP_RTOS），支持嵌套中断、抢占式任务调度、优先级继承，以及处理器间的同步（由SGI实现）。

（7）本书使用完整的示例工作系统来演示设计原则和实现技术，使用 Ubuntu（15.10）Linux 下的 ARM 工具链来开发用于嵌入式系统的软件，并使用 QEMU 下的仿真 ARM 虚拟机作为实现和测试的平台。

1.5 本书的内容

本书的结构如下。

第 2 章介绍 ARM 体系结构、ARM 指令、ARM 编程以及如何开发能在 ARM 虚拟机上运行的程序，涉及 ARM 处理器模式、不同模式下的寄存器组、指令以及基本的 ARM 汇编编程。本章介绍了 Ubuntu（15.10）Linux 下的 ARM 工具链和 QEMU 下的仿真 ARM 虚拟机，通过一系列的编程示例，展示了如何使用 ARM 工具链来开发在 ARM Versatilepb 虚拟机上运行的程序。本章还解释了 C 语言中的函数调用约定，并说明了如何完成汇编代码与 C 程序的接口。然后，本章为串行端口上的 I/O 开发了一个简单的 UART 驱动程序，以及一个用于显示图形图像和文本的 LCD 驱动程序。最后，本章展示了通用 printf( ) 函数的开发，该函数用于格式化输出到支持基本输出字符操作的输出设备。

第 3 章讲解中断和异常处理。本章描述了 ARM 处理器的操作模式、异常类型和异常向量，详细阐述了中断控制器的功能以及中断处理原理。然后，将中断处理的原理应用于中断驱动的设备驱动程序的设计与实现，涉及计时器、键盘、UART 和 SD 卡（SDC 2016）等设备的驱动程序，并通过示例程序演示了设备驱动程序。本章解释了向量中断相比非向量中断所具有的优势，还展示了如何为向量中断配置向量中断控制器（Vector Interrupt Controller，VIC)，并通过示例程序演示了向量中断的处理。同时，还解释了嵌套中断的原理，并通过示例程序演示了嵌套中断的处理。

第 4 章介绍嵌入式系统的模型。首先解释和演示了简单的超级循环系统模型，并指出了其不足。然后讨论了事件驱动模型，并通过示例程序分别演示了周期性事件和异步事件驱动系统。本章指出，为了超越简单的超级循环和事件驱动的系统模型，可以调整嵌入式系统中对进程或任务的需求。本章还介绍了各种进程模型，它们被用作本书开发嵌入式系统的模型。最后，本章介绍了嵌入式系统设计的形式化方法，还通过完整的设计与实现示例详细说明了有限状态机（FSM）模型（Katz 和 Borriello，2005）。

第 5 章介绍进程管理。本章介绍了进程概念和多任务处理的基本原理，演示了通过上下文切换进行多任务处理的技术，展示了如何动态创建进程，并讨论了进程调度的目标、策略和算法。本章涵盖了进程同步，并说明了各种进程同步机制，包括睡眠 / 唤醒、互斥锁和信号量，还展示了如何使用进程同步来实现事件驱动的嵌入式系统。本章讨论了进程间通信的各种方案，包括共享内存、管道和消息传递。本章展示了如何集成这些概念和技术，以实现用于进程管理的单处理器内核，并演示了用于非抢占式和抢占式进程调度的系统要求和编程技术。单处理器内核是后续章节中开发完整的操作系统的基础。

第 6 章介绍 ARM 内存管理单元（MMU）和虚拟地址空间映射。本章详细解释了 ARM MMU，并说明了如何使用一级分页和二级分页为虚拟地址映射配置 MMU。此外，还解释了低 VA 空间映射和高 VA 空间映射之间的区别以及其对系统实现的影响。本章不仅讨论了内存管理的原理，还通过完整的工作示例程序演示了各种虚拟地址映射方案。

第 7 章介绍用户模式进程和系统调用。首先，扩展了第 5 章中的基本 UP 内核，以支持其他进程管理功能，其中包括动态进程创建、进程终止、进程同步和等待子进程终止。然后，扩展了基本内核以支持用户模式进程，展示了如何使用内存管理为每个进程提供私有用户模式虚拟地址空间，该空间与其他进程隔离，并受MMU硬件保护。本章演示了各种内存管理方案，其中包括一级分段，以及二级分页（静态和动态）。本章涵盖了fork、exec、vfork和线程等中的高级概念和技术，此外，还展示了如何使用SD卡在SDC文件系统中存储内核和用户模式映像文件，还展示了如何从SDC分区启动系统内核。本章为嵌入式系统的通用操作系统的设计与实现奠定了基础。

第8章介绍用于基于单处理器ARM的嵌入式系统的全功能通用操作系统（GPOS），用EOS表示。以下是对EOS的组织结构和功能的摘要总结。

（1）系统映像：可引导的内核映像和用户模式可执行文件是由Ubuntu（15.10）Linux下的ARM工具链从源树生成的，并驻留在SDC分区的（EXT2 2001）文件系统中。SDC包含阶段1和阶段2引导程序，用于从SDC分区引导内核映像。在启动之后，EOS内核将SDC分区挂载为根文件系统。

（2）进程：系统支持64个进程（NPROC = 64），每个进程具有128个线程（NTHRED = 128），如有必要，进程和线程数都可以增加。每个进程（空闲进程P0除外）均以内核模式或用户模式运行。进程映像的内存管理是通过二级动态分页进行的。进程调度根据动态优先级和时间片进行。支持通过管道和消息传递进行进程间通信。EOS内核支持fork、exec、vfork、线程、退出和等待子进程终止等进程管理功能。

（3）设备驱动程序：包含常用I/O设备的驱动程序，包括LCD显示屏、计时器、键盘、UART和SDC。

（4）文件系统：EOS支持与Linux完全兼容的EXT2文件系统。这里展示了文件操作的原理、从用户空间到内核空间再到设备驱动程序级别的控制路径和数据流，也展示了文件系统的内部组织，并详细描述了完整文件系统的实现。

（5）计时器服务、异常和信号处理：提供计时器服务功能，并将异常处理与信号处理统一起来，允许用户安装信号捕获器来处理用户模式下抛出的异常。

（6）用户界面：支持控制台和UART终端的多用户登录。命令解释器sh支持执行带I/O重定向的简单命令，以及通过管道连接的多个命令。

（7）移植：为方便起见，EOS在QEMU下的各种ARM虚拟机上运行。还应在基于ARM的实际系统板（支持合适的I/O设备）上运行。将EOS移植到一些流行的基于ARM的系统（例如Raspberry PI-2）上的工作正在进行，待准备好就可以下载。

第9章介绍嵌入式系统中的多处理器。本章阐述了对称多处理器系统的要求，并将Intel的SMP方法与ARM的方法进行了比较。本章列出了一些ARM MPCore处理器，并描述了支持SMP的ARM MPCore处理器的组件和功能。所有基于ARM MPCore的系统都依赖通用中断控制器（GIC）来中断路由和处理器间的通信。本章展示了如何配置GIC来路由中断，并通过示例演示了GIC编程。本章展示了如何启动ARM MPCore，并指出了在SMP环境中进行同步的必要性；展示了如何使用经典的测试集或等效指令来实现临界区和原子更新，并指出了它们的缺点。然后，说明了支持SMP的ARM MPCore的新特性，包括ARM的LDRES/STRES指令和内存屏障。这里展示了如何使用ARM MPCore处理器的新特性来实现自旋锁、互斥锁和信号量，以便在SMP中实现进程同步。本章还定义了条件自旋锁、互斥锁和信号量，并展示了如何在SMP内核中使用它们来防止死锁，还涵盖了用于SMP的ARM MMU的其他特性。本章提出了使单处理器操作系统内核适应于SMP的通用方法。然后，运用这些原理为嵌入式SMP系统开发了完整的SMP_EOS，并通过示例程序演示了SMP_EOS的功能。

第10章介绍实时操作系统（RTOS）。本章介绍了实时系统的概念和需求，涵盖了RTOS中的各种任务调度算法，包括RMS、EDF和DMS。本章解释了由抢占式任务调度导致的优先级倒置问题，并说明了如何处理优先级倒置和任务抢占。本章包括了对几种流行的实时操作系统的案例研究，并提出了RTOS设计的一套通用指南，还展示了单处理器（UP）系统的UP_RTOS的设计与实现。然后，将UP_RTOS扩展到SMP_RTOS，后者支持嵌套中断、抢占式任务调度、优先级继承以及基于SGI的处理器间同步。

1.6 本书可作为嵌入式系统的教科书

本书适合作为计算机科学/工程课程中嵌入式与实时系统技术性课程的教科书，这些课程要求理论与实践并重。基于本书的一学期课程可以包括以下主题：

（1）介绍嵌入式系统、ARM体系结构、ARM编程基础、嵌入式系统的ARM工具链和软件开发、C程序的接口汇编代码、执行映像和运行时堆栈的用法、在ARM虚拟机上执行程序、用于I/O的简单设备驱动程序（第2章）。

（2）异常和中断、中断处理、中断驱动的设备驱动程序的设计与实现（第3章）。

（3）嵌入式系统模型、超级循环、事件驱动的嵌入式系统、嵌入式系统的进程和形式化模型（第4章）。

（4）进程管理和进程同步（第5章）。

（5）内存管理、虚拟地址映射和内存保护（第6章）。

（6）内核模式和用户模式进程、系统调用（第7章）。

（7）实时嵌入式系统简介（属于第10章的一部分）。

（8）SMP嵌入式系统简介（属于第9章和第10章的一部分）。

1.7 本书可作为操作系统的教科书

本书也适合作为通用操作系统的技术性课程的教科书。基于本书的一学期课程可以包括以下主题：

（1）计算机体系结构和系统编程：ARM体系结构、ARM指令和编程、ARM工具链、虚拟机、汇编代码与C程序的接口、运行时映像和堆栈使用、简单的设备驱动程序（第2章）。

（2）异常和中断、中断处理和中断驱动的设备驱动程序（第3章）。

（3）进程管理和进程同步（第5章）。

（4）内存管理、虚拟地址映射和内存保护（第6章）。

（5）内核模式和用户模式进程、系统调用（第7章）。

（6）通用操作系统内核、进程管理、内存管理、设备驱动程序、文件系统、信号处理和用户界面（第8章）。

（7）SMP简介、多核处理器间通信和同步、SMP中的进程同步、SMP内核设计和SMP操作系统（第9章）。

（8）实时系统简介（第10章的一部分）。

每一章末尾都有“思考题”，目的是回顾该章介绍的概念和原理。在这些思考题中，有些涉及示例程序的简单修改，以让学生尝试其他设计和实现，有些属于高级编程项目。

1.8 本书可用于自学

从大量的操作系统开发项目、网络上发布的许多嵌入式与实时系统的流行站点和其热情的关注者来看，有大量的计算机爱好者希望学习嵌入式与实时操作系统的实践。本书由浅入深的风格加上充足的代码和系统程序演示，使其特别适合自学。希望本书能对读者有所帮助。

参考文献

ARM Architectures 2016: http://www.arm.products/processors/instruction-set-architectures, ARM Information Center, 2016.
ARM Cortex-A9 MPCore: Technical Reference Manual Revision: r4p1, ARM information Center, 2012.
ARM GIC: ARM Generic Interrupt Controller (PL390) Technical Reference Manual, ARM Information Center, 2013.
ARM MMU: ARM926EJ-S, ARM946E-S Technical Reference Manuals, ARM Information Center, 2008.
ARM Programming 2016: "ARM Assembly Language Programming", http://www.peter-cockerell.net/aalp/html/frames.html, 2016.
ARM PL190 2004: PrimeCell Vectored Interrupt Controller (PL190), http://infocenter.arm.com/help/topic/com.arm.doc.ddi0181e/DDI0181.pdf, 2004.
ARM toolchain 2016: http://gnutoolchains.com/arm-eabi, 2016.
ARM11 2008: ARM11 MPcore Processor Technical Reference Manual, r2p0, ARM Information Center, 2008.
ARM926EJ-S 2008: "ARM926EJ-S Technical Reference Manual", ARM Information Center, 2008.
Dietrich, S., Walker, D., 2015 "The evolution of Real-Time Linux", http://www.cse.nd.edu/courses/cse60463/www/amatta2.pdf, 2015.
EXT2 2001: www.nongnu.org/ext2-doc/ext2.html, 2001.
Gajski, DD, Vahid, F, Narayan, S, Gong, J, 1994 "Specification and design of embedded systems", PTR Prentice Hall, 1994.
Intel: MultiProcessor Specification, v1.4, Intel, 1997.
Katz, R. H. and G. Borriello 2005, "Contemporary Logic Design", 2nd Edition, Pearson, 2005.
Nesting Interrupts 2011: Nesting Interrupts, ARM Information Center, 2011.
QEMU Emulators 2010: "QEMU Emulator User Documentation", http://wiki.qemu.org/download/qemu-doc.htm, 2010.
SDC: Secure Digital cards: SD Standard Overview-SD Association https://www.sdcard.org/developers/overview, 2016.
Silberschatz, A., P.A. Galvin, P.A., Gagne, G, "Operating system concepts, 8th Edition", John Wiley & Sons, Inc. 2009.
Stallings, W. "Operating Systems: Internals and Design Principles (7th Edition)", Prentice Hall, 2011.
Tanenbaum, A.S., Woodhull, A.S., 2006 "Operating Systems, Design and Implementation, third Edition", Prentice Hall, 2006.
Wang, K.C., 2015 "Design and Implementation of the MTX Operating Systems", Springer International Publishing AG, 2015.

ARM 体系结构和程序设计

ARM（ARM Architectures 2016）是专门针对移动和嵌入式计算环境开发的精简指令集计算（RISC）微处理器系列。由于体积小、功耗低，ARM 处理器已成为移动设备（例如智能手机）和嵌入式系统中使用最广泛的处理器。当前，大多数嵌入式系统都基于 ARM 处理器。在许多情况下，嵌入式系统编程几乎成为 ARM 处理器编程的同义词。因此，在本书中，我们还将 ARM 处理器用于嵌入式系统的设计与实现。根据处理器的发布时间，可以将 ARM 处理器分为经典核心型和较新的 Cortex 核心型（自 2005 年起）。根据其功能和预期的应用程序，ARM Cortex 核心可分为三类（ARM Cortex 2016）。

（1）Cortex-M 系列：面向微控制器的处理器，用于微控制器单元（MCU）和系统芯片（SoC）应用。

（2）Cortex-R 系列：嵌入式处理器，用于实时信号处理和控制应用。

（3）Cortex-A 系列：为通用应用程序而设计的应用处理器，例如具有全功能操作系统的嵌入式系统。

ARM Cortex-A 系列处理器是功能最强大的 ARM 处理器，包括 Cortex-A8（ARM Cortex-A8 2010）单核处理器和 Cortex A9 MPCore（ARM Cortex A9 MPCore 2016），最多有 4 个 CPU。由于其功能先进，大多数嵌入式系统都基于 ARM Cortex-A 系列处理器。另外，由于良好的性价比，也有大量的专用嵌入式系统使用经典 ARM 核心。在本书中，我们将介绍经典处理器和 ARM-A 系列处理器。具体来说，对于单 CPU 系统，我们将使用经典的 ARM926EJ-S 核心（ARM926EJ-ST 2008，ARM926EJ-ST 2010），而对于多处理器系统，则将使用 Cortex A9-MPCore。选择这些 ARM 核心的主要原因是它们可用于仿真虚拟机（Virtual Machine，VM）。本书的主要目标是以集成方式展示嵌入式系统的设计与实现。本书除了涵盖理论和原理之外，还通过编程示例演示了如何将这些理论与原理应用于嵌入式系统的设计与实现。由于大多数读者可能无法访问真实的基于 ARM 的系统，因此我们将在 QEMU 下使用仿真 ARM 虚拟机进行实现和测试。在本章，我们将介绍以下主题。

（1）ARM 体系结构。

（2）ARM 汇编中的 ARM 指令和基本编程。

（3）C 程序接口汇编代码。

（4）用于（交叉）编译链接程序的 ARM 工具链。

（5）ARM 系统仿真器，并在 ARM 虚拟机上运行程序。

（6）开发简单的 I/O 设备驱动程序，包括用于串行端口的 UART 驱动程序与用于同时显示图像和文本的 LCD 驱动程序。

2.1 ARM 处理器模式

ARM 处理器具有 7 种工作模式，由当前处理器状态寄存器（Current Processor Status Register，CPSR）中的 5 个模式位 [4:0] 指定。这 7 种 ARM 处理器模式是：

（1）USR 模式：非特权用户模式。

（2）SYS 模式：使用与用户模式相同的一组寄存器的系统模式。

（3）FIQ 模式：快速中断请求处理模式。

（4）IRQ 模式：正常中断请求处理模式。

（5）SVC 模式：重置或软中断（SWI）时的超级用户模式。

（6）ABT 模式：数据异常中止模式。

（7）UND 模式：未定义的指令异常模式。

2.2 ARM CPU 寄存器

ARM 处理器共有 37 个寄存器，所有寄存器均为 32 位宽。这些寄存器是：

- 1 个专用程序计数器（Program Counter，PC）。
- 1 个专用的当前程序状态寄存器（Current Program Status Register，CPSR）。
- 5 个专用的已保存程序状态寄存器（Saved Program Status Register，SPSR）。
- 30 个通用寄存器。

寄存器排成几个组，寄存器组的可访问性由处理器模式控制。在每种模式下，ARM CPU 均可访问：

- 一组特定的 R0 ～ R12 寄存器。
- 特定的 R13（堆栈指针）、R14（链接寄存器）和 SPSR（已保存程序状态寄存器）。
- 相同的 R15（程序计数器）和 CPSR（当前程序状态寄存器）。

2.2.1 通用寄存器

图 2.1 展示了 ARM 处理器中通用寄存器的组织结构。

```
|User| SYS | SVC | ABT | UND | IRQ | FIQ |
-----------------------------------------
|              R0 - R7                  |
-----------------------------------------
|              R8 - R12         |R8-R12|
-----------------------------------------
|   R13     | R13 | R13 | R13 | R13 | R13 |
|   R14     | R14 | R14 | R14 | R14 | R14 |
-----------------------------------------
|                R15                    |
-----------------------------------------
|                CPSR                   |
-----------------------------------------
|           |SPSR |SPSR |SPSR |SPSR |SPSR |
-----------------------------------------
```

图 2.1 ARM 处理器中的寄存器组

用户模式和系统模式共享同一组寄存器。寄存器 R0 ～ R12 在所有模式下均相同，但 FIQ 模式除外，后者具有自己的独立寄存器 R8 ～ R12。每种模式都有其自己的堆栈指针（R13）和链接寄存器（R14）。在所有模式下，程序计数器（PC 或 R15）和当前程序状态寄存器（CPSR）均相同。每种特权模式（SVC 到 FIQ）都有其自己的已保存程序状态寄存器（SPSR）。

2.2.2 状态寄存器

在所有模式下，ARM 处理器均具有相同的当前程序状态寄存器（CPSR）。图 2.2 展示了 CPSR 寄存器的内容。

在 CPSR 寄存器中，NZCV 是条件位，I 和 F 分别是 IRQ 和 FIQ 中断屏蔽位，T = Thumb 状态，M [4:0] 是处理器模式位，它们定义处理器模式为：

```
USR:  10000  (0x10)
FIQ:  10001  (0x11)
IRQ:  10010  (0x12)
```

```
SVC:  10011  (0x13)
ABT:  10111  (0x17)
UND:  11011  (0x1B)
SYS:  11111  (0x1F)
```

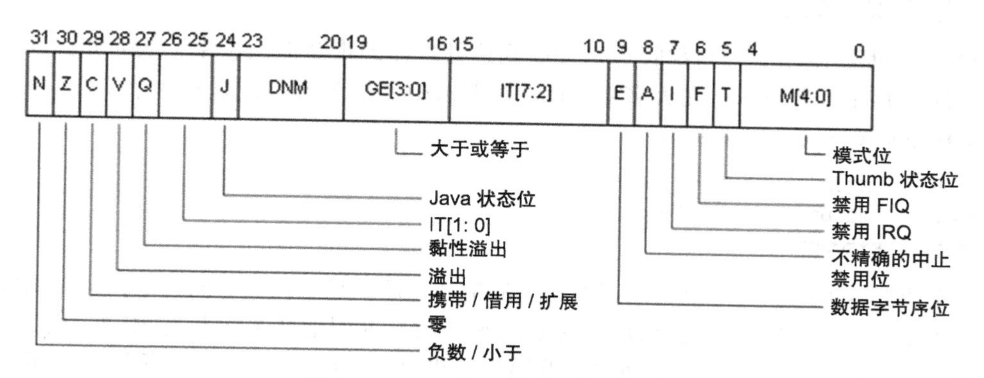

图 2.2　ARM 处理器的状态寄存器

2.2.3 ARM 处理器模式的变更

在 ARM 模式中，用户模式是无特权的，而其他模式都是有特权的。像大多数其他的 CPU 一样，ARM 处理器会根据异常或中断来改变模式。具体来说，当 FIQ 中断发生时，它将切换到 FIQ 模式；当 IRQ 中断发生时，它将切换到 IRQ 模式。当电源打开时，复位之后或执行 SWI 指令后它将进入 SVC 模式。当发生内存访问异常时，它将进入中止模式；当遇到未定义的指令时，它将进入 UND 模式。ARM 处理器的一个不寻常的特性是，当在特权模式下时，它可以使用 MSR 和 MRS 指令，通过简单地改变 CPSR 中的模式位来自由地改变模式。例如，当 ARM 处理器启动或复位之后，它开始在 SVC 模式执行。而在 SVC 模式下，系统初始化代码必须设置其他模式的堆栈指针。为此，只需将处理器更改为适当的模式，并初始化该模式的堆栈指针（R13_mode）和已保存的程序状态寄存器（SPSR）。下面的代码段演示了如何将处理器切换到 IRQ 模式，同时保留其他位（例如 CPSR 中的 F 位和 I 位）。

```
MRS  r0, cpsr          // 将 cpsr 放入 r0
BIC  r1, r0, #01F      // 清除 r0 中的 5 个模式位
ORR  r1, r1, #0x12     // 更改为 IRQ 模式
MSR  cpsr, r1          // 写入 cpsr
```

如果除了模式字段，我们不关心 CPSR 内容（例如，在系统初始化期间），可以通过直接向 CPSR 写入一个值来改变 IRQ 模式，如：

```
MSR cpsr, #0x92       // I 位为 1 的 IRQ 模式
```

SYS 模式的一种特殊用途是从特权模式访问用户模式寄存器（如 R13（sp)、R14（lr))。在操作系统中，进程通常以非特权用户模式运行。当进程执行系统调用（通过 SWI）时，将以 SVC 模式进入系统内核。在内核模式下，进程可能需要操作其用户模式堆栈，并将地址返回给用户模式映像。在这种情况下，该进程必须能够访问其用户模式的 sp 和 lr。这可以通过将 CPU 切换到 SYS 模式来实现，SYS 模式与用户模式共享同一组寄存器。同样，当发生 IRQ 中断时，ARM 处理器进入 IRQ 模式以执行中断服务程序（Interrupt Service Routine，ISR）来处理中断。如果 ISR 允许嵌套中断，则它必须将处理器从 IRQ 模式切换到另一种特

权模式以处理嵌套中断。我们将在第3章讨论基于ARM的系统中的异常和中断处理时对此进行演示。

2.3 指令流水线

ARM处理器使用一个内部管道来提高到达处理器的指令流的速率，从而允许同时（而不是串行）执行多个操作。在大多数ARM处理器中，指令流水线包括3个阶段：FETCH-DECODE-EXECUTE，如下所示。

```
PC      FETCH      从内存中获取指令
PC-4    DECODE     指令中使用的解码寄存器
PC-8    EXECUTE    执行指令
```

程序计数器（PC）实际上指向正在获取的指令，而不是正在执行的指令，这对函数调用和中断处理程序有影响。当使用BL指令调用函数时，返回地址实际上是PC-4，由BL指令自动调整。当从中断处理程序返回时，返回地址也是PC-4，这必须由中断处理程序本身进行调整，除非ISR是用 __attribute __ （(interrupt)）属性定义的，在这种情况下，编译后的代码将自动调整链接寄存器。对于某些异常（例如中止），返回地址为PC-8，它指向导致异常的原始指令。

2.4 ARM指令

2.4.1 条件标志和条件

在ARM处理器的CPSR中，最高的4位N、Z、V、C是条件标志或简单的条件代码，其中

```
N = 负，  Z = 零，  V = 溢出，  C = 进位
```

条件标志是由比较和TST操作设置的。默认情况下，数据处理操作不会影响条件标志。为了使条件标志得到更新，可以在指令后加上S符号，从而在指令编码中设置S位。例如，下面的两条指令将两个数字相加，但是只有ADDS指令会影响条件标志：

```
ADD r0, r1, r2    ; r0 = r1 + r2
ADDS r0, r1, r2   ; r0 = r1 + r2 并设置条件标志
```

在ARM 32位指令编码中，前4位[31:28]表示条件标志位的各种组合，这些组合构成指令的条件字段（如果适用的话）。根据条件标志位的各种组合，可以方便地将条件定义为EQ、NE、LT、GT、LE、GE等。下面介绍一些常用的条件及其含义。

```
0000 : EQ  相等                   (Z 置位)
0001 : NE  不相等                 (Z 清零)
0010 : CS  进位置位               (C 置位)
0101 : VS  溢出置位               (V 置位)
1000 : HI  无符号数大于           (C 置位和 Z 清零)
1001 : LS  无符号数小于或等于     (C 清零或 Z 置位)
1010 : GE  带符号数大于或等于     (C = V)
1011 : LT  带符号数小于           (C ! = V)
1100 : GT  带符号数大于           (Z = 0且N = V)
1101 : LE  带符号数小于或等于     (Z = 1或N ! = V)
1110 : AL  无条件执行
```

ARM 体系结构的一个相当独特的特性是，几乎所有指令都可以有条件地执行。一条指令可能包含一个可选的条件后缀，例如 EQ、NE、LT、GT、GE、LE、GT、LT 等，用于决定 CPU 是否会根据指定的条件执行指令。如果条件不满足，则该指令将不会被执行且没有任何副作用。这样就消除了程序中许多分支的需要，因为这些分支往往会破坏指令流水线。要有条件地执行一条指令，只需为其附加适当的条件即可。例如，非条件 ADD 指令的格式为：

```
ADD r0, r1, r2      ; r0 = r1 + r2
```

如果要仅在设置零标志时执行指令，则将该指令附加到 EQ。

```
ADDEQ r0, r1, r2    ; 如果设置了零标志，则 r0 = r1 + r2
```

对于其他条件也类似。

2.4.2 分支指令

分支指令具有以下形式：

```
  B{<cond>} label              ; 分支到标签
BL{<cond>} subroutine          ; 分支到带有链接的子例程
```

分支（B）指令导致直接分支到相对于当前 PC 的偏移量。带有链接的分支（BL）指令用于子例程调用。它将 PC-4 写入当前寄存器组的 LR，并将 PC 替换为子例程的入口地址，从而使 CPU 进入该子例程。当子例程完成后，将通过链接寄存器 R14 中保存的返回地址返回。大多数其他处理器通过将返回地址保存在堆栈中来实现子例程调用。ARM 处理器无须将返回地址保存在堆栈中，而只是将 PC-4 复制到 R14 中，并将分支复制到已调用的子例程。如果被调用的子例程未调用其他子例程，则可以使用 LR 快速返回调用位置。要从子例程返回，程序只需将 LR（R14）复制到 PC（R15）中，如下所示：

```
MOV PC, LR   or   BX LR
```

但是，这仅适用于一级子例程调用。如果子例程打算进行另一个调用，则它必须明确地保存并恢复 LR 寄存器，因为每个子例程调用都会更改当前 LR。除了 MOV 指令之外，也可以使用 MOVS 指令，它可以恢复 CPSR 中的原始标志。

2.4.3 算术运算

算术运算的语法为：

```
<Operation>{<cond>}{S} Rd, Rn, Operand2
```

该指令对两个操作数执行算术运算，并将结果放在目标寄存器 Rd 中。第一个操作数 Rn 始终是寄存器。第二个操作数可以是一个寄存器，也可以是一个立即值。在后一种情况下，操作数通过桶移位器（barrel shifter）发送到 ALU，以生成一个适当的值。

示例：

```
ADD r0, r1, r2     ; r0 = r1 + r2
SUB r3, r3, #1     ; r3 = r3 - 1
```

2.4.4 比较运算

CMP：operand1-operand2，但未写入结果。

TST：operand1 AND operand2，但未写入结果。

TEQ：operand1 EOR operand2，但未写入结果。

比较操作将更新状态寄存器中的条件标志位，这些位可在后续指令中用作条件。

示例：

```
CMP   r0, r1      ; 通过 r0~r1 设置 CPSR 中的条件位
TSTEQ r2, #5      ; 测试 r2 和 5 是否相等并在 CPSR 中设置 Z 位
```

2.4.5　逻辑运算

```
AND:  operand1 AND operand2          ; 按位与
EOR:  operand1 EOR operand2          ; 按位异或
ORR:  operand1 OR operand2           ; 按位或
BIC:  operand1 AND (NOT operand2)    ; 位清零
```

示例：

```
AND    r0, r1, r2     ; r0 = r1 & r2
ORR    r0, r0, #0x80  ; r0 的第 7 位设置为 1
BIC    r0, r0, #0xF   ; r0 的低 4 位清零
EORS   r1, r3, r0     ; r1 = r3 ExOR r0 并设置条件位
```

2.4.6　数据移动操作

```
MOV    operand1, operand2
MVN    operand1, NOT operand2
```

示例：

```
MOV    r0, r1         ; r0 = r1 : 始终执行
MOVS   r2, #10        ; r2 = 10 并设置条件位 Z=0 N=0
MOVNEQ r1, #0         ; 仅当 Z 位不等于 0 时 r1 = 0
```

2.4.7　即时值和桶移位器

桶移位器是ARM处理器的另一个独特特性，用于在ARM处理器内部生成移位运算和立即数。ARM处理器没有实际的移位指令。相反，它具有一个桶移位器，可以作为其他指令的一部分执行移位。移位操作包括常规的左移、右移和旋转，如：

```
MOV r0, r0, LSL #1   ; 将 r0 左移 1 位（将 r0 乘以 2）
MOV r1, r1, LSR #2   ; 将 r1 右移 2 位（将 r1 除以 4）
MOV r2, r2, ROR #4   ; 交换 r2 的高 4 位和低 4 位
```

大多数其他处理器都允许加载带有立即值的CPU寄存器，这些值构成指令流的一部分，从而使指令长度可变。相反，所有ARM指令的长度均为32位，并且它们不将指令流用作数据。这对在指令中使用立即值提出了挑战。数据处理指令格式有12位可用于操作数2（operand2）。如果直接使用，则只会产生0～4095的范围。取而代之的是，它用于存储4位旋转值（rotate value）和一个0～255范围内的8位常数。这8位可以向右旋转偶数个位置（即ROR为0，2，4，…，30）。这提供了一个可以直接加载的更大范围的值。若使用立即值4096加载r0，请使用：

```
MOV r0, #0x40, 26    ; 通过 0x40 ROR 26 产生 4096(0x1000)
```

为了使这个特性更容易使用，如果在一条指令中给定所需的常数，则汇编程序将转换成这种形式：

```
MOV r0, #4096
```

如果给定值无法以这种方式转换，则汇编程序将生成错误。代替 MOV，LDR 指令允许将任意 32 位值加载到寄存器中，例如：

```
LDR rd, =numeric_constant
```

如果可以使用 MOV 或 MVN 构造常数，那么这将是实际生成的指令。否则，汇编程序将生成一个具有 PC 相对地址的 LDR，以便从文字池（literal pool）中读取常量。

2.4.8 乘法指令

```
MUL{<cond>}{S} Rd, Rm, Rs          ; Rd = Rm * Rs
MLA{<cond>}{S} Rd, Rm, Rs,Rn       ; Rd = (Rm * Rs) + Rn
```

2.4.9 加载和存储指令

ARM 处理器是一种加载 / 存储体系结构。使用前必须将数据加载到寄存器中。它不支持内存到内存的数据处理操作。ARM 处理器有三组指令与内存交互，包括：

- 单寄存器数据传输（LDR/STR）。
- 块数据传输（LDM/STM）。
- 单数据交换（SWP）。

基本的加载和存储指令为：加载和存储字或字节。

```
LDR / STR / LDRB / STRB
```

2.4.10 基址寄存器

加载 / 存储指令可以使用基址寄存器作为索引来指定要访问的存储器位置。索引可以包括索引前或索引后寻址模式下的偏移量。使用索引寄存器的例子如下。

```
STR r0, [r1]          ; 将 r0 存储到 r1 指向的位置
LDR r2, [r1]          ; 从 r1 指向的内存中加载 r2
STR r0, [r1, #12]     ; 索引前寻址: STR  r0 至 [r1 + 12]
STR r0, [r1], #12     ; 索引后寻址: STR  r0 至 [r1], r1 + 12
```

2.4.11 块数据传输

基址寄存器用于确定应该在何处进行内存访问。有四种不同的寻址模式允许递增或递减、包括或不包括基址寄存器位置。可以在数据传输之后，通过在其后附加一个符号“!”来更新基址寄存器。这些指令对于保存和恢复执行上下文非常有效，例如，将内存区用作堆栈，或将大数据块移到内存中。值得注意的是，当使用这些指令在内存中保存 / 恢复多个 CPU 寄存器时，指令中的寄存器顺序变得无关紧要。低编号的寄存器始终与内存中的低地址进行传输。

2.4.12 堆栈操作

堆栈是一个存储区域，随着新数据“压入”堆栈的“顶部”而增大，而随着数据“弹

出”堆栈的顶部而缩小。有两个指针用于定义堆栈的当前限制。

- 基本指针：用于指向堆栈的“底部”(第一个位置)。
- 堆栈指针：用于指向堆栈当前的“顶部”。

如果堆栈在内存中向下增长，则称为*降序堆栈*，即最后一个压入的值位于最低地址。如果堆栈在内存中向上增长，则称为*升序堆栈*。ARM 处理器支持降序堆栈和升序堆栈。此外，它还允许堆栈指针指向最后一个被占用的地址（*完整堆栈*），或指向下一个被占用的地址（*空堆栈*）。在 ARM 中，堆栈操作由 STM/LDM 指令实现。堆栈类型由 STM/LDM 指令中的后缀确定：

- STMFD/LDMFD：全降序堆栈。
- STMFA/LDMFA：全升序堆栈。
- STMED/LDMED：空降序堆栈。
- STMEA/LDMEA：空升序堆栈。

C 编译器始终使用*全降序堆栈*（full descending stack)。其他形式的堆栈很少见，实际上几乎从未使用过。因此，我们在本书中仅使用“全降序堆栈”。

2.4.13 堆栈和子例程

堆栈的一个常见用法是为子例程创建临时工作区。当一个子例程开始时，任何要保留的寄存器都可以被压入堆栈。当一个子例程结束时，它通过在返回给调用者之前将寄存器从堆栈中弹出来恢复保存的寄存器。下面的代码展示了子例程的一般模式。

```
STMFD sp!, {r0-r12, lr} ; 保存所有寄存器并返回地址
 { Code of subroutine } ; 子例程代码
LDMFD sp!, {r0-r12, pc} ; 恢复保存的寄存器并由 lr 返回
```

如果 pop 指令已经设置了“S”位（用符号“^”设置)，那么在特权模式下传输 PC 寄存器也会将保存的 SPSR 复制到先前的模式 CPSR，从而导致返回到异常的前一个模式（通过 SWI 或 IRQ)。

2.4.14 软中断

在 ARM 中，软中断（SoftWare Interrupt，SWI）指令用于生成软中断。在执行 SWI 指令之后，ARM 处理器将切换到 SVC 模式，并从 SVC 向量地址 0x08 执行，从而使其执行 SWI 处理程序，这通常是对 OS 内核的系统调用的入口点。我们将在第 5 章中演示系统调用。

2.4.15 PSR 转移指令

MRS 和 MSR 指令允许 CPSR/SPSR 的内容从适当的状态寄存器传送到通用寄存器。可以传输整个状态寄存器，也可以只传输标志位。这些指令主要用于在特权模式下更改处理器模式。

```
MRS{<cond>} Rd, <psr>   ; Rd = <psr>
MSR{<cond>} <psr>, Rm   ; <psr> = Rm
```

2.4.16 协处理器指令

ARM 体系结构可处理许多硬件组件，例如：内存管理单元作为协处理器，可以通过特

殊的协处理器指令进行访问。我们将在第 6 章和后面的章中讨论协处理器。

2.5 ARM 工具链

工具链（toolchain）是用于程序开发（从源代码到二进制可执行文件）的编程工具的集合。一个工具链通常由汇编器、编译器、链接器、一些用于文件转换的实用程序（如 objcopy）和调试器组成。图 2.3 描绘了典型工具链的组件和数据流。

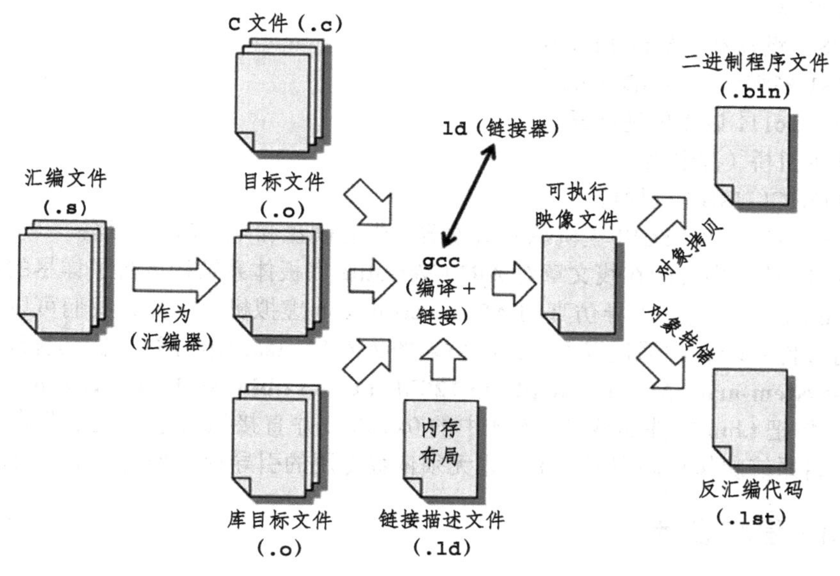

图 2.3 工具链组件

工具链在主机上运行，并为目标计算机生成代码。如果主机和目标的体系结构不同，则该工具链称为交叉工具链，或简称为交叉编译器。通常，用于嵌入式系统开发的工具链是交叉工具链。实际上，这是为嵌入式系统开发软件的标准方法。如果我们在基于 Intel x86 体系结构的 Linux 机器上开发代码，但是这些代码是针对 ARM 目标机的，那么我们需要一个基于 Linux 的 ARM 目标交叉编译器。ARM 体系结构有许多不同版本的基于 Linux 的工具链（ARM toolchain 2016）。在本书中，我们将使用 Ubuntu Linux 版本 14.04/15.10 下的 arm-none-eabi 工具链。读者可以在 Ubuntu Linux 上获取并安装工具链，以及用于 ARM 虚拟机的 qemu-system-arm 启动系统，如下所示。

```
sudo apt-get install gcc-arm-none-eabi
sudo apt-get install qemu-system-arm
```

接下来，我们将通过编程示例来演示如何使用 QEMU 下的 ARM 工具链和 ARM 虚拟机。

2.6 ARM 系统模拟器

QEMU 支持许多仿真的 ARM 机器（QEMU Emulators 2010）。其中包括 ARM Integrator/CP 板、ARM Versatile 底板、ARM RealView 底板等。支持的 ARM CPU 包括 ARM926E、ARM1026E、ARM946E、ARM1136 或 Cortex-A8。这些都是单处理器（UP）或单 CPU 系统。

首先，我们将只考虑单处理器系统。多处理器（MP）系统将在第 9 章中介绍。在仿真的 ARM 虚拟机中，出于以下原因，我们将选择 ARM Versatilepb 底板（ARM926EJ-S 2016）作为实施和测试的平台。

（1）支持多种外围设备。根据 QEMU 用户手册，ARM Versatilepb 底板使用以下设备进行仿真：

- ARM926E、ARM1136 或 Cortex-A8 CPU。
- PL190 向量中断控制器。
- 4 个 PL011 UART。
- PL110 LCD 控制器。
- 带 PS/2 键盘和鼠标的 PL050 KMI。
- PL181 多媒体卡与 SD 卡的接口。
- SMC 91c111 以太网适配器。
- PCI 主机桥（有限制）。
- PCI OHCI USB 控制器。
- LSI53C895A PCI SCSI 主机总线适配器，带有硬盘和 CD-ROM 设备。

（2）ARM 信息中心的在线文章对 ARM Versatile 底板体系结构进行了详尽的记录。

（3）QEMU 可以直接引导仿真的 ARM Versatilepb 虚拟机。例如，我们可以生成一个二进制可执行文件 t.bin，并通过以下方式在仿真的 ARM Versatilepb 虚拟机上运行该文件：

qemu-system-arm -M versatilepb -m 128M -kernel t.bin -serial mon:stdio

QEMU 将把 t.bin 文件加载到 RAM 中的 0x10000 并直接执行它。这是非常方便的，因为它不需要将系统映像存储在闪存中，也无须依赖专用的引导程序来引导系统映像。

2.7　ARM 程序设计

2.7.1　ARM 汇编编程示例 1

我们通过一系列示例程序来开始介绍 ARM 编程。为了便于参考，我们将用 C2.x 来标记示例程序，其中 C2 表示章号，x 为程序编号。第一个示例程序 C2.1 由 ARM 汇编中的 ts.s 文件组成。下面展示了开发和运行示例程序的步骤。

（1）C2.1 的 ts.s 文件：

```
/************ C2.1 的 ts.s 文件 ***********/
        .text
        .global start
start:
        mov r0, #1          @  r0 = 1
        MOV R1, #2          @  r1 = 2
        ADD R1, R1, R0      // r1 = r1 + r0
        ldr r2, =result     // r2 = &result
        str r1, [r2]        /* result = r1 */
stop:   b   stop
        .data
result:    .word   0        /* 1 个字位置 */
```

程序代码加载 CPU 寄存器 r0 的值为 1，r1 的值为 2。然后将 r0 添加到 r1，并将结果存储到标记为 result 的内存位置。

在继续之前，需要注意以下几点。首先，在汇编代码程序中，指令不区分大小写。一条指令可以使用大写、小写甚至混合使用大小写。为了得到更好的可读性，编码风格应该一致，即要么全小写，要么全大写。但是，其他符号，例如内存位置，是区分大小写的。其次，如程序中所示，我们可以使用符号 @ 或 // 来开始注释行，或在 / * 和 * / 的匹配对中包含注释。使用哪种注释行取决于个人喜好。在本书中，我们将 // 用于单注释行，并将匹配的 / * 和 * / 对用于可能跨越多行的注释块，这对汇编代码和 C 程序均适用。

（2）**mk 脚本文件**：sh 脚本 mk 用于将 ts.s（交叉）编译到 ELF 文件中。然后，它使用 objcopy 将 ELF 文件转换成名为 t.bin 的二进制可执行映像。

```
arm-none-eabi-as -o ts.o ts.s                        # 将ts.s 汇编为 ts.o
arm-none-eabi-ld -T t.ld -o t.elf ts.o               # 将ts.o 链接到 t.elf 文件
arm-none-eabi-nm t.elf                               # 显示 t.elf 中的符号
arm-none-eabi-objcopy -O binary t.elf t.bin # 将 objcopy t.elf 转换成 t.bin
```

（3）**链接器脚本文件**：在链接步骤中，使用链接器脚本文件（linker script file）t.ld 来指定程序段的入口点和布局。

```
ENTRY(start)          /* 将 start 定义为入口地址 */
SECTIONS              /* 程序段 */
{
   . = 0x10000;     /* QEMU 要求的加载地址 */
   .text : { *(.text) }    /* .text 部分中的所有文本 */
   .data : { *(.data) }    /* .data 部分中的所有数据 */
   .bss  : { *(.bss)  }    /* .bss 部分中的所有 bss */
   . =ALIGN(8);
    . =. + 0x1000;           /* 4 KB 栈空间 */
   stack_top =.;  /* stack_top 是链接器导出的符号 */
}
```

链接器会生成一个 ELF 文件。如果需要，可以通过以下方式查看 ELF 文件的内容：

```
arm-none-eabi-readelf -a t.elf  # 显示 t.elf 的所有信息
arm-none-eabi-objdump -d t.elf  # 反汇编 t.elf 文件
```

ELF 文件尚未可执行。为了执行，必须通过 objcopy 将其转换为二进制可执行文件，如下所示。

```
arm-none-eabi-objcopy -O binary t.elf t.bin # 将 t.elf 转换为 t.bin
```

（4）**运行二进制可执行文件**：要想在 ARM Versatilepb 虚拟机上运行 t.bin，可输入以下命令。

```
qemu-system-arm -M versatilepb -kernel t.bin -nographic -serial /dev/null
```

可以将上述所有命令包含在 mk 脚本中，该脚本将通过单个脚本命令来编译链接并运行二进制可执行文件。

（5）**检查结果**：要想检查运行程序的结果，可输入 QEMU 监视器命令。

```
info registers          :  显示 CPU 寄存器
xp  /wd [address]       :  以 32 位字显示内存内容
```

图 2.4 展示了运行 C2.1 程序的寄存器内容。如图所示，寄存器 R2 包含 0x0001001C，这是 result 的地址。另外，mk 脚本中的命令行 **arm-none-eabi-nm t.elf** 也显示了程序中符号的位置。可以输入 QEMU 监视命令

```
xp  /wd  0x1001C
```

以显示result的内容，其应为3。要退出QEMU，请输入Control-a x或Control-C来终止QEMU进程。

```
info registers
R00=00000001 R01=00000003 R02=0001001c R03=00000000
R04=00000000 R05=00000000 R06=00000000 R07=00000000
R08=00000000 R09=00000000 R10=00000000 R11=00000000
R12=00000000 R13=00000000 R14=00000000 R15=00010014
```

图2.4　程序C2.1的寄存器内容

2.7.2　ARM汇编编程示例2

下一个示例程序由C2.2表示，使用ARM汇编代码来计算整数数组的总和。它展示了如何使用堆栈来调用子例程，还演示了ARM指令的间接寻址方式和索引后寻址方式。为了简洁起见，我们仅展示ts.s文件。所有其他文件与C2.1程序中的文件相同。

C2.2的ts.s文件

```
        .text
        .global start
start: ldr  sp,   =stack_top // 设置堆栈指针
        bl   sum                // 调用总和
stop:   b    stop                // 循环

sum: // int sum(): 计算Result中int数组的和
        stmfd sp!, {r0-r4, lr} // 将r0~r4、lr保存在堆栈中
        mov  r0, #0          // r0 = 0
        ldr  r1, =Array      // r1 = &Array
        ldr  r2, =N          // r2 = &N
        ldr  r2, [r2]        // r2 = N
loop:   ldr  r3, [r1], #4    // r3 = *(r1++)
        add  r0, r0, r3      // r0 += r3
        sub  r2, r2, #1      // r2—
        cmp  r2, #0          // if (r2 != 0 )
        bne  loop            //     goto loop;
        ldr  r4, =Result     // r4 = &Result
        str  r0, [r4]        // Result = r0
    ldmfd sp!, {r0-r4, pc}  // 弹出堆栈，返回调用者

         .data
N:       .word 10           // 数组元素数
Array:   .word 1,2,3,4,5,6,7,8,9,10
Result:  .word 0
```

该程序计算整数数组的总和。数组元素的数量（10）在标记为N的内存位置中定义，而数组元素在标记为Array的存储区域中定义。总和以R0计算，并保存到标有Result的存储位置中。和前面一样，运行mk脚本以生成二进制可执行文件t.bin。然后在QEMU下运行t.bin。当程序停止时，使用监视命令info和xp来检查结果。图2.5展示了运行C2.2程序的结果。如图所示，寄存器R0包含0x37（十进制的55）的计算结果。可以使用命令

```
arm-none-eabi-nm t.elf
```

来在目标代码文件中显示符号。它列出了t.elf文件中全局符号的存储位置，例如

```
0001004C    N
00010050    Array
00010078    Result
```

然后，使用 xp/wd 0x10078 来查看 Result 的内容，该内容应为十进制的 55。

```
root@D632: ~/KCW1/ch2/C2.2
info registers
R00=00000037 R01=00010078 R02=00000000 R03=0000000a
R04=00010078 R05=00000000 R06=00000000 R07=00000000
R08=00000000 R09=00000000 R10=00000000 R11=00000000
R12=00000000 R13=00011090 R14=00010008 R15=00010008
```

图 2.5　程序 C2.2 的寄存器内容

2.7.3　汇编和 C 语言的结合编程

汇编编程是必不可少的（例如，在访问和操作 CPU 寄存器时），也是非常烦琐的。在系统编程中，汇编代码应该作为访问和控制低级硬件的工具，而不是作为常规编程的手段。在本书中，我们只在绝对必要时才使用汇编代码。只要有可能，我们都将使用高级语言 C 来实现程序代码。为了将汇编代码和 C 代码集成到同一程序中，必须了解程序执行映像和 C 语言的调用约定。

2.7.3.1　执行映像

由编译器 – 链接器生成的可执行映像（文件）由三个逻辑部分组成。

（1）文本部分（text section）：也称为包含可执行代码的代码部分。

（2）数据部分（data section）：初始化的全局变量和静态变量、静态常量。

（3）BSS 部分（BSS section）：未初始化的全局和静态变量（BSS 不在映像文件中）。

在执行过程中，可执行映像会加载到内存中以创建运行时映像，如下所示。

```
            ------------------------------------------
(低地址)    | 代码 | 数据 | BSS | 堆 | 栈 |      (高地址)
            ------------------------------------------
```

运行时映像由 5 个（逻辑上）连续的部分组成。代码部分和数据部分直接从可执行文件加载。BSS 部分由可执行文件头中的 BSS 部分的大小来创建。通常将其内容清零。在执行映像中，代码部分、数据部分和 BSS 部分已固定且不会更改。堆区（Heap area）用于在执行映像内动态分配内存。栈用于执行期间的函数调用。它在逻辑上位于执行映像的高（地址）端，并且向下增长，即从高地址向低地址增长。

2.7.3.2　C 语言的函数调用约定

C 语言的函数调用约定由调用函数（调用方）和被调用函数（被调用方）之间的以下步骤组成。

---------------------------------- 调用方 ----------------------------------

（1）在 r0 ～ r3 中加载前 4 个参数；将任何额外的参数压入堆栈。

（2）通过 BL 将控制权转移给被调用方。

---------------------------------- 被调用方 ----------------------------------

（3）将 LR、FP（r12）保存在堆栈上，建立堆栈帧（FP 指向已保存的 LR）。

（4）向下移动 SP 以在堆栈上分配局部变量和临时空间。

（5）使用参数、局部变量（和全局变量）执行函数任务。

（6）计算并加载 R0 中的返回值，弹出堆栈以将控制权返回给调用方。

---------------------------------- 调用方 ----------------------------------

（7）从 R0 获取返回值。

（8）通过弹出额外的参数（如果有）来清理堆栈。

可以用一个例子来很好地说明函数调用约定。下面的 t.c 文件包含一个 C 函数 func( )，该函数调用另一个函数 g( )。

```
/****************** t.c 文件 ********************/
extern int g(int x, in y);  // 外部函数

int func(int a, int b, int c, int d, int e, int f)
{
  int x, y, z;                   // 局部变量
  x = 1; y =2; z = 3;            // 访问局部变量
  g(x, y);                       // 调用 g(x,y)
  return a + e;                  // 返回值
}
```

使用 ARM 交叉编译器，通过 arm-none-eabi-gcc **–S** –mcpu=arm926ej-s **t.c** 生成名为 t.s 的汇编代码文件。

下面展示了 ARM GCC 编译器生成的汇编代码，其中符号 sp 是堆栈指针（R13），而 fp 是堆栈帧指针（R12）。

```
        .global func            // 将 func 导出为全局符号
func:
(1) 建立堆栈帧。
        stmfd sp!, {fp, lr}     // 将 lr、fp 保存在堆栈中
        add   fp, sp, #4        // FP 指向已保存的 LR
(2) 将 SP 向下移动 8（4 字节）槽，用于局部变量和临时变量。
        sub   sp, sp, #32
(3) 将 r0 ~ r3（参数 a、b、c、d）保存在-offsets(fp) 的堆栈中。
        str   r0, [fp, #-24]    // 保存 r0 a
        str   r1, [fp, #-28]    // 保存 r1 b
        str   r2, [fp, #-32]    // 保存 r2 c
        str   r3, [fp, #-36]    // 保存 r3 d
(4) 执行 x = 1; y = 2; z = 3; 并在堆栈上显示其位置。
        mov   r3, #1
        str   r3, [fp, #-8]     // x=1 在 -8(fp);
        mov   r3, #2
        str   r3, [fp, #-12]    // y=2 在 -12(fp)
        mov   r3, #3
        str   r3, [fp, #-16]    // z=3 在 -16(fp)
(5) 准备调用 g(x, y)。
        ldr   r0, [fp, #-8]     // r0 = x
        ldr   r1, [fp, #-12]    // r1 = y
        bl    g                 // 调用 g(x,y)
(6) 计算 a + e 作为 r0 中的返回值。
        ldr   r2, [fp, #-24]    // r2 = a（保存在 -24(fp)）
        ldr   r3, [fp, #4]      // r3 = e        在  +4(fp)
        add   r3, r2, r3        // r3 = a+e
        mov   r0, r3            // r0 = r0 中的返回值
```

（7）返回调用方。

```
sub   sp, fp, #4        // sp=fp-4（指向已保存的FP）
ldmfd sp!, {fp, pc}     // 返回调用方
```

在调用函数 func( ) 时，调用者必须将（6 个）参数（a、b、c、d、e、f）传递给被调用函数。前 4 个参数（a、b、c、d）在寄存器 r0 ～ r3 中传递。任何额外的参数都通过堆栈传递。当控制进入被调用函数时，堆栈顶部将包含额外的参数（顺序相反）。对于此示例，堆栈顶部包含 2 个额外的参数 e 和 f。初始堆栈如下所示：

```
 高          SP                   低
----|---|---|--------------------
    | f | e |
----|exParam|--------------------
```

（1）当进入时，被调用的函数首先将 LR、FP 压入栈中，并让 FP（r12）指向保存的 LR 来建立堆栈帧。

（2）将 SP 向下（低地址）移动，为局部变量和临时工作区等分配空间。堆栈就变成以下形式：

```
                    SP                              SP
 高           |-push->|----     SP 减去 32     ------>|-----  低
---|+8 |+4 | 0 |-4 |-8 |-12|-16|-20|-24|-28|-32|-36|
   | f | e |LR |FP |   |   |   |   |   |   |   |   |
---|exParam|-|-|---|        局部变量 , 工作空间     |-----
            FP
```

在该图中，（字节）偏移量是指相对于 FP 寄存器所指向的位置。当执行位于一个函数的内部时，额外的参数（如果有的话）位于 [fp, + offset]，局部变量和保存的参数位于 [fp, −offset]，所有这些都通过使用 FP 作为基址寄存器来引用。从汇编代码行（3）和（4）看出，它们保存了在 r0 ～ r3 中传递的前 4 个参数，并将值分配给局部变量 x、y、z，可以看到堆栈内容如下所示：

```
 高                                                  SP  低
----|+8 |+4 | 0 |-4 |-8 |-12|-16|-20|-24|-28|-32|-36|---
    | f | e |LR |FP | x | y | z | ? | a | b | c | d |
----|exParam|-|-|---|- 局部变量 --|---|已保存的r0~r3 --|---
              FP
    |< -----------     函数的堆栈帧     ----------- >|
```

尽管堆栈是一块连续的内存，但从逻辑上讲，每个函数只能访问堆栈的有限区域。函数可见的堆栈区域称为函数的堆栈帧，而 FP（r12）称为堆栈帧指针。

在汇编代码行（5），该函数仅使用两个参数调用 g(x, y)。它将 x 装入 r0，将 y 装入 r1，然后 BL 至 g。

在汇编代码行（6），它计算 a + e 作为 r0 中的返回值。

在汇编代码行（7），它重新分配堆栈中的空间，将保存的 FP 和 LR 弹出到 PC 中，导致执行返回给调用方。

ARM C 编译器生成的代码仅使用 r0 ～ r3。如果一个函数定义了任何寄存器变量，那么将会为它们分配寄存器 r4 ～ r11，这些寄存器将首先保存在堆栈中，并在函数返回时恢复。如果一个函数不调用其他函数，就不需要保存 / 恢复链接寄存器 LR。在这种情况下，ARM

C 编译器生成的代码不会保存和恢复链接寄存器 LR，从而允许更快地进入 / 退出函数调用。

2.7.3.3　长跳转

在一系列函数调用中，例如

```
main() -> A() -> B()->C();
```

当一个被调用的函数结束时，它通常会返回到调用的函数，例如：C( ) 返回到 B( )，B( ) 返回到 A( )，依此类推。也可以通过“长跳转”（long jump）直接返回到调用序列中较早的函数。下面的程序演示了 UNIX/Linux 中的长跳转。

```
/***** longjump.c 演示了 Linux 中的长跳转 *****/
  #include <stdio.h>
  #include <setjmp.h>
jmp_buf env;        // 用于保存 longjmp 环境
main()
 {
   int r, a=100;
   printf("call setjmp to save environment\n");
   if ((r = setjmp(env)) == 0){
      A();
      printf("normal return\n");
   }
   else{
     printf("back to main() via long jump, r=%d a=%d\n", r, a);
  }
}
int A()
{  printf("enter A()\n");
    B();
    printf("exit A()\n");
}
int B()
{
  printf("enter B()\n");
  printf("long jump? (y|n) ");
  if (getchar()=='y')
     longjmp(env, 1234);
  printf("exit B()\n");
}
```

在前面的 longjump.c 程序中，main( ) 函数首先调用 setjmp( )（该函数将当前执行环境保存在 jmp_buf 结构中，并返回 0），然后继续调用 A( )（该函数调用 B( )）。而在函数 B( ) 中，如果用户不选择通过长跳转来返回，则函数将显示正常的返回序列。如果用户选择通过 longjmp(env, 1234) 返回，则执行将返回到最后保存的环境，其值为非零。在这种情况下，它绕开 A( ) 直接将 B( ) 返回到 main( )。

长跳转的原理很简单。当函数完成时，它通过当前堆栈帧中的 (callerLR, callerFP) 来返回，如下所示。

```
------------------------------------------------
|params|callerLR|callerFP|............|
------------|---------------------------|---
          CPU.FP                     CPU.SP
```

如果在调用序列中将 (callerLR, callerFP) 替换为较早函数的 (savedLR, savedFP)，则执行将直接返回该函数。例如，我们可以在汇编中实现 setjmp(int env[2]) 和 longjmp(int env[2], int value)，如下所示。

```
        .global setjmp, longjmp
setjmp:  // int setjmp(int env[2]); save LR, FP in env[2]; return 0
         stmfd sp!, {fp, lr}
         add   fp, sp, #4
         ldr   r1, [fp]          // 调用方的返回 LR
         str   r1, [r0]          // 将 LR 保存在 env [0] 中
         ldr   r1, [fp, #-4]     // 调用方的 FP
         str   r1, [r0, #4]      // 将 FP 保存到 env [1]
         mov   r0, #0            // 返回 0 给调用方
         sub   sp, fp, #4
         ldmfd sp!, {fp, pc}

longjmp: // int longjmp(int env[2], int value)
         stmfd sp!, {fp, lr}
         add   fp, sp, #4
         ldr   r2, [r0]          // 返回函数的 LR
         str   r2, [fp]          // 替换堆栈帧中保存的 LR
         ldr   r2, [r0, #4]      // 返回函数的 FP
         str   r2, [fp, #-4]     // 替换堆栈帧中保存的 FP
         mov   r0, r1            // 返回值
         sub   sp, fp, #4
ldmfd sp!, {fp, pc}      // 通过 REPLACED LR 和 FP 来返回
```

可以使用长跳转来终止调用序列中的函数，从而使执行恢复到先前保存的已知环境。除了 (savedLR, savedFP)，setjmp( ) 还可以保存其他 CPU 寄存器和调用方的 SP，允许 longjmp( ) 恢复原始函数的完整执行环境。尽管长跳转在用户模式程序中很少使用，但是长跳转是系统编程中的一种常见技术。例如，可以在信号捕获器中使用它来绕过导致异常或陷阱错误的用户模式函数。我们将在第 8 章有关信号和信号处理的部分演示这种技术。

2.7.3.4 从 C 语言调用汇编函数

下一个示例程序 C2.3 展示了如何从 C 调用汇编函数。C 中的 main( ) 函数调用具有 6 个参数的汇编函数 sum( )，该函数返回所有参数的总和。根据 C 的调用约定，main( ) 函数用 r0 ~ r3 传递前 4 个参数 a、b、c、d，其余参数 e、f 在堆栈上传递。在进入被调用的函数后，堆栈顶部按照地址递增的顺序包含参数 e 和 f。被调用的函数首先通过将 LR、FP 保存在堆栈上并使 FP（r12）指向保存的 LR 来建立堆栈帧。现在，参数 e 和 f 分别为 FP+4 和 FP+8。sum 函数简单地将 r0 中的所有参数相加并返回到调用方。

（1）C2.3 的 t.c 文件。

```
    /************* 程序 C2.3 的 t.c 文件 ************/
int g;                              // 未初始化的全局变量
int main()
{
    int a, b, c, d, e, f;          // 局部变量
    a = b = c =d =e = f = 1;       // 值无关紧要
    g = sum(a,b,c,d,e,f);          // 调用 sum()，传递 a、b、c、d、e、f
}
```

（2）C2.3 的 ts.s 文件。

```
/************ 程序 C2.3 的 ts.s 文件 ***********/
        .global start, sum
start:  ldr sp, =stack_top
        bl  main            // 在C语言中调用main()
stop:   b stop

sum:  // int sum(int a,b,c,d,e,f){ return a+b+e+d+e+f;}
// 进入时，堆栈顶部包含 e、f，由 main() 在 C 中传递
// 建立堆栈帧
      stmfd sp!, {fp, lr}  // 压入 fp、lr
      add   fp, sp, #4     // fp-> 保存在堆栈上的 lr
// 计算所有（6 个）参数的总和
      add   r0, r0, r1     // 前 4 个参数位于 r0~r3 中
      add   r0, r0, r2
      add   r0, r0, r3
      ldr   r3, [fp, #4]   // 将 e 加载到 r3
      add   r0, r0, r3     // 将 r3 加到 r0 中
      ldr   r3, [fp, #8]   // 将 f 加载到 r3
      add   r0, r0, r3     // 将 r3 加到 r0 中
// 返回调用方
      sub   sp, fp, #4     // sp = fp-4（指向已保存的 FP）
      ldmfd sp!, {fp, pc}  // 返回调用方
```

需要注意的是，在 C2.3 程序中，sum( ) 函数并不保存 r0 ～ r3，而是直接使用它们。因此，代码应该比由 ARM GCC 编译器生成的代码更有效。这是否意味着我们应该用汇编语言来编写所有的程序呢？答案当然是响亮的一声“不”。读者应该很容易找出其中的原因。

（3）将 t.c 和 ts.s 编译链接为可执行文件。

```
arm-none-eabi-as -o ts.o ts.s                        # 汇编 ts.s
arm-none-eabi-gcc -c t.c                             # 将 t.c 编译成 t.o
arm-none-eabi-ld -T t.ld -o t.elf t.o ts.o           # 链接到 t.elf 文件
arm-none-eabi-objcopy -O binary t.elf t.bin # 将 t.elf 转换为 t.bin
```

（4）与前面一样，运行 t.bin 并在 ARM 虚拟机上检查结果。

2.7.3.5 从汇编调用 C 函数

如果遵循 C 的调用约定，则使用汇编中的参数来调用 C 函数也很容易。下面的程序 C2.4 展示了如何从汇编中调用 C 函数。

```
/*********** 程序 2.4 的 t.c 文件 ****************/
int sum(int x, int y){ return x + y; }    // t.c 文件

/*********** 程序 C2.4 的 ts.s 文件 *************/
     .text
     .global start, sum
start:
      ldr sp, = stack_top // 需要一个堆栈才能进行调用
      ldr r2, =a
      ldr r0, [r2]        // r0 = a
      ldr r2, =b
```

```
        ldr r1, [r2]          // r1 = b
        bl sum                // c = sum(a,b)
        ldr r2, =c
        str r0, [r2]          // 将返回值存储在 c 中
stop: b    stop

        .data
a:      .word 1
b:      .word 2
c:      .word 0
```

2.7.3.6 内联汇编

在以上示例中，我们将汇编代码写成一个单独的文件。大多数 ARM 工具链均基于 GCC。GCC 编译器支持内联汇编，为了方便起见，通常在 C 代码中使用它。内联汇编的基本格式是：

```
__asm__("assembly code");  or simply  asm("assembly code");
```

如果汇编代码有多行，则语句用 \n \t 分隔，如

```
asm("mov %r0, %r1\n\t;  add %r0,#10,r0\n\t");
```

内联汇编代码也可以指定操作数。此类内联汇编代码的模板是：

```
asm ( 汇编器模板
 : 输出操作数
 : 输入操作数
 : 破坏寄存器列表
 );
```

汇编语句可以指定输出和输入操作数，它们分别被引用为 %0 和 %1。例如以下代码段。

```
int a, b=10;
asm("mov %1,%%r0; mov %%r0,%0;"   // 将 %% REG 用于寄存器
     :"=r"(a)                     // 输出必须具有 =
     :"r"(b)                      // 输入
     :"%r0"                       // 破坏寄存器
   );
```

在上面的代码段中，%0 表示 a，%1 表示 b，%%r0 表示 r0 寄存器。约束运算符 “r” 表示将寄存器用于操作数。其还告诉 GCC 编译器，内联代码将破坏 r0 寄存器。尽管我们可能会在 C 程序中插入相当复杂的内联汇编代码，但是过度使用它可能会降低程序的可读性。在实践中，仅当代码非常短时才应使用内联汇编。单个汇编指令或预期的操作涉及 CPU 控制寄存器。在这种情况下，内联汇编代码不仅清晰，而且比调用汇编函数更有效。

2.8 设备驱动程序

仿真的 ARM Versatilepb 板是一个虚拟机。它的行为就像真实的硬件系统一样，但是没有用于仿真外围设备的驱动程序。为了在实际系统或虚拟系统上进行任何有意义的编程，我们必须实现设备驱动程序来支持基本的 I/O 操作。在本书中，我们将通过一系列编程示例为最常用的外围设备开发驱动程序。其中包括用于 UART 串行端口、计时器、LCD 显示器、键盘和多媒体 SD 卡的驱动程序，SD 卡稍后将用作文件系统的存储设备。一个实用的设备驱动程序应使用中断。当我们在第 3 章中讨论中断和中断处理时，将讨论中断驱动的设备驱动程序。接下来，我们将通过轮询展示一个简单的 UART 驱动程序和一个不使用中断的 LCD 驱动程序。为此，有必要了解 ARM Versatile 系统的体系结构。

2.8.1　系统内存映射

ARM 系统体系结构使用内存映射的 I/O。其在系统内存映射中为每个 I/O 设备分配了一块连续的内存。每个 I/O 设备的内部寄存器都以相对于设备基址的偏移量进行访问。表 2.1 列出了 ARM Versatile/926EJ-S 板的（精简版）内存映射（ARM 926EJ-S 2016）。在内存映射中，I/O 设备从 256MB 开始占据 2MB 的区域。

表 2.1　ARM Versatile/ARM926EJ-S 的内存映射（部分）

MPMC 片选 0，128MB SRAM	0x00000000	128MB
MPMC 片选 1，128MB 扩展 SRAM	0x08000000	128MB
系统寄存器	0x10000000	4KB
二级中断控制器（SIC）	0x10003000	4KB
多媒体卡接口 0（MMCID）	0x10005000	4KB
键盘 / 鼠标接口 0（keyboard）	0x10006000	4KB
保留（UART 3 接口）	0x10009000	4KB
以太网接口	0x10010000	64KB
USB 接口	0x10020000	64KB
彩色 LCD 控制器	0x10120000	64KB
DMA 控制器	0x10130000	64KB
向量中断控制器（PIC）	0x10140000	64KB
系统控制器	0x101E0000	4KB
看门狗接口	0x101E1000	4KB
计时器模块 0 和 1 接口（计时器 1 起始于 0x101E2020）	0x101E2000	4KB
计时器模块 2 和 3 接口（计时器 3 起始于 0x101E3020）	0x101E3000	4KB
GPIO 接口（端口 0）	0x101E4000	4KB
GPIO 接口（端口 1）	0x101E5000	4KB
GPIO 接口（端口 2）	0x101E6000	4KB
UART 0 接口	0x101F1000	4KB
UART 1 接口	0x101F2000	4KB
UART 2 接口	0x101F3000	4KB
SSMC 静态扩展内存	0x20000000	256MB

2.8.2　GPIO 编程

大多数基于 ARM 的系统板都提供通用输入输出（General Purpose Input-Output，GPIO）引脚作为系统的 I/O 接口。某些 GPIO 引脚可以配置为输入，也可以将其他引脚配置为输出。在许多入门级嵌入式系统课程中，编程任务和课程项目通常是对小型嵌入式系统板的 GPIO 引脚进行编程，以使其与某些实际设备（例如开关、传感器、LED 和继电器等）进行交互。与其他 I/O 设备相比，GPIO 编程相对简单。GPIO 接口（例如，许多早期嵌入式系统板上使用的 LPC2129 GPIO MCU）由 4 个 32 位寄存器组成。

GPIODIR：设置引脚方向（输入为 0，输出为 1）。

GPIOSET：将引脚电压电平设置为高（3.3V）。

GPIOCLR：将引脚电压电平设置为低（0V）。

GPIOPIN：读取该寄存器将返回所有引脚的状态。

GPIO 寄存器可以通过（内存映射的）基址的字偏移量来访问。在 GPIO 寄存器中，每个位对应一个 GPIO 引脚。根据 IODIR 中的方向设置，每个引脚都可以连接到适当的 I/O 设备。

作为一个特定的示例，假设我们想要使用 GPIO 引脚 0 作为输入，该引脚连接到一个反弹跳开关（de-bounced switch），而使用引脚 1 作为输出，它连接到一个具有 +3.3V 电压源和一个限流电阻的 LED（地侧）。我们可以对 GPIO 寄存器进行如下的编程。

GPIODIR：bit0 = 0（输入），bit1 = 1（输出）。

GPIOSET：所有位 = 0（没有引脚被设置为高电平）。

GPIOCLR：bit1 = 1（设置为 LOW 或地）。

GPIOPIN：读取引脚状态，检查引脚 0 是否有输入。

同样，我们可以对其他引脚进行编程以实现所需的 I/O 功能。可以使用汇编代码或 C 语言对 GPIO 寄存器进行编程。给定 GPIO 基址和寄存器偏移量，编写 GPIO 控制程序应该相当容易：

- 如果按下或关闭输入开关，则打开 LED；
- 如果释放或打开输入开关，则关闭 LED。

我们将该案例和其他 GPIO 编程案例作为本章的思考题。在某些系统中，GPIO 接口可能更复杂，但编程原理是相同的。例如，在 ARM Versatilepb 板上，GPIO 接口被安排在称为端口（端口 0 至端口 2）的单独组中，这些组的基址为 0x101E4000 ～ 0x101E6000。每个端口提供 8 个 GPIO 引脚，这些引脚由一个（8 位）GPIODIR 寄存器和一个（8 位）GPIODATA 寄存器控制。GPIO 输入可以使用中断，而不是检查输入引脚的状态。尽管 GPIO 编程对学生来说很有趣并且具有启发性，但它只能在真实的硬件系统上执行。由于仿真的 ARM 虚拟机没有 GPIO 引脚，所以我们只能描述 GPIO 编程的一般原理。但是，所有 ARM 虚拟机都支持多种其他 I/O 设备。接下来，我们将展示如何开发此类设备的驱动程序。

2.8.3 串行 I/O 的 UART 驱动程序

依靠 QEMU 监视器命令来显示寄存器和存储器内容非常烦琐。如果我们可以开发设备驱动程序来直接进行 I/O，那就更好了。在下一个示例程序中，我们将在仿真的串行终端上为 I/O 编写一个简单的 UART 驱动程序。ARM Versatile 板支持 4 个用于串行 I/O 的 PL011 UART 设备（ARM PL011 2016）。每个 UART 设备在系统内存映射中都有一个基址。这 4 个 UART 的基址分别为

```
UART0: 0x101F1000
UART1: 0x101F2000
UART2: 0x101F3000
UART3: 0x10090000
```

每个 UART 都有许多寄存器，这些寄存器距基址有字节偏移。以下列出了最重要的 UART 寄存器。

```
0x00 UARTDR    数据寄存器：用于读取 / 写入字符
0x18 UARTFR    标志寄存器：TxEmpty、RxFull 等
0x24 UARIBRD   波特率寄存器：设置波特率
0x2C UARTLCR   线路控制寄存器：每个字符的位数、奇偶校验等
0x38 UARTIMIS  中断屏蔽寄存器：用于 TX 和 RX 中断
```

通常，必须通过以下步骤初始化 UART。

（1）将除数值写入波特率寄存器以获得所需的波特率。ARM PL011技术参考手册列出了以下用于常用波特率的整数除数（基于7.38MHz UART时钟）：

```
0x4 = 1152000, 0xC = 38400, 0x18 = 192000, 0x20 = 14400, 0x30 = 9600
```

（2）写入行控制寄存器以指定每个字符的位数和奇偶校验，例如：每个字符8位，没有奇偶校验。

（3）写入中断屏蔽寄存器以启用/禁用RX和TX中断。

当使用仿真的ARM Versatilepb板时，QEMU似乎自动将默认值用于波特率和线路控制参数，从而使步骤1和2成为可选步骤或不必要步骤。实际上，已经观察到将任何值写入整数除数寄存器（0x24）都是可行的，但这并不是实际系统中UART的标准。对于仿真的Versatilepb板，我们需要做的是对中断屏蔽寄存器进行编程（如果使用中断），并在串行I/O期间检查标志寄存器。首先，我们将通过轮询实现UART I/O，它仅检查标志状态寄存器。在第3章中，当讨论中断和中断处理时，将介绍中断驱动的设备驱动程序。在开发设备驱动程序时，我们可能需要使用汇编代码才能访问CPU寄存器和接口硬件。但是，我们仅在绝对必要时才使用汇编代码。只要有可能，我们都将在C中实现驱动程序代码，从而使汇编代码的数量保持最少。UART驱动程序和测试程序C2.5由以下组件组成。

（1）**ts.s文件**：当ARM CPU启动时，它处于超级用户模式或SVC模式。ts.s文件设置SVC模式堆栈指针并在C中调用main()。

```
        .global start, stack_top  // 在t.ld中定义的stack_top
start:
        ldr sp, =stack_top // 设置SVC模式堆栈指针
        bl  main           // 在C语言中调用main()
        b .                // 如果main()返回，则循环
```

（2）**t.c文件**：该文件包含main()函数，该函数初始化UART并将UART 0用于串行端口上的I/O。

```
/************* C2.5的t.c文件 **************/
int v[] = {1,2,3,4,5,6,7,8,9,10}; // 数据数组
int sum;


#include "string.c"  // 包含strlen()、strcmp()等
#include "uart.c"    // UART驱动程序代码文件



int main()
{
  int i;
  char string[64];
  UART *up;
  uart_init();        // 初始化UART
  up = &uart[0];      // 测试UART0
  uprints(up, "Enter lines from serial terminal 0\n\r");
  while(1){
     ugets(up, string);
     uprints(up, "   ");
```

```
        uprints(up, string);
        uprints(up, "\n\r");
        if (strcmp(string, "end")==0)
           break;
    }
    uprints(up, "Compute sum of array:\n\r");
    sum = 0;
    for (i=0; i<10; i++)
      sum += v[i];
    uprints(up, "sum = ");
    uputc(up, (sum/10)+'0'); uputc(up, (sum%10)+'0');
    uprints(up, "\n\rEND OF RUN\n\r");
}
```

（3）**uart.c 文件**：该文件实现了一个简单的 UART 驱动程序。驱动程序使用 UART 数据寄存器来输入 / 输出字符，并检查标志寄存器的设备就绪状态。下面列出了 UART 寄存器内容的含义。

数据寄存器（偏移量 0x00）：数据输入（读）/ 数据输出（写）。

标志寄存器（偏移量 0x18）：UART 端口的状态。

```
   7    6    5    4    3     2     1     0
| TXFE RXFF TXFF RXFE BUSY   -     -     -  |
```

其中 TXFE = TX 缓冲区为空，RXFF = RX 缓冲区已满，TXFF = TX 缓冲区已满，RXFE = RX 缓冲区为空，BUSY = 设备正忙。

访问寄存器各个位的标准方法是将它们定义为符号常量，例如

```
#define TXFE 0x80
#define RXFF 0x40
#define TXFF 0x20
#define RXFE 0x10
#define BUSY 0x08
```

然后使用它们作为位掩码来测试标志寄存器的各个位。下面展示了 UART 驱动程序代码。

```
/******** C2.5 的 uart.c 文件：UART 驱动程序代码 ********/
/*** UART 寄存器距 char * base 的字节偏移量 ***/
#define UDR   0x00
#define UFR   0x18
typedef volatile struct uart{
  char *base;               // 基址；作为 char*
  int  n;                   // uart 数字 0~3
}UART;
UART uart[4];               // 4 个 UART 结构

int uart_init()             // UART 初始化函数
{
  int i; UART *up;
  for (i=0; i<4; i++){      // uart0 和 uart2 相邻
    up = &uart[i];
    up->base = (char *)(0x101F1000 + i*0x1000);
    up->n = i;
  }
```

```
    uart[3].base = (char *)(0x10009000); // uart3 位于 0x10009000
}

int ugetc(UART *up)              // 从 up 指向的 UART 输入字符
{
    while (*(up->base+UFR) & RXFE);    //如果 UFR 是 REFE，则循环
    return *(up->base+UDR);            // 在 UDR 中返回一个字符
}

int uputc(UART *up, charc)             // 向 up 指向的 UART 输出一个字符
{
    while (*(up->base+UFR) & TXFF);    // 如果 UFR 是 TXFF，则循环
    *(up->base+UDR) = c;               // 将字符写入数据寄存器
}

int upgets(UART *up, char *s)    // 输入一个字符串
{
    while ((*s = ugetc(up)) != '\r') {
        uputc(up, *s);
        s++;
    }
    *s = 0;
}

int uprints(UART *up, char *s)     // 输出一个字符串
{
    while (*s)
        uputc(up, *s++);
}
```

（4）**链接器脚本文件**：链接器脚本文件 t.ld 与程序 C2.2 中的相同。

（5）**mk 和运行脚本文件**：mk 脚本文件也与 C2.2 中的相同。对于一个串行端口，运行脚本为：

```
qemu-system-arm -M versatilepb -m 128M -kernel t.bin -serial mon:stdio
```

要获取更多串行端口，请在命令行中添加 -serial /dev/pts/1 -serial /dev/pts/2 等。在 Linux 下，打开 xterm 作为伪终端。输入 Linux ps 命令查看伪终端的 pts/n 号，它必须与 QEMU 的 -serial /dev/pts/n 选项中的 pts/n 号匹配。在每个伪终端上，都有一个正在运行的 Linux sh 进程，它将获取到终端的所有输入。要使用伪终端作为串行端口，必须使 Linux sh 进程处于非活动状态。这可以通过输入 Linux sh 命令来完成：

```
sleep 1000000
```

这会使 Linux sh 进程睡眠很长时间。然后，伪终端可用作 QEMU 的串行端口。

2.8.3.1 UART 驱动程序演示

在 uart.c 文件中，每个 UART 设备都由一个 UART 数据结构表示。到目前为止，UART 结构仅包含一个基址和一个单元 ID 号。在 UART 初始化期间，每个 UART 结构的基址被设置为 UART 设备的物理地址。UART 寄存器在 C 语言中以 *（up->base+OFFSET）来访问。驱动程序由 2 个基本 I/O 函数 ugetc( ) 和 uputc( ) 组成。

（1）int ugetc（UART * up）：这个函数从 UART 端口返回一个字符。它将循环直到

UART 标志寄存器不再是 RXFE，这表明数据寄存器中有一个字符。然后，它读取数据寄存器，将 RXFF 位清零并将 FR 中的 RXFE 位置 1，并返回该字符。

（2）int uputc(UART * up，c)：这个函数将一个字符输出到 UART 端口。它一直循环直到 UART 的标志寄存器不再是 TXFF，表明 UART 准备发送另一个字符。然后，它将该字符写入数据寄存器以便传输出去。

函数 ugets( ) 和 uprints( ) 用于字符串或行的 I/O。它们基于 ugetc( ) 和 uputc( )。这是开发 I/O 函数的典型方式。例如，使用 gets( )，我们可以实现一个 int itoa(char *s) 函数，该函数将数字序列转换为整数。同样，使用 putc( )，我们可以实现用于格式化输出等的 printf( ) 函数。我们将在下一节的 LCD 驱动程序中开发和演示 printf( ) 函数。图 2.6 展示了运行 C2.5 程序的输出，它演示了 UART 驱动程序。

```
Enter lines from serial termianl 0
test UART driver    test UART driver
a new test line    a new test line
end    end
Compute sum of 10 integers:
sum = 55
END OF RUN
```

图 2.6　UART 驱动程序演示

2.8.3.2　TCP/IP telnet 会话用作 UART 端口

除了伪终端，QEMU 还支持 TCP/IP telnet 会话作为串行端口。首先运行以下代码：

```
qemu-system-arm -M versatilepb -m 128M -kernel t.bin \
-serial telnet:localhost:1234,server
```

当 QEMU 启动时，它将等待直到建立 telnet 连接。在另一个（X 窗口）终端上，输入 telnet localhost 1234 进行连接。然后，从 telnet 终端输入线路。

2.8.4　彩色 LCD 驱动程序

ARM Versatile 板支持彩色 LCD，并使用 ARM PL110 彩色 LCD 控制器（ARM PrimeCell 彩色 LCD 控制器 PL110，ARM926EF-S 的 ARM Versatile 应用底板）。在 Versatile 板上，LCD 控制器位于基址 0x10120000。它具有多个时序寄存器和控制寄存器，可以对其进行编程以提供不同的显示模式和分辨率。要使用 LCD，必须正确设置控制器的时序寄存器和控制寄存器。ARM 的 Versatile 应用底板手册为 VGA 和 SVGA 模式提供了以下时序寄存器设置。

```
模式  分辨率       OSC1      timeReg0    timeReg1    timeReg2
--------------------------------------------------------------
VGA   640x480    0x02C77   0x3F1F3F9C  0x090B61DF  0x067F1800
SVGA  800x600    0x02CAC   0x1313A4C4  0x0505F6F7  0x071F1800
--------------------------------------------------------------
```

LCD 的帧缓冲区地址寄存器必须指向内存中的帧缓冲区。每像素 24 位，每个像素由一个 32 位整数表示，其中较低的 3 个字节是像素的 BGR 值。对于 VGA 模式，所需的帧缓冲区大小为 1220KB。对于 SVGA 模式，所需的帧缓冲区大小为 1895KB。为了同时支持 VGA 和 SVGA 模式，我们将分配大小为 2MB 的帧缓冲区。假设系统控制程序在物理内存的最低 1MB 运行，则我们将为帧缓冲区分配 2 ～ 4MB 的内存区域。在 LCD 控制寄存器（0x1010001C）中，bit0 为 LCD 启用，bit11 为开机状态，两者都必须设置为 1。其他位用于字节顺序、每个像素的位数、单色或彩色模式等。在 LCD 驱动器中，对于每个像素的 24

位，bit3 ~ 1 被设置为 101，默认情况下，其他所有位都是 0，默认为小端字节顺序。读者可以查阅 LCD 技术手册，了解各种位的含义。需要注意的是，虽然 ARM 手册中列出了位于 0x1C 处的 LCD 控制寄存器，但实际上在 QEMU 的 Versatilepb 板上是 0x18。造成这种差异的原因尚不清楚。

2.8.4.1　显示图像文件

作为内存映射的显示设备，LCD 可以同时显示图像和文本。实际上，显示图像比显示文本容易得多。显示图像的原理很简单。图像由 H（高）乘 W（宽）（像素）组成，其中 H ≤ 480 且 W ≤ 640（对于 VGA 模式）。每个像素由 3 字节 RGB 颜色值指定。要显示图像，只需提取每个像素的 RGB 值并将它们写入显示帧缓冲区中的相应像素位置。有许多不同的图像文件格式，例如 BMP、JPG、PNG 等。用于 Microsoft Windows 的应用程序通常使用 BMP 图像。JPG 图片因其较小的尺寸在互联网网页中很受欢迎。每个图像文件都有一个包含图像信息的头文件。原则上，读取文件标题然后提取图像文件的像素应该相当容易。但是，许多图像文件通常是压缩格式的，例如 JPG 文件，必须先对其进行解压缩。此处的目的是展示 LCD 驱动程序，而不是操纵图像文件，因此由于图像格式简单，我们将仅使用 24 位彩色 BMP 文件。表 2.2 展示了 BMP 文件的格式。

表 2.2　BMP 文件格式

偏　移	大　小	说　明
	---------------- 14 字节的文件头 ----------------	
0	2	签名（“MB”）
2	4	BMP 文件的大小（以字节为单位）
6	2	保留（0）
8	2	保留（0）
10	4	以字节为单位的图像数据起始偏移量
	---------------- 40 字节的图像头 ----------------	
14	4	图像头的大小（40）
18	4	图像宽度（以像素为单位）
22	4	图像高度（以像素为单位）
26	2	图像面数（1）
28	2	每个像素的位数（24）
	---------------- 其他字段 ----------------	
50	4	重要颜色数（0）
	---------------- 图像行 ----------------	
54 到文件末尾：图像行		

一个 24 位彩色 BMP 图像文件是未压缩的。它以一个 14 字节的文件头开始，其中前两个字节是 BMP 文件签名“M”和“B”，表明它是一个 BMP 文件。在文件头之后是一个 40 字节的图像头，其中包含图像的宽度（W）和高度（H），以像素为单位，分别在字节偏移 18 和 22 处。图像头还包含其他信息，对于简单的 BMP 文件，可以忽略这些信息。紧跟在图像头之后的是在 H 行中排列的图像像素的 3 字节 BGR 值。在 BMP 文件中，图像倒置存储。图像文件中的第一行实际上是图像的底部行。每一行包含（W × 3）提升为 4 字节的倍数。示例程序读取 BMP 图像并将其显示在 LCD 上。由于 LCD 在 VGA 模式下只能显示 640 像素 × 480 像素，所以可以缩小尺寸以显示较大的图像，例如缩小为原始大小的 1/2 或 1/4。

2.8.4.2 包含二进制数据段

原始图像文件可以作为二进制数据段包含在可执行映像中。假设 IMAGE 是原始图像文件。以下步骤展示了如何将其作为可执行图像中的二进制数据段包括在内。

（1）通过 objcopy 将原始数据转换为目标代码。

```
arm-none-eabi-objcopy -I binary -O elf32-littlearm -B arm IMAGE image.o
```

（2）将目标代码作为二进制数据段包含在链接器脚本文件中。

```
#---- 链接器脚本文件 t.ld -------#
ENTRY(resset_start)
SECTIONS
{   . = 0x10000;
   .text : { ts.o  *( .text) }
   .data : { *(.data) }
   .bss  : { *(.bss)  }
   .data : { image.o  } /* 包括 image.o 作为数据段 */
    /* 栈区 */
}
```

2.8.4.3 编程示例 C2.6: LCD 驱动程序

示例程序 C2.6 实现了一个 LCD 驱动器，该驱动器显示原始图像文件。该程序由以下组件组成。

（1）**ts.s 文件**：由于驱动程序不使用中断，也不尝试处理任何异常，所以无须设置异常向量。进入程序后，它将设置 SVC 模式堆栈并在 C 中调用 main( )。

```
/*********** C2.6 的 ts.s 文件 *********/
      .global reset_start
reset_start:
  LDR sp, =stack_top    // 设置 SVC 堆栈指针
  BL main
  B .
```

（2）**vid.c 文件**：这是 LCD 驱动程序。它将 LCD 寄存器初始化为 640 × 480 分辨率的 VGA 模式，并将帧缓冲区大小设置为 2MB。它还包括分辨率为 800 × 600 的 SVGA 模式的代码，但已将它们注释掉。

```
/************** C2.6 的 vid.c 文件 ******************/
int volatile *fb;
int WIDTH = 640; // 默认为 640x480 的 VGA 模式
int fbuf_init(int mode)
{
   fb = (int *)(0x200000); // 2MB 至 4MB
   //***************** 用于 640x480 VGA ****************/
    *(volatile unsigned int *)(0x1000001c) = 0x2C77;
    *(volatile unsigned int *)(0x10120000) = 0x3F1F3F9C;
    *(volatile unsigned int *)(0x10120004) = 0x090B61DF;
    *(volatile unsigned int *)(0x10120008) = 0x067F1800;
   }
    /***************** 用于 800x600 SVGA ****************
    *(volatile unsigned int *)(0x1000001c) = 0x2CAC;
```

```
    *(volatile unsigned int *)(0x10120000) = 0x1313A4C4;
    *(volatile unsigned int *)(0x10120004) = 0x0505F6F7;
    *(volatile unsigned int *)(0x10120008) = 0x071F1800;
   }
   ***************************************************/
   *(volatile unsigned int *)(0x10120010) = 0x200000; // fbuf
   *(volatile unsigned int *)(0x10120018) = 0x82B;
}
```

（3）**uart.c 文件**：这与示例 C2.5 中的 UART 驱动程序相同，不同之处在于它使用基本的 uputc( ) 函数来实现用于格式化输出的 uprintf( ) 函数。

（4）**t.c 文件**：该文件包含 main( ) 函数，其调用 show_bmp( ) 函数以显示图像。在链接器脚本中，两个图像文件 image1 和 image2 作为二进制数据段包含在可执行映像中。图像文件的开始位置可以通过由链接器生成的符号 _binary_imageI_start 进行访问。

```
/************** 程序 C2.6 的 t.c 文件 ******************/
#include "defines.h"    // 设备基地址等
#include "vid.c"        // LCD 驱动器
#include "uart.c"       // UART 驱动程序
extern char _binary_image1_start, _binary_image2_start;
#define WIDTH 640
int show_bmp(char *p, int start_row, int start_col)
{
   int h, w, pixel, rsize, i, j;
   unsigned char r, g, b;
   char *pp;
   int *q = (int *)(p+14);     // 跳过 14 字节的文件头
   w = *(q+1);                 // 图片宽度（以像素为单位）
   h = *(q+2);                 // 图片高度（以像素为单位）
   p += 54;                    // p-> 图片中的像素
   //BMP 图像上下颠倒，每行是 4 字节的倍数
   rsize = 4*((3*w + 3)/4);    // 4 的倍数
   p += (h-1)*rsize;           // 最后一行像素
   for (i=start_row; i<start_row + h; i++){
     pp = p;
     for (j=start_col; j<start_col + w; j++){
       b = *pp; g = *(pp+1); r = *(pp+2); // BRG 值
       pixel = (b<<16) | (g<<8) | r;      // 像素值
       fb[i*WIDTH + j] = pixel; // 写入帧缓冲区
       pp += 3;                // 将 pp 前进到下一个像素
     }
     p -= rsize;               // 到前一行
   }
   uprintf(\nBMP image height=%d width=%d\n", h, w);
}
int main()
{
   char c,* p;
   uart_init();           // 初始化 UART
   up = upp[0];           // 使用 UART0
   fbuf_init();           // 默认为 VGA 模式
```

```
    while(1){
      p = &_binary_image1_start;
      show_bmp(p, 0, 80); // 显示 image1
      uprintf("enter a key from this UART : ");
      ugetc(up);
      p = &_binary_image2_start;
      show_bmp(p,120, 0); // 显示 image2
    }
    while(1);              // 循环 here
}
```

（5）**mk 脚本文件**：mk 脚本为图像文件生成目标代码，这些目标代码作为二进制数据节包含在可执行映像中。

C2.6 的 mk 和运行脚本文件：唯一的新功能是将图像转换为对象文件。

```
arm-none-eabi-objcopy -I binary -O elf32-littlearm -B arm image1 image1.o
arm-none-eabi-objcopy -I binary -O elf32-littlearm -B arm image2 image2.o

arm-none-eabi-as -mcpu=arm926ej-s ts.s -o ts.o
arm-none-eabi-gcc -c -mcpu=arm926ej-s t.c -o t.o
arm-none-eabi-ld -T t.ld ts.o t.o -o t.elf
arm-none-eabi-objcopy -O binary t.elf t.bin
echo ready to go?
read dummy

qemu-system-arm -M versatilepb -m 128 M -kernel t.bin -serial mon:stdio
```

2.8.4.4 在 LCD 上显示图像的演示

图 2.7 展示了在 VGA 模式下运行 C2.6 程序的示例输出。

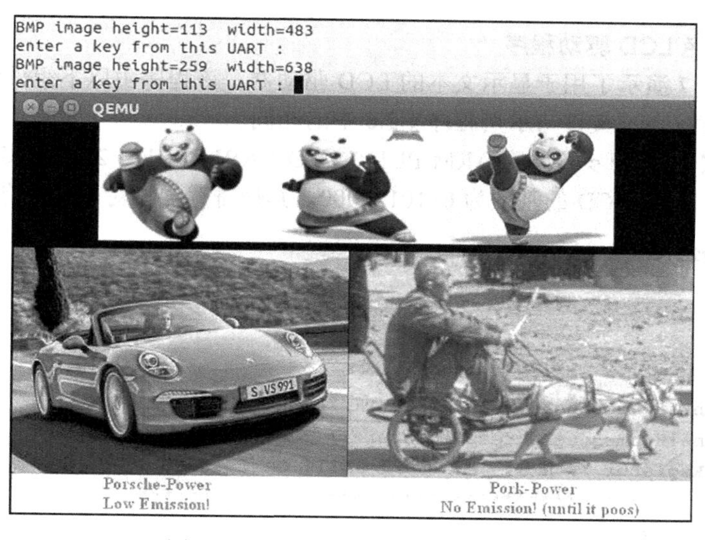

图 2.7 在 LCD 上显示图像的演示

图 2.7 的顶部展示了 UART 端口 I/O，底部展示了 LCD 的显示。程序启动时，它首先在 LCD 的 (row = 0, col = 80) 处显示 image1，并且将图像大小输出到 UART0。从 UART0 输入一个输入键将使其在 (row = 120, col = 0) 显示 image2 等。本章的“思考题”部分列出了图像

显示程序的变体，供有兴趣的读者练习。

2.8.4.5 显示文本

为了显示文本，我们需要一个字体文件，它指定ASCII字符的字体或位模式。字体文件font.bin是128个ASCII字符的原始位图，其中每个字符用8×16的位图表示，即每个字符用16个字节表示，每个字节指定字符扫描线的像素。要显示字符，应使用字符的ASCII码值（乘以16）作为偏移量来访问位图中的字节。然后扫描每个字节中的位。对于每个0位，将BGR = 0x000000（黑色）写入相应的像素。对于每个1位，将BRG = 0x111111（白色）写入像素。除了黑白外，也可以通过向像素写入不同的RGB值来使字符显示其他颜色。

像图像文件一样，原始字体文件也可以作为二进制数据段包含在可执行映像中。另一种方法是首先将位图转换为字符映射。例如，下面的程序bitmap2charmap.c将字体位图转换为字符映射。

```
/**** bitmap2charmap.c ****/
 #include <stdio.h>
 main(int argc, char *argv[ ])
 {
   int i, n; u8 buf[16];
   FILE *fp = fopen(argv[1], "r");   // 打开文件以进行读取
   while((n = fread(buf, 1, 16, fp))){ // 读取16个字节
     for (i=0; i<n; i++)              // 将每个字节写为十六进制
        printf("0x%2x ", buf[i]);
   }
   printf("\n");
 }
```

与原始位图文件（必须先转换为目标文件）不同，字符映射文件的大小较大，但可以直接包含在C代码中。

2.8.4.6 彩色LCD驱动程序

示例程序C2.7演示了用于显示文本的LCD驱动器。该程序由以下组件组成。

（1）**ts.s文件**：ts.s文件与示例程序C2.6中的相同。

（2）**vid.c文件**：vid.c文件为ARM PL110 LCD（ARM PL110 2016）实现驱动程序。在Versatilepb板上，彩色LCD的基址为0x10120000。其他寄存器相对于基址有（u32）偏移量。

```
/******** vid.c 文件: LCD 驱动器 ********/
00  timing0
04  timing1
08  timing2
0C  timing3
10  upperPanelframeBaseAddressRegister // 使用上部面板
14  lowerPanelFrameBaseAddressRegister // 不使用下部面板
18  controlRegister // 注意: QEMU 仿真的 PL110 CR 位于 0x18
*********************************************************/
#define RED     0
#define BLUE    1
#define GREEN   2
#define WHITE   3
extern char _binary_font_start;
int color;
```

```
u8 cursor;
int volatile *fb;
int row, col, scroll_row;
unsigned char *font;
int WIDTH = 640;  // 扫描线宽，默认为640

int fbuf_init()
{
    int i;
    fb = (int *)0x200000;          // 帧缓冲区为2MB~4MB
    font = &_binary_font_start;  // 字体位图
    /********* 用于640x480 VGA模式  *******************/
    *(volatile unsigned int *)(0x1000001c) = 0x2C77;
    *(volatile unsigned int *)(0x10120000) = 0x3F1F3F9C;
    *(volatile unsigned int *)(0x10120004) = 0x090B61DF;
    *(volatile unsigned int *)(0x10120008) = 0x067F1800;
    *(volatile unsigned int *)(0x10120010) = 0x200000; // 2MB处
    *(volatile unsigned int *)(0x10120018) = 0x82B;
    /********** 用于800x600 SVGA 模式 ******************
    *(volatile unsigned int *)(0x1000001c) = 0x2CAC; // 800x600
    *(volatile unsigned int *)(0x10120000) = 0x1313A4C4;
    *(volatile unsigned int *)(0x10120004) = 0x0505F6F7;
    *(volatile unsigned int *)(0x10120008) = 0x071F1800;
    *(volatile unsigned int *)(0x10120010) = 0x200000;
    *(volatile unsigned int *)(0x10120018) = 0x82B;
    **********/
    cursor = 127; // cursor = 字体位图中的第127行
}
int clrpix(int x, int y)   // 清除(x, y)处的像素
{
  int pix = y*640 + x;
  fb[pix] = 0x00000000;
}
int setpix(int x, int y)   // 设置(x, y)处的像素
{
  int pix = y*640 + x;
  if (color==RED)
     fb[pix] = 0x000000FF;
  if (color==BLUE)
     fb[pix] = 0x00FF0000;
  if (color==GREEN)
     fb[pix] = 0x0000FF00;
}
int dchar(unsigned char c, int x, int y) // 显示(x, y)处的字符
{
  int r, bit;
  unsigned char *caddress, byte;
  caddress = font + c*16;
  for (r=0; r<16; r++){
    byte = *(caddress + r);
    for (bit=0; bit<8; bit++){
      if (byte & (1<<bit))
```

```
            setpix(x+bit, y+r);
        }
    }
}
int undchar(unsigned char c, int x, int y) // 删除(x, y)处的字符
{
    int row, bit;
    unsigned char *caddress, byte;
    caddress = font + c*16;
    for (row=0; row<16; row++){
        byte = *(caddress + row);
        for (bit=0; bit<8; bit++){
            if (byte & (1<<bit))
                clrpix(x+bit, y+row);
        }
    }
}
int scroll() // 向上滚动一行(硬方式)
{
    int i;
    for (i=64*640; i<640*480; i++){
        fb[i] = fb[i + 640*16];
    }
}
int kpchar(char c, int ro, int co) // 在(ro, co)输出字符
{
    int x, y;
    x = co*8;
    y = ro*16;
    dchar(c, x, y);
}
int unkpchar(char c, int ro, int co) // 在(ro, co)删除字符
{
    int x, y;
    x = co*8;
    y = ro*16;
    undchar(c, x, y);
}
int erasechar()  // 在(row, col)删除字符
{
    int r, bit, x, y;
    unsigned char *caddress, byte;
    x = col*8;
    y = row*16;
    for (r=0; r<16; r++){
        for (bit=0; bit<8; bit++){
            clrpix(x+bit, y+r);
        }
    }
}
int clrcursor() // 清除(row, col)处的光标
```

```
{
  unkpchar(127, row, col);
}
int putcursor(unsigned char c) // 在(row, col)设置光标
{
  kpchar(c, row, col);
}

int kputc(char c)  // 在光标位置输出字符
{
  clrcursor();
  if (c=='\r'){     // 返回
    col=0;
    putcursor(cursor);
    return;
  }
  if (c=='\n'){     // 换行
    row++;
    if (row>=25){
      row = 24;
      scroll();
    }
    putcursor(cursor);
    return;
  }
  if (c=='\b'){     // 退格
    if (col>0){
      col--;
      erasechar();
      putcursor(cursor);
    }
    return;
  }
  // c是普通字符
  kpchar(c, row, col);
  col++;
  if (col>=80){
    col = 0;
    row++;
    if (row >= 25){
      row = 24;
      scroll();
    }
  }
  putcursor(cursor);
}

// 以下代码实现了用于格式化输出的kprintf()
int kprints(char *s)
{
  while(*s){
    kputc(*s);
```

```
    s++;
  }
}
int krpx(int x)
{
  char c;
  if (x){
     c = tab[x % 16];
     krpx(x / 16);
  }
  kputc(c);
}
int kprintx(int x)
{
  kputc('0'); kputc('x');
  if (x==0)
    kputc('0');
  else
    krpx(x);
  kputc(' ');
}
int krpu(int x)
{
  char c;
  if (x){
     c = tab[x % 10];
     krpu(x / 10);
  }
  kputc(c);
}
int kprintu(int x)
{
  if (x==0)
    kputc('0');
  else
    krpu(x);
  kputc(' ');
}
int kprinti(int x)
{
  if (x<0){
    kputc('-');
    x = -x;
  }
  kprintu(x);
}
int kprintf(char *fmt,...)
{
  int *ip;
  char *cp;
  cp = fmt;
  ip = (int *)&fmt + 1;
```

```
    while(*cp){
      if (*cp != '%'){
        kputc(*cp);
        if (*cp=='\n')
        kputc('\r');
        cp++;
        continue;
      }
      cp++;
      switch(*cp){
      case 'c': kputc((char)*ip);      break;
      case 's': kprints((char *)*ip);  break;
      case 'd': kprinti(*ip);          break;
      case 'u': kprintu(*ip);          break;
      case 'x': kprintx(*ip);          break;
      }
      cp++; ip++;
    }
  }
```

（3）**t.c 文件：**文件 t.c 包含 main( ) 函数和 show_bmp( ) 函数。首先初始化 UART 和 LCD 驱动程序。UART 驱动程序用于从串行端口进行 I/O。出于演示目的，它同时显示到串行端口和 LCD 的输出。在程序启动时，它将在屏幕顶部显示一个小的徽标图像。滚动上限设置为徽标图像下方的一行，以便在向上滚动屏幕时徽标能保留在屏幕上。

```
/************** C2.7 的 t.c 文件 *************/
#include "defines.h"
#include "uart.c"
#include "vid.c"
extern char _binary_panda1_start;
int show_bmp(char *p, int startRow, int startCol){// 和先前一样}
int main()
{
    char line[64];
    fbuf_init();
    char *p = &_binary_panda1_start;
    show_bmp(p, 0, 0); // 显示徽标
    uart_init();
    UART *up = upp[0];
    while(1){
      color = GREEN;
      kprintf("enter a line from UART port : ");
      uprintf("enter line from UART : ");
      ugets(up, line);
      uprintf(" line=%s\n", line);
      color = RED;
      kprintf("line=%s\n", line);
    }
}
```

（4）**t.ld 文件：**链接器脚本包含字体和图像的对象文件作为二进制数据段，类似于示例程序 C2.6。

（5）mk 和运行脚本文件：与 C2.6 的相似。

2.8.4.7 LCD 驱动程序代码说明

LCD 屏幕可视为由 480 × 640 个像素组成的矩形框。每个像素在屏幕上都有一个 (x, y) 坐标。相应地，帧缓冲区 u32 fbuf[ ] 是一个包含 480 × 640 个 u32 整数的存储区域，其中每个整数的低 24 位代表像素的 BGR 值。通过 Mailman 算法（Wang，2015）给出 fbuf[ ] 中像素在 (x, y)=(列 , 行) 处的线性地址或索引。

pixel_index = x + y*640;

LCD 驱动程序的基本显示函数为：

（1）setpix(x, y)：将 (x, y) 处的像素设置为 BGR 值（通过全局颜色变量）。

（2）clrpix(x, y)：通过将 BGR 设置为背景色（黑色）来清除 (x, y) 处的像素。

（3）dchar(char, x, y)：在坐标 (x, y) 上显示字符。每个字符由一个 8 × 16 的位图表示。对于给定的字符值（0 ～ 127），dchar( ) 从位图中获取字符的 16 个字节。对于字节中的每个位，它首先调用 clrpix(x + bitNum, y + byteNum) 来清除像素。这将擦除 (x, y) 处的旧字符（如果有）。否则，它将显示字符的复合位模式，使其不可读。然后，如果该位为 1，则调用 setpix(x + bitNum, y + byteNum) 来设置像素。

（4）erasechar( )：擦除 (x, y) 处的字符。对于内存映射的显示设备，一旦将字符写入帧缓冲区，则它将保留在那里（并因此呈现在屏幕上），直到被擦除为止。对于普通字符，dchar( ) 自动删除原始字符。对于像光标这样的特殊字符，必须先将其删除，然后再将其移动到其他位置。这是通过 erasechar( ) 操作完成的。

（5）kputc(char c)：在当前 (行 , 列) 显示一个字符并移动光标，这可能会导致屏幕上滚。

（6）scroll( )：向上或向下滚动屏幕一行。

（7）光标：在显示文本时，光标允许用户查看下一个字符的显示位置。ARM LCD 控制器没有光标生成器。在 LCD 驱动器中，光标是由特殊字符（ASCII 码 127）模拟的，其中所有像素均为 1，它定义一个实心矩形框作为光标。如果定期（如每 0.5s）打开 / 关闭光标，则可以使光标闪烁，这需要一个计时器。我们将在第 3 章中讨论使用计时器中断来实现计时器时展示闪烁的光标。putcursor( ) 函数将光标绘制在屏幕上的当前 (行 , 列) 位置，而 erasecursor( ) 函数将光标从其当前位置擦除。

（8）printf( ) 函数：对于任何支持基本输出字符操作的输出设备，我们可以实现用于格式化输出的 printf( ) 函数。下面展示了如何开发这样的通用 printf( ) 函数，该函数可用于 UART 和 LCD。首先，我们实现一个 printu( ) 函数，该函数输出无符号整数。

```
char *ctable = "0123456789ABCDEF";
int BASE = 10; // 十进制数字
int rpu(u32 x)
{
    char c;     // 局部变量
    if (x){
       c = ctable[x % BASE];
       rpu(x / BASE);
       putc(c);
    }
}
int printu(u32 x)
{
   (x==0)? putc('0') : rpu(x);
```

```
    putc(' ');
  }
```

函数 rpu（x）递归生成 ASCII 中 x%10 的数字，并将其输出在返回路径上。例如，如果 x = 123，则按‘3’‘2’‘1’的顺序生成数字，并按‘1’‘2’‘3’的原本顺序输出。使用 printu( )，编写 printd( ) 函数以输出带符号的整数变得很简单。通过将 BASE 设置为 16，我们可以使用十六进制输出。假设已经实现了 prints( )、printd( )、printu( ) 和 printx( )。然后我们可以编写一个用于格式化输出的函数：

```
int printf(char *fmt, …)              // 注意函数头中的 3 个点
```

其中 fmt 是包含转换符号 %c，%s，%u，%d，%x 的格式字符串

```
int printf(char *fmt, …) // 大多数 C 编译器需要 3 个点
{
    char *cp = fmt;                   // cp 指向 fmt 字符串
    int *ip = (int *)&fmt +1;         // ip 指向堆栈中的第一项
    while (*cp){                      // 扫描格式字符串
      if (*cp != '%'){                // 输出普通字符
        putc(*cp);
        if (*cp=='\n')                // 对于每个 '\n'
          putc('\r');                 // 输出一个 '\r'
        cp++;
        continue;
      }
      cp++;          // cp 指向转换符号
      switch(*cp){ // 通过 %FORMAT 符号输出项目
        case 'c' :   putc((char  )*ip);  break;
        case 's' : prints((char *)*ip);  break;
        case 'u' : printu((u32   )*ip);  break;
        case 'd' : printd((int   )*ip);  break;
        case 'x' : printx((u32   )*ip);  break;
      }
     cp++; ip++;                      // 前进指针
    }
}
```

2.8.4.8 LCD 驱动程序的演示

图 2.8 展示了运行示例程序 C2.7 的示例输出。它使用 LCD 驱动程序在 LCD 屏幕上同时显示图像和文本。此外，它还使用 UART 驱动程序从串行端口进行 I/O。

图 2.8 在 LCD 上显示文字的演示

2.9 本章小结

本章介绍了ARM体系结构、ARM指令、在ARM中使用汇编语言编程以及在ARM虚拟机上执行的程序的开发。其中包括ARM处理器模式、不同模式下的分组寄存器、指令以及ARM中的基本汇编编程。由于大多数嵌入式系统软件都是通过交叉编译开发的，所以本章引入了ARM工具链，从而使我们能够开发在仿真的ARM虚拟机上执行的程序。我们选择Ubuntu（14.04/15.0）Linux作为程序开发平台，因为它支持最完整的ARM工具链。在ARM虚拟机中，我们选择QEMU下的仿真ARM Versatilepb板，因为它支持基于ARM的真实系统中的许多常用外围设备。然后，通过一系列编程示例，本章展示了如何使用ARM工具链来开发要在ARM Versatilepb虚拟机上执行的程序。本章解释了C中的函数调用约定，并说明了如何将汇编代码与C程序接口。然后，本章为串行端口上的I/O开发了一个简单的UART驱动程序，以及一个用于显示图形图像和文本的LCD驱动程序。本章还展示了通用printf( )函数的开发，该函数用于格式化到支持基本字符输出操作的输出设备的输出。

示例程序列表

C2.1：ARM汇编编程
C2.2：整数数组的求和（汇编程序）
C2.3：从C调用汇编函数
C2.4：从汇编中调用C函数
C2.5：UART驱动程序
C2.6：用于显示图像的LCD驱动器
C2.7：用于显示文本的LCD驱动器

思考题

1. 示例程序C2.2包含3条突出显示的指令：

```
sub  r2, r2, #1        // r2--
cmp  r2, #0            // if (r2 != 0)
bne  loop              //    goto loop;
```

（1）如果删除cmp指令，则该程序将无法运行。为什么?
（2）若将这3行替换为

```
subs  r2, r2, #1
bne loop
```

则会继续运行。为什么?

2. 在程序C2.4的汇编代码中，a、b、c相邻。通过使r2指向第一个字母a来修改汇编代码。然后

（1）通过将r2用作具有偏移量的基址寄存器来访问a、b、c。
（2）通过将r2用作具有后索引寻址的基址寄存器来访问a、b、c。

3. 在示例程序C2.4中，不是在汇编代码中定义a、b、c，而是在t.c文件中将它们定义为初始化的全局变量：

```
int a=1, b=2, c=0;
```

在ts.s文件中将它们声明为全局符号。编译并再次运行该程序。

4. GPIO 编程：假设 BASE 是 GPIO 的基址，并且 GPIO 寄存器位于 IODIR、IOSET、IOCLR、IOPIN 的偏移地址处。以下代码展示了如何在 ARM 汇编代码和 C 中将它们定义为常量。

```
.set BASE, 0x101E4000          // #define BASE 0x101E4000
.set IODIR, 0x000              // #define IODIR 0x000
.set IOSET, 0x004              // #define IOSET 0x004
.set IOCLR, 0x008              // #define IOCLR 0x008
.set IOPIN, 0x00C              // #define IOPIN 0x00C
```

在汇编语言和 C 语言中编写 GPIO 控制程序以执行以下任务。

（1）按照 2.8.2 节中的规定对 GPIO 引脚进行编程。

（2）确定 GPIO 引脚的状态。

（3）修改控制程序，使输入开关关闭时 LED 闪烁。

5. 示例程序 C2.6 假定每个图像尺寸为 h ≤ 640 像素和 width ≤ 480 像素。修改程序以处理更大尺寸的 BMP 图像。

（1）裁切：最多显示 480 像素 × 640 像素。

（2）缩小：将图片尺寸按比例缩小，例如 1/2，但保持相同的 4 : 3 长宽比。

6. 修改示例程序 C2.6，以显示一系列稍有不同的图像，用于进行动画处理。

7. 许多图像文件（例如 JPG 图像）已压缩，必须先解压缩。修改示例程序 C2.6，以显示不同格式的（压缩）图像，例如 JPG 图像文件。

8. 在 C2.7 的 LCD 驱动程序中，定义 tab_size =8。每个 tab 键（\t）扩展为 8 个空格。修改 LCD 驱动程序以支持 tab 键。通过在 printf( ) 调用中包含 \t 来测试修改后的 LCD 驱动程序。

9. 在 C2.7 的 LCD 驱动程序中，向上滚动一行是通过仅复制整个帧缓冲区来实现的。设计一种更有效的方式来实现滚动操作。提示：显示存储器可被视为循环缓冲区。要向上滚动一行，只需按行大小增加帧缓冲区指针。

10. 修改示例程序 C2.7，以显示具有不同字体的文本。

11. 2.7.3.3 节的代码修改示例程序 C2.7 以实现长跳转。使用 UART0 来获取用户输入，但将输出显示到 LCD。验证长跳转是否有效。

12. 在 LCD 驱动程序中，通用 printf( ) 函数定义为

```
int printf(char *fmt, ...);          // 注意 3 个点
```

在 printf( ) 的实现中，它假定所有参数在堆栈上都是相邻的，因此可以线性访问它们。这似乎与 ARM C 的调用约定不一致，后者在 r0 ～ r3 中传递前 4 个参数，并在堆栈上传递其他参数（如果有）。编译 printf( ) 函数代码以生成汇编代码文件。检查汇编代码以验证参数确实在堆栈上相邻。

参考文献

ARM Architectures: http://www.arm.products/processors/instruction-set-architectures, ARM Information Center, 2016.
ARM Cortex-A8: "ARM Cortex-A8 Technical Reference Manual", ARM Information Center, 2010.
ARM Cortex A9 MPcore: "Cortex A9 MPcore Technical Reference Manual", ARM Information Center, 2016.
ARM926EJ-ST: "ARM926EJ-S Technical Reference Manual", ARM Information Center, 2008.
ARM926EJ-ST: "Versatile Application Baseboard for ARM926EJ-S User guide", ARM Information Center, 2010.
ARM PL011: "PrimeCell UART (PL011) Technical Reference Manual", ARM Information Center, 2016.
ARM PrimeCell Color LCD Controller PL110: "ARM Versatile Application Baseboard for ARM926EF-S", ARM Information Center, 2016.
ARM Programming: "ARM Assembly Language Programming", http://www.peter-cockerell.net/aalp/html/frames.html.
ARM toolchain: http://gnutoolchains.com/arm-eabi, 2016.
QEMU Emulators: "QEMU Emulator User Documentation", http://wiki.qemu.org/download/qemu-doc.htm, 2010.

中断和异常处理

每个计算机系统中的 CPU 均被设计为连续执行指令。异常是由 CPU 识别的事件，它将 CPU 从正常执行转移到其他事务，这称为异常处理。中断是一个外部事件，它使 CPU 从正常执行转移到中断处理。从广义上讲，中断是特殊类型的异常。异常和中断之间的唯一区别是，前者可能源自 CPU 本身，而后者总是源自外部。中断对于每个计算机系统都是必不可少的。没有中断，计算机系统将无法响应外部事件，例如用户输入、计时器事件和来自 I/O 设备的服务请求等。大多数嵌入式系统会响应外部事件并在事件发生时对其进行处理。因此，中断和中断处理对于嵌入式系统尤为重要。在本章中，我们将讨论基于 ARM 的系统中的异常、中断和中断处理。

在第 2 章，我们为 LCD 和 UART 开发了简单的驱动程序。LCD 是一个内存映射设备，不使用中断。UART 支持中断，但是简单的 UART 驱动程序对 I/O 使用轮询而不是中断。通过轮询进行的 I/O 的主要缺点是，它不能有效地使用 CPU。当 CPU 通过轮询执行 I/O 时，它一直很忙，无法执行其他任何操作。在计算机系统中，应尽可能通过中断来完成 I/O。在本章中，我们将展示如何把中断处理的原理应用于设计与实现中断驱动的设备驱动程序。

3.1 ARM 异常

3.1.1 ARM 处理器模式

ARM 处理器具有 7 种不同的操作模式，这由当前处理器状态寄存器（CSPR）中的 5 个模式位 [4:0] 确定（ARM Architecture 2016；ARM Processor Architecture 2016）。表 3.1 展示了 ARM 处理器的 7 种模式。

表 3.1 ARM 处理器模式

模 式	模式位	模式用途
USR	0x10	用于在用户模式下运行任务
FIQ	0x11	用于快速中断处理
IRQ	0x12	用于普通中断处理
SVC	0x13	用于操作系统内核的超级用户模式
ABT	0x17	用于处理预取或数据中止
UND	0x1B	用于处理未定义的指令
SYS	0x1F	特权系统模式

在这 7 种模式中，只有用户模式是非特权模式，其他模式均具有特权。ARM 体系结构的一个不寻常的特性是，当 CPU 处于特权模式时，它可以通过简单地改变 CPSR 中的模式位来切换到任何其他模式。当 CPU 处于非特权用户模式时，切换到特权模式的唯一方法是通过异常、中断或 SWI 指令。除系统模式外，每个特权模式都有自己的分组寄存器，而系统模式与用户模式共享同一组寄存器，例如：它们具有相同的堆栈指针（R13）和相同的链

接寄存器（R14）。

3.1.2 ARM 异常类型

异常是处理器识别的事件，它将处理器从正常执行转移到处理异常。在一般意义上，中断也是异常。表 3.2 展示了 ARM 中的 7 种异常类型（保留类型除外）（ARM Processor Architecture 2016）。

表 3.2 ARM 异常

名 称	向 量	描 述	模 式	优先级
Reset	0x00	重置	SVC	1
UND	0x04	未定义的指令	UND	6
SWI	0x08	软中断	SVC	6
PAB	0x0C	预取中止	ABT	5
DAB	0x10	数据异常中止	ABT	2
Reserved	0x14	保留	—	—
IRQ	0x18	中断请求	IRQ	4
FIQ	0x1C	快速中断请求	FIRQ	3

当发生异常时，ARM 处理器执行以下操作。

（1）将 CPSR 复制到 SPSR 中以用于处理异常的模式。

（2）将 CPSR 模式位更改为适当的模式，映射到分组寄存器中并禁用中断。IRQ 始终处于禁用状态，仅当发生 FIQ 并在复位时才禁用 FIQ。

（3）将 LR_mode 寄存器设置为返回地址。

（4）将程序计数器（PC）设置为异常的向量地址。这将强制分支到适当的异常处理程序。

如果同时发生多个异常，则将按照表 3.2 中所示的优先级对其进行处理。以下介绍了异常事件以及 ARM 处理器如何处理异常事件。

- 当处理器启动时，将发生重置事件。这是最高优先级的事件，应该在它发出信号时就开始执行。当进入复位处理程序后，CPSR 处于 SVC 模式，并且 IRQ 和 FIQ 中断都被屏蔽。复位处理程序的任务是初始化系统。这包括设置各种模式的堆栈、配置内存和初始化设备驱动程序等。
- 当内存控制器或 MMU 指示已访问了无效的内存地址时，将发生数据中止（DAB）事件。例如，如果某个地址没有物理内存，或者处理器没有访问内存区域的权限，则会引发数据中止异常。数据中止具有第二高的优先级。这意味着处理器将在处理任何中断之前，先处理数据中止异常。
- 当外部外设将 FIQ 引脚设置为 nFIQ 时，将发生 FIQ 中断。FIQ 中断是最高优先级中断。当进入 FIQ 处理程序后，IRQ 和 FIQ 中断均被禁用。这意味着在处理 FIQ 中断时，除非软件明确启用了其他中断，否则不会发生其他中断。在基于 ARM 的系统中，FIQ 通常用于处理来自极度紧急的单个中断源的中断。允许多个 FIQ 源将破坏 FIQ 的目的。
- 当外部外部设备设置 IRQ 引脚时，会发生 IRQ 中断。IRQ 中断是第二高优先级中断。如果没有 FIQ 中断或数据中止异常，则处理器将处理 IRQ 中断。当进入 IRQ 处理程序时，IRQ 中断被屏蔽。CSPR 的 I 位应保持置位，直到清除当前中断源为止。

- 当尝试加载指令导致存储器故障时，将发生预取中止（PFA）事件。如果指令到达管道的执行阶段，并且没有引发更高的异常 / 中断，则会发生异常。当进入 PFA 处理程序后，将禁用 IRQ，但仍能启用 FIQ，以便在处理 PFA 异常时任何 FIQ 中断都将立即被执行。
- 当成功获取和解码 SWI 指令并且未引发其他更高优先级的异常 / 中断时，将发生 SWI 中断。当进入 SWI 处理程序后，CPSR 将被设置为 SVC 模式。SWI 中断通常用于在 SVC 模式下实现从用户模式到 OS 内核的系统调用。
- 当成功获取和解码 ARM/Thumb 指令集中的一条指令，并且未标记其他任何异常 / 中断时，将发生未定义指令事件。在基于 ARM 的带有协处理器的系统中，ARM 处理器将轮询这些协处理器，以查看它们是否可以处理指令。如果没有协处理器声明该指令，则会引发未定义的指令异常。SWI 和未定义指令具有相同的优先级，因为它们不能同时出现。换句话说，正在执行的指令不能同时是 SWI 和未定义指令。实际上，在调试 ARM 程序时，可以使用未定义指令来提供软件断点。

3.1.3 异常向量表

ARM 处理器使用向量表来处理异常和中断。表 3.3 列出了 ARM 向量表的内容。

表 3.3 ARM 向量表

地 址	异 常	模 式
0x00	重置	SVC
0x04	未定义的指令	UND
0x08	软中断	SVC
0x0C	预取中止	ABT
0x10	数据中止	ABT
0x14	保留	N/A
0x18	IRQ	IRQ
0x1C	FIQ	FIQ

向量表定义了异常和中断处理程序的入口点。向量表位于物理地址 0。许多基于 ARM 的系统从闪存或 ROM 开始执行，这在引导过程中可能将其重新映射为 0xFFFF0000。如果初始向量表在 SRAM 中不为 0，则必须先将其复制到 SRAM，然后再将其重新映射为 0x00000000。这通常是在系统初始化期间完成的。

3.1.4 异常处理程序

向量表的每个条目均包含一条 ARM 指令（B、BL 或 LDR），该指令让处理器使用异常处理程序例程的条目地址来加载 PC。下面的代码展示了典型的向量表内容，其中每个 LDR 指令均使用异常处理程序函数的入口地址来加载 PC。对于保留的向量条目（0x14），分支到自身循环就足够了，因为永远不会发生异常。

```
0x00  LDR PC, reset_handler_addr
0x04  LDR PC, undef_handler_addr
0x08  LDR PC, swi_handler_addr
0x0C  LDR PC, prefetch_abort_handler_addr
0x10  LDR PC, data_abort_handler_addr
0x14  B .
```

```
0x18   LDR PC, irq_handler_addr
0x1C   LDR PC, fiq_handler_addr
reset_handler_addr:             .word reset_handler
undef_handler_addr:             .word undef_handler
swi_handler_addr:               .word swi_handler
prefetch_abort_handler_addr:    .word prefetch_abort_handler
data_abort_handler_addr:        .word data_abort_handler
irq_handler_addr:               .word irq_handler
fiq_handler_addr:               .word fiq_handler
```

当向量使用 LDR 加载处理程序条目地址时，将间接调用处理程序。LDR 必须加载距向量表 4KB 以内的常量，但它可以分支到完整的 32 位地址。B（分支）指令将直接转到处理程序，但它只能分支到 24 位地址。由于 FIQ 向量是向量表中的最后一项，所以 FIQ 处理程序代码可以直接放在 FIQ 向量位置，从而可以快速执行 FIQ 处理程序。

3.1.5 从异常处理程序返回

假设 LDR PC 指令输入了异常 / 中断处理程序，如

```
LDR PC, handler_entry_address
```

当进入异常 / 中断处理程序例程后，处理器会自动将返回地址存储在当前模式的链接寄存器 r14 中。由于 ARM 处理器中的指令管道，存储在链接寄存器中的返回地址包含一个偏移量，必须从链接寄存器中减去该偏移量，以便在异常或中断之前优先返回正确的位置。表 3.4 列出了不同异常的程序计数器偏移量。

表 3.4 程序计数器偏移量

异 常	偏移量	返回 PC
重置	n/a	n/a
数据中止	-8	SUBS pc,lr,#8
FIQ	-4	SUBS pc,lr,#4
IRQ	-4	SUBS pc,lr,#4
预取中止	-4	SUBS pc,lr,#4
SWI	0	MOVS pc,lr
未定义	0	MOVS pc,lr

对于数据中止，返回地址为 PC-8，它指向引起异常的原始指令。对于中断和预取中止，返回地址为 PC-4，因为要在异常之前执行的指令位于当前 PC-4。对于 SWI 和未定义指令，返回地址为当前 LR，因为 ARM 处理器已经执行了 SWI 或未定义指令。对于大多数初学者而言，对 IRQ 和 SWI 返回地址的不统一处理通常会引起混乱。MOV 指令末尾的“S”后缀指定，如果目标寄存器涉及加载 PC，则还应从保存的 SPSR 中恢复 CPSR。

从中断处理程序返回的一种典型方法是在中断处理程序的末尾执行以下指令。

```
SUBS pc, r14_irq, #4
```

这将用 r14_irq-4 加载 PC，前提是 r14_irq 在中断处理程序中未更改。或者，可以在中断处理程序的开始处调整链接寄存器，如下所示。

```
SUB  lr, lr, #4
   <handler code>
MOVS pc, lr
```

一种更广泛使用的方法如下。

```
SUB  lr, lr, #4                  // 从LR中减去4
STMFD sp_irq!,{r0-r12,lr}  // push r0-r12,LR
    <handler code>
LDMFD sp_irq!,{r0-r12,pc}^ // pop  r0-r12,PC,SPSR
```

中断处理程序首先从链接寄存器中减去4，将其保存在堆栈中，然后执行处理程序代码。当处理程序完成后，它将通过带有^符号的LDMFD指令返回中断点，该指令将向PC加载已保存的LR并恢复SPSR，从而导致其返回到中断之前的模式。可以用C编写带有中断属性的中断处理程序，而不是手动从链接寄存器中减去4，如下所示。

```
void __attribute__((interrupt))handler()
{
   // 实际的处理程序代码
}
```

此时，编译器生成的代码将自动调整链接寄存器。

3.2 中断

3.2.1 中断类型

ARM处理器仅接受两个外部中断请求，即FIQ和IRQ。两者都是对处理器的电平敏感的低电平有效信号。为了使CPU能够接受中断，必须将CPSR中的相应中断屏蔽位（I或F）清零。FIQ的优先级高于IRQ，因此在发生多个中断时将首先处理FIQ。处理FIQ会导致IRQ和后续的FIQ被禁用，从而防止在FIQ处理程序退出或明确启用它们之前将其取用。通常，这是通过在FIQ处理程序末尾从SPSR恢复CPSR来完成的。

FIQ向量是向量表中的最后一项。FIQ处理程序代码可以直接放在向量位置，并从该地址开始顺序运行。这避免了分支指令及与其相关的延迟。如果系统具有高速缓存存储器，则向量表和FIQ处理程序可能都被锁定在高速缓存内的一个块中。这很重要，因为FIQ旨在尽快处理中断。每种特权模式都有其自己的分组寄存器r13、r14和SPSR。FIQ模式具有5个额外的分组寄存器（r8～r12），可用于在FIQ处理程序中的调用之间包含信息，从而进一步提高FIQ处理程序的执行速度。

3.2.2 中断控制器

基于ARM的系统通常仅支持一个FIQ中断源，但它可能支持来自不同源的许多IRQ请求。为了支持多个IRQ中断，必须使用一个中断控制器，该控制器可以区分不同的IRQ源，并且仅向CPU提出一个IRQ请求。大多数ARM板卡都具有向量中断控制器（VIC），包括ARM PL190或PL192。VIC提供以下功能：

- 优先安排中断源。
- 支持向量中断。

3.2.2.1 ARM PL190/192 中断控制器

图 3.1 展示了 PL190 VIC 的框图。它支持 16 个向量中断。PL192 VIC 与之类似，但支持 32 个向量中断。

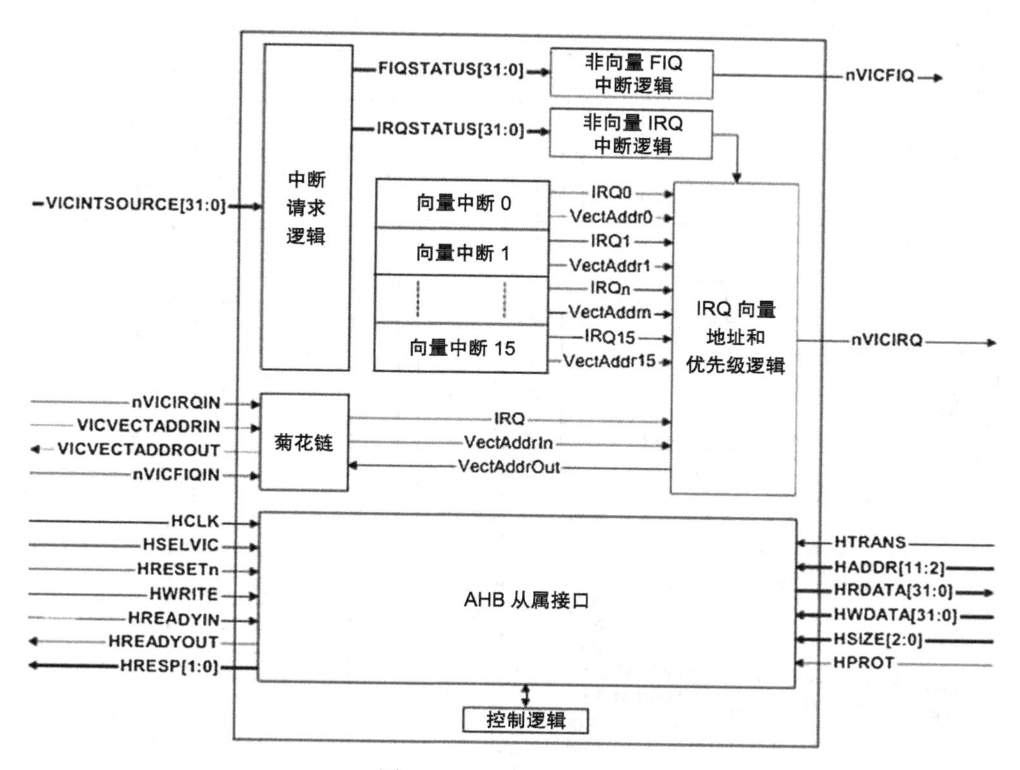

图 3.1 ARM PL190 VIC

3.2.2.2 向量和非向量 IRQ

VIC 接收来自不同源的所有中断请求，并将它们分为 3 类：FIQ、向量 IRQ 和非向量 IRQ。FIQ 具有最高优先级。对于 PL190 VIC，它将接收 16 个中断请求，并在 16 个向量 IRQ 槽（由 IRQ0 ～ IRQ15 表示）中对它们进行优先级排序。每个向量中断都有一个向量地址，由 VectAddr0 ～ VectAddr15 表示。

3.2.2.3 中断优先级

在向量中断中，IRQ0 具有最高优先级，IRQ15 具有最低优先级。非向量 IRQ 的优先级最低。VIC OR 请求来自向量和非向量 IRQ 的请求，以生成到 ARM 核心的 IRQ 信号，如图 3.1 中的 nVICIRQ 线所示。

3.2.3 主中断控制器和辅中断控制器

某些 ARM 板可能包含多个 VIC。例如，ARM926EJ-S 板有两个 VIC：一个主 VIC（PIC）和一个辅 VIC（SIC），如图 3.2 所示。PIC 的大多数输入专用于高优先级中断，例如定时器、GPIO 和 UART。低优先级中断源（例如 USB、以太网、键盘和鼠标）被馈送到 SIC。其中一些中断可能会被路由到 PIC 的 IRQ21 到 IRQ26。优先级较低的中断（例如触摸屏、键盘和鼠标）会被一起路由到 PIC 的 IRQ31。

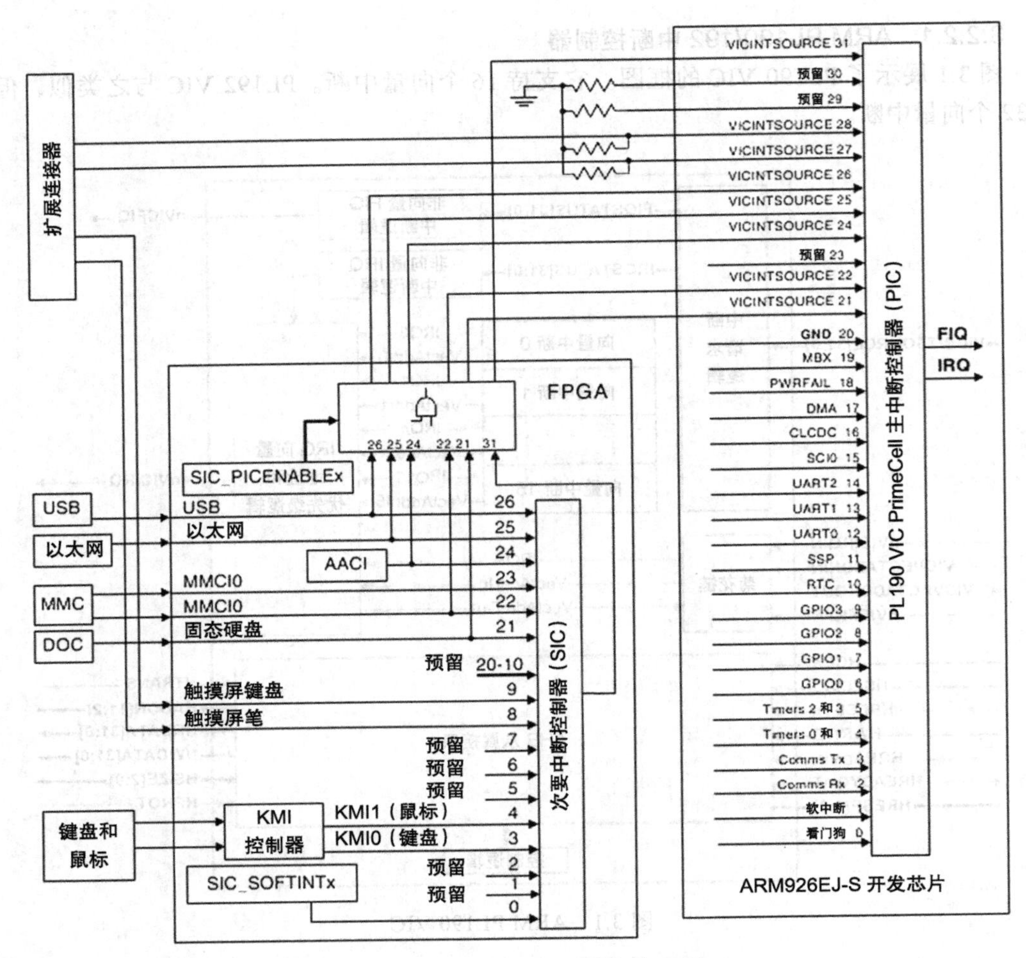

图 3.2　ARM926EJ-S 板上的 VIC

3.3 中断处理

3.3.1　向量表内容

中断向量在异常向量表中。每个中断向量位置均包含一条指令，该指令将中断处理程序的入口地址加载到 PC 中。对于 FIQ 和 IRQ 中断，向量内容为：

```
0x18:   LDR PC, irq_handler_addr
0x1C:   LDR PC, fiq_handler_addr
irq_handler_addr: .word irq_handler
fiq_handler_addr: .word fiq_handler
```

3.3.2　硬件中断序列

当 FIQ 中断发生时，处理器将执行以下操作。

（1）LR_fiq = 下一条要执行的指令的地址 + 4。

（2）SPSR_fiq = CPSR。

（3）CPSR [4:0] = 0x11（FIQ 模式）。

（4）CPSR [5] = 0（在 ARM 状态下执行）。

（5）CPSR [7-6] = 11（禁用 IRQ 和 FIQ 中断）。
（6）PC = 0x1C（执行 FIQ 处理程序）。
同样，当发生 IRQ 中断时，处理器将执行以下操作。
（1）LR_irq = 下一条要执行的指令的地址 + 4。
（2）SPSR_irq = CPSR。
（3）CPSR [4:0] = 0x12（IRQ 模式）。
（4）CPSR [5] = 0（在 ARM 状态下执行）。
（5）CPSR [7-6] = 01（禁用 IRQ，但保持 FIQ 启用）。
（6）PC = 0x18（执行 IRQ 处理程序）。

3.3.3 软件中的中断控制

在讨论中断和中断处理时，有一些常用术语值得我们讨论。

3.3.3.1 启用 / 禁用中断

每个设备都有一个控制寄存器，或者在某些情况下，有一个单独的中断控制寄存器，可以将其编程为允许或不允许设备生成中断请求。如果设备要使用中断，则必须在设备中断控制寄存器中配置启用中断。如果需要，可以明确禁用设备中断。因此，术语启用 / 禁用中断应该仅用于设备。

3.3.3.2 中断屏蔽

当设备向 CPU 发出中断时，CPU 可能会立即接受或不接受该中断，这具体取决于 CPU 状态寄存器中的中断屏蔽位。对于 IRQ 中断，如果 CPSR 寄存器中的 I 位为 0，则 ARM CPU 会接受该中断，这意味着 CPU 的 IRQ 中断是未屏蔽或解除屏蔽的。当 CPSR 的 I 位为 1 时，它不接受中断，这意味着 CPU 屏蔽了 IRQ 中断。被屏蔽的中断不会丢失，它们将保持待处理状态，直到 CPSR 的 I 位变为 0 为止，此时 CPU 将接受中断。因此，当用于 CPU 时，启用 / 禁用中断实际上意味着解除屏蔽 / 屏蔽中断。在大多数文献中，这些术语可以互换使用，但读者应该意识到它们之间的差异。

3.3.3.3 清除设备中断请求

当 CPU 接受 IRQ 中断时，它就开始为该设备执行中断处理程序。在中断处理程序的末尾，必须清除中断请求，这会导致设备放弃其中断请求，从而使其生成下一个中断。通常通过访问某些设备接口寄存器来完成此操作。例如，读取输入设备的数据寄存器会清除设备中断请求。对于某些输出设备，当没有更多数据要输出时，可能有必要明确地禁用设备中断。

3.3.3.4 将 EOI 发送到向量中断控制器

在具有多个中断源的系统中，通常使用向量中断控制器（VIC）来对设备中断进行优先级排序，每个中断都有一个专用的向量地址。在处理当前中断的最后，中断处理程序必须通知 VIC，它已经完成了对当前中断（具有最高优先级）的处理，从而允许 VIC 对待处理的中断请求重新进行优先级排序。这称为将中断结束（EOI）发送到中断控制器。对于 ARM PL190，这可以通过将任意值写入 VIC 的基址 + 0x30 处来实现。

ARM 处理器具有在特权模式下启用 / 禁用（取消屏蔽 / 屏蔽）中断的简单方法。以下代码段展示了如何启用 / 禁用 ARM 处理器的 IRQ 中断。

```
lock:
        MRS  r1, CPSR         ; 将 CPSR 读入 r1
        ORR  r1, r1, #0x80    ; 将 bit-7（I 位）设置为 1
```

```
        MSR   CPSR, r1           ; 将r1写回CPSR

unlock:
        MRS   r1, CPSR           ; 将CPSR读入r1
        BIC   r1, r1, #0x80      ; 清除r1中的bit-7（I位）
        MSR   CPSR r1            ; 将r1写回CPSR
```

要启用IRQ中断，首先要将CPSR复制到工作寄存器中，将工作寄存器中的I_bit(7)清除为0。然后将更新后的寄存器复制回CPSR，从而启用IRQ中断。同样，设置CPSR的I_bit将禁用IRQ中断。类似的代码段可用于启用/禁用FIQ中断（通过清除/设置CPSR中的bit-6）。

3.3.4 中断处理程序

中断处理程序也称为中断服务例程（ISR）。中断处理程序可以分为三种不同的类型。

- 非嵌套中断处理程序：一次处理一个中断。在当前ISR的执行完成之前，不会启用中断。
- 嵌套中断处理程序：在ISR中，启用IRQ以允许发生更高优先级的IRQ中断。这意味着在执行当前ISR时，可能会中断以执行另一个更高优先级的ISR。
- 重入中断处理程序：尽快启用IRQ，从而允许再次执行相同的ISR。

3.3.5 非嵌套中断处理程序

当ARM CPU接受IRQ中断时，它将进入IRQ模式，并屏蔽IRQ中断，从而阻止它接受其他IRQ中断。CPU将PC设置为指向向量表中的IRQ条目并执行该指令。该指令将中断处理程序的入口地址加载到PC，导致执行进入中断处理程序。中断处理程序首先保存在中断之前执行的上下文。然后，它确定中断源并调用适当的ISR。在为中断服务后，它将恢复保存的上下文，并将PC设置为指向中断之前的下一条指令。接下来返回到中断的原始位置。最简单的中断处理程序一次只能处理一个中断。在执行中断处理程序时，IRQ中断被屏蔽，直到控制权返回到中断点为止。非嵌套中断处理程序的算法和控制流程如下。

```
non_nested_interrupt_handler()
{
    // CPSR中屏蔽了IRQ中断
    1.保存上下文
    2.确定中断源
    3.调用ISR以处理中断
    4.恢复上下文
    5.通过SPSR恢复CPSR，然后返回中断点
}
```

下面的代码段展示了一个简单的IRQ中断处理程序的构成。假定已正确设置了IRQ模式堆栈，这通常是在系统初始化期间在重置处理程序中完成的。

```
SUB   lr, lr, #4
STMFD sp_irq!, {r0-r12, lr}
 {特定的中断服务程序代码}
LDMFD sp_irq!, {r0-r12, pc}^
```

第一条指令调整链接寄存器（r14）以返回到中断点。STMFD指令通过将必须保留的CPU寄存器压入堆栈，在中断时保存上下文。执行STMFD或LDMFD指令所需的时间与要传输的寄存器数量成正比。为了减少中断处理延迟，应保存最少数量的寄存器。当用高级编程语言（例如C）编写ISR时，了解编译器生成的代码的调用约定是很重要的，因为这将

影响有关应该将哪些寄存器保存在堆栈中的决定。例如，ARM 编译器生成的代码在函数调用期间会保留 r4 ～ r11，因此，除非中断处理程序将使用这些寄存器，否则无须保存这些寄存器。一旦已保存寄存器，就可以安全地调用 C 函数来处理中断。在中断处理程序的末尾，LDMFD 指令恢复保存的上下文并从中断处理程序返回。LDMFD 指令末尾的“^”符号表示将从保存的 SPSR 中恢复 CPSR。正如在 2.4 节中所指出的，只有在 PC 同时加载时，“^”才会恢复保存的 SPSR。否则，它仅恢复先前模式的分组寄存器，不包括保存的 SPSR。在特权模式下，此特殊特性可用于访问用户模式寄存器。

简单中断处理程序的组织结构适合依次处理 FIQ 和 IRQ 中断而无须中断嵌套。在保存执行上下文后，中断处理程序必须确定中断源。在不使用向量中断的简单 ARM 系统中，中断源位于中断状态寄存器中，该中断状态寄存器以 IRQ 状态表示，位于已知（内存映射）地址上。要确定中断源，只需读取 IRQ 状态寄存器并扫描内容即可找到所设置的任何位。每个非零位代表一个有效的中断请求。中断处理程序可以按特定顺序扫描位，从而确定软件中的中断处理优先级。

有了以上有关中断和中断处理的背景信息，我们就可以编写一些使用中断的实际程序了。接下来，我们将展示如何为 I/O 设备编写中断处理程序。使用中断的设备驱动程序称为*中断驱动的设备驱动程序*。具体来说，我们将展示如何为计时器、键盘、UART 和安全数字卡（SDC）实现中断驱动的驱动程序。

3.4 计时器驱动程序

3.4.1 ARM Versatile 926EJS 计时器

ARM Versatile 926EJS 板包含两个 ARM SB804 双计时器模块（ARM Timers 2004）。每个计时器模块包含两个计时器，它们由同一时钟驱动。计时器的基址如下。

```
Timer0: 0x101E2000, Timer1: 0x101E2020
Timer2: 0x101E3000, Timer3: 0x101E3020
```

Timer0 和 Timer1 在 IRQ4 处中断。位于主向量控制器上的 Timer2 和 Timer3 在 IRQ5 处中断。首先，我们将不使用向量中断。向量中断将在后面讨论。从编程的角度来看，最重要的计时器寄存器是控制寄存器和计数器寄存器。下面列出了计时器控制寄存器位的含义。

位	功　能	setting=0x66
7	计时器的禁用 / 启用	在 timer_start( ) 中将 0 设置为 1
6	自由的“运行模式”/“周期模式”	1 表示周期模式
5	中断的禁用 / 启用	1 表示允许中断
4	未使用	0（默认使用 0）
3:2	除法器：00=1,01=8,10=256	01 表示被 8 除
1	16/32 位计数器值	1 表示 32 位计数器
0	wraparound/oneshot 模式	0 表示 wraparound 模式

3.4.2 计时器驱动程序实现

示例程序 C3.1 演示了用于 ARM Versatile 板的计时器驱动程序。该程序由以下组件组成。

（1）**t.ld 文件**：链接器脚本文件将 reset_handler 指定为入口地址。它定义了两个 4KB 区域作为 SVC 和 IRQ 堆栈。

```
ENTRY(reset_handler)
SECTIONS
{
  . = 0x10000;          /* 加载地址 */
  .text : { ts.o *(.text) }
  .data : { *(.data) }
  .bss : { *(.bss) }
  . = ALIGN(8);
  . = . + 0x1000;       /* 4KB 的 SVC 堆栈空间 */
  svc_stack_top = .;
  . = . + 0x1000;       /* 4KB 的 IRQ 堆栈空间 */
  irq_stack_top = .;
}
```

（2）ts.s 文件：汇编代码文件 ts.s 定义了入口点和重置代码。

```
/****************** C3.1 的 ts.s 文件 ******************/
.text
.code 32
.global reset_handler, vectors_start, vectors_end

reset_handler:
  LDR sp, =svc_stack_top    // 设置 SVC 模式堆栈
  BL copy_vectors           // 将向量表复制到地址 0
  MSR cpsr, #0x92           // 到 IRQ 模式
  LDR sp, =irq_stack_top    // 设置 IRQ 模式堆栈
  MSR cpsr, #0x13           // 返回 SVC 模式，IRQ 启用
  BL main                   // 在 C 中调用 main()
  B .                       // 如果主线程返回则循环

irq_handler:
  sub lr, lr, #4
  stmfd sp!, {r0-r12, lr}   // 堆叠 r0~r12 和 lr
  bl IRQ_handler            // 在 C 中调用 IRQ_hanler()
  ldmfd sp!, {r0-r12, pc}^  // 返回

vectors_start:
  LDR PC, reset_handler_addr
  LDR PC, undef_handler_addr
  LDR PC, swi_handler_addr
  LDR PC, prefetch_abort_handler_addr
  LDR PC, data_abort_handler_addr
  B .
  LDR PC, irq_handler_addr
  LDR PC, fiq_handler_addr
  reset_handler_addr:          .word reset_handler
  undef_handler_addr:          .word undef_handler
  swi_handler_addr:            .word swi_handler
  prefetch_abort_handler_addr: .word prefetch_abort_handler
  data_abort_handler_addr:     .word data_abort_handler
  irq_handler_addr:            .word irq_handler
  fiq_handler_addr:            .word fiq_handler
vectors_end:
```

当程序启动时，QEMU 将可执行映像 t.bin 加载到 0x10000。当进入 ts.s 后，从标签 reset_handler 开始执行。首先，它设置 SVC 模式堆栈指针，并在 C 中调用 copy_vector( ) 来将向量复制到地址 0。它切换到 IRQ 模式以设置 IRQ 堆栈指针。然后，它在启用 IRQ 中断的情况下切换回 SVC 模式，并在 C 中调用 main( )。主程序通常以 SVC 模式运行。它进入 IRQ 模式仅用于处理中断。由于我们现在没有使用 FIQ，也没有尝试处理任何异常，所以所有其他异常处理程序（在 exceptions.c 文件中）都是 while(1) 循环。

（3）**t.c 文件**：此文件在 C 中包含 main( )、copy_vector( ) 和 IRQ_handler( )。

```
#include "defines.h"    // LCD、计时器和 UART 地址
#include "string.c"     // strcmp、strlen 等
#include "timer.c"      // 计时器处理程序文件
#include "vid.c"        // LCD 驱动程序文件
#include "exceptions.c" // 其他异常处理程序

void copy_vectors(void){// 将 ts.s 中的向量表复制到 0x0
    extern u32 vectors_start, vectors_end;
    u32 *vectors_src = &vectors_start;
    u32 *vectors_dst = (u32 *)0;
    while (vectors_src < &vectors_end)
      *vectors_dst++ = *vectors_src++;
}
void timer_handler();
TIMER *tp[4];                    // 4 个 TIMER 结构指针

void IRQ_handler()               // C 中的 IRQ 中断处理程序
{
    // 读取 VIC 状态寄存器以确定中断源
    int vicstatus = VIC_STATUS;
    // VIC 状态位: timer0,1=4, uart0=13, uart1=14
    if (vicstatus & (1<<4)){            // bit4=1:timer0,1
      if (*(tp[0]->base+TVALUE)==0)     // 计时器 0
         timer_handler(0);
      if (*(tp[1]->base+TVALUE)==0)     // 计时器 1
         timer_handler(1);
    }
    if (vicstatus & (1<<5)){            // bit5=1:timer2,3
      if (*(tp[2]->base+TVALUE)==0)     // 计时器 2
         timer_handler(2);
      if (*(tp[3]->base+TVALUE)==0)     // 计时器 3
         timer_handler(3);
    }
}

int main()
{
   int i;
   color = RED;                  // vid.c 文件中的 int 颜色
   fbuf_init();                  // 初始化 LCD 驱动程序
   printf("main starts\n");
   /* 为计时器中断启用 VIC */
   VIC_INTENABLE  = 0;
   VIC_INTENABLE |= (1<<4);      // VIC.bit4 上的计时器 0、1
```

```
    VIC_INTENABLE |= (1<<5);  // VIC.bit5 上的计时器 2、3
    timer_init();
    for (i=0; i<4; i++){        // 启动全部 4 个计时器
      tp[i] = &timer[i];
      timer_start(i);
    }
    printf("Enter while(1) loop, handle timer interrupts\n");
}
```

（4）timer.c 文件：timer.c 实现计时器处理程序。

```
// 计时器寄存器 u32 相对基址的偏移量
#define TLOAD    0x0
#define TVALUE   0x1
#define TCNTL    0x2
#define TINTCLR  0x3
#define TRIS     0x4
#define TMIS     0x5
#define TBGLOAD  0x6
typedef volatile struct timer{
  u32 *base;              // 计时器的基址；作为 u32 指针
  int tick, hh, mm, ss; // 每个计时器数据区
  char clock[16];
}TIMER;

volatile TIMER timer[4]; //4 个计时器；每个单元有 2 个；位于 0x00 和 0x20

void timer_init()
{
  int i; TIMER *tp;
  printf("timer_init()\n");
  for (i=0; i<4; i++){
    tp = &timer[i];
    if (i==0) tp->base = (u32 *)0x101E2000;
    if (i==1) tp->base = (u32 *)0x101E2020;
    if (i==2) tp->base = (u32 *)0x101E3000;
    if (i==3) tp->base = (u32 *)0x101E3020;
    *(tp->base+TLOAD) = 0x0;   // 重置
    *(tp->base+TVALUE)= 0xFFFFFFFF;
    *(tp->base+TRIS)  = 0x0;
    *(tp->base+TMIS)  = 0x0;
    *(tp->base+TLOAD) = 0x100;
    // CntlReg=011-0010=|En|Pe|IntE|-|scal=01|32bit|0=wrap|=0x66
    *(tp->base+TCNTL) = 0x66;
    *(tp->base+TBGLOAD) = 0x1C00; // 计时器计数器值
    tp->tick = tp->hh = tp->mm = tp->ss = 0; // 初始化挂钟
    strcpy((char *)tp->clock, "00:00:00");
  }
}

void timer_handler(int n) {
    int i;
    TIMER *t = &timer[n];
    t->tick++;           // 假设每秒 120 次滴答
```

```
    if (t->tick==120){
      t->tick = 0; t->ss++;
      if (t->ss == 60){
        t->ss = 0; t->mm++;
        if (t->mm == 60){
          t->mm = 0; t->hh++; // 没有 24 小时滚动
        }
      }
      t->clock[7]='0'+(t->ss%10); t->clock[6]='0'+(t->ss/10);
      t->clock[4]='0'+(t->mm%10); t->clock[3]='0'+(t->mm/10);
      t->clock[1]='0'+(t->hh%10); t->clock[0]='0'+(t->hh/10);
    }
    color = n;               // 以不同颜色显示
    for (i=0; i<8; i++){
       kpchar(t->clock[i], n, 70+i); // 到 LCD 的第 n 行
    }
    timer_clearInterrupt(n); // 清除计时器中断
}

void timer_start(int n) // timer_start(0), 1, 等
{
  TIMER *tp = &timer[n];
  kprintf("timer_start %d base=%x\n", n, tp->base);
  *(tp->base+TCNTL) |= 0x80;     // 设置使能位 7
}

int timer_clearInterrupt(int n) // timer_start(0), 1, 等
{
  TIMER *tp = &timer[n];
  *(tp->base+TINTCLR) = 0xFFFFFFFF;
}
void timer_stop(int n)         // 停止计时器
{
  TIMER *tp = &timer[n];
  *(tp->base+TCNTL) &= 0x7F; // 清除使能位 7
}
```

图 3.3 展示了运行程序 C3.1 的 LCD 屏幕。每个计时器在屏幕的右上角显示一个挂钟。在 LCD 驱动程序中，向上滚动限制设置为徽标和挂钟下方的一行，因此在向上滚动期间它们不会受到影响。挂钟每秒更新一次。作为练习，读者可以更改挂钟的起始值，以显示不同时区的本地时间，或更改计时器计数器的值以生成具有不同频率的计时器中断。

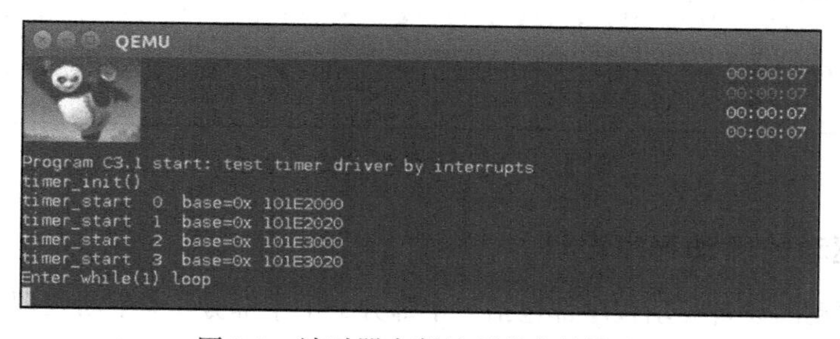

图 3.3 计时器中断处理程序的输出

3.5 键盘驱动程序

3.5.1 ARM PL050 鼠标 – 键盘接口

ARM Versatile 板包含一个 ARM PL050 鼠标 – 键盘接口（MKI），该接口提供对鼠标和 PS/2 兼容键盘的支持（ARM PL050 MKI 1999）。键盘的基址为 0x1000600。它有几个 32 位寄存器，这些寄存器与基址有偏移，如下所示。

偏移量	寄存器	位分配
0x00	控制寄存器	位 5 = 0（AT），位 4 =IntEn，位 2 =Enable
0x04	状态寄存器	位 4 = RXF，位 3 = RXBUSY
0x08	数据寄存器	输入扫描码
0x0C	ClkDiv 寄存器	（0 ～ 15 的值）
0x10	IntStatus 寄存器	位 0 = RX 中断

3.5.2 键盘驱动程序原理

在本节中，我们将为 ARM Versatile 键盘开发一个简单的中断驱动的驱动程序。为了使用中断，必须将键盘的控制寄存器初始化为 0x14，即位 2 启用键盘，位 4 启用 RX（输入）中断。键盘在辅助 VIC 上的 IRQ3 处中断，该中断被路由到主要 VIC 上的 IRQ31。键盘会生成扫描代码，而不是 ACSII 码。键盘驱动程序中包含扫描代码的完整列表。扫描代码到 ASCII 码的转换是通过在软件中映射表来完成的。这允许将同一键盘用于不同的语言。对于每个键入的键，键盘都会产生两个中断：一个在按下键时产生，另一个在释放键时产生。释放按键的扫描代码为 0x80 + 按下按键的扫描代码，即位 7 为 0（按键按下）和 1（按键释放）。当键盘中断时，扫描代码位于数据寄存器（0x08）中。中断处理程序必须读取数据寄存器以获取扫描代码，这也清除了键盘中断。一些特殊键会生成转义键序列，例如向上箭头键生成 0xE048，其中 0xE0 是转义键本身。图 3.4 展示了用于将扫描代码转换为 ASCII 码的映射表。键盘上有 105 个按键。高于 0x39（57）的扫描代码是特殊键，无法直接映射，因此它们不会显示在键映射中。驱动可以识别并处理此类特殊键。

```
#define NSCAN 58
/* 将非换挡键的扫描码转换为 ASCII 码 */
char unshift[NSCAN] = { // NSCAN=58
  0, 033,'1','2','3','4','5','6','7','8','9','0','-','=','\b','\t',
 'q','w','e','r','t','y','u','i','o','p','[',']', '\r', 0,'a','s',
 'd','f','g','h','j','k','l',';', 0,  0,  0,  0, 'z', 'x','c','v',
 'b','n','m',',','.','/', 0, '*', 0, ' ' };
/* 将换挡键的扫描码转换为 ASCII 码 */
char shift[NSCAN] = {
  0, 033,'!','@','#','$','%','^','&','*','(',')','_','+','\b','\t',
 'Q','W','E','R','T','Y','U','I','O','P','{','}', '\r', 0,'A','S',
 'D','F','G','H','J','K','L',':', 0, '~', 0,  '|','Z','X','C','V',
 'B','N','M','<','>','?', 0, '*', 0, ' ' };
```

图 3.4 键盘上各按键的映射表

3.5.3 中断驱动的驱动程序设计

每个中断驱动的设备驱动程序都包括三个部分：下半部分（即中断处理程序）、上半部分（由应用程序调用）和公共数据区域（包含用于数据的缓冲区和用于同步的控制变量，由下半部分和上半部分共享)。图 3.5 展示了键盘驱动程序的组织结构。图的顶部显示了 kbd_init( ),它在系统启动时初始化 KBD 驱动程序。中间部分显示了从 KBD 设备到程序的控制和数据流路径。底部显示了 KBD 驱动程序的下半部分、输入缓冲区和上半部分的组织结构。

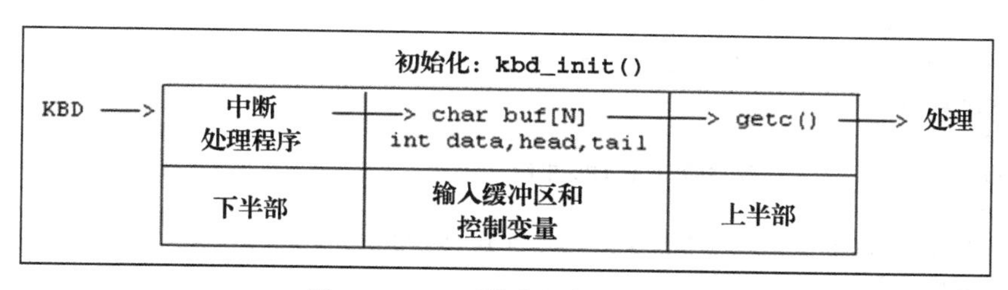

图 3.5 KBD 驱动程序组织结构

当主程序启动时,它必须初始化键盘驱动程序控制变量。当按下某个键时,KBD 会生成一个中断,从而使该中断处理程序得以执行。中断处理程序从 KBD 数据端口获取扫描代码。对于正常的按键操作,它将扫描代码转换为 ASCII 码,将 ASCII 码输入输入缓冲区 buf[N],并通知输入字符的上半部分。当程序端需要输入字符时,它将调用上半部分驱动程序的 getc( ),尝试从 buf[N] 中获取字符。如果 buf[N] 中没有字符,则程序将等待。控制变量 data 用于同步中断处理程序和主程序。控制变量的选择取决于所使用的同步工具。下面展示了一个简单的 KBD 驱动程序的 C 代码。驱动程序仅处理小写字母的键。"思考题"部分包含了一个练习来扩展驱动程序,以处理大写字母和特殊键。

3.5.4 键盘驱动程序实现

示例程序 C3.2 演示了一个简单的中断驱动的键盘驱动程序。它由以下组件组成。

(1) **t.ld 文件:** 链接器脚本文件与 C3.1 中的相同。

(2) **ts.s 文件:** ts.s 文件与 C3.1 中的文件几乎相同,不同之处在于它为启用 / 禁用 IRQ 中断添加了锁定和解锁功能。

```
/********* ts.s 文件 ***********/
.text
.code 32
.global reset, vectors_start, vectors_end
.global lock, unlock
reset_handler:    // 程序的入口点
// 设置 SVC 堆栈
  LDR sp, =svc_stack_top
// 将向量表复制到地址 0
  BL copy_vectors
// 进入 IRQ 模式以设置 IRQ 堆栈
  MSR cpsr, #0x92
  LDR sp, =irq_stack_top
// 返回 SVC 模式并启用 IRQ 中断
  MSR cpsr, #0x13
// 在 SVC 模式下调用 main()
  BL main
  B .
irq_handler:
```

```
  sub lr, lr, #4
  stmfd sp!, {r0-r12, lr}  // 堆叠所有寄存器
  bl  IRQ_handler          // 在C中调用 IRQ_handler()
  ldmfd sp!, {r0-r3, r12, pc}^ // 返回
lock:                      // 屏蔽 IRQ 中断
  MRS r0, cpsr
  ORR r0, r0, #0x80    // I 位置 1 表示屏蔽 IRQ 中断
  MSR cpsr, r0
  mov pc, lr
unlock:                    // 解除屏蔽 IRQ 中断
  MRS r0, cpsr
  BIC r0, r0, #0x80    // I 位清零表示解除屏蔽 IRQ 中断
  MSR cpsr, r0
mov pc, lr
vectors_start:
  // 向量表：与之前相同
vectors_end:
```

（3）**t.c 文件**：该文件实现 main()，copy_vector() 和 IRQ_handler() 函数。为简单起见，我们将仅使用 timer0 显示单个挂钟。

```
/*************** t.c 文件 **************/
#include "defines.h"
#include "string.c"
void timer_handler();
#include "kbd.c"
#include "timer.c"
#include "vid.c"
#include "exceptions.c"

void copy_vectors(){ // 与之前相同 }
void IRQ_handler()          // C 中的 IRQ 中断处理程序
{
   // 读取 VIC 状态寄存器以确认是什么中断
   int vicstatus = VIC_STATUS;
   // VIC 状态位：timer0,1=4, uart0=13, uart1=14
   if (vicstatus & (1<<4)){      // bit4=1:timer0,1
      timer_handler(0);          // 仅 timer0
   }
   if (vicstatus & (1<<31)){     // PIC.bit31= SIC 中断
      if (sicstatus & (1<<3)){ // SIC.bit3 = KBD 中断
         kbd_handler();
      }
   }
}

int main()
{
   int i;
   char line[128];
   color = RED;     // vid.c 文件中的 int 颜色
   fbuf_init();     // 初始化 LCD
   /* 启用 VIC 中断：IRQ3 处的 timer0，IRQ31 处的 SIC */
```

```
  VIC_INTENABLE  = 0;
  VIC_INTENABLE |= (1<<4);     // PIC.bit4 处的 timer0,1
  VIC_INTENABLE |= (1<<5);     // PIC.bit5 上的 timer2,3
  VIC_INTENABLE |= (1<<31);    // PIC.bit31 的 SIC
  /* 在 SIC 上启用 KBD IRQ */
  SIC_INTENABLE = 0;
  SIC_INTENABLE |= (1<<3);     // KBD int=SIC.bit3
  timer_init();    // 初始化计时器
  timer_start(0); // 启动计时器 0
  kbd_init();      // 初始化键盘驱动程序
  printf("C3.2 start: test KBD and TIMER drivers\n");
  while(1){
     color = CYAN;
     printf("Enter a line from KBD\n");
     kgets(line);
     printf("line = %s\n", line);
  }
}
```

为了使用中断，必须将设备配置为生成中断。这在设备初始化代码中完成，其中每个设备在初始化时都启用了中断。此外，必须配置主中断控制器和次中断控制器（PIC 和 SIC）来启用设备中断。键盘在 SIC 上的 IRQ3 处中断，SIC 被路由到 PIC 上的 IRQ31。要启用键盘中断，必须将 SIC_INTENABLE 寄存器的第 3 位和 VIC_INTENABLE 寄存器的第 31 位都设置为 1。

这些是在 main( ) 中完成的。当初始化用于中断的设备后，主程序执行 while(1) 循环，在该循环中，主程序提示从 KBD 输入一行并将该行输出到 LCD。

（4）**kbd.c 文件**：kbd.c 文件实现一个简单的键盘驱动程序。

```
/******** kbd.c 文件 *******************/
#include "keymap"
/******** KBD 寄存器字节偏移量; 用于 char *base *****/
#define KCNTL 0x00 // 7-6- 5(0=AT)4=RxIntEn 3=TxIntEn
#define KSTAT 0x04 // 7-6=TxE 5=TxBusy 4=RxFull 3=RxBusy
#define KDATA 0x08 // 数据寄存器
#define KCLK  0x0C // 时钟除数寄存器（未使用）
#define KISTA 0x10 // 中断状态寄存器（未使用）

typedef volatile struct kbd{ // base = 0x10006000
  char *base;       // KBD 的基址，为 char *
  char buf[128];    // 输入缓冲区
  int head, tail, data, room; // 控制变量
}KBD;
volatile KBD kbd;  // KBD 数据结构

int kbd_init()
{
  KBD *kp = &kbd;
  kp->base = (char *)0x10006000;
  *(kp->base+KCNTL) = 0x14; // 00010100=启用, 启用
  *(kp->base+KCLK)  = 8;     // PL051 手册中的值是 0~15
  kp->data = 0; kp->room = 128; // 计数器
```

```
  kp->head = kp->tail = 0;  // 缓冲区索引
}

void kbd_handler()             // KBD 中断处理程序
{
  u8 scode, c;
  int i;
  KBD *kp = &kbd;
  color = RED;                 // vid.c 文件中的 int 颜色
  scode = *(kp->base+KDATA);  // 读取数据寄存器中的扫描代码
  if (scode & 0x80)            // 忽略按键释放
     return;
  c = unsh[scode];             // 将扫描代码映射为 ASCII 码
  if (c != '\r')
     printf("kbd interrupt: c=%x %c\n", c, c);
  kp->buf[kp->head++] = c;  // 将键输入圆形 buf[]
  kp->head %= 128;
  kp->data++; kp->room--;   // 更新计数器
}
int kgetc() // 主程序调用 kgetc() 返回一个字符
{
  char c;
  KBD *kp = &kbd;
  unlock();                  // 启用 IRQ 中断
  while(kp->data <= 0);      // 等待数据；只读
  lock();                    // 禁用 IRQ 中断
    c = kp->buf[kp->tail++];// 得到 c 并更新尾部索引
    kp->tail %= 128;
    kp->data--; kp->room++; // 更新中断为 OFF
  unlock();                  // 启用 IRQ 中断
  return c;
}

int kgets(char s[ ])           // 从 KBD 获取字符串
{
  char c;
  while((c=kgetc()) != '\r'){
    *s++ = c;
  }
  *s = 0;
  return strlen(s);
}
```

（5）中断处理顺序。

1）当发生中断时，CPU 跟随 IRQ 向量在 0x18 处进入。

```
irq_handler:
    sub lr, lr, #4                // 调整 lr
    stmfd sp!, {r0-r12, lr}        // 将寄存器保存在 IRQ 堆栈中
    bl IRQ_handler                 // 在 C 中调用 IRQ_handler()
    ldmfd sp!, {r0-r12, pc}^       // 返回
```

irq_handler 首先从链接寄存器 lr_irq 中减去 4。调整后的 lr 是到中断点的正确返回地址。将寄存器 r0 ～ r12 和 lr 压入 IRQ 堆栈。然后，在 C 中调用 IRQ_handler( )。当从 IRQ_handler( ) 返回后，将弹出堆栈，从而将保存的 lr 加载到 PC 并恢复 SPSR，从而使控制返回到原始中断点。为了加快中断处理速度，irq_handler 只能保存必须保留的寄存器。由于我们的中断处理程序是用 C 语言而不是汇编语言编写的，所以可以仅保存 r0 ～ r3、r12（堆栈帧指针）和 lr（链接寄存器）。

2）IRQ_handler( )：IRQ_handler( ) 首先读取 PIC 和 SIC 的状态寄存器。中断处理程序必须扫描状态寄存器的位以确定中断源。状态寄存器中的每个 bit = 1 表示一个活动中断。扫描顺序应遵循中断优先级，即从位 0 到位 31。

```
    vicstatus = VIC_STATUS;
sicstatus = SIC_STATUS;
// VIC 状态位：timer0=4, uart0=13, uart1=14, SIC=31: KBD 在第 3 位
if (vicstatus & (1<<4))      // bit 4 => 计时器中断
   timer_handler(0);
if (vicstatus & (1<<31)){    // SIC 中断=bit_31=>KBD 在第 3 位
   if (sicstatus & (1<<3)){ // SIC 位 3 => KBD 中断
      kbd_handler();
   }
}
```

3）kbd_handler( )：kbd_handler( ) 从 KBD 数据寄存器中读取扫描代码，从而清除 KBD 中断。它忽略任何键释放，因此驱动程序只能处理小写键，根本不能处理特殊键。对于每个按下的键，它将在 LCD 上显示“ kbd 中断键”消息。如前所述，我们将通用的 printf( ) 函数改编为用于 LCD 屏幕的格式化输出。然后，它将扫描代码映射到（小写）ASCII 码，并将字符输入输入缓冲区。控制变量 data 表示输入缓冲区中的字符数。

4）kgetc( ) 和 kgets( ) 函数：kgetc( ) 用于从键盘获取输入字符。kgets( ) 用于使输入行以 \r 键结束。简单的 KBD 驱动程序主要用于说明中断驱动的输入设备驱动程序的设计原则。驱动程序的缓冲区和控制变量形成一个临界区，因为主程序和 KBD 中断处理程序都可以访问它们。当中断处理程序正在执行时，逻辑上主程序未在执行。因此主程序不能干扰中断处理程序。但是，在执行主程序时，可能会发生中断，而使程序转向执行中断处理程序，这可能会干扰主程序。所以，当程序调用 kgetc( ) 可能会修改驱动程序中的共享变量时，它必须屏蔽中断以防止发生键盘中断。在 kgetc( ) 中，主程序首先启用中断，如果程序已经在启用中断的情况下运行，则该中断是可选的。然后循环，直到变量 kp->data 不为零，这意味着输入缓冲区中有字符。然后，禁用中断，从输入缓冲区获取一个字符并更新共享变量。确保共享变量一次只能由一个执行实体更新的代码段通常称为临界区或临界部分（Silberschatz 等，2009；Stallings，2011；Wang，2016）。最后，启用中断并返回一个字符。在 ARM CPU 上，无法仅屏蔽键盘中断。lock( ) 操作屏蔽了所有 IRQ 中断，这虽然有点过分，但是可以完成工作。或者，我们可以写入键盘的控制寄存器以明确地禁用 / 启用键盘中断。其缺点是必须访问内存映射的位置，这比通过 CPU 的 CPSR 寄存器来屏蔽中断要慢得多。

图 3.6 展示了使用中断的 KBD 驱动程序。如图所示，主程序只输出完整的行，但是每个输入键都会生成一个中断并输出“kbd 中断”消息，以及以 ASCII 码输入的字符。

```
QEMU                                                      00:00:14
C3.2 start: test timer KBD drivers by interrupts
timer_init()
timer_start  0  base=0x 101E2000
enter a line from KBD
kbd interrupt: c= t
kbd interrupt: c= e
kbd interrupt: c= s
kbd interrupt: c= t
line = test
enter a line from KBD
```

图 3.6　使用中断的 KBD 驱动程序

3.6　UART 驱动程序

3.6.1　ARM PL011 UART 接口

ARM Versatile 板支持四个 PL011 UART 设备用于串行 I/O（ARM PL011 2005）。每个 UART 设备在系统内存映射中都有一个基址。

```
UART0: 0x101F1000
UART1: 0x101F2000
UART2: 0x101F3000
UART3: 0x10009000
```

前三个 UART，即 UART0 至 UART2 在系统内存映射中相邻。它们在主 PIC 的 IRQ12 至 IRQ14 处中断。UART4 位于 0x10000900 处，并在 SIC 的 IRQ6 处中断。通常，必须通过以下步骤初始化 UART。

（1）将除数值写入波特率寄存器以得到所需的波特率。ARM PL011 技术参考手册列出了以下用于常用波特率的整数除数（基于 7.38 MHz UART 时钟）：

```
0x4=1152000, 0xC=38400, 0x18=192000, 0x20=14400, 0x30=9600
```

（2）写入行控制寄存器以指定每个字符和奇偶校验的位数，例如每个字符 8 位、没有奇偶校验等。

（3）写入中断屏蔽寄存器以启用 / 禁用 RX 和 TX 中断。

当在 QEMU 下使用仿真的 ARM Versatilepb 板时，QEMU 似乎自动将默认值用于波特率和线路控制参数，从而使步骤 1 和 2 成为可选步骤或不必要步骤。实际上，可以观察到将任何值写入整数除数寄存器（0x24）都可以，但是读者应该意识到，这不是实际系统中 UART 的规范。在这种情况下，我们只需要编程中断屏蔽寄存器（如果使用中断），并在串行 I/O 期间检查标志寄存器。

3.6.2　UART 寄存器

每个 UART 接口包含几个 32 位寄存器。最重要的 UART 寄存器如下。

偏移量	名　称	功　能
0x00	UARTDR	数据寄存器：用于读取 / 写入字符
0x04	UARTSR	接收状态 / 清除错误
0x18	UARTFR	TxEmpty、RxFull 等

（续）

偏移量	名　称	功　能
0x24	UARIBRD	设置波特率
0x2c	UARTLCR	线路控制寄存器
0x30	UARTCR	控制寄存器
0x38	UARTIMSC	TX 和 RX 的中断屏蔽
0x40	UARTMIS	中断状态

第 2 章中的程序 C2.3 已经解释了一些 UART 寄存器。在这里，我们将重点介绍与中断有关的寄存器。ARM UART 接口支持多种中断。为了简单起见，我们仅考虑 RX（接收）和 TX（发送）中断以进行数据传输，而忽略诸如调制解调器状态和错误条件之类的中断。要允许 UART RX 和 TX 中断，必须将中断屏蔽寄存器（UARTIMSC）的位 4 和位 5 设置为 1。当 UART 中断时，被屏蔽的中断状态寄存器（UARTMIS）包含中断标识，例如：如果是 RX 中断，则 bit4 = 1；如果是 TX 中断，则 bit5 = 1。根据中断类型，中断处理程序可以跳转到相应的 ISR 来处理中断。

3.6.3　中断驱动的 UART 驱动程序

本节介绍用于串行 I/O 的中断驱动 UART 驱动程序的设计与实现。为了使驱动程序简单，我们将仅使用 UART0 和 UART1，但相同的代码也适用于其他 UART。UART 驱动程序由 C3.3 表示，其组织如下。

3.6.3.1　uart.c 文件

该文件使用中断来实现 UART 驱动程序。每个 UART 由一个 UART 结构表示。它包含 UART 基址、单元号、输入缓冲区、输出缓冲区和控制变量。两个缓冲区都是圆形的，其头部指针用于输入字符，尾部指针用于取出字符。在控制变量中，data 是缓冲区中的字符数，而 room 是缓冲区中的空白数。对于输出，txon 是指示 UART 是否已经处于传输状态的标志。要使用中断，必须正确设置 UART 中断屏蔽设置 / 清除寄存器（IMSC）。UART 支持多种中断。为简单起见，我们仅考虑 TX（第 5 位）和 RX（第 4 位）中断。在 uart_init( ) 中，C 语句

```
*(up->base+IMSC) |= 0x30; // 位 4,5 = 1
```

将 IMSC 的第 4 位和第 5 位设置为 1，这将启用 UART 的 TX 和 RX 中断。为简单起见，我们将仅使用 UART0 和 UART1。UART0 在 IRQ12 处中断，而 UART1 在 IRQ13 处中断，其均在主 VIC 上。为了允许 UART 中断，必须将 PIC 的位 12 和位 13 设置为 1。这些操作通过以下语句在 main( ) 中完成。

```
VIC_INTENABLE |= (1<<12); // UART0 在 bit12
VIC_INTENABLE |= (1<<13); // UART1 在 bit13
```

ARM PL011 UART 的一个特性是支持硬件中的 FIFO 缓冲区，用于发送和接收操作。当 FIFO 缓冲区处于 FULL 和 EMPTY 之间的不同级别时，可以对其编程以引发中断。为了简化 UART 驱动程序，我们将不使用硬件 FIFO 缓冲区。它们被以下声明禁用。

```
*(up->base+CNTL) &= ~0x10; // 保留 UART FIFO
```

这使 UART 在单字符模式下工作。同样，仅在将字符写入数据寄存器后才触发 TX 中

断。当系统没有更多输出到 UART 时，必须禁用 TX 中断。下面展示了 uart.c 驱动程序代码。

```
/************* uart.c 文件 ****************/
#define UDR    0x00
#define UDS    0x04
#define UFR    0x18
#define CNTL   0x2C
#define IMSC   0x38
#define MIS    0x40
#define SBUFSIZE 128
typedef volatile struct uart{
   char *base; // 基址; 作为 char*
   int n;      // uart 编号 0~3
   char inbuf[SBUFSIZE];
   int indata, inroom, inhead, intail;
   char outbuf[SBUFSIZE];
   int outdata, outroom, outhead, outtail;
   volatile int txon; // 1=TX 中断打开
}UART;
UART uart[4]; // 4 个 UART 结构
int uart_init()
{
   int i; UART *up;
   for (i=0; i<4; i++){ // uart0 至 uart2 相邻
      up = &uart[i];
      up->base = (char *)(0x101F1000 + i*0x1000);
      *(up->base+CNTL) &= ~0x10; // 禁用 UART FIFO
      *(up->base+IMSC) |= 0x30;
      up->n = i; UART ID number
      up->indata = up->inhead = up->intail = 0;
      up->inroom = SBUFSIZE;
      up->outdata = up->outhead = up->outtail = 0;
      up->outroom = SBUFSIZE;
      up->txon = 0;
   }
   uart[3].base = (char *)(0x10009000); // uart3 位于 0x10009000
}
void uart_handler(UART *up)
{
   u8 mis = *(up->base + MIS); // 读取 MIS 寄存器
   if (mis & (1<<4)) // MIS.bit4=RX 中断
      do_rx(up);
   if (mis & (1<<5)) // MIS.bit5=TX 中断
      do_tx(up);
}
int do_rx(UART *up) // RX 中断处理程序
{
   char c;
   c = *(up->base+UDR);
   printf("rx interrupt: %c\n", c);
   if (c==0xD)
      printf("\n");
```

```
    up->inbuf[up->inhead++] = c;
    up->inhead %= SBUFSIZE;
    up->indata++; up->inroom--;
}
int do_tx(UART *up) // TX 中断处理程序
{
    char c;
    printf("TX interrupt\n");
    if (up->outdata <= 0){ // 如果 outbuf [] 为空
        *(up->base+MASK) = 0x10; // 禁用 TX 中断
        up->txon = 0; // 关闭 txon 标志
        return;
    }
    c = up->outbuf[up->outtail++];
    up->outtail %= SBUFSIZE;
    *(up->base+UDR) = (int)c; // 将 c 写入 DR
    up->outdata--; up->outroom++;
}

int ugetc(UART *up)              // 从 UART 返回一个字符
{
  char c;
  while(up->indata <= 0); // 循环直到 up->data > 0 只读
  c = up->inbuf[up->intail++];
  up->intail %= SBUFSIZE;
  // 更新变量: 必须禁用中断
  lock();
    up->indata--; up->inroom++;
  unlock();
  return c;
}
int uputc(UART *up, char c)    // 将一个字符输出到 UART
{
  kprintf("uputc %c ", c);
  if (up->txon){ // 如果 TX 开启，则将 c 输入 outbuf []
     up->outbuf[up->outhead++] = c;
     up->outhead %= 128;
     lock();
      up->outdata++; up->outroom--;
     unlock();
     return;
  }
  // txon==0 表示 TX 关闭 => 输出 c & 启用 TX 中断
  // 仅在写入字符时才触发 PL011 TX，否则没有 TX 中断
  int i = *(up->base+UFR);          // 读取 FR
  while( *(up->base+UFR) & 0x20 ); // 在 FR = TXF 时循环
  *(up->base+UDR) = (int)c;         // 将 c 写入 DR
  UART0_IMSC |= 0x30; // 0000 0000: bit5=TX 屏蔽 bit4=RX 屏蔽
  up->txon = 1;
}
int ugets(UART *up, char *s)         // 从 UART 获得一行
```

```
{
  kprintf("%s", "以 ugets 为单位: ");
  while ((*s = (char)ugetc(up)) != '\r'){
    uputc(up, *s++);
  }
 *s = 0;
}
int uprints(UART *up, char *s)        // 打印一行到 UART
{
  while(*s)
    uputc(up, *s++);
}
```

3.6.3.2 UART 驱动程序代码说明

（1）uart_handler（UART *up）：uart 中断处理程序读取 MIS 寄存器以确定中断类型。如果 MIS 的位 4 为 1，则为 RX 中断；如果 MIS 的位 5 为 1，则为 TX 中断。根据中断类型，它调用 do_rx( ) 或 do_tx( ) 来处理该中断。

（2）do_rx( )：这是一个输入中断。它从数据寄存器中读取 ASCII 字符，从而清除 UART 的 RX 中断。然后它将字符输入圆形输入缓冲区，并将 data 变量加 1。data 变量表示输入缓冲区中字符的数量。

（3）do_tx( )：这是一个输出中断，通过将最后一个字符写入输出数据寄存器并完成该字符的传输来触发。该处理程序检查输出缓冲区中是否有字符。如果输出缓冲区为空，则它将禁用 UART TX 中断并返回。如果未禁用 TX 中断，则将导致无限次的 TX 中断序列。如果输出缓冲区不为空，则它将从缓冲区中获取一个字符并将其写入数据寄存器以进行发送。

（4）ugetc( )：ugetc 用于主程序从 UART 端口获取字符。其逻辑和与 RX 中断处理程序的同步与键盘驱动程序的 kgetc( ) 相同。因此，我们在这里不再重复。

（5）uputc( )：uputc( ) 用于主程序将字符输出到 UART 端口。如果 UART 端口没有发送信号（txon 标志关闭），则它将字符写入数据寄存器，启用 TX 中断并设置 txon 标志。否则，它将字符输入输出缓冲区，更新数据变量并返回。TX 中断处理程序将在每个连续的中断上从输出缓冲区输出字符。

（6）格式化打印：uprintf(UART *up, char *fmt, …) 用于格式化打印到 UART 端口，其基于 uputc( )。

3.6.3.3 KBD 和 UART 驱动程序的演示

t.c 文件包含 IRQ_handler( ) 和 main( ) 函数。main( ) 函数首先初始化 UART 设备和用于中断的 VIC。然后通过在 UART 终端上发出串行 I/O 来测试 UART 驱动程序。对于每个 IRQ 中断，IRQ_handler( ) 确定中断源并调用适当的处理程序来处理中断。为了清晰，UART 相关代码以粗体显示。

```
/*************** C3.3 的 t.c 文件 *******************/
#include "defines.h"
#include "string.c"
#include "uart.c"  // UART 驱动程序
#include "kbd.c"   // 键盘驱动程序
#include "timer.c" // 计时器
#include "vid.c"   // LCD 驱动器
#include "exceptions.c"
```

```
void copy_vectors(void){ //与之前相同 }

void IRQ_handler()          // IRQ 中断处理程序
{
  // 读取 VIC 状态寄存器以确定是什么中断
  int vicstatus = VIC_STATUS;
  // VIC 状态位: timer0,1=4,uart0=13,uart1=14
  if (vicstatus & (1<<5)){           // bit5:timer2,3
     if (*(tp[2]->base+TVALUE)==0) // 计时器 2
        timer_handler(2);
     if (*(tp[3]->base+TVALUE)==0) // 计时器 3
        timer_handler(3);
  }
  if (vicstatus & (1<<4)){           // bit4=1:timer0,1
     timer_handler(0);
  }
  if (vicstatus & (1<<12))           // bit12=1: uart0
     uart_handler(&uart[0]);
  if (vicstatus & (1<<13))           // bit13=1: uart1
     uart_handler(&uart[1]);
  if (vicstatus & (1<<31)){   // PIC.bit31= SIC 中断
     if (sicstatus & (1<<3)){ // SIC.bit3 = KBD 中断
        kbd_handler();
     }
  }
}

int main()
{
   char line[128];
   UART *up;
   KBD  *kp;
   fbuf_init();    // 初始化 LCD
   printf("C3.4 start: test KBD TIMER UART drivers\n");

   /* 启用 timer 0,1, uart0,1 和 SIC 中断 */
   VIC_INTENABLE = 0;
   VIC_INTENABLE |= (1<<4);  // timer0,1 在 bit4
   VIC_INTENABLE |= (1<<5);  // timer2,3 在 bit5
   VIC_INTENABLE |= (1<<12); // UART0 在 bit12
   VIC_INTENABLE |= (1<<13); // UART1 在 bit13
   VIC_INTENABLE |= (1<<31); // SIC 到 VIC 的 IRQ31
   SIC_INTENABLE = 0;
   SIC_INTENABLE |= (1<<3);  // KBD int=SIC 上的 bit3
   kbd_init();        // 初始化键盘
   uart_init();       // 初始化 UART
   up = &uart[0];     // 测试 UART0 I/O
   kp = &kbd;
   timer_init();
   timer_start(0);  // 仅 timer0
   while(1){
     kprintf("Enter a line from KBD\n");
```

```
        kgets(line);
        kprintf("Enter a line from UART0\n");
        uprints("Enter a line from UARTS\n\r");
        ugets(up, line);
        uprintf("%s\n", line);
    }
}
```

图3.7展示了中断驱动的KBD和UART驱动器的输出。该图显示UART输入是通过RX中断而输出是通过TX中断。

```
Enter a line from UART0
line = uart

QEMU
C3.3 start: Interrupt-driven drivers for Timer KBD UART          00:01:07
timer_init(): timer_start  0  base=0x 101E2000
UART init()

Enter a line from KBD
kbd interrupt: c= t
kbd interrupt: c= e
kbd interrupt: c= s
kbd interrupt: c= t
line = test
Enter a line from UART0
rx interrupt: u
rx interrupt: a
rx interrupt: r
rx interrupt: t
TX interrupt: TX interrupt: TX interrupt: TX interrupt: TX interrupt: TX interru
pt: TX interrupt: TX interrupt: TX interrupt: TX interrupt: TX interrupt: TX int
errupt: TX interrupt:
Enter a line from KBD
```

图3.7　KBD和UART驱动程序的演示

3.7　安全数字卡

对于大多数嵌入式系统，主要的大容量存储设备是安全数字（SD）卡（SDC 2016），这是因为其尺寸小、低功耗且与其他类型的移动设备兼容。许多嵌入式系统可能没有任何大容量存储设备来提供文件系统支持，但是通常从闪存卡或SD卡启动。一个很好的例子是Raspberry Pi（Raspberry_Pi 2016）。它需要SD卡来引导操作系统，该操作系统通常是适用于ARM体系结构的Linux版本，称为Raspbian。大多数基于ARM的系统都包括ARM PrimeCell PL180/PL181多媒体卡接口（ARM PL180 1998；ARM PL181 2001），以提供对多媒体卡和SD卡的支持。QEMU下的仿真ARM Versatilepb虚拟机还包括PL180多媒体接口，但仅支持SD卡。

3.7.1　SD卡协议

最简单的SD卡协议是串行外围设备接口（SPI)(SPI 2016）。SPI协议要求主机具有一个SPI端口，许多基于ARM的系统都具有该端口。对于没有SPI端口的主机，SD卡必须使用本机SD协议（SD specification 2016），它比SPI协议功能更强，因此更复杂。QEMU的多媒体接口支持本机模式SD卡，但不支持SPI模式。因此，我们将开发一种以本机SD模式运行的SD卡驱动程序，称为SDC驱动程序。

3.7.2　SDC驱动程序

示例程序C3.4实现了一个中断驱动的SDC驱动程序。它通过先写入SD卡的扇区然后读回扇区以验证结果来演示 SDC 驱动程序。该程序由以下组件组成。

（1）**sdc.h**：这个头文件定义 PL180 多媒体卡（MMC）寄存器和位掩码。为了简洁起见，我们仅展示 PL180 寄存器。

```
/** 来自 BASE 的 PL180 寄存器 **/
#define    POWER           0x00
#define    CLOCK           0x04
#define    ARGUMENT        0x08
#define    COMMAND         0x0C
#define    RESPCOMMAND     0x10
#define    RESPONSE0       0x14
#define    RESPONSE1       0x18
#define    RESPONSE2       0x1C
#define    RESPONSE3       0x20
#define    DATATIMER       0x24
#define    DATALENGTH      0x28
#define    DATACTRL        0x2C
#define    DATACOUNT       0x30
#define    STATUS          0x34
#define    STATUS_CLEAR    0x38
#define    MASK0           0x3C
#define    MASK1           0x40
#define    CARD_SELECT     0x44
#define    FIFO_COUNT      0x48
#define    FIFO            0x80
/** 更多的 ID 寄存器未被使用 **/
```

（2）**sdc.c 文件**：该文件实现 SDC 驱动程序。

```
/*********** sdc.c ARM PL180 SDC 驱动程序 **********/
#include "sdc.h"
u32 base;
#define printf kprintf

int delay(){ int i; for (i=0; i<100; i++); }

int do_command(int cmd, int arg, int resp)
{
  *(u32 *)(base + ARGUMENT) = (u32)arg;
  *(u32 *)(base + COMMAND)  = 0x400 | (resp<<6) | cmd;
  delay();
}
int sdc_init()
{
  u32 RCA = (u32)0x45670000; // QEMU 的硬编码 RCA
  base    = (u32)0x10005000; // PL180 基址
  printf("sdc_init : ");
  *(u32 *)(base + POWER) = (u32)0xBF; // 打开
  *(u32 *)(base + CLOCK) = (u32)0xC6; // 默认 CLK

  // 发送初始化命令序列
  do_command(0,  0,   MMC_RSP_NONE);// 空闲状态
```

```
do_command(55, 0,   MMC_RSP_R1);  // 准备就绪状态
do_command(41, 1,   MMC_RSP_R3);  // 参数不能为零
do_command(2,  0,   MMC_RSP_R2);  // 调用卡 CID
do_command(3,  RCA, MMC_RSP_R1);  // 分配 RCA
do_command(7,  RCA, MMC_RSP_R1);  // 传输状态：必须使用 RCA
do_command(16, 512, MMC_RSP_R1);  // 设置数据块长度

// 设置中断 MASK0 寄存器的位 = RxAvail|TxEmpty
*(u32 *)(base + MASK0) = (1<<21)|(1<<18); //0x00240000;
printf("done\n");
}

// SDC 驱动程序和中断处理程序之间的共享变量
volatile char *rxbuf, *txbuf;
volatile int  rxcount, txcount, rxdone, txdone;
int sdc_handler()
{
  u32 status, err;
  int i;
  u32 *up;

  // 读取状态寄存器以找出 RxDataAvail 或 TxBufEmpty
  status = *(u32 *)(base + STATUS);

  if (status & (1<<21)){ // RxDataAvail: 读取数据
    printf("SDC RX interrupt: );
    up = (u32 *)rxbuf;
    err = status & (DCRCFAIL | DTIMEOUT | RXOVERR);
    while (!err && rxcount) {
       printf("R%d ", rxcount);
       *(up) = *(u32 *)(base + FIFO);
       up++;
       rxcount -= sizeof(u32);
       status = *(u32 *)(base + STATUS);
       err = status & (DCRCFAIL | DTIMEOUT | RXOVERR);
    }
    rxdone = 1;
  }
  else if (status & (1<<18)){ // TxBufEmpty: 发送数据
    printf("SDC TX interrupt: );
    up = (u32 *)txbuf;
    status_err = status & (DCRCFAIL | DTIMEOUT);

    while (!status_err && txcount) {
       printf("W%d ", txcount);
       *(u32 *)(base + FIFO) = *up;
       up++;
       txcount -= sizeof(u32);
       status = *(u32 *)(base + STATUS);
       status_err = status & (DCRCFAIL | DTIMEOUT);
    }
    txdone = 1;
  }
  //printf("write to clear register\n");
```

```
    *(u32 *)(base + STATUS_CLEAR) = 0xFFFFFFFF;
    printf("SDC interrupt handler return\n");
}

int get_sector(int sector, char *buf)
{
    u32 cmd, arg;

    //printf("get_sector %d %x\n", sector, buf);
    rxbuf = buf; rxcount = 512; rxdone = 0;
    *(u32 *)(base + DATATIMER) = 0xFFFF0000;
    // 将data_len写入datalength寄存器
    *(u32 *)(base + DATALENGTH) = 512;

    //printf("dataControl=%x\n", 0x93);
    // 0x93=|9|0011|=|9|DMA=0,0=BLOCK,1=Host<-Card,1=Enable
    *(u32 *)(base + DATACTRL) = 0x93;
    cmd = 17;          //CMD17=读取单个块
    arg = (sector*512);
    do_command(cmd, arg, MMC_RSP_R1);
    while(rxdone == 0);
    printf("get_sector return\n");
}

int put_sector(int sector, char *buf)
{
    u32 cmd, arg;

    //printf("put_sector %d %x\n", sector, buf);
    txbuf = buf; txcount = 512; txdone = 0;
    *(u32 *)(base + DATATIMER) = 0xFFFF0000;
    *(u32 *)(base + DATALENGTH) = 512;
    cmd = 24;          // CMD24=写入单个块
    arg = (u32)(sector*512);
    do_command(cmd, arg, MMC_RSP_R1);

    //printf("dataControl=%x\n", 0x91);
    // 0x91=|9|0001|=|9|DMA=0,BLOCK=0,0=Host->Card,1=Enable
    *(u32 *)(base + DATACTRL) = 0x91; // Host->card
    while(txdone == 0);
    printf("put_sector return\n");
}
```

SDC 驱动程序由 4 个主要部分组成，下面将对其进行说明。

1）sdc_init()：其由主程序调用以初始化 SDC。当编写 SDC 驱动程序时，最关键的步骤是 SD 卡初始化，其包括以下步骤。

- 发送 CMD0 使 SDC 进入空闲状态。
- 发送 CMD8 以确定 SDC 类型和电压范围。
- 发送 CMD55，然后发送 CMD41，以使 SDC 进入就绪状态。
- 发送 CMD2 以获取卡标识（CID）。
- 发送 CMD3 以获取 / 设置卡相对地址（RCA）。
- 通过 RCA 发送 CMD7 来选择 SDC，以传输数据状态。

- 将中断屏蔽寄存器 MASK0 位置 1 以启用 RX 和 TX 中断。

通常，除 CMD0 以外的每个命令都期望不同类型的响应。当发送命令后，响应位于响应寄存器中，但在 SDC 驱动程序中将被忽略。可以看出，在 QEMU 的仿真 PL180 MMC 中，分配给 SDC 的相对卡地址（RCA）被硬编码为 0x4567。实际上，每个 CMD3 命令都会将 RCA 增加 0x4567。出现这种异常行为的原因可能是 QEMU 的 PL180 仿真器中的错字。它应该仅通过 RCA = 0x4567 设置 RCA 一次，而不是 RCA += 0x4567，后者将在每个 CMD3 命令上将其递增 0x4567。当初始化之后，驱动程序可以发出 CMD17 来读取块，或者发出 CMD24 来写入块。对于 SDC，默认块（扇区）大小为 512 字节。SDC 还分别通过 CMD18 和 CMD25 来支持读 / 写多个扇区。数据传输可以使用三种不同的方案之一：轮询、中断或 DMA。DMA 适用于传输大量数据。为了使驱动程序代码保持简单，SDC 驱动程序仅使用中断而不是 DMA 来一次性读写 512 字节的一个扇区。其稍后将被扩展为读 / 写多扇区。通过将中断屏蔽寄存器 MASK0 中的位置 1，可以启用 SDC 中断。在 sdc_init( ) 中，中断屏蔽位设置为 RxDataAvail（位 21）和 TxBufEmpty（位 18）。当输入缓冲区中有数据或输出缓冲区中有空间时，MMC 将生成 SDC 中断。它禁用并忽略其他类型的 SDC 中断，例如由于错误条件而中断。

2）get_sector(int sector, char *buf)：get_sector( ) 用于从 SDC 读取一个 512 字节的扇区。get_sector( ) 的算法如下。

- 设置全局 rxbuf = buf 和 rxdone = 0 以供 RX 中断处理程序使用；
- 将 DataTimer 设置为默认值，将 DataLength 设置为 512；
- 将 DataCntl 设置为 0x93（块大小 = 2 ** 9，respR1，从 SDC 到主机，启用）；
- 发送带有参数 = 扇区 * 512（SDC 上的字节地址）的 CMD17；
- （忙）等待 RX 中断处理程序完成数据读取。

当收到 CMD17 后，PL180 多媒体控制器（MMC）开始将数据从 SDC 传输到其内部输入缓冲区。MMC 具有一个 16 × 32 位的 FIFO 输入数据缓冲区。当数据可用时，它会生成一个 RX 中断，从而导致执行 SDC_handler( )，其实际上会将数据从 MMC 传输到 rxbuf。当发送 CMD17 之后，主程序忙等待易失性 rxdone 标志，该标志将在数据传输完成时由中断处理程序置 1。

3）put_sector(int sector, char *buf)：put_sector( ) 用于将数据块写入 SDC。put_sector( ) 的算法如下。

- 为要使用的 TX 中断处理程序设置全局 txbuf = buf 和 txdone = 0；
- 将 DataTimer 设置为默认值，将 DataLength 设置为 512；
- 发送带参数 = sector * 512 的 CMD24（SDC 上的字节地址）；
- 将 DataCntl 设置为 0x91（块大小 = 2 ** 9，respR1，从主机到 SDC，启用）；
- （忙）等待 TX 中断处理程序完成数据写入。

当收到 CMD24 后，PL180 MMC 开始传输数据。MMC 具有 16 × 32 位 FIFO 输出数据缓冲区。如果 TX 缓冲区为空，则会生成 SDC 中断，从而导致执行 SDC_handler( )，其实际上会将数据从 buf 传输到 MMC。当发送 CDM24 之后，主程序忙等待易失性 txdone 标志，该标志将在数据传输完成时由中断处理程序置 1。

4）sdc_handler( )：这是 SDC 中断处理程序。它首先检查状态寄存器以确定中断源。如果是 RxDataAvail 中断（位 21 置 1），则会通过循环将数据从 MMC 控制器传输到 rxbuf。

```
while (!err && rxcount) {
  printf("R%d ", rxcount);
```

```
    *(up) = *(u32 *)(base + FIFO);
    up++;
    rxcount -= sizeof(u32);
    status = *(u32 *)(base + STATUS);
    err = status & (SDI_STA_DCRCFAIL | SDI_STA_DTIMEOUT |
                    SDI_STA_RXOVERR);
}
```

除非有错误，否则循环的每次迭代都会从 MMC 的 FIFO 输入缓冲区中读取一个 u32（4 字节），将 rxcount 减 4，直到 rxcount 为 0。然后将 rxdone 标志设置为 1，从而允许 get_sector( ) 中的主程序继续执行。

如果 SDC 中断是 TX 中断（位 18 置 1），则它将通过循环将数据从 txbuf 写入 MMC 的 FIFO。

```
while (!err && txcount){
   printf("W%d ", txcount);
   *(u32 *)(base + FIFO) = *up;
   up++;
   txcount -= sizeof(u32);
   status = *(u32 *)(base + STATUS);
   err = status & (SDI_STA_DCRCFAIL | SDI_STA_DTIMEOUT);
}
```

除非有错误，否则循环的每次迭代都会向 MMC 的 FIFO 输出缓冲区写入 u32（4 字节），将 txcount 减 4，直到 txcount 为 0。然后将 txdone 标志设置为 1，从而允许 put_sector( ) 中的主程序继续执行。

（3）**t.c 文件**：t.c 文件与 C3.3 中的文件相同，只是添加了用于 SDC 初始化和测试的代码。为了清楚起见，t.c 的修改行以粗体显示。

```
#include "defines.h"
#include "string.c"
#define printf kprintf
char *tab = "0123456789ABCDEF";
#include "uart.c"
#include "kbd.c"
#include "timer.c"
#include "vid.c"
#include "exceptions.c"
#include "sdc.c"

void copy_vectors(void) { // 与之前相同 }

void IRQ_handler()
{
   int vicstatus, sicstatus;
   int ustatus, kstatus;
   // 读取 VIC SIV 状态寄存器以确定是什么中断
   vicstatus = VIC_STATUS;
   sicstatus = SIC_STATUS;
   // VIC 状态位: timer0=4, uart0=13, uart1=14, SIC=31: KBD 位于 3
   if (vicstatus & (1<<4)){  // 位 4: timer0
      timer_handler(0);
   }
```

```
    if (vicstatus & (1<<12)){ // 位 12: UART0
       uart_handler(&uart[0]);
    }
    if (vicstatus & (1<<13)){ // 位 13: UART1
       uart_handler(&uart[1]);
    }
    if (vicstatus & (1<<31)){ // SIC 中断 = VIC 上的 bit_31
       if (sicstatus & (1<<3)){  // SIC 的 IRQ3 处的 KBD
          kbd_handler();
       }
       if (sicstatus & (1<<22)){ // SIC 的 IRQ22 处的 SDC
          sdc_handler();
       }
    }
}

char rbuf[512], wbuf[512];
char *line[2] = {"THIS IS A TEST LINE", "this is a test line"};

int main()
{
    int i, sector, N;
    fbuf_init();
    kbd_init();
    uart_init();
    /* 启用计时器 0,1, uart0,1 SIC 中断 */
    VIC_INTENABLE = (1<<4);   // timer0,1 在 bit4
    VIC_INTENABLE |= (1<<12); // UART0 在 bit12
    VIC_INTENABLE |= (1<<13); // UART1 在 bit13
    VIC_INTENABLE |= (1<<31); // SIC 到 VIC 的 IRQ31
    /* 启用 KBD 和 SDC IRQ */
    SIC_INTENABLE = (1<<3);   // KBD int=SIC 上的 bit3
    SIC_INTENABLE |= (1<<22); // SDC int=SIC 上的 bit22
    SIC_ENSET = (1<<3);       // KBD int=SIC 上的 bit3
    SIC_ENSET |= (1<<22);     // SDC int=SIC 上的 bit22
    timer_init();
    timer_start(0);
    /* 省略了用于测试 UART 和 KBD 驱动程序的代码 */
    printf("test SDC DRIVER\n");
    sdc_init();
    N = 1;           // 写入|读取 SDC 的 N 个扇区
    for (sector=0; sector < N; sector++){
      printf("WRITE sector %d: ", sector);
      memset(wbuf, ' ', 512);  // 清空 wbuf
      for (i=0; i<12; i++)       // 将行写入 wbuf
          strcpy(wbuf+i*40, line[sector % 2]);
      put_sector(sector, wbuf);
    }
    printf("\n");

    for (sector=0; sector < N; sector++){
      printf("READ  sector %d\n", sector);
      get_sector(sector, rbuf);
```

```
    for (i=0; i<512; i++){
      printf("%c", rbuf[i]);
    }
    printf("\n");
  }
  printf("in while(1) loop: enter keys from KBD or UART\n");
  while(1);
}
```

ARM Versatile 用户手册指定 MMC 在 VIC 和 SIC 上的 IRQ22 处中断。但是，在 QEMU 仿真的 PL180 中，它实际上在 SIC 的 IRQ22 处中断，该中断被路由到 VIC 的 IRQ31。这种差异的原因未知。除了这种微小差异外，仿真的 PL180 可以按预期工作。图 3.8 展示了运行 SDC 驱动程序 C3.4 的输出。

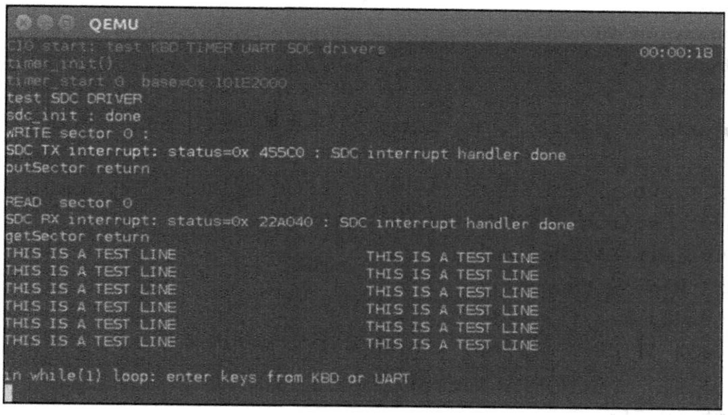

```
QEMU
C10 start: test KBD TIMER UART SDC drivers                    00:00:18
timer_init()
timer_start 0  base=0x 101E2000
test SDC DRIVER
sdc_init : done
WRITE sector 0 :
SDC TX interrupt: status=0x 455C0 : SDC interrupt handler done
putSector return

READ  sector 0
SDC RX interrupt: status=0x 22A040 : SDC interrupt handler done
getSector return
THIS IS A TEST LINE                    THIS IS A TEST LINE
THIS IS A TEST LINE                    THIS IS A TEST LINE
THIS IS A TEST LINE                    THIS IS A TEST LINE
THIS IS A TEST LINE                    THIS IS A TEST LINE
THIS IS A TEST LINE                    THIS IS A TEST LINE
THIS IS A TEST LINE                    THIS IS A TEST LINE

in while(1) loop: enter keys from KBD or UART
```

图 3.8 SDC 驱动程序的输出

3.7.3 改进的 SDC 驱动程序

在 SDC 驱动程序中，中断处理程序在单个中断上执行所有数据传输。由于从 MMC 到 SDC 的数据传输速度可能很慢，所以中断处理程序必须在等待 MMC 准备好提供或接收数据的同时执行多次数据传输循环。该方案的缺点是，它与通过轮询的 I/O 基本相同，甚至比轮询 I/O 更糟。通常，中断处理程序应尽快完成。必须避免或消除在中断处理程序中进行的过多检查和等待。因此，需要最小化中断的数量并最大化每个中断的数据传输量。这导致我们改进了 SDC 驱动程序。在改进的 SDC 驱动程序中，我们将 MMC 编程为仅在 RX FIFO 已满或 TX FIFO 为空时生成中断。对于每个中断，我们在每个中断上传输 16 个 u32 数据。下面的代码展示了改进的 SDC 驱动程序，其中的修改以粗体显示。

```
// SDC 驱动程序和中断处理程序之间的共享变量
volatile char *rxbuf, *txbuf;
volatile int  rxcount, txcount, rxdone, txdone;

int sdc_handler()
{
  u32 status, status_err;
  int i;
  u32 *up;
  // 读取状态寄存器以找出 TxEmpty 或 RxFull 中断
```

```
status = *(u32 *)(base + STATUS);

if (status & (1<<17)){ // RxFull: 一次读取16个u32
   printf("RX interrupt: ");
   up = (u32 *)rxbuf;
   status_err = status & (DCRCFAIL | DTIMEOUT | RXOVERR);
   if (!status_err && rxcount) {
      printf("R%d ", rxcount);
      for (i = 0; i < 16; i++)
          *(up + i) = *(u32 *)(base + FIFO);
      up += 16;
      rxcount -= 64;
      rxbuf += 64;
      status = *(u32 *)(base + STATUS); // 清除RX中断
   }
   if (rxcount == 0)
      rxdone = 1;
}
else if (status & (1<<18)){ // TxEmpty: 一次写入16个u32
  printf("TX interrupt: ");
  up = (u32 *)txbuf;
  status_err = status & (DCRCFAIL | DTIMEOUT);
  if (!status_err && txcount) {
     printf("W%d ", txcount);
     for (i = 0; i < 16; i++)
         *(u32 *)(base + FIFO) = *(up + i);
     up += 16;
     txcount -= 64;
     txbuf += 64;                // 增长txbuf以进行下一次写入
     status = *(u32 *)(base + STATUS); // 清除TX中断
  }
  if (txcount == 0)
     txdone = 1;
}
//printf("write to clear register\n");
*(u32 *)(base + STATUS_CLEAR) = 0xFFFFFFFF;
// printf("SDC interrupt handler done\n");
}
```

图3.9展示了运行改进的SDC驱动程序的输出。如图所示，每个中断传输16个4字节数据，因此每个中断的字节传输计数减少64。作为进一步的改进，当RX FIFO为半满并且TX FIFO为半空时，可以对MMC进行编程以生成中断。在这种情况下，每个中断可以传输8个4字节数据。它以更多中断为代价提高了数据传输速率，因此由于中断处理而产生了更多开销。

3.7.4 多扇区数据传输

上述SDC驱动程序一次传输一个扇区（512字节）的数据。嵌入式系统可能支持使用1KB或4KB的文件块大小的文件系统。此时，在与文件块大小匹配的多个扇区中将数据从SD卡传出或将数据传入SD卡会更有效。下面的代码展示了经过修改的SDC驱动程序，该驱动程序可以在多扇区中传输数据。

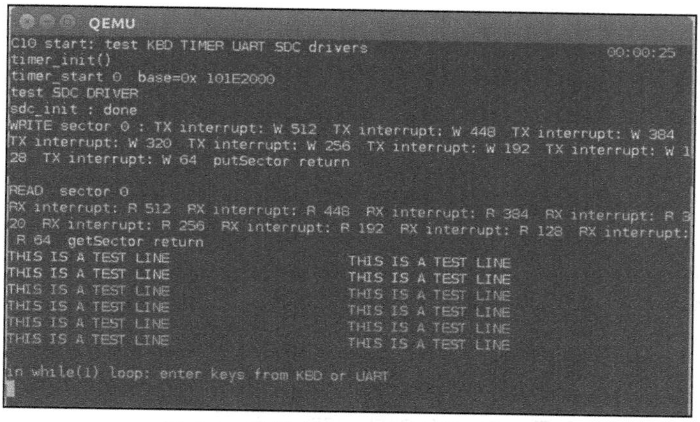

```
QEMU
C10 start: test KBD TIMER UART SDC drivers                                    00:00:25
timer_init()
timer_start 0  base=0x 101E2000
test SDC DRIVER
sdc_init : done
WRITE sector 0 : TX interrupt: W 512  TX interrupt: W 448  TX interrupt: W 384
TX interrupt: W 320  TX interrupt: W 256  TX interrupt: W 192  TX interrupt: W 1
28  TX interrupt: W 64  putSector return

READ  sector 0
RX interrupt: R 512  RX interrupt: R 448  RX interrupt: R 384  RX interrupt: R 3
20  RX interrupt: R 256  RX interrupt: R 192  RX interrupt: R 128  RX interrupt:
 R 64  getSector return
THIS IS A TEST LINE                     THIS IS A TEST LINE
THIS IS A TEST LINE                     THIS IS A TEST LINE
THIS IS A TEST LINE                     THIS IS A TEST LINE
THIS IS A TEST LINE                     THIS IS A TEST LINE
THIS IS A TEST LINE                     THIS IS A TEST LINE
THIS IS A TEST LINE                     THIS IS A TEST LINE

in while(1) loop: enter keys from KBD or UART
```

图 3.9　改进的 SDC 驱动器的输出

要读取多扇区，需要发出命令 CMD18。要写入多扇区，需要发出命令 CMD25。在这两种情况下，数据长度都是文件块大小。对于多扇区数据传输，必须通过停止传输命令 CMD12 来终止数据传输，该命令在字节计数（rxcount 或 txcount）达到 0 时在中断处理程序中发出。驱动程序的修改行以粗体显示。在代码段中，FBLK_SIZE 定义为 4096。每个 get_block( )/ put_block( ) 均调用读取 / 写入一个 4KB 数据的（文件）块。

```
// SDC 驱动程序和中断处理程序之间的共享变量
#define FBLK_SIZE 4096
volatile char *rxbuf, *txbuf;
volatile int  rxcount, txcount, rxdone, txdone;

int sdc_handler()
{
  u32 status, err, *up;
  int i;
  // 读取状态寄存器以找出 TxEmpty 或 RxAvail
  status = *(u32 *)(base + STATUS);
  if (status & (1<<17)){ // RxFull: 一次读取 16 个 u32
     up = (u32 *)rxbuf;
     err = status & (DRCFAIL | DTIMEOUT | RXOVERR);
     if (!err && rxcount){
        for (i = 0; i < 16; i++)
         *(up + i) = *(u32 *)(base + FIFO);
      up += 16;
      rxcount -= 64;
      rxbuf += 64;
      status = *(u32 *)(base + STATUS); // 读取状态
   }
   if (rxcount == 0){
      do_command(12, 0, MMC_RSP_R1); // 停止传输
      rxdone = 1;
   }
}
else if (status & (1<<18)){ // TxEmpty: 一次写入 16 个 u32
  up = (u32 *)txbuf;
  err = status & (DCRCFAIL | DTIMEOUT);
```

```
    if (!err && txcount) {
        for (i = 0; i < 16; i++)
            *(u32 *)(base + FIFO) = *(up + i);
        up += 16;
        txcount -= 64;
        txbuf += 64;             // 增长 txbuf 以进行下一次写入
        status = *(u32 *)(base + STATUS); // 读取状态
    }
    if (txcount == 0){
        do_command(12, 0, MMC_RSP_R1); // 停止传输
        txdone = 1;
    }
  }
  *(u32 *)(base + STATUS_CLEAR) = 0xFFFFFFFF;
  }
  int get_block(int blk, char *buf)
  {
    u32 cmd, arg;
    rxbuf = buf; rxcount = FBLK_SIZE; rxdone = 0;
    *(u32 *)(base + DATATIMER) = 0xFFFF0000;
    // 将 data_len 写入 datalength 寄存器
    *(u32 *)(base + DATALENGTH) = FBLK_SIZE;
    // 0x93=|9|0011|=|9|DMA=0,0=BLOCK,1=Host<-Card,1=Enable
    *(u32 *)(base + DATACTRL) = 0x93; // 从卡到主机

    cmd = 18;        // CMD18 = 读取多扇区
    arg = (blk*FBLK_SIZE);
    do_command(cmd, arg, MMC_RSP_R1);

    while(rxdone == 0);
    printf("get_block return\n");
  }

  int put_block(int blk, char *buf)
  {
    u32 cmd, arg;
    txbuf = buf; txcount = FBLK_SIZE; txdone = 0;
    *(u32 *)(base + DATATIMER) = 0xFFFF0000;
    *(u32 *)(base + DATALENGTH) = FBLK_SIZE;

    cmd = 25;        // CMD25 = 写入多扇区
    arg = (u32)(blk*fBLK_SIZE);
    do_command(cmd, arg, MMC_RSP_R1);

    // 0x91=|9|0001|=|9|DMA=0,0=BLOCK,0=Host->Card,1=Enable
    *(u32 *)(base + DATACTRL) = 0x91; // 从主机到卡

    while(txdone == 0);
    printf("put_block return\n");
  }
```

读者可以使用上述代码替换示例程序 C3.4 中的 SDC 驱动程序，并测试运行该程序以验证多扇区数据传输。还可以更改 FBLK_SIZE 以适应其他块大小，该大小必须为扇区大小（512）的倍数。

3.8 向量中断

到目前为止，所有示例程序都使用非向量中断。非向量中断的缺点是，中断处理程序必须扫描中断状态寄存器中的非零位以确定中断源，这很费时。在许多其他计算机系统中，例如基于 Intel x86 的 PC，中断是由硬件引导的。在向量中断方案中，其为每个中断分配了一个由中断优先级确定的向量号。当发生中断时，CPU 可以从中断控制器硬件获取中断的向量号，并使用它来直接调用相应的中断服务程序。ARM PL190 向量中断控制器（VIC）也具有此功能。在本节中，我们将说明如何为向量中断处理编程 PL190 VIC。

3.8.1 ARM PL190 向量中断控制器

ARM Versatile/926EJ-S 板的 PL190 VIC 支持向量中断。VIC 技术手册（ARM PL190 2004）包含以下有关如何为向量中断编程 VIC 的信息。

- VectorAddr 寄存器（0x30）：VectorAddr 寄存器包含当前活动 IRQ 的 ISR 地址。在当前 ISR 的结尾，将一个值写入该寄存器以清除当前中断。PL192 VIC 具有通过将值 0 ～ 15 写入 IntPriority 寄存器来对 IRQ 源进行优先级排序的附加功能。在当前 ISR 的末尾，写入 VectorAddr 寄存器使 VIC 可以重新确定未决的 IRQ 的优先级。
- DefaultVecAddr 寄存器（0x34）：此寄存器包含默认中断的 ISR 地址，例如对于任何虚假的中断。
- VectorAddress 寄存器 [0 ～ 15]（0x100 ～ 0x13C）：每个寄存器都包含 IRQ0 至 IRQ15 的 ISR 地址。PL192 具有 32 个用于 32 个 ISR 的 VectorAddress 寄存器。
- VectorControl 寄存器 [0 ～ 15]（0x200 ～ 0x23C）：这些寄存器中的每一个都包含中断源（位 4 ～ 1）和启用位（位 5）。

为了使用向量中断，必须在设备级别以及在 VIC 上为每个设备启用中断。我们通过示例程序 C3.5 演示了以下设备的向量中断。

```
. Timer0:     VectorInt0
. UART0:      VectorInt1
. UART1:      VectorInt2
· 键盘:       VectorInt3
```

下面列出了用于向量中断的 VIC 编程的代码段。

3.8.2 为向量中断配置 VIC

C3.5.1 函数 vecotrInt_init( ) 为向量中断配置 VIC。

```
int vectorInt_init() // 使用 PL190 VIC 的向量化的中断
{
  printf("vectorInterrupt_init()\n");

  /*********** 设置向量中断 *****************
  (1) 使用 timer0 的 ISR 写入 vectoraddr0(0x100)
                使用 UART0 的 ISR 写入 vectoraddr1(0x104)
                使用 UART1 的 ISR 写入 vectoraddr2(0x108)
                使用 KBD 的 ISR 写入 vectoraddr3(0x10C)
  ******************************************************/
  *((int *)(VIC_BASE_ADDR+0x100)) = (int)timer0_handler;
  *((int *)(VIC_BASE_ADDR+0x104)) = (int)uart0_handler;
```

```
   *((int *)(VIC_BASE_ADDR+0x108)) = (int)uart1_handler;
   *((int *)(VIC_BASE_ADDR+0x10C)) = (int)kbd_handler;
   // (2) 写入 intControlRegs  = E=1|IRQ#=1xxxxx
   *((int *)(VIC_BASE_ADDR+0x200)) = 0x24;  //100100 at IRQ 4
   *((int *)(VIC_BASE_ADDR+0x204)) = 0x2C;  //101100 at IRQ 12
   *((int *)(VIC_BASE_ADDR+0x208)) = 0x2D;  //101101 at IRQ 13
   *((int *)(VIC_BASE_ADDR+0x20C)) = 0x3F;  //111111 at IRQ 31
   // (3) 将 0 写入 IntSelectReg 以生成 IRQ 中断
   //(任何 bit=1 生成 FIQ 中断)
   *((int *)(VIC_BASE_ADDR+0x0C)) = 0;
}
```

3.8.3 向量中断处理程序

C3.5.2：为向量中断重写 IRQ_handler()。当使用向量中断时，任何 IRQ 中断仍然照常到达 IRQ_handler()。但是，我们必须重写 IRQ_handler() 才能使用向量中断。当进入 IRQ_handler() 后，我们必须读取 VectorAddr 寄存器以首先确认中断。与非向量中断的情况不同，此时不需要读取状态寄存器来确定中断源。相反，我们可以直接从 VectorAddr 寄存器中获取当前 IRQ 处理程序的地址。然后只需通过其入口地址调用处理程序。另外，中断源也可以从 VectorStatus 寄存器中确定。当从处理程序返回后，通过将任何值写入 VectorAddr 寄存器来将 EOI 发送给 VIC 控制器，从而使其可以重新确定未决的中断请求的优先级。下面展示了针对向量中断的经过修改的 IRQ_handler() 函数。

```
void IRQ_handler( )
{
   void *(*f)( );        // f 作为函数指针
   int status = *(int *)(VIC_BASE_ADDR+0x30);
   f =(void *)*((int *)(VIC_BASE_ADDR+0x30));
   f();                  // 调用 ISR 函数
   *((int *)(VIC_BASE_ADDR+0x30)) = 1; // 以 EOI 的形式写入 VectorAddr
}
```

3.8.4 向量中断的演示

C3.5.3　t.c 文件：为了简洁起见，我们仅展示用于测试各种设备中断的 main() 的相关代码。

```
int main()
{
    fbuf_init();   // LCD
    kbd_init();    // KBD
    uart_init();   // UART
    timer_init();  // 计时器
    up = &uart[0];
    kp = &kbd;
    /* 启用 timer0,1, uart0,1 SIC 中断 */
    VIC_INTENABLE = 0;
    VIC_INTENABLE |= (1<<4);  // timer0,1 在 bit4
    VIC_INTENABLE |= (1<<12); // UART0 在 bit12
    VIC_INTENABLE |= (1<<13); // UART1 在 bit13
    VIC_INTENABLE |= (1<<31); // SIC 到 VIC 的 IRQ31
```

```
    /* 从 SIC 启用 KBD IRQ */
    SIC_INTENABLE = 0;
    SIC_INTENABLE |= (1<<3);  // KBD int=SIC 上的 bit3
    printf("Program start: test Vectored Interrupts\n");
    vectorInt_init(); // 必须在 driver_init() 之后执行此操作
    timer_start(0);   // 启动 timer0
    printf("test UART0 I/O: enter text from UART 0\n");
    while(1){
      ugets(up, line);
      uprintf("  line=%s\n", line);
      if (strcmp(line, "end")==0)
         break;
    }
    printf("test UART1 I/O: enter text from UART 1\n");
    up = &uart[1];
    while(1){
      ugets(up, line);
      ufprintf(up, "  line=%s\n", line);
      if (strcmp(line, "end")==0)
         break;
    }
    printf("test KBD inputs\n"); // 显示到 LCD
    while(1){
       kgets(line);
       printf("line=%s\n", line);
       if (strcmp(line, "end")==0)
          break;
    }
    printf("END OF run %d\n", 1234);
}
```

图 3.10 展示了运行程序 C3.5 的示例输出，该示例演示了使用向量中断的计时器、UART 和 KBD 驱动程序。

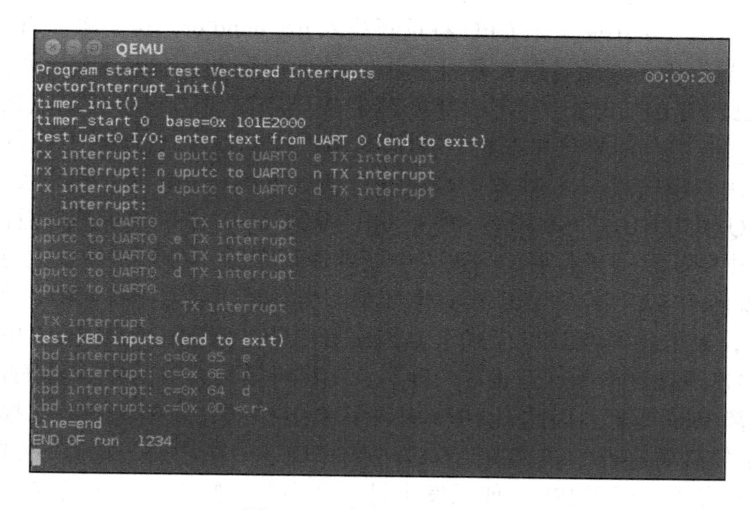

图 3.10　向量中断的演示

3.9 嵌套中断

3.9.1 为何需要嵌套中断

在前面的示例程序 C3.1 ～ C3.5 中，我们演示了中断处理，每个 IRQ 中断处理程序都在 IRQ 中断被禁用（屏蔽）后开始执行。在中断处理程序完成之前，不会启用（解除屏蔽）IRQ 中断。这意味着一次只能处理一个中断。该方案的缺点是，它可能导致**中断优先级倒置**，其中处理低优先级中断可能会阻塞或延迟较高优先级中断的处理。中断优先级倒置可能会增加系统对中断的响应时间，这在具有严格时序要求的嵌入式系统中是不可取的。为了解决这个问题，嵌入式系统应允许嵌套中断。在嵌套中断方案中，较高优先级的中断可能会抢占较低优先级的中断的处理，即在当前中断处理程序完成之前，它可以接受并处理较高优先级的中断，从而减少了中断的处理延迟并改善了系统对中断的响应。

3.9.2 ARM 中的嵌套中断

由于 ARM 处理器体系结构的以下特性，ARM 处理器不能有效地支持嵌套中断。

当 ARM CPU 接受 IRQ 中断时，它将切换到 IRQ 模式，该模式具有自己的存储区寄存器 lr_irq、sp_irq、spsr 和 cpsr。CPU 将返回地址（偏移量为 +4）保存到 lr_irq 中，将先前的模式 CPSR 保存到 spsr 中，并进入中断处理程序以处理当前中断。为了支持嵌套中断，中断处理程序必须在某个时间点取消屏蔽中断，以允许发生更高优先级的中断。但是，这产生了两个问题。

（1）接受另一个中断可能会损坏链接寄存器：假定当启用 IRQ 中断后，中断处理程序将调用 ISR 来处理当前中断，如下所示。

```
irq_handler:
    // 找出 IRQ 源以确定其 ISR
    // 启用 IRQ 中断
    bl   ISR
HERE:
```

当调用 ISR 来处理当前中断时，链接寄存器 lr_irq 包含标签 HERE 的返回地址。当执行 ISR 时，如果发生另一个中断，则 CPU 将重新输入 irq_handler，这会将 lr_irq 更改为新中断点的返回地址。这会破坏原始链接寄存器 lr_irq，从而导致 ISR 在完成时返回错误的地址。

（2）覆盖已保存的 CPSR：当 ARM 处理器接受中断时，它将中断点的 CPSR 保存在（分组的）SPSR_irq 中。如果已中断的代码是在用户模式或 SVC 模式下执行的，则保存的 SPSR 可能处于用户模式或 SVC 模式。当在 IRQ 模式下执行 ISR 时，如果发生另一个中断，则 CPU 将以 IRQ 模式下的 CPSR 覆盖 SPSR_irq，导致第一个 ISR 在完成时返回错误的模式。

解决（2）中的问题相当容易。当进入中断处理程序后、在允许 IRQ 进行进一步的中断之前，我们可以将 SPSR 保存到 IRQ 模式堆栈中。当 ISR 完成后，我们将从堆栈中恢复保存的 SPSR。但是，如果我们在 IRQ 模式下允许嵌套中断，则无法克服（1）中的问题。因为每个 ISR 都会再次返回到中断处理程序的开头，所以将导致无限循环。缓解此问题的唯一方法是使 CPU 脱离 IRQ 模式。因此，ARM 引入了 SYS 模式，该模式是特权模式，但具有与 IRQ 模式不同的链接寄存器。假设在允许进一步的 IRQ 中断之前，我们将 CPU 切换到 SYS 模式，并在 SYS 模式下调用 ISR。如果发生另一个中断，则将在系统模式下更改 IRQ 模式的链接寄存器 lr_irq，但不会更改链接寄存器 lr_sys。这使 ISR 在完成时可以返回正确的地址。因此，处理嵌套中断的方案如 3.9.3 节所述。

3.9.3 在 SYS 模式下处理嵌套中断

（1）将中断点的上下文和 lr 保存到 IRQ 模式堆栈。
（2）将 SPSR 保存到 IRQ 模式堆栈。
（3）在禁用 IRQ 的情况下切换到 SYS 模式。
（4）**确定中断源并清除中断。**
（5）启用 IRQ 中断。
（6）在 SYS 模式下为当前的 IRQ 中断调用 ISR。
（7）禁用 IRQ 后切换回 IRQ 模式。
（8）从 IRQ 模式堆栈还原保存的 SPSR。
（9）在 IRQ 模式下按保存的上下文和 lr 返回。

许多 ARM 处理器需要 8 字节对齐的堆栈。当将 CPU 更改为 SYS 模式时，可能有必要首先检查并调整 SYS 模式堆栈以正确对齐。由于 SYS 模式堆栈始于 8 字节边界，所以我们可以假定检查和调整是不必要的。下面列出了实现上述算法的 irq_handler 代码。

```
irq_handler:
  stmfd sp!, {r0-r3, r12, lr} // 将上下文保存在 IRQ 堆栈中
  mrs   r12, spsr             // 将 spsr 复制到 r12 中
  stmfd sp!, {r12}            // 将 SPSR 保存在 IRQ 堆栈中
  msr cpsr, #0x9F          // 禁用 IRQ 并切换到 SYS 模式
  ldr r1, =vectorAddr      // 读取 vectorAddr 寄存器以确认中断
  ldr r0, [r1]
  msr   cpsr, #0x1F        // 在 SYS 模式下启用 IRQ

  bl    IRQ_handler        // 在 SYS 模式下处理当前的 IRQ

  msr   cpsr, #0x92        // 禁用 IRQ 后切换回 IRQ 模式
  ldmfd sp!, {r12}         // 从 IRQ 堆栈中保存 SPSR
  msr   spsr, r12          // 恢复 spsr
  ldr   r1, =vectorAddr    // 作为 EOI 写入 vectorAddr
  str   r0, [r1]
  ldmfd sp!, {r0-r3, r12, lr} // 从 IRQ 堆栈恢复保存的上下文
  subs pc, r14, #4            // 返回中断点
```

ARM 建议在 SYS 模式下处理嵌套中断（Nesting Interrupts 2011），但其也可以在演示程序中使用的 SVC 模式下进行。

3.9.4 嵌套中断的演示

C3.6.1 ts.s **文件**：首先，我们展示针对嵌套中断的修改后的 irq_handler。它以 SVC 模式而不是 SYS 模式处理嵌套中断。get_cpsr( ) 函数返回 CPSR 中的处理器模式。该文件用于显示 CPU 的当前模式。

```
.set vectorAddr, 0x10140030  // VIC vectorAddress 寄存器
irq_handler:
  stmfd sp!, {r12, lr}   // 将 r12、lr 保存在 IRQ 堆栈中
  mrs   r12, spsr        // 将 spsr 复制到 r12 中
  stmfd sp!, {r12}       // 将 spsr 保存在 IRQ 堆栈中
```

```
msr cpsr, #0x93          // 禁用 IRQ 并切换到 SVC 模式
stmfd sp!, {r0-r3, r12, lr} // 将上下文保存在 SVC 模式堆栈中
ldr r1, =vectorAddr
ldr r0, [r1]             // 将 VIC vectAddr 读取到 ACK 中断
// bl enterINT           // 查看注释(1)
msr cpsr, #0x13          // 在 SVC 模式下启用 IRQ
bl IRQ_handler           // 以 SVC 模式处理 IRQ
ldmfd sp!, {r0-r3, r12, lr} // 从 SVC 堆栈恢复上下文
msr cpsr, #0x92          // 禁用 IRQ 并转换到 IRQ 模式
ldmfd sp!, {r12}         // 弹出保存的 spsr
msr spsr, r12            // 恢复 spsr
// bl exitINT            // 查看注释(2)
ldr  r1, =vectorAddr     // 向 VIC 发出 EOI
str  r0, [r1]
ldmfd sp!, {r12, r14}    // 返回
subs pc, r14, #4
get_cpsr:                // 返回 CPSR
  mrs r0, cpsr
  mov pc, lr
```

C3.6.2 t.c 文件：除了添加的函数 enterINT( ) 和 exitINT( ) 外，该 t.c 文件与 C3.5 中的相同。在使用向量中断的 C3.5 程序中，中断优先级为（从高到低）

Timer 0，UART0，UART1，KBD

如果没有嵌套中断，则每个中断都将被从头到尾处理而不会被抢占。对于嵌套中断，处理低优先级中断可能会被高优先级中断抢占。为了证明这一点，我们将以下代码添加到 C3.6 程序中。

（1）在 irq_handler 代码中，在启用 IRQ 中断并为当前中断调用 ISR 之前，我们让中断处理程序调用 enterINT( )，该方法读取 VICstatus 寄存器以确定中断源。如果是 KBD 中断，则将 volatile 全局 inKBD 标志置 1，将 volatile 全局 tcount 清 0，并输出 enterKBD 消息。如果它是在处理 KBD 中断时发生的计时器中断，则将 tcount 加 1。

（2）当 ISR 返回 irq_handler 时，调用 exitINT( )。如果当前中断来自 KBD，则将打印 tcount 值并将 tcount 重置为 0。

tcount 值表示在执行低优先级 KBD 处理程序时所服务的高优先级计时器中断的数量。读者可以取消注释 irq_handler 代码中标记为（1）和（2）的语句，以验证嵌套（计时器）中断的效果。下面列出了 enterINT( ) 和 exitINT( ) 的代码。

```
volatile int status, inKBD, tcount;

int enterINT()
{
  status = *((int *)(VIC_BASE_ADDR)); // 读取 VICstatus 寄存器
  if (status & (1<<31)){ // KBD
     tcount = 0;
     inKBD = 1;
     printf("enterKBD ");
  }
  if ((status & (1<<4)) && (inKBD){ // KBD 处理程序中的计时器 0
     tcount++;                 // tcount=计时器中断数
  }
}
```

```
int exitINT()
{
  if (status & 0x80000000){ // KBD
     printf("exitKBD=%d\n", tcount); // 在 KBD 处理程序中显示 tcount
     tcount=0;                 // 将 tcount 重置为 0
  }
}
void IRQ_handler( )
{
  void *(*f)();                               // f 作为函数指针
  f =(void *)*((int *)(VIC_BASE_ADDR+0x30)); // 读取 ISR 地址
  (*f)( );                                    // 调用 ISR 函数
  //*((int *)(VIC_BASE_ADDR+0x30)) = 1;     // 将 EOI 写入 vectorAddr
}

int main()
{
   char line[128];
   UART *up; kp = &kbd;
   fbuf_init();
   kbd_init();
   uart_init();
   //启用 timer0,1、uart0,1、SIC 和 KBD 中断
   vectorInt_init(); // 与 C3.5.1 中相同
   timer_init();
   timer_start(0);

   printf("Program C3.6 start: test NESTED Interrupts\n");
   up = &uart[0];
   printf("test uart0 I/O: enter text from UART 0\n");
   while(1){
     ugets(up, line);
     uprintf("  line=%s\n", line);
     if (strcmp(line, "end")==0)
      break;
   }
   printf("test UART1 I/O: enter text from UART 1\n");
   up = &uart[1];
   while(1){
     ugets(up, line);
     ufprintf(up, "  line=%s\n", line);
     if (strcmp(line, "end")==0)
      break;
   }
   printf("test KBD inputs\n"); // 打印到 LCD
   while(1){
      kgets(line);
      printf("line=%s\n", line);
      if (strcmp(line, "end")==0)
         break;
   }
  printf("END OF run %d\n", 1234);
}
```

图 3.11 展示了运行示例程序 C3.6 的输出，该程序演示了嵌套中断。如图所示，在处理单个 KBD 中断时，可能会发生许多计时器中断。

```
QEMU
Program C3.6 start: test Vectored Interrupts                00:00:38
vectorInterrupt_init()
timer_init()
timer_start 0  base=0x 101E2000
test uart0 I/O: enter text from UART 0
in ugets() of UART0 enterKBD kbd interrupt: mode=0x 13 SVC mode c=t
0x 74  t
exitKBD: tcount= 72
enterKBD exitKBD: tcount= 1
enterKBD kbd interrupt: mode=0x 13 SVC mode c=e
0x 65  e
exitKBD: tcount= 13
enterKBD exitKBD: tcount= 1
enterKBD kbd interrupt: mode=0x 13 SVC mode c=s
0x 73  s
exitKBD: tcount= 10
enterKBD exitKBD: tcount= 2
enterKBD kbd interrupt: mode=0x 13 SVC mode c=t
0x 74  t
exitKBD: tcount= 9
enterKBD exitKBD: tcount= 1
```

图 3.11　嵌套中断的演示

3.10　嵌套中断和进程切换

仅当每个中断处理程序都返回到原始中断点时，ARM 在 SYS 或 SVC 模式下处理嵌套中断的方案才有效，因此在中断后不会发生任何进程切换。如果中断可能导致上下文切换到其他进程，则它将不起作用。这是因为属于已退出进程的部分上下文仍保留在 IRQ 堆栈中，当新进程处理另一个中断时，该上下文可能会被覆盖。如果发生这种情况，则由于执行上下文损坏或丢失，被切换掉的进程将永远无法恢复运行。为了防止这种情况发生，必须将 IRQ 堆栈的内容传送到切换进程的 SVC 堆栈中（并重置 IRQ 堆栈指针以防止其超出范围）。避免传输堆栈内容的一种可能方法是为每个进程分配一个单独的 IRQ 堆栈。但是，这将需要大量的内存空间专用于作为 IRQ 堆栈的进程，这基本上抵消了使用单个 IRQ 栈进行中断处理的优势。在 ARM 体系结构中，由于在 SVC 和 IRQ 模式中有独立的堆栈指针，所以不可能同时使用进程的 SVC 和 IRQ 堆栈的相同内存区域。这就需要在上下文切换期间传输 IRQ 堆栈内容，这似乎是 ARM 处理器体系结构在多任务处理方面的一个固有弱点。

3.11　本章小结

中断和中断处理对于嵌入式系统来说是必不可少的。本章讨论了异常和中断处理。本章描述了 ARM 处理器的工作模式、异常类型和异常向量，详细阐述了中断控制器的功能和中断处理原理。然后将中断处理原理应用到中断驱动的设备驱动程序的设计与实现中，包括计时器驱动程序、键盘驱动程序、UART 驱动程序和 SDC 驱动程序，并通过示例程序对设备驱动程序进行了演示。本章解释了向量中断的优点，展示了如何为向量中断配置 VIC，并演示了向量中断的处理。同时，本章还解释了嵌套中断的原理，并通过示例程序演示了嵌套中断的处理过程。

示例程序列表

C3.1：计时器驱动程序

C3.2：KBD 驱动程序

C3.3：UART 驱动程序
C3.4：SDC 驱动程序（R/W 扇区）
改进的 SDC 驱动程序（每个中断读 / 写 64 字节）
文件 BLKSIZE 的多扇区读 / 写
C3.5：计时器、UART、KBD 的向量中断
C3.6：KBD 和计时器的嵌套中断

思考题

1. 在示例程序 C3.1 中，向量表位于 ts.s 文件的末尾。
（1）在 ts.s 文件中，将该行注释掉：

```
BL copy_vector
```

重新编译并再次运行程序，该程序不起作用，为什么？
（2）将向量表移动到 ts.s 文件的开头，如下所示：

```
vectors_start:
    // 向量表
vectors_end:
reset_handler:
```

将 t.ld 中的入口点更改为 vectors_start。重新编译并再次运行该程序。它也应该起作用。为什么？

2. 在示例程序 C3.2 中，irq_handler 将所有寄存器保存在 IRQ 堆栈中。对其进行修改以保存最少数量的寄存器。确定必须保存哪些寄存器才能使程序继续工作。

3. 在程序 C3.2 中修改 KBD 驱动程序以支持大写字母以及特殊控制键〈Ctrl+C〉和〈Ctrl+D〉。

4. 修改 UART 驱动程序 C3.3 以支持 UART2 和 UART3。

5. 修改 UART 驱动程序 C3.3 以支持 UART 的内部 FIFO 缓冲区。

6. ARM VIC 中断控制器按 IRQ0（高）到 IRQ31（低）的顺序分配固定的 IRQ 优先级。向量中断允许对 IRQ 优先级进行重新排序。在示例程序 C3.5 中，向量中断的优先级按其原始顺序分配。修改 vectorInt_init( ) 以分配不同的向量中断优先级，例如从高到低依次为 KBD、UART1、UART0、timer0。测试向量中断是否仍然有效。讨论这种中断优先级分配的含义。

7. 示例程序 C3.6 在 SVC 模式下处理嵌套中断。根据 ARM 的建议，对其进行修改以处理 SYS 模式下的嵌套中断。

8. 在支持嵌套中断的示例程序 C3.6 中，irq_handler 中有两行：

```
LDR  r1, =vectorAddr
LDR  r0, [r1]      // 将 VIC vectAddr 读取到 ACK 中断
```

注释掉这些行，看看会发生什么并解释原因。

9. 在嵌入式系统中，SD 卡通常用作引导操作系统的引导设备。在引导过程中，引导程序代码可能会通过轮询从 SD 卡读取扇区，因为必须等待数据。不使用中断，而使用轮询来重写 SDC 驱动程序。

10. 通过使用 DMA 传输大量数据来重写 SDC 驱动程序。

参考文献

ARM Architecture: https://en.wikipedia.org/wiki/ARM_architecture, 2016.
ARM Processor Architecture: http://www.arm.com/products/processors/instruction-set-architectures, 2016.
ARM PL011: ARM PrimeCellUART (PL011) Technical Reference Manual, http://infocenter.arm.com/help/topic/com.arm.doc.ddi0183, 2005.
ARMPL180: ARM PrimeCell Multimedia Card Interface (PL180) Technical Reference Manual, ARM Information Center, 1998.
ARMPL181: ARM PrimeCell Multimedia Card Interface (PL181) Technical Reference Manual, ARM Information Center, 2001.
ARM PL190: PrimeCell Vectored Interrupt Controller (PL190), http://infocenter.arm.com/help/topic/com.arm.doc.ddi0181e/DDI0181.pdf, 2004.
ARM Timers: ARM Dual-Timer Module (SP804) Technical Reference Manual, Arm Information Center, 2004.
ARM PL050: ARM PrimeCell PS2 Keyboard/Mouse Interface (PL050) Technical Reference Manual, ARM Information Center, 1999.
Nesting Interrupts: Nesting Interrupts, ARM Information Center, 2011.
SD specification: Simplified Version of SD Host Controller Spec, https://www.sdcard.org/developers/overview/host_controller/simple_spec.
SDC: Secure Digital cards: SD Standard Overview - SD Association https://www.sdcard.org/developers/overview, 2016.
SPI: Serial Peripheral Interface, https://en.wikipedia.org/wiki/Serial_Peripheral_Interface_Bus, 2016, 2016.
Raspberry_Pi: https://www.raspberrypi.org/products/raspberry-pi-2-model-b, 2016.
Silberschatz, A., P.A. Galvin, P.A., Gagne, G, "Operating system concepts, 8th Edition", John Wiley & Sons, Inc. 2009.
Stallings, W. "Operating Systems: Internals and Design Principles (7th Edition)", Prentice Hall, 2011.
Wang, K.C., "Design and Implementation of the MTX Operating Systems", Springer International Publishing AG, 2015.

嵌入式系统的模型

4.1 嵌入式系统的程序结构

在早期，大多数嵌入式系统是为特定的应用程序设计的。嵌入式系统通常由微控制器组成，微控制器用于监视少数传感器并产生控制少数外部设备的信号，例如打开 LED、启动继电器或伺服电机以控制机器人等。因此，早期嵌入式系统的控制程序也非常简单，其以超级循环或事件驱动程序结构的形式编写。然而，随着近年来计算能力的提高和对多功能系统的需求的增加，嵌入式系统在应用程序和复杂性方面都有了巨大的飞跃。而超级循环和事件驱动程序结构不再能满足对额外功能和不断增加的系统复杂性的不断增长的需求。现代嵌入式系统需要功能更强大的软件。到目前为止，许多嵌入式系统实际上都是能够运行成熟操作系统的高性能计算机。一个很好的例子就是智能手机，其使用 ARM 核心、千兆字节内部存储器和多千兆字节微型 SD 卡来存储和运行适应版本的 Linux，例如 Android（Android 2016）。当前嵌入式系统设计显然正在朝着开发适合移动环境的多功能操作系统的方向发展。在本章中，我们将讨论适用于当前和将来的嵌入式系统的各种程序结构和编程模型。

4.2 超级循环模型

超级循环是由无限循环组成的程序结构，系统的所有任务都包含在循环中。超级循环程序的一般形式如下。

```
main()
 {
    system_initialization();
    while(1){
       Check_Device_Status();
       Process_Device_Data();
       Output_Response();
    }
 }
```

当系统初始化后，程序将执行一个无限循环，在该循环中，其将检查系统组件（例如输入设备）的状态。当设备指示存在输入数据时，其将收集输入数据、处理数据并生成输出作为响应。然后，重复循环。

超级循环程序示例

我们通过示例来说明超级循环程序的结构。在第一个示例程序 C4.1 中，我们假设嵌入式系统控制 UART 的 I/O。我们的目标是开发一个控制程序，该程序不断检查 UART 端口是否有任何输入。每当按下某个键时，它都会获取输入键、处理输入并生成输出，例如打开 LED 指示灯、拨动开关等。当在仿真的 ARM 虚拟机上运行程序时，没有任何 LED 或开关，我们将简单地回显输入键，以模拟处理输入并生成输出响应。

在程序C4.1中，它检查UART的输入。对于每个小写字母键，它将键转换为大写并将其显示至UART端口。此外，它还通过输出一个新换行符来处理返回键，从而产生正确的视觉效果。该程序的汇编代码与第3章中的相同。我们只展示程序的C代码。

示例程序C4.1　超级循环程序。

```
/************** 超级循环程序 C4.1 的 t.c 文件 **************/
#define UDR  0x00
#define UFR  0x18
char *ubase;
int main()
{
   char c;
   ubase = (char *)0x101F1000;      // 1. 初始化 UART0 基址
   while(1){
     if (*(ubase + UFR) & 0x40){  // 2. 检查 UART0 是否为 RxFull
       c = *(ubase + UDR);          // 3. 获取 UART0 输入键
       if (c > = 'a' && c <= 'z') //    if 小写字母
          c += ('A' - 'a');       //    转换为大写
       *(ubase + UDR) = c;          // 4. 生成输出
       if (c == '\r')
          *(ubase + UDR) = '\n';
     }
   }
}
```

当在QEMU下的ARM虚拟机上运行C4.1程序时，会将每个字母键以大写形式回显到UART0。如非单个设备，可以将程序通用化，以监视和控制多个设备，这些设备都在同一循环中。我们通过程序C4.2来演示这个技术，该程序监视和控制两个设备：一个UART和一个键盘。

示例程序C4.2　该程序在一个超级循环中监视和控制两个设备。

```
/*********** 程序 C4.2 的 t.c 文件 ***********/
#include "keymap"
#define KSTAT 0x04
#define KDATA 0x08
#define UDR   0x00
#define UFR   0x18
char *ubase,*kbase;
int uart_init(){ ubase = (char *)0x101F1000; }
int kbd_init() { kbase = (char *)0x10006000; }
int main()
{
   char c, scode;
   uart_init(); kbd_init();          // 1. 初始化
   while(1){                         // 超级循环
     if (*(ubase + UFR) & 0x40){     // 2. 如果 UART 为 RxFull
       c = *(ubase + UDR);           // 3. 处理 UART 输入
       if (c >= 'a' && c <= 'z')
          c += ('A' - 'a');
```

```
            *(ubase + UDR) = c;
            if (c == '\r')
               *(ubase + UDR) = '\n';
        }
        if (*(kbase + KSTAT) & 0x10){  // 4. 如果 KBD 为 RxFull
          scode = *(kbase + KDATA);    // 5. 处理 KBD 键(按)
          if (scode & 0x80)
             continue;
          c = unsh[scode];
          *(ubase + UDR) = c;          // 将 KBD 键回显到 UART
          if (c == '\r')
             *(ubase + UDR) = '\n';
        }
    }
}
```

当运行程序 C4.2 时，它以大写形式回显 UART0 输入，以小写形式回显键盘输入，并将这些都回送给 UART0。

4.3 事件驱动模型

4.3.1 超级循环程序的缺点

超级循环程序的缺点是，即使设备尚未准备就绪，程序也必须不断检查每个设备的状态。这不仅浪费 CPU 时间，而且会导致过多的功耗。在嵌入式系统中，与提高 CPU 利用率相比，人们通常更希望减少功耗。除了不断检查每个设备的状态，还可以选择等待设备准备就绪的方法。例如，在程序 C4.1 中，我们可以用忙等待循环替换检查设备状态的语句，如下所示：

while(设备无数据);

但这不能解决问题，因为 CPU 仍在继续执行忙等待循环。该方案的另一个缺点是，程序在等待 UART 输入时将无法响应任何 KBD 输入，反之亦然。

4.3.2 事件

在编程环境中，事件是由源生成并由接收者识别的内容，这将导致接收者采取操作来处理事件。嵌入式系统可以被设计成事件驱动的，也就是说，它只对事件做出响应，而不是不断地检查输入。因此，*事件驱动系统*（Cheong 等，2003；Dunkels 等，2006）也被称为*反应系统*。事件可以是同步的，即以可预测的方式发生，也可以是异步的，即可以在任何时间以任何顺序发生。同步事件的示例是来自计时器的周期性事件，例如当计时器的计数达到一定值时。异步事件的示例是用户输入，例如按下键、单击鼠标按钮和拨动开关等。由于异步事件的不可预测性，简单的超级循环程序结构不适合处理异步事件。在事件驱动的编程模型中，主程序可以循环执行或处于空闲状态，以等待任何事件发生。当发生事件时，事件捕获器会识别该事件并通知主程序，从而使其采取适当的措施来处理该事件。在嵌入式系统中，事件通常与硬件设备的中断相关。在这种情况下，*事件驱动程序*成为简单的*中断驱动程序*。我们将通过两个示例来说明中断驱动程序的结构。第一个示例处理周期性事件，第二个示例处理异步事件。

4.3.3 周期性事件驱动程序

在这个例子中，我们假设一个嵌入式系统由一个计时器和一个显示设备（如 LCD）组成。计时器被编程为每秒产生60次中断。系统必须对以下周期性定时事件做出反应：它每秒以 hh: mm: ss 的格式向 LCD 显示挂钟时间；每隔5秒，它向 LCD 显示一条消息字符串。有两种可能的方法可以实现满足这些周期性定时要求的控制程序。如果要执行的任务很短，则可以由计时器中断处理程序直接执行。在这种情况下，当初始化后，主程序可以执行一个空闲循环。为了降低功耗，空闲循环可以使用“等待中断”（WFI）或等效指令，该指令使 CPU 进入节能状态，同时等待中断。ARM926EJ-S 板不支持 WFI 指令，但是大多数 ARM Cortex-5 处理器（ARM Cortex-5 2010）通过写入协处理器 CP15 来实现 WFI 模式。下面展示了示例 C4.3 的程序代码的第一个版本。计时器中断处理程序执行的任务以粗体显示。

示例程序 C4.3 的版本 1

```
/************** timer.c 文件 ******************/
typedef volatile struct timer{
  u32 *base;               // 计时器的基址
  int tick, hh, mm, ss; // 计时器数据区
  char clock[16];
}TIMER;
volatile TIMER timer;    // 计时器结构

void timer_init()
{// 初始化 timer0 以每秒产生 60 次中断
 // timer.clock=00:00:00
}

void timer_handler() {
  TIMER *t = &timer;
  t->tick++;               // 假设每秒 60 次滴答
  if (t->tick == 60){ // 更新 ss、mm、hh
     t->tick = 0; t->ss++;
     if (t->ss == 60){
        t->ss = 0; t->mm++;
        if (t->mm == 60){
           t->mm = 0; t->hh++; t->hh %= 24;
        }
     }
  }
  if (t->tick == 0){ // 每秒显示一个挂钟
     for (i=0; i<8; i++)
        unkpchar(t->clock[i], 0, 70+i);
     t->clock[7]='0'+(t->ss%10); t->clock[6]='0'+(t->ss/10);
     t->clock[4]='0'+(t->mm%10); t->clock[3]='0'+(t->mm/10);
     t->clock[1]='0'+(t->hh%10); t->clock[0]='0'+(t->hh/10);
     for (i=0; i<8; i++)
        kpchar(t->clock[i], 0, 70+i); // kputchr(char, row, col)
  }
  if ((t->ss % 5) == 0) // 每 5 秒显示一次字符串
     printf("5 seconds event\n");
  timer_clearInterrupt();
}
/************** t.c 文件 ********************/
#include "timer.c"
#include "vid.c"
```

```
#include "interrupts.c"
void IRQ_handler()
{
  int vicstatus;
  // 读取 VIC SIV 状态寄存器以确认是什么中断
  vicstatus = VIC_STATUS;
  if (vicstatus & (1<<4)){    // timer0=bit4
     timer_handler();
  }
}
int main()
{
   fbuf_init();              // LCD 驱动器
   VIC_INTENABLE = (1<<4);   // timer0 启用=bit4
   printf("Timer Event Program start\n");
   timer_init();
   timer_start();
   printf("Enter while(1) loop\n", 1234);
   while(1){
     asm("MOV r0, #0; MCR p15,0,R0,c7,c0,4"); // CPU 进入 WFI 状态
     printf("CPU out WFI state\n");
   }
}
```

通常，中断处理程序应该尽可能短。如果周期性任务很长（例如，超过计时器的一次滴答），那么在中断处理程序中执行依赖于计时器的任务是不可取的，除非系统支持嵌套中断。如第 3 章所示，ARM 体系结构不能直接处理嵌套中断。在这种情况下，最好让主程序执行所有任务。与前面一样，主程序在循环中执行。当计时器中没有事件发生时，它进入省电状态，并等待下一次中断。当计时器事件发生时，计时器中断处理程序只是设置一个全局 volatile 标志变量。当从省电状态醒来后，主程序可以检查标志变量，以采取适当的行动。

在示例程序 C4.3 的第二个版本中，显示挂钟的任务被重写为一个函数，该函数由主程序每秒执行一次。下面是 C4.3 程序的第二个版本。

示例程序 C4.3 的版本 2　主程序执行周期性任务。

```
/************ 新的 timer.c 文件 **********/
volatile int one_second=0; five_seconds=0; // 标志
void timer_handler() {
   TIMER *t = &timer;
   t->tick++;
   if (t->tick == 60){
      t->tick = 0; t->ss++;
      if (t->ss == 60){
         t->ss = 0; t->mm++;
         if (t->mm == 60){
            t->mm = 0; t->hh++;
         }
      }
   }
   if (t->tick == 0)          // 每秒
      one_second = 1;         // 开启 one_second 标志
```

```
    if ((t->ss % 5)==0)      // 每5秒
        five_seconds = 1;    // 开启five_seconds标志
    timer_clearInterrupt();
}

char clock[16] = "00:00:00";
/****************** t.c 文件 *****************/
int wall_clock(TIMER *t)
{
    int i, ss, mm, hh;
    int_off();
    ss = t->ss; mm = t->mm; hh = t->hh; // 复制计时器结构
    int_on();
    for (i=0; i<8; i++)
        unkpchar(clock[i], 0, 70+i);
    clock[7]='0'+(ss%10); clock[6]='0'+(ss/10);
    clock[4]='0'+(mm%10); clock[3]='0'+(mm/10);
    clock[1]='0'+(hh%10); clock[0]='0'+(hh/10);
    for (i=0; i<8; i++)
        kpchar(clock[i], 0, 70+i); // kputchr(char, row, col)
}
int main()
{
    fbuf_init();
    VIC_INTENABLE = (1<<4);  // timer0 在 bit4
    printf("C4.3: Periodic Events Program\n");
    timer_init();
    timer_start();
    while(1){
        if (one_second){
            wall_clock(&timer);
            one_second = 0;
        }
        if (five_seconds){
            printf("five seconds event\n");
            five_seconds = 0;
        }
        asm("MOV r0, #0; MCR p15,0,R0,c7,c0,4"); // 进入WFI模式
        printf("CPU come out WFI state\n");
    }
}
```

图4.1展示了运行C4.3程序的输出，该输出演示了周期性事件。

```
QEMU
C4.3: Periodic Events Program                                00:00:06
timer_init()
timer_start: base=0x 101E2000
Enter while(1) loop
CPU come out WFI state
CPU come out WFI state
CPU come out WFI state
CPU come out WFI state
five seconds event
CPU come out WFI state
CPU come out WFI state
```

图4.1　周期性事件驱动程序

4.3.4 异步事件驱动程序

异步事件本质上是非周期性的，可以在任何时间以任何顺序发生。程序C4.4演示了非周期性（异步）事件。在此示例中，我们假设程序监视和控制两个输入设备：UART和键盘（KBD）。主程序尝试从UART或KBD获取输入行，并回显该行。该程序是第3章示例程序C3.3的压缩版本，该程序实现了中断驱动的UART和KBD驱动程序。首先，它将（volatile）全局标志变量uline和kline初始化为0。然后，它反复检查标志变量，这些变量将由中断处理程序设置。当在UART终端或键盘上按下按键时，UART或KBD中断处理程序将获取按下的键，将其回显，并将其输入输入缓冲区。当在任一设备上按下ENTER键时，中断处理程序都会打开相应的标志变量以表示发生了事件，从而允许主程序继续运行。当主程序检测到事件时，它将从设备驱动程序的输入缓冲区中提取一行，并将其回显到LCD（对于KBD输入）或UART。然后，清除标志变量并继续循环。由于事件的异步性质，在清除标志变量时有必要禁用中断，以防止主程序与中断处理程序之间发生争用情况。

示例程序C4.4

```
/** 程序 C4.4 的压缩的 uart.c, kbd.c 和 t.c 文件 **/
volatile int uline=0, kline=0; // 全局标志变量

void uart_handler(UART *up)
{
  u8 mis = *(up->base + MIS);   // 读取 UART MIS 寄存器
  if (mis & 0x10) do_rx(up);
  else            do_tx(up);
}
int do_rx(UART *up)
{
  // 获取并回显输入字符 c；在 inbuf [] 中输入 c（与之前相同）
  if (c=='\r'){  // 现在有输入行
     uprintf("UART interrupt handler: turn on uline flag!\n");
     uline = 1;
  }
}
int do_tx(UART *up){ // 从 outbuf [] 输出一个字符 }
int ugetc(UART *up){ // 从 inbuf [] 返回一个字符 }
int uputc(UART *up, char c){ // 输入字符到 outbuf [] }
int ugets(UART *up, char *s){// 从 inbuf [] 获得一行 }
int uprints(UART *up, char *s) { // 打印一行 }
int uprintf(char *fmt, ...){// 格式化打印到 UART }

// kbd.c 文件
int kbd_init(){ // KBD 初始化 }
void kbd_handler()
{
  // 获取并回显 KBD 按键，在 buf [] 中输入键（与以前相同）
  if (c=='\r'){
     kprintf("KBD interrupt handler: turn on kline flag!\n");
     kline = 1;
  }
}
/************ main() 函数的 t.c 文件 *************/
```

```
#include "uart.c"           // UART 驱动程序
#include "kbd.c"            // KBD 驱动程序
#include "vid.c"            // LCD 驱动程序
#include "exceptions.c"

void IRQ_handler()
{ // 确定 IRQ 来源; 调用 UART 或 KBD 中断处理程序 }

int main()
{
   char line[128];
   fbuf_init();
   uart_init();   // 设置 UART 基址并启用 UART 中断
   kbd_init();    // 设置 KBD 基址并启用 KBD 中断
   // 用于在 VIC 和 SIC 上启用 UART 和 KBD 中断的代码
   while(1){// 主程序: 检查事件标志; 处理事件
     if (uline){
        ugets(line);
        uprintf("UART: line=%s\n", line);
        lock(); uline = 0; unlock(); // 将uline 重置为 0
     }
     if (kline){
        gets(line);
        color = GREEN;
        printf("KBD: line=%s\n", line);
        lock(); kline = 0; unlock(); // 将 kline 重置为 0
     }
     asm("MOV r0, #0; MCR p15,0,R0,c7,c0,4"); // 进入 WFI 模式
   }
}
```

图 4.2 展示了运行 C4.4 程序的输出，该输出演示了异步事件。

图 4.2　异步事件驱动程序

4.4　事件的优先级

在事件驱动的系统中，某些事件可能比其他事件更为紧急。可以根据事件的紧迫性和重要性为其分配不同的优先级。应按照事件的优先级顺序对其进行处理。有几种方法可以对事件进行优先级排序。首先，中断相关事件可以由中断控制器分配不同的优先级。主程序的事件处理顺序应与中断优先级一致。其次，事件处理程序可以实现为称为进程或任务的独立执行实体，可以按优先级安排运行时间。我们将在 4.5 节中介绍进程编程模型。在这里，我们将简要证明对进程的需求。C4.3 和 C4.4 的示例程序有三个主要缺点。第一，为了快速响应中断，中断处理程序应尽可能短。这对于计时器中断特别重要，以免丢失计

时器的滴答声或要求嵌套中断。即使是周期性事件，也应由主程序处理，而不是在计时器中断处理程序中处理。第二，在省电状态下，即使等待的事件（例如完整的输入行）尚未发生，主程序仍然需要启动以在每个中断上执行循环。如果程序仅在需要时才能退出省电状态，那么会更好。这样，它就不必在运行时轮询每个事件。第三，事件不仅限于用户输入或设备中断。它们可能源自系统中的其他执行实体，作为同步和通信的一种方式。为了解决这些问题，必须将进程或任务的概念合并到系统中。因此我们引入了嵌入式系统的进程模型。

4.5　进程模型

在进程模型中，嵌入式系统包含许多并发进程。进程是一个执行实体，可以安排其运行、从运行中挂起（并将 CPU 让给其他进程）、恢复以再次运行等。每个进程都是一个独立的执行单元，旨在执行特定任务。根据进程的执行环境，可以将进程模型分为几个子模型。

4.5.1　单处理器进程模型

单处理器（UP）系统仅包含一个 CPU。在 UP 系统中，进程通过多任务同时在同一 CPU 上运行。

4.5.2　多处理器进程模型

多处理器（MP）系统由多个 CPU（包括多核处理器）组成。在 MP 系统中，进程可以在不同的 CPU 上并行运行。另外，每个 CPU 或处理器核心也可以通过多任务来运行进程。我们将在第 9 章中介绍 MP 系统。

4.5.3　实地址空间进程模型

在实地址空间模型中，由于时序限制，系统未配备或未使用内存管理硬件。因为没有内存管理硬件来提供地址映射，所以所有进程都在系统内核的同一实地址空间中运行。该模型的缺点是缺乏内存保护。它的主要优点是简单、较少的硬件资源要求和高效率。

4.5.4　虚拟地址空间进程模型

在虚拟地址空间模型中，系统使用内存管理硬件来通过地址映射为每个进程提供唯一的虚拟地址空间。进程可以在内核模式或用户模式下运行。在内核模式下，所有进程共享内核的相同地址空间。在用户模式下，每个进程都有一个独特的虚拟地址空间，该空间与其他进程隔离并受到保护。

4.5.5　静态进程模型

在静态进程模型中，所有进程都是在系统启动时创建的，并且它们将永久保留在系统中。每个进程都可以是周期性的或事件驱动的。进程调度通常是按静态进程优先级进行的，无须抢占，即每个进程都会运行，直到其自愿放弃 CPU。

4.5.6　动态进程模型

在动态进程模型中，可以动态地创建进程以按需执行特定任务。当进程完成其任务时，它将终止，并将所有资源释放回系统以供重用。

4.5.7　非抢占式进程模型

在非抢占式进程模型中，每个进程都会运行到它自愿放弃CPU为止，例如：当某个进程进入睡眠状态时，它会自行挂起或将CPU明确地释放给另一个进程。

4.5.8　抢占式进程模型

在抢占式进程模型中，CPU可以随时从一个进程中移出，以运行另一个进程。

进程模型的上述分类并非全部互斥。针对具体应用，可以将嵌入式系统设计为适当进程模型的混合体。例如，大多数现有的嵌入式系统可以分为以下类型。

4.6　单处理器内核模型

在此模型中，系统只有一个CPU，没有用于地址映射的内存管理硬件。所有进程都在内核的相同地址空间中运行。进程可以是静态的也可以是动态的。进程是按静态优先级调度的，没有抢占。大多数简单的嵌入式系统都适合此模型。生成的系统等效于操作系统的非抢占式内核。我们将在第5章中更详细地讨论该系统模型。

4.7　单处理器操作系统模型

这是单处理器内核模型的扩展。在此模型中，系统使用内存管理硬件来支持地址映射，从而为每个进程提供唯一的虚拟地址空间。每个进程都以内核模式或单独的用户模式运行。在内核模式下，所有进程都在内核的相同地址空间中运行。在用户模式下，每个进程都在私有地址空间中执行，该地址空间与其他进程隔离并受到保护。进程仅在受保护的内核空间中共享公共数据对象。在内核模式下，进程将运行直到它自动放弃CPU，而不会抢占。在用户模式下，可以抢占一个进程以将CPU移交给其他优先级更高的进程。这样的系统等效于通用单处理器操作系统。我们将在第8章中更详细地讨论通用操作系统。

4.8　多处理器系统模型

在此模型中，系统由多个CPU或处理器核心组成，它们共享相同的物理内存。在MP系统中，进程可以在不同的CPU上并行运行。与UP系统相比，MP系统需要先进的并发编程技术和工具来进行进程同步和保护。我们将在第9章中讨论MP系统。

4.9　实时系统模型

一般来说，所有的嵌入式系统设计都有一定的时序要求，如对中断的快速响应和较短的中断处理完成时间等。嵌入式系统只能将这些时序要求用作指导，但不能保证始终可以达到这些要求。相反，用于实时应用的嵌入式系统必须满足非常严格的时序要求，例如保证对中断的最小响应时间以及在规定的时限内完成所有请求的服务。此环境等效于实时系统。我们将在第10章中讨论实时嵌入式系统。

4.10　嵌入式系统软件设计方法论

随着嵌入式系统变得越来越复杂，采用临时方法进行嵌入式系统的传统软件设计已不再足够。因此，人们提出了许多用于嵌入式系统软件设计的正式设计方法。

4.10.1 高级语言支持事件驱动编程

这种设计方法侧重于使用高级编程语言（例如 JAVA 和 C ++）的事件和异常支持作为开发嵌入式系统的事件驱动程序的模型。在这一领域中，具有代表性的工作是事件驱动编程的任务模型（Fischer 等，2007）。

4.10.2 状态机模型

这种设计方法将嵌入式系统软件视为有限状态机（Finite State Machine，FSM）（Edwards 等，1997；Gajski 等，1994）。有限状态机是这样的一个系统：

```
FSM = {S, X, O, f}, 其中  S = 有限状态集
                         X = 有限输入集
                         O = 有限输出集
                         f 是一个状态转换函数，它将 S×X 映射到 S×O
```

对于每对 (状态 , 输入)=(s,x)，f(s,x)=(s',o)，其中 s' 是 s 的下一个状态，o 是状态转换期间生成的输出。如果为每对 (s,x) 都定义了 f(s,x)，则将完全指定 FSM。如果对于每对 (s,x)，f(s,x) 是唯一的，则 FSM 是确定性的。如果输出取决于输入，则 FSM 属于 Mealy 模型（Katz 和 Borriello，2005）。如果输出仅取决于状态，则 FSM 为 Moore 模型。

状态机设计方法通过完全指定的确定性 Mealy 模型 FSM 对嵌入式系统的规格进行建模，从而可以对所得系统进行形式验证。它还利用编程语言特性将状态机转换为程序代码。接下来我们通过一个例子来说明状态机设计模型。

示例程序 C4.5 假定 C 程序中的注释行以两个相邻的 / 符号开始，并在同一行结束。设计一个嵌入式系统，该系统将 C 程序源文件作为输入，并从 C 程序中删除注释行。这种基于 FSM 模型的系统的设计与实现包括 3 个步骤。

1. **构造 FSM 状态表**。可以通过具有 5 个状态的 FSM 对系统进行建模。

S0 = 初始状态，没有任何输入

S1 = 还没有看到任何 / 符号

S2 = 已经看到了第一个 / 符号

S3 = 有两个相邻的 // 符号

S4 = 最终或终止状态

虽然每个输入都是一个字符，但我们将把输入字符分为不同的情况，这些情况被视为对系统的不同输入。因此，我们将输入定义为

x1 = '/'

x2 = '\n'

x3 = 不在 {'/', '\n', EOF} 中

x4 = EOF（文件结束）

当系统处于某种状态时，每个输入都会导致状态转换到下一个状态并生成输出（字符串）。FSM 可以由状态表表示，该表指定了由每个输入导致的状态转换和输出。对于此示例，表 4.1 展示了 FSM 的初始状态表，其中输出符号 - 表示空字符串。

表 4.1 FSM 的初始状态表

状　态	x1=/	x2=\n	x3= 其他	x4=EOF
S0	S2/–	S1/"x2"	S1/"x3"	S4/–
S1	S2/–	S1/"x2"	S1/"x3"	S4/–
S2	S3/–	S1/"/x2"	S1/"/x3"	S4/–
S3	S3/–	S1/"x2"	S3/–	S4/–
S4	S4/–	S4/–	S4/–	S4/–

在状态表中，S0 是初始状态，它表示系统尚未看到任何输入的情况，而 S4 是最终状态或终止状态，在该状态下系统已完成其任务并暂停。初始状态表是根据问题规格构造的。从初始状态 S0 开始，如果输入为“/”，则它将进入状态 S2，这表示系统已经看到第一个“/”，并生成空输出字符串。这是因为这个“/”可能是注释行的开头。如果是这样，则不应将其作为输出的一部分发出。如果输入为“\n”，则进入状态 S1 并生成输出字符串“\n”。如果输入不是“/”“\n”或 EOF，则也会进入 S1 并生成包含相同输入字符的输出字符串。如果输入为 EOF，则输入字符串为空，最终状态为 S4 并终止。在状态 S2 中，如果输入 x 不是“/”“\n”或 EOF，则返回到 S1 并生成输出字符串“/x”。这是因为紧跟着普通字符的“/”不是注释行，它必须是输出字符串的一部分。状态表的其他条目以类似的方式构造。

2. **最小化状态表**。当根据问题规格构造初始状态表时，按照系统设计者定义的状态，状态数可能会超过实际需要。因此，初始状态表可能不是最小的。例如，如果我们将最终状态 S4 作为系统终止的默认条件，则 S4 是冗余的，可以消除。初始状态表可能还包含许多实际上等效的状态。FSM 设计模型的第 2 步是通过消除冗余和等效状态来最小化状态表。为了做到这一点，我们首先讨论等效状态的含义。

（1）**等价关系**：等价关系 R 是应用于一组对象的二元关系，即

映射性：对于任何对象 x，x R x 为真。

对称性：对于任何对象 x、y，x R y 都意味着 y R x。

可传递性：对于任何对象 x、y、z，x R y 和 y R z 意味着 x R z。

例如，实数的“=”关系是等价关系。类似地，对于任何 N>0 的整数，非负整数的模 N (%N) 关系也是等价关系。

（2）**等价类**：等价关系可用于将集合划分为等价类，以使同一类中的所有对象均等价。因此，每个等效类可以由该类的单个对象表示。

示例：当将“%10”关系应用于非负整数集合时，它将集合划分为等效类 {0} ～ {9}。每个类 {i} 由所有整数组成，这些整数在除以 10 时会产生 i 的余数。我们可以使用 0 ～ 9 表示等效的类 {0} ～ {9}。

（3）**等效状态**：在 FSM 中，如果对于每个输入 x，两个状态 Si 和 Sj 等效，则它们的输出是相同的，其下一个状态是等效的。

注意，等效状态的定义仅要求：对于每个输入，它们的输出必须相同，但对于下一个状态则不需要如此，它们仅需要等效。这似乎造成了鸡 – 蛋问题，但是我们能很快地解决这个问题，稍后会详细介绍。

（4）**状态表最小化**：尝试将 FSM 状态表中的状态数减少到最少。虽然可能很难直接在状态表中找到所有等效状态，但是根据状态输出发现不等效的状态对是非常容易的。在基本逻辑中，我们知道

如果 A 则 B　　等价于　　如果 [非 B]　则 [非 A]

当尝试证明“如果 A 则 B”时，我们可以通过证明“如果 A 为真，则 B 必须为真”来正向证明，或者通过证明“如果 B 不为真，则 A 不可能成立”来反向证明。后者通常称为“反证方法”，它几乎用于计算机科学的可计算性理论中的所有证明。因此，与其尝试在状态表中标识等效状态，不如使用一种策略来尝试标识和排除所有非等效状态。该方案由一个隐含表实现，隐含表是一个包含状态表中所有状态对的表。在隐含表中，每个单元格对应一个状态对 (Si, Sj)。由于隐含表是对称的，并且所有对角线单元 (Si, Si) 显然都是等效状态，所以它仅显示了图的下半部分，而没有对角线单元。在隐含表中识别非等价状态对的算法如下。

1）使用状态的输出来删去任何不能等效的单元 (Si, Sj)。

2）对于每个非交叉单元 (Si, Sj)，检查每个输入下的下一个状态对 (Si', Sj')。如果其下一个状态对 (Si', Sj') 中的任何一个已被删除，则删除该单元 (Si, Sj)。

3）重复 2)，直到没有可以删除的状态对单元。

当算法结束时，每个非交叉单元 (Si, Sj) 会确定一对等效状态。然后，使用等效状态对的传递属性来构造等效类。

对于我们的示例，我们首先构造一个隐含表，并删去非等效状态对的所有单元。例如，S0 和 S2 明显不等效，因为每个输入的输出都不相同。因此，我们删去了 (S0, S2) 的单元。由于相同的原因，我们可以删去 (S0, S3) 的单元。同样，我们可以删去 (S1, S2)、(S1, S3) 和 (S2, S3) 的单元。图 4.3 展示了应用（1）将非等效状态对的单元删去后的隐含表。

根据图 4.3 中的初始隐含表，我们为每个非交叉单元填充下一个状态对，如图 4.4 的 (S0, S1) 单元所示。

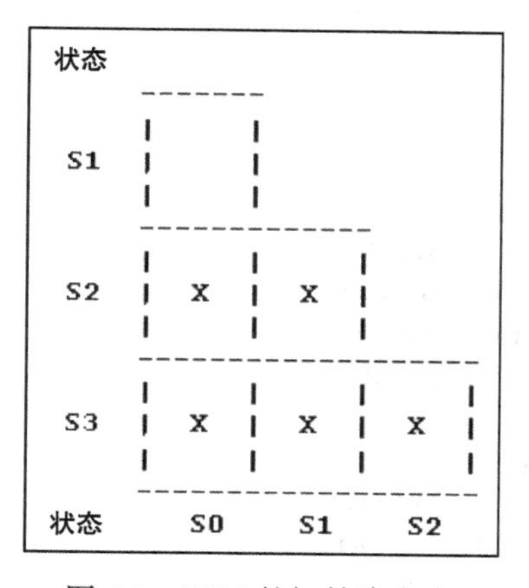

图 4.3　FSM 的初始隐含表

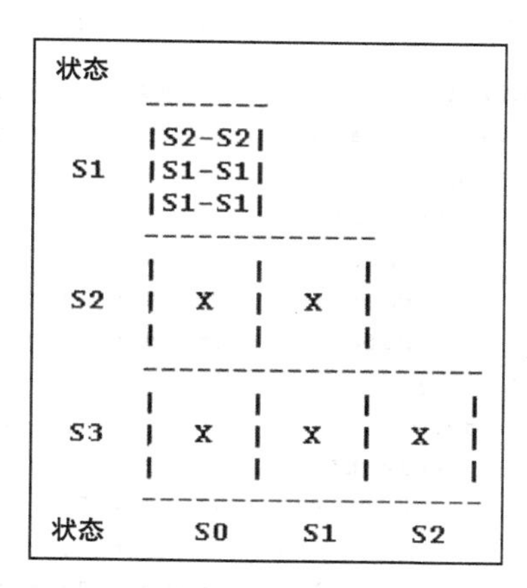

图 4.4　FSM 隐含表

然后，我们应用算法的步骤 2，尝试删去包含已被删去的状态对的任何单元。在这种情况下，没有任何单元需要删除。因此算法终止。图 4.4 中的最终隐含表显示 (S0, S1) 是等效状态，可以组合为一个状态。

在状态表中识别和消除等效状态的进程称为 FSM 最小化问题，人们在有限状态机的设计中已对此进行了深入研究（Katz 和 Borriello，2005）。可以肯定地说，我们总是可以将完全指定的确定性 FSM 状态表简化为最小形式，这对于同构是唯一的（通过重命名状态）。此外，该算法仅需要多项式计算时间。对于此示例，最小状态表如表 4.2 所示，其仅具有 3 个非等效状态。

表 4.2 FSM 的最小状态表

状 态	x1=/	x2=\n	x3 !={/, \n}
S1	S2/–	S1/"x2"	S1/"x3"
S2	S3/–	S1/"/x2"	S1/"/x3"
S3	S3/–	S1/"x2"	S3/–

FSM 的状态图是一个有向图，其中每个节点代表一个状态，由 Si 至 Sj 的弧线用 Si-> Sj 表示，代表从状态 Si 到状态 Sj 的状态转换。弧线上标有引起状态转换的所有输入 / 输出对。状态表和状态图在传达完全相同的信息的意义上是等效的。读者可以为表 4.2 中所示的状态表绘制状态图，这里留作练习。

3. **将状态表 / 状态图转换为代码**。状态表或状态图几乎可以直接转换为 C 代码。使用 C 的 switch-case 语句，每个状态对应于外部 switch 语句中的不同情况，而每个输入对应于内部 switch 语句中的不同情况。我们通过一个完整的 C 程序来说明转换过程，该程序模拟了预期的嵌入式系统。

```
/***************** 示例程序 C4.5 ******************/
#include <stdio.h>
int main()
{
  int c;                          // 输入字符
  int state = 1;                  // 初始当前状态 = S1
  FILE *fp = fopen("cprogram.c", "r"); // 输入是一个 C 程序

  while((c=fgetc(fp))!= EOF){  // 如果 EOF: 终止
    switch(state){             // switch 基于当前状态
     case 1:                   // 状态 S1
       switch(c){              // 下一个状态 / 输出
         case '/' : state = 2;                       break;
         case '\n': state = 1; printf("%c", c);      break;
         default  : state = 1; printf("%c", c);      break;
       };
                                                     break;
     case 2:                   // 状态 S2
       switch(c){              // 下一个状态 / 输出
         case '/' : state = 3;                       break;
         case '\n': state = 1; printf("/%c", c);     break;
         default:   state = 1; printf("/%c", c);     break;
       };
                                                     break;
     case 3:                   // 状态 S3
       switch(c){              // 下一个状态 / 输出
         case '/' : state = 3;                       break;
         case '\n': state = 1; printf("%c", c);      break;
         default  : state = 3;                       break;
       };
     };
    }
  }
}
```

读者可以在 Linux 环境使用 C 源文件（以 // 作为注释行）编译并运行 C4.5 程序。输出应显示它已从 C 源文件中删除了所有注释行。读者也可以参考本章思考题的第 2 题来解决程序的较小设计缺陷。

请注意，当将 FSM 状态表或状态图转换为代码时，生成的 C 代码可能不是很漂亮也不高效（就代码规模而言），但是转换过程几乎是机械的，如果需要就可以自动进行。它使编码步骤成为工程上的努力，而不是编程上的艺术。这是 FSM 模型的最强优势。但是，FSM 模型确实存在局限性，因为状态数量不能太大。尽管仅用少数几个状态来处理问题可能很容易，但是要管理具有数百个状态的状态表或状态图则太困难了。因此，通过 FSM 模型来设计与实现完整的操作系统是不切实际的，也几乎是不可能的。

4.10.3 StateChart 模型

StateChart 模型（Franke B，2016）基于有限状态机模型。它增加了并发执行实体之间的并发和通信，旨在为具有并发任务的复杂嵌入式系统建模。由于此模型涉及并发进程、进程同步和进程间通信的高级概念，所以我们将不再对其进行讨论。

4.11 本章小结

本章介绍了嵌入式系统的模型。首先，解释了简单的超级循环系统模型并指出了它的缺点，讨论了事件驱动模型，并通过示例程序演示了周期性事件和异步事件驱动系统模型。然后，证明了嵌入式系统中对进程或任务的需求，并讨论了各种进程模型。最后，介绍了嵌入式系统的一些正式设计方法，并通过详细的设计与实现示例说明了 FSM 模型。

思考题

1. 在示例程序 C4.3 中，当初始化系统后，main( ) 函数执行 while（1）循环：

```
int main()
{
   // 初始化
   while(1){
     asm("MOV r0, #0; MCR p15,0,R0,c7,c0,4");
     printf("CPU out of WFI state\n");
   }
}
```

（1）注释掉汇编行。再次运行该程序，看看会发生什么。

（2）就 CPU 功耗而言，汇编语句对其产生了什么影响？

2. 在示例程序 C4.5 中，假定注释行以 2 个相邻的 / 符号开始且直到行尾。但是，匹配的双引号对中包含的字符串常量可以包含任意数量的 / 符号，而其并不是注释行，例如 printf(" 这 // 不是 /// 注释行 \n")。修改程序 C4.5 的状态表以处理这种情况。将修改后的状态表或状态图转换为 C 代码，然后运行修改后的程序以测试其是否正常工作。

3. 假定 C 程序中的注释块以 /* 开头，以 */ 结束。不允许嵌套注释块，因为这将导致错误。编写一个 C 程序，该程序可以检测注释块并将其从 C 程序源文件中删除。

（1）将程序建模为 FSM，并为 FSM 构造状态图。

（2）编写 C 代码以将 FSM 实现为事件驱动系统。

参考文献

Android, https://en.wikipedia.org/wiki/Android_(operating_system), 2016.
ARM Cortex-5, ARM Cortex-A5 Processor, ARM Information Center, 2010.
Cheong, E, Liebman, J, Liu, J, Zhao, F, "TinyGALS: A programming model for event-driven embedded systems", ACM symposium on Applied Computing, 2003.
Dunkels, A, Schmidt, O, Voigt, T, Ali, "MProtothreads: simplifying event-driven programming of memory-constrained embedded systems", SenSys '06 Proc. of the 4th international conference on Embedded networked sensor systems, 2006.
Edwards, S, Lavagno, L, Lee, E.A, Sangiovanni-Vincentelli, A, "Design of Embedded Systems: Formal Models, Validation, and Synthesis", Proc. of the IEEE, Vol. 85, No.3, March, 1997, PP366–390.
Franke, B, "Embedded Systems Lecture 4: Statecharts", University of Edinburgh.
Fischer, J, Majumdar, R, Millstein, T, "Tasks: Language Support for Event-driven Programming", ACM SIGPLAN 2007 Workshop on PEPM, 2007.
Gajski, DD, Vahid, F, Narayan, S, Gong, J, "Specification and design of embedded systems", PTR Prentice Hall, 1994.
Katz, R. H. and G. Borriello, "Contemporary Logic Design", 2nd Edition, Pearson, 2005.

嵌入式系统中的进程管理

5.1 多任务

通常，多任务处理是指同时执行多个独立活动的能力。例如，我们经常看到人们在开车的同时用手机打电话。从某种意义上讲，这些人正在进行多任务处理，尽管这是一种非常危险的行为。在计算中，多任务处理是指同时执行几个独立的任务。在单 CPU 或单处理器（UP）系统中，一次只能执行一个任务。多任务处理是通过在不同任务之间复用 CPU 的执行时间来实现的，即通过将 CPU 从一个任务切换到另一个任务来实现。如果切换速度足够快，则会产生所有任务正在同时执行的幻觉。这种逻辑并行性称为并发。在多处理器（MP）系统中，任务可以实时在不同的 CPU 上并行执行。此外，每个处理器还可以通过同时执行不同的任务来执行多任务处理。多任务处理是所有操作系统的基础，并且通常是并发编程的基础。为简单起见，我们将首先考虑单处理器系统，并将在第 9 章中介绍 MP 系统。

5.2 进程的概念

多任务系统支持许多进程的并发执行。多任务系统的核心是一个控制程序，称为操作系统内核，它提供用于进程管理的功能。在多任务系统中，进程也称为任务。出于所有实际目的，术语“进程”和“任务”可以互换使用。首先，我们将执行映像定义为包含执行代码、数据和堆栈的存储区。正式地说，进程就是映像的执行。它是一个执行序列，操作系统内核将其视为使用系统资源的单个实体。系统资源包括内存空间、I/O 设备以及最重要的 CPU 时间。在操作系统内核中，每个进程都由唯一的数据结构表示，该数据结构名为进程控制块（PCB）或任务控制块（TCB）等。在本书中，我们将其简称为 PROC 结构。就像包含个人所有信息的个人记录一样，PROC 结构也包含进程的所有信息。在单 CPU 系统中，一次只能执行一个进程。操作系统内核通常使用正在运行的或当前的全局 PROC 指针来指向当前正在执行的 PROC。在实际的操作系统中，PROC 结构可能包含很多字段，而且很大。首先，我们将定义一个非常简单的 PROC 结构来表示进程。

```
typedef struct proc{
        struct proc *next;
        int     *ksp;
        int     kstack[1024];
}PROC;
```

在 PROC 结构中，next 字段是指向下一个 PROC 结构的指针。它用于在动态数据结构（例如链表和队列）中维护 PROC。ksp 字段是进程未执行时已保存的堆栈指针，而 kstack 是进程的执行堆栈。随着对操作系统内核的扩展，我们稍后将向 PROC 结构中添加更多字段。

5.3 多任务和上下文切换

5.3.1 一个简单的多任务程序

现在我们通过一个简单的程序来演示多任务处理。程序 C5.1 由 ARM 汇编代码中的 ts.s

文件和 C 中的 t.c 文件组成。

（1）**ts.s 文件**：ts.s 文件定义程序的入口点 reset_handler，主要包含两个操作。

1）将 SVC 堆栈指针设置为 proc0.kstack[] 的高端。

2）在汇编代码中添加一个 tswitch( ) 函数用于任务切换。

```
// ———————————— C5.1 的 ts.s 文件 ————————————
.global main, proc0, procsize  //从C代码导入
.global reset_handler, tswitch, scheduler, running

reset_handler:
  LDR r0, =proc0         // r0->proc0
  LDR r1, =procsize      // r1 ->procsize
  LDR r2, [r1, #0]       // r2 = procsize
  ADD r0, r0, r2         // r0 ->proc0 的高端
  MOV sp, r0             // sp ->proc0 的高端
  BL  main               // 在C中调用 main( )

//为任务切换添加 tswitch( ) 函数
tswitch:
SAVE:
  STMFD sp!, {r0-r12, lr}
  LDR r0, =running      // r0=&running
  LDR r1, [r0, #0]      // r1->runningPROC
  STR sp, [r1, #4]      // running->ksp = sp
FIND:
  BL scheduler          // 在C中调用 scheduler( )
RESUME:
  LDR r0, =running
  LDR r1, [r0, #0]      // r1->running PROC
  LDR sp, [r1, #4]      // 恢复 running->ksp
  LDMFD sp!, {r0-r12, lr} //恢复寄存器
  MOV pc, lr            //返回
```

（2）**t.c 文件**：t.c 文件包括用于 I/O 的 LCD 和键盘驱动程序。它定义了 PROC 结构类型、一个 PROC 结构 proc0 和正在运行的 PROC 指针（指向当前正在执行的 PROC）。

```
/************* C5.1 的 t.c 文件 *******************/
#include "vid.c"              // LCD 驱动程序
#include "kbd.c"              // KBD 驱动程序
#define SSIZE  1024           // 每个 PROC 的堆栈大小
typedef struct proc{          // 进程结构
     struct proc *next;       // 下一个 PROC 指针
     int *ksp;                // 当 PROC 未运行时保存的 sp
     int  kstack[SSIZE];      // 进程内核模式 4KB 堆栈
}PROC;                        // PROC 是一种类型
int  procSize = sizeof(PROC);
PROC proc0, *running;          // proc0 结构和运行指针 running
int scheduler(){ running = &proc0; }
main()                         //从 ts.s 调用
```

```
{
  running = &proc0;            // 设置正在运行的 PROC 指针
  printf("call tswitch()\n");
   tswitch();                  // 调用 tswitch()
  printf("back to main()\n");
}
```

使用 ARM 工具链（2016）来编译链接 ts.s 和 t.c 以生成二进制可执行文件 t.bin。然后在 QEMU 下的 Versatilepb 虚拟机（Versatilepb 2016）上运行 t.bin，如下所示：

qemu-system-arm –M versatilepb –m 128M **–kernel t.bin**

在引导过程中，QEMU 将 t.bin 加载到 0x10000 并跳转到该位置以执行加载的映像。当在 ts.s 中开始执行时，它将 SVC 模式堆栈指针设置为 proc0 的高端。这使 proc0 的 kstack 区域成为初始堆栈。到目前为止，系统没有任何进程的概念，因为还没有任何进程。汇编代码在 C 中调用 main( )。当控制进入 main( ) 时，我们正在执行一个映像。根据进程定义（即映像的执行），尽管系统仍不知道哪个进程正在执行，但我们正在执行一个进程。在 main( ) 中，当设置 running = & proc0 后，系统就开始执行进程 proc0。这就是典型的操作系统内核在启动时开始运行初始进程的方式。初始进程是由人工创建的。从 main( ) 开始，可以通过图 5.1 中的执行图来跟踪和解释程序的运行时行为，其中关键步骤标记为（1）至（6）。

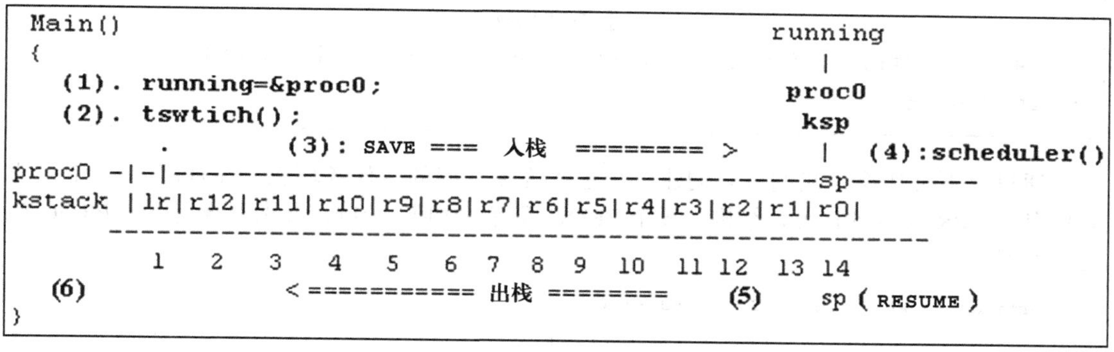

```
 Main()                                                    running
 {                                                            |
   (1). running=&proc0;                                     proc0
   (2). tswtich();                                           ksp
        .           (3): SAVE ===  入栈   ======== >          |   (4):scheduler()
proc0 -|-|----------------------------------------------------sp--------
kstack |lr|r12|r11|r10|r9|r8|r7|r6|r5|r4|r3|r2|r1|r0|
       ----------------------------------------------------------
         1   2   3   4   5   6  7  8  9  10  11 12  13 14
   (6)              <=========== 出栈 ========      (5)     sp (RESUME)
}
```

图 5.1　proc0 的执行图

在（1）处，它使运行指针指向 proc0，如图 5.1 右侧所示。由于我们假设运行指针始终指向当前执行进程的 PROC，所以系统现在正在执行进程 proc0。

在（2）处，它调用 tswitch( )，后者将返回地址加载到 LR（r14）中并进入 tswitch。

在（3）处，它执行 tswitch( ) 的 SAVE 部分，将 CPU 寄存器保存到堆栈中，并将堆栈指针 sp 保存到 proc0. ksp 中。

在（4）处，它调用 scheduler( )，该函数将运行指针设置为再次指向 proc0。现在，这是冗余的，因为其已经指向 proc0。然后，它执行 tswitch( ) 的 RESUME 部分。

在（5）处，它将 sp 设置为 proc0.ksp，由于它们已经相同，所以这再次冗余。然后，它弹出堆栈，从而恢复保存的 CPU 寄存器。

在（6）处，它在 RESUME 的末尾执行 MOV pc,lr，返回到 tswitch( ) 的调用位置。

5.3.2 上下文切换

除了输出一些消息外，上述程序似乎无用，因为它实际上什么也没做。但是，它是所有多任务程序的基础。为了证明这一点，假设我们有另一个 PROC 结构 proc1，它调用了 tswitch( ) 并在之前执行了 tswitch( ) 的 SAVE 部分。则 proc1 的 ksp 必须指向其堆栈区域，该区域包含已保存的 CPU 寄存器和其调用 tswitch( ) 所在的返回地址，如图 5.2 所示。

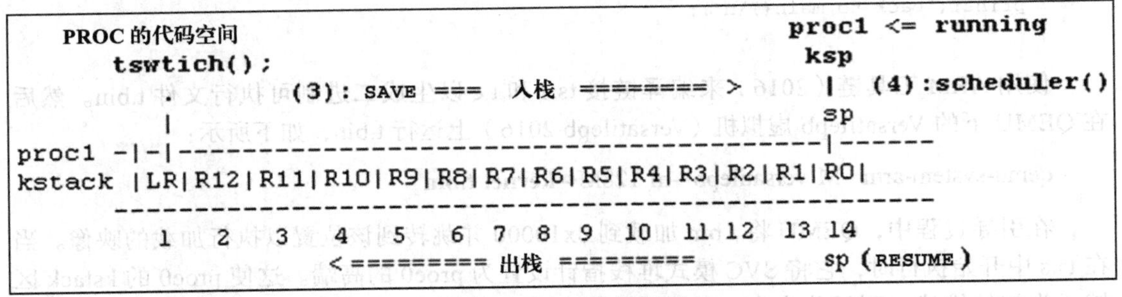

图 5.2　proc1 的执行图

在 scheduler( ) 中，如果让运行指针指向 proc1，如图 5.2 右侧所示，则 tswitch( ) 的 RESUME 部分会将 sp 更改为 proc1 的 ksp。然后，RESUME 代码将在 proc1 的堆栈上运行。这将恢复 proc1 的已保存寄存器，从而使 proc1 从之前调用 tswitch( ) 的位置恢复执行。这会将执行环境从 proc0 更改为 proc1。

> **上下文切换**
>
> 将一个进程的执行环境更改为另一个进程的执行环境称为上下文切换，这是多任务处理的基本机制

通过上下文切换，我们可以创建一个包含许多进程的多任务环境。在程序 C5.2 中，我们将定义 NPROC = 5 PROC 结构。每个 PROC 都有一个唯一的 pid 编号用于标识。PROC 初始化如下。

```
running -> P0 -> P1 -> P2 -> P3 -> P4 ->
           |                          |
           <--------------------------<--
```

P0 是初始运行进程。所有 PROC 形成一个循环链表，以简化进程调度。每个 PROC（P1 ~ P4）都已初始化，可以随时从 body( ) 函数开始运行。由于 PROC 堆栈的初始化至关重要，所以我们将详细解释这些步骤。尽管这些进程以前从未存在过，但我们可以假装它们不仅存在过，而且也曾经运行过。PROC 现在不运行的原因是它早先调用过 tswitch( ) 放弃了 CPU。如果是这样，则 PROC 的 ksp 必须指向其堆栈区域，其中包含已保存的 CPU 寄存器和返回地址，如图 5.3 所示，其中索引 -i 表示 SSIZE-i。

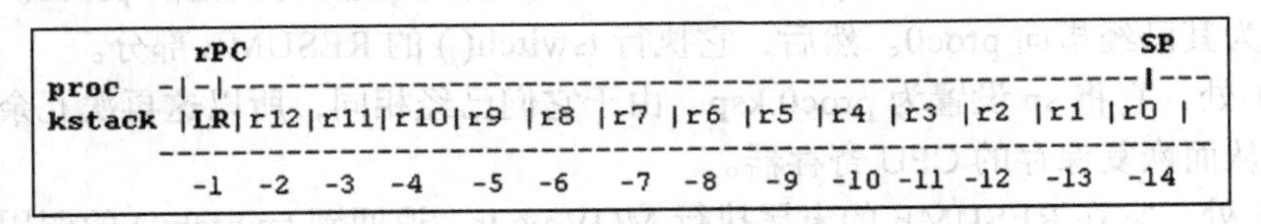

图 5.3　进程堆栈内容

由于 PROC 从未真正运行过，所以我们可以假设其堆栈最初是空的，因此返回地址 rPC = LR 位于堆栈的最底部。rPC 应该是什么？它可以指向任何可执行代码，例如 body( ) 函数的

入口地址。那么“已保存的”寄存器呢？由于PROC从未运行过，所以寄存器值无关紧要，因此可以将它们全部设置为0。由此，我们初始化每个PROC（P1 ～ P4），如图5.4所示。

```
        body()                                                PROC.ksp
          |  r12 r11 r10 r9  r8  r7  r6  r5  r4  r3  r2  r1 r0|
proc    -----------------------------------------------------|---
kstack  |LR | 0 | 0 | 0 | 0 | 0 | 0 | 0 | 0 | 0 | 0 | 0 | 0 | 0 |
        -------------------------------------------------------------
          -1  -2  -3  -4  -5  -6  -7  -8  -9 -10 -11 -12 -13 -14
```

图5.4　进程的初始堆栈内容

使用此设置，当PROC开始运行时，即当运行指针指向PROC时，它将执行tswitch( )的RESUME部分：

```
LDMFD sp!, {r0-r12, lr}
MOV pc, lr
```

这将还原“已保存的”CPU寄存器，然后进行MOV pc,lr，从而使该进程执行body( )函数。

当初始化后，P0调用tswitch( )来切换进程。在tswitch( )中，P0将CPU寄存器保存到其自己的堆栈中，将堆栈指针保存在其PROC.ksp中，并调用scheduler( )。我们通过让运行指针指向下一个PROC来修改scheduler( )函数，即

```
running = running->next;
```

因此，P0切换到P1。P1首先执行tswitch( )的RESUME部分，使其重新回到body( )函数。当在body( )中时，正在运行的进程将打印其pid并提示输入一个字符。然后，它调用tswitch( )以切换到下一个进程，依此类推。由于PROC在循环链表中，所以它们将轮流运行。下面列出了C5.2的汇编代码和C代码。

（1）**C5.2的ts.s文件。**

```
.global vectors_start, vectors_end
.global main, proc, procsize
.global tswitch, scheduler, running
.global lock, unlock
reset_handler:
// 将 SVC sp 设置为 proc [0] 高端
  LDR r0, =proc
  LDR r1, =procsize
  LDR r2, [r1, #0]
  ADD r0, r0, r2
  MOV sp, r0
// 将向量表复制到地址 0
  BL copy_vectors
// 进入 IRQ 模式以设置 IRQ 堆栈
  MSR cpsr, #0x92
  LDR sp, =irq_stack
// 返回启用了 IRQ 的 SVC 模式
  MSR cpsr, #0x13
// 在 SVC 模式下调用 main( )
  BL main
  B .
tswitch:
```

```
mrs   r0, cpsr          // SVC 模式,IRQ 中断关闭
orr   r0, r0, #0x80
msr   cpsr, r0
stmfd sp!, {r0-r12, lr}
LDR r0, =running        // r0=&running
LDR r1, [r0, #0]        // r1->runningPROC
str sp, [r1, #4]        // running->ksp = sp
bl scheduler
LDR r0, =running
LDR r1, [r0, #0]        // r1->runningPROC
lDR sp, [r1, #4]
mrs   r0, cpsr          // SVC 模式,IRQ 中断开启
bic   r0, r0, #0x80
msr   cpsr, r0
ldmfd sp!, {r0-r12, pc}

irq_handler:
  sub lr, lr, #4
  stmfd sp!, {r0-r12, lr}
  bl irq_chandler
  ldmfd sp!, {r0-r12, pc}^
lock:                       // 禁用 IRQ 中断
  MRS r0, cpsr
  ORR r0, r0, #0x80     // 设置 IRQ 屏蔽位
  MSR cpsr, r0
  mov pc, lr
unlock:                     // 启用 IRQ 中断
  MRS r0, cpsr
  BIC r0, r0, #0x80     // 清零 IRQ 屏蔽位
  MSR cpsr, r0
  mov pc, lr
vectors_start:              // 向量表
  LDR PC, reset_handler_addr
  LDR PC, undef_handler_addr
  LDR PC, swi_handler_addr
  LDR PC, prefetch_abort_handler_addr
  LDR PC, data_abort_handler_addr
  B .
  LDR PC, irq_handler_addr
  LDR PC, fiq_handler_addr
reset_handler_addr:           .word reset_handler
undef_handler_addr:           .word undef_handler
swi_handler_addr:             .word swi_handler
prefetch_abort_handler_addr:  .word prefetch_abort_handler
data_abort_handler_addr:      .word data_abort_handler
irq_handler_addr:             .word irq_handler
fiq_handler_addr:             .word fiq_handler
vectors_end:
```

汇编代码与 C5.1 中的相同，但有以下修改：

- 初始 SVC 模式堆栈指针设置为 proc [0] 的 kstack。

- 将向量表复制到地址 0。
- 设置 IRQ 模式堆栈并安装 IRQ 处理程序（用于键盘驱动程序）。
- 在启用了 IRQ 中断的 SVC 模式下调用 main( )。

（2）**C5.2 的设备驱动程序**：LCD 驱动程序与 C5.1 中的相同。键盘驱动程序与 3.5.4 节相同。

（3）**C5.2 的 t.c 文件**。

```
/************* C5.2 的 t.c 文件 ***********/
#include "vid.c"        //LCD 驱动程序
#include "kbd.c"        //KBD 驱动程序
#define  NPROC    5
#define  SSIZE 1024
typedef struct proc{
  struct proc *next;
  int     *ksp;
  int     pid;
  int     kstack[SSIZE];
}PROC;
PROC proc[NPROC], *running;
int procsize = sizeof(PROC);
int body()
{
  char c;
  printf("proc %d resume to body()\n", running->pid);
  while(1){
    printf("proc %d in body() input a char [s] : ", running->pid);
    c = kgetc(); printf("%c\n", c);
    tswitch();
  }
}
int kernel_init()
{
  int i, j;
  PROC *p;
  printf("kernel_init()\n");
  for (i=0; i<NPROC; i++){
    p = &proc[i];
    p->pid = i;
    p->status = READY;
    for (j=1; j<15; j++) //初始化 proc.kstack 并保存 ksp
        p->kstack[SSIZE-j] = 0;       //所有保存的 regs = 0
    p->kstack[SSIZE-1] = (int)body;   //恢复 point = body
    p->ksp = &(p->kstack[SSIZE-14]); //保存的 ksp
    p->next = p + 1;                 //指向下一个 PROC
  }
  proc[NPROC-1].next = &proc[0];      //循环 PROC 列表
  running = &proc[0];
}
int scheduler()
{
```

```
    printf("proc %d in scheduler\n", running->pid);
    running = running->next;
    printf("next running = %d\n", running->pid);
}
int main()
{
    char c;
    fbuf_init();                //初始化 LCD 驱动程序
    kbd_init();                 //初始化 KBD 驱动程序
    printf("Welcome to WANIX in Arm\n");
    kernel_init();
    while(1){
      printf("P0 running input a key : ");
      c = kgetc(); printf("%c\n", c);
      tswitch();
    }
}
```

5.3.3 多任务处理的演示

图 5.5 展示了运行 C5.2 多任务程序的输出。它使用进程 pid 来显示不同的颜色。

在继续介绍之前，我们需要注意以下几点。

（1）在 C5.2 多任务程序中，从 P1 到 P4 的任何进程都没有实际调用 body( ) 函数。我们所做的是说服每个进程，它早先从 body( ) 的入口地址调用过 tswitch( ) 放弃了 CPU，而这就是它在开始运行时应该恢复到的位置。因此，我们可以为每个进程的启动创建一个初始环境。这个进程别无选择，只能服从。这就是系统编程的力量（和乐趣）。

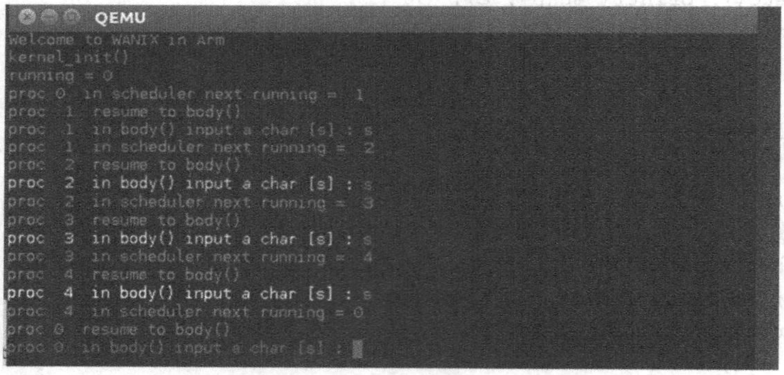

图 5.5　多任务处理演示

（2）从 P1 到 P4 的所有进程都执行相同的 body( ) 函数，但每个进程都在自己的环境中执行。例如，在执行 body( ) 函数时，每个进程在进程堆栈中都有其自己的局部变量 c。这表明了进程和函数之间的差异。函数只是一段被动代码，没有生命。进程是函数的执行，使函数代码“活起来”。

（3）当进程首次进入 body( ) 函数时，该进程堆栈在逻辑上为空。一旦开始执行，进程堆栈将按照 2.7.3.2 节中所述的函数调用顺序进行增长（和收缩）。

（4）每个进程的 kstack 大小定义为 4KB。这意味着每个进程的函数调用序列（以及相关的局部变量空间）的最大长度不得超过 kstack 的大小。类似的说明也适用于其他特权模式堆栈，例如用于中断处理的 IRQ 模式堆栈。这些都在内核设计者的计划和控制之下。因此，堆栈溢出永远不会在内核模式下发生。

5.4 动态进程

在程序 C5.2 中，P0 是初始进程。所有其他进程都由 P0 在 kernel_init( ) 中静态创建。在程序 C5.3 中，我们将展示如何动态创建进程。

5.4.1 动态进程的创建

（1）首先，我们向 PROC 结构添加状态和优先级字段，并定义 PROC 链表：freeList 和 readyQueuee，下面对此进行说明。

```
#define NPROC     9
#define FREE      0
#define READY     1
#define SSIZE 1024
typedef struct proc{
   struct proc *next;     //下一个 PROC 指针
   int     *ksp;          //不运行时保存的 sp
   int     pid;           //进程 ID
   int     status;        // FREE | READY 等
   int     priority;      //优先值
   int     kstack[SSIZE]; //处理内核模式堆栈
}PROC;
PROC proc[NPROC], *running, *freeList, *readyQueue;
```

- freeList = 一个（包含所有空闲 PROC 的）链表。当系统启动时，所有 PROC 最初都位于 freeList 中。当创建一个新进程时，我们从 freeList 中分配一个空闲的 PROC。当进程终止时，我们取消分配其 PROC 并将其释放回 freeList 以进行重用。
- readyQueue = 准备运行的 PROC 的优先级队列。具有相同优先级的 PROC 在 readyQueue 中被排序为先进先出（FIFO）。

（2）在 queue.c 文件中，我们实现了列表和队列操作的以下功能。

```
/*************** queue.c 文件 ***************/
PROC *get_proc(PROC **list){ //从列表中返回一个 PROC 指针 }
int put_proc(PROC **list, PROC *p){ //在列表中输入 p }
int enqueue(PROC **queue, PROC *p){ //按优先级将 p 输入队列 }
PROC *dequeue(PROC **queue){ //从队列中删除并返回第一个 PROC }
int printList(PROC *p){ //打印列表元素}
```

（3）在 kernel.c 文件中，kernel_init( ) 初始化内核数据结构，例如 freeList 和 readyQueue。它还将 P0 创建为初始运行进程。函数 int pid = kfork(int func，int priority) 创建一个新进程来以指定的优先级执行函数 func( )。在示例程序中，每个新进程都从同一 body( ) 函数开始执行。当任务完成后，其可能通过函数 void kexit( ) 来终止，该函数将其 PROC 结构释放回 freeList 以供重用。函数 scheduler( ) 用于进程调度。下面列出了 kernel.c 和 t.c 文件的 C 代码。

```
/*************** 程序 C5.3 的 kernel.c 文件 ***********/
int kernel_init()
```

```
{
  int i, j;
  PROC *p;
  printf("kernel_init()\n");
  for (i=0; i<NPROC; i++){
    p = &proc[i];
    p->pid = i;
    p->status = FREE;
    p->next = p + 1;
  }
  proc[NPROC-1].next = 0;
  freeList = &proc[0];        // freeList 中的所有 PROC
  readyQueue = 0;             // readyQueue 为空
  // 创建 P0 作为初始运行进程
  p = get_proc(&freeList);
  p->priority = 0;            // P0 具有最低优先级 0
  running = p;
  printf("running = %d\n", running->pid);
  printList(freeList);
}
int body()  // 进程代码
{
  char c;
  color = running->pid;
  printf("proc %d resume to body()\n", running->pid);
  while(1){
    printf("proc %d in body() input a char [s|f|x] : ", running->pid);
    c = kgetc(); printf("%c\n", c);
    switch(c){
      case 's': tswitch();          break;
      case 'f': kfork((int)body, 1); break;
      case 'x': kexit();            break;
    }
  }
}
// kfork( ) 创建一个新进程以根据优先级来处理 func
int kfork(int func, int priority)
{
  int i;
  PROC *p = get_proc(&freeList);
  if (p==0){
    printf("no more PROC, kfork failed\n");
    return -1;                       // 若失败,则返回 -1
  }
  p->status = READY;
  p->priority = priority;
  //为 proc 恢复设置 kstack 以执行 func( )
  for (i=1; i<15; i++)
      p->kstack[SSIZE-i] = 0;        // 所有"已保存的" regs = 0
  p->kstack[SSIZE-1] = func;         // 恢复执行地址
  p->ksp = &(p->kstack[SSIZE-14]); // 已保存的 ksp
```

```
  enqueue(&readyQueue, p);          // 将 p 输入 readyQueue
  printf("%d kforked a new proc %d\n", running->pid, p->pid);
  printf("freeList = "); printList(readyQueue);
  return p->pid;
}
void kexit()    // 进程调用以终止
{
   printf("proc %d kexit\n", running->pid);
   running->status = FREE;
   put_proc(running);
   tswitch();  // 放弃 CPU
}
int scheduler()
{
  if (running->status == READY)
     enqueue(&readyQueue, running);
  running = dequeue(&readyQueue);
}

/************       程序 C5.3 的 t.c 文件    ************/
#include "type.h"         // PROC 类型和常量
#include "string.c"       // 字符串操作函数
#include "queue.c"        // 列表和队列操作函数
#include "vid.c"          // LCD 驱动程序
#include "kbd.c"          // KBD 驱动程序
#include "exceptions.c"
#include "kernel.c"
void copy_vectors(void){// 与之前相同}
void IRQ_handler(){       // 仅处理 KBD 中断}

int main()
{
   fbuf_init();            // 初始化 LCD 显示
   kbd_init();             // 初始化 KBD 驱动程序
   printf("Welcome to Wanix in ARM\n");
   kernel_init();          // 初始化内核,创建并运行 P0
   kfork((int)body, 1); // P0 在 readyQueue 中创建 P1
   while(1){
     while(readyQueue==0); // 如果 readyQueue 为空,则 P0 循环
     tswitch();
   }
}
```

在 t.c 文件中，程序首先初始化 LCD 和 KBD 驱动程序。然后，它初始化内核以运行具有最低优先级 0 的初始进程 P0。P0 创建一个新进程 P1 并将其置入 readyQueue。然后，P0 调用 tswitch( ) 来切换进程以运行 P1。每个新进程都会恢复执行 body( ) 函数。在进程运行时，用户可以输入“s”来切换进程，输入“f”来创建新进程，以及输入“x”来终止，等等。

5.4.2 动态进程的演示

图 5.6 展示了运行 C5.3 程序的屏幕截图。如图所示，输入“f”使 P1 在 readyQueue 中派生一个新进程 P2。输入“s”使 P1 切换进程以运行 P2，P2 继续执行相同的 body( ) 函数。

当P2运行时，读者可以输入命令以让P2切换进程或派生新进程，等等。当运行时，输入“x”将导致进程终止。

```
QEMU
welcome to WANIX in Arm
kernel_init()
running = 0
freeLis    = [ 1 ]->[ 2 ]->[ 3 ]->[ 4 ]->[ 5 ]->[ 6 ]->[ 7 ]->[ 8 ]->NULL
proc0  kforked a new proc 1
readyQueue = [ 1  1 ]->NULL
proc0  in scheduler next running =  1
proc 1  resume to body()
proc 1  in body() input a char [s|f|x] : f
proc 1  kforked a new proc 2
readyQueue = [ 2  1 ]->[0 0 ]->NULL
proc 1  in body() input a char [s|f|x] : s
proc 1  in scheduler next running =  2
proc 2  resume to body()
proc 2  in body() input a char [s|f|x] : x
proc 2  kexit
proc 2  in scheduler next running =  1
proc 1  in body() input a char [s|f|x] :
```

图 5.6　动态进程演示

5.5　进程调度

5.5.1　进程调度术语

在多任务操作系统中，通常有许多准备运行的进程。可运行进程的数量一般大于可用CPU的数量。进程调度是为了确定何时以及在哪个CPU上运行进程，以实现总体良好的系统性能。在讨论进程调度之前，我们首先要阐明以下术语，这些术语通常与进程调度相关联。

（1）**I/O密集型与计算密集型进程：**如果某个进程频繁地挂起自身以等待I/O操作，则该进程将被视为I/O密集型进程。I/O密集型进程通常来自期望快速响应的交互用户。如果一个进程大量使用CPU时间，则认为该进程是计算密集型的。计算密集型进程通常与冗长计算（如编译程序及数值计算）等相关联。

（2）**响应时间与吞吐量：**响应时间是指系统对事件的响应速度，例如从键盘输入键。吞吐量是每单位时间完成的进程数。

（3）**循环与动态优先级调度：**在循环调度中，进程轮流运行。在动态优先级调度中，每个进程都有一个优先级，该优先级会动态更改（随时间变化），并且系统会尝试以最高优先级运行该进程。

（4）**抢占与非抢占：**抢占意味着可以随时将CPU脱离正在运行的进程。非抢占意味着进程一直运行到它自己放弃CPU为止，例如当进程完成、进入睡眠状态或被阻塞时。

（5）**实时与分时：**实时系统必须在最短的响应时间内（通常为几毫秒）对外部事件（例如中断）做出响应。此外，系统可能还需要在指定的时限内完成此类事件的处理。在分时系统中，每个进程都在保证的时间片内运行，以便所有进程都可以公平分配CPU时间。

5.5.2　进程调度的目标、策略和算法

进程调度旨在实现以下目标。

- 高系统资源利用率，尤其是CPU时间利用率。
- 快速响应交互式进程或实时进程。
- 保证实时进程的完成时间。
- 公平对待所有进程以获得良好的吞吐量。

显然，有些目标相互冲突。例如，通常不能同时实现快速响应和高吞吐量。调度策略是一组规则，系统通过这些规则来尝试实现所有或某些目标。对于通用操作系统，调度策略通常试图通过在冲突目标之间寻求平衡来实现良好的整体系统性能。对于嵌入式实时系统，重点通常是对外部事件的快速响应和有保证的进程执行时间。调度算法是实现调度策略的一组方法。在操作系统内核中，用于实现调度算法的各种组件（即数据结构和代码）统称为进程调度程序。值得注意的是，在大多数操作系统内核中，没有一个代码或模块可以认定为调度程序。调度程序的功能是在操作系统内核内部的许多地方实现的，例如：当正在运行的进程自身挂起或终止时、当挂起的进程再次变得可运行时、当该进程再次变为可运行状态时，最明显的是在计时器中断处理程序中。

5.5.3 嵌入式系统中的进程调度

在嵌入式系统中，进程将被创建来执行特定任务。根据任务的重要性，为每个进程分配一个优先级，该优先级通常是静态的。进程可以周期性地运行，也可以响应外部事件来运行。进程调度的主要目标是确保快速响应外部事件并确保进程执行时间。资源利用率和吞吐量相对不太重要。因此，进程调度策略通常基于进程优先级或对具有相同优先级的进程进行轮询。在大多数简单的嵌入式系统中，进程通常在相同的地址空间中执行。在这种情况下，调度策略通常是非抢占式的。每个进程都会运行直到它自愿放弃 CPU，例如：当进程进入睡眠状态时，会挂起或明确地将控制权交给另一个进程。由于以下原因，抢占式调度更加复杂。通过抢占，许多进程可以在同一地址空间中同时运行。如果某个进程正在修改共享数据对象，那么除非共享数据对象在临界区受到保护，否则不得抢占该进程，因为共享数据对象可能会被其他进程破坏。临界区的保护将在 5.6 节中讨论。

5.6 进程同步

当多个进程在同一地址空间中执行时，它们可以访问和修改共享（全局）数据对象。进程同步是指用于确保在并发进程环境中的共享数据对象完整性的规则和机制。目前有许多种进程同步工具。有关此类工具及其实现和使用的详细列表，读者可以查阅（Wang，2015）。接下来，我们将讨论一些适用于嵌入式系统的简单同步工具。除了讨论进程同步的原理外，我们还将通过示例程序来展示如何将其应用于嵌入式系统的设计与实现。

5.6.1 睡眠和唤醒

进程同步的最简单机制是睡眠 / 唤醒操作，该操作在原始 UNIX 内核中使用。当进程必须等待某事（例如一个当前不可用的资源）时，它将进入睡眠状态以挂起自身并放弃 CPU，从而使系统可以运行其他进程。当所需资源可用时，另一个进程或中断处理程序将唤醒睡眠进程，以使其继续运行。假设每个 PROC 结构都有一个附加的事件域。睡眠 / 唤醒（sleep/wakeup）的算法如下。

```
sleep(int event)
{
  record event value in running PROC.event;
  change running PROC status to SLEEP;
  switch process;
}
wakeup(int event)
```

```
{
  for each PROC *p do{
     if (p->status==SLEEP && p->event==event){
        change p->status to READY;
        enter p into readyQueue;
     }
  }
}
```

为了使该机制正常工作，必须正确实现 sleep( ) 和 wakeup( )。首先，从进程的角度来看，每个操作都必须是原子的（不可分割的）。例如，当进程执行 sleep( ) 时，它必须先完成睡眠操作，然后其他进程才能唤醒它。在非抢占式 UP 内核中，一次仅运行一个进程，因此进程不会相互干扰。但是，当进程正在运行时，它可能会被转移到处理中断的位置，这可能会干扰进程。为了确保睡眠和唤醒的原子性，可以禁用中断。因此，我们可以用如下方式实现 sleep( ) 和 wakeup( )。

```
int sleep(int event)
{
    int SR = int_off();  // 禁用 IRQ 并返回 CPSR
    running->event = event;
    running->status = SLEEP;
    tswitch();           // 切换进程
    int_on(SR);          // 恢复原始 CPSR
}
int wakeup(int event)
{
    int SR = int_off();  // 禁用 IRQ 并返回 CPSR
    for each PROC *p do{
      if (p->status==SLEEP && p->event==event){
         p->status = READY;
         enqueue(&readyQueue, p);
      }
    }
    int_on(SR);          // 恢复原始 CPSR
}
```

请注意，wakeup( ) 会唤醒所有在事件上睡眠的进程（如果有）。如果没有进程在该事件上处于睡眠状态，则唤醒无效，即唤醒等于 NOP，并且不执行任何操作。值得注意的是，中断处理程序绝不能进入睡眠或等待状态（Wang，2015）。它只能发出唤醒呼叫以唤醒睡眠进程。

5.6.2 使用睡眠 / 唤醒的设备驱动程序

在第 3 章中，我们使用中断开发了几种设备驱动程序。这些设备驱动程序的组织结构表现出一种共同的模式。每个中断驱动的设备驱动程序都包括三个部分：下半部分（即中断处理程序）、上半部分（由主程序调用）以及包含 I/O 缓冲区和控制变量的数据区域（由上、下半部分共享）。即使发生中断，主程序仍必须使用忙等待循环来等待 I/O 缓冲区中的数据或空间，这与轮询基本相同。在多任务系统中，通过轮询进行的 I/O 无法有效使用 CPU。在本节中，我们将展示如何使用进程和睡眠 / 唤醒来实现无忙等待循环的中断驱动的设备驱动程序。

5.6.2.1 输入设备驱动程序

在第 3 章中，KBD 驱动程序使用中断，但上半部分使用轮询。当进程需要输入键时，它将执行忙等待循环，直到中断处理程序将输入键放入输入缓冲区为止。我们的目标是用睡眠 / 唤醒来代替忙等待循环。首先，我们通过轮询来展示原始驱动程序代码。然后，我们将其修改为使用睡眠 / 唤醒来进行同步。

（1）KBD 结构：KBD 结构是驱动程序的中间部分。它包含一个输入缓冲区和多个控制变量，例如 data= 输入缓冲区中的键数。

```
typedef struct kbd{       //base = 0x10006000
  char *base;             // KBD 的基址,为 char *
  char buf[BUFSIZE];      //输入缓冲区大小 = 128 字节
  int head, tail, data; //控制变量; 最初 date= 0
}KBD; KBD kbd;
```

（2）kgetc( )：这是 KBD 驱动程序上半部分的基本函数。

```
int kgetc() // 主程序调用 kgetc( ) 以返回一个字符
{
  char c;
  KBD *kp = &kbd;
  unlock();                  //启用 IRQ 中断
  while(kp->data == 0);      //忙等待数据

  lock();                    // 禁用 IRQ 中断
    c = kp->buf[kp->tail++];//获得一个字符并更新尾部索引
    kp->tail %= BUFSIZE;
    kp->data--;              //关闭中断并更新数据
  unlock();                  // 启用 IRQ 中断
  return c;
}
```

我们假设主程序正在运行一个进程。当进程需要输入键时，它将调用 kgetc( )，尝试从输入缓冲区中获取键。如果没有任何同步手段，则该进程必须依赖忙等待循环：

```
while (kp->data == 0); // 忙等待数据
```

它将一直检查数据变量以决定输入缓冲区中是否有任何（输入）键。

（3）kbd_handler( )：中断处理程序是 KBD 驱动程序的下半部分。

```
kbd_handler()
{
  struct KBD *kp = &kbd;
  char scode = *(kp->base+KDATA); //读取数据寄存器中的扫描代码
  if (scode & 0x80)           //忽略按键释放
     return;
  if (data == BUFSIZE)        //如果输入缓冲区已满
     return;                  //忽略当前键
  c = unsh[scode];            //将扫描代码映射为 ASCII 码
  kp->buf[kp->head++] = c;    //将键输入圆形 buf[]
  kp->head %= BUFSIZE;
  kp->data++;                 //inc 数据计数器加 1
}
```

对于每次按键，中断处理程序都会将扫描代码映射到一个（小写的）ASCII字符，将该字符存储在输入缓冲区中并更新计数变量数据。同样，如果没有任何同步手段，那么这就是中断处理程序可以做的所有事情。例如，它不能直接将可用键通知给进程。因此，该进程必须通过连续轮询驱动程序的数据变量来检查输入键。在多任务系统中，忙等待循环是不可取的。我们可以使用睡眠/唤醒来消除KBD驱动程序中的忙等待循环，如下所示。

（1）KBD结构：无须更改。

（2）kgetc()：如果输入缓冲区中没有键，则重写kgetc()使进程睡眠以获取数据。为了防止进程与中断处理程序之间发生争用，该进程首先禁用中断。然后，它检查数据变量并在禁用中断的情况下修改输入缓冲区，但必须在进入睡眠状态之前启用中断。修改后得到的kgetc()函数如下。

```
int kgetc() //主程序调用 kgetc( ) 以返回一个字符
{
  char c;
  KBD *kp = &kbd;
  while(1){
    lock();                  // 禁用 IRQ 中断
    if (kp->data==0){        // 在禁用 IRQ 的情况下检查数据
       unlock();             // 启用 IRQ 中断
       sleep(&kp->data);     // 睡眠以等待数据
     }
  }
  c = kp->buf[kp->tail++]; //获取 c 并更新尾部索引
  kp->tail %= BUFSIZE;
  kp->data--;                // 关闭中断并更新
  unlock();                  // 启用 IRQ 中断
  return c;
}
```

（3）kbd_handler()：重写KBD中断处理程序以唤醒正在等待数据的睡眠进程（如果有）。由于进程不会干扰中断处理程序，所以无须保护中断处理程序内部的数据变量。

```
kbd_handler()
{
  struct KBD *kp = &kbd;
  scode = *(kp->base+KDATA); //读取数据寄存器中的扫描代码
  if (scode & 0x80)          // 忽略按键释放
     return;
  if (kp->data == BUFSIZE)   // 如果输入缓冲区已满则忽略键
  c = unsh[scode];           // 将扫描代码映射为 ASCII 码
  kp->buf[kp->head++] = c;   // 将键输入圆形 buf []
  kp->head %= BUFSIZE;
  kp->data++;                // 更新计数器
  wakeup(&kp->data);         // 唤醒睡眠进程（如果有）
}
```

5.6.2.2　输出设备驱动程序

输出设备驱动程序也包含三个部分：下半部分是中断处理程序；上半部分由进程调用来输出数据；中间部分包含数据缓冲区和控制变量，由下半部分和上半部分共享。输出设备驱动程序和输入设备驱动程序之间的主要区别是，其进程和中断处理程序的角色是相反的。在输出设备驱动程序中，进程将数据写入数据缓冲区。如果数据缓冲区已满，则它将进入睡眠状态，以等待数据缓冲区中的空间。中断处理程序从缓冲区提取数据并将其输出到设备。然后，它唤醒数据缓冲区中正在睡眠的所有进程。第二个区别是：对于大多数输出设备，中断处理程序必须在已无数据要输出时明确地禁用设备中断。否则，设备将不断产生中断，从而导致无限循环。第三个区别是：通常可以接受多个进程共享同一个输出设备，但是一个输入设备一次只能允许一个活动进程。否则，进程可能从同一输入设备获得随机输入。

5.6.3 使用睡眠/唤醒的事件驱动嵌入式系统

通过动态进程创建和进程同步，我们可以实现事件驱动的多任务系统，而不需要忙等待循环。我们用示例程序 C5.4 来演示这个系统。

示例程序 C5.4 我们假设系统硬件由三个设备组成：一个计时器、一个 UART 和一个键盘。系统软件由三个进程组成，每个进程控制一个设备。为了方便起见，我们还包括一个用于显示计时器和键盘进程输出的 LCD。

在启动时，每个进程等待一个特定的事件。仅当等待的事件发生时，进程才运行。在本例中，事件是计时器计数和 I/O 活动。每隔一秒，计时器进程在 LCD 上显示一个挂钟。无论何时从 UART 输入一条输入行，UART 进程都会获取这条输入行并将其回送到串行终端。类似地，无论何时从 KBD 输入一条输入行，KBD 进程都会获取这条输入行并将其回显到 LCD 上。和以前一样，系统在 QEMU 下的仿真 ARM 虚拟机上运行。系统的启动顺序与 C5.3 相同。我们将仅展示如何设置系统以运行所需的进程及其对事件的反应。系统操作如下。

（1）初始化：复制向量，配置 VIC 和 SIC 以进行中断；运行具有最低优先级的初始进程 P0；初始化 LCD、计时器、UART 和 KBD 的驱动程序；启动计时器。

（2）创建任务：P0 调用 kfork(NAME_task，priority) 以创建计时器、UART 和 KBD 进程并将它们置入 readyQueue。每个进程以（静态）优先级（3 ～ 1）执行自己的 NAME_task( ) 函数。

（3）P0 执行 while(1) 循环，在该循环中，只要 readyQueue 为非空，它就将切换进程。

（4）每个进程都会继续执行自己的 NAME_code( ) 函数，这是一个无限循环。每个进程调用 sleep(event) 以在一个独特的 event 值（设备数据结构的地址）上进行睡眠。

（5）当发生事件时，设备中断处理程序将调用 wakeup(event) 以唤醒相应的进程。当唤醒后，每个进程将恢复运行以处理事件。例如，计时器中断处理程序不再显示挂钟。它由计时器进程每秒执行一次。

下面列出了示例程序 C5.4 的 C 代码。

```
/**********  示例程序 C5.4 的 C 代码  ***********/
#include "type.h"
#include "vid.c"          // LCD 驱动程序
#include "kbd.c"          // KBD 驱动程序
#include "uart.c"         // UART 驱动程序
#include "timer.c"        // 计时器驱动程序
#include "exceptions.c"   // 异常处理程序
#include "queue.c"        // 队列函数
#include "kernel.c"       // 用于任务管理的内核
```

```
int copy_vectors(){ //和以前一样复制向量 }
int irq_chandler() { //调用计时器、UART、KBD 的 IRQ 处理程序 }

int timer_handler(){ //每秒： kwakeup(&timer); }
int uart_handler() { //输入行:kwakeup(&uart); }
int kbd_handler()  { //输入行:kwakeup(&kbd); }

int i, hh, mm, ss;  // timer_handler 的全局变量
char clock[16] = {"00:00:00"};

int timer_task()    // timer_task 的代码
{
  while(1){
    printf("timer_task %d running\n", running->pid);
    ksleep((int)&timer);
    //使用计时器滴答来更新 ss、mm、hh; 然后显示挂钟
    clock[7]='0'+(ss%10); clock[6]='0'+(ss/10);
    clock[4]='0'+(mm%10); clock[3]='0'+(mm/10);
    clock[1]='0'+(hh%10); clock[0]='0'+(hh/10);
    for (i=0; i<8; i++){
        kpchar(clock[i], 0, 70+i);
    }
  }
}
int uart_task()    //uart_task 的代码
{
  char line[128];
  while(1){
    uprintf("uart_task %d sleep for line from UART\n", running->pid);
    ksleep((int)&uart);
    uprintf("uart_task %d running\n", running->pid);
    ugets(line);
    uprintf("line = %s\n", line);
  }
}
int kbd_task()     // kbd_task 的代码
{
  char line[128];
  while(1){
    printf("KBD task %d sleep for a line from KBD\n", running->pid);
    ksleep((int)&kbd);
    printf("KBD task %d running\n", running->pid);
    kgets(line);
    printf("line = %s\n", line);
  }
}

int main()
{
   fbuf_init();     // LCD 驱动程序
   uart_init();     // UART 驱动程序
   kbd_init();      // KBD 驱动程序
```

```
    printf("Welcome to Wanix in ARM\n");
    //初始化 VIC 中断：与之前相同
    timer_init();    //计时器驱动程序
    timer_start();
    kernel_init();  //初始化内核并运行 P0
    printf("P0 create tasks\n");
    kfork((int)timer_task, 3);  // 计时器任务
    kfork((int)uart_task,  2);  // uart 任务
    kfork((int)kbd_task,   1);  // kbd 任务
    while(1){ //只要没有可运行的任务就运行 P0
      if (readyQueue)
         tswitch();
    }
}
```

使用睡眠 / 唤醒的事件驱动嵌入式系统的演示

图 5.7 展示了运行示例程序 C5.4 的输出屏幕，该程序演示了事件驱动的多任务系统。如图 5.7 所示，计时器任务每秒在 LCD 上显示一个挂钟。uart 任务仅在 UART0 端口有输入行时才将行打印到 UART0，而 kbd 任务仅在键盘有输入行时才将行打印到 LCD。当这些任务因等待事件而处于睡眠状态时，系统运行空闲进程 P0，它（在运行时）会被转移以处理所有中断。一旦任务被唤醒并进入 readyQueue，P0 就会切换进程以运行新唤醒的任务。

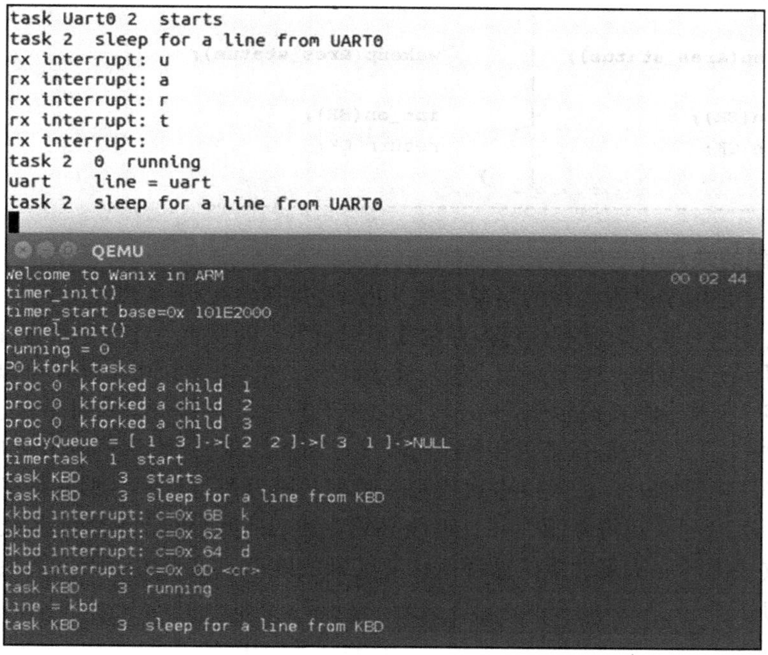

```
task Uart0 2  starts
task 2  sleep for a line from UART0
rx interrupt: u
rx interrupt: a
rx interrupt: r
rx interrupt: t
rx interrupt:
task 2  0  running
uart    line = uart
task 2  sleep for a line from UART0
```

```
QEMU
Welcome to Wanix in ARM                                         00 02 44
timer_init()
timer_start base=0x 101E2000
kernel_init()
running = 0
P0 kfork tasks
proc 0  kforked a child  1
proc 0  kforked a child  2
proc 0  kforked a child  3
readyQueue = [ 1  3 ]->[ 2  2 ]->[ 3  1 ]->NULL
timertask  1  start
task KBD    3  starts
task KBD    3  sleep for a line from KBD
kkbd interrupt: c=0x 6B  k
bkbd interrupt: c=0x 62  b
dkbd interrupt: c=0x 64  d
kbd interrupt: c=0x 0D <cr>
task KBD    3  running
line = kbd
task KBD    3  sleep for a line from KBD
```

图 5.7 使用睡眠 / 唤醒的事件驱动多任务系统的演示

5.6.4 使用睡眠 / 唤醒的资源管理

除了代替设备驱动程序中的忙等待循环外，睡眠 / 唤醒也可用于一般的进程同步。睡眠 / 唤醒的典型用法是用于资源管理。资源一次只能被一个进程使用，例如用于更新的内存区域、打印机等。每个资源由 res_status 变量表示：如果资源是空闲的，则为 0；如果资源繁

忙，则为非 0。资源管理包括以下函数。

```
int acquire_resource( ); //获取专用资源
int release_resource( ); //使用后释放资源
```

当一个进程需要资源时，它将调用 acquire_resource( )，尝试获取专用资源。在 acquire_resource( ) 中，该进程首先测试 res_status。如果 res_status 为 0，则该进程将其设置为 1，并在成功后返回 OK。否则，它将进入睡眠状态，等待资源变为空闲状态。当资源繁忙时，任何其他调用 acquire_resource( ) 的进程也将在相同的 event 值上进入睡眠状态。当拥有资源的进程调用 release_recource( ) 时，它将 res_status 清除为 0，并发出 wakeup(&res_status) 来唤醒所有等待资源的进程。当唤醒后，每个进程都必须尝试再次获取资源。这是因为在运行已唤醒的进程时，资源可能不再可用。以下代码段显示了使用睡眠 / 唤醒的资源管理算法。

```
                  int res_status = 0;        // 资源最初空闲
----------------------------------------------------------------------
int acquire_resource()       | int release_resource()
{                            | {
   while(1){                 |
     int SR = int_off();     |    int SR = int_off();
     if (res_status==0){     |
        res_status = 1;      |    res_status = 0;
        break;               |
     }                       |
     sleep(&res_status);     |    wakeup(&res_status);
   }                         |
   int_on(SR);               |    int_on(SR);
   return OK;                |    return OK;
}                            | }
----------------------------------------------------------------------
```

睡眠 / 唤醒的缺点

睡眠和唤醒是用于进程同步的简单工具，但是它们也有以下缺点。

- 事件只是一个值。它没有任何内存位置来记录事件的发生。在另一个进程或中断处理程序试图唤醒它之前，进程必须先进入睡眠状态。在 UP 系统中，总是可以实现先睡后醒的顺序，但在 MP 系统中则不一定。在 MP 系统中，进程可以同时（并行地）运行在不同的 CPU 上。不可能保证进程的执行顺序。因此，睡眠 / 唤醒只适用于 UP 系统。
- 当用于资源管理时，如果一个进程进入睡眠状态以等待资源，那么它必须在被唤醒后重试一次以再次获得资源，并且可能必须在成功（如果实现）之前多次重复睡眠 – 唤醒 – 重试循环。重复的重试循环意味着较低的效率，这是由上下文切换中过多的开销造成的。

5.7 信号量

更好的进程同步机制是信号量，它不具有睡眠 / 唤醒的上述缺点。（计数）信号量是一种数据结构：

```
typedef struct semaphore{
   int spinlock;   //自旋锁,仅在MP系统中需要
   int value;      //信号量的初始值
```

```
  PROC *queue     //被阻塞进程的 FIFO 队列
}SEMAPHORE;
```

在信号量结构中，自旋锁字段用于确保对信号量的任何操作一次只能由一个进程作为原子操作来执行，即使它们可以在不同的CPU上并行运行。只有多处理器系统才需要自旋锁，而UP系统则不需要它，可以将其省略。信号量上最著名的操作是P和V，其定义如下（对于UP内核）。

```
---------------------------------------------------------------------
int P(struct semaphore *s)        | int V(struct semaphore *s)
{                                 | {
  int SR = int_off();             |   int SR = int_off();
  s->value--;                     |   s->value++;
  if (s->value < 0)               |   if (s->value <= 0)
     block(s);                    |      signal(s);
  int_on(SR);                     |   int_on(SR);
}                                 | }
---------------------------------------------------------------------
int block(struct semaphore *s){   | int signal(struct semaphore *s){
    running->status = BLOCK;      | PROC *p = dequeue(&s->queue);
    enqueue(&s->queue, running);  |      p->status = READY;
    tswitch();                    |      enqueue(&readyQueue, p);
}                                 | }
---------------------------------------------------------------------
```

二进制信号量（Dijkstra，1965）是一种信号量，其只能采用两个不同的值：“1”表示“空闲”，“0”表示“占用”。对二进制信号量的P/V操作定义如下。

```
---------------------    二进制信号量上的P/V    -----------------
int P(struct semaphore *s)      | int V(struct semaphore *s)
{                               | {
  int SR = int_off();           |   int SR = int_off();
  if (s->value == 1)            |   if (s->queue == 0)
     s->value = 0;              |      s->value = 1;
  else                          |   else
     block(s);                  |      signal(s);
  int_on(SR);                   |   int_on(SR);
}                               | }
---------------------------------------------------------------
```

可以将二进制信号量视为计数信号量的一种特殊情况。由于计数信号量更一般，所以我们将不使用或讨论二进制信号量。

5.8 信号量的应用

信号量是功能强大的同步工具，可用于解决UP和MP系统中的各种进程同步问题。接下来将介绍信号量的最常见用法。为了简化表示，我们用s = n表示s.value = n，用P(s)/V(s)表示P(&s)/ V(&s)。

5.8.1 信号量锁

临界区（CR）是对共享数据对象执行的一系列操作，一次只能由一个进程执行。初始值为1的信号量可用作锁，以保护长时间的CR。每个CR都与一个信号量s = 1相关联。进程通过使用P/V作为锁定/解锁来访问CR，如下所示。

```
                    struct semaphore s = 1;
Processes:          P(s);                     // 获取信号量以锁定 CR
                                              // CR 受锁信号量 s 保护
                    V(s);                     // 释放信号量以解锁 CR
```

通过使用信号量锁，读者可以验证任何时候在 CR 中只能有一个进程。

5.8.2 互斥锁

互斥锁（Pthreads，2015）是带有附加所有者字段的锁信号量，该字段标识互斥锁的当前所有者。当一个互斥锁被创建时，它的所有者字段被初始化为 0，即没有所有者。当进程通过 mutex_lock( ) 获得一个互斥锁时，它就成为这个互斥锁的所有者。一个被锁定的互斥锁只能被它的所有者解锁。当一个进程解锁一个互斥锁时，如果没有进程在等待这个互斥锁，那么它将把所有者字段清除为 0。否则，它将从互斥锁队列中释放一个等待进程，该进程将成为新所有者，互斥锁将保持锁定状态。在信号量上扩展 P/V 来锁定 / 解锁互斥锁是很简单的。我们把它留作练习。互斥锁和信号量之间的一个主要区别是，互斥锁仅用于锁定，而信号量可以用于锁定和进程协作。

5.8.3 使用信号量的资源管理

初始值为 n>0 的信号量可以用来管理 n 个相同的资源。每个进程都试图获得一个唯一的资源供独占使用。这可以通过以下方式实现。

```
                 struct semaphore s = n;
Processes: P(s);
                        排他性地使用一个资源；
           V(s);
```

只要 s>0，一个进程就可以在 P(s) 中成功获取资源。当所有资源都被使用时，请求进程将在 P(s) 处阻塞。当 V(s) 释放资源时，被阻塞的进程（如果有）将被允许继续使用该资源。在任何时候，以下不变量均成立。

- $s \geqslant 0$：s = 仍然可用的资源数。
- $s < 0$：$|s|$ = 在 s 队列中等待的进程数。

5.8.4 等待中断和消息

初始值为 0 的信号量通常用于转换外部事件，例如硬件中断、消息到达等，以解除阻塞正在等待事件的进程。当进程等待事件时，它使用 P(s) 将自己阻塞在信号量的等待队列中。当等待事件发生时，另一个进程或中断处理程序使用 V(s) 从信号量队列中取消阻塞该进程，使其继续进行。

5.8.5 进程协作

信号量也可以用于进程协作。被引用最多的涉及进程协作的案例是生产者 – 消费者问题和读取者 – 写入者问题（Silberschatz 等，2009；Stallings，2011；Tanenbaum 等，2006；Wang，2015）。

5.8.5.1 生产者 – 消费者问题

一组生产者和消费者进程共享有限数量的缓冲区。每个缓冲区一次包含一个唯一项。最初，所有缓冲区都是空的。当生产者将项目放入空缓冲区时，缓冲区将变满。当消费者从满的缓冲区中获取项目时，缓冲区将变为空，依此类推。如果没有空缓冲区，则生产者必须等待。同样，如果没有满的缓冲区，则消费者必须等待。此外，当等待的事件发生时，必须允许等待进程继续。图 5.8 展示了使用信号量的生产者 – 消费者问题的解决方案。

```
        DATA buf[N]                  /* N个缓冲单元 */
        int head = tail = 0;         /* 缓冲单元的索引 */
        SEMAPHORE empty = N; full = 0 pmutex =1; cmutex = 1;

------- 生产者 ---------------------   消费者 -------------
while(1){                             |    while(1){
   生产一个数据;                       |
   P(empty);                          |       P(full);
     P(pmutex);                       |         P(cmutex);
       buf[head++] = item;            |         item = buf[tail++];
       head %= N;                     |         tail %= N;
     V(pmutex);                       |         V(cmutex);
   V(full);                           |       V(empty);
}                                     |    }
------------------------------------------------------------
```

图 5.8 生产者 – 消费者问题解决方案

在图 5.8 中，进程使用互斥信号量来访问循环缓冲区以作为 CR。生产者和消费者进程通过满载和空载的信号量来相互配合。

5.8.5.2 读取者 – 写入者问题

一组读取者和写入者进程共享一个公共数据对象，例如变量或文件。其要求是：活跃的写入者必须排除所有其他读取者和写入者。但是，在没有活跃的写入者的情况下，读取者应能同时读取数据。此外，读取者和写入者都不应无限期地等待（饥饿）。图 5.9 展示了使用信号量的读取者 – 写入者问题的解决方案。

```
        SEMAPHORE rwsem = 1; wsem = 1; rsem = 1;
        Int nreader = 0    /* 活跃读取者数 */
------------------------------------------------------------
ReaderProcess                      |   WriterProcess
{                                  |   {
  while(1){                        |      while(1){
    P(rwsem);                      |        P(rwsem);
    P(rsem);                       |        P(wsem);
      nreader++;                   |          /* 写数据 */
      if (nreader==1)              |        V(wsem);
         P(wsem);                  |        V(rwsem);
    V(rsem);                       |      }
    V(rwsem);                      |   }
      /* 读数据 */                  |
    P(rsem);                       |
      nreader--;                   |
      if (nreader==0)              |
         V(wsem);                  |
    V(rsem);                       |
------------------------------------------------------------
```

图 5.9 读取者 – 写入者问题解决方案

在图 5.9 中，信号量 rwsem 强制所有传入的读取者和写入者的 FIFO 顺序，这可以防止饥饿。（锁）信号量 rsem 供读取者在临界区中更新 nreader 变量。一批读取者中的第一个锁定了 wsem，以防止在有活跃的读取者的情况下有任何写入者进行写入。在写入者方面，最多一位写入者可以在 wsem 队列中活跃地写入或等待。无论是哪种情况，新的写入者都将被阻塞在 rwsem 队列中。假定没有写入者在 rwsem 中被阻塞。所有新读取者都可以同时通过 P(rwsem) 和 P(rsem)，从而允许它们同时读取数据。当最后一个读取者结束读取时，它发出 V(wsem) 以允许在 wsem 处被阻塞的任何写入者继续进行写入。当写入完成后，它将同时解锁 wsem 和 rwsem。一旦写入者在 rwsem 中等待，所有新来者也将在 rwsem 中被阻塞。这样可以防止读取者使写入者处于饥饿状态。

5.8.6　信号量的优势

作为一种进程同步工具，信号量与睡眠 / 唤醒相比具有许多优势。

（1）信号量在单个不可分割的操作中组合了一个计数器，对计数器进行测试，并根据测试结果做出决策。V 操作仅从信号量队列中取消阻塞一个等待的进程（如果有）。在对信号量执行 P 操作之后，将确保进程具有资源。它不必与使用睡眠和唤醒的情况一样重试以再次获取资源。

（2）信号量的值记录事件发生的次数。与睡眠 / 唤醒（必须遵循先睡后醒的顺序）不同，进程可以按任何顺序对信号量执行 P/V 操作。

5.8.7　使用信号量的注意事项

信号量使用锁定协议。如果一个进程无法在 P(s) 中获取信号量，则它将在信号量队列中被阻塞，等待其他进程通过 V(s) 操作对其解除阻塞。信号量若使用不当则可能会导致问题。众所周知的问题是死锁（Silberschatz 等，2009；Tanenbaum 等，2006）。死锁是指一组进程彼此永久等待因而任何进程都无法继续进行的情况。在多任务系统中，绝对不允许发生死锁。处理死锁的方法包括*死锁预防*、*死锁避免*以及*死锁检测和恢复*。在各种方法中，只有死锁预防才是实用的，并在实际操作系统中使用。一种简单而有效的预防死锁的方法是，确保进程以单向顺序请求不同的信号量，这样就永远不会发生交叉或循环锁定。感兴趣的读者可以查阅（Wang，2015）以了解通常如何处理死锁。

5.8.8　在嵌入式系统中使用信号量

我们将通过以下示例演示信号量在嵌入式系统中的使用。

5.8.8.1　使用信号量的设备驱动程序

在 5.6.2.1 节的键盘驱动程序中，除了使用睡眠 / 唤醒，我们还可以使用信号量在进程和中断处理程序之间进行同步。为此，我们只需将 KBD 驱动程序的数据变量重新定义为初始值为 0 的信号量即可。

```
typedef volatile struct kbd{ // base = 0x10006000
  char *base;              // KBD 的基址,为 char *
  char buf[BUFSIZE];       // 输入缓冲区
  int head, tail;
  struct semaphore data; // data.value=0; data.queue=0;
}KBD;

KBD kbd;
int kgetc() // 主程序调用 kgetc() 以返回一个字符
```

```
{
  char c;
  KBD *kp = &kbd;
  P(&kp->data);              // KBD数据信号量上的P
  lock();
    c = kp->buf[kp->tail++]; //获取c并更新尾部索引
    kp->tail %= BUFSIZE;
  unlock();                  //启用IRQ中断
  return c;
}
```

kbd_handler( )：重写 KBD 中断处理程序以取消阻塞进程（如果有）。由于进程不会干扰中断处理程序，所以无须保护中断处理程序内部的数据变量。

```
kbd_handler()
{
  struct KBD *kp = &kbd;
  scode = *(kp->base+KDATA);     //读取数据寄存器中的扫描代码
  if (scode & 0x80)              //忽略按键释放
     return;
  if (kp->data.value==BUFSIZE)   //输入缓冲区已满
      return;                    //忽略当前键
  c = unsh[scode];               //将扫描代码映射为ASCII码
  kp->buf[kp->head++] = c;       //将键输入圆形buf[]
  kp->head %= BUFSIZE;
  V(&kp->data);
}
```

请注意，中断处理程序仅发出 V( ) 来解除等待进程的阻塞，但绝不应阻塞或等待。如果输入缓冲区已满，则它将仅丢弃当前输入键并返回。可以看出，使用信号量的新驱动程序的逻辑更加清晰，代码规模也显著缩小。

5.8.8.2 使用信号量的事件驱动嵌入式系统

示例程序 C5.4 使用睡眠 / 唤醒进行进程同步。在示例程序 C5.5 中，我们将对信号量使用 P/V 来进行进程同步。为了简洁起见，我们仅展示经过修改的 KBD 驱动程序和 kbd 进程代码。为了清楚起见，修改以粗体显示。

```
struct kbd{
  char *base;
  char buf[BUFSIZE];  // #define BUFSIZE 128
  int head, tail;
  struct semaphore data, line;
} kbd;
kbd_init()
{
  struct kbd *kp = &kbd;
  kp->base = 0x10006000; //Versatilepb中的KBD基址
  kp->head = kp->tail = 0;
  kp->data.value = 0; kp->data.queue = 0;
  kp->line.value = 0; kp->line.queue = 0;
}
int kbd_handler()
{
```

```
    struct kbd *kp = &kbd;
    //与之前相同的代码：在输入缓冲区中输入ASCII键
    V(&kp->data);
    if (c=='\r')      //返回键：有输入行
       V(&kp->line);
  }
  int kgetc() //进程调用kgetc( )以返回字符
  {
    char c;
    KBD *kp = &kbd;
    P(&kp->data);
    lock();                         //禁用IRQ中断
     c = kp->buf[kp->tail++]; //获取c并更新尾部索引
     kp->tail %= BUFSIZE;
    unlock();                       //启用IRQ中断
    return c;
  }
  int kgets(char *line)           //得到一个字符串
  {
    char c;
    while((c= kgetc()) != '\r')
       *line++ = c;
    *line = 0;
  }
  int kbd_task()
  {
    char line[128];
    struct kbd *kp = &kbd;
    while(1){
       P(&kp->line);              //等待一行
       kgets(line);
       printf("line = %s\n", line);
    }
  }
  int main()
  {  //初始化代码与以前相同
     printf("P0 create tasks\n");
     kfork((int)kbd_task,  1);
     while(1){ //只要没有可运行的任务就运行P0
       while(!readyQueue); //如果readyQueue为空则循环
       tswitch();
     }
  }
```

图5.10展示了运行C5.5程序的输出。

5.9　其他同步机制

接下来我们将介绍许多操作系统内核为进行进程同步而使用的其他机制。

5.9.1　OpenVMS中的事件标志

OpenVMS（曾称为VAX/VMS）（OpenVMS 2014）使用事件标志进行进程同步。在其最简单的形式中，事件标志是一个位，它位于许多进程的地址空间中。无论是默认设置还是显式系统调用，每个事件标志都与一组特定的进程相关联。OpenVMS 为进程提供服务函数，通过以下方式操纵其关联的事件标志。

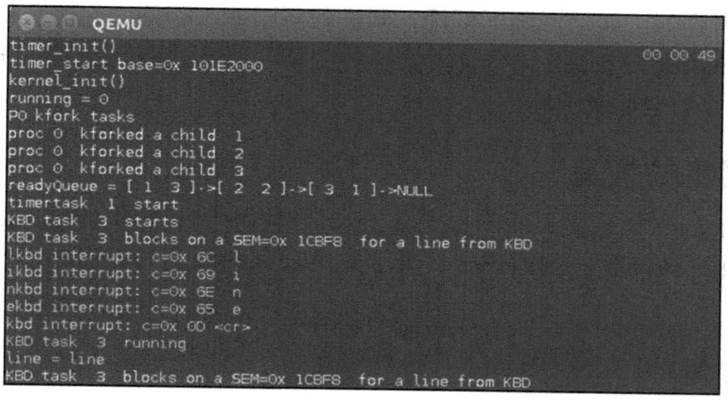

```
QEMU
timer_init()                                                        00 00 49
timer_start base=0x 101E2000
kernel_init()
running = 0
P0 kfork tasks
proc 0  kforked a child  1
proc 0  kforked a child  2
proc 0  kforked a child  3
readyQueue = [ 1  3 ]->[ 2  2 ]->[ 3  1 ]->NULL
timertask  1  start
KBD task  3  starts
KBD task  3  blocks on a SEM=0x 1CBF8  for a line from KBD
lkbd interrupt: c=0x 6C  l
ikbd interrupt: c=0x 69  i
nkbd interrupt: c=0x 6E  n
ekbd interrupt: c=0x 65  e
kbd interrupt: c=0x 0D <cr>
KBD task  3  running
line = line
KBD task  3  blocks on a SEM=0x 1CBF8  for a line from KBD
```

图 5.10　使用信号量的事件驱动多任务系统

```
set_event(b)  : 将 b 设置为 1 并唤醒 waiter(b)(如果有)
clear_event(b): 将 b 清除为 0
test_event(b) : 测试 b 为 0 还是 1
wait_event(b) : 等待直到 b 被置 1
```

显然，对事件标志的访问必须是互斥的。事件标志和 UNIX 事件之间的区别是：

- UNIX 事件只是一个值，它没有存储位置来记录事件的发生。一个进程必须首先在一个事件上睡眠，然后另一个进程才能试图将其唤醒。相反，每个事件标志都是专用位，可以记录事件的发生。因此，当使用事件标志时，set_event 和 wait_event 的顺序无关紧要。另一个区别是 UNIX 事件仅对处于内核模式的进程可用，而 OpenVMS 中的事件标志可由处于用户模式的进程使用。
- OpenVMS 中的事件标志位于 32 位的簇中。进程可能会等待特定的位、事件簇中的任何或所有事件。在 UNIX 中，一个进程只能为单个事件睡眠。
- 与 UNIX 中一样，OpenVMS 中的 wakeup(e) 也会在事件中唤醒所有等待者。

5.9.2　MVS 中的事件变量

IBM 的 MVS(2010) 使用事件变量来进行进程同步。事件变量是一种结构体：

```
struct event_variable{
        bit w;               //等待标志初始为 0
        bit p;               //后置标志初始为 0
        struct proc *ptr;    //指向等待的 PROC 的指针
} e1, e2,..., en;           // 事件变量
```

每个事件变量 e 一次最多只能被一个进程等待。但是，一个进程可以等待任何数量的事件变量。当进程调用 wait(e) 以等待事件时，如果事件已经发生（后位为 1），则它不等待。否则，它将开启 w 位并等待事件。当事件发生时，另一个进程使用 post(e) 通过开启 p 位来发布事件。如果事件的 w 位开启，那么若已发布所有等待事件，则它将取消阻塞等待的进程。

5.9.3 MVS 中的 ENQ/DEQ

除了事件变量外，IBM 的 MVS(2010) 还使用 ENQ/DEQ 进行资源管理。以最简单的形式，ENQ(resource) 允许进程获取资源的排他性控制。可以通过多种方式指定资源，例如存储区、存储区的内容等。如果资源不可用，则进程将阻塞。否则，它将获得对资源的排他控制，直到它由 DEQ(resource) 操作释放。像事件变量一样，进程可以调用 ENQ(r1，r2，…，rn) 以等待多个资源的全部或子集。

5.10 高级同步的构造

尽管信号量上的 P/V 是强大的同步工具，但它们在并发程序中的使用却很分散。任何对 P/V 的误用都可能导致问题，例如死锁。为了解决这一问题，人们提出了许多高级进程同步机制。

5.10.1 条件变量

在 Pthreads（Buttlar 等，1996；Pthreads 2015）中，线程可以使用条件变量来进行同步。要使用一个条件变量，首先要创建一个互斥锁 m，用于锁定一个包含共享变量的 CR，例如一个计数器。然后创建一个与互斥锁相关联的条件变量 con。当线程想要访问共享变量时，它首先锁住互斥锁，然后检查变量。如果计数器值不符合预期，则线程可能必须等待，如下所示。

```
int count                                    //线程的共享变量
pthread_mutex_lock(m);                       //先锁定互斥锁
  if ( 计数值未达预期值 )
     pthread_cond_wait(con, m);              //等待输入并解锁互斥锁
pthread_mutex_unlock(m);                     //解锁互斥锁
```

pthread_cond_wait(con, m) 在条件变量上阻塞调用线程，该条件变量自动且原子地解锁互斥锁 m。当一个线程在条件变量上被阻塞时，另一个线程可以使用 pthread_cond_signal(con) 来解除阻塞正在等待的线程，如下所示。

```
pthread_lock(m);
   change the shared variable count;
   if ( 计数值达到预期值 )
      pthread_cond_signal(con); // 取消阻塞线程
pthread_unlock(m);
```

当不受阻塞的线程运行时，互斥锁 m 被自动原子地锁定，从而使该不受阻塞的线程可以在互斥锁 m 的 CR 中恢复。另外，线程可以使用 pthread_cond_broadcast(con) 来解除阻塞所有等待相同条件变量的线程，这与 UNIX 中的唤醒类似。因此，互斥锁严格用于锁定，而条件变量可用于线程协作。

5.10.2 管程

管程（monitor）（Hoare，1974）是一种抽象数据类型（ADT），它包括共享数据对象和对共享数据对象进行操作的所有过程。与面向对象编程（OOP）语言中的 ADT 类似，所有操作共享数据对象的代码都封装在管程中，而不是分散在不同进程中。与 OOP 中的 ADT 不同，管程是一个 CR，它一次只允许一个进程在管程内执行。进程只能通过调用管程进程来访问管程的共享数据对象，如：

```
MONITOR m.procedure(parameters);
```

并发编程语言编译器在进入管程 CR 时转换管程进程调用，并自动提供运行时保护。当进程完成执行管程程序时，它将退出管程，管程被自动解锁，从而允许另一个进程进入管程。当在管程内部执行时，如果某个进程被阻塞，那么它将自动退出管程。通常，被阻塞的进程在其他进程执行 signal( ) 操作之后可以被重新执行。管程类似于条件变量，但没有明确的互斥锁，这使它们比条件变量更“抽象”一些。管程和其他高级同步构造的目标是帮助用户编写“同步正确”的并发程序。这个想法类似于使用强类型检查语言（strong type checking language）来帮助用户编写“语法正确”的程序。这些高级同步工具主要用于并发编程，而很少用于实际操作系统。

5.11 进程通信

进程通信是指允许进程交换信息的方案或机制。进程通信可以通过许多不同的方式来完成，这些方式都取决于进程同步。

5.11.1 共享内存

执行进程通信的最简单方法是通过共享内存。在大多数嵌入式系统中，所有进程都在同一地址空间中运行。使用共享内存进行进程通信既自然又容易。为了确保进程专门访问共享内存，我们可以使用锁定信号量或互斥锁来保护共享内存以作为临界区。如果某些进程仅读取但不修改共享内存，则我们可以使用读取者 – 写入者算法来允许并发读取者。当使用共享内存进行进程通信时，该机制仅保证进程以受控方式读取 / 写入共享内存。用户完全可以定义和解释共享内存内容的含义。

5.11.2 管道

管道是进程间的单向通信通道，用于交换数据流。管道有一个读取端和一个写入端。写入管道写入端的数据可以从管道的读取端被读取。自从管道在最初的 UNIX 中首次出现以来，它已经被合并到几乎所有的操作系统中，并且有许多变体。一些系统允许管道是双向的，其中数据可以在两个方向上传输。普通管道用于相关进程。命名管道是不相关进程之间的 FIFO 通信通道。读取和写入管道通常是同步的和阻塞的。一些系统支持管道上的非阻塞和异步读 / 写操作。为简单起见，我们将管道视为一组进程之间的有限大小的 FIFO 通信通道。管道的读进程和写进程按以下方式同步。当读取器从管道读取数据时，如果管道中有数据，则读取器将读取所需的内容（最大为管道大小），并返回读取的字节数。如果管道中没有数据，但仍然有写入器，则读取器将等待数据。当写入器将数据写入管道时，它会唤醒等待的读取器，使其继续运行。如果管道中没有数据，也没有写入器，则读取器返回 0。由于读取器在管道中仍然有写入器的情况下等待数据，所以返回值 0 仅表示一件事，即管道既没有数据，也没有写入器。在这种情况下，读取器可以停止从管道读取。当写入器写入管道时，如果管道有空间，则它会根据需要进行写入，直到管道满为止。如果管道没有空间，但仍然有读取器，则写入器将等待空间。当读取器从管道读取数据以创建更多空间时，它将唤醒正在等待的写入器，使它们继续运行。但是，如果管道中已无读取器，则写入器必须将其检测为管道破裂错误并中止。

5.11.2.1 UNIX/Linux 中的管道

在 UNIX/Linux 中，管道是文件系统的组成部分，就像 I/O 设备一样，它们被视为特殊文件。每个进程都有三个标准文件流：stdin 用于输入；stdout 用于输出；stderr 用于显示错误消息，通常与作为 stdout 的同一设备关联。每个文件流都由进程的文件描述符标识：对于 stdin 为 0，对于 stdout 为 1，对于 stderr 为 2。从概念上讲，管道是两端的 FIFO 文件，它将写入器进程的标准输出连接到读取器进程的标准输入。这可以通过以下方式来完成：用管道的写入端替换写入器进程的文件描述符 1，并用管道的读取端替换读取器进程的文件描述符 0。此外，管道使用状态变量来跟踪其状态，从而使其能够检测到异常状况，例如不再有写入器和管道破裂等情况。

5.11.2.2　嵌入式系统中的管道

大多数嵌入式系统要么不支持文件系统，要么文件系统可能与 UNIX 不兼容。因此，嵌入式系统中的进程可能没有打开的文件和文件描述符。尽管如此，我们仍然可以在嵌入式系统中实现管道以进行进程通信。原则上，管道与生产者 – 消费者问题类似，但具有以下区别。

- 在生产者 – 消费者问题中，阻塞的生产者进程只能由另一个消费者进程激活，反之亦然。管道使用状态变量来跟踪读取器和写入器进程的数量。当管道写入器检测到管道中已无读取器时，它将返回，并显示管道破裂错误消息。当读取器检测到管道中已无写入器且没有数据时，它将返回 0。
- 生产者 – 消费者算法使用信号量进行同步。信号量适用于写入 / 读取相同大小的数据的进程。相反，管道读取器和写入器不必读取 / 写入相同大小的数据。例如，写入器可以写入行，但读取器也可以读取字符，反之亦然。
- 信号量上的 V 操作最多可以解除阻塞一个等待进程。尽管这很少见，但管道的两端可能会有多个写入器和读取器。当任一端的进程更改管道状态时，它应解除阻塞另一端所有等待的进程。在这种情况下，睡眠 / 唤醒比信号量上的 P/V 更合适。因此，通常使用睡眠 / 唤醒来实现管道以进行同步。

在下文中，我们将展示如何实现用于进程通信的简化管道。简化管道的行为与 Linux 中的命名管道相同。它允许进程通过管道写入 / 读取字节序列，但是不检查或处理异常情况，例如管道破裂。我们将在第 8 章中展示管道作为文件流的完整实现。简化的管道实现如下。

（1）管道对象：管道是一种（全局）数据结构。

```
typedef struct pipe{
   char  buf[PSIZE];         // 圆形数据缓冲区
   int   head, tail;         // 圆形 buf 索引
   int   data, room;         // 管道中的空间和数据
   int   status;             // FREE 或 BUSY
}PIPE;
PIPE pipe[NPIPE];            //全局 PIPE 对象
```

当系统启动时，所有管道对象都将初始化为 FREE。

（2）PIPE *create_pipe()：这将在所有进程的（共享）地址空间中创建一个 PIPE 对象。它分配一个空闲的 PIPE 对象，对其进行初始化，并返回指向创建的 PIPE 对象的指针。

（3）读取 / 写入管道：对于每个管道，用户必须将一个进程指定为读取器或写入器，但不能同时指定两者。写入器进程调用

```
int write_pipe(PIPE *pipePtr, char buf[], int n);
```

将 buf[] 中的 n 个字节写入管道。返回值是写入管道的字节数。读取器处理调用

```
int read_pipe(PIPE *pipePtr, char buf[], int n);
```

尝试从管道读取 n 个字节。返回值是实际读取的字节数。下面展示了管道读取 / 写入算法，该算法使用睡眠 / 唤醒进行进程同步。

```
/*---------- pipe_read 算法 -------------*/
int read_pipe(PIPE *p, char *buf, int n)
{   int r = 0;
    if (n<=0)
       return 0;
    validate PIPE pointer p; // p->status 绝对不能是 FREE
    while(n){
       while(p->data){
         *buf++ = p->buf[p->tail++] // 读取一个字节到 buf
          tail %= PSIZE;
          p->data--; p->room++; r++; n--;
          if (n==0)
              break;
       }
       wakeup(&p->room);       // 唤醒读取器
       if (r)                  // 如果已经读取了一些数据
          return r;
       // 管道中没有数据
       sleep(&p->data);        // 睡眠以等待数据
    }
}

/*----------    write_pipe 算法   -----------*/
int write_pipe(PIPR *p, char *buf, int n)
{   int r = 0;
    if (n<=0)
       return 0;
    validate PIPE pointer p; // p->status 绝对不能是 FREE
    while(n){
       while(p->room)
          p->buf[p->head++] = *buf++; //将一个字节写入管道
          p->head %= PSIZE;
          p->data++; p->room--; r++; n--;
          if (n==0)
             break;
       }
       wakeup(&p->data);       // 唤醒读取器(如果有)
       if (n==0)
          return r;            // 完成写入 n 个字节
       // 仍然有要写入的数据,但管道没有空间
    sleep(&p->room);        // 睡眠以等待空间
  }
}
```

请注意，当进程尝试从管道读取 n 个字节时，它可能返回少于 n 个字节。如果管道中有数据，则它将读取 n 个字节或管道中的可用字节，以数量较小者为准。其仅在管道中没有数

据时才等待。因此，每次读取最多返回 PSIZE 个字节。

（4）当不再需要管道时，可以通过 destroy_pipe(PIPE *pipePtr) 来释放该管道，该函数将取消分配 PIPE 对象并唤醒管道上的所有睡眠进程。

5.11.2.3 管道的演示

示例程序 C5.6 演示了具有静态进程的嵌入式系统中的管道。

当系统启动时，初始化代码创建一个由 kpipe 指向的管道。当初始进程 P0 运行时，它将创建两个进程：P1 作为管道写入器，P2 作为管道读取器。出于演示目的，我们将管道的缓冲区大小设置为一个较小的值，即 PSIZE = 16。这样，如果写入器尝试写入 16 个以上的字节，则它将等待空间。当从管道读取后，读取器将唤醒写入器，使其继续进行。在演示程序中，P1 首先从 UART0 端口获得一行。然后，它尝试将该行写入管道。如果管道已满，则它将等待空间。P2 从管道读取并显示读取的字节。尽管 P2 每次尝试读取 20 个字节，但实际读取的字节数最多为 PSIZE。为了简洁起见，我们仅展示示例程序的 t.c 文件。

```
/***********       管道程序 C5.6 的 t.c 文件       ***********/
PIPE *kpipe;              // 全局 PIPE 指针
#include "queue.c"
#include "pv.c"
#include "kbd.c"
#include "uart.c"
#include "vid.c"
#include "exceptions.c"
#include "kernel.c"
#include "timer.c"
#include "pipe.c"         // 管道实施

int pipe_writer()         // 管道写入器任务代码
{
  struct uart *up = &uart[0];
  char line[128];
  while(1){
    uprintf("Enter a line for task1 to get : ");
    printf("task%d waits for line from UART0\n", running->pid);
    ugets(up, line);
    uprints(up, "\r\n");
    printf("task%d writes line=[%s] to pipe\n", running->pid, line);
    write_pipe(kpipe, line, strlen(line));
  }
}
int pipe_reader()          // 管道读取器任务代码
{
  char line[128];
  int i, n;
  while(1){
    printf("task%d reading from pipe\n", running->pid);
    n = read_pipe(kpipe, line, 20);
    printf("task%d read n=%d bytes from pipe : [", running->pid, n);
    for (i=0; i<n; i++)
      kputc(line[i]);
    printf("]\n");
```

```
    }
}

int main()
{
   fbuf_init();
   kprintf("Welcome to Wanix in ARM\n");
   uart_init();
   kbd_init();
   pipe_init();              // 初始化 PIPE
   kpipe = create_pipe(); // 创建全局 kpipe
   kernel_nit();
   kprintf("P0 kfork tasks\n");
   kfork((int)pipe_writer, 1);   // 管道写入器进程
   kfork((int)pipe_reader, 1);   // 管道读取器进程
   while(1){
     if (readyQueue)
        tswitch();
   }
}
```

图 5.11 展示了运行管道程序 C5.6 的示例输出。

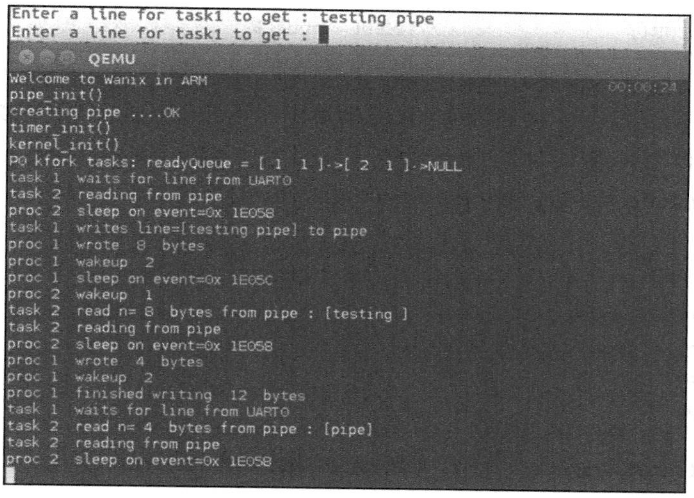

```
Enter a line for task1 to get : testing pipe
Enter a line for task1 to get :
QEMU
Welcome to Wanix in ARM
pipe_init()
creating pipe ....OK
timer_init()
kernel_init()
P0 kfork tasks: readyQueue = [ 1  1 ]->[ 2  1 ]->NULL
task 1  waits for line from UART0
task 2  reading from pipe
proc 2  sleep on event=0x 1E058
task 1  writes line=[testing pipe] to pipe
proc 1  wrote  8  bytes
proc 1  wakeup  2
proc 1  sleep on event=0x 1E05C
proc 2  wakeup  1
task 2  read n= 8  bytes from pipe : [testing ]
task 2  reading from pipe
proc 2  sleep on event=0x 1E058
proc 1  wrote  4  bytes
proc 1  wakeup  2
proc 1  finished writing  12  bytes
task 1  waits for line from UART0
task 2  read n= 4  bytes from pipe : [pipe]
task 2  reading from pipe
proc 2  sleep on event=0x 1E058
```

图 5.11 管道演示

5.11.3 信号

就像对 CPU 的中断一样，信号是对进程的（软件）中断（Unix 1990），它将进程从正常执行状态转移到进行信号处理。在普通的操作系统中，进程以两种不同的模式之一执行：内核模式或用户模式。CPU 在每条指令的末尾检查未决的中断，这对于在 CPU 上执行的进程是不可见的。同样，进程仅在内核模式下检查挂起的信号，而在用户模式下该进程看不到该信号。在大多数嵌入式系统中，所有进程都在同一地址空间中执行，因此它们没有单独的用户模式。如果我们使用信号进行进程通信，则每个进程必须在进程处理循环的过程中显式检查未决信号，这等效于轮询事件。因此，对于只有单个地址空间的嵌入式系统，信号不适用于进程通信。

5.11.4　消息传递

消息传递允许进程通过交换消息进行通信。消息传递具有广泛的应用。在操作系统中，它是进程间通信（IPC）的一种通用形式（Accetta等，1986）。在计算机网络中，它是面向服务器-客户端编程的基础。在分布式计算中，它用于并行进程以交换数据和同步。在操作系统设计中，它是所谓的微内核等的基础。在本节中，我们将说明使用信号量的几种消息传递方案的设计与实现。

消息传递的目标是允许进程通过交换消息进行通信。如果进程具有不同的（用户模式）地址空间，则它们将无法直接访问彼此的内存区域。在这种情况下，消息传递必须通过内核。如果所有进程仅在内核的相同地址空间中执行，则消息传递允许进程以受控方式交换信息，但对进程隐藏同步详细信息。消息的内容可以设计为适合通信进程的需要。为简单起见，我们假定消息内容是有限长度的文本字符串，例如128个字节。为了适应消息的传输，我们假设内核具有一组有限的消息缓冲区，其定义如下。

```
typedef struct mbuf{
        struct mbuf *next;        // 指向下一个mbuf的指针
        int pid;                  // 发送方pid
        int priority;             // 消息优先级
        char contents[128];       // 消息内容
}MBUF;
MBUF mbuf[NMBUF];                 // NMBUF = mbuf数
```

最初，所有消息缓冲区都在空闲的mbufList中。要发送消息，进程必须首先获得空闲的mbuf。当收到消息后，它将释放mbuf以供重用。由于mbufList被许多进程访问，所以它是一个临界区（CR），必须对其进行保护。因此，我们定义了一个信号量mlock = 1用于进程，以专门访问mbufList。get_mbuf( )和put_mbuf( )的算法如下。

```
  MBUF *get_mbuf()   // 返回一个可用的mbuf指针,如果没有则返回NULL
{
  P(mlock);
    MBUF *mp = dequeue(mbuflList); // 返回第一个mbuf指针
  V(mlock);
  return mp;
}
int put_mbuf(MBUF *mp)          // 将使用过的mbuf释放到mbufList
{
  P(mlock);
    enqueue(mbufList)
  V(mlock);
}
```

我们假定每个PROC都有一个私有消息队列，而不是集中式消息队列，该专用消息队列包含传递给该进程但尚未被该进程接收的mbuf。最初，每个PROC的消息队列都是空的。每个进程的消息队列也是一个CR，因为它被所有发送方进程以及进程本身访问。因此，我们定义了另一个信号量PROC.mlock = 1以保护进程消息队列。

5.11.4.1　异步消息传递

在异步消息传递方案中，发送和接收操作都是非阻塞的。如果某个进程无法发送或接收消息，则它将返回失败状态，在这种情况下，该进程可以稍后重试该操作。异步通信主要用于松散耦合的系统，在这种系统中，进程间通信很少发生，即进程不按计划或定期交换消息。对于此类系统，异步消息传递由于其更大的灵活性而更合适。异步发送-接收操作的算法如下。

```
int a_send(char *msg, int pid) //将msg发送到目标pid
{
  MBUF *mp;
  // 验证目标pid,例如proc[pid]必须是有效的进程
  if (!(mp = get_mbuf()))     // 尝试获取空闲的mbuf
     return -1;               // 如果没有mbuf,则返回-1
  mp->pid = running->pid;     // 正在运行的proc是发送方
  mp->priority = 1;        // 假定所有消息都具有相同的优先级
  copy(mp->contents, msg);    // 将msg复制到mbuf
  //将mbuf传递到目标proc的消息队列
  P(proc[pid].mlock);         // 输入CR
  //按优先级将mp 输入 PROC[pid].mqueue
  V(proc[pid].lock);          // 退出CR
  V(proc[pid].message);  // 对目标proc的消息信号量执行V操作
  return 1;                   //返回1表示成功
}

int a_recv(char *msg)     // 从proc自己的消息队列中接收消息
{
  MBUF *mp;
  P(running->mlock);          //输入CR
  if (running->mqueue==0){    //检查proc的mqueue
     V(running->mlock);       //释放CR锁
     return -1;
  }
  mp = dequeue(running->mqueue); // 从mqueue中删除第一个mbuf
  V(running->mlock);          //释放mlock
  copy(msg, mp->contents);    //将内容复制到msg
  int sender=mp->pid;         //发送方ID
  put_mbuf(mp);               //释放mbuf成为空闲状态
  return sender;
}
```

上述算法在正常情况下是有效的。但是，如果所有进程只发送而不接收，或者恶意进程重复发送消息，那么系统可能会耗尽可用的消息缓冲区。当发生这种情况时，消息功能将停止，因为没有进程可以继续发送了。异步协议的一个优点是不存在死锁，因为它是非阻塞的。

5.11.4.2 同步消息传递

在同步消息传递方案中，发送和接收操作都处于阻塞状态。如果没有空闲的mbuf，则发送进程必须“等待”。同样，如果接收进程的消息队列中没有消息，则它必须“等待”。通常，同步通信比异步通信更有效。它非常适合紧密耦合的系统，在这种系统中，进程按计划或定期交换消息。因此，进程可以期望消息在需要时出现，并且精心计划消息缓冲区的使用。由此，进程可以等待消息或可用的消息缓冲区，而不必依赖于重试。为了支持同步消息传递，我们为进程同步定义了其他信号量，并按以下方式重新设计了接收-发送算法。

```
SEMAPHORE nmbuf = NMBUF; //空闲的mbuf数
SEMAPHORE PROC.nmsg = 0; //让proc等待消息

MBUF *get_mbuf()            //返回一个空闲的mbuf指针
{
   P(nmbuf);                //等待空闲的mbuf
   P(mlock);
     MBUF *mp = dequeue(mbufList)
   V(mlock);
   return mp;
}
int put_mbuf(MBUF *mp)    //将使用过的mbuf释放到空闲的mbufList
{
   P(mlock);
     enqueue(mbufList, mp);
   V(mlock);
   V(nmbuf);
}

int s_send(char *msg, int pid)// 同步发送msg到目标pid
{
   // 验证目标pid，例如proc [pid] 必须是有效的进程
   MBUF *mp = get_mbuf();        // 阻塞：返回mp必须有效
   mp->pid = running->pid;       //正在运行的proc是发送方
   copy(mp->contents, msg);      //将msg从发送方空间复制到mbuf
   //将msg发送到目标proc的mqueue
   P(proc[pid].mlock);           // 输入CR
     enqueue(proc[pid].mqueue, mp);
   V(proc[pid].lock);            // 退出CR
   V(proc[pid].nmsg);            // 对目标proc的nmsg信号量执行V操作
}

int s_recv(char *msg) // 从proc自己的mqueue同步接收
{
   P(running->nmsg);             // 等待消息
   P(running->mlock);            // 锁定PROC.mqueue
     MBUF *mp = dequeue(running->mqueue); //收到消息
   V(running->mlock);            // 释放mlock
   copy(mp->contents, msg);      //将内容复制到Umode
   put_mbuf(mp);                 // 空闲的mbuf
}
```

上述的s_send / s_recv算法在进程同步方面是正确的，但是还有其他问题。每当使用阻塞协议时，其都有死锁的可能。确实，s_send / s_recv算法可能导致以下死锁情况。

（1）如果进程仅发送但不接收，则当没有更多可用mbuf时，所有进程最终都会在P(nmbuf)处被阻塞。

（2）如果没有进程发送但全部尝试接收，则每个进程都将在其自己的nmsg信号量处被阻塞。

（3）进程Pi将消息发送到另一个进程Pj，并等待来自Pj的答复，而Pj进行恰好相反的操作。然后，Pi和Pj会互相等待，这是我们熟悉的交叉锁定死锁。

至于如何处理消息传递中的死锁，读者可以参考（Wang，2015）的第6章，该章还包含

基于服务器 – 客户端的消息传递协议。

5.11.4.3 消息传递的演示

示例程序 C5.7 演示了同步消息传递。

（1）type.h 文件：添加了 MBUF 类型。

```
struct semaphore{
  int value;
  struct proc *queue;
};
typedef struct mbuf{
  struct mbuf *next;
  int priority;
  int pid;
  char contents[128];
}MBUF;
typedef struct proc{
  //与以前相同，但添加了以下内容
  MBUF *mQueue;
  struct semaphore mQlock;
  struct semaphore nmsg;
  int    kstack[SSIZE];
}PROC;
```

（2）message.c 文件。

```
/******** message.c 文件 *************/
#define NMBUF 10
struct semaphore nmbuf, mlock;
MBUF mbuf[NMBUF], *mbufList; // mbufs 缓冲区和 mbufList
int menqueue(MBUF **queue, MBUF *p){// 按优先级将 p 输入队列 }
MBUF *mdequeue(MBUF **queue){// 返回第一个队列元素 }
int msg_init()
{
  int i;  MBUF *mp;
  printf("mesg_init()\n");
  mbufList = 0;
  for (i=0; i<NMBUF; i++)                 // 初始化 mbufList
    menqueue(&mbufList, &mbuf[i]); // 所有优先级为 0,因此使用 menqueue()
  nmbuf.value = NMBUF; nmbuf.queue = 0; //计数信号量
  mlock.value = 1;     mlock.queue = 0; //锁定信号量
}
MBUF *get_mbuf()           // 分配一个 mbuf
{
  P(&nmbuf);
  P(&mlock);
    MBUF *mp = mdequeue(&mbufList);
  V(&mlock);
  return mp;
}
int put_mbuf(MBUF *mp) // 释放一个 mbuf
{
  P(&mlock);
```

```
    menqueue(&mbufList, mp);
  V(&mlock);
  V(&nmbuf);
}
int send(char *msg, int pid) // 将msg发送至目标pid
{
  if (checkPid()<0)            //验证接收的pid
     return -1;
  PROC *p = &proc[pid];
  MBUF *mp = get_mbuf();
  mp->pid = running->pid;
  mp->priority = 1;
  strcpy(mp->contents, msg);
  P(&p->mQlock);
    menqueue(&p->mQueue, mp);
  V(&p->mQlock);
  V(&p->nmseg);
  return 0;
}
int recv(char *msg)             // 从自己的消息队列接收msg
{
  P(&running->nmsg);
  P(&running->mQlock);
    MBUF *mp = mdequeue(&running->mQueue);
  V(&running->mQlock);
  strcpy(msg, mp->contents);
  int sender = mp->pid;
  put_mbuf(mp);
  return sender;
}
```

(3) t.c文件。

```
#include "type.h"
#include "message.c"
int sender() //发送方任务代码
{
  struct uart *up = &uart[0];
  char line[128];
  while(1){
    ugets(up, line);
    printf("task%d got a line=%s\n", running->pid, line);
    send(line, 4);
    printf("task%d send %s to pid=4\n", running->pid,line);
  }
}
int receiver() // 接收方任务代码
{
  char line[128];
  int pid;
  while(1){
    printf("task%d try to receive msg\n", running->pid);
```

```
    pid = recv(line);
    printf("task%d received: [%s] from task%d\n",
           running->pid, line, pid);
  }
}
int main()
{
  msg_init();


  kprintf("P0 kfork tasks\n");
  kfork((int)sender, 1);        // 发送方进程
  kfork((int)receiver, 1);      // 接收方进程
  while(1){
    if (readyQueue)
      tswitch();
  }
}
```

图 5.12 展示了运行 C5.7 程序的示例输出。

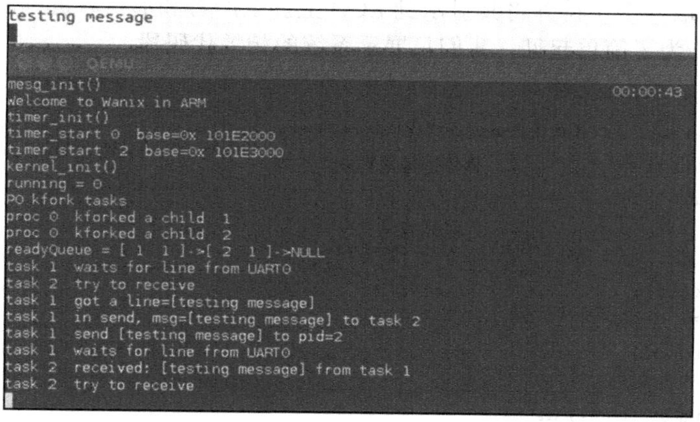

```
testing message
QEMU
mesg_init()                                          00:00:43
Welcome to Wanix in ARM
timer_init()
timer_start 0  base=0x 101E2000
timer_start  2  base=0x 101E3000
kernel_init()
running = 0
P0 kfork tasks
proc 0  kforked a child  1
proc 0  kforked a child  2
readyQueue = [ 1  1 ]->[ 2  1 ]->NULL
task 1  waits for line from UART0
task 2  try to receive
task 1  got a line=[testing message]
task 1  in send, msg=[testing message] to task 2
task 1  send [testing message] to pid=2
task 1  waits for line from UART0
task 2  received: [testing message] from task 1
task 2  try to receive
```

图 5.12　消息传递的演示

5.12 单处理器嵌入式系统的内核

嵌入式系统内核包含动态进程，所有动态进程都在内核的相同地址空间中执行。内核提供了用于进程管理的功能，例如进程创建、同步、通信和终止。在本节中，我们将展示单处理器（UP）嵌入式系统内核的设计与实现。有两种不同类型的内核：非抢占式内核和抢占式内核。在非抢占式内核中，每个进程都会运行到它自愿放弃 CPU 为止。在抢占式内核中，可以按优先级或按时间片抢占正在运行的进程。

5.12.1 非抢占式 UP 内核

如果每个进程都运行到它自动放弃 CPU 为止，那么单处理器内核是无优先级的。当一个进程正在运行时，它可能被转移来处理中断，但是在中断处理结束时，控制总是返回到同一进程中的中断点。这意味着在无抢占的内核中，一次只运行一个进程。因此，不需要保护内核中的数据对象使其不受进程并发执行的影响。但是，当一个进程正在运行时，它可能被

转移以执行一个中断处理程序，如果两者都试图访问相同的数据对象，则这个中断处理程序可能会干扰进程。为了防止中断处理程序的干扰，只要在进程执行一段关键代码时禁用中断就足够了。这简化了系统设计。

示例程序 C5.8 演示了用于单处理器嵌入式系统的非抢占式内核的设计与实现。我们假设系统硬件由两个计时器（通过编程可以产生不同频率的计时器中断）、一个 UART、一个键盘和一个 LCD 组成。系统软件由一组并发进程组成，所有进程都在相同的地址空间中执行，但具有不同的优先级。进程调度采用无抢占式优先级。每个进程都将运行到它进入睡眠状态、阻塞自身或终止为止。timer0 维护挂钟上的时刻，并在 LCD 上显示挂钟。由于显示挂钟的任务很短，所以其由 timer0 中断处理程序直接执行。两个周期进程，即 timer_task1 和 timer_task2，均调用 pause(t) 函数来将自身挂起几秒。当在 PROC 结构中注册了暂停时间后，进程将状态更改为 PAUSE，将自己输入 pauseList，并放弃 CPU。在每一秒，timer2 将 pauseList 中每个进程的暂停时间减少 1。当时间达到 0 时，它使暂停的进程准备再次运行。虽然这可以通过睡眠 – 唤醒机制来实现，但它的目的是表明周期性任务可以在计时器服务功能的一般框架中实现。此外，该系统支持两组协作进程，它们实现了生产者 – 消费者问题，以演示使用信号量来实现进程同步。每个生产者进程都试图从 UART0 获取一条输入行。然后它将字符存储到一个共享缓冲区 pcbuffer[N] 中，其大小为 *N* 字节。每个消费者进程试图从 pcbuff[N] 中获取一个字符并将其显示到 LCD 上。生产者和消费者进程以管道的形式共享公共数据缓冲区。为了简单起见，我们只展示系统的相关代码段。

（1）C5.8 的 timer.c 文件。

```
    /*********   C5.8 的 timer.c 文件   **********/
PROC *pauseList;               // 暂停进程的列表
typedef struct timer{
  u32 *base;                  // 计时器的基址
  int tick, hh, mm, ss;       // 每个计时器数据区
  char clock[16];
}TIMER; TIMER timer[4];       // 4 个计时器
void timer_init()
{
  printf("timer_init()\n");
  pauseList = 0;             // pauseList 最初为 0
  //初始化所有（4 个）计时器
}
void timer_handler(int n) // n = 计时器单位
{
    int i; TIMER *t = &timer[n];
    t->tick++; t->ss = t->tick;
    if (t->ss == 60){
      t->ss=0; tp->mm++;
      if (t->mm == 60){
        t->mm = 0; t->hh++;
      }
    }
    if (n==0){ // timer0: 直接显示挂钟
      for (i=0; i<8; i++)     // 清除旧时钟区域
          unkpchar(t->clock[i], n, 70+i);
      t->clock[7]='0'+(t->ss%10); t->clock[6]='0'+(t->ss/10);
```

```
        t->clock[4]='0'+(t->mm%10); t->clock[3]='0'+(t->mm/10);
        t->clock[1]='0'+(t->hh%10); t->clock[0]='0'+(t->hh/10);
        for (i=0; i<8; i++)     // 显示新的挂钟
            kpchar(t->clock[i], n, 70+i);
    }
    if (n==2){// timer2:处理 pauseList 中暂停的 PROC
       PROC *p, *tempList = 0;
       while ( p = dequeue(&pauseList) ){
          p->pause--;
          if (p->pause == 0){ //暂停时间到期
           p->status = READY;
             enqueue(&readyQueue, p);
          }
          else
           enqueue(&tempList, p);
       }
       pauseList = tempList;  //更新 pauseList
    }
    timer_clearInterrupt(n);
}
int timer_start(int n)
{
  TIMER *tp = &timer[n];
  kprintf("timer_start %d base=%x\n", n, tp->base);
  *(tp->base+TCNTL) |= 0x80;  // 设置第 7 位为启用
}
int timer_clearInterrupt(int n) {
  TIMER *tp = &timer[n];
  *(tp->base+TINTCLR) = 0xFFFFFFFF;
}
```

(2) C5.8 的 uart.c 文件。

```
typedef struct uart{
  char *base;            //基址; 作为 char*
  u32 id;                //uart 编号 0~3
  char inbuf[BUFSIZE];
  int  inhead, intail;
  struct semaphore indata, uline;
  char outbuf[BUFSIZE];
  int  outhead, outtail;
  struct semaphore outroom;
  int txon;              // 1 = TX 中断已打开
}UART; UART uart[4];   // 4 个 UART 结构
int uart_init()
{
  int i; UART *up;
  for (i=0; i<4; i++){ //仅使用 UART0
      up = &uart[i];
      up->base = (char *)(0x101f1000 + i*0x1000);
      *(up->base+0x2C) &= ~0x10; //禁用 FIFO
      *(up->base+0x38) |= 0x30;
      up->id = i;
```

```
      up->inhead = up->intail = 0;
      up->outhead = up->outtail = 0;
      up->txon = 0;
      up->indata.value = 0; up->indata.queue = 0;
      up->uline.value = 0;  up->uline.queue = 0;
      up->outroom.value = BUFSIZE; up->outroom.queue = 0;
  }
}
void uart_handler(UART *up)
{
  u8 mis = *(up->base + MIS);  // 读取MIS寄存器
  if (mis & 0x10)  do_rx(up);
  if (mis & 0x20)  do_tx(up);
}
int do_rx(UART *up)                  // UART RX 中断处理程序
{
  char c;
  c = *(up->base+UDR);
  up->inbuf[up->inhead++] = c;
  up->inhead %= BUFSIZE;
  V(&up->indata);
  if (c=='\r'){
     V(&up->uline);
  }
}
int do_tx(UART *up)                  // UART TX 中断处理程序
{
  char c; u8 mask;
  if (up->outroom.value >= SBUFSIZE){ //outbuf[] 为空
    // 禁用 TX 中断，返回
    *(up->base+IMSC) = 0x10;           //屏蔽 TX 中断
    up->txon = 0;
    return;
  }
  c = up->outbuf[up->outtail++];
  up->outtail %= BUFSSIZE;
  *(up->base + UDR) = (int)c;
  V(&up->outroom);
}
int ugetc(UART *up)
{
  char c;
  P(&up->indata);
  lock();
    c = up->inbuf[up->intail++];
    up->intail %= BUFSIZE;
  unlock();
  return c;
}
int ugets(UART *up, char *s)
{
  while ((*s = (char)ugetc(up)) != '\r'){
```

```
      uputc(up, *s);
      s++;
    }
    *s = 0;
}
int uputc(UART *up, char c)
{
  if (up->txon){ //如果 TX 开启 => 将 c 输入 outbuf []
     P(&up->outroom);  //等待空间
     lock();
      up->outbuf[up->outhead++] = c;
      up->outhead %= 128;
     unlock();
     return;
  }
  int i = *(up->base+UFR);            //读取 FR
  while( *(up->base+UFR) & 0x20 ); //在 FR = TXF 时循环
  *(up->base + UDR) = (int)c;       //将 c 写入 DR
  *(up->base+IMSC) |= 0x30;
  up->txon = 1;
}
```

（3）C5.8 的 t.c 文件。

```
     /*****************   C5.8 的 t.c 文件   ******************/
#include "type.h"
#include "string.c"
#include "queue.c"
#include "pv.c"
#include "vid.c"
#include "kbd.c"
#include "uart.c"
#include "timer.c"
#include "exceptions.c"
#include "kernel.c"

// IRQ 中断处理程序入口点
void irq_chandler()
{
    int vicstatus, sicstatus;
    // 读取 VIC SIV 状态寄存器以确定是什么中断
    vicstatus = VIC_STATUS;
    sicstatus = SIC_STATUS;
    if (vicstatus & (1<<4))    // bit4: timer0
       timer_handler(0);
    if (vicstatus & (1<<5))    // bit5: timer2
       timer_handler(2);
    if (vicstatus & (1<<12))  // bit12: uart0
       uart_handler(&uart[0]);
    if (vicstatus & (1<<13))  // bit13: uart1
       uart_handler(&uart[1]);
    if (vicstatus & (1<<31)){ // SIC 中断 = bit_31 => KBD 在第 3 位
```

```
        if (sicstatus & (1<<3))
            kbd_handler();
    }
}
int pause(int t)
{
  lock();      // 禁用 IRQ 中断
  running->pause = t;
  running->status = PAUSE;

  enqueue(&pauseList, running);
  tswitch();
  unlock();    // 启用 IRQ 中断
}
int timer1_task()
{
  int t = 5;
  printf("timer1_task %d start\n", running->pid);
  while(1){
     pause(t);
     printf("proc%d run once in %d seconds\n", running->pid, t);
  }
}
int timer2_task()
{
  int t = 7;
  printf("timer2_task %d start\n", running->pid);
  while(1){
    pause(t);
    printf("proc%d run once in %d seconds\n", running->pid, t);
  }
}

/****** 生产者和消费者的共享缓冲区 *****/
#define PRSIZE 16
char pcbuf[PRSIZE];
int head, tail;
struct semaphore full, empty, mutex;
int producer()
{
  char c, *cp;
  struct uart *up = &uart[0];
  char line[128];
  while(1){
    ugets(up, line);
    cp = line;
    while(*cp){
      printf("Producer %d P(empty=%d)\n", running->pid, empty.value);
      P(&empty);
      P(&mutex);
        pcbuf[head++] = *cp++;
        head %= PRSIZE;
```

```
        V(&mutex);
        printf("Producer %d V(full=%d)\n", running->pid, full.value);
        // 显示full.queue
        V(&full);
      }
    }
}
int consumer()
{
   char c;
   while(1){
     printf("Consumer %d P(full=%d)\n", running->pid, full.value);
     P(&full);
     P(&mutex);
       c = pcbuf[tail++];
       tail %= PRSIZE;
     V(&mutex);
     printf("Consumer %d V(empty=%d) ", running->pid, empty.value);
     //显示empty.queue
     V(&empty);
   }
}
int main()
{
    fbuf_init();
    uart_init();
    kbd_init();
    printf("Welcome to Wanix in ARM\n");
    //为IRQ中断配置VIC：与之前相同
    kernel_init();
    timer_init();
    timer_start(0);
    timer_start(2);
    /*初始化生产者-消费者的数据缓冲区*/
    head = tail = 0;
    full.value = 0;        full.queue = 0;
    empty.value = PRSIZE; empty.queue = 0;
    mutex.value = 1;       mutex.queue = 0;
    printf("P0 kfork tasks\n");
    kfork((int)timer1_task, 1);
    kfork((int)timer2_task, 1);
    kfork((int)producer,    2);
    kfork((int)consumer,    2);
    kfork((int)producer,    3);
    kfork((int)consumer,    3);
    printQ(readyQueue);
    while(1){
      if (readyQueue)
         tswitch();
    }
}
```

5.12.2 非抢占式 UP 内核的演示

图 5.13 展示了运行程序 C5.8 的输出，该输出演示了非抢占式 UP 内核。

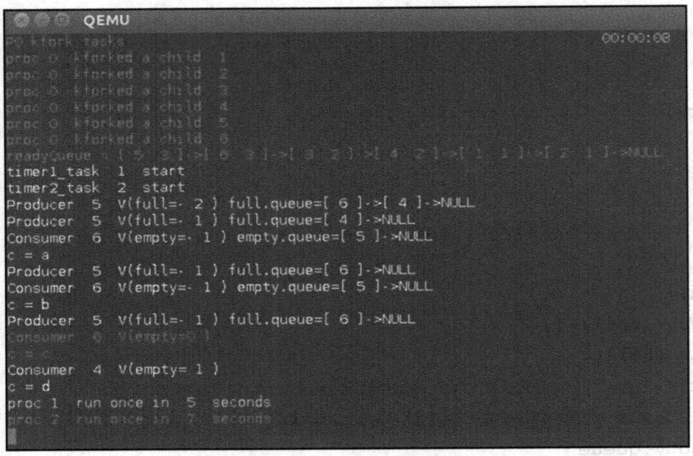

```
QEMU                                                      00:00:08
proc 0 kforked a child 1
proc 0 kforked a child 2
proc 0 kforked a child 3
proc 0 kforked a child 4
proc 0 kforked a child 5
proc 0 kforked a child 6
timer1_task  1  start
timer2_task  2  start
Producer  5  V(full=-2 ) full.queue=[ 6 ]->[ 4 ]->NULL
Producer  5  V(full=-1 ) full.queue=[ 4 ]->NULL
Consumer  6  V(empty=-1 ) empty.queue=[ 5 ]->NULL
c = a
Producer  5  V(full=-1 ) full.queue=[ 6 ]->NULL
Consumer  6  V(empty=-1 ) empty.queue=[ 5 ]->NULL
c = b
Producer  5  V(full=-1 ) full.queue=[ 6 ]->NULL
Consumer  4  V(empty= 1 )
c = d
proc 1  run once in  5  seconds
```

图 5.13 非抢占式 UP 内核的演示

5.12.3 抢占式 UP 内核

在抢占式 UP 内核中，当一个进程正在运行时，可以将 CPU 脱离以运行另一个进程。进程抢占是由需要重新调度进程的事件触发的，例如：当较高优先级的进程准备就绪可以运行时；在使用按时间分割的进程调度的情况下，当进程耗尽了其时间量时。抢占策略可以是限制性的，也可以是非限制性的（完全抢占）。在*限制性抢占*中，当一个进程正在执行一段不能受其他进程干扰的关键代码时，内核可能会禁用中断或进程调度程序以防止进程切换，从而将进程抢占推迟，直到可以安全地执行。在*非限制性抢占*中，无论当前运行的进程在做什么，进程切换都会立即发生。这意味着，在完全抢占式 UP 内核中，进程在逻辑上并行运行。因此，必须将所有共享内核数据结构保护为临界区。这使得完全抢占式 UP 内核在逻辑上等同于 MP 内核，因为两者都必须支持多个进程的并发执行。MP 内核和完全抢占式 UP 内核之间的唯一区别是，前者的进程可以并行运行在不同的 CPU 上，而后者的进程只能同时在同一 CPU 上运行，但是它们的逻辑行为是相同的。在下文中，我们将仅考虑完全抢占式 UP 内核。我们将在第 9 章中介绍 MP 内核。

我们将通过一个示例演示完全抢占式 UP 内核的设计与实现。系统硬件组件与示例程序 C5.8 中的相同。系统软件由一组具有不同优先级的并发进程组成，这些进程均在内核的同一地址中执行。进程调度策略具有完全抢占的优先级。为了支持完全抢占，我们首先确定内核中必须保护的共享数据结构，如下所示。

（1）PROC *freeList：用于动态任务创建和终止。

（2）PROC *readyQueue：用于进程调度。

（3）PROC *sleepList，*pauseList：用于睡眠 / 唤醒操作。

对于每个共享的内核数据结构，我们将其访问功能实现为临界区，每个区域均受互斥锁保护。另外，我们定义以下全局变量来控制进程的抢占。

（1）int swflag：切换进程标志，在计划运行某个进程时清除为 0，每当发生重新调度事件时将其设置为 1（例如当将就绪进程添加到 readyQueue 时）。

（2）int intnest：IRQ 中断嵌套计数器，初始为 0，进入 IRQ 处理程序时递增 1，退出 IRQ 处理程序时递减 1。我们假设 IRQ 中断是直接在 IRQ 处理程序中处理的，即不是通过伪中断处理任务来处理的。仅在中断处理结束时才发生进程切换。对于嵌套中断，进程切换将推迟直到所有嵌套中断处理结束为止。

完全抢占式 UP 内核包含以下要件：

（1）C5.9 的 ts.s 文件。

```
/****************      程序 C5.9 的 ts.s 文件      ****************/
    .set vectorAddr, 0x10140030
reset_handler:              // 与之前一样
irq_handler:
   sub   lr, lr, #4         // 调整 lr
   stmfd sp!, {r0-r12, lr}  // 将上下文保存在 IRQ 模式堆栈中
   mrs   r12, spsr          // 将 spsr 复制到 r12 中
   stmfd sp!, {r12}         // 将 spsr 保存在 IRQ 堆栈中
   msr cpsr, #0x93          // 到 SVC 模式
   ldr  r1, =vectorAddr     // 将 vectorAddr 读取到 ACK 中断
   ldr  r0, [r1]
   msr cpsr, #0x13      // 启用了 IRQ 的 SVC 模式
   bl   irq_chandler    // 在 SVC 模式下处理 IRQ: 为 tswitch 返回 1
   msr cpsr, #0x92
   ldr  r1, =vectorAddr // 发布 EOI
   str  r0, [r1]
   cmp r0, #0
   bgt do_switch
   ldmfd sp!, {r12}      // 获得 spsr
   msr   spsr, r12       // 恢复 spsr
   ldmfd sp!, {r0-r12, pc}^
do_switch:
   msr cpsr, #0x93
   bl   tswitch             // 在 SVC 模式下切换任务
   msr cpsr, #0x92
   ldmfd sp!, {r12}      // 获得 spsr
   msr   spsr, r12       // 恢复 spsr
   ldmfd sp!, {r0-r12, pc}^
```

程序 C5.9 的 ts.s 文件的说明

reset_handler：与往常一样，reset_handler 是入口点。它将 SVC 模式堆栈指针设置为 proc [0] 的高端，并将向量表复制到地址 0。接下来，它将其更改为 IRQ 模式以设置 IRQ 模式堆栈指针。然后在 SVC 模式下调用 main( )。在系统运行期间，所有进程都以 SVC 模式在内核的相同地址中运行。

irq_handler：进程切换通常由中断触发，这可能会唤醒正在睡眠的进程、使阻塞的进程准备运行等。因此，irq_handler 是与进程抢占相关的最重要的汇编代码。为此，我们仅展示 irq_handler 代码。正如第 3 章中指出的那样，ARM CPU 无法在 IRQ 模式下处理嵌套中断。要处理嵌套中断，必须以其他特权模式完成中断处理。为了支持由中断引起的进程抢占，我们选择在 SVC 模式下处理 IRQ 中断。读者可以查阅第 3 章，了解如何处理嵌套中断。irq_handler 代码与 C 中的 irq_chandler( ) 交互以支持抢占。

```
int irq_chandler()
{
  void *(*f)();               //f是一个函数指针
  intnest++;                  //中断嵌套计数器 ++
  f =(void *)*((int *)(VIC_BASE_ADDR+0x30)); //读取 ISR 地址
  (*f)();                     //调用 ISR 函数
  intnest--;                  //中断嵌套计数器 --
  if (intnest==0 && swflag){ // 如果嵌套 IRQ 已结束且 swflag 为 1
     swflag = 0;

    return 1;              // 返回 1 以切换任务
}
return 0;                  //返回 0 表示无任务切换
```

完全抢占的嵌套 IRQ 处理程序的算法如下。

/ ********* **用于完全抢占的 IRQ 处理程序算法** ****** /

1）当进入后，调整返回 lr；将工作中的寄存器、lr 和 spsr 保存在 IRQ 堆栈中。

2）更改为 SVC 模式，将向量中断控制器读取为 ACK 中断。

3）在启用了 IRQ 中断的 SVC 模式下调用 irq_chandler( )。

/ ************* C 中的 irq_chandler( )***************** /

4）将中断嵌套计数器增加 1。

5）在 SVC 模式下调用 ISR；ISR 可以通过 V( ) 来设置切换任务标志。

6）将中断嵌套计数器减 1。

7）如果 IRQ 嵌套已结束且 swflag 为 1，则返回 1 以切换任务，否则返回 0。

/ ************* 返回到汇编中的 irq_handler ******* /

8）发出 EOI 中断。

9）如果 irq_chandler( ) 返回 0 则正常返回，否则在 SVC 模式下切换任务。

10）当切换出的任务恢复时，通过 IRQ 堆栈返回。

（2）**修改内核函数以抢占。**

为简洁起见，我们仅展示修改后的内核函数以支持进程抢占。

这些函数包括 kwakeup、信号量上的 V 和 mutex_unlock，它们都可能使睡眠或阻塞的进程准备好运行并更改 readyQueue。此外，kfork 还可能创建一个新进程，其优先级高于当前运行的进程。这些函数都调用 reschedule( )，这可能会立即切换进程，或推迟进程切换直到 IRQ 结束中断处理为止。

```
int reschedule()
{
  int SR = int_off();
  if (readyQueue && readyQueue->priority >= running->priority){
    if (intnest==0){ //不在 IRQ 处理程序中：立即抢占
      printf("%d PREEMPT %d NOW\n", readyQueue->pid, running->pid);
      tswitch();
    }
    else{            // 仍在 IRQ 处理程序中：推迟抢占
      printf("%d DEFER PREEMPT %d\n", readyQueue->pid, running->pid);
      swflag = 1;    //设置需要切换的任务标志
    }
```

```
    }
    int_on(SR);
}
int kwakeup(int event)
{
    PROC *p, *tmp=0;
    int SR = int_off();
    while((p = dequeue(&sleepList))!=0){
      if (p->event==event){
         p->status = READY;
         enqueue(&readyQueue, p);
      }
      else{
         enqueue(&tmp, p);
      }
    }
    sleepList = tmp;
    reschedule();  // 如果唤醒任何更高优先级的进程
    int_on(SR);
}
int V(struct semaphore *s)
{
    PROC *p; int cpsr;
    int SR = int_off();
    s->value++;
    if (s->value <= 0){
      p = dequeue(&s->queue);
      p->status = READY;
      enqueue(&readyQueue, p);
      printf("timer: V up task%d pri=%d; running pri=%d\n",
             p->pid, p->priority, running->priority);
      resechedule();
    }
    int_on(SR);
}
int mutex_unlock(MUTEX *s)
{
    PROC *p;
    int SR = int_off();
    printf("task%d unlocking mutex\n", running->pid);
    if (s->lock==0 || s->owner != running){ //解锁错误
      int_on(SR); return -1;
    }
    //互斥锁已锁定,正在运行的任务是所有者
    if (s->queue == 0){ //互斥锁没有等待者
       s->lock = 0;      //清除锁定
       s->owner = 0;     //清除所有者
    }
    else{ //互斥锁有等待者:以新所有者的身份取消阻塞
       p = dequeue(&s->queue);
       p->status = READY;
```

```
        s->owner = p;
        printf("%d mutex_unlock: new owner=%d\n", running->pid,p->pid);
        enqueue(&readyQueue, p);
        reseschedule();
    }
    int_on(SR);
    return 0;
}
int kfork(int func, int priority)
{
    // 与以前一样创建具有优先级的新任务
    mutex_lock(&readyQueuelock);
     enqueue(&readyQueue, p);
    mutex_unlock(&readyQueuelock);
    reschedule();
    return p-pid;
}
```

（3）t.c 文件。

```
/**************** 程序 C5.9 的 t.c 文件 ***************/
#include "type.h"
MUTEX *mp;                  // 全局互斥锁
struct semaphore s1;        // 全局信号量
#include "queue.c"
#include "pv.c"             // 信号量上的 P/V
#include "mutex.c"          // 互斥函数
#include "kbd.c"
#include "uart.c"
#include "vid.c"
#include "exceptions.c"
#include "kernel.c"
#include "timer.c"  //计时器驱动程序
int copy_vectors(){ // 如前所述 }
int irq_chandler(){ // 如前所述 }
int task3()
{
    printf("PROC%d running: ", running->pid);
    mutex_lock(mp);
     printf("PROC%d inside CR\n",  running->pid);
    mutex_unlock(mp);
    printf("PROC%d exit\n", running->pid);
    kexit();
}
int task2()
{
    printf("PROC%d running\n", running->pid);
    kfork((int)task3, 3); //创建优先级为 3 的 P3
    printf("PROC%d exit:", running->pid);
    kexit();
}
int task1()
```

```
{
  printf("proc%d start\n", running->pid);
  while(1){
    P(&s1);  // 任务 1 定期被计时器唤醒
    mutex_lock(mp);
     kfork((int)task2, 2); //创建优先级为 2 的 P2
     printf("proc%d inside CR\n", running->pid);
    mutex_unlock(mp);
    printf("proc%d finished loop\n", running->pid);
  }
}
int main()
{
   fbuf_init();                 // LCD 驱动程序
   uart_init();                 // UART 驱动程序
   kbd_init();                  // KBD 驱动程序
  kprintf("Welcome to Wanix in ARM\n");
  // 为向量中断配置VIC
  timer_init();
  timer_start(0);               //timer0: 挂钟
  timer_start(2);               //timer2: 定时事件
  mp = mutex_create();          //创建全局互斥锁
  s1.value = 0;                 // 初始化信号量s1
  s1.queue = (PROC*)0;
  kernel_init();                // 初始化内核并运行P0
  kfork((int)task1, 1);         //创建优先级为1的P1
  while(1){                     // P0循环
    if (readyQueue)
       tswitch();
  }
}
```

5.12.4 抢占式 UP 内核的演示

示例系统 C5.9 演示了完全抢占式的进程调度。当系统启动时，它创建并运行初始进程 P0，该进程具有最低优先级 0。P0 创建一个优先级为 1 的新进程 P1。因为 P1 的优先级比 P0 高，所以它会立即抢占 P0，这演示了直接抢占而没有任何延迟的过程。当 P1 在 task1( ) 中运行时，它首先通过 P(s1 = 0) 来等待一个计时器事件，该事件由一个定时器周期性（每 4 秒）启动。当 P1 等待信号量时，P0 继续运行。当计时器中断处理程序启动 P1 时，它试图通过 P1 抢占 P0。由于中断处理程序中不允许任务切换，所以抢占被延迟，这表明中断处理可能会延迟抢占。一旦中断处理结束，P1 将抢占 P0 以重新运行。

为了说明由阻塞导致的进程抢占，P1 首先锁住互斥锁 mp。在持有互斥锁的同时，P1 创建了一个优先级为 2 的进程 P2，它会立即抢占 P1。我们假设 P2 不需要互斥锁。它创建了一个优先级为 3 的进程 P3，该进程立即抢占了 P2。在 task3( ) 代码中，P3 试图锁定仍然由 P1 持有的同一个互斥锁 mp。因此，P3 在互斥锁上被阻塞，而互斥锁会切换到运行 P2。当 P2 结束时，它调用 kexit( ) 来终止，从而使 P1 恢复运行。当 P1 解锁互斥锁时，它会解锁 P3，由于 P3 的优先级比 P1 高，所以它会立即抢占 P1。当 P3 结束后，P1 又重新运行，循环往复。图 5.14 展示了运行程序 C5.9 的示例输出。

```
QEMU
next running = proc0
V up task 1  pri= 1 ; running pri=0                                00:00:11
proc 1  DEFER PREEMPT 0  until end of IRQ
proc0  switch task: readyQueue=[ 1  1 ]->[0 0 ]->Nil
next running = proc 1
proc 1  kforked a new PROC 2 : proc 2  PREEMPT proc 1  NOW
proc 1  switch task: readyQueue=[ 2  2 ]->[ 1  1 ]->[0 0 ]->Nil
next running = proc 2
proc 2  kforked a new PROC 3 : proc 3  PREEMPT proc 2  NOW
proc 2  switch task: readyQueue=[ 3  3 ]->[ 2  2 ]->[ 1  1 ]->[0 0 ]->Nil
next running = proc 3
PROC 3  running: TASK 3  BLOCK ON MUTEX: RAISE PROC 1  PRIORITY to  3
proc 3  switch task: readyQueue=[ 1  3 ]->[ 2  2 ]->[0 0 ]->Nil
next running = proc 1
proc 1  inside CR:  1  mutex_unlock: new owner= 3 : restore task 1  pri to  1
proc 3  PREEMPT proc 1  IMMEDIATELY
proc 1  switch task: readyQueue=[ 3  3 ]->[ 2  2 ]->[ 1  1 ]->[0 0 ]->Nil
next running = proc 3
PROC 3  inside CR
proc 3  in kexit: freeList=[ 3 ]->[ 4 ]->[ 5 ]->[ 6 ]->[ 7 ]->[ 8 ]->Nil
proc 3  switch task: readyQueue=[ 2  2 ]->[ 1  1 ]->[0 0 ]->Nil
next running = proc 2
proc 2  running: PROC 2  finished
proc 2  in kexit: freeList=[ 2 ]->[ 3 ]->[ 4 ]->[ 5 ]->[ 6 ]->[ 7 ]->[ 8 ]->Nil
proc 2  switch task: readyQueue=[ 1  1 ]->[0 0 ]->Nil
next running = proc 1
proc 1  switch task: readyQueue=[0 0 ]->Nil
next running = proc0
```

图 5.14　进程抢占的演示

需要注意的是，在优先级严格的系统中，当前正在运行的进程应始终是优先级最高的进程。但是，在示例系统 C5.9 中，当具有最高优先级的进程 P3 尝试锁定优先级较低的 P1 已经持有的互斥锁时，它在互斥锁上被阻塞，并切换为运行下一个可运行的进程。在示例系统中，我们假定进程 P2 不需要互斥量，因此当 P3 在互斥量上被阻塞时，它将成为正在运行的进程。在这种情况下，系统正在运行优先级最高的 P2。这违反了严格的优先级原则，导致了所谓的**优先级倒置**（Lampson 和 Redell，1980），其中低优先级进程可能会阻塞较高优先级的进程。如果 P2 继续运行，或者切换到具有相同或更低优先级的另一个进程，那么进程 P3 的被阻塞时间将成为未知数，从而导致**无限优先级倒置**。尽管只要允许进程竞争资源的独占控制权，简单的优先级倒置就可以被认为是自然的，但无限优先级倒置可能会对具有时序要求的系统造成不利影响。示例程序 C5.9 实际上实现了一种称为**优先级继承**的方案，该方案可以防止无限优先级倒置。我们将在第 10 章中更详细地讨论优先级倒置。

5.13　本章小结

本章讨论了进程管理。首先介绍了上下文切换多任务处理的进程概念、原理和技术，展示了如何动态创建进程，并讨论了进程调度的原则。然后介绍了进程同步和各种进程同步机制，同时展示了如何使用进程同步来实现事件驱动的嵌入式系统。接下来讨论了各种进程通信方案，包括共享内存、管道和消息传递。最后展示了如何集成这些概念和技术来实现一个支持非抢占式和抢占式进程调度的单处理器（UP）内核。在后面的章中，UP 内核将是开发完整操作系统的基础。

示例程序列表

C5.1：上下文切换
C5.2：多任务
C5.3：动态进程
C5.4：使用睡眠 / 唤醒的事件驱动多任务系统
C5.5：使用信号量的事件驱动多任务系统

C5.6：管道
C5.7：消息传递
C5.8：非抢占式 UP 内核
C5.9：抢占式 UP 内核

思考题

1. 在示例程序 C5.2 中，tswitch 函数将所有 CPU 寄存器保存在进程 kstack 中，并在恢复时恢复下一个进程的所有已保存寄存器。由于 tswitch( ) 是作为函数来调用的，所以显然不必保存 / 恢复 R0。假设将 tswitch 函数实现为：

```
tswitch:
//禁用 IRQ 中断
stmfd sp!, {r4-r12, lr}
LDR r0, =running        // r0=&running
LDR r1, [r0, #0]        // r1->正在运行的PROC
str sp, [r1, #4]        // running->ksp = sp
bl   scheduler
LDR r0, =running
LDR r1, [r0, #0]        //r1->正在运行的PROC
lDR sp, [r1, #4]
//启用 IRQ 中断
ldmfd sp!, {r4-r12, pc}
```

（1）展示如何初始化新进程的 kstack 以使其开始执行 body( ) 函数。

（2）假设 body( ) 函数写为

```
int body(int dummy, int pid, int ppid){ }
```

其中 pid、ppd 参数是新进程的进程 ID 和父进程 ID。展示如何修改 kfork( ) 函数以完成此操作。

2. 使用睡眠 / 唤醒来同步进程和中断处理程序，以此重写第 3 章中的 UART 驱动程序。

3. 在示例程序 C5.3 中，所有进程都以相同的优先级创建（以便轮流运行）。

（1）如果创建具有不同优先级的进程会怎样？

（2）实现 change_priority(int new_priority) 函数，该函数将正在运行的任务的优先级更改为 new_priority。如果当前正在运行的进程不再具有最高优先级，则切换进程。

4. 对于动态进程，一个进程可以在完成其任务后终止。实现 kexit( ) 函数以终止任务。

5. 在所有示例程序中，每个 PROC 结构都有一个静态分配的 4KB kstack。

（1）实现一个简单的内存管理器来动态分配 / 取消分配内存。当系统启动时，保留一块内存，例如从 4MB 开始的 1MB 区域，作为空闲存储区域。函数

```
char *malloc(int size)
```

分配一块大小为 size 字节的空闲内存。当不再需要某个内存区域时，将通过以下方式将其释放回空闲内存区域：

```
void mfree(char *address, int size)
```

设计一个数据结构来表示当前可用的空闲内存。然后实现 malloc( ) 和 mfree( ) 函数。

（2）修改 PROC 结构的 kstack 字段为整数指针

```
int * kstack;
```

并将 kfork( ) 函数修改为

```
int kfork(int func, int priority, int stack_size)
```

它会为新进程动态分配 stack_size（以 1KB 为单位）的内存区域。

（3）当进程终止时，必须释放其堆栈区域。如何实现呢？

6. 众所周知，中断处理程序绝不能进入睡眠状态、被阻塞或等待。为什么？

7. 错误使用信号量可能会导致死锁。查阅文献以了解如何通过预防死锁、避免死锁、死锁检测和恢复来处理死锁。

8. 管道程序 C5.6 与 Linux 中的命名管道（FIFO）相似。阅读 fifo 上的 Linux 手册页，了解如何使用命名管道来进行进程间通信。

9. 通过向系统添加另一组协作生产者 – 消费者进程来修改示例程序 C5.8。让生产者从 KBD 中获取行、处理字符并将它们通过管道传递给消费者，消费者将字符输出到第二个 UART 终端。

10. 修改示例程序 C5.9，以在 SYS 模式下处理嵌套的 IRQ 中断，但仍允许在嵌套中断处理结束时抢占任务。

11. 假定所有进程都具有相同的优先级。修改示例程序 C5.9，以支持按时间片进行进程调度。

参考文献

Accetta, M. et al., “Mach: A New Kernel Foundation for UNIX Development”, Technical Conference - USENIX, 1986.
ARM toolchain: http://gnutoolchains.com/arm-eabi, 2016.
Bach, M. J., “The Design of the Unix operating system”, Prentice Hall, 1990.
Buttlar, D, Farrell, J, Nichols, B., “PThreads Programming, A POSIX Standard for Better Multiprocessing”, O'Reilly Media, 1996.
Dijkstra, E.W., “Co-operating Sequential Processes”, in Programming Languages, Academic Press, 1965.
Hoare, C.A.R, “Monitors: An Operating System Structuring Concept”, CACM, Vol. 17, 1974.
IBM MVS Programming Assembler Services Guide, Oz/OS V1R11.0, IBM, 2010.
Lampson, B; Redell, D. (June 1980). “Experience with processes and monitors in MESA”. Communications of the ACM (CACM) **23** (2): 105–117, 1980.
OpenVMS: HP OpenVMS systems Documentation, http://www.hp.com/go/openvms/doc, 2014.
Pthreads: https://computing.llnl.gov/tutorials/pthreads/, 2015.
QEMU Emulators: “QEMU Emulator User Documentation”, http://wiki.qemu.org/download/qemu-doc.htm, 2010.
Silberschatz, A., P.A. Galvin, P.A., Gagne, G, “Operating system concepts, 8th Edition”, John Wiley & Sons, Inc. 2009.
Stallings, W. “Operating Systems: Internals and Design Principles (7th Edition)”, Prentice Hall, 2011.
Tanenbaum, A. S., Woodhull, A. S., “Operating Systems, Design and Implementation, third Edition”, Prentice Hall, 2006.
Versatilepb: Versatile Application Baseboard for ARM926EJ-S, ARM Information Center, 2016.
Wang, K.C., “Design and Implementation of the MTX Operating Systems”, Springer International Publishing AG, 2015.

ARM 中的内存管理

6.1 进程地址空间

当开机或复位后，ARM 处理器开始在超级用户（SVC）模式下执行复位处理程序代码。复位处理程序首先把向量表复制到地址 0，初始化用于中断和异常处理的各种特权模式的堆栈，并启用 IRQ 中断。然后它执行系统控制程序，该程序创建并启动进程或任务。在静态进程模型中，所有的任务都在系统内核的同一地址空间中以 SVC 模式运行。这种方案的主要缺点是缺乏内存保护。当在相同的地址空间中执行时，任务共享相同的全局数据对象，并且可能相互干扰。设计不良或行为不当的任务可能损坏共享地址空间，导致其他任务失败。为了更好的系统安全性和可靠性，每个任务都应该在私有地址空间中运行，该空间是独立和被保护的，不受其他任务干扰。在 ARM 体系结构中，任务可以以非特权用户模式运行。将 ARM CPU 从特权模式切换到用户模式非常容易。然而，一旦进入用户模式，那么只能通过以下方法之一来进入特权模式。

- **异常**：当异常发生时，CPU 进入相应的特权模式来处理异常。
- **中断**：中断导致 CPU 进入 FIQ 或 IRQ 模式。
- **SWI**：SWI 指令使 CPU 进入超级用户模式或 SVC 模式。

在 ARM 体系结构中，系统模式是一种单独的特权模式，它与用户模式共享同一组 CPU 寄存器，但与大多数其他处理器中的系统模式或内核模式不同。为了避免混淆，我们将 ARM SVC 模式称为内核模式。SWI 可用于实现系统调用，它允许用户模式进程进入内核模式、执行内核函数并返回到用户模式，从而获得所需的结果。为了隔离和保护各个任务的内存区域，需要启用内存管理硬件，它为每个任务提供一个单独的虚拟地址空间。在本章中，我们将介绍 ARM 内存管理单元（MMU），并通过示例程序来演示虚拟地址映射和内存保护。

6.2 ARM 中的内存管理单元

ARM 内存管理单元（Memory Management Unit, MMU）（ARM926EJ-S 2008）执行两个主要功能：首先，它将虚拟地址转换为物理地址；其次，它通过检查权限来控制内存访问。执行这些功能的 MMU 硬件由转换后备缓冲区（TLB）、访问控制逻辑和转换表遍历逻辑组成。ARM MMU 支持基于“段”（section）或“页”（page）的内存访问。按段进行内存管理是一种单级分页方案：一级页表（page table）包含段描述符，每个段描述符指定一个 1MB 的内存块。通过分页进行内存管理是一种二级分页方案：一级页表包含页表描述符，每个页表描述符都描述了二级页表；二级页表包含页描述符，每个页描述符指定内存中的页架（page frame）和访问控制位。ARM 分页方案支持两种不同的页大小。小页包含 4KB 的内存块，大页包含 64KB 的内存块。每个页包括 4 个子页。访问控制可以扩展为小页内的 1KB 子页和大页内的 16KB 子页。ARM MMU 还支持域的概念。域（domain）是可以用单个访问权限定义的存储区。域访问控制寄存器（DACR）指定最多 16 个不同域（0 ～ 15）的访问权限。每个域的可访问性由 2 位权限指定，其中 00 表示无访问权限，01 表示客户端模式（检查域或页表条目的访问权限（AP）位），而 11 表示管理器模式（不检查域中的 AP 位）。

TLB 在高速缓存中包含 64 个转换条目。在大多数内存访问期间，TLB 将转换信息提供给访问控制逻辑。如果 TLB 包含虚拟地址的转换条目，则访问控制逻辑确定是否允许访问。如果允许访问，则 MMU 输出与虚拟地址对应的适当物理地址。如果不允许访问，则 MMU 会发出信号通知 CPU 中止。如果 TLB 不包含虚拟地址的转换条目，则调用转换表来遍历硬件以从物理内存中的转换表中检索转换信息。当检索到转换信息后，会将其放入 TLB 中，其可能会覆盖现有条目。通过依次遍历 TLB 位置来选择要覆盖的条目。当 MMU 关闭时，例如复位期间，没有地址转换。在这种情况下，每个虚拟地址都是一个物理地址。仅当启用 MMU 时，地址转换才生效。

6.3 MMU 寄存器

ARM 处理器将 MMU 视为协处理器。MMU 包含几个控制 MMU 操作的 32 位寄存器。MMU 寄存器的格式如图 6.1 所示。可以使用 MRC 和 MCR 指令来访问 MMU 寄存器。

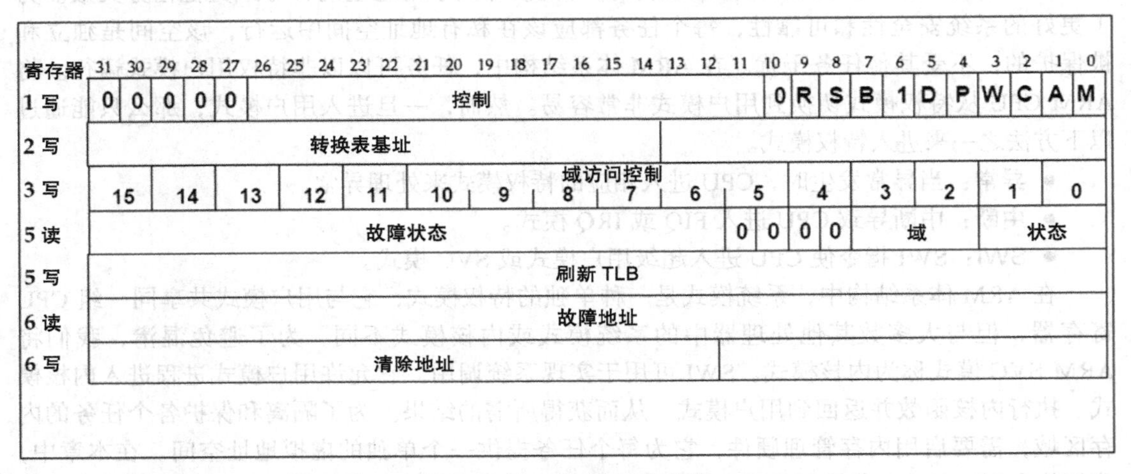

图 6.1 ARM MMU 寄存器

以下是对 ARM MMU 寄存器 c0 至 c10 的简要说明。

- **寄存器 c0** 用于访问 ID 寄存器、高速缓存类型寄存器和 TCM 状态寄存器。从该寄存器进行读取将返回设备 ID、高速缓存类型或 TCM 状态，具体取决于所使用的 Opcode_2 的值。
- **寄存器 c1** 是控制寄存器，它指定 MMU 的配置。具体地，将 M 位（位 0）置 1 会启用 MMU，而将 M 位清零会禁用 MMU。c1 的 V 位指定在复位期间是否重新映射了向量表。向量表的默认位置是 0x00。在复位期间，它可能会被重新映射到 0xFFFF0000。
- **寄存器 c2** 是转换表基址寄存器（TTBR）。它保存了一级转换表的物理地址，该地址必须位于主存储器的 16KB 边界上。从 c2 进行读取将返回指向当前活动的一级转换表的指针。写入寄存器 c2 会更新指向一级转换表的指针。
- **寄存器 c3** 是域访问控制寄存器。它由 16 个两位域组成，每个域定义 16 个域（D15 ~ D0）之一的访问权限。
- **寄存器 c4** 当前未被使用。

- **寄存器 c5** 是故障状态寄存器（FSR）。它指示中止发生时尝试访问的域和类型。位 7:4 指定要访问 16 个域（D15 ～ D0）中的哪个域，而位 3:1 指示尝试访问的类型。对该寄存器的写操作将刷新 TLB。
- **寄存器 c6** 访问故障地址寄存器（FAR）。当发生故障时，它保存访问的虚拟地址。对该寄存器的写操作会将所写的数据视为一个地址，如果在 TLB 中找到该数据，则将该条目标记为无效。此操作称为 TLB 清除。故障状态寄存器和故障地址寄存器仅针对数据故障而不针对预取故障进行更新。
- **寄存器 c7** 控制缓存和写缓冲区。
- **寄存器 c8** 是 TLB 操作寄存器。它主要用于使 TLB 条目无效。TLB 分为两个部分：集合关联部分和完全关联部分。完全关联部分，也称为 TLB 的锁定部分，用于存储要锁定的条目。在无效的 TLB 操作期间，其保留在 TLB 锁定部分中保留的条目。可以使用无效的 TLB 单条目操作来从锁定 TLB 中删除条目。无效的 TLB 操作会使 TLB 中所有未保留的条目无效。无效的 TLB 单条目操作会使对应于虚拟地址的任何 TLB 条目无效。
- **寄存器 c9** 访问某些配备了 TCM 的 ARM 板上的缓存锁定寄存器和 TCM 区域寄存器。
- **寄存器 c10** 是 TLB 锁定寄存器。它控制 TLB 中的锁定区域。

6.4 访问 MMU 寄存器

CP15 的寄存器可以由 MRC 和 MCR 指令以特权模式访问。指令格式如图 6.2 所示。

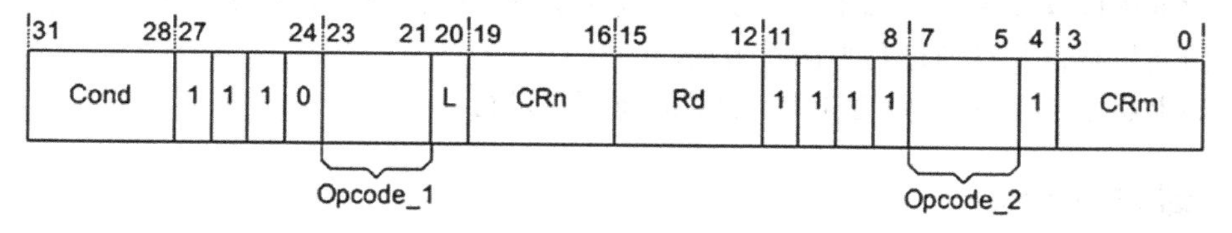

图 6.2　MCR 和 MRC 指令格式

```
MRC {cond} p15,<Opcode_1>,<Rd>,<CRn>,<CRm>,<Opcode_2>
MCR {cond} p15,<Opcode_1>,<Rd>,<CRn>,<CRm>,<Opcode_2>
```

CRn 字段指定要访问的协处理器寄存器。CRm 字段和 Opcode_2 字段在寻址寄存器时指定特定的操作。L 位区分 MRC（L = 1）和 MCR（L = 0）指令。

6.4.1 启用和禁用 MMU

可以通过写入 CP15 控制寄存器 c1 的 M 位（位 0）来启用 MMU。复位时，该位清零，从而禁用 MMU。

6.4.1.1 启用 MMU

在启用 MMU 之前，系统必须执行以下操作。

（1）对所有相关的 CP15 寄存器进行编程，包括在内存中设置合适的转换表。

（2）禁用并使指令缓存无效。在启用 MMU 时可以启用指令缓存。

要启用 MMU，请按照下列步骤操作。

（1）对转换表基址和域访问控制寄存器进行编程。

（2）根据需要编写一级和二级描述符页表。

（3）通过设置 CP15 控制寄存器 c1 中的位 0 来启用 MMU。

6.4.1.2　禁用 MMU

要禁用 MMU，请按照下列步骤操作。

（1）清除 CP15 控制寄存器 c1 中的位 2。必须通过清除控制寄存器的位 2 来在禁用 MMU 之前或同时禁用数据高速缓存。

如果启用了 MMU，然后将其禁用，再重新启用，则将保留 TLB 的内容。如果 TLB 条目现在无效，则必须在重新启用 MMU 之前使它们无效。

（2）清除 CP15 控制寄存器 c1 中的位 0。

当禁用 MMU 时，将按以下方式处理内存访问。

- 所有数据访问均被视为不可缓存。CP15 控制寄存器 c1 的 C 位（位 2）的值应为零。
- 如果 CP15 控制寄存器 c1 的 I 位（位 12）设置为 1，则将所有指令访问视为可缓存；如果 I 位设置为 0，则将所有指令访问视为不可缓存。
- 所有显式访问均具有严格的顺序。CP15 控制寄存器 c1 的 W 位（位 3）的值被忽略。
- 不执行内存访问权限检查，并且 MMU 不产生任何异常终止。
- 每次访问的物理地址等于其虚拟地址。这称为平面地址映射。
- 当禁用 MMU 时，FCSE PID 应该为零。这是 FCSE PID 的重置值。如果要禁用 MMU，则必须将 FCSE PID 清零。
- 当禁用 MMU 时，所有 CP15 MMU 和缓存操作均正常运行。
- 指令和数据预取操作正常进行。但是，禁用 MMU 时无法启用数据高速缓存。因此，数据预取操作无效。如果禁用了指令高速缓存，则指令预取操作无效。没有执行内存访问权限，并且地址是平面映射的。
- 如果启用了 TCM，则对 TCM 的访问将正常进行。

6.4.2　域访问控制

内存访问主要由域来控制。共有 16 个域，每个域由域访问控制寄存器中的 2 个位定义。每个域支持两种用户：

- 客户端：客户端使用一个域。
- 管理员：管理员控制域的行为。

域在域访问控制寄存器中定义。在图 6.1 中，第 3 行说明了如何将寄存器的 32 位分配给定义的 16 个 2 位域。

表 6.1 列出了域访问位的含义。

表 6.1　域访问控制寄存器中的访问位

00	不可访问。任何访问都会产生域故障
01	客户端。根据段或页描述符中的访问权限位检查访问
10	预留。当前的行为类似于无法访问模式
11	管理员。不会根据段或页权限位检查访问

6.4.3　转换表基址寄存器

寄存器 c2 是转换表基址寄存器（TTBR），用于一级转换表的基址。从 c2 进行读取将返回指向当前活跃的一级转换表的指针（位 [31:14]），位 [13:0] 的值则不可预测。写入寄存器

c2 会根据写入值的位 [31:14] 中的值更新指向一级转换表的指针。位 [13:0] 应为零。可以按照以下指令访问 TTBR。

```
MRC p15, < Rd > ,c2, c0, 0; 读取 TTBR
MCR p15, < Rd > ,c2, c0, 0; 写入 TTBR
```

当写入 c2 时，CRm 和 Opcode_2 字段为 SBZ（应为零）。

6.4.4 域访问控制寄存器

寄存器 c3 是域访问控制寄存器，由 16 个两位域组成。每个两位域定义 16 个域（D15 ～ D0）之一的访问权限。从 c3 进行读取将返回域访问控制寄存器的值。写入 c3 将写入域访问控制寄存器的值。两位域访问控制位定义如下。

值	意 义	描 述
00	不可访问	任何访问都会产生域故障
01	客户端	根据段或页描述符中的访问权限位检查访问
10	预留	当前的行为类似于不可访问模式
11	管理员	不会根据访问权限位检查访问，因此不会生成权限错误

可以通过以下指令访问域访问控制寄存器。

```
MRC p15, 0, <Rd>, c3, c0, 0; 读取域访问权限
MCR p15, 0, <Rd>, c3, c0, 0; 写入域访问权限
```

6.4.5 故障状态寄存器

寄存器 c5 是故障状态寄存器（FSR）。FSR 包含最后一条指令或数据故障的来源。指令端 FSR 仅用于调试目的。FSR 会由于对齐错误、禁用 MMU 时发生的外部中止而更新。访问的 FSR 由 Opcode_2 字段的值确定。

Opcode_2 = 0：数据故障状态寄存器（DFSR）。

Opcode_2 = 1：指令故障状态寄存器（IFSR）。

可以通过以下指令访问 FSR。

```
MRC p15, 0, <Rd>, c5, c0, 0; 读取 DFSR
MCR p15, 0, <Rd>, c5, c0, 0; 写入 DFSR
MRC p15, 0, <Rd>, c5, c0, 1; 读取 IFSR
MCR p15, 0, <Rd>, c5, c0, 1; 写入 IFSR
```

故障状态寄存器的格式如下。

```
|31                          9| 8 |7 6 5 4 |3 2 1 0 |
------------------------------------------------------
|          UNP/SBZ            | 0 |   域    |  状态  |
------------------------------------------------------
```

下面介绍 FSR 中的位域。

位	描 述
[31:9]	UNP/SBZP

（续）

位	描　述
[8]	始终读为零。忽略写操作
[7:4]	指定发生数据故障时要访问的域（D15 ~ D0）
[3:0]	产生的故障类型。表 6.2 展示了 FSR 中状态字段的编码，以及域字段是否包含有效信息

表 6.2 展示了 FSR 状态字段编码。

表 6.2　FSR 状态字段编码

优先级	来　源	大　小	状　态	域
高	对齐	—	b00x1	无效
	外部终止	一级	b1100	无效
		二级	b1110	有效
	转移	段页	b0101	无效
			b0111	有效
	域	段页	b1001	有效
			b1011	有效
	权限	段页	b1101	有效
			b1111	有效
低	外部终止	段或页	b10x0	无效

6.4.6　故障地址寄存器

寄存器 c6 是故障地址寄存器（FAR）。它包含发生数据中止时尝试访问的已修改虚拟地址。FAR 仅针对数据中止而不是针对预取中止进行更新。FAR 会由于对齐错误、禁用 MMU 时发生的外部中止而更新。可以通过以下指令访问 FAR。

```
MRC p15, 0, < Rd > , c6, c0, 0    ; 读取 FAR
MCR p15, 0, < Rd > , c6, c0, 0    ; 写入 FAR
```

写入 c6 会将 FAR 设置为写入数据的值。这对于调试器将 FAR 的值恢复到以前的状态很有用。当读取或写入 CP15 c6 时，CRm 和 Opcode_2 字段为 SBZ（应为零）。

6.5　虚拟地址转换

MMU 将 CPU 生成的虚拟地址转换为物理地址以访问外部存储器，导出并检查访问权限。由地址转换数据和访问权限数据组成的转换信息驻留在物理内存中的转换表中。MMU 提供遍历转换表、获取转换后的地址以及检查访问权限所需的逻辑。转换过程包括以下步骤。

6.5.1　转换表基址

转换表基址（TTB）寄存器指向物理内存中转换表的基址，该表包含段和 / 或页描述符。

6.5.2　转换表

转换表是一级页表。它包含 4096 个 4 字节条目，并且必须位于物理内存中的 16KB 边界上。每个条目都是一个描述符，它指定二级页表基址或段基址。图 6.3 展示了一级页条目的格式。

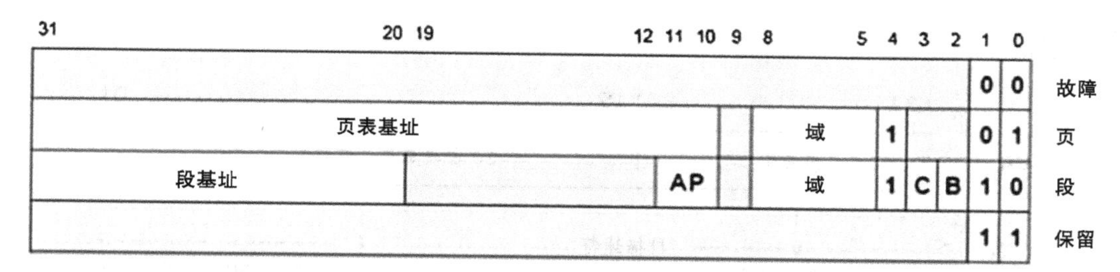

图 6.3 一级描述符

6.5.3 一级描述符

一级描述符是页表描述符或段描述符，其格式也相应地有所不同。图 6.3 展示了一级描述符的格式。描述符类型由两个最低有效位指定。

6.5.3.1 页表描述符

页表描述符（图 6.3 中的第二行）定义了二级页表。我们将在 6.8 节中讨论二级分页。

6.5.3.2 段描述符

段描述符（图 6.3 中的第三行）具有 12 位基址、2 位 AP 字段、4 位域字段、C 位和 B 位以及类型标识符（b10）。位字段定义如下。

- 位 31:20：内存中 1MB 段的基址。
- 位 19:12：始终为 0。
- 位 11:10（AP）：该段的访问权限。它们的解释取决于 S 位和 R 位（MMU 控制寄存器 C1 的 8 ～ 9 位）。最常用的 AP 和 SR 设置如下。

AP	SR	超级用户	用　户	注　意
00	xx	不可访问	不可访问	
01	xx	读 / 写	不可访问	仅在超级用户模式下允许访问
10	xx	读 / 写	只读	在用户模式下写入导致权限错误
11	xx	读 / 写	读 / 写	两种模式均允许访问

- 位 8:5：指定构成主要访问控制的 16 个可能的域之一（在域访问控制寄存器中）。
- 位 4：应为 1。
- 位 3:2（C 和 B）：控制与高速缓存和写缓冲区相关的功能，如下所示。
  - C（可缓存）：此地址处的数据将放置在高速缓存中（如果启用了高速缓存）。
  - B（可缓冲）：此地址处的数据将通过写缓冲区写入（如果启用了写缓冲区）。

6.6 段引用的转换

在 ARM 体系结构中，最简单的一种分页方案是按 1MB 的段进行分页，该段仅使用一级页表。因此，我们首先按段讨论内存管理。当 MMU 将虚拟地址转换为物理地址时，它将查询页表。转换过程通常称为页表遍历。当使用段时，转换包括以下步骤，如图 6.4 所示。

（1）虚拟地址（VA）包含一个 12 位的表索引和一个 20 位的段索引，这是段中的偏移量。MMU 使用 12 位表索引来访问 TTBR 指向的转换表中的段描述符。

（2）段描述符包含一个 12 位的基址，该地址指向内存中的 1MB 段、（2 位）AP 字段和（4 位）域名。首先，它检查域访问控制寄存器中的域访问权限。然后，它检查 AP 位对段的可访问性。

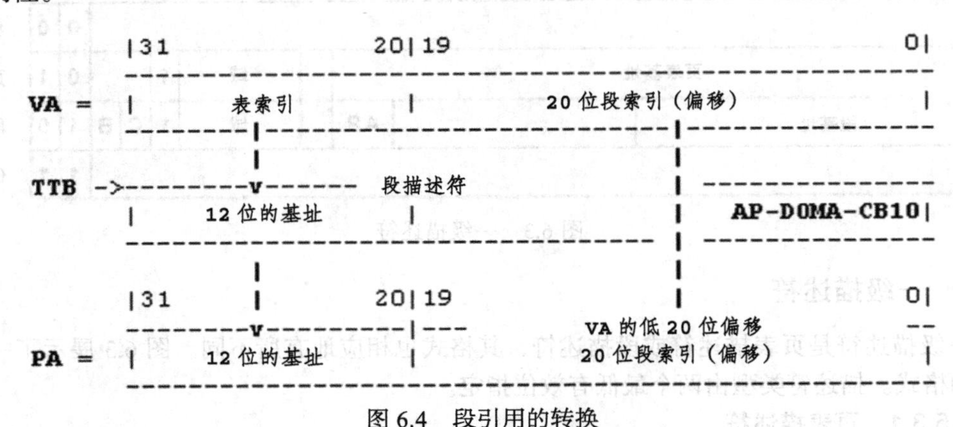

图6.4　段引用的转换

（3）如果权限检查通过，则它将使用12位段基址和20位段索引来生成物理地址，如下所示：

```
(32-bit)PA  =  ((12-bit)Section_base_address  << 20)  +  (20-bit)Section_index
```

6.7　页引用的转换

当使用二级分页时，页表包含以下内容。

6.7.1　一级页表

一级页表包含页表描述符（图6.3中的第二行）。页表描述符的内容是：

- 位31:10：包含二级页描述符的二级页表的基址。
- 位8:5：域名；在域访问控制寄存器中指定了对该域的访问控制。

6.7.2　二级页表描述符

二级页表描述符的格式如图6.5所示。

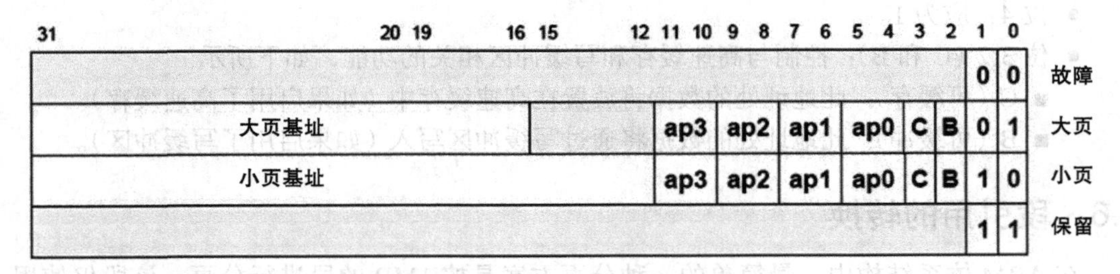

图6.5　页表条目（二级描述符）

在二级页表描述符中，两个最低有效位指示页大小和有效性。其他位解释如下。

- 位31:16（大页）或位31:12（小页）包含内存中页架的物理地址。大页大小为64KB，小页大小为4KB。
- 位11:4指定4个子页（ap3～ap0）的访问权限。这允许在页内进行精细的访问控制，但实际上很少使用。

- 位 3 C（可缓存）：指示该地址上的数据将放置在 IDC 中（如果已启用高速缓存）。
- 位 2 B（可缓冲）：指示该地址上的数据将通过写缓冲区写入（如果启用了写缓冲区）。

6.7.3 小页引用的转换

页转换涉及段转换之外的另一步骤：一级描述符是页表描述符，它指向包含二级页描述符的二级页表。每个二级页描述符都指向物理内存中的一个页架。小页引用的转换包括以下步骤，如图 6.6 所示。

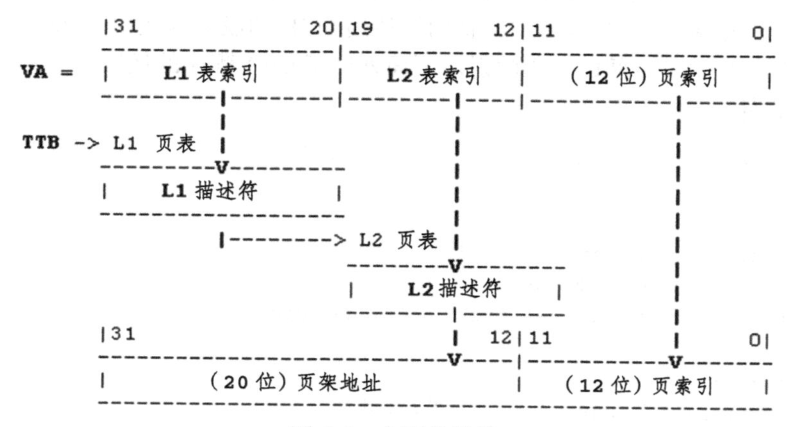

图 6.6 小页的转换

（1）虚拟地址 VA 包含 12 位的一级表索引、8 位的二级表索引和 12 位的页索引，该页索引是页内的字节偏移量。

（2）使用 12 位的一级表索引访问转换表基址寄存器（TTBR）指向的转换表中的一级描述符。

（3）检查一级描述符中的域访问权限：00 = 中止，01 = 检查二级页表中的 AP，11 = 不检查页表中的 AP。

（4）一级描述符的前 22 位指定包含 256 个页条目的二级页表的（物理）地址。使用 8 位的二级表索引访问二级页表中的二级页描述符。

（5）如果域访问位 = 01，则检查二级描述符中的页访问权限 AP 位（ap3 ～ ap0）。

（6）二级页描述符的前 20 位指定物理内存中页架的 PageFrameAddress。如果访问权限检查通过，则生成的物理地址（PA）为

```
(32-bit)PA  =  ((20-bit)PageFrameAddress  << 12)   +   (12-bit)PageIndex
```

6.7.4 大页引用的转换

大页引用的转换与小页引用的转换相似，除了以下区别。

（1）对于大页，VA = [12 位一级索引 | 8 位二级索引 | 16 位页索引]。

（2）由于页索引的高 4 位和二级页表索引的低 4 位重叠，所以大页的每个页表条目必须在二级页表中的连续内存位置中重复 16 次。对于大页，这是 ARM 分页表的特有属性。由于实际上很少使用大页，所以我们只考虑具有 4KB 页大小的小页。

6.8 内存管理示例程序

本节提供了几个编程示例，这些示例说明了如何配置 ARM MMU 以进行内存管理。

6.8.1 使用1MB的段进行一级分页

在第一个示例程序C6.1中，我们将使用1MB的段将VA空间映射到PA空间。该程序由以下组件组成：以汇编代码编写的ts.s文件和以C语言编写的t.c文件，它们被（交叉）编译链接到二进制可执行文件t.bin。当在QEMU下的仿真Versatilepb板上运行时，它将加载到0x10000并从那里开始运行。该程序支持以下I/O设备：用于显示的LCD、用于输入的键盘、用于串行端口I/O的UART以及计时器。由于此处的目的是演示内存管理，所以我们将集中介绍如何为虚拟地址空间设置MMU。ARM Versatilepb板支持256MB RAM和2MB I/O空间（从256MB开始）。在此程序中，我们将使用1MB的段来创建由低258MB虚拟地址空间到低258MB物理地址空间的恒等映射。下面列出了C6.1程序的代码。

（1）ts.s文件。

```
//———————— 程序C6.1的ts.s文件 ————————
    .text
.code 32
.global vectors_start, vectors_end
.global reset_handler, mkptable
.global get_fault_status, get_fault_addr, get_spsr

reset_handler:
  LDR sp, =svc_stack_top          // 设置SVC堆栈
  BL fbuf_init                    // 初始化LCD以进行显示
  BL copy_vector_table            // 将向量表复制到PA 0

//(m1)：使用C代码中的1MB段来构建一级页表
  BL mkptable
// (m2)：将TTB寄存器设置为0x4000
  mov r0, #0x4000
  mcr p15, 0, r0, c2, c0, 0   // 设置TTB寄存器
  mcr p15, 0, r0, c8, c7, 0   // 刷新TLB

//(m3)：设置domain0 01=client(检查权限) 11=master(不检查)
  mov r0,#1                   // 01用于客户端模式
  mcr p15, 0, r0, c3, c0, 0


//(m4)：启用MMU
  mrc p15, 0, r0, c1, c0, 0   // 将c1放入r0
  orr r0, r0, #0x00000001     // 将bit0设置为1
  mcr p15, 0, r0, c1, c0, 0   // 写入c1
  nop                         // 等待MMU完成的时间
  nop
  nop
  mrc p15, 0, r2, c2, c0, 0   // 将TLB基址寄存器c2读入r2
  mov r2, r2

//进入ABT模式以设置ABT堆栈
```

```
    MSR cpsr, #0x97
    LDR sp, =abt_stack_top
  //进入 UND 模式以设置 UND 堆栈
    MSR cpsr, #0x9B
    LDR sp, =und_stack_top
  //进入 IRQ 模式以设置 IRQ 堆栈并启用 IRQ 中断
    MSR cpsr, #0x92              // 写入 cspr,因此现在处于 IRQ 模式
    LDR sp, =irq_stack_top       // 设置 IRQ 堆栈指针
  // 以 SVC 模式返回
    MSR cpsr, #0x13              //启用了 IRQ 的 SVC 模式
  //在 SVC 模式下调用 main( )
    BL main
    B .
  swi_handler:                   // 虚拟 swi_handler,尚未使用
  data_handler:
    sub lr, lr, #4
    stmfd sp!, {r0-r12, lr}
    bl data_chandler             // 在 C 中调用 data_chandler( )
    ldmfd sp!, {r0-r12, pc}^
  irq_handler:
    sub lr, lr, #4
    stmfd sp!, {r0-r12, lr}
    bl irq_chandler
    ldmfd sp!, {r0-r12, pc}^
  vectors_start:
    LDR PC, reset_handler_addr
    LDR PC, undef_handler_addr
    LDR PC, swi_handler_addr
    LDR PC, prefetch_abort_handler_addr
    LDR PC, data_abort_handler_addr
    B .
    LDR PC, irq_handler_addr
    LDR PC, fiq_handler_addr
    reset_handler_addr:              .word reset_handler
    undef_handler_addr:              .word undef_handler
    swi_handler_addr:                .word swi_handler
    prefetch_abort_handler_addr:     .word prefetch_abort_handler
    data_abort_handler_addr:         .word data_handler
    irq_handler_addr:                .word irq_handler
    fiq_handler_addr:                .word fiq_handler
  vectors_end:
  get_fault_status:                  // 读取并返回 MMU 寄存器 5
    MRC p15,0,r0,c5,c0,0             // 读取 DFSR c5
    mov pc, lr
  get_fault_addr:                    // 读取并返回 MMU 寄存器 6
    MRC p15,0,r0,c6,c0,0             // 读取 DFAR
    mov pc, lr
  get_spsr:                          // 获取 SPSR
    mrs r0, spsr
    mov pc, lr
  // ----------- 程序 C6.1 ts.s 文件结束 ------------
```

ts.s 文件的说明：由于程序是不用虚拟地址编译链接的，所以可以在 MMU 关闭的复位过程中直接执行程序代码。因此，我们可以在程序启动时调用 C 代码中的函数。在进入 reset_handler 时，它首先设置 SVC 模式堆栈指针。然后调用 C 中的函数以初始化 LCD 用于显示，并将向量表复制到地址 0。接下来设置页表，并启用 MMU 以进行从 PA 到 VA 的地址转换。这些步骤被标记为（m1）到（m4），下面将更详细地解释这些步骤。

- （m1）：在 C 中调用 mkptable( ) 以使用 1MB 的段来建立一级页表。QEMU 下的仿真 Versatilepb 板支持 256MB RAM 和 2MB I/O 空间（位于 256MB）。设置一级页表以创建低 258MB VA 到 PA 的恒等映射，其中包括 256MB RAM 和 2MB I/O 空间。对于 AP = 01（客户端），domain= 0000 CB = 00（禁用了 D 缓存和 W 缓冲区），每个段描述符的属性设置为 0x412；对于 1MB 的段，类型设置为 01。
- （m2）：将转换表基址寄存器（TTBR）设置为指向页表。
- （m3）：将域 0 的访问位设置为 01（客户端），以确保只能在特权模式下访问该域。或者，我们也可以将域访问位设置为 11（管理员模式），以允许在任何模式下进行访问而无须进行域权限检查。
- （m4）：启用 MMU 以进行地址转换。

在进行这些步骤之后，每个虚拟地址（VA）都映射到一个物理地址（PA）。在这种情况下，由于恒等映射，两个地址相同。ts.s 代码的其余部分执行以下操作。该程序在 SVC 模式下运行，但它可能会进入 IRQ 模式以处理 IRQ 中断。它还可以进入数据中止模式以处理数据中止异常。因此，它将为各种模式初始化堆栈指针。然后在启用 IRQ 中断的 SVC 模式下调用 main( )。

（2）t.c 文件。

```
/**************程序 C6.1 的 t.c 文件**************/
#include "type.h"
#include "string.c"
#include "uart.c"
#include "kbd.c"
#include "timer.c"
#include "vid.c"
#include "exceptions.c"

/* 使用 1 MB 的段设置 MMU 以将 VA 映射到 PA */
// Versatilepb: 256 MB RAM  +  2 MB I/O段(位于 256 MB)
/**************          一级段描述符          ****************
 |31          20|19       12|--|9|8765|4|32|10|
 |    段地址     |          |AP|0|DOMN|1|CB|10|
 |              |000000000|01|0|0000|1|00|10|   =   0x412
 |                          KRW  dom0         |
**************************************************************/
int mkptable()    // 使用 1 MB 段构建一级 pgtable
{
  int i, pentry, *ptable;
  printf("1. build level-1 pgtable at 16 KB\n");
  ptable  =  (int *)0x4000;
  for (i = 0; i < 4096; i ++){ // 将 pgtable 归零
    ptable[i]  =  0;
  }
  printf("2. fill 258 entries of pgtable to ID map 258 MB VA to PA\n");
```

```
    pentry  =  0x412;  // AP = 01,domain = 0000, CB = 00, type = 02(代表段)
    for (i = 0; i < 258; i ++){ // 258 个一级页表条目
      ptable[i]  =  pentry;
      pentry  += 0x100000;
    }
    printf("3. finished building level-1 page table\n");
    printf("4. return to set TTB, domain and enable MMU\n");
}
int data_chandler() // 数据中止处理程序
{
    u32 fault_status, fault_addr, domain, status;
    int spsr  =  get_spsr();
    printf("data_abort exception in ");
    if ((spsr & 0x1F) ==0x13)
       printf("SVC mode\n");
    fault_status  =  get_fault_status();
    fault_addr    =  get_fault_addr();
    domain  =  (fault_status & 0xF0)  >> 4;
    status  =  fault_status & 0xF;
    printf("status   =  %x: domain = %x status = %x (0x5 = Trans Invalid)\n",
            fault_status, domain, status);
    printf("VA addr  =  %x\n", fault_addr);
}
int copy_vector_table(){
     u32 *vectors_src  =  &vectors_start;
     u32 *vectors_dst  =  (u32 *)0;
     while(vectors_src  <  &vectors_end)
        *vectors_dst ++  =  *vectors_src ++;
}
int irq_chandler() // IRQ 中断处理程序
{
    // 读取 VIC、SIC 状态寄存器以确定是什么中断
    int vicstatus  =  VIC_STATUS;
    int sicstatus  =  SIC_STATUS;
    if (vicstatus & (1 << 4))
        timer0_handler();
    if (vicstatus & (1 << 12))
        uart0_handler();
    if (vicstatus & (1 << 31) && sicstatus & (1 << 3))
        kbd_handler();
}
int main()
{
    int i, *p;
    char line[128];
    kbd_init();
    uart_init();
    VIC_INTENABLE |=  (1 << 4);   // timer0 在 4
    VIC_INTENABLE |=  (1 << 12);  // UART0 在 12
    VIC_INTENABLE  =  1 << 31;    // SIC 到 VIC 的 IRQ31
    UART0_IMSC  =  1 << 4;        // 启用 UART RX 中断
```

```
    SIC_ENSET   =  1 << 3;          // KBD int = 3 在 SIC 上
    SIC_PICENSET  =  1 << 3;        // KBD int = 3 在 SIC 上
    kbd- > control  =  1 << 4;
    timer_init();   timer_start(0);
    printf("test MMU protection: try to access VA = 0x00200000\n");
    p  =  (int *)0x002000000; *p  =  123;
    printf("test MMU protection: try to access VA = 0x02000000\n");
    p  =  (int *)0x020000000; *p  =  123;
    printf("test MMU protection: try to access VA = 0x20000000\n");
    p  =  (int *)0x20000000;  *p  =  123;
    while(1){
      printf("main running Input a line: ");
      kgets(line);
      printf("  line  =  %s\n", line);
    }
}
```

t.c 文件包含程序的主要功能。它首先初始化设备驱动程序和 IRQ 中断处理程序。然后，它通过尝试访问无效的虚拟地址（生成 data_abort 异常）来演示内存保护。在数据中止处理程序 data_chandler( ) 中，它读取 MMU 的数据故障寄存器 c5 和故障地址寄存器 c6 以显示异常原因（域无效）以及导致异常的 VA。注意，当发生数据中止异常时，PC-8 指向导致异常的指令。在数据中止处理程序中，如果我们将链接寄存器调整为 –8，则它将再次返回到同一错误指令，从而导致无限循环。因此，我们将返回 PC 调整为 –4，以允许执行继续。

（3）**链接器和 mk 脚本文件 t.ld**：这是标准的链接器脚本。它定义程序的入口点，并将内存区域分配为特权模式堆栈。

（4）**编译链接命令**：这是一个 sh 脚本，用于（交叉）编译 .s 和 .c 文件。程序的起始虚拟地址为 0x10000。

```
arm-none-eabi-as -mcpu = arm926ej-s -g ts.s -o ts.o
arm-none-eabi-gcc -c -mcpu = arm926ej-s -g t.c -o t.o
arm-none-eabi-ld -T t.ld ts.o t.o -Ttext = 0x10000 -o t.elf
arm-none-eabi-objcopy -O binary t.elf t.bin
```

（5）**在 QEMU 下运行程序**：

```
qemu-system-arm -M versatilepb -m 256 M -kernel t.bin -serial mon:stdio
```

（6）**示例输出**：图 6.7 展示了运行 C6.1 程序的示例输出。如图所示，尝试访问任何无效的 VA 会生成数据中止异常。

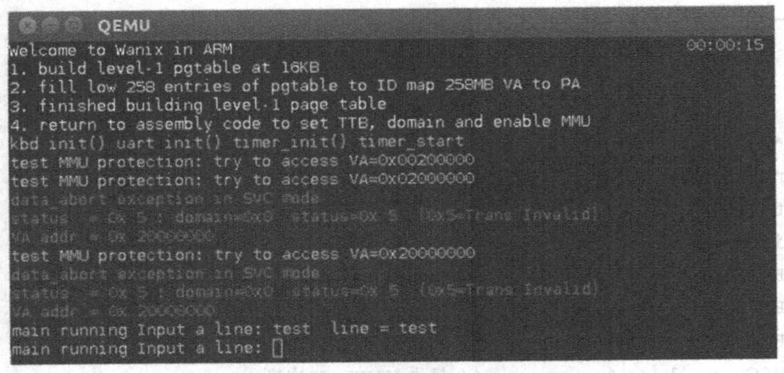

图 6.7　使用 1MB 段的内存管理

6.8.2 使用 4KB 的页进行二级分页

第二个 MMU 示例程序 C6.2 使用二级分页。它由以下组件组成。

（1）**ts.s 文件**：这与程序 C6.1 的 t.s 文件相同。在启动期间，它将在 C 中调用 mkptable( ) 来设置二级页表。然后，它设置 TTB 和域访问权限位并启用 MMU。然后在 SVC 模式下调用 main( )。

（2）**t.c 文件**：除了修改的 mkptable( ) 函数外，它与程序 C6.1 的 t.c 文件相同。它不是使用 1MB 的段来构建一级页表，而是构建一级页表及与其关联的二级页表以进行二级分页。为了简洁起见，我们仅展示修改后的 mkptable( ) 函数。

```
int mkptable()      // 为二级分页建立二级 pgtable
{
  int i, j, pentry, *ptable, *pgtable, paddr;
  printf("Welcome to Wanix in ARM\n");
  ptable  =  (int *)0x4000;
  pentry  =  0x412;
  printf("1. build level-1 pgtable at 16 KB to map 258 MB VA to PA\n");
  for (i = 0; i < 4096; i ++){  // 将 4096 个条目归零
      ptable[i]  =  0;
  }
  printf("2. fill 258 entries in level-1 pgdir with 258 pgtables\n");
  for (i = 0; i < 258; i ++){    // 假设 256 MB RAM + 2 MB I/O 空间,位于 256 MB
     ptable[i]  =  (0x500000  +  i*1024) | 0x11; // domain = 0,CB = 00,type = 01
  }
  printf("3. build 258 level-2 pgtables at 5 MB\n");
  for (i = 0; i < 258; i ++){              // 258 个页表
    pgtable  =  (u32 *)((u32)0x500000  +  (u32)i*1024);
    paddr  =  i*0x100000 | 0x55E;   // 所有 AP = 01|01|01|01|CB = 11|type = 10
    for (j = 0; j < 256; j ++){           // 256 个条目,均指向 4 KB PA
      pgtable[j]  =  paddr  +  j*4096; // 增加 4 KB
    }
  }
  printf("4. finished building Two-level Page tables\n");
  printf("5. return to assembly to set TTB, domain and enable MMU\n");
}
```

图 6.8 展示了运行 C6.2 程序的示例输出，该示例演示了二级分页。当程序启动时，它首先以 5 个步骤构建二级页表。然后，它通过尝试访问某些 VA 位置来测试内存保护。如图所示，尝试访问 VA = 0x00200000（2MB）和 VA = 0x02000000（16MB），不会引起任何数据中止异常，因为两者都在内核的 258MB VA 空间内。但是，对于 VA = 0xA0000000，它会生成一个 data_abort 异常，因为 VA 在内核的 258MB VA 空间之外。

6.8.3 具有高 VA 空间的一级分页

第三个 MMU 程序 C6.3 使用 1MB 的段将虚拟地址空间映射到 0x80000000（2GB）。该程序将由 QEMU 加载到物理地址 0x10000。它与起始虚拟地址 0x80010000 编译链接。由于程序是使用虚拟地址编译的，因此在设置页表并启用 MMU 以将 VA 映射到 PA 之前，我们无法调用程序中的任何 C 代码函数。因此，在 MMU 关闭时，复位期间必须在汇编代码中构建初始页表。程序启动时，我们首先建立一个初始页表，以恒等映射最低的 1MB VA 到 PA。这是因为向量表位于物理地址 0 处，而异常处理程序的入口点位于向量表的 4KB 以内。除了恒等映射低 1MB，我们还填充了页表条目 2048 ～ 2295，以将虚拟地址空间 VA =(0x80000000,0x80000000 + 258MB) 映射到低 258MB 的 PA。接下来，我们启用 MMU 以启动从 VA 到 PA 地址的转换。然后我们使用 C 在 0x80000000 + main 的 VA 调用 main( )。由于整个程序驻留在最低的 1MB 物理内存中，因此我们也可以使用其 PA 调用 main( )。下面列出了汇编代码。

```
QEMU
Welcome to Wanix in ARM                                                  00:00:34
1. build two-level page tables at 16KB to ID map low 258MB VA to PA
2. fill 258 entries in level-1 pgdir with 258 pgtables
3. build 258 level-2 pgtables at 5MB
4. finished building Two-level Page tables
5. return to assembly code to set TTB, domain and enable MMU
kbd init() uart init() timer_init() timer_start
main running at 0x 12F0C  using 2-level paging
test MMU protection: try to access VA=0x00200000
test MMU protection: try to access VA=0x02000000
test MMU protection: try to access VA=0xA0000000
data_abort exception in SVC mode
status  = 0x 805 : domain=0x0  status=0x 5  (0x5=Trans Invalid)
VA addr = 0x A0000000
main running Input a line: test  line = test
main running Input a line:
```

图 6.8　使用二级分页的内存管理

（1）ts.s 文件。

```
// ---------------------- 程序 C6.3 的 ts.s 文件 ----------------------
           .text
.code 32
.global reset_handler, vectors_start, vectors_end
.global get_fault_status, get_fault_addr
reset_handler:                 // 入口点
// Versatilepb: 256 MB RAM, 2 个 1 MB I/O 段位于 256 MB
// 在 0x4000(16 KB) 处将 ptable 清除为 0
  mov r0, #0x4000             // ptable 在 0x4000 = 16 KB
  mov r1, #4096               // 4096 个条目
  mov r2, #0                  // 全部用 0 填充
1:
  str  r2, [r0], #4           // 将 r3 存储到 [r0]; 将 r0 增加 4
  subs r1, r1, #1             // r1-; 设置条件标志
  bgt 1b                      // 循环 r1 = 4096 次
//(m1): ptable[0] 恒等映射低 1 MB 的 VA 至 PA
//       ptable[2048-2295] 映射 VA = [2 GB,2 GB + 258 MB] 到低 258 MB PA 上
  mov r0, #0x4000
  mov r1, r0
  add r1, r1, #(2048*4)      // ptable [] 中的条目 2048
  mov r2, #256               // r2 = 256
  add r2, r2, #2             // r2 = 258 个条目
  mov r3, #0x100000          // r3 = 1 M 增加
  mov r4, #0x400             // r4 = AP = 01 (KRW, user no) AP = 11: both KU r/w
  orr r4, r4, #0x12          // r4  =  0x412 (OR 0xC12 if AP = 11)
  str r4, [r0]               // ptable[0]  =  0x412
```

```
// ptable[2048-2257]映射到低258 MB PA
2:
   str r4, [r1], #4         // 将r4存储到[r1]；将r1增加4
   add r4, r4, r3           // 将r4增加1 M
   subs r2,r2, #1           // r2-
   bgt 2b                   // 循环r2 = 258次

//(m2):将指向pgtable的TTB寄存器设置为0x4000
  mov r0, #0x4000
  mcr p15, 0, r0, c2, c0, 0  // 使用PA = 0x4000设置TTBR
  mcr p15, 0, r0, c8, c7, 0  // 刷新TLB

//(m3):设置 domain0: 01 = client(check permission)11 = manager(no check)
  mov r0, #0x1                 // b01 for CLIENT
  mcr p15, 0, r0, c3, c0, 0    // 写入域寄存器c3

//(m4):启用MMU
  mov r0, #0x1
  mrc p15, 0, r0, c1, c0, 0    // 将控制寄存器读取到r0
  orr r0, r0, #0x00000001      // 将r0的bit0设置为1
  mcr p15, 0, r0, c1, c0, 0    // 写控制寄存器c1 ==> MMU on
  nop
  nop
  nop
  mrc p15, 0, r2, c2, c0, 0     // 将TLB基址寄存器c2读入r2
  mov r2, r2                    // 允许MMU完成的时间
//将SVC堆栈设置为svc_stack[]的高端
  LDR r0, = svc_stack        // r0指向svc_stack[]
  ADD r1, r0, #4096         // r1->svc_stack[]的高端
  MOV sp, r1
//设置IRQ堆栈并启用IRQ中断
  MSR cpsr, #0x92         //写入cspr
  ldr sp, = irq_stack //t.c中的u32 irq_stack[1024]
  add sp, sp, #4096       //确保是2 GB的VA
//设置ABT堆栈*/
  MSR cpsr, #0x97
  LDR sp, = abt_stack_top
//返回SVC模式
  MSR cpsr, #0x93         // SVC模式且IRQ已关闭
  BL  copy_vector_table     //将向量表复制到PA 0
  MSR cpsr, #0x13         //具有IRQ开启的SVC模式
  BL main                 //在C中调用main()
  B .
data_handler:
  sublr, lr, #4
  stmfd sp!, {r0-r12, lr}  // 将寄存器保存在abt_stack中
  bldata_chandler          // 在C中调用data_chandler
  ldmfd sp!, {r0-r12, pc}^ // 弹出abt_stack并返回
irq_handler:               // IRQ中断入口点
  sublr, lr, #
```

```
  stmfd sp!, {r0-r12, lr}  //将寄存器保存在irq_stack中
  bl  irq_chandler         //在C中调用irq_chandler( )
  ldmfd sp!, {r0-r12, pc}^ //弹出寄存器并返回
getsp:                     //返回当前sp
  mov r0, sp
  mov pc, lr
svc_entry:                      //伪SVC条目,尚未使用
vectors_start:                  //向量表
  LDR PC, reset_handler_addr
  LDR PC, undef_handler_addr
  LDR PC, svc_handler_addr
  LDR PC, prefetch_abort_handler_addr
  LDR PC, data_abort_handler_addr
  B .
  LDR PC, irq_handler_addr
  LDR PC, fiq_handler_addr
  reset_handler_addr:          .word reset_handler
  undef_handler_addr:          .word undef_handler
  svc_handler_addr:            .word svc_entry
  prefetch_abort_handler_addr: .word prefetch_abort_handler
  data_abort_handler_addr:     .word data_handler
  irq_handler_addr:            .word irq_handler
  fiq_handler_addr:            .word fiq_handler
vectors_end:
// 其他实用程序功能:未显示
//————————— ts.s 文件结束 —————————
```

如前所述,我们将重点放在设置MMU的代码上,它们被标记为(m1)到(m4)。

- (m1):进入后,它首先使用1MB的段在0x4000(16KB)上建立一个一级页表。页表的条目0 ptable [0]用于将向量表要求的最低1MB VA映射到PA。然后,使用段描述符将页表条目ptable [2048]填充到ptable [2048 + 258],将VA =(0x80000000,0x80000000 + 258MB)映射到低258MB PA。每个段描述符的属性字段设置为AP = 01(客户端),domain = 0000,CB = 00(D缓存和W缓冲区关闭)并且type= 10(段)。
- (m2):设置一级页表后,它将TTBR设置为位于0x4000的页表。
- (m3):将客户端模式的domain0访问位设置为01。
- (m4):然后启用MVA进行VA到PA的转换。

启用MMU后,它就可以调用C语言中的函数,这些函数使用从0x80010000开始的虚拟地址进行编译。它为各种模式设置堆栈,将向量表复制到地址0,并在SVC模式下调用main( )。

(2)t.c文件。

```
/*************    程序C6.3的t.c文件    ************/
#include "type.h"
#include "string.c"
#include "uart.c"
#include "kbd.c"
```

```
#include "timer.c"
#include "vid.c"
#include "exceptions.c"
int irq_chandler()      { //与程序 C6.2 相同 }
int copy_vector_table(){ //与程序 C6.2 相同 }
extern int reset_handler();
int svc_stack[1024], irq_stack[1024]; // VA 中的 SVC 和 IRQ 堆栈
int g; // 显示 VA 的全局变量
int main()
{
   int a, sp, *p;
   char line[128];
   fbuf_init();
   kbd_init();
   uart_init();
   timer_init(); timer_start(0);
   //启用设备 IRQ 中断：与之前相同
   printf("Welcome to WANIX in Arm\n");
   printf("Demonstration of one-level sections VA = 0x80000000(2G)\n");
   printf("main running at VA = %x using level-1 1 MB sections\n", main);
   printf("reset_handler  =  %x\n", reset_handler);
   printf("data_chandler  =  %x\n", data_chandler);
   printf("SVC stack pointer   =  %x\n", getsp());
   printf("global variable g at %x\n", &g);
   printf("local  variable a at %x\n", &a);
   printf("test MMU protection: try to access VA = 0x80200000\n");
   p  =  (int *)(0x80200000);  a  =  *p;
   printf("test MMU protection: try to access VA = 0x200000\n");
   p  =  (int *)0x200000;       a  =  *p;
   printf("test MMU protection: try to access VA = 0xA0000000\n");
   p  =  (int *)0xA0000000;     a  =  *p;
   while(1){
     printf("enter a line at %x: ", line);
     kgets(line);
     printf("  line = %s\n", line);
   }
}
```

t.c 代码的说明：在 main( ) 中，我们显示某些函数和变量的 VA，以表明它们在 2GB（0x80000000）以上的虚拟地址范围内。然后，我们通过尝试访问一些无效的 VA 来验证 MMU 的内存保护机制，这将生成数据中止异常。在 data_abort_handler( ) 中，我们读取并显示 MMU 的 fault_status 和 fault_addr 寄存器，以显示原因以及导致异常的无效 VA。

（3）**起始虚拟地址**：为了使用从 0x80000000 开始的虚拟地址，将编译链接命令修改为：

```
arm-none-eabi-as -mcpu = arm926ej-s ts.s -o ts.o
arm-none-eabi-gcc -c -mcpu = arm926ej-s t.c -o t.o
arm-none-eabi-ld -T t.ld vector.o ts.o t.o -Ttext = 0x80010000 -o t.elf
```

（4）**其他修改**：由于起始 VA = 0x80000000，所有 I/O 设备的基址必须更改为虚拟地址。这些通过 VA(x) 宏来完成：

```
#define VA(x)  (0x80000000  +  (u32)x)
```

这会将 0x80000000 添加到其内存映射中的基址。

（5）**程序 C6.3 的示例输出**：图 6.9 展示了运行 C6.3 程序的示例输出。如图 6.9 所示，VA 范围大于 0x80000000，任何尝试访问无效 VA 的尝试都会产生 data_abort 异常。

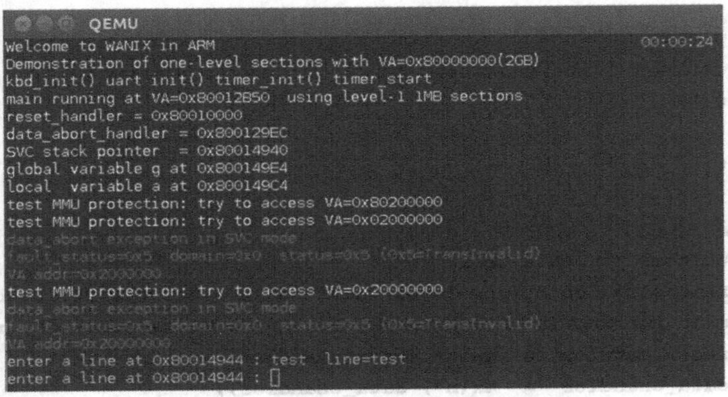

图 6.9　高 VA 空间的一级分页演示

6.8.4　具有高 VA 空间的二级分页

示例程序 C6.4 使用二级分页，虚拟地址空间从 0x80000000（2GB）开始。由于该程序将在物理地址 0x10000 处加载并从那里运行，因此它以起始 VA = 0x80010000 进行编译链接。与程序 C6.3 相似，我们必须设置页表并在程序启动时以汇编代码启用 MMU。由于在汇编代码中构建页表非常烦琐，因此我们将分两个步骤进行。在第一步中，我们建立了一个初始的一级页表，使用 1MB 的段映射到 VA =(2GB, 2GB + 258MB) 范围，这与程序 C6.3 完全相同。当启用 MMU 进行地址转换后，我们在 C 中调用一个函数以使用 4KB 的小页在 32KB 处构建一个新的一级页表（pgdir），并在 5MB 处构建与其相关的二级页表。然后，我们将 TTB 切换到新的一级页表并刷新 TLB，从而将 MMU 从一级分页切换到二级分页。下面展示了示例程序 C6.4 的代码。

（1）**ts.s 文件**：ts.s 文件与程序 C6.3 的文件相同，只是添加了 switchPgdir 函数，如下所示。

```
switchPgdir: // 将 pgdir 切换到 r0 中传递的新 pgdir
  mcr p15, 0, r0, c2, c0, 0     // 将 TTBase 设置为 C2
  mov r1, #0
  mcr p15, 0, r1, c8, c7, 0     // 刷新 TLB
  mcr p15, 0, r1, c7, c10, 0    // 刷新 I 和 D 缓存
  mrc p15, 0, r2, c2, c0, 0     // 读取 TLB 基址寄存器 C2
  // 设置 domain0: 01 = client(check permission) 11 = manager(no check)
  mov r0, #0x1                  // b01 for CLIENT
  mcr p15, 0, r0, c3, c0, 0     // 写入域寄存器 C3
  mov pc, lr                    // 返回
```

（2）**tc 文件**：t.c 文件与程序 C6.3 的相同，只是添加了 mkPtable( ) 函数，该函数在 32KB 处创建新的一级页表（pgdir），并在 5MB 处创建相关的二级页表。然后，它将 TTB 切换到新的 pgdir，以使 MMU 使用二级分页。新的 pgdir（32KB）和二级页表（5MB）的选择是相当随意的。它们可以在物理内存的任何位置构建。

```
int mkPtable()
{
   int i, j, paddr, *pgdir, *pgtable
   printf("1. build two-level page tables at 32 KB\n");
   pgdir  =  (int *)VA(0x8000);  // 0x80000000
   for (i = 0; i < 4096; i ++){  // 将 4096 个条目归零
      pgdir[i]  =  0;
   }
   // 在 5 MB 的位置建立新的 pgtable
   printf("2. fill 258 entries in level-1 pgdir with 258 pgtables\n");
   for (i = 0; i < 258; i ++){   // 假设 256 MB RAM; 2 个 I/O 段
      pgdir[i + 2048]  =  (int)(0x500000  +  i*1024) | 0x11;
      // 描述符属性 = 0x11: DOMAIN = 0,CB = 00,type = 01
   }
   printf("3. build 258 level-2 pgtables at 5 MB\n");
   for (i = 0; i < 258; i ++){
      pgtable  =  (int *)(VA(0x500000)  +  (int)i*1024);
      paddr  =  i*0x100000 | 0x55E; // APs = 01|01|01|01|CB = 11|type = 10
      for (j = 0; j < 256; j ++){ // 256 个条目,每个指向 4 KB PA
         pgtable[j]  =  paddr  +  j*4096; // inc by 4 KB
      }
   }
   pgdir[0]  =  pgdir[2048]; // pgdir[0] 和 pgdir[2048]- >低 1 MB PA
   printf("4. switch to pgdir at 0x8000 (32 KB) .... ");
   switchPgdir(0x8000);
   printf("switchPgdir OK\n");
}
```

（3）**程序 C6.4 的示例输出**：图 6.10 展示了运行 C6.4 程序的示例输出。

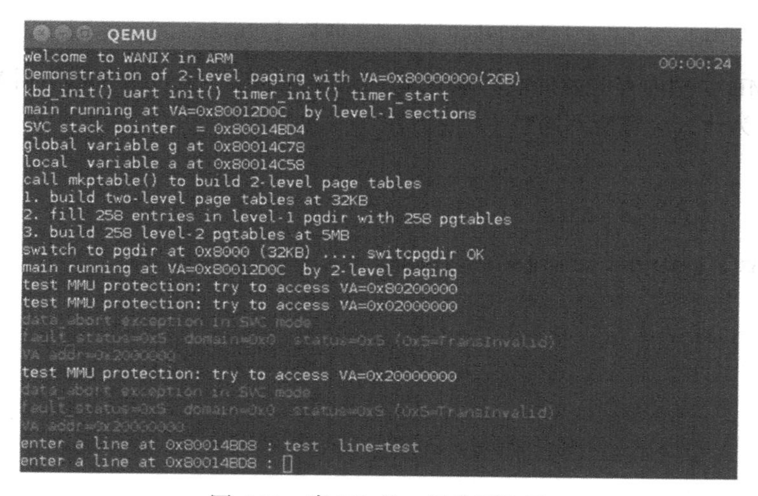

图 6.10 高 VA 的二级分页演示

6.9 本章小结

本章介绍了ARM内存管理单元（MMU）和虚拟地址空间映射。详细介绍了ARM MMU，并展示了如何使用一级和二级分页来配置MMU以进行虚拟地址映射。此外，还介绍了低VA空间映射和高VA空间映射之间的区别。本章不仅讨论了原理，还通过完整的示例程序示例演示了各种虚拟地址映射。

示例程序列表

C6.1：使用1MB的段进行一级分页，并将VA映射为低

C6.2：使用4KB的页进行二级分页，并将VA映射为低

C6.3：使用1MB的段进行一级分页，并将VA映射为高

C6.4：使用4KB的页进行二级分页，并将VA映射为高

思考题

1. 在示例C6.1中，一级页表由C语言的mkptable( )函数构建。

（1）为什么可以用C语言建立页表？

（2）用汇编代码实现mkptable( )函数。

2. 示例程序C6.2使用4KB的小页实现二级分页。对其进行修改，以使用64KB的大页实现二级分页。

3. 在示例程序C6.3（将VA空间映射到2GB）中，当系统启动时，页表是用汇编代码而不是用C构建的。为什么需要用汇编代码构建页表？

4. 在示例程序C6.4中，该程序使用二级分页将VA映射到2GB，页表是分两个阶段构建的，全部使用C语言。页表也可以只用一步骤构建，全部使用汇编代码。

（1）尝试一步一步用汇编代码构建页表。比较两种方法所需的编程工作量。

（2）C6.4的mkPtable( )函数包含代码行

```
pgdir  =  (int *)VA(0x8000);  // pgdir 在 32 KB
```

它将一级页表设置在32KB的物理内存中，并且

```
pgdir[i + 2048]  =  (int)(0x500000  +  i*1024) | 0x11;
```

它用从5MB物理内存开始的页架填充了一级页描述符。第一行代码使用VA，而第二行代码使用PA。为什么会有所不同？

参考文献

ARM MMU: ARM926EJ-S, ARM946E-S Technical Reference Manuals, ARM Information Center 2008.

用户模式进程和系统调用

7.1 简介

在第 5 章，我们为进程管理开发了一个简单的单处理器内核。该内核支持动态进程创建、进程同步和进程通信。它可以用作许多简单嵌入式系统的模型。一个简单的嵌入式系统包含固定数量的进程，所有进程均在内核的同一地址空间中执行。该系统可以由事件驱动，而进程则作为执行实体。事件可以是来自硬件设备的中断、通过信号量进行的进程协作或来自其他进程的消息。这种系统的缺点是缺乏内存保护。设计不良或发生故障的进程可能会破坏共享地址空间，从而导致其他进程失败。出于可靠性和安全性的考虑，每个进程都应在一个私有虚拟地址空间中运行，该虚拟地址空间应与其他进程隔离并加以保护。为了支持具有虚拟地址空间的进程，必须使用内存管理硬件来提供虚拟地址映射和内存保护。在第 6 章中，我们详细讨论了 ARM 内存管理单元（MMU）（ARM MMU 2008），并演示了如何配置 MMU 以进行虚拟地址映射。在本章中，我们将扩展简单内核以支持用户模式进程。在扩展的内核中，每个进程都可以以两种不同的模式执行：内核模式和用户模式。在内核模式下，所有进程都在内核的同一地址空间中执行，这是不可抢占的。在用户模式下，每个进程都在私有虚拟地址空间中执行并且可以抢占。用户模式进程可能会通过异常、中断和系统调用进入内核。系统调用是一种机制，它允许用户模式进程进入内核模式以执行内核功能。当在内核中执行系统调用函数后，该进程带着所需的结果返回到用户模式（除了永不返回的退出）。为简单起见，我们将首先忽略异常，而将重点放在开发支持用户模式进程和系统调用的内核上。

7.2 虚拟地址空间映射

当嵌入式系统启动时，系统内核通常会加载到物理内存的低端，例如物理地址 0 或 16KB（在 QEMU 下的 ARM Versatilepb 虚拟机的情况下）。当内核启动时，它首先配置内存管理单元以启用虚拟地址转换。每个进程可以在两种不同的模式下运行，即内核模式和用户模式，每种模式都有不同的虚拟地址（VA）空间。当使用 32 位寻址时，总的 VA 空间范围为 4GB。我们可以将 4GB 的 VA 空间平均分为两个部分，并为每个模式分配 2GB 的 VA 空间范围。有两种创建内核和用户模式 VA 空间的方法。在*内核映射低*（KML）方案中，内核模式 VA 空间映射到低虚拟地址，而用户模式 VA 空间映射到高虚拟地址。在这种情况下，内核 VA 到 PA 的映射通常是一对一映射或恒等映射，因此每个 VA 都与 PA 相同。用户模式 VA 空间映射到 0x80000000（2GB）及以上的高虚拟地址范围。在*内核映射高*（KMH）方案中，VA 地址映射是相反的。在这种情况下，内核模式 VA 空间映射到高虚拟地址，而用户模式 VA 空间映射到低虚拟地址。从内存保护的角度来看，两种映射方案之间没有区别。但是，从编程的角度来看，其可能存在一些显著差异。例如，在 KML 方案中，内核可以用实际地址进行编译链接。当内核启动时，它可以直接在实地址模式下执行，而无须配置 MMU 来进行地址转换。相反，在 KMH 方案中，内核必须以虚拟地址进行编译链接。当内核启动时，它不能执行任何直接使用虚拟地址的代码。在这种情况下，它必须配置MMU以首先使用虚拟地址。ARM体系结构不支持浮动向量表的概念，该概念允许将向量表重新映射到任何物理内存上。在某些ARM机器上，在引导期间只能将向量表重新映射到0xFFFF0000。由于没有向量映射，向量表必须位于物理地址0处。在向量表中，Branch或LDR指令的地址范围限制为4KB。这意味着向量表和异常处理程序入口点都必须都驻留在物理内存的最低4KB。由于这些原因，我们将主要使用KML方案，因为它更自然、更简单。但是，我们还将展示如何使用KMH方案，并通过示例系统演示其与KML方案的区别。

7.3 用户模式进程

从现在开始，我们将假定一个进程可以以两种不同的模式执行：内核模式（ARM中的SVC模式）和用户模式。为了简单起见，我们将它们分别称为Kmode和Umode。每个模式都有自己的VA空间。在为虚拟地址映射配置MMU时，我们将使用KML方案，使Kmode的VA空间为从0到物理内存总量，而Umode的VA空间为从0x80000000（2GB）到Umode映像的大小。

用户模式映像

首先，我们展示如何开发用户模式进程映像。用户模式程序由一个汇编文件、us.s和一组C文件组成，接下来将对这些文件进行展示和说明。

（1）us.s文件。

```
/* ARM汇编的us.s文件 */
    .global entryPoint, main, syscall, getcsr, getAddr
    .text
    .code 32
    . global _exit // syscall(99, 0, 0 ,0) 以终止
// 进入后，r0指向Umode堆栈中的cmdline字符串
entryPoint:
    bl main
    bl _exit
syscall:        // syscall(a,b,c,d) : a,b,c,d在r0 ~ r3中传递
    swi #0
    mov pc, lr
get_cpsr:
    mrs r0, cpsr
    mov pc, lr
```

us.s文件的说明：us.s是所有Umode程序的入口。我们将很快看到，在用户模式进入us.s之前，内核已建立了程序的执行环境，其包括一个Umode堆栈。因此，在进入时，它仅调用main()。如果main()返回，它将调用_exit()，后者发出syscall(99，0，0，0)以终止。Umode进程可以通过系统调用进入内核以执行内核功能，即

```
int r  = syscall(int a, int b, int c, int d)
```

当发出系统调用时，第一个参数a是系统调用号，b、c、d是内核函数的参数，而r是返回值。在基于ARM的系统中，系统调用（或简称syscall）是由SWI指令实现的，该指令使CPU进入特权超级用户（SVC）模式。因此，内核中的进程以SVC模式运行。函数get_cpsr()返回CPU的当前状态寄存器。它用于验证进程确实在用户模式下执行（mode=

0x10）。

（2）ucode.c 文件。

```
/*********** ucode.c 文件 ***********/
#include "string.c"    // 字符串函数
#include "uio.c"       // uprintf() 等
int umenu()            // 显示命令菜单
{
  uprintf("-------------------------\n");
  uprintf("getpid getppid ps chname \n");
  uprintf("-------------------------\n");
}
// 内核的系统调用
int getpid()        { return syscall(0,0,0,0); }
int getppid()       { return syscall(1,0,0,0); }
int ps()            { return syscall(2,0,0,0); }
int chname(char *s){ return syscall(3,s,0,0); }

// 用户模式命令函数，每个函数都会发出一个 syscall
int ugetpid()
{
  int pid = getpid();
  uprintf("pid = %d\n", pid);
}
int ugetppid()
{
  int ppid = getppid();
  uprintf("ppid = %d\n", ppid);
}
int uchname()
{
  char s[32];
  uprintf("input a name string : ");
  ugetline(s); uprintf("\n");
  chname(s);
}
int ups(){ ps(); }
/** BASIC Umode I/O 是对内核的系统调用 **/
int ugetc()       {  return syscall(90,0,0,0); }
int uputc(char c){  return syscall(91,c,0,0); }
```

ucode.c 文件的说明：ucode.c 包含系统调用接口函数。当用户模式程序运行时，它首先显示一些启动信息，例如 CPU 模式和起始虚拟地址。然后，它显示一个菜单并询问用户命令。出于演示目的，每个用户命令都会向内核发出系统调用。每个系统调用都分配有一个用于标识的编号，该编号与内核中的功能相对应。系统调用编号完全取决于系统设计者的选择。由于用户模式程序在 Umode 地址空间中运行，因此它们无法直接访问内核中的 I/O 空间。因此，Umode 中的基本 I/O（例如 ugetc( ) 和 uputc( )）也是系统调用。由于所有用户模式程序都依赖于系统调用，因此所有用户模式程序都可以共享相同的 ucode.c 文件。在实际系统中，系统调用接口通常作为链接库的一部分进行预编译，链接器使用它来开发所有用户模式程序。

（3）**u1.c 文件**：这是 Umode 程序的主体。它可以用作开发其他 Umode 程序的模板。

```
/********* u1.c 文件 ************/
#include "ucode.c" // 所有用户模式程序共享相同的ucode.c
int main()
{
  int i, pid, ppid, mode;
  char line[64];
  mode = get_cpsr() & 0x1F); // 获取CPSR以确定CPU模式
  printf("CPU mode=%x\n", mode);    // 显示CPU模式
  pid  = getpid();
  ppid = getppid();
  while(1){
     printf("This is process %d in Umode at %x: parent=%d\n",
             pid, &entryPoint, ppid);
     umenu();
     uprintf("input a command : ");
     ugetline(line); uprintf("\n");
     if (!strcmp(line, "getpid"))
        ugetpid();
     if (!strcmp(line, "getppid"))
        ugetppid();
     if (!strcmp(line, "ps"))
        ups();
     if (!strcmp(line, "chname"))
        uchname();
  }
}
```

u1.c 文件的说明：u1.c 是 Umode 程序的主体。在显示 CPU 模式以确认它确实在 Umode 中执行后，其将发出系统调用以获取其 pid 和父进程的 ppid。然后，执行一个无限循环。首先，显示进程 ID 和 Umode 映像的起始虚拟地址。然后显示菜单。菜单仅包含四个命令：getpid、getppid、ps 和 chname。随着继续扩展内核，我们稍后将添加更多用户命令。每个用户命令都会调用 ucode.c 中的接口函数，后者会发出系统调用以在内核中执行 syscall 函数。例如，ps 命令使进程在内核中执行 kps( )，该命令将打印所有 PROC 状态信息。每个进程中的 PROC.name 字段都初始化为一个字符串。chname 命令行更改当前正在运行的进程的名称字符串。更改名称后，用户可以使用 ps 命令来验证结果。

（4）**mku 脚本**：mku sh 脚本用于生成二进制映像 u1.o。

```
arm-none-eabi-as -mcpu=arm926ej-s us.s -o us.o
arm-none-eabi-gcc -c -mcpu=arm926ej-s -o $1.o $1.c
arm-none-eabi-ld -T u.ld us.o $1.o -Ttext=0x80000000 -o $1.elf
arm-none-eabi-objcopy -O binary $1.elf $1
arm-none-eabi-objcopy -O elf32-littlearm -B arm $1 $1.o
cp -av $1.o ../
```

mku 脚本文件的说明：mku 脚本生成一个二进制可执行映像文件。首先，它将 us.s 和 u1.c（交叉）编译链接到具有起始虚拟地址 0x800000000（2GB）的 ELF 文件。然后，它使用 objcopy 将 ELF 文件转换为原始的二进制映像文件。在开发用于加载程序映像的加载程序之前，我们将使用二进制映像作为内核映像中的原始数据段。这是在链接脚本 t.ld 文件中完成的。

```
#------------------    链接脚本 t.ld    -----------------------
ENTRY(reset_handler)
SECTIONS
{
  . = 0x10000;
  .text : { ts.o t.o }
  .data : { ts.o(.data) t.o (.data) }
  .bss  : { *(.bss) }
  . = ALIGN(8);
  . = . + 0x1000; /* 4KB 的 irq 堆栈空间 */
  irq_stack_top = .;
  . = . + 0x1000; /* 4KB 的 ABT 堆栈内存 */
  abt_stack_top = .;
  . = . + 0x1000; /* 4KB 的 und 堆栈内存 */
  und_stack_top = .;
  . = ALIGN(1024);
 .data : { /* 将 u1.o 包含为原始数据段 */
      u1.o
  }
}
```

7.4 系统内核支持用户模式进程

系统内核由以下组件组成：中断处理程序、设备驱动程序、I/O 和队列操作功能以及进程管理功能。大多数内核组件，如中断处理程序、设备驱动程序和基本进程管理功能等已在前面的章节中介绍过。在下文中，我们将重点介绍内核的新特性。为了清楚起见，除各节标题外，我们还将使用序列号（在括号中）显示内核代码段。

7.4.1 PROC 结构

PROC 结构（在 type.h 文件中）。

```
#define NPROC      9
#define FREE       0
#define READY      1
#define SLEEP      2
#define BLOCK      3
#define ZOMBIE     4
#define SSIZE   1024

typedef struct proc{      // 字节偏移量:
  struct proc *next;      // 0
  int     *ksp;           // 4 : 不运行时保存的 Kmode sp
  int     *usp;           // 8 : 系统调用时的 Umode sp
  int     *upc;           // 12: 系统调用时的 Umode pc
  int     *ucpsr;         // 16: Umode 的 cpsr
  int     *pgdir;         // 一级页表指针
  int     status;         // FREE|READY|SLEEP|BLOCK|ZOMBIE 等
  int     priority;
  int     pid;
  int     ppid;           // 父 pid
  struct proc *parent;    // 父进程 PROC 指针
```

```
  int     event;          // 需要睡眠的事件
  int     exitCode;       // 退出代码
  char    name[64];       // 名称字段
  int     kstack[SSIZE];  // Kmode 堆栈
}PROC;
```

每个进程都用 PROC 结构表示。支持 Umode 操作的 PROC 结构中的新字段如下。

- **usp、upc、ucpsr**：当进程通过 syscall 进入内核时，其将 Umode sp、lr 和 cpsr 保存在 PROC 结构中，以便稍后返回 Umode。
- **pgdir**：每个进程都有一个由 PROC.pgdir 指向的一级页表（pgdir）。pgdir 及其关联的页表在内核模式和用户模式下定义了进程的虚拟地址空间。
- **ppid 和父 PROC 指针**：父进程 pid 和指向父 PROC 的指针。
- **exitCode**：用于以 exitCode 值终止的进程。
- **name**：用于演示系统调用的进程名称字符串。

ts.s 文件：内核的汇编代码由五个部分组成，这些部分在下面的代码清单中突出显示。

```
// ********** ts.s 文件 **************
        .text
        .code 32
.global reset_handler, vectors_start, vectors_end
.global proc, procsize
.global tswitch, scheduler, running, goUmode, switchPgdir
.global int_off, int_on, lock, unlock, get_cpsr
// 第 1 部分: reset_handler
reset_handler:
  // 将 SVC 堆栈设置为 proc[0].kstack [] 的高端
  LDR r0, =proc         // r0 指向 proc's
  LDR r1, =procsize     // r1 -> procsize
  LDR r2, [r1, #0]      // r2 =  procsize
  ADD r0, r0, r2        // r0 -> proc[0] 的高端
  MOV sp, r0
  // 进入 IRQ 模式以设置 IRQ 堆栈
  MSR cpsr, #0x92
  LDR sp, =irq_stack_top  // 设置 IRQ 堆栈
  // 进入 ABT 模式以设置 ABT 堆栈
  MSR cpsr, #0x97
  LDR sp, =abt_stack_top  // 设置 abt 堆栈
  // 进入 UND 模式以设置 UND 堆栈
  MSR cpsr, #0x9B
  LDR sp, =und_stack_top  // 设置 UND 堆栈
  // 返回 SVC 模式，将 SPSR 设置为用户模式，IRQ 开启
  MSR cpsr, #0x93         // SVC 模式
  MSR spsr, #0x10         // 在启用 IRQ 的情况下将 SPSR 设置为 Umode
  BL copy_vectors         // 将向量表复制到地址 0
  BL mkPtable             // 在 C 中创建页表
  // 初始化 MMU 控制寄存器 C1
  // bit12=1: EnIcache; bits 9-8 = RS = 11; bit2 = 1: EnDcache;
  // 默认情况下 C1 的所有其他位为 0
  LDR r0, regC1                 // 用 0x1304 加载 r0
```

```
    MCR p15, 0, r0, c1, c0, 0   // 写入 MMU 控制寄存器 C1
    // 设置页表基址寄存器，刷新 TLB
    LDR r0, MTABLE              // pgdir 在 0x4000 (16KB)
    MCR p15, 0, r0, c2, c0, 0   // 设置页表基址寄存器 C2
    MCR p15, 0, r0, c8, c7, 0   // 刷新 TLB
    // 设置 domain0: 01=client (检查权限), 11=manager (不检查)
    MOV r0, #0x1                // b01 for CLIENT
    MCR p15, 0, r0, c3, c0, 0
    // 启用 MMU: 打开控制寄存器 C1 的 bit0
    MRC p15, 0, r0, c1, c0, 0
    ORR r0, r0, #0x00000001     // 将 bit0 设置为 1
    MCR p15, 0, r0, c1, c0, 0   // 写入 c1 以启用 MMU
    nop                         // 等待 MMU 完成的时间
    nop
    nop
    BL  main                    // 在 t.c 中调用 main()
    B .                         // 如果 main() 返回，则在此处循环
MTABLE:   .word 0x4000          // MTABLE 在 16KB
regC1:    .word 0x1304          // P15 控制寄存器 c1 设置

// 第 2 部分: IRQ 和异常处理程序入口点
irq_handler:                    // IRQ 中断入口点
   SUB  lr, lr, #4              // 调整链接寄存器 lr
   STMFD sp!,{r0-r12, lr}       // 将上下文保存在 IRQ 堆栈中
   BL  irq_chandler             // 在 C 中调用 irq_handler()
   LDMFD sp!,{r0-r12, pc}^      // 弹出 IRQ 堆栈，恢复 SPSR
Data_handler:                   // 数据中止处理程序
   SUBlr, lr, #4
   STMFD sp!, {r0-r12, lr}
   BL  data_chandler
   LDMFD sp!, {r0-r12, pc}^

// 第 3 部分: 任务上下文切换，切换 pgdir
tswitch: // 在 Kmode 中的 tswitch()
   mrs   r0, cpsr               // IRQ 关闭
   orr   r0, #0x80
   msr   cpsr, r0
   STMFD sp!, {r0-r12, lr}      // 保存上下文
   LDR r0, =running             // r0=&running
   LDR r1, [r0, #0]             // r1->runningPROC
   STR sp, [r1, #4]             // running->ksp = sp
BL scheduler        // 在 C 中调用 scheduler()
   LDR r0, =running
   LDR r1, [r0, #0]             // r1->runningPROC
   LDR sp, [r1, #4]             // sp = running->ksp
   mrs   r0, cpsr               // IRQ 开启
   bic   r0, #0x80
   msr   cpsr, r0
   LDMFD sp!, {r0-r12, pc}      // 全部为 Kmode
switchPgdir:  // 在任务切换期间切换到新的 PROC 的 pgdir
  // r0 包含新 PROC 的 pgdir 的 PA
  MCR p15, 0, r0, c2, c0, 0  // 在 C2 中设置 TTB
```

```
    MOV r1, #0
    MCR p15, 0, r1, c8, c7, 0  // 刷新TLB
    MCR p15, 0, r1, c7, c10, 0 // 刷新缓存
    MRC p15, 0, r2, c2, c0, 0
    // 将域AP位设置为CLIENT模式：检查AP位
    MOV r0, #0x5              // 0101: |domain1|domain0=CLIENT
    MCR p15, 0, r0, c3, c0, 0
    MOV pc, lr                // 返回
// 第4部分：进入SVC、系统调用路由和返回用户模式
svc_entry: // r0-r3包含系统调用参数，请勿打扰stmfd sp !, {r0-r12, lr}
    ldr r4, =running      // r4=&running
    ldr r5, [r4, #0]      // r5->运行进程的PROC
    mov r6, spsr
    str r6, [r5, #16]     // 将Umode SR保存在PROC.ucpsr中，偏移量为16
// 进入SYS模式
    mrs r6, cpsr          // r6 = SVC模式cpsr
    mov r7, r6            // 在r7中保存副本
    orr r6, r6, #0x1F     // r6 = SYS模式
    msr cpsr, r6          // 将cpsr更改为SYS模式
// 现在进入SYS模式，将Umode sp、pc保存到运行的PROC中
    str sp, [r5, #8]      // 将usp保存到proc.usp，偏移量为8
    str lr, [r5, #12]     // 将upc保存到proc.upc，偏移量为12
// 返回SVC模式
    msr cpsr, r7
// 在系统调用中用Umode PC替换kstack中保存的lr
    mov r6, sp
    add r6, r6, #52       // entry 13 => offset=13*4 = 52
    ldr r7, [r5, #12]     // Umode LR在系统调用中，不在swi中
    str r7, [r6]          // 替换kstack中保存的LR
// 启用中断
    mrs r6, cpsr
    bic r6, r6, #0xC0     // I和F位为0启用IRQ、FIQ
    msr cpsr, r6
    bl  svc_handler       // 在C中调用svc_handler()
goUmode:
    ldr r4, =running      // r4=&running
    ldr r5, [r4, #0]      // r5 -> 运行的PROC
    ldr r6, [r5, #16]     // 保存的spsr
    msr spsr, r6          // 恢复此进程的spsr
// 进入SYS模式
    mrs r6, cpsr          // r6 = SVC模式cpsr
    mov r7, r6            // 在r7中保存副本
    orr r6, r6, #0x1F     // r6 = SYS模式
    msr cpsr, r6          // 更改为SYS模式
// 现在处于SYS模式
    ldr sp, [r5, #8]      // 从PROC.usp恢复Umode sp
// 返回SVC模式
    msr cpsr, r3
// 从kstack弹出寄存器并恢复Umode cpsr
    ldmfd sp!, {r0-r12, pc}^ // 弹出kstack和spsr：返回Umode
```

```
// 第 5 部分：实用程序功能
// IRQ 中断启用 / 禁用功能
int_off:            // SR = int_off()
  MRS r0, cpsr
  MOV r1, r0
  ORR r1, r1, #0x80
  MSR cpsr, r1      // r0 中的返回值 = 原始 cpsr
  MOV pc, lr
int_on:             // int_on(SR); SR 在 r0 中
  MSR cpsr, r0
  MOV pc, lr
lock:
  MRS r0, cpsr
  ORR r0, r0, #0x80
  MSR cpsr, r0
  MOV pc, lr
unlock:
  MRS r0, cpsr
  BIC r0, r0, #0x80
  MSR cpsr, r0
  MOV pc, lr
get_cpsr:              // 返回 cpsr 以验证模式
  MRS r0, cpsr
  MOV pc, lr
// 向量表：复制到 reset_handler 中的 PA 0
vectors_start:
  LDR PC, reset_handler_addr
  LDR PC, undef_handler_addr
  LDR PC, svc_handler_addr
  LDR PC, prefetch_abort_handler_addr
  LDR PC, data_abort_handler_addr
  B .
  LDR PC, irq_handler_addr
  LDR PC, fiq_handler_addr
  reset_handler_addr:           .word reset_handler
  undef_handler_addr:           .word undef_handler
  svc_handler_addr:             .word svc_entry
  prefetch_abort_handler_addr:  .word prefetch_abort_handler
  data_abort_handler_addr:      .word data_handler
  irq_handler_addr:             .word irq_handler
  fiq_handler_addr:             .word fiq_handler
vectors_end:
```

7.4.2 复位处理程序

reset_handler 包含三个步骤（如 7.4.2.1 节～ 7.4.2.3 节所示）。

7.4.2.1 异常和 IRQ 堆栈

设置堆栈（步骤 1）：假设 NPROC = 9 个 PROC，每个 PROC 在 PROC 结构中都有一个 Kmode 堆栈。系统以 SVC 模式启动。reset_handler 将 SVC 模式堆栈指针初始化为 proc[0] 的高端，从而使 proc[0].kstack 成为初始堆栈。它还将 spsr 设置为用户模式，从而使 CPU 在退出SVC模式时准备好返回到用户模式。然后，它初始化其他特权模式的堆栈指针，例如IRQ、data_abort、undef_abort等。每个特权模式（未使用的FIQ模式除外）都有一个单独的4KB堆栈区（在链接脚本文件t.ld中定义），用于中断和异常处理。

7.4.2.2　复制向量表

复制向量表（步骤2）：在复位期间，内存管理MMU关闭，向量表重新映射启用位（MMU控制寄存器c0中的V位）为0，这意味着向量表没有重新映射为0xFFFF0000。此时，每个地址都是一个物理地址。reset_handler将向量表复制到ARM CPU的向量硬件所需的物理地址0。

7.4.2.3　创建内核模式页表

创建Kmode页表（步骤3）：当初始化各种特权模式的堆栈指针后，reset_handler调用mkPtable( )来设置内核模式页表。首先，我们将使用具有1MB段的简单一级分页来创建VA到PA的恒等映射。假设256MB物理内存加上2MB I/O空间（ARM Versatilepb虚拟机的）位于256MB，则C中的mkPtable( )函数为：

```
#define PTABLE 0x4000
int mkPtable() // 创建具有1MB段的恒等映射的Ptable
{
  int i;
  int *ut = (int *)PTABLE; // PTABLE位于PA的16KB
  int entry = 0 | 0x41E;    // |AP=01|domain=0000|1|CB=11|type=10|
  for (i=0; i<258; i++){    // 假设256MB RAM + 2MB I/O空间
      ut[i] = entry;
      entry += 0x100000;    // 段大小 = 1MB
  }
}
```

对于AP = 01、domain = 0000、CB = 11和type = 10（段），页表条目的属性设置为0x41E。或者，可以将CB位设置为00，以禁用指令和数据缓存以及写缓存。整个Kmode空间被视为域0，在特权模式下R | W的权限位为01，而在用户模式下则无权访问。然后，它启用用于VA到PA地址转换的MMU。之后，MMU硬件将每个虚拟地址VA映射到物理地址PA。在这种情况下，由于恒等映射，VA和PA地址相同。其他的虚拟地址映射方案将在后面讨论。然后，它在C中调用main( )以继续内核初始化。

7.4.2.4　进程上下文切换功能

进程上下文切换：tswitch( )用于在内核中切换进程。当进程放弃CPU时，它将调用tswitch( )，将CPU寄存器保存在进程kstack中，将堆栈指针保存到PROC.ksp中，并在C中调用scheduler( )。在scheduler( )中，如果进程仍可以运行，则其按优先级进入readyQueue。然后，它从readyQueue中选择优先级最高的进程作为下一个running进程。如果下一个running进程与当前进程不同，则它将调用switchPgdir( )，将页表切换到下一个正在运行的进程。switchPgdir( )还刷新TLB，使指令和数据缓存无效，并刷新写缓冲区，以防止CPU使用属于旧进程上下文的TLB条目。为了加快地址转换进程，ARM MMU支持许多高级选项，例如锁定指令和数据缓存，使选定的TLB和缓存条目无效等。为了使系统保持简单，我们将不使用这些先进的MMU特性。

7.4.2.5　系统调用的进入和退出

系统调用的进入和退出：用户模式进程使用syscall(a，b，c，d)在内核中执行系统调用功能。在syscall( )中，它发出SWI以进入SVC模式，该模式通过SWI向量路由到SVC处理程序。

7.4.2.6 SVC 处理程序

SVC 处理程序： svc_entry 是系统调用入口点。系统调用参数 a、b、c、d 在寄存器 r0 ～ r3 中传递。进入后，进程首先将所有 CPU 寄存器保存在进程 Kmode 堆栈（PROC.kstack）中。此外，它还将 Umode sp、lr 和 cpsr 分别保存到 PROC 的 usp、upc 和 ucpsr 字段中。为了访问 Umode 寄存器，它暂时将 CPU 切换到系统模式，该模式与用户模式共享同一组寄存器。然后，它用 Umode upc 替换 kstack 中保存的 lr。这是因为保存的 lr 指向 Umode 中的 SWI 指令，而不是系统调用时的 upc。然后，它启用 IRQ 中断并在 C 中调用 svc_handler( )，该函数实际上处理了系统调用。当进程退出内核时，它将执行 goUmode( ) 以返回 Umode。在 goUmode 代码中，它首先从 PROC 中保存的 usp 和 cpsr 恢复 Umode sp 和 cpsr。然后通过以下代码返回 Umode：

```
ldmfd sp!, {r0-r12, pc}^
```

读者可能想知道为什么在系统调用期间必须保存和恢复 Umode sp 和 cpsr。原因如下。当进程进入内核时，它可能不会立即返回用户模式。例如，该进程可能会暂停在内核中并切换到另一个进程。当新进程从内核返回到用户模式时，CPU 的 usp 和 spsr 是挂起进程的，而不是当前进程的。

注意，大多数面向堆栈的体系结构中在系统调用期间自动保存和恢复用户模式堆栈指针和状态寄存器。例如，在 Intel x86 CPU（Intel 1990，1992）中，INT 指令与 ARM SWI 指令相似，两者都使进程进入内核模式。其主要区别在于，当 Intel x86 CPU 执行 INT 指令时，它将自动堆叠用户模式 [uss，usp]、uflags、[ucs，upc]，它们等效于 ARM CPU 的用户模式 SP、CPSR、LR。当 Intel x86 CPU 通过 IRET（类似于 ARM 中涉及 PC 的 ^ 操作）退出内核模式时，它将从内核模式堆栈中恢复所有已保存的 Umode 寄存器。相反，ARM 处理器在进入特权模式时不会自动堆叠任何 Umode 寄存器。系统程序员必须手动执行保存和恢复操作。

7.4.2.7 异常处理程序

异常处理程序： 目前，我们仅处理 data_abort 异常，这些异常用于演示 MMU 的内存保护功能。所有其他异常处理程序都是 while(1) 循环。下面展示了 data_abort 异常处理程序的算法。

```
/*** exceptions.c 文件：仅显示 data_abort_handler ***/
int data_chandler()
{
// 读取 MMU 寄存器 C5 = fault_status, C6 = fault_address;
// 打印 fault_address 和 fault_status;
}
```

7.4.3 内核代码

kernel.c 文件： 该文件定义内核数据结构并实现内核功能。当系统启动时，reset_handler 调用 main( )，后者调用 kernel_init( ) 以初始化内核。首先，它初始化空闲的 PROC 表和 readyQueue。然后，它创建初始进程 P0，该进程仅以最低优先级 0 在 Kmode 下运行。然后为 PROC 设置页表。当设置进程页表时，我们将假定内核的 VA 空间映射为低值，即从 0 到可用物理内存量。用户模式 VA 空间映射为高，即从 0x80000000（2GB）到 2GB + Umode 映像大小。每个 PROC 都有一个唯一的 pid（1 到 NPROC － 1）和一个一级页表指针

pgdir。进程页表在 6MB 的物理内存区域中构建。每个页表需要 4096 × 4 = 16K 字节空间。从 6MB 到 7MB 的 1MB 区域具有足够的空间来容纳 64 个 PROC 页表。每个进程（P0 除外）都有一个 6MB +(pid – 1) × 16KB 的页表。在每个页表中，低 2048 个条目定义了进程内核模式地址空间，这对所有进程都是相同的，因为它们在 Kmode 中共享相同的地址空间。页表的高 2048 个条目定义了进程 Umode 地址空间，仅在创建进程时才填充。

在下文中，我们将假设每个进程（P0 除外）在 8MB +(pid – 1) × 1MB 处具有 1MB 的 Umode 映像，例如：P1 为 8MB，P2 为 9MB，依此类推。此假设并非绝对必要。如果需要，可以采用不同的 Umode 映像尺寸。使用 1MB Umode 映像大小时，每个页表仅需要一个用于用户模式 VA 空间的条目，即条目 2048 指向进程的 1MB Umode 区域。回想一下，我们已经将内核模式存储区指定为域 0。我们将所有用户模式存储区分配给域 1。因此，我们将 Umode 页条目属性设置为 0xC3E（AP = 11，domain = 0001，CB = 11，type = 10）。域 0 的访问许可（AP）位设置为 01，以允许从 Kmode 而不是从 Umode 进行访问。但是，必须将 Umode 页表描述符或域 1（域访问控制寄存器的）的 AP 位设置为 11，以允许从 Umode 进行访问。由于在 switchPgdir( ) 中域 1 的 AP 位设置为 01，因此 Umode 页描述符的 AP 位必须设置为 11。下面列出了 kernel.c 文件代码。

```
/********* kernel.c 文件 ***********/
PROC proc[NPROC], *freeList, *readyQueue, *sleepList, *running;
int procsize = sizeof(PROC);
char *pname[NPROC]={"sun", "mercury", "venus", "earth", "mars",
                    "jupiter", "saturn", "uranus", "neptune"};
int kernel_init()
{
  int i, j;
  PROC *p; char *cp;
  int *MTABLE, *mtable, paddr;
  printf("kernel_init()\n");
  for (i=0; i<NPROC; i++){
    p = &proc[i];
    p->pid = i;
    p->status = FREE;
    p->priority = 0;
    p->ppid = 0;
    p->parent = 0;
    strcpy(p->name, pname[i]);
    p->next = p + 1;
    p->pgdir = (int *)(0x600000 + p->pid*0x4000);
  }
  proc[NPROC-1].next = 0;
  freeList = &proc[0];           // 所有 PROC 都在 freeList 中
  readyQueue = 0;
  sleepList = 0;
  // 创建并运行 P0
  running = get_proc(&freeList);
  running->status = READY;
  printList(freeList); printQ(readyQueue);
  printf("building pgdirs at 6MB\n");
  // 为 6MB 处的所有 PROC 创建 pgdir; ts.s 中的 16KB 处的 MTABLE
```

```
  MTABLE = (int *)0x4000;        // 0x4000 处的 MTABLE
  mtable = (int *)0x600000;      // mtable 从 6MB 开始
  // 每个 pgdir 必须在 16K 边界处 ==>
  // 位于 6MB 的 1MB 可以容纳 64 个 PROC 的 64 个 pgdir
  for (i=0; i<64; i++){          // 对于 64 个 PROC mtable
    for (j=0; j<2048; j++){
        mtable[j] = MTABLE[j]; // 复制 MTABLE 的低 2048 个条目
    }
    mtable += 4096;              // 将 mtable 前进到下一个 16KB
  }
  mtable = (int *)0x600000;      // PROC mtable 从 6MB 开始
  for (i=0; i<64; i++){
    for (j=2048; j<4096; j++){ // 将高端 2048 个条目归零
      mtable[j] = 0;
    }
    if (i) // 排除 P0，页属性 = 0xC3E: AP = 11, domain = 1
       mtable[2048]=(0x800000 + (i-1)*0x100000) | 0xC3E;
    mtable += 4096;
  }
}
int scheduler()
{
  PROC *old = running;
  if (running->status==READY){
     enqueue(&readyQueue, running);
  }
  running = dequeue(&readyQueue);
  if (running != old){
     // 切换到新运行的 pgdir；刷新 TLB 和 I & D 缓存
     switchPgdir((u32)running->pgdir);
  }
}
```

系统调用处理程序和内核函数

```
/*** 内核中的系统调用函数 ***/
int kgetpid() { return running->pid;  }
int kgetppid(){ return running->ppid; }
int kchname(char *s){ 从 Umode 获取 *s ; strcpy(running->name, s); }
char *pstatus[]={"FREE","READY","SLEEP","BLOCK","ZOMBIE"};
int kps()
{
  int i; PROC *p;
  for (i=0; i<NPROC; i++){
     p = &proc[i];
     printf("proc[%d]: pid=%d ppid=%d", i, p->pid, p->ppid);
     if (p==running)
        printf("%s ", "RUNNING");
     else
        printf("%s", pstatus[p->status]);
     printf(" name=%s\n", p->name);
  }
```

```
}
/********** syscall 处理程序 svc.c 文件 ***********/
int svc_handler(volatile int a, int b, int c, int d)
{
  int r = -1; // 默认的 BAD 返回值
  switch(a){
     case 0:  r = kgetpid();          break;
     case 1:  r = kgetppid();         break;
     case 2:  r = kps();              break;
     case 3:  r = kchname((char *)b); break;
     case 90: r = kgetc() & 0x7F;     break;
     case 91: r = kputc(b);           break;
     default: printf("invalid syscall %d\n", a);
  }
  running->kstack[SSIZE-14] = r; // 将 r0 保存在 kstack = r 中
}
```

函数 svc_handler( ) 本质上是一个系统调用路由器。系统调用参数 (a,b,c,d) 在寄存器 r0 ～ r3 中传递，且在所有 CPU 模式下都相同。基于系统调用编号 a，该调用被路由到相应的内核函数。kernel.c 文件在内核中实现所有系统调用函数。目前，我们的目的是演示系统调用的机制和控制流程。确切地说，系统调用函数的作用并不重要。因此，我们仅实现四个非常简单的系统调用：getpid、getppid、ps 和 chname。每个函数返回一个值 r，该值作为用户模式的返回值加载到 kstack 中保存的 r0 中。

t.c 文件：这是系统内核的主体。由于大多数系统组件（例如中断、设备驱动程序等）已经在前面的章节中进行了说明，因此我们将只关注那些以粗体突出显示的新特性。在进入 main( ) 之前，已经通过 mkPtable( ) 函数在 ts.s 中设置了内核模式页表，并且已启用 MMU 进行地址转换。由于内核模式下虚拟地址到物理地址的恒等映射，因此无须更改内核代码。当 main( ) 启动时，它将 u1 程序映像复制到 8MB 处。这是因为我们假定进程 P1 的用户模式映像位于 8MB 的物理地址，但在用户模式下它在 0x80000000 到 0x80100000（2GB 到 2GB + 1MB）的虚拟地址空间中运行。然后，它调用 kfork( ) 创建进程 P1 并切换进程以运行 P1。

```
/************   C7.1 的 t.c 文件   *************/
#include "type.h"
#include "string.c"
#include "uart.c"
#include "kbd.c"
#include "timer.c"
#include "vid.c"
#include "exceptions.c"
#include "queue.c"
#include "kernel.c"
#include "svc.c"
int copy_vectors(){ // 将向量复制到 0；如前所述；}
int mkPtable()    { // 在 0x4000 处创建 Kmode 页表；}
int irq_chandler(){ // IRQ 中断处理程序入口点；}
int main()          // 在中断关闭的情况下进入
{
   int i, usize;
```

```
  char line[128], *cp, *cq;
  /* 启用 VIC 和 SIC 设备中断 */
  VIC_INTENABLE |= (1<<4);      // Timer0 在 4
  VIC_INTENABLE |= (1<<12);     // UART0 在 12
  VIC_INTENABLE |= (1<<13);     // UART1 在 13
  VIC_INTENABLE = 1<<31;        // SIC 至 VIC 的 IRQ31
  fbuf_init();                  // LCD 驱动程序
  kbd_init();                   // KBD 驱动程序
  uart_init();                  // UART 驱动程序
  timer_init(); timer_start(0); // 计时器
  kernel_init();     // 初始化内核，创建并运行 P0
  unlock();          // 启用 IRQ 中断
  printf("Welcome to Wanix in ARM\n");
  kfork();           // 以位于 8MB 的 Umode image = u1 创建 P1
  //代码演示 MMU 保护：尝试访问无效的 VA => data_abort
  printf("P0 switch to P1 : enter a line : \n");
  kgets(line);       // 输入一行以继续
  while(1){          // P0 代码
     while(readyQueue==0); // 如果 readyQueue 为空则循环
     tswitch();      // 切换以运行任何准备好的进程
  }
}
```

7.4.3.1 使用用户模式映像创建进程

fork.c 文件：该文件实现 kfork( ) 函数，该函数在新进程的用户模式区域中创建一个带有用户模式映像 u1 的子进程。此外，它还确保新进程在运行时可以在用户模式下执行其 Umode 映像。

```
#define UIMAGE_SIZE 0x100000
PROC *kfork()
{
  extern char _binary_u1_start, _binary_u1_end;
  int usize;
  char *cp, *cq;
  PROC *p = get_proc(&freeList);
  if (p==0){
     printf("kfork failed\n");
     return (PROC *)0;
  }
  p->ppid = running->pid;
  p->parent = running;
  p->status = READY;
  p->priority = 1;        // 所有新 proc 优先级 = 1
  // 将 kstack 中所有“保存的”寄存器清除为 0
  for (i=1; i<29; i++)  // 所有的 28 个单元格 = 0
     p->kstack[SSIZE-i] = 0;
  // 将 kstack 设置为在 ts.s 中恢复为 goUmode
  p->kstack[SSIZE-15] = (int)goUmode;
  // 让保存的 ksp 指向 kstack [SSIZE-28]
  p->ksp = &(p->kstack[SSIZE-28]);
  // 将 Umode 映像加载到 Umode 内存
```

```
    cp = (char *)&_binary_u1_start;
    usize = &_binary_u1_end - &_binary_u1_start;
    cq = (char *)(0x800000 + (p->pid-1)*UIMAGE_SZIE);
    memcpy(cq, cp, usize);
    // 返回 Umode 映像中的 VA 0
    p->kstack[SSIZE-1] = (int)VA(0);
    p->usp = VA(UIMAGE_SIZE); // 空的 Umode 堆栈指针
    p->ucpsr = 0x10;          // CPU.spsr=Umode
    enqueue(&readyQueue, p);
    printf("proc %d kforked a child %d\n", running->pid, p->pid);
    printQ(readyQueue);
    return p;
}
```

kfork( ) 的说明：kfork( ) 使用用户模式映像创建一个新进程，并将其置入 readyQueue。当新进程开始运行时，它首先在内核中恢复，然后返回到用户模式以执行 Umode 映像。当前的 kfork( ) 函数与第 5 章中的相同，除了用户模式映像部分。由于这部分至关重要，因此我们将对其进行详细说明。为了使进程执行其 Umode 映像，我们可能会问一个问题：进程是如何陷入 readyQueue 的？事件的顺序必然如下。

它通过 SWI # 0 从 Umode 进行了系统调用，这导致它进入内核以执行 SVC 处理程序（在 ts.s 中），其中它使用 STMFD sp !, {r0-r12，lr} 将 Umode 寄存器保存到（空）kstack，它变为：

```
------------------------------------------------------------
|uLR|ur12 ur11 ur10 ur9 ur8 ur7 ur6 ur5 ur4 ur3 ur2 ur1|ur0|
------------------------------------------------------------
 -1   -2   -3   -4  -5  -6  -7  -8  -9  -10 -11 -12 -13 -14
```

其中前缀 u 表示 Umode 寄存器，而 *–i* 表示 SSIZE-i。它还将 Umode sp 和 cpsr 保存到 PROC.usp 和 PROC.ucpsr 中。然后，它调用 tswitch( ) 以放弃 CPU，在其中再次使用 STMFD sp !, {r0-r12，lr} 将 Kmode 寄存器保存到 kstack 中。这会向 kstack 增加一帧，其变为

```
                                                          ksp
-------goUmode--------------------------------------------|---
|KLR kr12 kr11 kr10 kr9 kr8 kr7 kr6 kr5 kr4 kr3 kr2 kr1 kr0|
--------------------------------------------------------------
-15  -16  -17  -18  -19  -20 -21 -22 -23 -24 -25 -26 -27 -28
```

其中前缀 k 表示 Kmode 寄存器。在 PROC kstack 中

kLR = 进程调用 tswitch( ) 的位置，它将在那里恢复；

uLR = 进程进行系统调用的位置，也就是返回 Umode 时它将返回的位置。

由于该进程从未真正执行过，所有其他“保存的” CPU 寄存器都无关紧要，所以可以将它们全部设置为 0。因此，我们按如下步骤初始化新进程 kstack。

（1）将 kstack 中的所有“已保存”寄存器清除为 0。

```
for (i=1; i<29; i++){ p->kstack[SSIZE-i] = 0; }
```

（2）将保存的 ksp 设置为 kstack [SSIZE-28]。

```
p->ksp = &(p->kstack[SSIZE-28]);
```

（3）设置 kLR = goUmode，以便 p 将恢复为 goUmode（在 ts.s 中）。

```
p->kstack[SSIZE-15] = (int)goUmode;
```

（4）将 uLR 设置为 VA(0)，以便在 Umode 下从 VA = 0 执行 p。

```
p->kstack[SSIZE-1] = VA(0); // Umode 映像的开头
```

（5）设置新进程 usp 指向 ustack TOP，并将 ucpsr 设成 Umode。

```
p->usp = (int *)VA(UIAMGE_SIZE); // Umode 映像的高端
p->ucpsr = (int *)0x10;          // Umode 状态寄存器
```

7.4.3.2 用户模式映像的执行

使用当前设置，当新进程开始运行时，它首先恢复到 goUmode（在 ts.s 中），其中它将 Umode sp 设置为 PROC.usp，cpsr 设置为 PROC.ucpsr。然后执行

```
ldmfd sp!, {r0-r12, pc}^
```

这会导致它在 Umode 中从 uLR = VA(0) 开始执行，即从 Umode 映像的开头开始，堆栈指针指向 Umode 映像的高端。当进入 us.s 后，它将在 C 中调用 main( )。为了验证进程确实在 Umode 中执行，需要获取 CPU 的 cpsr 寄存器并显示当前模式，该模式应为 0x10。为了测试 MMU 对内存的保护，我们尝试访问进程 1MB VA 范围之外的 VA（例如 0x80200000），以及内核空间中的 VA（例如 0x4000）。无论哪种情况，MMU 都应检测到错误并生成数据中止异常。在 data_abort 处理程序中，我们读取 MMU 的 fault_status 和 fault_address 寄存器以显示异常原因以及导致异常的 VA 地址。当 data_abort 处理程序完成时，我们让它返回 PC-4，即跳过导致 data_abort 异常的错误指令，以使进程继续进行。在实际系统中，Umode 进程犯内存访问异常的错是非常严重的事情，通常会导致进程终止。至于一般如何处理由 Umode 进程引起的异常，读者可以参考（Wang，2015）的第 9 章。

7.4.4 内核编译链接脚本

mk 脚本：生成内核映像并在 QEMU 下运行。

```
(cd USER; mku u1) # 创建二进制可执行文件 u1.o
arm-none-eabi-as -mcpu=arm926ej-s ts.s -o ts.o
arm-none-eabi-gcc -c -mcpu=arm926ej-s t.c -o t.o
arm-none-eabi-ld -T t.ld ts.o t.o u1.o -Ttext=0x10000 -o t.elf
arm-none-eabi-objcopy -O binary t.elf t.bin
qemu-system-arm -M versatilepb -m 256M -kernel t.bin
```

在链接脚本文件中，u1.o 用作内核映像中的原始二进制数据段。对于每个原始数据段，链接器导出其符号地址，例如

```
_binary_u1_start, _binary_u1_end, _binary_u1_size
```

其可用于访问已加载的内核映像中的原始数据段。

7.4.5 具有用户模式进程的内核的演示

图 7.1 展示了运行 C7.1 程序的输出屏幕。当进程开始执行 Umode 映像时，它首先获取 CPU 的 cpsr 以验证其确实在用户模式下执行（mode= 0x10）。然后，它尝试访问其 VA 空间之外的某些 VA。如图所示，每个无效的 VA 都会生成数据中止异常。当测试 MMU 的内存保护后，它将发出 syscall 以获得其 pid 和 ppid。然后，它显示一个菜单并要求执行命令。每

个命令都会发出一个 syscall，这会使进程进入内核以在内核中执行相应的 syscall 函数。它接下来返回 Umode，并提示再次执行命令。读者可以运行程序并输入命令以测试示例系统中的系统调用。

```
QEMU
                 Welcome to WANIX in Arm                        00:00:18
LCD display initialized : fbuf = 0x100000
kbd_init(): uart_init(): timer_init() timer_start: kernel_init()
freeList   = [1 ]->[2 ]->[3 ]->[4 ]->[5 ]->[6 ]->[7 ]->[8 ]->NULL
building pgdirs at 6MB
proc 0  kforked a child 1 : readyQueue = [1 1 ]->NULL
test memory protection? (y|n): y
try to access 2GB: should cause data_abort
data_abort exception in SVC mode
domain=0x0  status=0x5  addr=0x80000000
P0 switch to P1 : enter a line :
proc 0  in scheduler
readyQueue = [1 1 ]->[0 0 ]->NULL
next running = 1
switch to proc 1  pgdir at 0x604000  pgdir[2048] = 0x800C3E
test memory protection? [y|n]: y
try 0x80200000 : data_abort exception in USER mode
domain=0x0  status=0x5  addr=0x80200000
try 0x1000 : data_abort exception in USER mode
domain=0x0  status=0xD  addr=0x1000
This is process #1  in Umode at 0x800000  parent=0
---------------------------
getpid getppid ps chname
---------------------------
input a command : []
```

图 7.1　用户模式进程和系统调用的演示

7.5　具有用户模式进程的嵌入式系统

基于示例程序 C7.1，我们提出了两种不同的模型，以使嵌入式系统支持多个用户模式进程。

7.5.1　相同域中的进程

除了创建一个 Umode 映像外，我们还可以创建许多 Umode 映像，分别用 u1, u2, …, un 表示。修改链接程序脚本，以将所有 Umode 映像作为单独的原始数据段包含在内核映像中。当系统启动时，创建 n 个进程 P1, P2, …, Pn，每个进程在用户模式下执行相应的映像。将 kfork( ) 修改为 kfork(int i)，这将创建进程 Pi 并将映像 ui 加载到进程 Pi 的存储区。在基于 ARM 的系统上，按进程 PID 为每个进程分配 1MB Umode 映像区域（如 P1 位于 8MB，P2 位于 9MB，等等），从而使用最简单的内存管理方案。某些进程可能是周期性的，而其他进程可能是事件驱动的。所有进程都在 [2GB 到 2GB + 1MB] 的相同虚拟地址空间中运行，但是每个进程都有一个单独的物理内存区域，该区域与其他进程隔离，并受 MMU 硬件保护。我们通过一个例子来演示这样的系统。

7.5.2　相同域中的进程的演示

在此示例系统中，我们创建了 4 个 Umode 映像，用 u1 至 u4 表示。所有 Umode 映像都使用相同的起始虚拟地址 0x80000000 进行编译链接。它们执行相同的 ubody(int i) 函数。每个进程使用独特的进程 ID 编号调用 ubody(pid) 进行识别。当设置进程页表时，内核空间分配的域编号为 0。为所有 Umode 空间分配域编号 1。当进程开始在 Umode 中执行时，它允许用户通过尝试访问无效的虚拟地址来测试内存保护，因为这将产生内存保护错误。在数据异常中止处理程序中，它显示 MMU 的 fault_status 和 fault_addr 寄存器，以显示异常原因和故障虚拟地址。然后，每个进程执行一个无限循环，提示输入一个命令并执行该命令。每个命令调用一个系统调用接口，该接口发出一个系统调用，使进程在内核中执行系统调用函数。为了演示系统的其他功能，我们添加了以下命令。

- switch：进入内核以切换进程。
- sleep：进入内核以在进程 pid 上进入睡眠状态。
- wakeup：进入内核以通过 pid 唤醒睡眠进程。

如果需要，我们还可以使用睡眠/唤醒来实现事件驱动的进程以及进程协作。要支持和测试添加的用户模式命令，只需将它们添加到命令和 syscall 接口。

```
#include "string.c"
#include "uio.c"
int ubody(int id)
{
  char line[64]; int *va;
  int pid = getpid();
  int ppid = getppid();
  int PA = getPA();
  printf("test memory protection\n");
  printf("try VA=0x80200000 : ");
  va = (int *)0x80200000; *va = 123;
  printf("try VA=0x1000 : ");
  va = (int *)0x1000;     *va = 456;
  while(1){
    printf("Process #%d in Umode at %x parent=%d\n", pid, PA, ppid);
    umenu();
    printf("input a command : ");
    ugetline(line); uprintf("\n");
    if (!strcmp(line, "switch"))     // 仅显示添加的命令
       uswitch();
    if (!strcmp(line, "sleep"))
       usleep();
    if (!strcmp(line, "wakeup"))
       uwakeup();
  }
}
/******* u1.c file ******/ // u2.c, u3.c u4.c 相似
#include "ucode.c"
main(){ ubody(1); }
```

下面显示了（精简的）内核文件。首先，修改系统调用路由表 svc_handler( ) 以支持添加的系统调用。

```
int svc_handler(volatile int a, int b, int c, int d)
{
  int r;
  switch(a){
     case 0: r = kgetpid();            break;
     case 1: r = kgetppid();           break;
     case 2: r = kps();                break;
     case 3: r = kchname((char *)b);   break;
     case 4: r = ktswitch();           break;
     case 5: r = ksleep(running->pid); break;
     case 6: r = kwakeup((int)b);      break;
```

```
        case 92:r = kgetPA(); // 返回 runnig->pgdir[2048]&0xFFF00000;
    }
    running->kstack[SSIZE-14] = r;
}
```

在内核 t.c 文件中，当系统初始化后，它将创建 4 个进程，每个进程具有不同的 Umode 映像。在 kfork(pid) 中，它使用新的进程 pid 将相应的映像加载到进程存储区中。加载地址是 8MB 处的 P1、9MB 处的 P2、10MB 处的 P3 和 11MB 处的 P4。进程页表的设置方法与程序 C7.1 中相同。每个进程在 6MB 区域中都有一个页表。在进程页表中，条目 2048（VA = 0x80000000）指向物理内存中的进程 Umode 映像区域。

```
/***********   内核 t.c 文件     *************/
#define VA(x)  (0x80000000 + (u32)x)
int main()
{  // 像以前一样初始化内核
   for (int i=1; i<=4, i++){ // 创建 P1 至 P4
       kfork(i);
   }
   printf("P0 switch to P1\n");
   tswitch();  // 切换到运行 P1 ==> 不再返回
}
PROC *kfork(int i) // i = 1 ~ 4
{
  // 和以前一样用 pid = i 创建新的 PROC * p
  u32 *addr = (char *)(0x800000 + (p->pid-1)*0x100000);
  // 将 p 的 Umode 映像 ui 复制到 addr
  p->usp = (int *)VA(0x100000);   // 1MB VA 的高端
  p->kstack[SSIZE-1] = VA(0);     // 起始 VA = 0
  enqueue(&readyQueue, p);
  return p;
}
```

图 7.2 展示了运行 C7.2 程序的输出。它显示 switch 命令将运行进程从 P1 切换到 P2。读者可以运行系统并输入其他用户模式命令以测试系统。

```
QEMU                                                        00:00:51
domain=0x0  status=0x5  addr=0x80000000
P0 switch to P1 : enter a line :
proc 0  in scheduler
readyQueue = [1 1 ]->[2 1 ]->[3 1 ]->[4 1 ]->[0 0 ]->NULL
next running = 1
switch to proc 1  pgdir at 0x604000  pgdir[2048] = 0x800C3E
test memory protection? [y|n]: y
try 0x80200000 : data_abort exception in USER mode
domain=0x0  status=0x5  addr=0x80200000
try 0x1000 : data_abort exception in USER mode
domain=0x0  status=0xD  addr=0x1000
This is process #1  in Umode at 0x800000  parent=0
-----------------------------------------
getpid getppid ps chname switch sleep wakeup
-----------------------------------------
input a command : switch
proc 1  in scheduler
readyQueue = [2 1 ]->[3 1 ]->[4 1 ]->[1 1 ]->[0 0 ]->NULL
next running = 2
switch to proc 2  pgdir at 0x608000  pgdir[2048] = 0x900C3E
This is process #2  in Umode at 0x900000  parent=0
-----------------------------------------
getpid getppid ps chname switch sleep wakeup
-----------------------------------------
input a command : []
```

图 7.2　示例系统 C7.2 的输出

7.5.3 具有单个域的进程

在 C7.2 的第一个系统模型中，每个进程都有自己的页表。切换进程需要切换页表，而这反过来又需要刷新 TLB 和 I & D 缓存。在下一个系统模型中，系统仅使用一个页表即可支持 n < 16 个用户模式进程。在页表中，前 2048 个条目定义了内核模式虚拟地址空间，其被 ID 映射到可用的物理内存（258MB）。和以前一样，内核空间被指定为域 0。假定所有用户模式映像的大小均为 1MB。页表的条目 2048 和 pid 映射到进程 Pi 的 1MB 物理内存。pgdir 条目属性设置为 0xC1E | (pid≪ 5)，以便每个用户映像区域都位于编号为 1 至 pid 的唯一域中。在将进程切换到 Pi 时，它不是切换页表，而是调用

```
set_domain( (1 << 2*pid) | 0x01);
```

这将 domain0 和 domainPid 的访问位设置为 b01，并将所有其他域的访问位清除为 0，从而使它们不可访问。这样，每个进程仅在其自己的虚拟地址空间中运行，该虚拟地址空间受到保护，免于其他进程的干扰。自然，处于内核模式的进程仍可以访问所有内存，因为它以特权 SVC 模式运行。该模型的局限性在于系统只能支持 15 个用户模式进程。它的另一个缺点是，每个用户模式映像必须使用与其页表索引匹配的不同起始虚拟地址进行编译链接。示例系统 C7.3 实现了具有单个域的进程。

7.5.4 具有单个域的进程的演示

图 7.3 展示了运行 C7.3 程序的输出。如图所示，所有进程在 0x4000 共享相同的页表，但是每个进程在页表中都有不同的条目。该图还显示每个进程只能访问其自己的 VA 空间。由于域无效，任何尝试在其 VA 空间之外访问 VA 的命令都会生成 data_abort 异常。

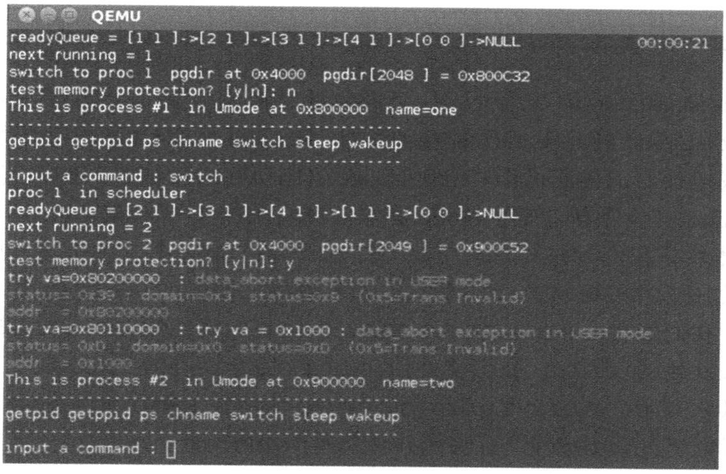
QEMU
readyQueue = [1 1]->[2 1]->[3 1]->[4 1]->[0 0]->NULL
00:00:21
next running = 1
switch to proc 1 pgdir at 0x4000 pgdir[2048] = 0x800C32
test memory protection? [y|n]: n
This is process #1 in Umode at 0x800000 name=one
getpid getppid ps chname switch sleep wakeup
input a command : switch
proc 1 in scheduler
readyQueue = [2 1]->[3 1]->[4 1]->[1 1]->[0 0]->NULL
next running = 2
switch to proc 2 pgdir at 0x4000 pgdir[2049] = 0x900C52
test memory protection? [y|n]: y
try va=0x80200000 : data_abort exception in USER mode
status= 0x39 : domain=0x3 status=0x9 (0x5=Trans Invalid)
addr = 0x80200000
try va=0x80110000 : try va = 0x1000 : data_abort exception in USER mode
status= 0xD : domain=0x0 status=0xD (0x5=Trans Invalid)
addr = 0x1000
This is process #2 in Umode at 0x900000 name=two
getpid getppid ps chname switch sleep wakeup
input a command :

图 7.3 示例系统 C7.3 的输出

7.6 RAM 磁盘

在前面的编程示例中，用户模式映像作为原始数据段包含在内核映像中。当内核映像启动时，它依靠链接器生成的符号地址将各种用户模式映像加载（复制）到其内存位置。如果用户模式映像的数量很少，则此方案效果很好。当用户模式映像的数量变大时，这可能变

得非常烦琐，而且会增加内核映像的大小。如果我们打算使用不同的映像来运行大量的用户模式进程，则需要一种更好的方法来管理用户模式映像。在本节中，我们将展示如何使用 ramdisk 文件系统来管理用户模式映像。首先，我们创建一个虚拟 ramdisk 并使其形成文件系统。然后，我们生成用户模式映像作为 ramdisk 文件系统中的可执行 ELF 文件。在引导系统时，我们还将加载 ramdisk 映像，以使其可被内核访问。当内核启动时，我们将 ramdisk 映像移至已知的内存区域，例如 4MB 处，并将其用作内存中的 RAMdisk。有两种方法可以使 ramdisk 映像可供内核访问。

（1）**将 ramdisk 映像包括为原始数据段：**将 ramdisk 映像转换为二进制文件并将其作为原始数据段包括在内核映像中，类似于之前的各个 Umode 映像。

（2）**作为初始 ramdisk 映像：**使用 -initrd ramdisk 选项运行 QEMU，如下所示：

```
qemu-system-arm -M versatilpb -m 256M -kernel t.bin -initrd ramdisk
```

QEMU 会将内核映像加载到 0x10000（64KB），并将初始 ramdisk 映像加载到 0x4000000（64MB）。尽管 QEMU 文档指出初始 ramdisk 映像将被加载到 0x800000（8MB），但这实际上取决于虚拟机的内存大小。通常，虚拟机的内存大小应为 2 的幂。ramdisk 映像加载地址是内存大小除以 2，上限为 128MB。下面列出了一些常用的虚拟机内存大小和初始 ramdisk 映像的加载地址。

虚拟机内存大小（MB）	ramdisk 加载地址（MB）
16	8
32	16
64	32
128	64
512	128（上限）

要找到 ramdisk 映像的加载地址，一个简单的方法是转储一个字符串（例如“ramdisk begin”）到 ramdisk 映像的开头。当内核启动时，扫描每个 1MB 的内存区域以检测该字符串。当知道加载地址后，我们可以将 ramdisk 映像移动到内存位置，并将其用作 RAMdisk。为了访问 RAMdisk 文件系统中的 Umode 映像，我们添加了一个 RAMdisk 驱动程序来读写 RAMdisk 块。然后，我们开发了一个 ELF 文件加载器，将映像文件加载到进程存储区中。嵌入式系统中使用了几种流行的文件系统。大多数早期的嵌入式系统都使用 Microsoft FAT 文件系统。由于我们使用 Linux 作为开发平台，因此我们将使用 Linux 兼容的文件系统，以避免不必要的文件转换。因此，我们将使用与 Linux 完全兼容的 EXT2 文件系统。读者可以查阅（EXT2 2001；Card 等，1995；Cao 等，2007）中有关 EXT2 文件系统的说明。接下来，我们将演示如何创建 EXT2 文件系统映像并将其用作 ramdisk。

7.6.1　创建 RAM 磁盘映像

（1）在 Linux 下，运行以下命令（或作为 sh 脚本）。对于小型 EXT2 文件系统，最好使用 1KB 的文件块大小。

```
dd if=/dev/zero of=ramdisk bs=1024 count=1024 # 创建 ramdisk 文件
mke2fs -b 1024 ramdisk 1024 # 将其格式化为 1MB EXT2 FS
mount  -o loop ramdisk  /mnt          # 将其安装为循环设备
```

```
mkdir  /mnt/bin                         # 创建一个 /bin 目录
umount  /mnt                            # 将其卸载
```

（2）将用户目录中的用户模式源文件作为 ELF 可执行文件进行编译链接，然后将其复制到 ramdisk 的 /bin 目录中，如以下 mku 脚本所示。

```
arm-none-eabi-as -mcpu=arm926ej-s us.s -o us.o
arm-none-eabi-gcc -c -mcpu=arm926ej-s -o $1.o $1.c
arm-none-eabi-ld -T u.ld us.o $1.o -Ttext=0x80000000 -o $1
mount -o loop ../ramdisk /mnt
cp $1 /mnt/bin
umount /mnt
```

（3）运行以下 sh 脚本以生成用户模式映像，并将 ramdisk 转换为目标文件。

```
(cd USER; mku u1; mku u2) # 假设文件位于用户目录中
arm-none-eabi-objcopy -I binary -O elf32-littlearm -B arm \
                                ramdisk ramdisk.o
```

（4）编译链接内核文件，以将 ramdisk.o 包含为内核映像中的原始数据段。

（5）在 t.c 文件中，将 ramdisk.o 复制到内存位置，并将其用作 RAMdisk。

```
extern char _binary_ramdisk_start, _binary_ramdisk_end;
char *RAMdisk = (char *)0x400000; // 位于 4MB 处的全局变量
int main()
{
   char *cp, *cq = RAMdisk;
   int size;
   cp = (char *)&_binary_ramdisk_start;
   size = &_binary_ramdisk_end - &_binary_ramdisk_start;
   // 将 ramdisk 映像复制到 4MB 处的 RAMdisk
   memcpy(cq, cp, size);
   fbuf_init();
   kbd_init();
   uart_init();
   // 像以前一样为设备中断启用 SIC VIC
   timer_init(); timer_start(0);
   kernel_init();     // 内核初始化
   printf("RAMdisk start=%x size=%x\n", RAMdisk, size);
   kfork("/bin/u1"); // 使用 Umode image ="/bin/u1" 创建 P1
   printf("P0 switch to P1\n");
   tswitch();         // 切换到运行 P1；不再返回
}
```

另外，我们也可以依靠 QEMU 通过 -initrd 选项直接加载 ramdisk 映像，如下所示。

```
qemu-system-arm -M versatilpb -m 128M -kernel t.bin -initrd ramdisk
```

在这种情况下，我们可以将 ramdisk 映像从其加载地址（64MB）移至 4MB，也可以直接使用 ramdisk 加载地址。下面展示了 RAMdisk 块 I/O 功能，它们实质上是内存复制功能。

```
/******* RAMdisk I/O 驱动程序 **********/
#define BLKSZIE 1024
int get_block(u32 blk, char *buf) // 从 1KB 的块中读取
{
```

```
  char *cp = RAMdisk + blk*BLKSIZE;
  memcpy(buf, cp, BLKSIZE);
}
int put_block(u32 blk, char *buf) // 写入1KB的块
{
  char *cp = RAMdisk + blk*BLKSIZE;
  memcpy(cp, buf, BLKSIZE);
}
```

7.6.2 进程映像文件加载器

映像加载器由两部分组成。第一部分是找到映像文件并检查其是否可执行。第二部分实际上是将映像文件的可执行内容加载到内存中。接下来我们将详细地解释这两个部分。

映像加载器的第一部分：在EXT2文件系统中，每个文件都由唯一的INODE数据结构表示，该结构包含文件的所有信息。每个INODE都有一个索引节点号（ino），它是INODE表中的位置（从1开始计数）。寻找一个文件就等于寻找它的INODE。其算法如下。

（1）读入Superblock（块1），检查magic number（0xEF53），以确认它确实是EXT2 FS。

（2）读入组描述符块（块2）以访问组0描述符。从组描述符的bg_inode_table条目中找到INODE的起始块号，将其称为InodesBeginBlock。

（3）读入InodeBeginBlock以获得根目录/的INODE，它是INODE表中的第二个inode（ino = 2）。

（4）将路径名标记为组件字符串，并使组件数为n。例如，如果路径名为/a/b/c，则组件字符串为"a""b""c"，$n = 3$。这些组件用name[0], name[1], …, name[$n-1$]表示。

（5）从步骤3中的根INODE开始，在其数据块中搜索name[0]。DIR INODE的每个数据块均包含以下形式的dir_entry结构：

```
[ino rlen nlen NAME] [ino rlen nlen NAME] ......
```

其中，NAME是nlen字符的序列（不包含终止NULL）。对于每个数据块，将其读入内存并使用dir_entry *dp指向已加载的数据块。然后使用nlen提取NAME作为字符串，并将其与name[0]进行比较。如果不匹配，则通过

```
dp = (dir_entry *)((char *)dp + dp->rlen);
```

进入下一个dir_entry并继续搜索。如果name[0]存在，我们就可以找到它的dir_entry以及它的inode号。

（6）使用inode号（ino）通过Mailman算法（Wang，2015）计算包含INODE的磁盘块及其在该块中的偏移量。

```
blk =(ino-1) /( BLKSIZE/sizeof (INODE)) + InodesBeginBlock;
offset =(ino-1) %( BLKSIZE/sizeof (INODE));
```

然后读入/a的INODE，从中可以确定它是否是DIR。如果/a不是DIR，则不会存在/a/b，因此搜索失败。如果/a是DIR，并且有更多要搜索的组件，则继续输入下一个组件的名称。现在的问题变成：在/a的INODE中搜索name[1]，它与步骤5完全相同。

（7）由于步骤5和6将重复n次，因此最好编写一个搜索函数：

```
u32 search(INODE *inodePtr, char *name)
{
```

```
    // 在此 INODE 的数据块中搜索名称
    // 如果找到，则返回其 ino；否则返回 0
}
```

然后，我们要做的就是调用 search( ) *n* 次，如下所示。

```
假设：n, name [0], …, name [n-1] 是全局变量
INODE * ip 指向 / 的 INODE
for (i=0; i<n; i++){
    ino = search(ip, name[i])
    if (!ino){ // 找不到 name[i]，则返回 0;}
    使用 ino 读取 INODE 并让 ip 指向 INODE
}
```

如果搜索循环成功结束，则 ip 必定指向路径名的 INODE。然后，我们可以检查其文件类型和文件头（如果需要）以确保其可执行。

映像加载器的第二部分：根据文件的 INODE，我们可以知道它的大小和文件块。加载程序的第二部分将文件的可执行内容加载到内存中。此步骤取决于可执行文件的类型。

（1）**平面二进制可执行文件**是一段二进制代码，可以完全加载以直接执行。这可以通过首先将所有 ELF 文件转换为二进制文件来完成。在这种情况下，加载文件内容与加载文件块相同。

（2）**ELF 可执行文件格式**：ELF 可执行文件以 elf-header 开头，后跟一个或多个程序段头，它们被定义为 ELF 头和 ELF 程序段头结构。

```
struct elfhdr {     // ELF 文件头
  u32 magic;        // ELF_MAGIC 0x464C457F
  u8  elf[12];
  u16 type;
  u16 machine;
  u32 version;
  u32 entry;
  u32 phoffset;     // 程序头的字节偏移
  u32 shoffset;     // 段的字节偏移
  u32 flags;
  u16 ehsize;       // elf 头大小
  u16 phentsize;    // 程序头大小
  u16 phnum;        // 程序头的数量
  u16 shentsize;
  u16 shnum;
  u16 shstrndx;
};
struct proghdr {    // ELF 程序段头
  u32 type;         // 1 = 可加载的映像
  u32 offset;       // 程序段的字节偏移量
  u32 vaddr;        // 虚拟地址
  u32 paddr;        // 物理地址
  u32 filesize;     // 程序段的字节数
  u32 memsize;      // 加载内存大小
  u32 flags;        // R | W | Ex 标志
  u32 align;        // 对齐
};
```

读者可以在（ELF 1995）中查询ELF文件格式。有关帮助信息，读者也可以使用（Linux）readelf命令查看ELF文件的内容。例如，

```
readelf -eSt file.elf
```

显示ELF文件的头（e），段头（S）和段详细信息（t）。对于ELF可执行文件，加载程序必须将ELF文件的各个段加载到其指定的虚拟地址。此外，应该为每个加载的段标记适当的R | W | Ex属性以进行保护。例如，应将代码段页标记为RO（只读），将数据段页标记为RW等。通常，映像加载器可以加载二进制或ELF可执行文件。加载程序的算法如下。读者可以查询loadelf.c文件中的ELF加载器代码以获取实现细节。

```
/************ 加载程序算法  *************/
查找文件的 INODE; 如果失败则返回 0;
读取 elf-header 来检查它是否是 ELF 文件;
if (!ELF){ // 假定平面二进制文件
    确定文件大小;
      加载文件块以按文件大小处理映像区域;
      返回 1;                    // 成功
}
/ ************** ELF 文件 *************** /
找到程序头;
for 每个程序头 do{
      获取段的偏移量，加载地址和大小;
      将段加载到虚拟地址直到达到其大小;
      在加载的页中设置段的 R | W | Ex 属性;
}
      返回 1;                  // 成功
```

7.7 进程管理

7.7.1 进程创建

大多数嵌入式系统都是为特定的应用程序环境设计的。典型的嵌入式系统包含固定数量的进程。每个进程都是一个独立的执行单元，其与其他进程没有任何关系或交互。对于此类系统，当前的kfork( )函数足以创建执行特定函数的进程。为了支持动态用户模式进程，我们将扩展内核以在进程之间施加父子关系。当内核启动时，它将运行初始进程P0，该进程是手动创建的。之后，每个进程都是如此创建的：

```
int newpid = kfork(char *filename,  int priority);
```

这会创建一个具有指定优先级的新进程来执行Umode映像文件名。创建新进程时，创建者是父进程，新创建的进程是子进程。在PROC结构中，字段ppid记录父进程pid，并且父指针指向父PROC。因此，这些进程形成了一个以P0为根的树。

7.7.2 进程终止

在具有动态进程的多任务系统中，进程可能会终止或死亡，这是进程终止的常用术语。进程可能以两种方式终止。

正常终止：该进程已完成其任务，很长一段时间可能不再被需要。为了节省系统资源，例如PROC结构和内存，该进程在内核中调用kexit(int exitValue)以终止自身，这就是我们

在此处讨论的情况。

异常终止： 进程由于异常而终止，这使得进程无法继续进行。在这种情况下，它将使用独一的值调用 kexit(value) 来标识异常。

无论哪种情况，当进程终止时，它最终都会在内核中调用 kexit( )。kexit( ) 的通用算法如下。

```
/**************** kexit 的算法 *******************/
kexit(int exitValue)
{
    1. 删除进程用户模式上下文，例如关闭文件描述符、释放资源、重新分配用户模式
       映像内存等。
    2. 处置子进程 (如果有)。
    3. 在 PROC.exitCode 中记录 exitValue 以供父进程获取。
    4. 成为僵尸 (ZOMBIE)(但不要释放 PROC)。
    5. 唤醒父进程，如果需要，还可以唤醒 INIT 进程 P1。
    6. 切换进程以放弃 CPU。
}
```

迄今为止，我们的系统模型还不支持文件系统。由于简单的内存分配方案，每个进程运行在一个专用的 1MB 内存区域中，用户模式映像的分配也很简单。当一个进程终止时，它的用户模式内存区域将处于闲置状态，直到再次创建具有相同 pid 的进程为止。因此，我们首先讨论 kexit( ) 的步骤 2。由于每个进程都是一个独立的执行实体，它可以随时终止。如果一个具有子进程的进程先终止，那么该进程的所有子进程都将不再有父进程，即成为孤儿。现在的问题是：如何处理这些孤儿？在人类社会，他们会被送到祖父母家。但如果祖父母已经去世了呢？根据这个推理，很明显，如果还有其他进程存在，那么必须有一个进程不应该终止。否则，父子进程关系将很快崩溃。在所有类 UNIX 系统中，进程 P1（也称为 INIT 进程）被选择来扮演这个角色。当一个进程死亡时，它将所有的孤儿（死亡的或存活的）发送给 P1，作为 P1 的孩子。同样，我们也将指定 P1 为这样的一个进程。因此，如果还有其他进程存在，则 P1 应该不会死亡。剩下的问题是如何有效地实现步骤 2。为了让一个濒死进程处理掉其子进程，该进程必须能够确定它是否有子进程，如果有子进程，则必须能够快速找到所有的子进程。如果进程的数量很少，则可以通过搜索所有的 PROC 结构来有效地回答这两个问题。例如，要确定某个进程是否有任何子进程，只需在 PROC 中搜索任何非空闲进程，并且其 ppid 与进程 pid 匹配即可。如果进程的数量很大，例如数百个，这个简单的搜索方案就太慢了。因此，大多数大型操作系统内核通过维护一个进程族树来跟踪进程关系。

7.7.3 进程族树

通常，进程族树由每个 PROC 中的一对子指针和兄弟指针实现为二进制树，如下所示。

```
struct proc *child, *sibling, *parent;
```

其中 child 指向进程的第一个子进程，sibling 指向同一父进程的其他子进程的列表。为了方便起见，每个 PROC 还使用一个 parent 指针指向其父进程。使用进程树，查找进程的子进程要容易得多。首先，跟随子指针指向第一个子 PROC。然后跟随兄弟指针来遍历兄弟 PROC。要将所有子进程发送到 P1，只需分离子进程列表并将其附加到 P1 的子进程列表（并同时更改其 ppid 和父指针）。由于本书所有示例系统中的 PROC 数量很少，因此我们没有实现进程

树。这留作编程练习。无论哪种情况，实现 kexit( ) 的步骤 2 都应该相当容易。

每个 PROC 都有一个 2 字节的 exitCode 字段，用于记录进程退出状态。在 Linux 中，exitCode 的高字节是 exitValue，低字节是导致进程终止的异常号。由于一个进程只能死亡一次，因此只有一个字节有意义。当在 PROC.exitCode 中记录 exitValue 后，该进程将其状态更改为 ZOMBIE，但不会释放 PROC。然后，该进程调用 kwakeup( ) 以唤醒其父进程，如果它发送过任何孤儿到 P1，则也唤醒 P1。濒死进程的最后动作是最后一次调用 tswitch( )。在这之后，该进程实际上已经死亡，但是仍然具有僵尸进程（ZOMBIE PROC）形式的尸体，它将由父进程通过等待操作掩埋（设置为 FREE）。

7.7.4　等待子进程终止

进程可以随时调用内核函数

```
int pid = kwait(int *status)
```

以等待一个 ZOMBIE 子进程。如果成功，则返回的 pid 是 ZOMBIE 子进程的 pid，status 包含 ZOMBIE 子进程的 exitCode。另外，kwait( ) 还将 ZOMBIE PROC 释放回 freeList，从而可以将其重用于另一个进程。kwait 的算法如下。

```
int kwait(int *status)
{
    if (调用者没有子进程)
       返回 -1 表示错误;
    while(1){               // 调用者有子进程
       搜索一个(任何)ZOMBIE 子进程;
       if(找到一个 ZOMBIE 子进程){
          获取 ZOMBIE 子进程 pid;
          将 ZOMBIE 子进程的 exitCode 复制到 *status;
          将子 PROC 释放为 freeList;
          返回 ZOMBIE 子进程 pid;
       }
       ksleep(running);  // 在其 PROC 地址上睡眠
    }
}
```

在 kwait 算法中，如果没有子进程，则进程返回 -1。否则，它将搜索（任何）ZOMBIE 子进程。如果它找到一个 ZOMBIE 子进程，它将收集 ZOMBIE 子进程 pid 和 exitCode，将 ZOMBIE PROC 释放给 freeList 并返回 ZOMBIE 子进程 pid。否则，它将在自己的 PROC 地址上睡眠，等待子进程终止。相应地，当进程终止时，它必须发出

```
kwakeup(parent);  // parent 是指向父 PROC 的指针
```

来唤醒父进程。当 kwait( ) 中的父进程醒来时，它将在再次执行 while 循环时找到一个死亡的子进程。注意，每个 kwait( ) 调用只处理一个 ZOMBIE 子进程（如果有）。如果一个进程有许多子进程，那么它可能需要多次调用 kwait( ) 来处理所有死亡的子进程。或者，进程可以先终止，而不需要等待任何死亡的子进程。当一个进程死亡时，它的所有子进程都成为 P1 的子进程。我们将在后面看到，在实际系统中 P1 执行一个无限循环，在这个循环中它重复地等待死去的进程，包括收养的孤儿。除了睡眠 / 唤醒之外，我们还可以使用信号量来实现 kwait( )/kexit( ) 函数。kwait( ) 操作的变体包括 Linux 的 waitpid 和 waitid（Linux Man Page

2016)，其允许一个进程通过 pid 使用许多选项来等待特定的子进程。

7.7.5 UNIX/Linux 中的 fork-exec

当进程执行时，可能需要保存执行产生的信息。日志就是一个很好的例子，它记录了执行期间发生的重要事件。日志可用于跟踪进程执行情况以进行调试，以防出现问题。进程可能还需要输入来控制其执行路径。保存和检索信息需要文件系统的支持。操作系统内核通常提供基本的文件系统支持，以允许进程执行文件操作。在这样的系统中，每个进程的执行环境都包括其执行上下文和访问文件的能力。当前的 kfork( ) 机制只能创建执行不同映像的进程，但不能为文件操作提供任何手段。为了支持后者，我们需要一种替代方法来创建和运行进程。在 UNIX/Linux 中，系统调用

```
int pid = fork();
```

用于创建一个子进程，其 Umode 映像与父进程的映像相同。此外，它还将所有打开的文件描述符传递给子进程，从而允许子进程继承与父进程相同的文件操作环境。如果成功，fork( ) 返回子进程 pid，否则返回 -1。当子进程运行时，它将返回其自己的 Umode 映像，并且返回的 pid 为 0。这使我们可以将用户模式程序编写为：

```
int pid = fork();        // 派生一个子进程
if (pid){
          // 父进程执行此部分;
}
else{   // 子进程执行此部分;
}
```

该代码段使用返回的 pid 来区分父进程和子进程。当从 fork( ) 返回时，子进程通常使用系统调用

```
int r = exec(char *filename, char *para-list);
```

将其执行映像更改为其他文件，并在执行开始时作为参数 para-list 传递到新映像。如果成功，exec( ) 只会用新的映像替换原来的 Umode 映像。它仍然是相同的进程，但是具有不同的 Umode 映像。这允许进程执行不同的程序。fork 和 exec 可以称为 UNIX/Linux 的不可或缺的功能，因为几乎每个操作都依赖于 fork-exec。例如，当用户输入以下形式的命令行时，sh 进程派生一个子进程并等待该子进程终止。

```
cmdLine = "cmd arg1 arg2 .... argn"
```

子进程使用 exec 将其映像更改为 cmd 文件，并将 arg1 至 argn 作为新映像的参数。当子进程终止时，它会唤醒父 sh，使它提示输入其他命令，等等。请注意，fork-exec 分两步创建一个执行新映像的进程。fork-exec 范例的主要优点是双重的。首先，fork 创建一个具有相同映像的子进程。这样就无须在父进程和子进程之间的不同地址空间之间传递信息。其次，在执行新映像之前，子进程可以检查命令行参数以更改其执行环境来满足自己的需要。例如，子进程可以将其标准输入（stdin）和输出（stdout）重定向到不同的文件。

7.7.6 fork 的实现

fork-exec 的实现非常简单。fork( ) 的算法如下。

/********************** fork( ) 的算法 ************************/

1. 为子进程获取一个 PROC 并对其进行初始化，例如 ppid = parent pid、priority=1 等。

2. 将父 Umode 映像复制到子映像，以使它们的 Umode 映像相同。

3. 将父 kstack（的一部分）复制到子 kstack；确保子进程返回与父进程相同的虚拟地址，但使用其自己的 Umode 映像。

4. 将父 usp 和 spsr 复制到子进程。

5. 标记子进程 PROC 为 READY 并将其置入 readyQueue。

6. 返回子进程的 pid。

下面展示了实现 fork 算法的 fork( ) 代码。

```
int fork()
{
  int i;
  char *PA, *CA;
  PROC *p = get_proc(&freeList);
  if (p==0){ printf("fork failed\n"); return -1; }
  p->ppid = running->pid;
  p->parent = running;
  p->status = READY;
  p->priority = 1;
  PA = (char *)running->pgdir[2048] & 0xFFFF0000; // 父 Umode PA
  CA = (char *)p->pgdir[2048] & 0xFFFF0000;       // 子 Umode PA
  memcpy(CA, PA, 0x100000); // 复制 1MB Umode 映像
  for (i=1; i <= 14; i++){  // 复制 kstack 的底部 14 个条目
     p->kstack[SSIZE-i] = running->kstack[SSIZE-i];
  }
  p->kstack[SSIZE - 14] = 0;                  // 子进程返回 pid = 0
  p->kstack[SSIZE-15] = (int)goUmode;  // 子进程恢复到 goUmode
  p->ksp = &(p->kstack[SSIZE-28]);     // 子进程保存的 ksp
  p->usp = running->usp;               // 与父进程相同的 usp
  p->ucpsr = running->ucpsr;           // 与父进程相同的 spsr
  enqueue(&readyQueue, p);
  return p->pid;
}
```

我们更详细地解释 fork( ) 代码。当父进程在内核中执行 fork( ) 时，它已通过 stmfd sp !, {r0-r12，LR} 在 kstack 中保存了 Umode 寄存器，并用正确的返回地址（至 Umode）替换了已保存的 LR。因此，其 kstack 底部包含

```
   -1    -2    -3    -4  -5   -6   -7   -8   -9   -10 -11 -12 -13  -14
 -----------------------------------------------------------------------
 |uLR ur12 ur11 ur10 ur9 ur8 ur7 ur6 ur5 ur4 ur3 ur2 ur1 ur0=0|
 -----------------------------------------------------------------------
```

它们被复制到子进程的 kstack 的底部。当子进程在 goUmode 中执行 ldmfs sp !, {r0-12，pc} ^ 时，这 14 个条目将被子进程使用以返回 Umode。在条目 -1 处复制的 LR 允许子进程返回与父进程相同的 VA，即返回相同的 pid = fork( ) 系统调用。为了使子进程返回 pid = 0，必须将条目 -14 中保存的 r0 设置为 0。为了使子进程在内核中恢复，我们将 RESUME 堆栈帧附加到子进程的 kstack 上，以便它在被调度到运行时恢复。添加的堆栈帧必须与 tswitch( ) 的 RESUME 部分一致。添加的 kstack 帧如下所示，子进程保存的 ksp 指向条目 -28。

```
   -15   -16  -17  -18  -19 -20 -21 -22 -23 -24 -25 -26 -27 -28
  -----------------------------------------------------------------
  |goUmode kr12 kr11 kr10 kr9 kr8 kr7 kr6 kr5 kr4 kr3 kr2 kr1 kr0 |
----|---------------------------------------------------------|---
   klr                                                       ksp
```

由于子进程从内核中恢复运行，因此所有“已保存”的 Kmode 寄存器都无关紧要，除了条目 -15 处的恢复 klr（设置为 goUmode）。当子进程运行时，它将使用 RESUME kstack 帧直接执行 goUmode。然后，它使用复制的系统调用堆栈帧执行 goUmode，使它返回与父进程相同的 VA，但是在其自己的内存区域中且返回值为 0。

7.7.7 exec 的实现

exec 允许进程使用其他可执行文件替换其 Umode 映像。我们假设 exec(char *cmdlie) 的参数是以下形式的命令行。

```
cmdline = "cmd arg1 arg2 ... argn";
```

其中 cmd 是可执行程序的文件名。如果 cmd 以 / 开头，则它是绝对路径名。否则，它是默认目录 /bin 中的文件。如果 exec 成功，则进程将返回 Umode 以执行新文件，并将各个令牌字符串作为命令行参数。对应命令行，cmd 程序可以写成

```
main(int argc, char *argv[]){      }
```

其中 argc = $n+1$，而 argv 是一个空终止的字符串指针数组，每个数组都指向如下形式的令牌字符串。

```
argv  =  [    *      |    *      |    *      | ...  ... |     *      |  0  ]
            "cmd"      "arg1"      "arg2"      ......       "argn"
```

下面展示了 exec 操作的算法和实现。

/***************** exec 的算法 ****************** /

1. 从 Umode 空间获取 cmdline。
2. 标记 cmdline 以获取 cmd 文件名。
3. 检查 cmd 文件是否存在并且可执行；如果失败则返回 -1。
4. 将 cmd 文件加载到进程 Umode 映像区域。
5. 将 cmdline 复制到 usatck 的高端，例如到 x = 高端 -128。
6. 在 Umode 中重新初始化 syscall kstack 帧以返回 VA = 0。
7. 返回 x。

以下 exec( ) 代码实现了 exec 算法。

```
int exec(char *cmdline) // cmdline = Uspace 中的 VA
{
  int i, upa, usp;
  char *cp, kline[128], file[32], filename[32];
  PROC *p = running;
  strcpy(kline, cmdline); // 将 cmdline 提取到内核空间
  // 获取 kline 的第一个令牌作为文件名
  cp = kline; i = 0;
  while(*cp != ' '){
    filename[i] = *cp;
```

```
    i++; cp++;
  }
  filename[i] = 0;
  file[0] = 0;
  if (filename[0] != '/')    // 如果文件名是相对的
     strcpy(file, "/bin/"); // 前缀为 /bin /
  strcat(file, filename);
upa = p->pgdir[2048] & 0xFFFF0000; // Umode 映像的 PA
// 如果文件不存在或无法执行，则加载程序返回 0
if (!loadelf(file, p))
    return -1;
// 将 cmdline 复制到 Umode 映像中的 Ustack 的高端
  usp = upa + 0x100000 - 128;  // 假设 cmdline len <128
  strcpy((char *)usp, kline);
  p->usp = (int *)VA(0x100000 - 128);
  // 修复 kstack 中的系统调用帧以返回到新映像的 VA = 0
  for (i=2, i<14; i++)     // 清除 Umode 寄存器 r1-r12
     p->kstack[SSIZE - i] = 0;
  p->kstack[SSIZE-1]  = (int)VA(0);  // 返回 uLR = VA(0)
  return (int)p->usp; // 将替换 kstack 中保存的 r0
}
```

当在 Umode 中从 us.s 开始执行时，r0 包含 p-> usp，它指向 Umode 堆栈中的原始 cmdline。它不是直接调用 main( )，而是调用 C 启动函数 main0(char *cmdline)，该函数将 cmdline 解析为 argc 和 argv，然后调用 main(argc, argv)。因此，我们可以照常按照以下标准格式编写每个 Umode 程序。

```
#include "ucode.c"
main(int argc, char *argv[ ]){..............}
```

下面列出了 main0( ) 的代码段，它们与标准 C 启动文件 crt0.c 扮演着相同的角色。

```
int argc; char *argv[32]; // 假设 cmdline 中最多有 32 个令牌
int parseArg(char *line)
{
  char *cp = line; argc= 0;
  while (*cp != 0){
     while (*cp == ' ') *cp++ = 0;  // 跳过空格
     if (*cp != 0)                  // 令牌开始
        argv[argc++] = cp;          // 由 argv [] 指向
     while (*cp != ' ' && *cp != 0) // 扫描令牌字符
        cp++;
     if (*cp != 0)
        *cp = 0;                    // 令牌结束
     else
        break;                      // 行结束
     cp++;                          // 继续扫描
  }
  argv[argc] = 0;                   // argv[argc]=0
}
main0(char *cmdline)
{
  uprintf("main0: cmdline = %s\n", cmdline);
```

```
    parseArg(cmdline);
    main(argc, argv);
  }
```

7.7.8 fork-exec 的演示

我们演示了一个系统，该系统通过示例系统 C7.4 支持带有 fork、exec、wait 和 exit 功能的动态进程。由于之前已经介绍了所有系统组件，因此我们仅展示包含 main( ) 函数的 t.c 文件。为了演示 exec，我们需要一个不同的 Umode 映像文件。u2.c 文件与 u1.c 相同，只是它以德语显示。

```
/****************** 程序 C7.4 的 t.c 文件 ******************/
#include "uart.c"
#include "kbd.c"
#include "timer.c"
#include "vid.c"
#include "exceptions.c"
#include "queue.c"
#include "svc.c"
#include "kernel.c"
#include "wait.c"

#include "fork.c"      // kfork() 和 fork()
#include "exec.c"      // exec()
#include "disk.c"      // RAMdisk 驱动程序
#include "loadelf.c"   // ELF 文件加载器

extern char _binary_ramdisk_start, _binary_ramdisk_end;
int main()
{
   char *cp, *cq;
   int dsize;
   cp = disk = &_binary_ramdisk_start;
   dsize = &_binary_ramdisk_end - &_binary_ramdisk_start;
   cq = (char *)0x400000;
   memcpy(cq, cp, dsize);
   fbuf_init();
   printf("Welcome to WANIX in Arm\n");
   kbd_init();
   uart_init();
   timer_init();
   timer_start(0);
   kernel_init();
   unlock();              // 启用 IRQ 中断
   printf("RAMdisk start=%x size=%x\n", disk, dsize);
   kfork("/bin/u1");   // 创建 P1 以执行 u1 映像
   while(1){              // P0 为空闲进程
     if (readyQueue)
        tswitch();
   }
}
```

图 7.4a 展示了运行 fork 和 switch 命令的输出。如图所示，P1 在物理地址 PA = 0x800000（8MB）上运行。当它以 PA = 0x900000（9MB）派生一个子进程 P2 时，它将 Umode 映像和

kstack 复制到子进程中。然后返回子进程 pid = 2 的 Umode。switch 命令使 P1 进入内核，以将进程切换到 P2，后者返回子进程 pid = 0 的 Umode，表明它是派生出来的子进程。读者可以按如下步骤测试 exit 和 wait 操作。

（1）在 P2 运行时，输入 wait 命令。P2 将发出一个 wait 系统调用以在内核中执行 kwait( )。由于 P2 没有任何子进程，因此它返回 –1 以表示没有子进程错误。

（2）在 P2 运行时，输入 exit 命令并输入一个退出值，例如 1234。P2 将发出 exit(1234) 系统调用以终止于内核。在 kexit( ) 中，它将 exitValue 记录在其 PROC.exitCode 中，成为 ZOMBIE，然后尝试唤醒其父进程。由于 P1 尚未处于等待状态，因此 P2 的唤醒调用将无效。当成为 ZOMBIE 后，P2 不再运行，因此它将切换进程，从而使 P1 恢复运行。在 P1 运行时，输入 wait 命令。P1 将进入内核以执行 kwait( )。由于 P2 已经终止，因此 P1 将在不睡眠的情况下找到 ZOMBIE 子进程 P2。它释放 ZOMBIE PROC 并返回死亡的子进程 pid = 2 及其退出值。

（3）或者，父进程 P1 可以首先等待，而子进程 P2 稍后退出。在这种情况下，P1 将在 kwait( ) 中进入睡眠状态，直到在 P2（或任何子进程）终止时被 P2 唤醒。因此，父进程等待和子进程退出的顺序无关紧要。

```
QEMU
input a command : fork                                          00:00:44
running usp=0x800FFF50  linkR=0x80000A2C
FORK: child  2  uimage at 0x900000
copy Umode image from 0x800000  to 0x900000
copy kernel mode stack
FIX UP child resume PC to 0x80000A2C
KERNEL: proc 1  forked a child 2
readyQueue = [2 1 ]->[0 0 ]->NULL
parent 1  forked a child 2
This is process 1  in Umode at 0x800000  parent=0
---------------------------------------------
ps chname kfork switch wait exit fork exec
---------------------------------------------
input a command : switch
1  in ktswitch()
proc 1  in scheduler
readyQueue = [2 1 ]->[1 1 ]->[0 0 ]->NULL
next running = 2
switch to proc 2  pgdir at 0x608000  pgdir[2048] = 0x900C12
child 2  return from fork(), pid=0
This is process 2  in Umode at 0x900000  parent=1
---------------------------------------------
ps chname kfork switch wait exit fork exec
---------------------------------------------
input a command : []
```

a）fork 的演示

```
QEMU
next running = 2                                                00:03:35
switch to proc 2  pgdir at 0x608000  pgdir[2048] = 0x900C12
child 2  return from fork(), pid=0
This is process 2  in Umode at 0x900000  parent=1
---------------------------------------------
ps chname kfork switch wait exit fork exec
---------------------------------------------
input a command : exec
enter a command string : u2 one two three
line=u2 one two three
EXEC: proc 2  cmdline=0x800FFF10
EXEC: proc 2  kline = u2 one two three
load file /bin/u2 to 0x900000
usp=0x9FFF80  p->usp = 0x800FFF80  kexec exit
main0: s = u2 one two three
argc=4
argv[0 ]=u2
argv[1 ]=one
argv[2 ]=two
argv[3 ]=three
DAS IST PROZESS 2  IM USER-MODUS at 0x900000  ELTERN=1
---------------------------------------------
ps chname kfork switch wait exit fork exec
---------------------------------------------
BEFEHL : []
```

b）exec 的演示

图 7.4　fork 和 exec 的演示

图 7.4b 展示了使用命令行参数执行 exec 命令的输出。如图所示，对于命令行

u2 one two three

该进程将其 Umode 映像更改为 u2 文件。当开始执行新映像时，命令行参数以 argv[] 字符串的形式传入，argc = 4。

7.7.9 用于命令执行的简单 sh

使用 fork-exec，我们可以通过一个简单的 sh 来标准化用户命令的执行。首先，我们将 main0.c 预编译为 crt0.o，并将其作为所有 Umode 程序的 C 启动代码放入链接库。然后我们用 C 编写 Umode 程序，如下所示。

```
/********** filename.c 文件 ***************/
#include "ucode.c"  // 用户命令和 syscall 接口
main(int argc, char *argv[ ])
{  // Umode 程序的 C 代码 }
```

然后，我们为命令执行实现了一个基本的 sh，如下所示。

```
/********************** sh.c 文件 ***********************/
#include "ucode.c"  // 用户命令和 syscall 接口
main(int argc, char *argv[ ])
{
  int pid, status;
  while(1){
     显示“/bin”目录中的可执行命令
     提示输入命令行 cmdline = " cmd a1 a2…an "
     if (!strcmp(cmd,"exit"))
         exit(0);
     // 派生一个子进程以执行 cmd 行
     pid = fork();
     if (pid)                   // 父进程 sh 等待死亡的子进程
         pid = wait(&status);
     else                       // 子进程 exec cmdline
         exec(cmdline);         // exec("cmd a1 a2 ... an");
  }
}
```

然后将所有 Umode 程序编译为 /bin 目录中的二进制可执行文件，并在系统启动时运行 sh。通过将 P1 的 Umode 映像更改为 init.c 文件，可以对其进行改进。这些将使系统在进程管理和命令执行方面具有与 UNIX/Linux 相似的能力。

```
/******* init.c 文件：P1 的初始 Umode 映像 ********/
main( )
{
  int sh, pid, status;
  sh = fork();
  if (sh){                      // P1 在 while(1) 循环中运行
     while(1){
        pid = wait(&status); // 等待任何一个死亡的子进程
        if (pid==sh){          // 如果 sh 死亡，派生另一个
           sh = fork();
           continue;
```

```
        }
        printf("P1: I just buried an orphan %d\n", pid);
      }
   }
   else
      exec("sh");              // P1 的子进程运行 sh
}
```

7.7.10 vfork

在所有类似 UNIX 的系统中，创建进程以运行不同程序的标准方法是 fork-exec 范例。该范例的主要缺点是必须复制父进程映像，这很耗时。在大多数类似 UNIX 的系统中，父进程和子进程的通常行为如下。

```
if (fork())              // 父进程 fork() 一个子进程
   wait(&status);        // 父进程等待子进程终止
else
   exec(filename);       // 子进程执行一个新的映像文件
```

创建子进程后，父进程等待子进程终止。当子进程运行时，它将 Umode 映像更改为新文件。在这种情况下，由于子进程立即放弃复制的映像，因此在 fork( ) 中复制映像将是一种浪费。因此，大多数类似 UNIX 的系统都支持 vfork 操作，该操作创建子进程而不复制父映像，它创建子进程以与父进程共享同一映像。当子进程执行 exec 以更改映像时，它只会将自己与共享映像分离，而不会破坏它。如果每个子进程都以这种方式运行，则该方案将有效。但是，如果用户不遵守这个规则，并允许子进程修改共享映像怎么办？它将更改共享映像，从而导致两个进程都出现问题。为防止这种情况发生，系统必须依靠内存保护。在具有内存保护硬件的系统中，共享映像可以标记为只读，这样共享同一映像的进程只能执行，而不能被修改。如果任何一个进程尝试修改共享映像，则必须将映像拆分为单独的映像。在基于 ARM 的系统中，我们还可以通过以下算法实现 vfork。

/******************** vfork 的算法 **********************/

1. 创建一个准备在 Kmode 中运行的子进程，如果失败则返回 –1。

2. 从 parent.usp 复制父进程 ustack 的一部分，一直回到它调用 pid = vfork( ) 的位置，例如底部的 1024 个条目；设置 child usp = parent usp – 1204。

3. 令 child pgdir = parent pgdir，以便它们共享同一页表。

4. 将子进程标记为 vforked；返回子进程的 pid。

为简单起见，在 vfork 算法中，我们不将共享页表项目标记为只读。与 vfork 对应，必须修改 exec 函数以考虑可能的共享映像。下面展示了修改后的 exec 算法。

/******************** 修改后的 exec 算法 **********************/

1. 从（可能共享的）Umode 映像获取 cmdline。

2. 如果调用者标记为 vforked，则切换到调用者的页表和 switchPgdir。

3. 加载文件到 Umode 映像。

4. 复制 cmdline 到 ustack 顶部，设置 usp。

5. 修改 syscall 堆栈帧，使其在 Umode 下返回至 VA = 0。

6. 关闭 vforked 标志；返回 usp。

在修改后的 exec 算法中，除步骤 2 外，所有步骤均与之前相同。其步骤 2 切换到调用者的页表，将其与父映像分离。以下列出了支持 vfork 的 kvfork( ) 和（修改后的）kexec( ) 函数的代码段。

```
int kvfork()
{
  int i, cusp, pusp;
  PROC *p = get_proc(&freeList);
  if (p==0){ printf("vfork failed\n"); return -1;  }
  p->ppid = running->pid;
  p->parent = running;
  p->status = READY;
  p->priority = 1;
  p->vforked = 1;              // 在 PROC 中添加 vforked 条目
  p->pgdir = running->pgdir; // 共享父进程的 pgdir
  for (i=1; i <= 14; i++){
     p->kstack[SSIZE-i] = running->kstack[SSIZE-i];
  }
  for (i=15; i<=28; i++){     // 将 Umode 寄存器归零
    p->kstack[SSIZE-i] = 0;
  }
  p->kstack[SSIZE - 14] = 0; // 子进程返回 pid = 0
  p->kstack[SSIZE-15] = (int)goUmode; // 恢复到 goUmode
  p->ksp = &(p->kstack[SSIZE-28]);
  p->ucpsr = running->ucpsr;
  pusp = (int)running->usp;
  cusp = pusp - 1024;          // 子进程 ustack: 下移 1024 字节
  p->usp = (int *)cusp;
  memcpy((char *)cusp, (char *)pusp, 128); // 足够 128 个条目
  enqueue(&readyQueue, p);
  printf("proc %d vforked a child %d\n",running->pid, p->pid);
  return p->pid;
}

int kexec(char *cmdline)       // cmdline = Umode 空间中的 VA
{
  // 获取 cmdline 并获取 cmd 文件名: 与之前相同
  if (p->vforked){
     p->pgdir = (int *)(0x600000 + p->pid*0x4000);
     printf("%d is VFORKED: switchPgdir to %x",p->pid, p->pgdir);
     switchPgdir(p->pgdir);
     p->vforked = 0;
  }
  // 加载 cmd 文件，设置 kstack; 返回 VA = 0: 与以前相同
}
```

7.7.11 vfork 的演示

示例系统 C7.5 实现了 vfork。为了演示 vfork，我们向 Umode 程序添加了 vfork 命令。vfork 命令调用 uvfork( ) 函数，该函数发出系统调用以在内核中执行 kvfork( )。

```
int uvfork()
{
```

```
    int ppid, pid, status;
    ppid = getpid();
    pid = syscall(11, 0,0,0);  // vfork() syscall# = 11
    if (pid){
      printf("vfork parent %d return child pid=%d ", ppid, pid);
      printf("wait for child to terminate\n");
      pid = wait(&status);
      printf("vfork parent: dead child=%d, status=%x\n", pid, status);
    }
    else{
      printf("vforked child: mypid=%d ", getpid());
      printf("vforked child: exec(\"u2 test vfork\")\n");
      syscall(10, "u2 test vfork",0,0);
    }
}
```

在 uvfork( ) 中，该进程发出系统调用以通过 vfork( ) 创建子进程。然后，它等待已进行 vforked 子进程终止。已进行 vforked 子进程发出 exec 系统调用，以将映像更改为其他程序。当子进程退出时，它将唤醒父进程，而父进程永远不会知道子进程以前在其 Umode 映像中运行过。图 7.5 展示了运行的示例系统 C7.5 的输出。

```
QEMU
input a command : vfork                                          00:00:37
pusp=0x800FFEE8  cusp=0x800FFAE8
vfork() in kernel: parent usp=0x800FFEE8  child usp=0x800FFAE8
proc 1  vforked a child 2
vfork parent 1  return child pid=2  waits for child to terminate
1  in kwait() : sleep on 0x18174  sleepList  = [1 0x18174 ]->NULL
proc 1  in scheduler: readyQueue = [2 1 ]->[0 0 ]->NULL
next running = 2
switch to proc 2  pgdir at 0x604000  pgdir[2048] = 0x800C12
vforked child: mypid=2  vforked child: exec("u2 test vfork")
EXEC: proc 2  cmdline=u2 test vfork
2  is VFORKED: switchPgdir to 0x608000
proc 2  loading /bin/u2
loading addr=0x900000
usp=0x9FFF80  p->usp = 0x800FFF80  kexec exit
main0: s = u2 test vfork
argc=3
argv[0 ]=u2
argv[1 ]=test
argv[2 ]=vfork
DAS IST PROZESS 2  IM USER-MODUS at 0x900000  VATER=1
------------------------------------------------
ps chname kfork switch wait exit fork exec vfork
------------------------------------------------
BEFEHL : []
```

图 7.5　vfork 的演示

7.8　线程

在进程模型中，每个进程都是唯一的 Umode 地址空间中的独立执行单元。通常，进程的 Umode 地址空间都是截然不同的。vfork( ) 机制允许进程创建一个子进程，该子进程与父进程临时共享相同的地址空间，但最终会分离。可以使用该技术在进程的相同地址空间中创建单独的执行实体。进程在同一地址空间中的此类执行实体称为**轻量级进程**，也通常称为**线程**（Silberschatz 等，2009）。读者可以查阅（Posix 1C 1995；Buttlar 等，1996；Pthreads 2015），以获取有关线程和线程编程的更多信息。与进程相比，线程具有许多优势。有关线程及其应用程序优势的详细分析，读者可以查阅（Wang，2015）的第 5 章。在本节中，我们将演示扩展 vfork( ) 以创建线程的技术。

7.8.1 线程创建

（1）**线程 PROC 结构**：作为独立的执行实体，每个线程都需要一个 PROC 结构。由于同一进程的线程在相同的地址空间中执行，因此它们共享许多事物，例如 pgdir、打开的文件描述符等。对于同一进程中的所有线程，只需维护此类共享信息的一个副本即可。与其彻底改变 PROC 结构，不如将一些字段添加到 PROC 结构中并将其用于进程和线程。修改后的 PROC 结构如下。

```
#define NPROC    10
#define NTHREAD 16
typedef struct proc{
   // 与之前相同，但添加
   int type;           // PROCESS | THREAD 类型
   int tcount;         // 进程中的线程数
   int kstack[SSIZE]
}PROC;
PROC proc[NPROC+NTHREAD],*freeList,*tfreeList,*readyQueue;
```

在系统初始化期间，我们像以前一样将第一个 NPROC PROC 放入 freeList，但是将其余的 NTHREAD PROC 放入单独的 tfreeList。当通过 fork( ) 或 vfork( ) 创建进程时，我们从 freeList 中分配一个空闲的 PROC，类型为 PROCESS。当创建线程时，我们从 tfreeList 分配 PROC，类型为 THREAD。这种设计的优点是将所需的修改量降至最低。例如，如果 NTHREAD = 0，则系统回退纯进程模型。对于线程，每个进程都可以视为线程的容器。当创建进程时，它被创建为进程的主线程。仅使用主线程，进程和线程之间几乎没有区别。但是，主线程可以在同一进程中创建其他线程。为简单起见，我们假设只有主线程可以创建其他线程，并且进程中的线程总数限制为 TMAX。

（2）**线程创建**：系统调用

```
int thread(void *fn,  int *ustack,  int *ptr);
```

使用 ustack 区域作为其执行堆栈，在进程的地址空间中创建一个线程以执行函数 fn(ptr)。thread( ) 的算法类似于 vfork( )。每个线程都没有与父线程临时共享的 Umode 堆栈，而是使用专用的 Umode 堆栈，并且使用指定的参数（可以是指向复杂数据结构的指针）执行该函数。下面展示了内核中 kthread( ) 的代码段。

```
// 创建一个线程以执行 fn(ptr); 返回线程的 pid
int kthread(int fn, int *stack, int *ptr)
{
  int i, uaddr, tcount;
  tcount = running->tcount;
  if (running->type!=PROCESS || tcount >= TMAX){
     printf("non-process OR max tcount %d reached\n", tcount);
     return -1;
  }
  p = (PROC *)get_proc(&tfreeList); // 获取线程 PROC
  if (p == 0){ printf("\nno more THREAD PROC  "); return -1; }
  p->status = READY;
  p->ppid = running->pid;
  p->parent = running;
  p->priority  = 1;
```

```
    p->event = 0;
    p->exitCode = 0;
    p->pgdir = running->pgdir;  // 与父进程相同的 pgdir
    p->type = THREAD;
    p->tcount = 0;              // 线程未使用 tcount
    p->ucpsr = running->ucpsr;
    p->usp = stack + 1024;      // 堆栈的高端
    for (i=1; i<29; i++)        // 将"保存的"寄存器归零
       p->kstack[SSIZE-i] = 0;
    p->kstack[SSIZE-1] = fn;                // uLR = fn
    p->kstack[SSIZE-14] = (int)ptr;         // 为 fn(ptr) 保存 r0
    p->kstack[SSIZE-15] = (int)goUmode; // 恢复到 goUmode
    p->ksp = &p->kstack[SSIZE-28];          // aved ksp
    enqueue(&readyQueue, p);
    running->tcount++;                      // 递增调用者 tcount
    return(p->pid);
}
```

当线程开始运行时，它首先恢复到 goUmode。然后，它跟随 syscall 堆栈帧返回 Umode 以执行 fn(ptr)，就像它是由函数调用所调用的一样。当输入 fn( ) 时，它将使用

stmfd sp!, {fp, lr}

把返回链接寄存器保存在 Umode 堆栈中。函数完成后，通过以下代码返回：

ldmfs sp!, {fp, pc}

为了使 fn( ) 函数在完成时正常返回，初始 Umode lr 寄存器必须包含正确的返回地址。在 scheduler( ) 函数中，当下一个运行的 PROC 是线程时，我们将 VA(4) 的值加载到 Umode lr 寄存器中。在每个 Umode 映像的虚拟地址 4 处，都有一个 exit(0) 系统调用（在 ts.s 中），该调用允许线程正常终止。每个线程可以静态运行，即无限循环运行，并且永不终止。如果需要，它会使用睡眠或信号量来暂停自身。动态线程在完成指定任务后终止。像往常一样，父（主）线程可以使用 wait 系统调用来处置终止的子线程。对于每个终止的子进程，它将其 tcount 值减 1。我们将通过一个示例演示一个支持线程的系统。

7.8.2 线程演示

示例系统 C7.6 实现了对线程的支持。在 ucode.c 文件中，我们向内核添加了一个线程命令和与线程相关的系统调用。线程命令调用 uthread( )，在其中发出线程系统调用来创建 $N \leqslant 4$ 个线程。所有线程都执行相同的函数 fn(ptr)，但是每个线程都有自己的堆栈和不同的 ptr 参数。然后，该进程等待所有线程完成。每个线程都会输出其 pid、参数值和进程映像的物理地址。当所有线程都终止时，主进程继续。

```
int a[4] = {1,2,3,4};  // 线程参数
int stack[4][1024];    // 线程堆栈
int fn(int *ptr)       // 线程函数
{
  int pid = getpid();
  int pa  = getPA();   // 获取进程内存的 PA
printf("thread %d in %x ptr=%x *ptr=%d\n", pid, pa, ptr, *ptr);
}
int uthread()
{
```

```
    int i, status, pid, cid, N = 2;
    pid = getpid();
    for (i=0; i<N; i++){
      printf("proc %d create thread %d\n", pid, i);
        syscall(12, fn, stack[i], &a[i]);
    }
    printf("proc %d wait for %d threads to finish\n", pid, N);
    for (i=0; i<N; i++){
        cid = wait(&status);
        printf("proc %d: dead child=%d status=%x\n",pid, cid, status);
    }
}
```

图 7.6 展示了运行 C7.6 程序的输出。如图所示，所有线程都在与父进程 P1 相同的地址空间（PA = 0x800000）中执行。它还显示父进程 P1 通过通常的等待子终止操作来等待所有子线程终止。

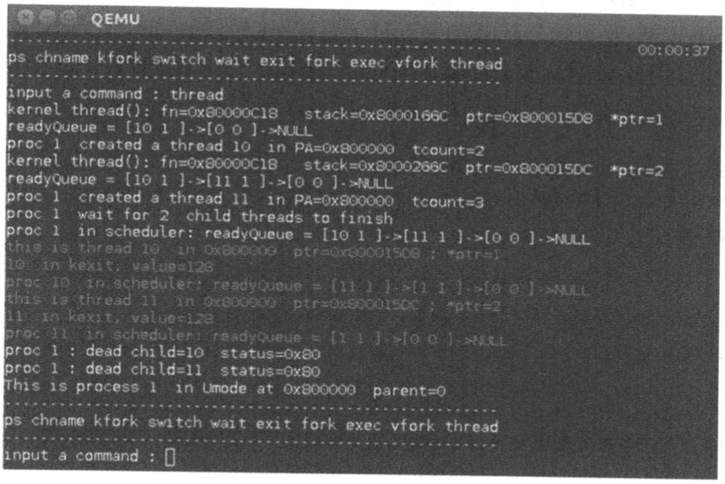

```
QEMU
-------------------------------------------------------------          00:00:37
ps chname kfork switch wait exit fork exec vfork thread
-------------------------------------------------------------
input a command : thread
kernel thread(): fn=0x80000C18   stack=0x8000166C  ptr=0x800015D8  *ptr=1
readyQueue = [10 1 ]->[0 0 ]->NULL
proc 1  created a thread 10  in PA=0x800000  tcount=2
kernel thread(): fn=0x80000C18   stack=0x8000266C  ptr=0x800015DC  *ptr=2
readyQueue = [10 1 ]->[11 1 ]->[0 0 ]->NULL
proc 1  created a thread 11  in PA=0x800000  tcount=3
proc 1  wait for 2  child threads to finish
proc 1  in scheduler: readyQueue = [10 1 ]->[11 1 ]->[0 0 ]->NULL
this is thread 10  in 0x800000  ptr=0x800015D8 ; *ptr=1
10  in kexit, value=128
proc 10  in scheduler: readyQueue = [11 1 ]->[1 1 ]->[0 0 ]->NULL
this is thread 11  in 0x800000  ptr=0x800015DC ; *ptr=2
11  in kexit, value=128
proc 11  in scheduler: readyQueue = [1 1 ]->[0 0 ]->NULL
proc 1 : dead child=10  status=0x80
proc 1 : dead child=11  status=0x80
This is process 1  in Umode at 0x800000  parent=0
-------------------------------------------------------------
ps chname kfork switch wait exit fork exec vfork thread
-------------------------------------------------------------
input a command :
```

图 7.6　线程的演示

7.8.3　线程同步

只要多个执行实体共享相同的地址空间，它们就可以访问和修改共享的（全局）数据对象。如果没有适当的同步，它们可能会破坏共享数据对象，从而给所有执行实体造成问题。创建许多进程或线程非常容易，但是要同步它们的执行以确保共享数据对象的完整性并不是一件容易的事。Pthreads 中用于线程同步的标准工具是互斥锁和条件变量（Pthreads 2015）。我们将在第 9 章中介绍线程同步。

7.9　具有二级分页的嵌入式系统

本节介绍如何为二级页虚拟内存配置 ARM MMU，以支持用户模式进程。首先，我们介绍系统内存映射，该映射指定了系统内存空间的计划使用情况。

范　围	使用方法
0 ～ 64KB	向量，初始 pgidr/pgtable
64KB ～ 2MB	系统内核

（续）

范　围	使用方法
2MB ～ 4MB	LCD 帧缓冲器
4MB ～ 5MB	RAMdisk 文件系统
5MB ～ 6MB	内核二级页表
6MB ～ 7MB	进程一级 pgdir
7MB ～ 8MB	进程 Umode 二级页表
8MB ～ 256MB	可用 RAM 用于 proc Umode 映像
256MB ～ 257MB	内存映射的 I/O 空间

当系统启动时，我们首先像以前一样使用 1MB 的段建立一个一级分页。在这种简单的分页环境中，我们初始化内核数据结构，在 Kmode 中创建并运行初始进程 P0。在 kernel_init( ) 中，我们创建了一个新的一级页表（pgdir)，用 ktable 表示，位于 32KB，并创建了与其关联的二级页表（pgtable)，位于 5MB，以创建 VA 到 PA 的恒等映射。然后我们为其他进程在 6MB 处创建 64 个 pgdir，每个进程都有一个位于 6MB + (pid − 1) × 16KB 的 pgdir。由于所有进程的 Kmode 地址空间都是相同的，因此只需从 ktable 复制它们的 pgdir。然后我们将 pgdir 更改为位于 32KB 的 ktable，这会将 MMU 切换到二级分页。下面展示了用 C 编写的 makePageTable( ) 函数代码。

```
int *mtable = (int *)0x4000;    // 初始 pgdir 位于 16KB
int *ktable = (int *)0x8000;    // 新的二级 pgdir（位于 32KB）
int makePageTable()
{
  int i;
  for (i=0; i<4096; i++){  // 将 ktable 的 4096 个条目归零
     ktable[i] = 0;
  }
  for (i=0; i<258; i++){   // 假设 256MB PA + 2MB I/O 空间
     ktable[i] = (0x500000 + i*1024) | 0x11; // DOMAIN 0,type=01
  }
  // 在 5MB 处建立 Kmode 二级 pgtable
  for (i=0; i<258; i++){
     pgtable = (int *)(0x500000 + i*1024);
     paddr = i*0x100000 | 0x55E;  // APs=01|01|01|01|CB=11|type=10
     for (j=0; j<256; j++){    // 256 个条目，均指向 4KB PA
        pgtable[j] = paddr + j*4096;
     }
  }
 // 在 6MB 处为其他 PROC 构建 64 个一级 pgdir
 ktable = (int *)0x600000;    // 在 6M 处构建 64 个 proc 的 pgdir
  for (i=0; i<64; i++){       // 6MB 的 512KB 区域
     ktable = (int *)(0x600000 + i*0x4000); // 每个 pgdir 16KB
     for (j=0; j<4096; j++){ // 复制 ktable []
        ktable[j] = mtable[j];
    }
  }
  running->pgdir = ktable;  // 将 P0 的 pgdir 更改为 kbable
  switchPgdir((int)ktable); // 切换到二级 pgdir
}
```

在每个进程的一级页表（pgdir）中，高 2048 个条目最初是 0。这些条目定义了每个进程的 Umode VA 空间，当在 kfork( ) 或 fork( ) 中创建进程时，将填充这些空间。该部分取决于进程 Umode 映像的内存分配方案，该方案可以是静态的也可以是动态的。

7.9.1 二级静态分页

在静态分页中，每个进程为其 Umode 映像分配一个固定大小为 PSIZE 的存储区。为简单起见，我们可以假设 PSIZE 是 1MB 的倍数。我们将每个进程 Umode 映像分配在 8MB +(pid – 1) × PSIZE 处。例如，如果 PSZIE = 4MB，则 P1 位于 8MB，P2 位于 12MB，依此类推。然后，我们设置进程页表来以页的形式访问 Umode 映像。下面展示了 kfork( )、fork( ) 和 kexec( ) 中的代码段。

```
#define PSIZE 0x400000
PROC *fork1()  // 创建新 proc *p 的通用代码
{
  int i, j;
  int *pgtable, npgdir;
  PROC *p = get_proc(&freeList);
  if (p==0){
     kprintf("fork1() failed\n");
     return (PROC *)0;
  }
  p->ppid = running->pid;
  p->parent = running;
  p->status = READY;
  p->priority = 1;
  p->tcount = 1;
  p->paddr = (int *)(0x800000 + (p->pid-1)*PSIZE);
  p->psize = PSIZE;
  p->pgdir = (int *)(0x600000 + (p->pid-1)*0x4000);
  // 填充高位 pgdir 条目并构造 Umode pgtable
  npgdir = p->size/0x100000; // Umode pgdir 条目和 pgtable 的数量
  for (i=0; i<npgdir; i++){
      pgtable = (int *)(0x700000 + (pid-1)*1024 + i*1024);
      p->pgdir[2048+i] = (int)pgtable | 0x31; // DOMAIN=1,type=01
      for (j=0; j<256; j++){
          pgtable[j] = (int)(p->paddr + j*1024) | 0xFFE; // APs=11
      }
  }
  return p;
}
PROC *kfork(char *filename)
{
  int i; char *cp;
  PROC *p = fork1();
  if (p==0){ printf("kfork failed\n"); return 0; }
  for (i=1; i<29; i++){  // kstack[] 中的所有 28 个单元格为 0
  p->kstack[SSIZE-i] = 0;
  }
  p->kstack[SSIZE-15] = (int)goUmode;   // dec reg= 地址顺序 !!!
  cp = (char *)p->paddr + PSIZE - 128;
```

```
    strcpy(cp, istring);
    p->usp    = (int *)VA(0x200000 - 128); // VA（2MB-128）上的 usp
    p->ucpsr = (int *)0x10;
    p->upc    = (int *)VA(0);
    p->kstack[SSIZE-14] = (int)p->usp;    // 保存的 r0
    p->kstack[SSIZE-1] = VA(0);
    enqueue(&readyQueue, p);
    return p;
}
int fork()  // 用相同的 Umode 映像派生一个子进程
{
    int i, PA, CA;
    int *pgtable;
    PROC *p = fork1();
    if (p==0){ printf("fork failed\n"); return -1; }
    PA = (int)running->paddr;
    CA = (int)p->paddr;
    memcpy((char *)CA, (char *)PA, running->psize);  // 复制映像
    p->usp = running->usp;    // 两者都应为其段中的 VA
    p->ucpsr = running->ucpsr;
    for (i=1; i <= 14; i++){
        p->kstack[SSIZE-i] = running->kstack[SSIZE-i];
    }
    for (i=15; i<=28; i++){
        p->kstack[SSIZE-i] = 0;
    }
    p->kstack[SSIZE-14] = 0; // 子进程返回 pid=0
    p->kstack[SSIZE-15] = (int)goUmode;
    p->ksp = &(p->kstack[SSIZE-28]);
    enqueue(&readyQueue, p);
    return p->pid;
}
int kexec(char *cmdline) // cmdline = Uspace 中的 VA
{
    int i, j, upa, usp;
    char *cp, kline[128], file[32], filename[32];
    PROC *p = running;
    int *pgtable;
    // 获取 cmdline, 获取 cmd 文件名：与之前相同
    if (p->vforked){ // 创建自己的 Umode pgtable
        p->paddr = (int *)(0x800000 + (p->pid-1)*PSIZE);
        p->psize = PSIZE;
        p->pgdir = (int *)(0x600000 + (p->pid-1)*0x4000);
        npgdir = p->psize/0x100000;
        for (i=0; i<npgdir; i++){
            pgtable = (int *)(0x700000 + (p->pid-1)*1024 + i*1024);
            p->pgdir[2048+i] = (int)((int)pgtable | 0x31);
            for (j=0; j<256; j++){
                pgtable[j] = (int)(p->paddr + j*1024) | 0x55E;
            }
        }
```

```
    p->vforked = 0;          // 关闭 vforked 标志
    switchPgdir(p->pgdir);   // 切换到自己的 pgdir
  }
  loadelf(file, p);
  // 将 kline 复制到 Ustack 并返回到 VA = 0: 与之前相同
}
```

7.9.2 二级静态分页的演示

图 7.7 展示了示例系统 C7.7 的输出，该系统使用二级静态分页。

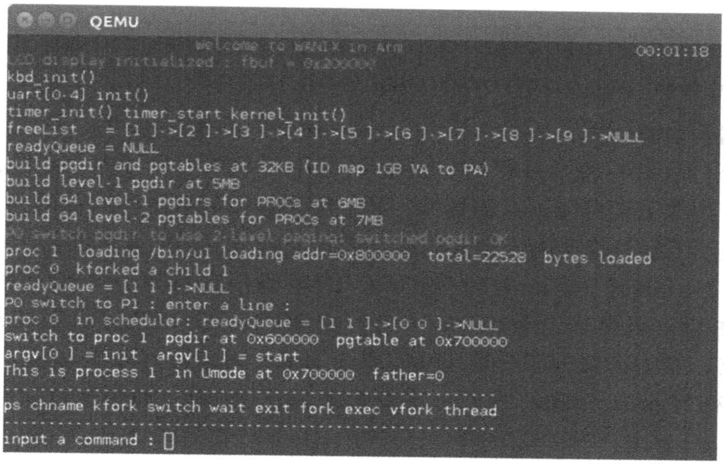

```
QEMU
00:01:18
kbd_init()
uart[0-4] init()
timer_init() timer_start kernel_init()
freeList    = [1 ]->[2 ]->[3 ]->[4 ]->[5 ]->[6 ]->[7 ]->[8 ]->[9 ]->NULL
readyQueue = NULL
build pgdir and pgtables at 32KB (ID map 1GB VA to PA)
build level-1 pgdir at 5MB
build 64 level-1 pgdirs for PROCs at 6MB
build 64 level-2 pgtables for PROCs at 7MB
proc 1  loading /bin/u1 loading addr=0x800000  total=22528  bytes loaded
proc 0  kforked a child 1
readyQueue = [1 1 ]->NULL
P0 switch to P1 : enter a line :
proc 0  in scheduler: readyQueue = [1 1 ]->[0 0 ]->NULL
switch to proc 1  pgdir at 0x600000  pgtable at 0x700000
argv[0 ] = init  argv[1 ] = start
This is process 1  in Umode at 0x700000  father=0
-------------------------------------------------------------
ps chname kfork switch wait exit fork exec vfork thread
-------------------------------------------------------------
input a command :
```

图 7.7 二级静态分页的演示

7.9.3 二级动态分页

在动态分页中，每个进程的 Umode 存储区由动态分配的页架组成。为了支持动态页调度，系统必须以空闲页架的形式管理可用内存。这可以通过位图或链接列表来完成。如果页架的数量很大，则通过链接列表来管理它们会更有效。当系统启动时，我们构造一个空闲页链接列表 pfreeList，将所有空闲页架连线到链接列表中。当需要页架时，我们从 pfreeList 分配页架。当不再需要页架时，我们将其释放回 pfreeList 以进行重用。以下代码段展示了空闲页列表管理函数。

```
int *pfreeList;           // 空闲页架列表
int *palloc()             // 分配一个空闲页架
{
  int *p = pfreeList;
  if (p){
     pfreeList = (int *)(*p);
     *p = 0;
  }
  return p;
}
void pdealloc(int p)  // 释放页架
{
  u32 *a = (u32 *)((int)p & 0xFFFFF000); // 页架的 PA
```

```
    *a = (int)pfreeList;
    pfreeList = a;
}
int *free_page_list(int *startva, int *endva) // 构建pfreeList
{
    int *p = startva;
    while(p < (int *)(endva-1024)){
        *p = (int)(p + 1024);
        p += 1024;
    }
    *p = 0;
    return startva;
}
pfreeList = free_page_list((int *)8MB, (int *)256MB);
```

修改内核用于动态分页

当使用动态分页时，每个进程的Umode映像不再是单个连续内存片段，而是由动态分配的页架组成，这些页架可能不是连续的。我们必须修改管理进程映像的内核代码以适应这些更改。下面展示了经过修改的内核代码段，以适配动态页面调度方案。

（1）fork1()：fork1()是kfork()和fork()的基码。它创建一个新进程*p*并设置它的Umode映像。由于一级页表（pgdir）必须是一块16KB对齐的内存，因此我们不能通过分配页架来构建它，因为页架可能不是连续的或在16KB的边界上对齐。所以我们仍然像以前一样在6MB处构建proc pgdir。我们只需要修改fork1()即可通过分配页架来构造Umode映像。

```
// 假设：Umode 映像大小以 MB 为单位
#define PSIZE 0x400000
PROC *fork1()
{
    int i, j, npgdir, npgtable;
    int *pgtable;
    // 创建一个新的 proc *p: 与之前相同
    p->pgdir = (int *)(0x600000 + (p->pid-1)*0x4000); // 如前所述
    // 从位于 32KB 的 ktable 复制条目
    for (i=0; i<4096; i++){
        p->pgdir[i] = ktable[i];
    }
    p->psize = 0x400000;           // Uimage 大小以 MB 为单位
    npgdir = p->psize/0x100000;    // pgdir 条目和 pgtable 的数量
    npgtable = npgdir;
    // 填充 pgdir 条目并构造 Umode pgtable
    for (i=0; i<npgdir; i++){
        pgtable = (int *)palloc(); // 分配一个页，但仅使用 1KB
        p->pgdir[2048+i] = (int)pgtable | 0x31; // pgdir 条目
        for (j=0; j<256; j++){                  // pgtable
            pgtable[j] = (int)((int)palloc() | 0xFFE);
        }
    }
    return p;
}
```

（2）kfork( )：kfork( ) 使用在虚拟地址空间高端的 Umode 堆栈中传递的初始命令行参数创建一个新进程。由于调用者的 pgdir 与新进程的 pgdir 不同，因此我们不能使用 VA(PSIZE) 来访问新进程的 Umode 堆栈（高端）。相反，我们必须使用最后分配的页架来访问其 Umode 堆栈。

（3）fork( )：复制映像时，必须将父页架复制到子进程的页架，如以下代码段所示。

```
// 将父页架复制到子页架
void copyimage(PROC *parent, PROC *child)
{
  int i, j;
  int *ppgtable, *cpgtable, *cpa, *ppa;
  int npgdir = parent->psize/0x100000;
  for (i=0; i < npgdir; i++){ // 每个映像都有 npgdir 个页表
    ppgtable = (int *)(parent->pgdir[i+2048] & 0xFFFFFC00);
    cpgtable = (int *) (child->pgdir[i+2048] & 0xFFFFFC00);
    for (j=0; j<256; j++){ // 复制页表页架
       ppa = (int *)(ppgtable[j] & 0xFFFFF000);
       cpa = (int *)(cpgtable[j] & 0xFFFFF000);
       memcpy((char *)cpa, (char *)ppa, 4096); // 复制 4KB 页架
    }
  }
}
```

（4）kexec( )：我们假设 kexec( ) 使用与进程相同的 Umode 映像区域。在这种情况下，除了 vforked 进程以外，不需要任何更改，该进程必须创建自己的 pgdir 条目、分配页架并切换到自己的 pgdir。

（5）**加载程序**：必须修改映像加载程序以将映像文件加载到进程的页架中。修改后的（伪）加载程序代码如下。

```
// 像以前一样找到 ELF 段头文件; ph->pgogram header
for (int i=1, ph=aph; i <= phnum; ph++, i++){
  if (ph->type != 1) break;
  lseek(fd, (long)ph->offset, 0); // 将偏移量设置为 ph-> offset
  pn = PA(ph->vaddr)/0x1000; // 将 vaddr 转换为页码
  count = 0;
  addr = (char *)(pgtable[pn] & 0xFFFF000); // 加载地址
  while(count < ph->memsize){
     read(fd, dbuf, BLKSIZE);       // 读取 1KB BLKSIZE
     memcpy(addr, dbuf, BLKSIZE);   // 复制到 addr
     addr  += BLKSIZE;
     count += BLKSIZE;
  }
}
```

（6）kexit( )：当进程终止时，我们将用作 Umode pgdir 条目和 pgtable 的页架释放回 pfreeList 以便重用。

7.9.4 二级动态分页的演示

图 7.8 展示了运行 C7.8 程序的输出，该程序使用二级动态分页。如图所示，进程 P1 的 pgdir 条目和 pgtable 是动态分配的。

```
QEMU                                                              00:02:39
timer_init() timer_start
kernel_init()
freeList   = [1 ]->[2 ]->[3 ]->[4 ]->[5 ]->[6 ]->[7 ]->[8 ]->[9 ]->NULL
readyQueue = NULL
build pgdir and pgtables at 32KB (ID map 512MB VA to PA)
build Kmode level-2 pgtables at 5MB
build 64 level-1 pgdirs for PROCs at 6MB
switch pgdir to use 2-level paging : switched pgdir OK
build pfreeList: start=0x800000  end=0x10000000  : 63487  4KB entries
disk start=0x400000  size=0x100000
pgtable=0x800000  pgtable[0 ]=0x80155E  pgtable[1 ]=0x80255E
pgtable=0x901000  pgtable[0 ]=0x90255E  pgtable[1 ]=0x90355E
pgtable=0xA02000  pgtable[0 ]=0xA0355E  pgtable[1 ]=0xA0455E
pgtable=0xB03000  pgtable[0 ]=0xB0455E  pgtable[1 ]=0xB0555E
proc 0  kforked a child 1  at 0x801000
readyQueue = [1 1 ]->NULL
P0 switch to P1 : enter a line :
proc 0  in scheduler: readyQueue = [1 1 ]->[0 0 ]->NULL
switch to proc 1  pgdir at 0x600000
CPU mode=0x10  argc=2  argv[0 ] = init argv[1 ] = start
This is process 1  in Umode at 0x801000  father=0
-----------------------------------------------------------
ps chname kfork switch wait exit fork exec vfork thread
-----------------------------------------------------------
input a command : 
```

图 7.8　二级动态分页的演示

7.10　KMH 内存映射

示例系统 C7.1 至 C7.8 使用内核映射低（KML）内存映射方案，其中内核模式空间映射到低虚拟地址，而用户模式空间映射到高虚拟地址。该映射方案可以颠倒。在内核映射高（KMH）方案中，内核模式 VA 空间映射为高，例如到 2GB（0x80000000），而用户模式 VA 空间映射为低。在本节中，我们将演示 KMH 内存映射方案，将其与 KML 方案进行比较，并讨论两种映射方案之间的区别。

7.10.1　KMH 使用一级静态分页

（1）**内核映像中的高 VA**：假定内核 VA 空间已映射到 2GB。为了让内核使用高虚拟地址，必须修改链接命令以生成高虚拟地址。对于内核映像，修改后的链接命令为

```
arm-none-eabi-ld -T t.ld ts.o t.o mtx.o -Ttext=0x80010000 -o t.elf
```

内核映像已加载到物理地址 0x10000，但其 VA 为 0x800100000。对于用户模式映像，链接命令更改为

```
arm-none-eabi-ld -T u.ld us.o u1.o -Ttext=0x100000 -o u1.elf
```

请注意，用户模式映像的起始虚拟地址不是 0，而是 0x100000（1MB）。我们稍后将对此进行解释和说明。

（2）**VA 到 PA 的转换**：内核代码使用 VA，但是页表条目和 I/O 设备基址必须使用 PA。为了方便起见，我们定义宏

```
#define VA(x) ((x) + 0x80000000)
#define PA(x) ((x) - 0x80000000)
```

用于 VA 和 PA 之间的转换。

（3）**用于 I/O 基址的 VA**：I/O 设备的基址使用 PA，且必须将其重新映射到 VA。对于 Versatilepb 板，I/O 设备位于 2MB I/O 空间中，从 PA 256MB 开始。I/O 设备基址必须通过 VA(x) 宏映射到 VA。

（4）**初始页表**：由于内核代码是以 VA 编译链接的，因此在配置 MMU 以进行地址转换之前，我们无法执行内核的 C 代码。系统启动时，初始页表必须用汇编代码构造。

（5）**ts.s 文件**：reset_handler 设置初始页表并启用 MMU 以进行地址转换。然后，它设置特权模式堆栈，将向量表复制到 0 并在 C 中调用 main( )。为简洁起见，我们将仅展示与内存映射相关的代码段。在下面的汇编代码中，使用 1MB 的段在 PA = 0x4000（16KB）处设置了初始的一级页表。在一级页表中，第 0 个条目指向最低的 1MB 物理内存，这将创建最低的 1MB 内存空间的恒等映射。这是因为向量表和异常处理程序条目地址都在物理内存的最低 4KB 之内。在页表中，条目 2048 至 2048 + 258 将 VA =(2GB，2GB + 258MB) 映射到低 258 物理内存，其中包括 2MB I/O 空间（位于 256MB）。为内核模式空间分配了 domain0，访问位设置为 AP = 01（客户端模式），以防止用户模式进程访问内核的 VA 空间。然后，它设置 TLB 基址寄存器并启用 MMU 以进行地址转换。之后，系统将使用 2GB 至 2GB + 258MB 范围内的 VA 来运行。

```
/************** ts.s 文件 ***************/
reset_handler:
  adr r4, MTABLE      // r4 指向 MTABLE，位于 0x4000 = 16KB
  ldr r5, [r4]        // r5 = 0x4000
  mov r0, r5          // r0 = MTABLE 内容 =0x4000 位于 16KB

// 将 MTABLE 的 4096 个条目清除为 0
   mov r1, #4096              // 4096 个条目
   mov r3, #0                 // r3=0
1:
   str r3, [r0], #4           // 将 r3 存储到 [r0]；将 r0 递增 4
   subs r1, r1, #1            // r1--
   bgt 1b                     // 循环 r1 = 4096 次

// 假设：Versatilepb 具有 256MB RAM 2MB I/O（位于 256MB）
// 由于向量表，MTABLE 的条目 0 必须指向最低的 1MB PA
   mov r6, #(0x1 << 10)       // r6=AP=01 (KRW, user no) AP=11: both KU r/w
   orr r6, r6, #0x12          // r6 = 0x412 OR 0xC12 if AP=11: used 0xC12
   mov r3, r6                 // r3 包含 0x412
   mov r0, r5                 // r0 = 0x4000
   str r3, [r0]               // 用 0x00000412 填充 MTABLE[0]

//******** 将内核 258MB VA 映射到 2GB ************
   mov r0, r5          // r0 = 0x4000 again
   add r0, r0,#(2048*4)       // 为第 2048 个条目添加 8KB
   mov r2, #0x100000          // r2 = 1MB 增量
   mov r1, #256               // 256 个条目
   add r1, r1, #2             // 为 2MB I/O 空间增加 2 个条目
   mov r3, r6                 // r3 = 0x00000412
3:
   str r3, [r0], #4           // 将 r3 存储到 [r0]；将 r0 递增 4
   add r3, r3, r2             // 将 r3 增加 1MB
   subs r1,r1, #1             // r1--
   bgt 3b                     // 循环 r1 = 258 次

// 设置 TLB 基址寄存器
  mov r0, r5                     // r0 = 0x4000
```

```
  mcr p15, 0, r0, c2, c0, 0  // 用物理地址 0x4000 设置 TTBase
  mcr p15, 0, r0, c8, c7, 0  // 刷新 TLB
// 设置 domain0: 01 = 客户端(检查权限)11 = 主机(不检查)
  mov r0, #0x1               // 01 用于客户端模式
  mcr p15, 0, r0, c3, c0, 0  // 写入域寄存器 c3
// 启用 MMU
  mrc p15, 0, r0, c1, c0, 0  // 将控制寄存器读取到 r0
  orr r0, r0, #0x00000001    // 将 r0 的 bit0 设置为 1
  mcr p15, 0, r0, c1, c0, 0  // 写到控制寄存器 c1 ==> MMU 开启
  nop
  nop
  nop
  mrc p15, 0, r2, c2, c0, 0  // 将 TLB 基址寄存器 c2 读入 r2
  mov r2, r2
// 设置特权模式堆栈指针，然后在 C 中调用 main()
MTABLE: .word 0x4000         // 位于 16KB 的初始页表

switchPgdir: // 将 pgdir 切换到新的 PROC 的 pgdir; 传入 r0
  mcr p15, 0, r0, c2, c0, 0  // 将 TTBase 设置为 C2
  mov r1, #0
  mcr p15, 0, r1, c8, c7, 0  // 刷新 TLB
  mcr p15, 0, r1, c7, c7, 0  // 刷新 I 和 D 缓存
  mrc p15, 0, r2, c2, c0, 0  // 读取 TLB 基本寄存器 C2
  // 设置域: 全部 01 = 客户端(检查权限)11 = 主机(不检查)
  mov r0, #0x5               // 0101 = 域 0 和 1 的客户端
  mcr p15, 0, r0, c3, c0, 0  // 写入域寄存器 C3
  mov pc, lr                 // 返回
```

（6）**kernel.c 文件**：我们仅展示 kernel_init() 的内存映射部分。它在 6MB 处为 64 个 PROC 创建 64 个页目录（一级页表）。每个 PROC 的 pgdir 位于 6MB + pid × 16KB。由于所有进程的内核模式 VA 空间都相同，因此它们的内核模式 pgdir 条目都相同。为简单起见，我们假定除 P0 之外的每个进程都有一个大小为 1MB 的 Umode 映像，该映像被静态分配到物理地址（pid + 7）MB，即 P1 位于 8MB、P2 位于 9MB 等。在每个进程 pgdir 中，条目 1 定义进程 Umode 映像。与此对应，每个 Umode 映像都以起始 VA = 0x100000（1MB）进行编译链接。在任务切换期间，如果当前进程不同于下一个进程，则调用 switchPdgir() 将 pgdir 切换到下一个进程的 pgdir。

```
/****************** kernel_init() 函数 *******************/
kernel_init()
{
  int i, j, *mtable, *MTABLE;
  // 初始化内核数据结构，创建 P0: 与之前相同
  printf("building pgdirs at 5MB\n");
  // 在 5MB 处为所有 PROC 创建 pgdir
  MTABLE = (int *)0x80004000;      // 初始 Mtable 位于 PA = 0x4000
  mtable = (int *)0x80600000;      // mtable 从 6MB 开始
  for (j=0; j<4096; j++)           // 将 mtable 条目清除为 0
      mtable[j] = 0;
   // pgdir 必须在 16K 边界处; 6MB ~ 7MB 可以容纳 64 个 pgdir
  for (i=0; i<64; i++){        // 对于 64 个 PROC mtable
```

```
        mtable[0] = MTABLE[0]; // 条目 0 的低 1MB 向量
        for (j=2048; j<4096; j++){  // 从 MTABLE 复制最后 2048 个条目
            mtable[j] = MTABLE[j];
      }
      // 假设：每个 Umode 映像大小 = 1MB => 只需一个条目
      if (i){ // 不包含没有 Umode 映像的 P0
          mtable[1]=(0x800000 + (i-1)*0x100000)|0xC12; // Umode=entry #1
        }
        mtable += 4096;             // 将 mtable 前进到下一个 16KB
    }
    printf("switch to P0's pgdir : ");
    switchPgdir((int)0x600000);     // 参数必须是 PA
}

int scheduler()
{
    PROC *old=running;
    printf("proc %d in scheduler: ", running->pid);
    if (running->status==READY)
       enqueue(&readyQueue, running);
    running = dequeue(&readyQueue);
    printf("next running = %d\n", running->pid);
    if (running != old)
       switchPgdir(PA(int)running->pgdir & 0xFFFFFF000);
}
```

（7）**在内核功能中使用 VA**：所有内核功能（例如 kfork、fork、映像文件加载程序和 kexec）都必须使用 VA。

（8）**KMH 内存映射的演示**：图 7.9 展示了运行程序 C7.9 的输出，该图演示了使用 1MB 段的 KMH 地址映射。

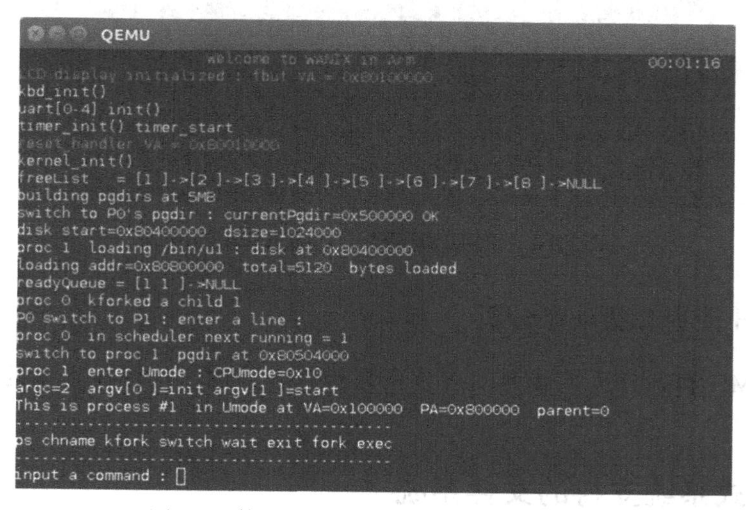

图 7.9　使用一级静态分页的 KMH 的演示

读者可以运行系统 C7.9 以派生其他进程。它应该显示每个进程都在不同的 PA 区域中运行，但是所有进程都在相同的 VA = 0x100000 处。一级分页方案留作思考题中的编程项目。

7.10.2　KMH 使用二级静态分页

在本节中，我们将演示使用二级分页的 KMH 内存映射方案。这可以通过三个步骤完成。

步骤 1：系统启动时，我们首先建立一个初始一级页表，并启用与程序 C7.9 中完全相同的 MMU。在这种简单的分页环境中，我们可以使用高虚拟地址执行内核代码。

步骤 2：在 kernel_init( ) 中，我们在 32KB（0x8000）处构建一个二级页 pgdir。一级 pgdir 的第 0 个条目用于恒等映射最低的 1MB 内存。我们在 48KB（0xC000）处构建其二级页表，以创建最低 1MB 内存的恒等映射。假设 256MB RAM 加 2MB I/O 空间位于 256MB。我们在 5MB 处构建 258 个二级页表。然后，我们在 6MB 处构建 64 个一级 pgdir。每个 PROC 都有一个 pgdir，位于 5MB + pid × 16KB。每个 pgdir 的二级页表是相同的。然后，我们将 pgdir 切换为 6MB 以使用二级分页。

步骤 3：假定每个进程 Umode 映像的大小为 USIZE MB，将其静态分配在 7MB + pid × 1MB 处。当在 fork1( ) 中创建新进程时，我们在 7MB + pid × 1KB 处构建其 Umode 一级 pgdir 条目和二级页表。

图 7.10 展示了运行示例程序 C7.10 的输出，该示例程序演示了使用二级静态分页的 KMH 映射方案。

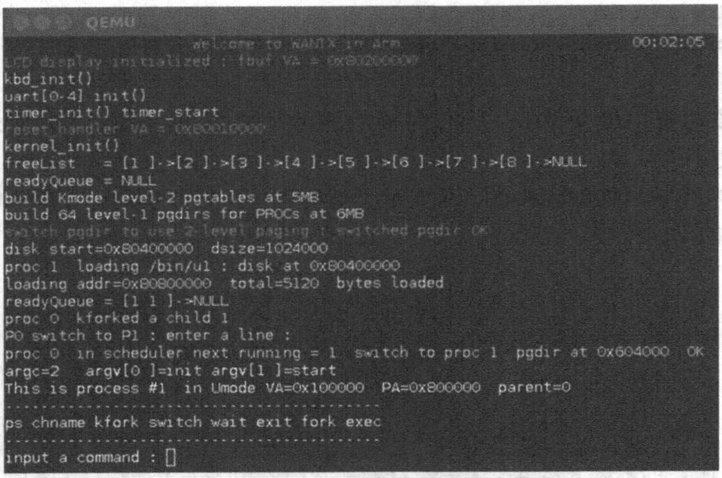

```
QEMU
                    welcome to WANIX in Arm                    00:02:05
LCD display initialized : fbuf VA = 0x80200000
kbd_init()
uart[0-4] init()
timer_init() timer_start
reset_handler VA = 0x80010000
kernel_init()
freeList   = [1 ]->[2 ]->[3 ]->[4 ]->[5 ]->[6 ]->[7 ]->[8 ]->NULL
readyQueue = NULL
build Kmode level-2 pgtables at 5MB
build 64 level-1 pgdirs for PROCs at 6MB
switch pgdir to use 2-level paging : switched pgdir OK
disk start=0x80400000  dsize=1024000
proc 1  loading /bin/u1 : disk at 0x80400000
loading addr=0x80800000  total=5120  bytes loaded
readyQueue = [1 1 ]->NULL
proc 0  kforked a child 1
P0 switch to P1 : enter a line :
proc 0  in scheduler next running = 1  switch to proc 1  pgdir at 0x604000  OK
argc=2   argv[0 ]=init argv[1 ]=start
This is process #1  in Umode VA=0x100000  PA=0x800000  parent=0
----------------------------------------
ps chname kfork switch wait exit fork exec
----------------------------------------
input a command : 
```

图 7.10　使用二级静态分布的 KMH 的演示

7.10.3　KMH 使用二级动态分页

将二级 KMH 静态分页扩展为动态分页是相当容易的。这留在本章的思考题中作为练习。

7.11　嵌入式系统支持的文件系统

到目前为止，我们使用 RAMdisk 作为文件系统。每个进程映像都从 RAMdisk 作为可执行文件加载。在执行期间，进程可以通过写入 RAMdisk 来保存信息。由于 RAM 磁盘保存在易失性内存中，因此在关闭系统电源时，所有 RAM 磁盘内容将消失。在本节中，我们将使用 SD 卡（SDC）作为支持文件系统的永久性存储设备。像硬盘一样，SDC 可以分为多个分区。下面将展示如何创建只有一个分区的磁盘映像。生成的磁盘映像可以在大多数支持 SD 卡的虚拟机中用作虚拟 SDC。

7.11.1 创建 SDC 映像

（1）创建一个包含 4096 个 1KB 块的磁盘映像文件。

```
dd if=/dev/zero of=disk.img bs=1024 count=4096
```

（2）将 disk.img 分为多个分区。最简单的方法是创建一个分区。

```
fdisk -H 16 -S 512 disk.img  # 输入 n，然后按 Enter 键
```

（3）为 disk.img 创建一个循环设备。

```
losetup -o 1048576 --sizelimit 4193792 /dev/loop1 disk.img
```

（4）将分区格式化为 EXT2 文件系统。

```
mke2fs -b 1024 disk.img 3072
```

（5）安装循环设备。

```
mount /dev/loop1 /mnt
```

（6）用文件填充它，然后卸载。

```
mkdir /mnt/boot; umount /mnt
```

在磁盘映像上，扇区的计数从 0 开始。步骤 2 创建一个分区，第一个扇区为 2048（fdisk 的默认值），最后一个扇区为 4096 × 2 − 1=8191。在步骤 3 中，起始偏移量和大小限制均以字节为单位，为扇区 × 扇区大小（512）。在步骤 4 中，文件系统大小为 4096 − 1024 = 3072（1KB）块。由于文件系统的大小小于 4096 个块，因此仅需要一个块组，这既简化了文件系统遍历算法，又简化了索引节点和磁盘块的管理。

7.11.2 将 SDC 分区格式化为文件系统

接下来，我们将使用具有多个分区的 SDC 磁盘映像。磁盘映像创建如下。

使用文件名运行 sh 脚本 mkdisk。

```
# sh 脚本 mkdisk：以 mkdisk 磁盘名运行

  dd if=/dev/zero of=$1 bs=1024 count=21024    # 大约 2MB
  dd if=MBR of=$1 bs=512 count=1 conv=notrunc # MBR 包含一个 ptable
  BEGIN=$(expr 2048 \* 512)
  for I in 1 2 3 4; do
     losetup -d /dev/loop$I    # 删除退出的循环设备
     END=$(expr $BEGIN + 5110000)
     losetup -o $BEGIN -sizelimt $END /dev/loop$I $1
     mount /dev/loop$I /mnt
     (cd /mnt; mkdir bin boot dev etc tmp user)
     umount /mnt
     BEGIN=$(expr $BEGIN + 5120000)
  done
```

MBR文件是包含由fdisk创建的分区表的MBR映像。我们不是使用fdisk再次手动对新磁盘映像进行分区，而是将MBR文件转储到磁盘映像的MBR扇区中。生成的磁盘映像具有4个分区，如下所示。

分　区	起　始	终　端	大小（1KB块的数量）
1	2048	10 247	5000
2	12 048	22 047	5000
3	22 048	32 047	5000
4	32 048	42 047	5000

分区类型无关紧要，但应将其设置为0x90，以避免与其他使用分区类型0x82～0x83的操作系统（例如Linux）混淆。

7.11.3　为SDC分区创建循环设备

mkdisk脚本为分区创建循环设备，将每个分区格式化为EXT2文件系统，并在其中填充一些目录。当创建循环设备后，可以通过安装相应的循环设备来访问每个分区，如下所示。

```
mount  /dev/loopN  MOUNT_POINT   # N=1 to 4
```

接下来，通过将用户模式映像复制到SDC分区的/bin目录中来修改编译链接脚本。

7.12　具有SDC文件系统的嵌入式系统

在本节中，我们将展示一个以C7.11表示的嵌入式系统，该系统支持将SDC作为大容量存储设备的动态进程。所有用户模式映像都是SDC上（EXT2）文件系统的/bin目录中的ELF可执行文件。系统使用二级动态分页。内核VA空间为0～258MB。用户模式VA空间为2GB～2GB + Umode映像大小。为了简化讨论，我们假设每个Umode映像大小都是1MB的倍数，例如4MB。当创建进程时，将动态分配其二级页表和页架。当进程终止时，将释放其页表和页架以供重用。该系统由以下组件组成。

ts.s文件（组件1）：ts.s文件与程序C7.8中的相同。

kernel.c文件（组件2）：kernel.c文件也与程序C7.8中的相同。

7.12.1　使用信号量的SDC驱动程序

sdc.c文件（组件3）：该文件包含SDC驱动程序。SDC驱动程序是中断驱动的，但由于以下原因，它也支持轮询。系统启动时，仅初始进程P0正在运行。当初始化SDC驱动程序后，它将调用mbr()来显示SDC分区。由于没有其他进程，P0无法睡眠或被阻塞。因此，它使用轮询来读取SDC块。同样，它也使用轮询从SDC加载P1的Umode映像。当创建P1并切换到运行P1之后，进程和SDC驱动程序使用信号量进行同步。在实际系统中，CPU比I/O设备快得多。当向设备发出I/O操作后，进程通常有足够的时间挂起自身以等待设备中断。在这种情况下，我们可以使用睡眠/唤醒来同步进程和中断处理程序。但是，模拟的虚拟机可能不遵循此时序顺序。可以看出，在QEMU下的仿真ARM Versatilepb上，在向SDC发出I/O操作的进程之后，SDC中断处理程序总是在进程挂起之前首先完成。这使得睡眠/唤醒机制不适合进程与SDC中断处理程序之间的同步。因此，它使用信号量进行同步。在SDC驱动程序中，我们定义一个初始值为0的信号量s。当发出I/O操作后，该进程使用P(s)阻塞自身，等待SDC中断。当SDC中断处理程序完成数据传输时，它使用V(s)来取消阻塞该进程。由于信号量上的P和V的顺序无关紧要，因此使用信号量可以防止进程与中断处理程序之间的竞争。下面列出了SDC驱动程序代码。

```
#include "sdc.h"
#define FBLK_SIZE 1024
int partition, bsector;
typedef struct semaphore{ // 单处理器，不需要自旋锁
  int value;
  PROC *queue;
}SEMAPHORE;

SEMAPHORE s; // 用于SDC驱动程序同步的信号量
int P(SEMAPHORE *s)
{
  int sr = int_off();
  s->value--;
  if (s->value < 0){
    running->status = BLOCK;
    enqueue(&s->queue, running);
    tswitch();
  }
  int_on(sr);
}
int V(SEMAPHORE *s)
{
  PROC *p;
  int sr = int_off();
  s->value++;
  if (s->value <= 0){
    p = dequeue(&s->queue);
    p->status = READY;
    enqueue(&readyQueue, p);
  }
  int_on(sr);
}
struct partition {        // MBR中的分区表
      u8 drive;           /* 0x80-有效 */
      u8 head;            /* 起始头 */
      u8 sector;          /* 起始扇区 */
      u8 cylinder;        /* 起始柱面 */
      u8 sys_type;        /* 分区类型 */
      u8 end_head;        /* 结束头 */
      u8 end_sector;      /* 终端扇区 */
      u8 end_cylinder;    /* 结束柱面 */
      int start_sector;   /* 从0开始计数的起始扇区 */
      int nr_sectors;     /* 分区中扇区的nr */
};
int mbr(int partition)
```

```
{
  int i;
  char buf[FBLK_SIZE];
  struct partition *p;
  GD *gp;  // EXT2 组描述符指针
  bsector = 0;
  printf("read MBR to show partition table\n");
  get_block(0, buf);
  p = (struct partition *)&buf[0x1bE];
  printf("P# start  size\n");
  for (i=1; i<=4; i++){ // 假设：仅 4 个主要分区
    printf("%d %d %d\n", i, p->start_sector, p->nr_sectors);
    if (i==partition)
      bsector = p->start_sector;
    p++;
  }
  printf("partition=%d bsector=%d ", partition, bsector);
  get_block(2, buf);
  gp = (GD *)buf;
  iblk = gp->bg_inode_table;
  bmap = gp->bg_block_bitmap;
  imap = gp->bg_inode_bitmap;
  printf("bmap=%d imap=%d iblk=%d ", bmap, imap, iblk);
  printf("MBR done\n");
}
// 进程和中断处理程序之间的共享变量
volatile char *rxbuf, *txbuf;
volatile int  rxcount, txcount, rxdone, txdone;

int sdc_handler()
{
  u32 status, status_err, *up;
  int i;
  // 读取状态寄存器以确定 TxEmpty 或 RxAvail
  status = *(u32 *)(base + STATUS);
  if (status & (1<<17)){ // RxFull：一次读取 16 个 u32
     //printf("RX interrupt: ");
     up = (u32 *)rxbuf;
     status_err = status & (DCRCFAIL | DTIMEOUT | RXOVERR);
     if (!status_err && rxcount) {
        //printf("R%d ", rxcount);
        for (i = 0; i < 16; i++)
           *(up + i) = *(u32 *)(base + FIFO);
        up += 16;
        rxcount -= 64;
        rxbuf += 64;
     status = *(u32 *)(base + STATUS); // 清除 RX 中断
     }
     if (rxcount == 0){
        do_command(12, 0, MMC_RSP_R1); // 停止传输
        if (hasP1)
           V(&s);       // 通过信号量
```

```
        else
            rxdone = 1;  // 通过轮询
      }
    }
    else if (status & (1<<18)){ // TxEmpty: 一次写入16个u32
      //printf("TX interrupt: ");
      up = (u32 *)txbuf;
      status_err = status & (DCRCFAIL | DTIMEOUT);
      if (!status_err && txcount) {
        //printf("W%d ", txcount);
        for (i = 0; i < 16; i++)
            *(u32 *)(base + FIFO) = *(up + i);
        up += 16;
        txcount -= 64;
        txbuf += 64;               // 增长txbuf以进行下一次写入
        status = *(u32 *)(base + STATUS); // 清除TX中断
      }
      if (txcount == 0){
        do_command(12, 0, MMC_RSP_R1); // 停止传输
        if (hasP1)
          V(&s);        // 通过信号量
        else
          txdone = 1; // 通过轮询
      }
    }
    //printf("write to clear register\n");
    *(u32 *)(base + STATUS_CLEAR) = 0xFFFFFFFF;
    // printf("SDC interrupt handler done\n");
}

int delay(){ int i; for (i=0; i<1000; i++); }

int do_command(int cmd, int arg, int resp)
{
  *(u32 *)(base + ARGUMENT) = (u32)arg;
  *(u32 *)(base + COMMAND)  = 0x400 | (resp<<6) | cmd;
  delay();
}

int sdc_init()
{
  u32 RCA = (u32)0x45670000; // QEMU的硬编码RCA
  base    = (u32)0x10005000; // PL180基址
  printf("sdc_init : ");
  *(u32 *)(base + POWER) = (u32)0xBF; // 打开电源
  *(u32 *)(base + CLOCK) = (u32)0xC6; // 默认CLK

  // 发送初始化命令序列
  do_command(0,  0,   MMC_RSP_NONE);// 空闲状态
  do_command(55, 0,   MMC_RSP_R1);  // 准备就绪状态
  do_command(41, 1,   MMC_RSP_R3);  // 参数不能为零
  do_command(2,  0,   MMC_RSP_R2);  // 询问卡CID
  do_command(3,  RCA, MMC_RSP_R1);  // 分配RCA
```

```
  do_command(7,  RCA, MMC_RSP_R1);  // 传输状态：必须使用 RCA
  do_command(16, 512, MMC_RSP_R1);  // 设置数据块长度

  // 设置中断 MASK0 寄存器的位 = RxFull(17)| TxEmpty(18)
  *(u32 *)(base + MASK0) = (1<<17)|(1<<18);
  // 初始化信号量 s
  s.value = 0; s.queue = 0;
}

int get_block(int blk, char *buf)
{
  u32 cmd, arg;
  rxbuf = buf; rxcount = FBLK_SIZE;
  rxdone = 0;
  *(u32 *)(base + DATATIMER) = 0xFFFF0000;
  // 将 data_len 写入 datalength 寄存器
  *(u32 *)(base + DATALENGTH) = FBLK_SIZE;
  // 0x93=|9|0011|=|9|DMA=0,0=BLOCK,1=Host<-Card,1=Enable
  //  *(u32 *)(base + DATACTRL) = 0x93;
  cmd = 18;        // CMD17 = 读取单个扇区
  arg = ((bsector + blk*2)*512);
  do_command(cmd, arg, MMC_RSP_R1);
  // 0x93=|9|0011|=|9|DMA=0,0=BLOCK,1=Host<-Card,1=Enable
  *(u32 *)(base + DATACTRL) = 0x93;
  if (hasP1)
    P(&s);                  // 通过信号量
  else
    while(rxdone == 0); // 通过轮询
}

int put_block(int blk, char *buf)
{
  u32 cmd, arg;
  txbuf = buf; txcount = FBLK_SIZE;
  txdone = 0;
  *(u32 *)(base + DATATIMER) = 0xFFFF0000;
  *(u32 *)(base + DATALENGTH) = FBLK_SIZE;
  cmd = 25;       // CMD24 = 写单个扇区
  arg = (u32)((bsector + blk*2)*512);
  do_command(cmd, arg, MMC_RSP_R1);
  // 写入 0x91=|9|0001|=|9|DMA=0,BLOCK=0,0=Host->Card, Enable
  *(u32 *)(base + DATACTRL) = 0x91; // Host->card
  if (hasP1)
    P(&s);                  // 通过信号量
  else
    while(txdone == 0); // 通过轮询
}
```

7.12.2　使用 SDC 文件系统的系统内核

kernel.c 文件（组件 4）：kernel.c 文件与之前相同。

t.c 文件（组件 5）:

```
/**************** t.c 文件 *********************/
#include "type.h"
#include "string.c"
#define FBLK_SZIE 1024
#include "uart.c"
#include "kbd.c"
#include "timer.c"
#include "vid.c"
#include "exceptions.c"
#include "queue.c"
#include "kernel.c"
#include "wait.c"
#include "fork.c"
#include "exec.c"
#include "svc.c"
#include "loadelf.c"
#include "thread.c"
#include "sdc.c"

int copy_vector_table(){ // 与程序 C6.1 相同 }
int mkPtable()          { // 与程序 C6.1 相同 }
int irq_chandler(){// 与以前相同，但添加了 SDC 中断处理程序 }

extern int hasP1, partition, bsector; // 在 sdc.c 文件中定义

int main()
{
   fbuf_init();
   printf("Welcome to WANIX in Arm\n");
   printf("LCD display initialized : fbuf = %x\n", fb);
   kbd_init();
   uart_init();
   // 启用 VIC、SIC 和设备中断（包括 SDC）的代码
   kernel_init();
   hasP1 = 0;          // 此时仅运行 P0
   partition = 2;      // 选择一个分区号
   sdc_init();         // 初始化 SDC 驱动程序
   mbr(partition);     // 显示分区表并设置 bsector
   kfork("/bin/u1"); // 使用 Umode 映像创建 P1
   hasP1 = 1;
   printf("P0 switch to P1\n");
   while(1){ // 每当 readyQueue 不为空时，P0 切换进程
     while (readyQueue == 0);
     tswitch();
   }
}
```

7.12.3 SDC 文件系统的演示

图 7.11 展示了运行示例系统 C7.11 的示例输出。

```
QEMU
build pgdir and pgtables at 32KB (ID map 512MB VA to PA)        00:00:45
build Kmode level-2 pgtables at 5MB
build 64 level-1 pgdirs for PROCs at 6MB
switch pgdir to use 2-level paging : switched pgdir OK
build pfreeList: start=0x800000  end=0x10000000  : 63487  4KB entries
read MBR to show partition table
P# start  size
1  2048  10000
2  12048  10000
3  22048  10000
4  32048  10000
partition=2  bsector=12048  bmap=18  imap=19  iblk=20  MBR done
allocate pgtables for proc 1
ptables=0x800000  0x901000  0xA02000  0xB03000
proc 0  kforked a child 1  at 0x801000
readyQueue = [1 1 ]->NULL
P0 switch to P1 : enter a line :
proc 0  in scheduler: readyQueue = [1 1 ]->[0 0 ]->NULL
switch to proc 1  pgdir at 0x600000
CPU mode=0x10  argc=2  argv[0 ] = init argv[1 ] = start
This is process 1  in Umode at VA=0x80000000  PA=0x801000  parent=0
------------------------------------------------------------
ps chname kfork switch wait exit fork exec vfork thread
------------------------------------------------------------
input a command :
```

图 7.11　带 SDC 的系统的示例输出

7.13　从 SDC 引导内核映像

通常，基于 ARM 的系统具有在固件中实现的板载引导程序。当此类 ARM 系统启动时，板载固件引导程序会首先从闪存或 SDC 的（FAT）分区加载阶段 2 的引导程序（例如 Das Uboot（UBOOT 2016））并执行。然后，阶段 2 引导程序从另一个分区引导真实的操作系统（例如 Linux）。仿真的 ARM Verstilepb 虚拟机是一个例外。当仿真的 Versatilepb 虚拟机启动时，QEMU 将指定的内核映像加载到 0x10000，并将控制权直接转移到已加载的内核映像，而绕过大多数其他真实机器或虚拟机的常规引导阶段。实际上，当 Vesatilepb 虚拟机启动时，QEMU 仅加载指定的映像文件并执行加载的映像。它不知道也不关心映像是操作系统内核还是只是一段可执行代码。加载的映像可以是引导程序，可用于从存储设备引导真实的操作系统内核。在本节中，我们将为仿真的 Versatilepb 虚拟机开发一个引导程序，以从 SDC 分区引导系统内核。在此方案中，SDC 的每个分区都是一个（EXT2）文件系统。系统内核映像是 SDC 分区的 /boot 目录中的文件。当系统启动时，QEMU 将引导程序加载到 0x10000 并首先执行它。引导程序可能要求分区引导，也可能只是从默认分区引导。然后，它从 SDC 分区中的 /boot 目录加载系统内核映像，并将控制权转移到内核映像，从而使操作系统内核启动。该方案的优点主要有两方面。首先，可以将系统内核加载到任何内存位置并从那里运行，从而使其不再局限于 QEMU 专用的 0x10000。这将使系统与需要引导阶段的其他真实机器或虚拟机更加兼容。其次，引导程序可以从用户那里收集信息，并将其作为引导参数传递给内核。如果需要，引导程序还可以在将控制权转移到内核之前设置适当的执行环境，从而简化内核的启动代码。例如，如果系统内核是使用虚拟地址编译的，则引导程序可以首先设置 MMU，以允许内核直接使用虚拟地址启动。下面展示了这样一个系统的组织结构。它由引导程序组成，当启动仿真的 Versatilepb 虚拟机时，引导程序会由 QEMU 加载到 0x10000。然后，引导程序从 SDC 分区引导系统内核，然后启动内核。我们将首先展示引导程序的组件。

7.13.1　SDC 引导程序

（1）**引导程序的 ts.s 文件：**这是引导程序的入口。它在引导过程中初始化用于串行端口 I/O 的 UART。为了使引导程序代码简单，它不使用中断。因此，UART 驱动程序将轮询用于串行端口 I/O。引导程序将内核映像从 SDC 分区加载到 1MB。然后它跳到那里以启动内核。

```
/************** 引导程序的 ts.s 文件 *******************/
   .global reset_handler, main
reset_handler:
   /* 初始化 SVC 堆栈 */
   ldr sp, =svc_stack_top
   BL uart_init
   BL main
   mov pc, #0x100000  // 跳转到加载的内核（位于 1MB）
```

（2）**引导程序的 t.c 文件**：这是引导程序的主要功能。

```
#include "type.h"
#include "string.c"
#include "uart.c"
#include "sdc.c"
#include "boot.c"
int main()
{
  printf("Welcome to ARM EXT2 Booter\n");
  sdc_init();
  mbr();         // 读取并显示分区表
  boot();        // 从分区引导内核映像
  printf("BACK FROM booter: enter a key\n");
  ugetc();
}
```

（3）**引导程序的 sd.c 文件**：该文件实现引导程序的 SDC 驱动程序。它提供了

```
getblk(int blk, char *address)
```

函数，该函数将从 SDC 加载一个（1KB）块到指定的内存地址。为了简化引导程序，引导程序的 SDC 驱动程序将轮询用于块 I/O。

（4）**boot.c 文件**：该文件实现 SDC 引导程序。对于仿真的 ARM Versatilepb 虚拟机，引导程序是一个单独的映像。它由 QEMU 加载到 0x10000，并从此处开始执行。然后，它在 SDC 分区的 /boot 目录中引导内核映像。函数 mbr( ) 显示 SDC 的分区表并提示输入要引导的分区号。它将分区和起始扇区号写入 0x200000（2MB），以供内核获取。然后，它调用 boot( )，该函数在 /boot 目录中找到一个内核映像文件，并将内核映像加载到 0x100000（1MB）。

```
/****************** 引导程序的 boot.c 文件 ********************/
int bmap, imap, iblk, blk, offset;
struct partition {
      u8 drive; /* 0x80- 有效 */
      u8 head; /* 起始头 */
      u8 sector; /* 起始扇区 */
      u8 cylinder;        /* 起始柱面 */
      u8 sys_type; /* 分区类型 */
      u8 end_head; /* 结束头 */
      u8 end_sector; /* 终端扇区 */
      u8 end_cylinder; /* 结束柱面 */
     u32 start_sector;    /* 从 0 开始计数的起始扇区 */
     u32 nr_sectors;      /* 分区中扇区的 nr */
};
char buf[1024], buf1[1024], buf2[1024];
```

```
int mbr()
{
  int i, pno, bno;
  int *partition = (int *)0x200000;
  int *sector =    (int *)0x200004;
  char line[8], c;
  struct partition *p;
  GD     *gp;
  bsector = 0;
  printf("read MBR to show partition table\n");
  get_block(0, buf);
  p = (struct partition *)&buf[0x1bE];
  printf("P# start  size\n");
  for (i=1; i<=4; i++){
    printf("%d %d %d\n", i, p->start_sector, p->nr_sectors);
    p++;
  }
  printf("enter partition number [1-4]:");
  c = ugetc();
  pno = c - '0';
  if (pno < 1 || partition > 4)
     pno = 2; // 使用默认分区 2
  p = (struct partition *)&buf[0x1bE];
  for (i=1; i<=4; i++){
    if (i==pno){
      bno = p->start_sector;  break;
    }
    p++;
  }
  printf("partition=%d bsector = %d\n", partition, bsector);
  *partition = pno; *bsector = bno;
  get_block(2, buf); // 读取组描述符块
  gp = (GD *)buf;    // 访问组 0 描述符
  iblk = gp->bg_inode_table;
  bmap = gp->bg_block_bitmap;
  imap = gp->bg_inode_bitmap;
  printf("bmap=%d imap=%d iblk=%d\n", bmap, imap, iblk);
  printf("MBR done\n");
}
int search(INODE *ip, char *name)
{
   int i;
   char c, *cp;
   DIR  *dp;
   for (i=0; i<12; i++){
       if (ip->i_block[i]){
          get_block(ip->i_block[i], buf2);
          dp = (DIR *)buf2;
          cp = buf2;
          while (cp < &buf2[1024]){
              c = dp->name[dp->name_len];  // 保存最后一个字节
```

```
                dp->name[dp->name_len] = 0;
                printf("%s ", dp->name);
                if ( strcmp(dp->name, name) == 0 ){
                   printf("found %s\n", name);
                   return(dp->inode);
                }
                dp->name[dp->name_len] = c; // 恢复最后一个字节
                cp += dp->rec_len;
                dp = (DIR *)cp;
            }
         }
      }
   printf("serach failed\n");
   return 0;
}
boot()
{
  int    i, ino, blk, iblk, count;
  char   *cp, *name[2],*location;
  u32    *up;
  GD     *gp;
  INODE *ip;
  DIR    *dp;
  name[0] = "boot";
  name[1] = "kernel";
  mbr();
  /* 读取 blk#2 以获取组描述符 0 */
  get_block(2, buf1);
  gp = (GD *)buf1;
  iblk = (u16)gp->bg_inode_table;
  getblk(iblk, buf1);          // 读取第一个 inode 块
  ip = (INODE *)buf1 + 1;      // ip->root inode #2
  /* 搜索系统名称 */
  for (i=0; i<2; i++){
      ino = search(ip, name[i]) - 1;
      if (ino < 0)
         return 0;
      get_block(iblk+(ino/8), buf1); // 读取 ino 的 inode 块
      ip = (INODE *)buf1 + (ino % 8);
  }
  /* 将间接块读入 b2 */
  if (ip->i_block[12])           // 仅当具有间接块时
     get_block(ip->i_block[12], buf2);
  location = (char *)0x100000;
  count = 0;
  for (i=0; i<12; i++){
      get_block(ip->i_block[i], location);
      uputc('*');
      location += 1024;
      count++;
  }
```

```
if (ip->i_block[12]){ // 仅当文件具有间接块时
   up = (u32 *)buf2;
   while(*up){
    get_block(*up, location);
     uputc('.');
     location += 1024;
     up++; count++;
   }
}
printf("loading done\n", count);
}
```

（5）**内核和用户模式映像**：内核和用户模式映像是由以下sh脚本文件生成的，这些脚本文件创建映像文件并将其复制到SDC分区。请注意，内核的起始VA为0x100000（1MB），Umode映像的起始VA为0x80000000（2GB）。

```
#  mkkernel 脚本文件

  arm-none-eabi-as -mcpu=arm926ej-s ts.s -o ts.o
  arm-none-eabi-gcc -c -mcpu=arm926ej-s t.c -o t.o
  arm-none-eabi-ld -T t.ld ts.o t.o -Ttext=0x100000 -o kernel.elf
  arm-none-eabi-objcopy -O binary kernel.elf kernel
  for I in 1 2 3 4
  do
     mount /dev/loop$I /mnt  # 假设 SDC 分区是循环设备
     cp -av kernel /mnt/boot/
     umount /mnt
done

# mku 脚本文件: mku u1、mku u2 等
  arm-none-eabi-as -mcpu=arm926ej-s us.s -o us.o
  arm-none-eabi-gcc -c -mcpu=arm926ej-s -o $1.o $1.c
  arm-none-eabi-ld -T u.ld us.o $1.o -Ttext=0x80000000 -o $1
  for I in 1 2 3 4
  do
     mount /dev/loop$I /mnt
     cp -av $1 /mnt/bin/
     umount /mnt
done
```

7.13.2　从SDC引导内核的演示

示例系统C7.12演示了从SDC引导操作系统内核。

图7.12展示了引导程序的UART屏幕。它显示SDC分区表，并要求从中引导分区。它在SDC分区中找到内核映像文件/boot/kernel，并将内核映像加载到0x100000（1MB）。然后，它发送CPU以执行加载的内核代码。当内核启动时，它使用二级静态分页。由于内核是与实际地址进行编译链接的，因此它可以在启动时直接执行所有代码。在这种情况下，引导程序无须为内核构建任何页表。页表将由内核本身在启动时构建。

图7.13展示了内核的启动屏幕。在kernel_init()中，它初始化内核数据结构，为进程构建二级页表，并切换pgdir以使用二级静态分页。

```
root@D630: ~/KCW/ch5/mem.page.static.booter/booter5
sdc_init : done
read MBR to show partition table
P# start  size
1  2048  10000
2  12048  10000
3  22048  10000
4  32048  10000
enter partition number [1-4]:partition=3  bsector = 22048
bmap=18  imap=19  iblk=20
MBR done
boot (kernel) : search: ip=0x11738  name=boot
i_block[0 ] = 145
. .. lost+found bin boot found boot
search: ip=0x116B8  name=kernel
i_block[0 ] = 251
. .. kernel found kernel
kernel size=1147596
*************.........................................................................
.......................................................................
loading done
partition=3  bsector=22048
BACK FROM booter
```

图 7.12　SDC 引导程序的演示

```
QEMU
welcome to WANIX in Arm
LCD display initialized : fbuf = 0x200000                      00:01:13
partition=3  bsector=22048
sdc_init : done
kbd_init()
uart[0-4] init()
timer_init() timer_start
kernel_init()
freeList   = [1 ]->[2 ]->[3 ]->[4 ]->[5 ]->[6 ]->[7 ]->[8 ]->[9 ]->NULL
readyQueue = NULL
build pgdir and pgtables at 32KB (ID map 512MB VA to PA)
build Kmode level-2 pgtables at 5MB
build 64 level-1 pgdirs for PROCs at 6MB
switch pgdir to use 2-level paging : switched pgdir OK
proc 0  kforked a child 1
readyQueue = [1 1 ]->NULL
P0 switch to P1 : enter a line :
```

图 7.13　从 SDC 引导操作系统内核的演示

7.13.3　从 SDC 引导使用动态分页的内核

示例系统 C7.13 演示了引导一个使用二级动态分页的内核。引导程序部分与之前相同。内核使用二级动态分页代替静态分页。图 7.14 展示了内核的启动屏幕。如图所示，P1 的所有页表条目都是动态分配的页架。

```
QEMU
welcome to WANIX in Arm
LCD display initialized : fbuf = 0x200000                      00:00:52
sdc_init : done
kbd_init()
uart[0-4] init()
timer_init() timer_start
kernel_init()
freeList   = [1 ]->[2 ]->[3 ]->[4 ]->[5 ]->[6 ]->[7 ]->[8 ]->[9 ]->NULL
readyQueue = NULL
build pgdir and pgtables at 32KB (ID map 512MB VA to PA)
build Kmode level-2 pgtables at 5MB
switch pgdir to use 2-level paging : switched pgdir OK
build pfreeList: start=0x800000  end=0x10000000  : 63487  4KB entries
MBR: partition=2  bsector=12048
bmap=18  imap=19  iblk=20
MBR done
pgtable=0x800000  pgtable[0 ]=0x80155E  pgtable[1 ]=0x80255E
pgtable=0x901000  pgtable[0 ]=0x90255E  pgtable[1 ]=0x90355E
pgtable=0xA02000  pgtable[0 ]=0xA0355E  pgtable[1 ]=0xA0455E
pgtable=0xB03000  pgtable[0 ]=0xB0455E  pgtable[1 ]=0xB0555E
proc 0  kforked a child 1  at 0x801000
readyQueue = [1 1 ]->NULL
P0 switch to P1 : enter a line :
```

图 7.14　从 SDC 引导使用动态分页的操作系统内核

7.13.4 两阶段引导

在许多基于ARM的系统中，引导操作系统内核包含两个阶段。当ARM系统启动时，固件中系统的板载引导加载程序会从存储设备（例如闪存或SD卡）加载引导程序，并将控制权转移到已加载的引导程序。然后，引导程序从可引导设备加载操作系统内核，并将控制权转移到操作系统内核，从而使操作系统内核启动。在这种情况下，系统的板载引导程序是阶段1引导程序，它加载并执行阶段2引导程序，后者旨在引导特定的操作系统内核映像。可以将阶段2引导程序安装在SDC上，以引导不同的内核映像。一些ARM板要求将阶段2引导程序安装在DOS分区中，但是可引导内核映像可能位于其他分区中。将引导程序安装到SDC的原理和技术与将引导程序安装到常规硬盘或USB驱动器的原理和技术相同。有关更多详细信息，请参见（Wang，2015）的第3章。在本节中，我们将演示用于仿真的ARM Versatilepb虚拟机的两阶段引导程序。首先，我们展示阶段1引导程序的代码段。

7.13.4.1 阶段1引导程序

（1）阶段1引导程序的ts.s文件：初始化UART0以进行串行I/O，调用main()将阶段2引导程序加载到2MB。然后跳转到阶段2引导程序。

```
.text
.code 32
reset_handler:
  ldr sp, =svc_stack_top    // 设置 SVC 堆栈
  bl  uart_init             // 为串行 I/O 初始化 UART0
  bl  main                  // 在 C 中调用 main()
mov pc, #0x200000          // 跳转到阶段 2 引导程序（位于 2MB）
```

（2）阶段1引导程序的boot()函数：将阶段2引导程序从SDC加载到2MB，然后跳转以执行阶段2引导程序（位于2MB）。

```
int boot1()                 // boot.c 文件中的 boot1()
{
  int i;
  char *p = (char *)0x200000;
  for (i=1; i<10; i++){     // 从 SDC 加载 10 个块
    getblk(i, p);
    printf("%c", '.');
    p += 1024;
  }
  printf("\nloading done: jump to stage-2 booter\n");
}
```

（3）阶段1引导程序的t.c文件。

```
#include "type.h"
#include "string.c"
#include "uart.c"
#include "sdc.c"
#include "boot.c"
int main()
{
   printf("Stage-1 Booter\n");
sdc_init();                 // 初始化 SDC 驱动程序
boot1();                    // 将阶段 2 引导程序加载到 2MB
}
```

7.13.4.2　阶段 2 引导程序

阶段 2 引导程序与 7.13.1 节中的引导程序相同。它安装在 SDC 的前部，将被加载以供阶段 1 引导程序执行。第二阶段引导程序大小约为 8KB。在具有分区的 SDC 上，分区 1 从扇区 2048 开始，因此块 1 到块 1023 是 SDC 上的可用空间。通过以下 dd 命令，将阶段 2 引导程序安装到 SDC 的块 1 至块 8。

```
dd if=booter2.bin of=../sdc bs=1024 count=8 seek=1 conv=notrunc
```

7.13.5　两阶段引导的演示

示例系统 C7.14 演示了两阶段引导。该系统通过以下方式从阶段 1 引导程序目录运行：

```
qemu-system-arm -M versatilepb -m 512M -sd ../sdc -kernel booter1.bin \
-serial mon:stdio
```

图 7.15 展示了两阶段引导程序的屏幕。

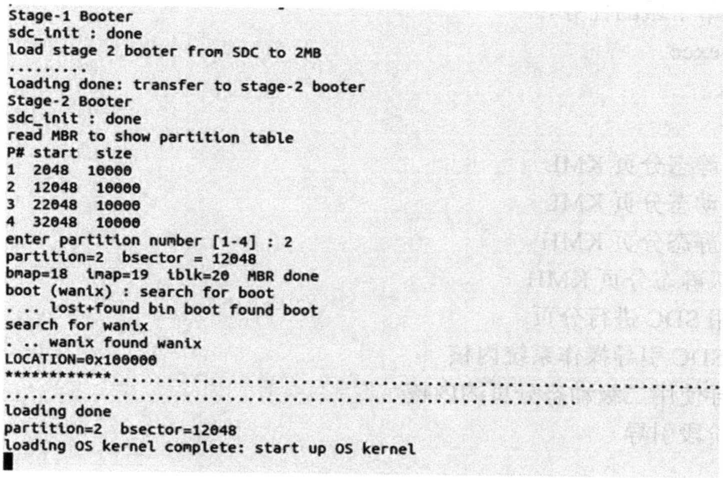

```
Stage-1 Booter
sdc_init : done
load stage 2 booter from SDC to 2MB
.........
loading done: transfer to stage-2 booter
Stage-2 Booter
sdc_init : done
read MBR to show partition table
P# start  size
1  2048   10000
2  12048  10000
3  22048  10000
4  32048  10000
enter partition number [1-4] : 2
partition=2  bsector = 12048
bmap=18  imap=19  iblk=20  MBR done
boot (wanix) : search for boot
. .. lost+found bin boot found boot
search for wanix
. .. wanix found wanix
LOCATION=0x100000
*************.........................................................
...........................................................
loading done
partition=2  bsector=12048
loading OS kernel complete: start up OS kernel
```

图 7.15　两阶段引导程序的屏幕

图 7.16 展示了由两阶段引导程序引导后的内核启动屏幕。

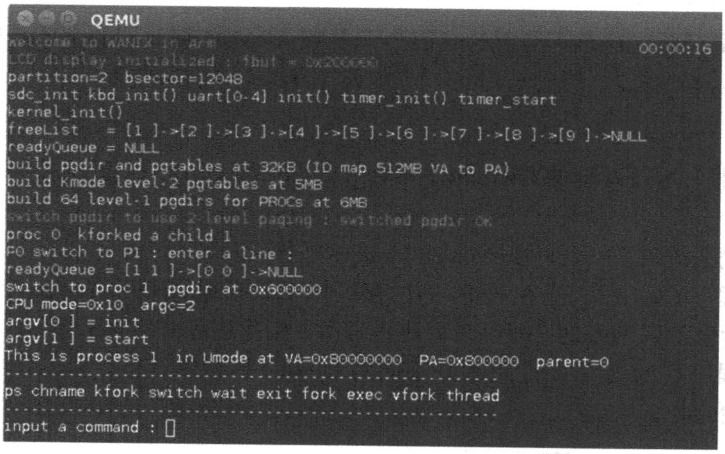

```
QEMU
welcome to WANIX in arm                                    00:00:16
LCD display initialized : fbuf = 0x200000
partition=2  bsector=12048
sdc_init kbd_init() uart[0-4] init() timer_init() timer_start
kernel_init()
freeList    = [1 ]->[2 ]->[3 ]->[4 ]->[5 ]->[6 ]->[7 ]->[8 ]->[9 ]->NULL
readyQueue = NULL
build pgdir and pgtables at 32KB (ID map 512MB VA to PA)
build Kmode level-2 pgtables at 5MB
build 64 level-1 pgdirs for PROCs at 6MB
switch pgdir to use 2-level paging : switched pgdir OK
proc 0  kforked a child 1
P0 switch to P1 : enter a line :
readyQueue = [1 1 ]->[0 0 ]->NULL
switch to proc 1  pgdir at 0x600000
CPU mode=0x10  argc=2
argv[0 ] = init
argv[1 ] = start
This is process 1  in Umode at VA=0x80000000  PA=0x800000  parent=0
-------------------------------------------------------
ps chname kfork switch wait exit fork exec vfork thread
-------------------------------------------------------
input a command :
```

图 7.16　两阶段引导程序的演示

7.14　本章小结

本章介绍了进程管理，它使我们能够在嵌入式系统中动态地创建和运行进程。为了使系统简单，本章仅介绍基本的进程管理功能，包括进程创建、进程终止、进程同步和等待子进程终止。本章展示了如何使用内存管理为每个进程提供私有用户模式虚拟地址空间，该虚拟地址空间与其他进程隔离并受 MMU 硬件保护。内存管理方案同时使用一级段和二级静态与动态分页。此外，本章讨论了 vfork 和线程的高级概念及技术。最后，本章展示了如何使用 SD 卡在 SDC 文件系统中存储内核和用户模式映像文件，以及如何从 SDC 分区引导系统内核。在此背景下，我们准备展示嵌入式系统通用操作系统的设计与实现。

示例程序列表

C7.1：内核和用户模式
C7.2：同一域中的任务
C7.3：具有单个域的任务
C7.4：fork-exec
C7.5：vfork
C7.6：线程
C7.7：二级静态分页 KML
C7.8：二级动态分页 KML
C7.9：一级静态分页 KMH
C7.10：二级静态分页 KMH
C7.11：使用 SDC 进行分页
C7.12：从 SDC 引导操作系统内核
C7.13：引导使用二级动态分页的内核
C7.14：两阶段引导

思考题

1. 在示例程序 C7.1 中，tswitch( ) 和 svc_handler( ) 都使用

```
stmfd sp!, {r0-r12, lr}
```

保存所有 CPU 寄存器，这是不必要的，因为大多数 ARM C 编译器的生成代码会在函数调用期间保留寄存器 r4 ~ r12。假设 tswitch( ) 和 svc_handler( ) 同时使用

```
stmfd sp!, {r0-r3, lr}
```

保存 CPU 寄存器。重写系统的 tswitch( )、svc_handler 和 kfork( )。验证修改后的系统是否正常工作。

2. 修改示例系统 C7.1 以使用 4MB 的 Umage 映像大小。

3. 在示例程序 C7.1 中，它在 6MB 的内存区域中静态地构建所有（64 个）PROC 的一级页表。对其进行修改以动态地（即仅在创建进程时）构建进程一级页表。

4. 在示例程序 C7.1 中，每个进程在不同的 Umode 区域中运行，但是每个进程的 Umode 堆栈指针都初始化为

```
#define UIAMGE_SIZE 0x100000
 p->usp = (int *)VA(UIMAGE_SIZE);
```

解释为什么以及如何运作。

5. 在示例程序 C7.1 中，假定 Kmode 和 Umode 的 VA 空间均为 2GB。将其修改为 1GB Kmode VA 空间和 3GB Umode VA 空间。

6. 对于示例系统 C7.4，实现进程族树，并在 kexit( ) 和 kwait( ) 中使用它。

7. 对于示例系统 C7.4，修改 kexit( ) 函数以实现以下策略。

（1）终止进程必须首先处理其 ZOMBIE 子进程（如果有）。

（2）直到所有子进程都终止后，进程才能终止。

讨论这些方案的优缺点。

8. 在所有示例程序中，每个 PROC 结构都有一个静态分配的 4KB kstack。

（1）实现一个简单的内存管理程序以动态分配 / 取消分配内存。系统启动时，预留 1MB 的空间（例如从 4MB 开始）作为空闲存储区。函数 char *malloc(int size) 分配一块大小为 1KB 的空闲内存。当不再需要存储区时，可以通过 void mfree(char *address, int size) 将其释放回空闲存储区。设计一个数据结构以表示当前可用的空闲内存。然后实现 malloc( ) 和 mfree( ) 函数。

（2）修改 PROC 结构的 kstack 字段为整数指针

```
int *kstack;
```

并将 kfork( ) 函数修改为

```
int kfork(int func, int priority, int stack_size)
```

它会为新任务动态分配 stack_size 的内存区域。

（3）当任务终止时，必须（最终）释放其堆栈区域。如何实现呢？如果你认为可以简单地释放 kexit( ) 中的堆栈区域，请仔细考虑。

9. 修改示例程序 C7.5，以支持较大的 Umode 映像大小，例如 4MB。

10. 在示例程序 C7.5 中，假定 Umode 映像大小不是 1MB 的倍数，例如 1.5MB。展示如何设置进程页表以适应新的映像大小。

11. 修改示例程序 C7.10 以使用二级静态分页。

12. 修改示例程序 C7.10，以将内核 VA 空间映射到 [2GB, 2GB + 512MB]。

13. 修改示例程序 C7.11 以使用二级动态分页。

参考文献

ARM MMU: ARM926EJ-S, ARM946E-S Technical Reference Manuals, ARM Information Center 2008.

Buttlar, D, Farrell, J, Nichols, B., "PThreads Programming, A POSIX Standard for Better Multiprocessing", O'Reilly Media, 1996.

Card, R., Theodore Ts'o, T., Stephen Tweedie, S., "Design and Implementation of the Second Extended Filesystem", web.mit.edu/tytso/www/linux/ext2intro.html, 1995.

Cao, M., Bhattacharya, S, Tso, T., "Ext4: The Next Generation of Ext2/3 File system", IBM Linux Technology Center, 2007.

ELF: Tool Interface Standard (TIS) Executable and Linking Format (ELF) Specification Version 1.2, 1995.

EXT2: www.nongnu.org/ext2-doc/ext2.html, 2001.

Intel 64 and IA-32 Architectures Software Developer's Manual, Volume 3, 1992.

Intel i486 Processor Programmer's Reference Manual, 1990.

Linux Man pages: https://www.kernel.org/doc/man-pages, 2016.

Pthreads: https://computing.llnl.gov/tutorials/pthreads, 2015.

POSIX.1C, Threads extensions, IEEE Std 1003.1c, 1995.

Silberschatz, A., P.A. Galvin, P.A., Gagne, G, "Operating system concepts, 8th Edition", John Wiley & Sons, Inc. 2009.

UBOOT, Das U-BOOT, http://www.denx.de/wiki/U-BootUboot, 2016.

Wang, K.C., "Design and Implementation of the MTX Operating System", Springer Publishing International AG, 2015.

第 8 章
Embedded and Real-Time Operating Systems

嵌入式通用操作系统

8.1 什么是通用操作系统

通用操作系统（GPOS）是支持进程管理、内存管理、I/O 设备、文件系统和用户界面的完整操作系统。在 GPOS 中，进程被动态地创建以执行用户命令。为了安全起见，每个进程都在私有地址空间中运行，该地址空间与其他进程隔离，并受内存管理硬件的保护。当一个进程已完成一个特定的任务时，它将终止并释放所有的资源到系统中以供重新调用。GPOS 应支持多种 I/O 设备，包括键盘、显示器以及大容量存储设备。GPOS 必须支持可保存与检索可执行程序和应用程序数据的文件系统。它还应提供一个用户界面，使用户可以方便地访问和使用系统。

8.2 什么是嵌入式通用操作系统

早期的嵌入式系统相对简单。嵌入式系统通常由一个微控制器组成，该微控制器用于监视一些传感器并生成信号来控制一些执行器，例如打开 LED 或激活继电器来控制外部设备。为此，早期嵌入式系统的控制程序也非常简单，其以超级循环或事件驱动程序结构的形式编写。然而，随着计算能力的提高和对多功能系统需求的增加，嵌入式系统在应用和复杂性方面都有了巨大的飞跃。由于对额外功能的不断增长的需求以及由此产生的系统复杂性，传统嵌入式操作系统的设计方法不再适用。现代嵌入式系统需要功能更强大的软件。目前，许多移动设备实际上是能够运行成熟操作系统的高性能计算机。智能手机就是一个很好的例子，它使用 ARM 核心并具有千兆字节内部存储器和多千兆字节微型 SD 卡以供存储，并运行 Linux 的修改版本，例如 Android（2016）. 嵌入式操作系统的设计正朝着适应移动环境的多功能操作系统的方向发展。在本章中，我们将讨论嵌入式通用操作系统的设计与实现。

8.3 将通用操作系统移植到嵌入式系统

实现嵌入式通用操作系统的一种流行方法是将现有的操作系统移植到嵌入式系统，而不是从零开始设计与实现。这种方法的示例包括将 Linux、FreeBSD、NetBSD 和 Windows 移植到嵌入式系统中。其中，将 Linux 移植到嵌入式系统是特别常见的做法。例如，Android（2016）是基于 Linux 内核的操作系统。它主要是为触摸屏移动设备设计的，例如智能手机和平板电脑。基于 ARM 的 Raspberry PI 单板计算机运行 Debian Linux 的改进版本，称为 Raspbian（Raspberry PI-2 2016）。同样，也有一些广泛推广的产品将 FreeBSD（2016）和 NetBSD（Sevy，2016）移植到基于 ARM 的系统。

有两种方法可以将通用操作系统移植到嵌入式系统。第一种方法是面向过程的移植。在这种情况下，通用操作系统内核已经适应预期的平台，例如基于 ARM 的系统。移植工作主要涉及如何在原始通用操作系统的源代码树中配置头文件（.h 文件）和目录，以便将其编译链接到目标机器体系结构的新内核。事实上，大多数将 Linux 移植到基于 ARM 的系统的工作都属于这一类。第二种方法将专为特定体系结构设计的通用操作系统（例如 Intel x86）迁移到其他体系结构（如 ARM）。在这种情况下，移植工作通常需要重新设计，并且在许多情况下，需要对原始操作系统内核中的关键组件进行完全不同的实现，以适应新的体系结构。显然，第二种移植方法比面向过程的移植要困难得多，并且更具有挑战性，因为它需要详细了解体系结构的差异并全面了解操作系统内部结构。在本书中，我们将不考虑面向过程的移植，而是展示如何从零开始为 ARM 体系结构开发一个嵌入式通用操作系统。

8.4 为 ARM 开发一个嵌入式通用操作系统

PMTX（Wang，2015）是一个类似于 UNIX 的小型通用操作系统，最初是为基于 Intel x86 的个人计算机设计的。它使用动态分页技术在具有单处理器的个人计算机上运行，采用 32 位保护模式。它支持进程管理、内存管理、设备驱动程序、兼容 Linux 的 EXT2 文件系统和基于命令行的用户界面。大多数 ARM 处理器只有一个单核。在本章中，我们将重点介绍如何使 PMTX 适应基于单 CPU ARM 的系统。多核 CPU 和多处理器系统将在第 9 章中介绍。为了方便起见，我们将生成的系统称为嵌入式操作系统（EOS）。

8.5 EOS 的结构

8.5.1 硬件平台

EOS 支持基于 ARM 的系统，这些系统支持合适的 I/O 设备。因为大多数读者可能没有真正的基于 ARM 的硬件系统，所以我们将使用 QEMU 下的仿真 ARM Versatilepb 虚拟机（ARM Versatilepb 2016）作为实现和测试的平台。仿真 Versatilepb 虚拟机支持以下 I/O 设备。

（1）SDC：EOS 使用 SDC 作为主要的大容量存储设备。SDC 是虚拟磁盘，其创建过程如下：

```
dd if=/dev/zero of=$1 bs=4096 count=33280 # 512+32768 4KB 块
fdisk disk       # 创建分区 1 = [2048 至 266239] 扇区
losetup -o $(expr 2048 \* 512) --sizelimit $(expr 266239 \* 512) \
           /dev/loop1 $1
mke2fs -b 4096 /dev/loop1 32768 # 格式化为 32 个 4KB 块
mount /dev/loop1 /mnt              # 安装为循环设备
 (cd /mnt; mkdir bin boot dev etc user) # 用 DIR 填充
umount /mnt
```

为简单起见，虚拟 SDC 只有一个分区，它从扇区 2048（fdisk 默认）开始。当创建虚拟 SDC 后，我们为 SDC 分区设置了一个循环设备，并将其格式化为 EXT2 文件系统，即块大小为 4KB 的一个块组。SDC 映像上的单个块组简化了文件系统遍历以及索引节点和磁盘块管理算法。然后，我们安装循环设备，并用 DIR 和文件填充使之随时可用。生成的文件系统大小为 128MB，这对于大多数应用程序来说应该足够了。对于较大的文件系统，可以使用多个块组或多个分区来创建 SDC。下图展示了 SDC 的内容。

```
---------|-----------------   分区 1     ------------------------|
|M|booter|super|gd  |. . . |bmap|imap|inodes     |data blocks     |
|-----------------------------------------------------------------
          |< ---------------- EXT2 FS ---------------------- >|
          |-- bin : 二进制可执行命令文件
          |- boot : 可引导的内核映像
          |-- dev : 特殊文件(I/O 设备)
          |-- etc : passwd 文件
          |-- user: 用户主目录
```

在 SDC 上，MBR 扇区（0）包含分区表和引导程序的开始部分。假设引导程序大小不超过 2046 个扇区或 1023KB（实际引导程序大小小于 10KB），引导程序的其余部分安装在扇区 2 到 booter_size 之间。该引导程序的目的是从 SDC 分区中的 EXT2 文件系统引导内核映像。当 EOS 内核启动时，它将 SDC 分区作为根文件系统挂载，并在 SDC 分区上运行。

（2）**LCD**：LCD 是主要的显示设备。LCD 和键盘起着系统控制台的作用。

（3）**键盘**：Versatilepb 虚拟机的键盘是控制台和 UART 串行终端的输入设备。

（4）**UART**：Versatilepb 虚拟机的（4 个）UART 用作用户登录的串行终端。虽然嵌入式系统不太可能有多个用户，但是我们的目的是证明 EOS 能够同时支持多个用户。

（5）**计时器**：Versatilepb 虚拟机有 4 个计时器。EOS 使用 timer0 为进程调度、计时器服务功能以及一般计时事件（比如以挂钟的形式维护每日时间（Time-Of-Day，TOD））提供基础时间。

8.5.2　EOS 源文件树

EOS 的源文件组织为文件树。

```
EOS
|- BOOTER        : 阶段 1 和阶段 2 引导程序
|- type.h, include.h, mk scripts
|- kernel        : 内核源文件
|- fs            : 文件系统文件
|- driver        : 设备驱动程序文件
|- USER          :  命令和用户模式程序
```

- BOOTER：此目录包含阶段 1 和阶段 2 引导程序的源代码。
- type.h：EOS 内核数据结构类型、系统参数和常量。
- include.h：常量和函数原型。
- mk：sh 脚本以重新编译 EOS 并将可引导映像安装到 SDC 分区。

8.5.3　EOS 内核文件

内核：进程管理部分	
type.h	内核数据结构类型，例如 PROC、资源等
ts.s	重置处理程序、tswitch、中断屏蔽、中断处理程序进入 / 退出代码等
eoslib.c	内核库函数、内存与字符串操作
queue.c	入队、出队、打印队列和列表操作函数
wait.c	ksleep、kwakeup、kwait、kexit 函数
loader.c	ELF 可执行映像文件加载器
mem.c	页表和页架管理函数
fork.c	kfork、fork、vfork 函数
exec.c	kexec 函数
threads.c	线程和互斥锁函数
signal.c	信号和信号处理
except.c	data_abort、prefetch_abort 和 undef 异常处理程序
pipe.c	管道创建和管道读 / 写函数
mes.c	发送 / 接收消息函数

（续）

内核：进程管理部分	
syscall.c	简单的系统调用函数
svc.c	系统调用路由表
kernel.c	内核初始化
t.c	主条目、初始化、流程调度程序的组成部分
设备驱动程序	
lcd.c	控制台显示驱动程序
pv.c	信号量操作
timer.c	计时器和计时器服务函数
kbd.c	控制台键盘驱动程序
uart.c	UART 串行端口驱动程序
sd.c	SDC 驱动程序
文件系统	
fs	EXT2 文件系统的实现
buffer.c	块设备（SDC）I/O 缓冲

EOS 主要用 C 语言实现，只有不到 2% 的汇编代码。EOS 内核中的代码约有 14 000 行。

8.5.4 EOS 的功能

EOS 内核由进程管理、内存管理、设备驱动程序和完整的文件系统组成。它支持动态进程创建和终止，允许进程更改执行映像来执行不同的程序。每个进程都以用户模式在私有虚拟地址空间中运行。内存管理采用二级动态分页。它通过时间片和动态进程优先级来进行进程调度。它支持与 Linux 兼容的完整的 EXT2 文件系统，在文件系统和 SDC 驱动程序之间使用块设备 I/O 缓冲来提高效率和性能。它支持来自控制台和串行终端的多个用户登录。用户界面支持使用 I/O 重定向来执行简单命令，以及通过管道连接的多个命令。它将异常处理与信号处理统一起来，并且允许用户安装信号捕获器以在用户模式下处理异常。

8.5.5 EOS 的启动顺序

EOS 的启动顺序如下。我们将首先列出启动的逻辑顺序，然后详细解释每个步骤的细节。

（1）引导 EOS 内核。

（2）执行 reset_handler 来初始化系统。

（3）配置向量中断和设备驱动程序。

（4）kernel_init：初始化内核数据结构，创建并运行初始进程 P0。

（5）为使用二级动态分页的进程构造 pgdir 和 pgtable。

（6）初始化文件系统并挂载根文件系统。

（7）创建 INIT 进程 P1；切换进程以运行 P1。

（8）P1 在控制台和串行终端上派生登录过程，允许用户登录。

（9）当用户登录时，登录过程将执行命令解释器 sh。

（10）用户输入命令使 sh 执行。

（11）当用户注销时，INIT 进程会在终端上派生另一个登录进程。

SDC 引导：基于 ARM 的硬件系统通常有一个在固件中实现的板载引导加载程序。当基于ARM的系统启动时，板载引导加载程序会从闪存设备或（在许多情况下是）SDC上的FAT分区加载并执行阶段1引导程序。阶段1引导程序加载内核映像并将控制权转移到内核映像。对于ARM Versatilpb虚拟机上的EOS，引导顺序相似。首先，我们将阶段1引导程序作为一个独立的程序。然后，我们设计阶段2引导程序，从EXT2分区引导EOS内核映像。在SDC上，分区1从扇区2048开始。前2046个扇区是空闲的，文件系统未使用这些扇区。阶段2引导程序的大小小于10KB。它安装在SDC的扇区2～20中。当ARM Versatilepb虚拟机启动时，QEMU将阶段1引导程序加载到0x10000（64KB），并首先执行它。阶段1引导程序将阶段2引导程序从SDC加载到2MB，并将控制权转移给它。阶段2引导程序将EOS内核映像文件（/boot/kernel）加载到1MB，然后跳转到1MB处以执行内核的启动代码。在引导期间，阶段1和阶段2引导程序都使用UART端口作为用户界面，并使用简单的SDC驱动程序来加载SDC块。为了简化引导程序，UART和SDC驱动程序都将轮询用于I/O。读者可以查阅booter1和booter2目录中的源代码以获取详细信息。它还展示了如何将阶段2引导程序安装到SDC。

8.5.6 EOS的进程管理

在EOS内核中，每个进程或线程都由PROC结构表示，该结构由三部分组成。

- 进程管理区域
- 指向每个进程资源结构的指针
- 内核模式堆栈指针作为kstack指向动态分配的4KB页

PROC和资源结构

在EOS中，PROC结构定义如下。

```
typedef struct proc{
  struct proc *next;     // proc 指针 next
  int    *ksp;           // 在 4
  int    *usp;           // 在 8: 系统调用中的 Umode usp
  int    *upc;           // 在 12: 系统调用的 upc
  int    *ucpsr;         // 在 16: 系统调用中的 Umode cpsr
  int    status;         // 进程状态
  int    priority;       // 安排优先级
  int    pid;            // 进程 ID
  int    ppid;           // 父进程 ID
  int    event;          // 睡眠事件
  int    exitCode;       // 退出代码
  int    vforked;        // proc 是否为 VFROKED
  int    time;           // 时间片
  int    cpu;            // 一秒内的 CPU 时间滴答
  int    type;           // 进程或线程
  int    pause;          // 暂停秒数
  struct proc *parent;   // 父级 PROC 指针
  struct proc *proc;     // PROC 中线程的进程 ptr
  struct pres *res;      // 每个进程的资源指针
  struct semaphore *sem; // 指向阻塞 proc 的信号量
  int    *kstack;        // 指向 Kmode 堆栈的指针
}PROC;
```

在PROC结构中，下一个字段用于链接各种链表或队列中的PROC。ksp字段是进程的已保存的内核模式堆栈指针。当进程放弃 CPU 时，它将 CPU 寄存器保存在 kstack 中，并将堆栈指针保存在 ksp 中。当进程重新获得 CPU 时，它将从 ksp 指向的堆栈帧恢复运行。

字段 usp、upc 和 ucpsr 用于在系统调用和 IRQ 中断处理期间保存 Umode sp、pc 和 cpsr。这是因为在 SWI（系统调用）和 IRQ（中断）异常期间，ARM 处理器不会自动堆叠 Umode sp 和 cpsr。由于系统调用和中断都可能触发进程切换，因此必须手动保存进程 Umode。除了将 CPU 寄存器保存在 SVC 或 IRQ 堆栈中之外，我们还将 Umode sp 和 cpsr 保存在 PROC 结构中。字段 pid、ppid、优先级和状态很容易理解。在大多数大型操作系统中，每个进程都从一系列 pid 编号中分配一个唯一的 pid。在 EOS 中，我们仅将 PROC 索引用作进程 pid，从而简化了内核代码，也使它更容易理解。进程终止时，如果父进程正在等待子进程终止，则必须唤醒父进程。在 PROC 结构中，父进程指针指向父进程。这样可以使濒死进程快速找到它的父进程。事件字段是进程进入睡眠状态时的事件值。exitValue 字段是进程的退出状态。如果进程通过 exit(value) 系统调用正常终止，则 exitValue 的低字节为退出值。如果它通过一个信号非正常终止，则高字节为信号编号。这允许父进程提取僵尸（ZOMBIE）子进程的退出状态，以确定它是正常终止还是异常终止的。时间字段是一个进程的最大时间片，而 cpu 是它的 CPU 使用时间。时间片确定进程可以运行多长时间，CPU 使用时间用于计算进程调度优先级。暂停字段用于使进程睡眠数秒。在 EOS 中，进程和线程 PROC 是相同的。类型字段标识 PROC 是进程还是线程。EOS 是一个单处理器（UP）系统，在该系统中，一次只能以内核模式运行一个进程。对于进程同步，它在进程管理和管道实现中使用睡眠 / 唤醒，但在设备驱动程序和文件系统中使用信号量。当进程被信号量阻塞时，sem 字段指向该信号量。这允许内核在必要时从信号量队列中取消被阻塞的进程。例如，当进程等待来自串行端口的输入时，该进程将在串行端口驱动程序的输入信号队列中被阻塞。终止信号或中断键应使该进程继续进行。sem 指针简化了解除阻塞操作。每个 PROC 都有一个指向资源结构的 res 指针，其结构如下。

```
typedef struct pres{
  int     uid;
  int     gid;
  u32     paddress, psize;  // 映像大小（KB）
  u32     *pgdir;           // 每个 proc 一级页表指针
  u32     *new_pgdir;       // 执行期间使用新大小的 new_pgdir
  MINODE *cwd;              // CWD
  char    name[32];         // 执行程序名称
  char    tty[32];          // 打开的终端 /dev/ttyXX
  int     tcount;           // 进程中的线程总数
  u32     signal;           // 31 个信号 = 位 1 至 31
  int     sig[NSIG];        // 31 个信号处理程序
  OFT     *fd[NFD];         // 打开文件描述符
  struct semaphore mlock;   // 消息传递
  struct semaphore message;
  struct mbuf     *mqueue;
} PRES;
```

PRES 结构包含进程特定的信息。它包括进程 uid、gid、一级页表（pgdir）和映像大小、当前工作目录、终端专用文件名、执行程序名、信号和信号处理程序、消息队列和打开的文件描述符等。在 EOS 中，PROC 和 PRES 结构都是静态分配的。如果需要，可以动态构建它们。进程和线程是独立的执行单元。每个进程都在唯一的地址空间中执行。进程中的所有线程都在与该进程相同的地址空间中执行。在系统初始化期间，每个进程 PROC 被分配一个唯一的PRES结构，res指针指向该结构。进程也是其自身的主线程。当创建新线程时，其proc指针指向进程PROC，其res指针指向进程的相同PRES结构。因此，进程中的所有线程共享相同的资源，例如打开的文件描述符、信号和消息等。一些操作系统内核允许单独的线程打开文件，这些文件是线程私有的。在这种情况下，每个PROC结构必须具有其自己的文件描述符数组。这在信号和消息等方面也类似。在PROC结构中，kstack是指向进程/线程内核模式堆栈的指针。在EOS中，对PROC的管理方式如下。

空闲进程和线程PROC在独立的空闲列表中进行分配和释放。在EOS（一个UP系统）中，只有一个readyQueue用于进程调度。初始进程P0的内核模式堆栈被静态分配在8KB（0x2000）。仅在需要时，才动态地分配每个其他PROC的内核模式堆栈（4KB）页架。当进程终止时，它将变为僵尸进程，但保留其PROC结构、pgdir和kstack，它们最终会被kwait( )中的父进程释放。

8.5.7 EOS的汇编代码

ts.s文件：ts.s是内核文件中唯一的ARM汇编代码。它由几个逻辑上独立的部分组成。为了便于讨论和参考，我们将它们标识为ts.s.1至ts.s.5。在下文中，我们将列出ts.s代码并解释各个部分的功能。

```
//--------------------- ts.s 文件 -------------------------
   .text
.code 32
.global reset_handler
.global vectors_start, vectors_end
.global proc, procsize
.global tswitch, scheduler, running, goUmode
.global switchPgdir, mkPtable, get_cpsr, get_spsr
.global irq_tswitch, setulr
.global copy_vector, copyistack, irq_handler, vectorInt_init
.global int_on, int_off, lock, unlock
.global get_fault_status, get_fault_addr, get_spsr
```

8.5.7.1 复位处理程序

```
// -------------------- ts.s.1 ---------------------------
reset_handler:
// 将 SVC 堆栈设置为 proc[0] .kstack[] 的高端
  ldr r0, =proc        // r0 指向 proc
  ldr r1, =procsize    // r1 -> procsize
  ldr r2,[r1, #0]      // r2 = procsize
  add r0, r0, r2       // r0 -> proc[0] 的高端
  sub r0, #4           // r0 ->proc[0].kstack
  mov r1, #0x2000      // r1 = 8KB
  str r1, [r0]         // proc[0].kstack 在 8KB
  mov sp, r1
  mov r4, r0           // r4 是 r0 的副本，指向 PROC0 的 kstack 顶部
// 进入 IRQ 模式以设置 IRQ 堆栈
  msr cpsr, #0xD2     // 中断 IRQ 和 FIQ 关闭的 IRQ 模式
  ldr sp, =irq_stack // 链接器脚本文件 t.ld 中定义的 4KB 区域
// 进入 FIQ 模式以设置 FIQ 堆栈
```

```
   msr cpsr, #0xD1
   ldr sp, =fiq_stack  // 设置 FIQ 模式 sp
 // 进入 ABT 模式以设置 ABT 堆栈
   msr cpsr, #0xD7
   ldr sp, =abt_stack  // 设置 ABT 模式堆栈
 // 进入 UND 模式以设置 UND 堆栈
   msr cpsr, #0xDB
   ldr sp, =und_stack  // 设置 UND 模式堆栈
 // 以 SVC 模式返回
   msr cpsr, #0xD3
 // 将 SVC 模式 spsr 设置为 IRQ 开启的 USER 模式
   msr spsr, #0x10     // 写入以前的模式 spsr
```

ts.s.1 是 reset_handler（复位处理程序），它将以 SVC 模式开始执行，同时关闭中断并禁用 MMU。首先，它将 proc[0] 的 kstack 指针初始化为 8KB（0x2000），并将 SVC 模式的堆栈指针设置为 proc[0].kstack 的高端。这使得 proc[0] 的 kstack 成为初始执行栈。然后初始化其他特权模式的堆栈指针来进行异常处理。为了稍后在用户模式下运行进程，它将 SPSR 设置为用户模式。然后，它将继续执行汇编代码的第二部分。在真实的 ARM 系统中，FIQ 中断通常是为紧急事件（例如电源故障）预留的，它将触发操作系统内核将系统信息保存到非易失性存储设备中，以便以后恢复。由于大多数仿真的 ARM 虚拟机没有这种规定，因此 EOS 仅使用 IRQ 中断，而不使用 FIQ 中断。

8.5.7.2 初始页表

```
//---------------- ts.s.2 ---------------------------
// 将向量表复制到地址 0
  bl copy_vector
// 在 16KB 处创建初始 pgdir 和 pgtable
  bl mkPtable          // 在 C 中创建页目录和页表
  ldr r0, mtable
  mcr p15, 0, r0, c2, c0, 0   // 设置 TTBR
  mcr p15, 0, r0, c8, c7, 0   // 刷新 TLB
// 设置 DOMAIN 0,1 : 01= 客户端模式（检查权限）
  mov r0,  #0x5               // b0101 for CLIENT
  mcr p15, 0, r0, c3, c0, 0
// 启用 MMU
  mrc p15, 0, r0, c1, c0, 0
  orr r0, r0, #0x00000001     // 设置位 0
  mcr p15, 0, r0, c1, c0, 0   // 写入 c1
  nop
  nop
  nop
  mrc p15, 0, r2, c2, c0
  mov r2, r2
// 启用 IRQ 中断，然后在 C 中调用 main()
  mrs r0, cpsr
  bic r0, r0, #0xC0
  mrs cpsr, r0
  BL main                     // 直接调用 main()
  B . // main() 永不返回；如果返回，在此循环
mtable:  .word 0x4000         // 初始化页目录为 16KB
```

ts.s.2：汇编代码的第二部分执行三个功能。首先，它将向量表复制到地址 0。然后，它构造一个初始一级页表，以创建低 258MB VA 到 PA 的恒等映射，其中包括 256MB RAM 加 2MB I/O 空间（从 256MB 开始）。EOS 内核使用 KML 内存映射方案，其中内核空间被映射到低 VA 地址。初始页表是通过 mkPtable( ) 函数（在 t.c 文件中）建立在 0x4000（16KB）处的。这将是仅在内核模式下运行的初始进程 P0 的页表。在设置初始页表后，其将配置并启用 MMU，以便将 VA 转换为 PA 地址。然后，调用 main( ) 以继续使用 C 进行内核初始化。

8.5.7.3　系统调用的入口与出口

```
/******************** ts.s.3 ********************************/
// SVC (SWI) 处理程序入口点
svc_entry: // 系统调用参数位于 r0 ~ r3 中：请勿接触
   stmfd sp!, {r0-r12, lr}
// 访问正在运行的 PROC
   ldr r5, =running       // r5 = &running
   ldr r6, [r5, #0]       // r6 -> 运行的 PROC
   mrs r7, spsr           // 获取 spsr，即 Umode cps
   str r7, [r6, #16]      // 将 spsr 保存到 running->ucpsr
// 进入 SYS 模式以访问 Umode usp，upc
   mrs r7, cpsr           // r7 = SVC 模式 cpsr
   mov r8, r7             // 将副本保存在 r8 中
   orr r7, r7, #0x1F      // r7 = SYS 模式
   msr cpsr, r7           // 将 cpsr 更改为 SYS 模式
// 现在处于 SYS 模式，sp 和 lr 与用户模式相同
   str sp, [r6, #8]       // 将 usp 保存到 running->usp
   str lr, [r6, #12]      // 将 upc 保存到 running->upc
// 切换回 SVC 模式
   msr cpsr, r8
// 将 kmode sp 保存到 running->ksp 偏移量为 4
// 在 fork() 中使用，以将父进程的 kstack 复制到子进程的 kstack
   str sp, [r6, #4]       // running->ksp = sp
// 启用 IRQ 中断
   mrs r7, cpsr
   bic r7, r7, #0xC0      // I 和 F 位为 0，启用 IRQ、FIQ
   msr cpsr, r7
   bl svc_handler        // 在 C 中调用 SVC 处理程序
// 用 svc_handler() 的返回值替换堆栈上保存的 r0
   add sp, sp, #4         // 有效地将保存的 r0 弹出堆栈
   stmfd sp!,{r0}         // 将 r 作为已保存的 r0 压入 Umode

goUmode:
// 禁用 IRQ 中断
   mrs r7, cpsr
   orr r7, r7, #0xC0      // I 和 F 位 = 1：屏蔽 IRQ、FIQ
   msr cpsr, r7           // 写入 cpsr
   bl  kpsig              // 处理未解决的信号
   bl  reschedule         //  重新计划进程
// 访问正在运行的 PROC
   ldr r5, =running       // r5 = &running
   ldr r6, [r5, #0]       // r6 ->运行的 PROC
```

```
// 进入 SYS 模式以访问用户模式 usp
   mrs r2, cpsr          // r2 = SVC 模式 cpsr
   mov r3, r2            // 将副本保存在 r3 中
   orr r2, r2, #0x1F     // r2 = SYS 模式
   msr cpsr, r2          // 更改为 SYS 模式
   ldr sp, [r6, #8]      // 从 running->usp 恢复 usp
   msr cpsr, r3          // 返回 SVC 模式
// 用 p-> upc 替换 kstack 中的 pc
   mov r3, sp
   add r3, r3, #52       // 偏移 = 从 sp 开始的 13*4 字节
   ldr r4, [r6, #12]
   str r4, [r3]
// 返回 Umode 中运行的 proc
   ldmfd sp!, {r0-r12, pc}^
```

8.5.7.4 IRQ 处理程序

```
// IRQ 处理程序入口点
irq_handler:              // IRQ 入口点
   sub lr, lr, #4
   stmfd sp!, {r0-r12, lr}  // 将所有 Umode 寄存器保存在 IRQ 堆栈中

// 可以在 IRQ 处理结束时切换任务；保存 Umode 信息
   mrs r0, spsr
   and r0, #0x1F
   cmp r0, #0x10         // 检查是否处于 Umode
   bne noUmode           // 如果不在 Umode 中，则不需要保存 Umode 上下文
// 访问正在运行的 PROC
   ldr r5, =running      // r5=&running
   ldr r6, [r5, #0]      // r6 -> 运行的 PROC
   mrs r7, spsr
   str r7, [r6, #16]
// 进入 SYS 模式以访问 Umode usp=r13 和 cpsr
   mrs r7, cpsr          // r7 = SVC 模式 cpsr
   mov r8, r7            // 在 r8 中保存 cpsr 的副本
   orr r7, r7, #0x1F     // r7 = SYS 模式
   msr cpsr, r7          // 将 cpsr 更改为 SYS 模式
// 现在处于 SYS 模式，r13 与 User 模式 sp r14 相同，为用户模式 lr
   str sp, [r6, #8]      // 将 usp 保存到偏移量 8 的 proc.usp 中
   str lr, [r6, #12]     // 在偏移量 12 处将 upc 保存到 proc.upc 中
// 改回 IRQ 模式
   msr cpsr, r8
noUmode:
   bl irq_chandler       // 在 SVC 模式下以 C 调用 irq_handler()
// 检查模式
   mrs r0, spsr
   and r0, #0x1F
   cmp r0, #0x10         // 检查是否处于 Umode
   bne kiret
// IRQ 中断时 proc 处于 Umode：处理信号，可能会切换
   bl kpsig
   bl reschedule         // 重新安排：可能切换
```

```
// 当前正在运行的 PROC 返回到 Umode
   ldr r5, =running    // r5=&running
   ldr r6, [r5, #0]    // r6 -> 运行的 PROC
// 从保存的 PROC.[usp, upc, ucpsr] 中恢复 PROC.[sp, pc, cpsr]
   ldr r7, [r6, #16]   // r7 = 保存的 Umode cpsr
// 将 spsr 还原为已保存的 Umode cpsr
   msr spsr, r7
// 进入 SYS 模式以访问用户模式 sp
   mrs r7, cpsr        // r7 = SVC 模式 psr
   mov r8, r7          // 在 r8 中保存 cpsr 的副本
   orr r7, r7, #0x1F   // r7 = SYS 模式
   msr cpsr, r7        // 将 cpsr 更改为 SYS 模式
// 现在处于 SYS 模式；恢复 Umode usp
   ldr sp, [r6, #8]    //  在 Umode 中设置 usp = running->usp
// 返回 IRQ 模式
   msr cpsr, r8        // 返回 IRQ 模式
kiret:
   ldmfd sp!, {r0-r12, pc}^ // 返回 Umode
```

ts.s.3：汇编代码的第三部分包含 SWI（SVC）和 IRQ 异常处理程序的入口点。由于 ARM 处理器体系结构的不同操作模式，所以 SVC 和 IRQ 是独特的。我们在下文将详细地解释它们。

系统调用入口：svc_entry 是 SWI 异常处理程序的入口点，用于对 EOS 内核的系统调用。进入后，首先将进程（Umode）上下文保存在进程 Kmode（SVC 模式）堆栈中。系统调用参数（a，b，c，d）在寄存器 r0 ～ r3 中传递，在此过程中不应更改。因此该代码仅使用寄存器 r4 ～ r10。首先，其使 r6 指向进程 PROC 结构。然后，将当前的 spsr（即 Umode cpsr）保存到 PROC.ucpsr 中。然后其变为 SYS 模式来访问 Umode 寄存器。将 Umode sp 和 pc 分别保存到 PROC.usp 和 PROC.upc 中。因此在系统调用期间，进程 Umode 上下文按如下方式保存：

- Umode 寄存器 [r0 - r12, r14] 保存在 PROC.kstack 中。
- Umode [sp, pc, cpsr] 保存在 PROC.[usp, upc, ucpsr] 中。

此外，其将 Kmode sp 保存在 PROC.ksp 中，它用于在 fork( ) 期间将父 kstack 复制到子 kstack。然后启用 IRQ 中断并调用 svc_chandler( ) 来处理系统调用。每个系统调用（kexit 除外）都返回一个值，该值替换 kstack 中保存的 r0 作为返回到 Umode 的返回值。

系统调用出口：goUmode 是系统调用退出代码。它使当前正在运行的进程（可能是也可能不是原来执行系统调用的进程）返回到 Umode。首先，它禁用 IRQ 中断以确保整个 goUmode 代码在临界区中执行。然后，其允许当前正在运行的进程检查并处理任何未完成的信号。ARM 体系结构中的信号处理也非常独特，这将在后面说明。如果该进程没有受到信号的影响，它将调用 reschedule( ) 来重新调度进程，如果设置了 sw_flag，则可能会切换进程，这意味着 readyQueue 中存在优先级更高的进程。然后，当前正在运行的进程从其 PROC 结构中恢复 [usp，upc，cpsr]，并通过以下方式返回到 Umode：

ldmfd sp!,{r0 - r12,pc}^

返回到 Umode 后，r0 包含 syscall 的返回值。

IRQ 入口：irq_handler 是 IRQ 中断的入口点。与只来自 Umode 的系统调用不同，IRQ 中断可以发生在 Umode 或 Kmode 中。EOS 是单处理器操作系统。EOS 内核是非抢占式的，

这意味着它在内核模式下不会切换进程。但是，如果要被中断的进程正在 Umode 中运行，它可能会切换进程。这是支持按时间片和动态优先级进行的进程调度所必需的。ARM IRQ 模式下的任务切换是一个独特的问题，稍后我们将详细讨论。当进入 irq_handler 后，首先将中断进程的上下文保存在 IRQ 模式堆栈中。然后，检查中断是否在 Umode 中发生。如果是，它还将 Umode [usp，upc，cpsr] 保存到 PROC 结构中。然后其调用 irq_chandler( ) 来处理该中断。如果当前运行进程的时间片已过期，则计时器中断处理程序可以将切换进程标志 sw_flag 置 1。同样，设备中断处理程序也可以在唤醒或取消阻塞具有更高优先级的进程时将 sw_flag 置 1。在中断处理结束时，如果中断发生在 Kmode 中或 sw_flag 已关闭，则不应进行任务切换，因此该进程通常返回到原始中断点。但是，如果中断发生在 Umode 中且 sw_flag 已置 1，则内核会将进程切换为运行具有最高优先级的进程。

8.5.7.5 IRQ 和进程抢占

与始终在 SVC 模式下使用进程 kstack 的系统调用不同，IRQ 模式下的任务切换非常复杂，因为尽管中断处理使用 IRQ 堆栈，但任务切换必须在使用进程 kstack 的 SVC 模式下进行。在这种情况下，我们必须手动执行以下操作：

（1）将中断堆栈帧从 IRQ 堆栈转移到进程（SVC）kstack。

（2）将 IRQ 堆栈执行整平，防止其溢出。

（3）将 SVC 模式栈指针设置为进程 kstack 中的中断堆栈帧。

（4）切换到 SVC 模式并调用 tswitch( ) 以放弃 CPU，将恢复堆栈帧压入保存的 PROC.ksp 所指向的进程 kstack。

（5）当进程重新获得 CPU 时，它将通过恢复堆栈帧在 SVC 模式中恢复，并返回到先前调用 tswitch( ) 的位置。

（6）从 PROC 结构中保存的 [usp, ucpsr] 恢复 Umode [usp, cpsr]。

（7）通过 kstack 中的中断堆栈帧返回 Umode。

IRQ 模式下的任务切换是在代码段 irq_tswitch( ) 中实现的，如下所示。

（1）将中断帧从 IRQ 堆栈复制到 SVC 堆栈，设置 SVC_sp。

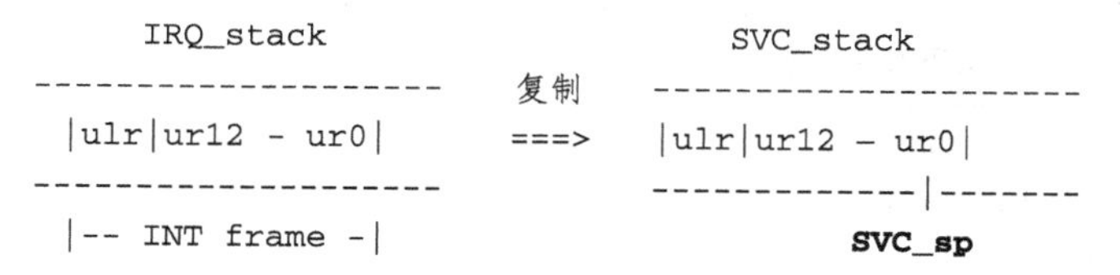

（2）调用 tswitch( ) 以放弃 CPU，其将恢复帧压入 SVC 堆栈，并设置保存的 PROC.ksp 指向恢复堆栈帧。

```
               |-- INT frame -|-RESUME frame-|
               ---------------------------------------
SVC_stack =|ulr|ur12 - ur0|klr|kr12 - kr0|
               ----------------------------|---------
                                       SVC_sp = PROC.ksp
```

（3）进程预定运行时，在 SVC 模式中恢复并返回。

```
 here: // 从 tswitch() 返回
restore Umode.[usp,cpsr] from PROC.[usp,ucpsr]
ldmfd sp, {r0-r12, pc}^  // 返回 Umode
```

```
// ---------------- ts.s.4 ------------------------
tswitch:                 // Kmode 中的 tswitch()
   mrs r0, cpsr          // 禁用中断
   orr r0, r0, #0xC0     // I 和 F 位 = 1: 屏蔽 IRQ、FIQ
   mrs cpsr, r0          // 禁用 I 和 F 中断
   stmfd sp!, {r0-r12, lr} // 将上下文保存在 kstack 中
   ldr r0, =running      // r0=&running; 访问 ->PROC
   ldr r1, [r0, #0]      // r1-> 运行的 PROC
   str sp, [r1, #4]      // running->ksp = sp
   bl  scheduler         // 调用 scheduler() 选择下一个运行进程
   ldr r0, =running      // 恢复当前运行
   ldr r1, [r0, #0]      // r1-> 运行的 PROC
   ldr sp, [r1, #4]      // sp = running->ksp
   mrs r0, cpsr          // 禁用中断
   bic r0, r0, #0xC0     // 启用 I 和 F 中断
   mrs cpsr, r0
   ldmfd sp!, {r0-r12, pc}
irq_tswitch:             // irq_tswitch: IRQ 模式下的任务切换
   mov r0, sp            // r0 = IRQ 模式当前的 sp
   bl copyistack         // 将 INT 帧从 IRQ 堆栈传输到 SVC 堆栈
   mrs r7, spsr          // r7 = IRQ 模式 spsr, 必须为 Umode cpsr
// 展开 irq 堆栈
   ldr sp, =irq_stack_top
// 更改为 SVC 模式
   mrs r0, cpsr
   bic r1, r0, #0x1F   // r1 = r0 = cspr 的最低 5 位被清除为 0
   orr r1, r1, #0x13   // OR 位于 0x13=10011 = SVC 模式
   msr cpsr, r1        // 写入 cspr, 因此现在处于 SVC 模式
   ldr r5, =running    // r5 = &running
   ldr r6, [r5, #0]    // r6 -> 运行的 PROC
// svc 堆栈已具有 irq 帧, 将 SVC sp 设置为 kstack [-14]
   ldr sp, [r6, #4]    // SVC 模式 sp =  &running->kstack[SSIZE-14]
   bl tswitch          // 在 SVC 模式下切换任务
   ldr r5, =running    // r5=&running
   ldr r6, [r5, #0]    // r6 -> 运行的 PROC
   ldr r7, [r6, #16]   // r7 = 保存的 Umode cpsr
// 将 spsr 还原为已保存的 Umode cpsr
   msr spsr, r7
// 进入 SYS 模式以访问用户模式 sp
   mrs r7, cpsr        // r7 = SVC 模式 cpsr
   mov r8, r7          // 在 r8 中保存 cpsr 的副本
   orr r7, r7, #0x1F   // r7 = SYS 模式
   msr cpsr, r7        // 将 cpsr 更改为 SYS 模式
// 现在处于 SYS 模式; 恢复 Umode usp
   ldr sp, [r6, #8]    // 恢复 usp
   ldr lr, [r6, #12]   // 恢复 upc; 真的需要这个吗?
// 返回 SVC 模式
   msr cpsr, r8        // 返回 IRQ 模式
   ldmfd sp!, {r0-r12, pc}^ // 通过 SVC 堆栈中的 INT 帧返回
switchPgdir: // 将 pgdir 切换到新的 PROC 的 pgdir; 传入 r0
// r0 包含新的 PROC 的 pgdir 地址
```

```
  mcr p15, 0, r0, c2, c0, 0   // 设置 TTBase
  mov r1, #0
  mcr p15, 0, r1, c8, c7, 0   // 刷新 TLB
  mcr p15, 0, r1, c7, c10, 0  // 刷新缓存
  mrc p15, 0, r2, c2, c0, 0
// 设置 domain: 全部 01=client (检查权限)
  mov r0, #0x5                //01|01 for CLIENT|client
  mcr p15, 0, r0, c3, c0, 0
  mov pc, lr                  // 返回
```

ts.s.4：汇编代码的第四部分实现了任务切换。它由三个函数组成：tswitch( ) 用于 Kmode 下的任务切换，irq_tswitch( ) 用于 IRQ 模式下的任务切换，switchPgdir( ) 用于在任务切换期间切换进程 pgdir。由于这些函数已经在前面进行了说明，因此此处不再赘述。

```
//-------------ts.s.5 --------------------------
// IRQ 中断屏蔽 / 取消屏蔽功能
int_on:                    // int int_on(int cpsr)
  msr cpsr, r0
  mov pc,lr
int_off:                   // int cpsr = int_off();
  mrs r4, cpsr
  mov r0, r4
  orr r4, r4, #0x80        // 置位表示屏蔽 IRQ 中断
  msr cpsr, r4
  mov pc,lr
unlock:                    // 直接启用 IRQ
   mrs r4, cpsr
   bic r4, r4, #0x80       // 清除位表示取消屏蔽 IRQ 中断
   msr cpsr, r4
   mov pc,lr
lock:                      // 直接禁用 IRQ
   mrs r4, cpsr
   orr r4, r4, #0x80       // 置位表示屏蔽 IRQ 中断
   msr cpsr, r4
   mov pc,lr
get_cpsr:
   mrs r0, cpsr
   mov pc, lr
get_spsr:
   mrs r0, spsr
 mov pc, lr
setulr: // setulr(oldPC): 为信号 catcher() 函数设置 Umode lr=oldPC
   mrs r7, cpsr     // 进入 SYS 模式
   mov r8, r7       // 将 cpsr 保存在 r8 中
   orr r7, #0x1F    //
   msr cpsr, r7
// 现在进入 SYS 模式
   mov lr, r0       // 将 Umode lr 设置为 oldPC
   msr cpsr, r8     // 返回原始模式
   mov pc, lr       // 返回
vectors_start:
   LDR PC, reset_handler_addr
```

```
    LDR PC, undef_handler_addr
    LDR PC, svc_handler_addr
    LDR PC, prefetch_abort_handler_addr
    LDR PC, data_abort_handler_addr
    B .
    LDR PC, irq_handler_addr
    LDR PC, fiq_handler_addr
reset_handler_addr:           .word reset_handler
undef_handler_addr:           .word undef_abort_handler
svc_handler_addr:             .word svc_entry
prefetch_abort_handler_addr:  .word prefetch_abort_handler
data_abort_handler_addr:      .word data_abort_handler
irq_handler_addr:             .word irq_handler
fiq_handler_addr:             .word fiq_handler
vectors_end:
// ts.s 文件结束
```

汇编代码的最后一部分实现了各种实用程序功能，例如锁定/解锁（lock/unlock）、int_off/int_on 和获取 CPU 状态寄存器等。请注意 lock/unlock 与 int_off/int_on 之间的区别。锁定/解锁、禁用/启用 IRQ 中断是无条件的。而 int_off 禁用 IRQ 中断但返回原始 CPSR，该 CPSR 将在 int_on 中恢复。这些在设备中断处理程序中是必需的，其在禁用中断的情况下运行，但可能会对信号量发出 V 操作来解除阻塞进程。

8.5.8 EOS 的 t.c 文件

t.c 文件包含 main( ) 函数，该函数在系统启动时从 reset_handler 调用。

8.5.8.1 main( ) 函数

main( ) 函数包含以下步骤。

（1）初始化 LCD 驱动程序，使 printf( ) 工作。

（2）为 SDC 上的文件 I/O 初始化块设备 I/O 缓冲区。

（3）配置用于向量中断的 VIC、SIC 中断控制器和设备。

（4）初始化设备驱动程序并启动计时器。

（5）调用 kernel_init( ) 以初始化内核数据结构。创建并运行初始进程 P0。为进程构造 pgdir 和 pgtable。构造用于动态分页的空闲页架列表。将 pgdir 切换为使用二级动态分页。

（6）调用 fs_init( ) 以初始化文件系统并挂载根文件系统。

（7）创建 INIT 进程 P1 并加载 /bin/init 作为其 Umode 映像。

（8）P0 切换任务来运行 INIT 进程 P1。

P1 在控制台和串行终端上派生登录进程，以供用户登录。然后，它会等待任何僵尸子进程，其中包括登录进程以及任何孤儿进程，例如在多级管道中。登录进程启动后，系统就可以使用了。

```
/*********************** t.c 文件 ****************************/
#include "../type.h"
int main()
{
   fbuf_init();         //初始化 LCD 帧缓冲区：driver/vid.c
   printf("Welcome to WANIX in Arm\n");
   binit();             // I/O 缓冲区：fs/buffer.c
```

```
    vectorInt_init();      // 向量中断: driver/int.c
    irq_init();            // 配置 VIC、SIC、deviceIRQ: driver/int.c
    kbd_init();            // 初始化 KBD 驱动程序:       driver/kbd.c
    uart_init();           // 初始化 UART:              driver/uart.c
    timer_init();          // 初始化计时器:              driver/timer.c
    timer_start(0);        // 启动 timer0:             driver/timer.c
    sdc_init();            // 初始化 SDC 驱动程序:       driver/sdc.c
    kernel_init();         // 初始化内核结构: kernel/kernel.c
    fs_init();             // 初始化 FS 并挂载根文件系统
    kfork("/bin/init"); // 创建 INIT proc P1: kernel/fork.c
    printf("P0 switch to P1\n");
    while(1){              // P0 代码
      while(!readyQueue); // 如果没有可运行的 proc 则循环
      tswitch();          // 如果 readyQueue 非空，则执行 P0 切换任务
    }
}
```

8.5.8.2 内核初始化

kernel_init( ) 函数： kernel_init( ) 函数包含以下步骤。

（1）初始化内核数据结构，包括空闲的 PROC 列表、用于进程调度的 readyQueue（就绪队列）和包含睡眠进程的 FIFO（先进先出）sleepList。

（2）创建并运行初始进程 P0，该初始进程具有最低优先级 0，在 Kmode 中运行。P0 也是空闲进程，在没有其他可运行进程时运行，即当所有其他进程都处于睡眠状态或被阻塞时运行。当 P0 恢复时，它将执行忙等待循环，直到 readyQueue 非空为止。然后切换进程以运行具有最高优先级的就绪进程。P0 可以使 CPU 在启用中断的情况下处于节能的 WFI 状态，而不是处于忙等待循环。在处理中断之后，将尝试再次运行就绪进程，依此类推。

（3）构建一个位于 32KB 的 Kmode pgdir 和位于 5MB 的 258 个二级页表。在 6MB 的区域中构造（64 个）进程的一级 pgdir，并在 7MB 处构造与其相关的二级页表。有关 pgdir 和页表的详细信息将在 8.6 节中介绍。

（4）将 pgdir 切换到位于 32KB 的新的一级 pgdir，以使用二级分页。

（5）构造一个包含从 8MB 到 256MB 的空闲页架的 pfreeList，并实现 palloc( )/pdealloc( ) 函数来支持动态分页。

（6）在内核中初始化管道和消息缓冲区。

（7）返回 main( )，其调用 fs_init( ) 来初始化文件系统并挂载根文件系统。然后创建并运行 INIT 进程 P1。

```
/********************** kernel.c 文件 **********************/
#include "../type.h"
PROC proc[NPROC+NTHREAD];
PRES pres[NPROC];
PROC *freelist, *tfreeList, *readyQueue, *sleepList, *running;;
int sw_flag;
int procsize = sizeof(PROC);
OFT  oft[NOFT];
PIPE pipe[NPIPE];

int kernel_init()
{
```

```
int i, j;
PROC *p; char *cp;
printf("kernel_init()\n");
for (i=0; i<NPROC; i++){ // 在 freeList 中初始化 PROC
  p = &proc[i];
  p->pid = i;
  p->status = FREE;
  p->priority = 0;
  p->ppid = 0;
  p->res = &pres[i];    // res 指向 pres[i]
  p->next = p + 1;
  // proc[i] 的 umode pgdir 和 pagetable 位于 6MB + pid*16KB
  p->res->pgdir = (int *)(0x600000 + (p->pid-1)*0x4000);
}
proc[NPROC-1].next = 0;
freeList = &proc[0];
// 与为 NTHREAD 进程初始化 tfreeList 类似的代码
readyQueue = 0;
sleepList = 0;
// 创建 P0 作为初始运行进程
p = running = get_proc(&freeList);
p->status = READY;
p->res->uid = p->res->gid = 0;
p->res->signal = 0;
p->res->name[0] = 0;
p->time = 10000;         // 任意，因为 P0 没有时间限制
p->res->pgdir = (int *)0x8000;  // P0 的 pgdir 在 32KB
for (i=0; i<NFD; i++)   // 清除文件描述符数组
  p->res->fd[i] = 0;
for (i=0; i<NSIG; i++) // 清除信号
  p->res->sig[i] = 0;
build_ptable();          // 在 mem.c 文件中
printf("switch pgdir to use 2-level paging : ");
switchPgdir(0x8000);

// 建立 pfreelist: 空闲的页架从 8MB 开始，到 256MB 结束
pfreeList = free_page_list((int *)0x00800000, (int *)0x10000000);
pipe_init();          // 初始化内核中的管道
mbuf_init();          // 初始化内核中的消息缓冲区
}
```

8.5.8.3 进程调度函数

```
int scheduler()
{
  PROC *old = running;
  if (running->pid == 0 && running->status == BLOCK){// 仅 P0
     unlock();
     while(!readyQueue);
     return;
  }
  if (running->status==READY)
```

```
        enqueue(&readyQueue, running);
    running = dequeue(&readyQueue);
    if (running != old){
        switchPgdir((int)running->res->pgdir);
    }
    running->time = 10; // 时间片 = 10 次滴答
    sw_flag = 0;        // 关闭切换任务标志
}
int schedule(PROC *p)
{
    if (p->status ==READY)
        enqueue(&readyQueue, p);
    if (p->priority > running->priority)
        sw_flag = 1;
}
int reschedule()
{
    if (sw_flag)
      tswitch();
}
```

t.c 中的其余进程调度函数还有 scheduler( )、schedule( ) 和 reschedule( )，它们是 EOS 内核中进程调度程序的一部分。在 scheduler( ) 函数中，最初的几行代码仅适用于初始进程 P0。系统启动时，P0 执行 mount_root( ) 来挂载根文件系统。其使用 I/O 缓冲区读取 SDC，这会导致 P0 在 I/O 缓冲区上被阻塞，直到读取操作完成。由于没有其他进程，所以当 P0 被阻塞时无法切换进程。因此它进入忙等待，直到 SDC 中断处理程序执行 V 来解除阻塞。或者，我们可以修改 SDC 驱动程序使系统在启动期间使用轮询，并在 P0 创建 P1 之后切换到中断驱动模式。其缺点是会使 SDC 驱动程序的效率降低，因为必须在每次读取操作时检查一个标志。

8.5.9 进程管理函数

8.5.9.1 fork、exec

EOS 支持由 fork 创建动态进程，这将创建一个与父进程具有相同 Umode 映像的子进程。它允许进程通过 exec 更改映像。另外，它还支持同一进程内的线程。这些功能在以下文件中实现。

fork.c 文件：该文件包含 fork1( )、kfork( )、fork( ) 和 vfork( )。fork1( ) 是所有其他 fork 函数的通用代码。它使用 pgdir 和 pgtable 创建一个新的 proc。只有 P0 使用 kfork( ) 来创建 INIT proc P1。它加载 P1 的 Umode 映像文件（/bin/init），并初始化 P1 的 kstack，使其可以在 Umode 中运行。fork( ) 创建一个与父进程具有相同 Umode 映像的子进程。vfork( ) 与 fork( ) 相同，但不复制映像。

exec.c 文件：该文件包含 kexec( )，该文件允许进程将 Umode 映像更改为其他可执行文件，并将命令行参数传递给新映像。

thread.c 文件：该文件在进程中实现线程，并通过互斥锁进行线程同步。

8.5.9.2 exit-wait

EOS 内核在进程管理以及管道中使用睡眠 / 唤醒来实现进程同步。进程管理在 wait.c 文件中实现，该文件包含以下函数。

- ksleep( )：进程在事件发生时进入睡眠状态。睡眠进程保存在先进先出（FIFO）sleepList 中，以便之后按顺序唤醒。
- kwakeup( )：唤醒所有在同一事件上睡眠的进程。
- kexit( )：内核中的进程终止。
- kwait( )：等待僵尸子进程，返回其 pid 和退出状态。

8.5.10　管道

EOS 内核支持相关进程之间的管道。管道是由以下字段组成的结构。

```
typedef struct pipe{
  char  *buf; // 数据缓冲区：动态分配的页架
  int   head, tail;        // 缓冲区索引
  int   data, room;        // 同步计数器
  int   nreader, nwriter;  // 管道上的读取器、写入器的数量
  int   busy;              // 管道状态
}PIPE;
```

系统调用 int r = pipe(int pd[]) 在内核中创建管道，并在 pd[2] 中返回两个文件描述符，其中 pd[0] 用于从管道读取，而 pd[1] 用于向管道写入。管道的数据缓冲区是一个动态分配的 4KB 页，释放管道时将释放该页。创建管道后，该进程通常会派生一个子进程来共享该管道，也就是说父进程和子进程具有相同的管道描述符 pd[0] 和 pd[1]。但是，在同一管道里，每个进程都必须是读取器或写入器，但不能两者都是。因此，选择一个进程作为管道写入器，并选择另一个进程作为管道读取器。管道读取器必须关闭 pd[0]，将其标准输出（fd = 1）重定向到 pd[1]，以便其标准输出连接到管道的写入端。管道读取器必须关闭 pd[1] 并将其标准输入（fd = 0）重定向到 pd[0]，以便其标准输入连接到管道的读取端。之后，两个进程通过管道连接。同一管道上的读取和写入进程由睡眠 / 唤醒进行同步。管道读取 / 写入功能在 pipe.c 文件中实现。关闭管道描述符功能在文件系统的 open_close.c 文件中实现。当管道上的所有文件描述符都关闭时，将释放管道。有关管道实现的更多信息，可查阅（Wang, 2015）的 6.14 节或 pipe.c 文件。

8.5.11　消息传递

除了管道之外，EOS 内核还通过消息传递进行进程间通信。消息传递机制由以下组件组成。

（1）内核空间中的一组 NPROC 消息缓冲区（MBUF）。

（2）每个进程在 PROC.res.mqueue 中都有一个消息队列，其中包含已发送但尚未被进程收到的消息。消息队列中的消息按优先级排序。

（3）send(char *msg, int pid)：通过 pid 向目标进程发送消息。

（4）recv(char *msg)：从 proc 的消息队列中接收消息。

在 EOS 中，消息传递是同步的。如果没有可用的消息缓冲区，则发送进程将等待。如果消息队列中没有消息，则接收进程将等待。send/recv 中的进程同步是通过信号量实现的。以下列出了 mes.c 文件。

```
/**************     mes.c 文件：消息传递        ************/
#include "../type.h"
/********    type.h 中的消息缓冲区类型     ********
typedef struct mbuf{
```

```
  struct mbuf *next;   // 下一个 mbuf 指针
  int sender;          // 发送方 pid
  int priority;        // 消息优先级
  char text[128];      // 消息内容
} MBUF;
**************************************************/
MBUF mbuf[NMBUF], *freeMbuflist;  // 空闲的 mbuf; NMBUF=NPROC
SEMAPHORE mlock; // 用于独占访问 mbuf[ ] 的信号量
int mbuf_init()
{
  int i; MBUF *mp;
  printf("mbuf_init\n");
  for (i=0; i<NMBUF; i++){ // 初始化 mbuf
      mp = &mbuf[i];
      mp->next = mp+1;
      mp->priority = 1;     // 用于 enqueue()/ dequeue()
  }
  freeMbuflist = &mbuf[0];
  mbuf[NMBUF-1].next = 0;
  mlock.value = 1; mlock.queue = 0;
}
MBUF *get_mbuf()             // 分配一个 mbuf
{
  MBUF *mp;
  P(&mlock);
  mp = freeMbuflist;
  if (mp)
     freeMbuflist = mp->next;
  V(&mlock);
  return mp;
}
int put_mbuf(MBUF *mp)       // 释放一个 mbuf
{
  mp->text[0] = 0;
  P(&mlock);
    mp->next = freeMbuflist;
    freeMbuflist = mp;
  V(&mlock);
}
int ksend(char *msg, int pid)    // 发送消息给 pid
{
  MBUF *mp; PROC *p;
  // 验证接收者 pid
  if ( pid <= 0 || pid >= NPROC){
     printf("sendMsg : invalid target pid %d\n", pid);
     return -1;
  }
  p = &proc[pid];
  if (p->status == FREE || p->status == ZOMBIE){
     printf("invalid target proc %d\n", pid);
     return -1;
```

```
    }
    mp = get_mbuf();
    if (mp==0){
       printf("no more mbuf\n");
       return -1;
    }
    mp->sender = running->pid;
    strcpy(mp->text, msg);  // 将文本从Umode复制到mbuf
    // 将mp传递到接收者的消息队列
    P(&p->res->mlock);
      enqueue(&p->res->mqueue, mp);
    V(&p->res->mlock);
    V(&p->res->message);    // 通知接收者
    return 1;
}
int krecv(char *msg)       // 接收来自自身mqueue的消息
{
    MBUF *mp;
    P(&running->res->message);  // 等待消息
    P(&running->res->mlock);
      mp = (MBUF *)dequeue(&running->res->mqueue);
    V(&running->res->mlock);
    if (mp){                         // 仅当它有消息时
       strcpy(msg, mp->text);        // 将消息内容复制到Umode
       put_mbuf(mp);                 // 释放mbuf
       return 1;
    }
    return -1; // 如果proc被信号终止 => 没有消息
}
```

8.5.12 消息传递的演示

在用户目录中，使用send.c和recv.c程序演示EOS的消息传递功能。读者可以自行按如下方式测试send/recv消息：

（1）登录控制台。输入命令行recv&。sh进程派生一个子进程来运行recv命令，但不等待recv进程终止，以便用户可以继续输入命令。由于还没有消息，因此recv进程将在内核的消息队列中被阻塞。

（2）运行send命令。输入接收进程的pid和一个文本字符串，这些将发送到recv进程，以使其继续运行。读者也可以从其他的终端登录来运行send命令。

8.6 EOS中的内存管理

8.6.1 EOS的内存映射

下表展示了EOS的内存映射。

EOS的内存映射	
0～2MB	EOS内核
2MB～4MB	LCD帧缓冲区

（续）

EOS 的内存映射	
4MB ～ 5MB	256 个 I/O 缓冲区的数据区域
5MB ～ 6MB	Kmode 二级页表；258 个（1KB）pgtables
6MB ～ 7MB	用于（64 个）进程的 pgdir，每个 pgdir = 16KB
7MB ～ 8MB	未使用；用于扩展，例如扩展到 128 个 PROC pgdir
8MB ～ 256MB	用于动态分页的空闲页架
256MB ～ 258MB	2MB 的 I/O 空间

EOS 内核代码和数据结构占用最低的 2MB 物理内存。EOS 内核使用 2 ～ 8MB 的内存区域作为 LCD 缓冲区、I/O 缓冲区、进程的一级和二级页表等。8 ～ 256MB 的内存区域是空闲的。在 pfreeList 中维护 8 ～ 256MB 的可用页架，以便动态分配 / 取消分配页架。

8.6.2 虚拟地址空间

EOS 使用 KML 虚拟地址空间映射方案，其中内核空间映射到低虚拟地址（VA），而用户模式空间映射到高 VA。系统启动时，内存管理单元（MMU）处于关闭状态，因此每个地址都是真实或物理地址。由于 EOS 内核使用真实地址进行编译链接，因此它可以直接执行内核的 C 代码。首先，它建立一个初始的一级页表，位于 16KB，以便创建 VA 到 PA 的恒等映射，并为 VA 到 PA 的转换启用 MMU。

8.6.3 内核模式 pgdir 和页表

在 reset_handler 中，当初始化各种特权模式的堆栈指针以进行异常处理后，其将在 32KB 处构造一个新的 pgdir，并用 5MB 构造相关的二级页表。新 pgdir 的低 258 个条目指向位于 $5\text{MB} + i \times 1\text{KB}$（$0 \leqslant i < 258$）的二级页表。每个页表包含 256 个条目，每个条目指向内存中的 4KB 页架。pgdir 的所有其他条目均为 0。在新的 pgdir 中，条目 2048 ～ 4095 用于用户模式 VA 空间。由于高 2048 个条目全为 0，因此 pgdir 仅适用于 258MB 内核 VA 空间。这将是仅在 Kmode 中运行的初始化进程 P0 的 pgdir，也是所有其他 pgdir 的原型，因为它们的 Kmode 条目都是相同的。然后切换到新的 pgdir 以在 Kmode 中使用二级分页。

8.6.4 进程用户模式页表

每个进程都有位于 6MB + pid × 16KB 的 pgdir。所有 pgdir 的低 258 条目是相同的，因为它们的 Kmode VA 空间是相同的。Umode VA 的 pgdir 条目数取决于 Umode 映像大小，而后者又取决于可执行映像文件的大小。为方便起见，我们将 Umode 映像大小 USZIE 设置为 4MB，这对于所有用于测试和演示的 Umode 程序来说已经足够大了。只有在创建进程时才设置进程的 Umode pgdir 和页表。当在 fork1( ) 中创建新进程时，我们计算所需的 Umode 页表数为 npgdir = USIZE/1MB。Umode pgdir 条目指向 npgdir 动态分配的页架。每个页表仅使用（4KB）页架的低 1KB 空间。对于域 1，Umode pgdir 条目的属性设置为 0x31。在域访问控制寄存器中，对于客户端模式，域 0 和域 1 的访问位都设置为 b01，用于检查页表条目的访问权限（AP）位。每个 Umode 页表都包含指向 256 个动态分配的页架的指针。对于每个页内的所有（1KB）子面，当 AP = 11 时，页表条目的属性设置为 0xFFE，以允许在用户模式下进行 R | W 访问。

8.6.5　进程切换期间切换 pgdir

在进程切换期间，将 pgdir 从当前进程切换到下一个进程，并刷新 TLB 以及 I 和 D 缓冲区高速缓存。这个过程是通过 ts.s 中的 switchPgdir( ) 函数实现的。

8.6.6　动态分页

在 mem.c 文件中，函数 free_page_list( )、palloc( ) 和 pdealloc( ) 实现了动态分页。当系统启动时，将建立一个 pfreeList，它将所有从 8MB 至 256MB 的空闲页架链接串联到列表中。在系统运行期间，palloc( ) 从 pfreeList 分配一个空闲页架，而 pdealloc( ) 将一个页架释放回 pfreeList 以供重用。下面展示了 mem.c 文件。

```
/*****************  mem.c 文件: 动态分页  ***************/
int *pfreeList, *last;
int mkPtable()  // 从 ts.s 调用，在 16KB 创建初始 ptable
{
  int i;
  int *ut = (int *)0x4000; // 在 16KB
  u32 entry = 0 | 0x41E; // AP=01(Kmode R|W; Umode NO) domaian=0
  for (i=0; i<4096; i++)    // 将 4096 个条目清除为 0
    ut[i] = 0;
  for (i=0; i<258; i++){    // 填充低 258 条目恒等映射到 PA
    ut[i] = entry;
    entry += 0x100000;
  }
}
int *palloc()              // 分配页架
{
  int *p = pfreeList;
  if (p)
     pfreeList = (int *)*p;
  return p;
}
void pdealloc(int *p)      // 取消分配页架
{
  *last = (int)(*p);
  *p = 0;
  last = p;
}
// 建立空闲页架的 pfreeList
int *free_page_list(int *startva, int *endva)
{
  int *p;
  printf("build pfreeList: start=%x end=%x : ", startva, endva);
  pfreeList = startva;
  p = startva;
  while(p < (int *)(endva-1024)){
    *p = (int)(p + 1024);
     p += 1024;
  }
  last = p;
```

```
    *p = 0;
    return startva;
  }
  int build_ptable()
  {
    int *mtable = (int *)0x8000; // 新的 pgdir 在 32KB
    int i, j, *pgdir, paddr;
    printf("build Kmode pgdir at 32KB\n");
    for (i=0; i<4096; i++){         // 将 mtable[] 归零
        mtable[i] = 0;
  }
    printf("build Kmode pgtables in 5MB\n");
    for (i=0; i<258; i++){          // 指向 5MB 的 258 个 pgtable
       pgtable = (int *)(0x500000 + i*1024);
       mtable[i] = (int)pgtable | 0x11; // 1KB 条目(5MB)
       paddr = i*0x100000 | 0x55E;       // AP=01010101 CB=11 type=10
       for (j=0; j<256; j++){
           pgtable[j] = paddr + j*4096; // 递增 4KB
       }
    }
   printf("build 64 proc pgdirs at 6MB\n");
   for (i=0; i<64; i++){
       pgdir = (int *)(0x600000 + i*0x4000); //  每个 16KB
       for (j=0; j<4096; j++){ // 将 pgdir[] 归零
           pgdir[j] = 0;
       }
       for (j=0; j<258; j++){  // 从 mtable[] 复制低 258 个条目
           pgdir[j] = mtable[j];
       }
   }
  }
```

8.7 异常和信号处理

在系统运行期间，ARM 处理器识别六种异常类型，即 FIQ、IRQ、SWI、data_abort、prefecth_abort 和未定义的异常。其中，FIQ 和 IRQ 用于中断，SWI 用于系统调用。因此，真正的异常是 data_abort、prefeth_abort 和未定义的异常，它们在以下情况下发生。

- **data_abort 事件**。当内存控制器或 MMU 指示已访问了无效的内存地址时，将发生 data_abort 事件。示例：尝试访问无效的 VA。
- **prefetch_abort 事件**。当尝试加载指令导致内存故障时，会发生 prefetch_abort 事件。示例：如果 0x1000 在 VA 范围之外，则 BL 0x1000 将导致下一条指令地址 0x1004 处的预取中止。
- **未定义（指令）事件**。当已获取和解码的指令不在 ARM 指令集中，并且没有一个协处理器声明该指令时，将发生未定义（指令）事件。

在所有类 UNIX 系统中，异常都被转换为信号，其处理方式如下。

UNIX/Linux 中的信号处理

（1）**进程 PROC 中的信号**：每个 PROC 都有一个 32 位向量，用于记录发送给进程的信号。在位向量中，每个位（0位除外）代表一个信号编号。如果位向量的位 n 为1，则信号 n 存在。此外，它还具有用于屏蔽相应信号的MASK位向量。一组系统调用，如sigmask、sigsetmask、siggetmask、sigblock等，可用于设置、清除和检查MASK位向量。挂起的信号只有在未被屏蔽的情况下才有效。这允许进程延迟处理被屏蔽的信号，类似于CPU屏蔽某些中断。

（2）**信号处理程序**：每个PROC进程都有一个信号处理程序数组int sig[32]。sig[32]数组中的每个条目都指定了如何处理相应的信号，其中：0表示默认，1表示忽略，而其他非零值表示Umode中预安装的信号捕获器（处理程序）函数。

（3）**陷阱错误和信号**：当进程遇到异常时，它将捕获操作系统内核中的异常处理程序。陷阱处理程序将异常原因转换为信号编号，并将信号传递给当前正在运行的进程。如果异常是在内核模式下发生的，这通常是由硬件错误或内核代码中的错误所致，则该进程什么也做不了。因此，它只是输出一条紧急错误消息并停止运行，希望可以在下一个内核版本中跟踪并修复该问题。如果在用户模式下发生异常，进程将通过其sig[]数组中的信号处理函数处理信号。对于大多数信号，进程的默认操作是终止，并使用可选内存转储进行调试。进程可以使用IGNore(1)或信号捕获器替换默认操作，从而使其可以忽略信号或在用户模式下对其进行处理。

（4）**更改信号处理程序**：进程可以使用系统调用

```
int r = signal(int signal_number, void * handler);
```

来更改除SIGKILL(9)和SIGSTOP(19)之外的所选信号编号的处理程序函数。信号9被保留为终止失控进程的最后手段，而信号19则允许进程在调试期间停止子进程。已安装的处理程序（如果不是0或1）必须是用户空间中的函数入口地址，该函数形式如下。

```
void catcher(int_signal number){...}
```

（5）**信号处理**：进程在Kmode状态下会检查并处理信号。对于每个未完成的信号编号 n，进程首先清除信号。如果sig[n] = 0，它将采取默认操作，这通常会导致进程终止。如果sig[n] = 1，它将忽略信号。如果进程具有针对信号的预安装捕获器功能，它将获取捕获器的地址并将已安装的捕获器重置为DEFault(0)。然后，它以某种方式操纵返回路径，使其返回以执行Umode中的catcher函数，并传递信号编号作为参数。当捕获器功能完成时，它将返回到原始中断点，即返回到最后进入Kmode的位置。因此，该进程首先绕行以执行捕获器功能，然后恢复正常执行。

（6）**重置用户安装的信号捕获器**：用户安装的捕获器功能旨在处理用户程序代码中的陷阱错误。由于catcher函数也是在Umode中执行的，因此可能会再次犯相同的陷阱错误。如果是这样，进程将以无限循环结束，永远在Umode和Kmode之间跳转。为避免这种情况发生，进程通常在执行catcher函数之前将处理程序重置为DEFault(0)。这意味着用户安装的捕获器功能仅对一次信号有效。要捕获另一个相同的信号，Umode程序必须再次安装捕获器。但是，用户安装的信号捕获器的处理方法不统一，因为它在UNIX的不同版本中有所不同。例如，在BSD中，信号处理程序不会复位，但是在执行信号捕获器时会阻塞相同的信号。有兴趣的读者可以查阅Linux的信号和签名手册页以获取更多详细信息。

（7）**进程间信号**：除了处理异常，信号还可以用于进程间通信。进程可以使用系统调用

```
int r = kill(pid,signal_number);
```

向另一个由pid标识的进程发送信号，使后者在Umode中执行预安装的catcher函数。kill操作的一种常见用法是请求目标进程终止，因此使用了（有点误导的）术语kill。通常，只

有相关的进程（例如具有相同 uid 的进程）才可相互发送信号。但是，超级用户进程（uid = 0）可以向任何进程发送信号。kill 系统调用可能会使用一个无效的 pid 来表示传递信号的不同方式。例如，pid = 0 将信号发送到同一进程组中的所有进程，pid = –1 表示 pid > 1 的所有进程，等等。读者可以参考有关信号 / 终止的 Linux 手册页以获取更多信息。

（8）**信号及唤醒 / 解除阻塞**：kill 只会向目标进程发送一个信号。在目标进程运行之前，该信号不会生效。当向目标进程发送信号时，如果目标进程处于睡眠或阻塞状态，则可能需要唤醒目标进程或解除阻塞。例如，当一个进程等待可能很长时间都不会到来的终端输入时，则被认为是可中断的，这意味着它可以被到达的信号唤醒或解除阻塞。另一方面，如果一个进程因为 SDC I/O 而被阻塞，而 SDC I/O 很快就会到来，那么它是不可中断的，不应该被信号解除阻塞。

8.8 EOS 中的信号处理

8.8.1 PROC 资源中的信号

在 EOS 中，每个 PROC 都有一个指向资源结构的指针，该结构包含以下用于信号和信号处理的字段：

```
int signal;  // 31 个信号；位 0 没有被使用
int sig[32]; // 信号处理程序：0 = 默认值；1 = 忽略；否则是 Umode 的 catcher
```

为了简单起见，EOS 不支持信号屏蔽。如果有需要，读者可以将信号屏蔽添加到 EOS 内核。

8.8.2 EOS 中的信号来源

（1）硬件：EOS 支持来自终端的〈Ctrl+C〉键，该键转换为传递给该终端上所有进程的中断信号 SIGINT(2)，以及间隔计时器，其转换为传递给该进程的警报信号 SIGALRM(14)。

（2）陷阱：EOS 支持 data_abort、prefetch 和未定义的指令异常。

（3）来自其他进程：EOS 支持 kill(pid, signal) 系统调用，但不强制执行权限检查。因此，一个进程可能会中止任何进程。如果目标进程处于睡眠状态，则 kill( ) 将其唤醒。如果目标进程被 UART 驱动程序的 KBD 中的输入阻塞，那么它也将被解除阻塞。

8.8.3 传递信号给进程

kill 系统调用向目标进程传递信号。kill 系统调用的算法如下。

```
/************** kill 系统调用的算法 ***************/
int kkill(int pid, int sig_number)
{
  (1). 验证信号编号和 pid;
  (2). 检查终止许可; // 不执行，可能会终止任何 pid
  (3). 将 proc.signal[bit_sig_number] 设置为 1;
  (4). 如果 proc 为 SLEEP, 则唤醒 pid;
  (5). 如果 proc 因为终端输入被阻塞，则解除阻塞 proc;
}
```

8.8.4 更改内核中的信号处理程序

signal( ) 系统调用会更改指定信号的处理函数。信号系统调用的算法如下。

```
/*********** 信号系统调用算法 ****************/
int ksignal(int sig_number, int *catcher)
{
  (1). 验证信号编号，例如无法更改信号编号9;
  (2). int oldsig = running->sig[sig_number];
  (3). running->sig[sig_number] = catcher;
  (4). 返回 oldsig;
}
```

8.8.5 EOS 内核中的信号处理

CPU 通常在执行指令结束时检查挂起的中断。同样，也可以使进程在 Kmode 执行结束时（即将返回 Umode 时）检查挂起的信号。但是，如果进程通过系统调用进入 Kmode，则应首先检查并处理信号。这是因为如果一个进程已经有一个挂起的信号，而这可能导致它死亡，那么执行系统调用将浪费时间。另一方面，如果进程由于中断而进入 Kmode，则必须首先处理中断。检查挂起信号的算法如下。

```
/************ 检查信号的算法 ***********/
int check_sig()
{
  int i;
  for (i=1; i<NSIG; i++){
      if (running->signal & (1 << i)){
          running->signal &= ~(1 <<i);
          return i;
      }
  }
  return 0;
}
```

进程按以下代码段来处理未完成的信号。

```
if (running->signal)
   psig();
```

psig( ) 的算法如下。

```
/************** psig() 算法 *****************/
int psig(int sig)
{
   int n;
   while(n=check_sig()){ // 对于每个挂起信号
(1).  clear running PROC.signal[bit_n]; // 清除信号位
(2).  if (running->sig[n] == 1)          // 忽略信号
          continue;
(3).  if (running->sig[n] == 0)          // 默认：终止于 sign#
          kexit(n<<8);     // 退出代码的高位字节 = 信号编号
(4).  // 在 Umode 中执行信号处理程序
      修复正在运行的 PROC 的“中断堆栈帧”，使其返回以执行 Umode 中的 catcher(n);
   }
}
```

8.8.6 在用户模式下调度信号捕捉器

在 psig( ) 的算法中，步骤 4 很具有挑战性。因此，我们将对其进行详细说明。步骤 4 的目的是使进程返回 Umode 以执行 catcher(int sig) 函数。当 catcher( ) 函数完成时，应返回到该进程最后进入 Kmode 时的位置。当进程从 Umode 捕获到内核时，其特权模式堆栈顶部将包含一个由 14 个条目组成的“陷阱堆栈帧”，如图 8.1 所示。

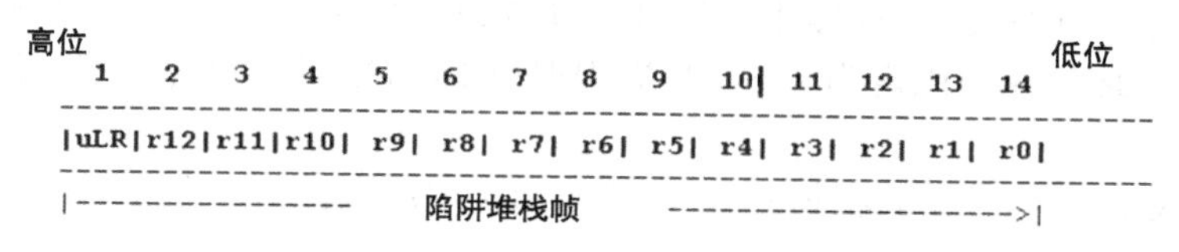

图 8.1 过程陷阱堆栈框架

为了使进程返回以执行以信号编号为参数 catcher(int sig)，我们按如下步骤修改陷阱堆栈帧。

（1）用 catcher( ) 的入口地址替换 uLR（在索引 1 处）；

（2）将 r0（在索引 14 处）替换为 sig 号，以便在进入 catcher( ) 时，r0 = sig；

（3）将用户模式 lr(r14) 设置为 uLR，以便在 catcher( ) 完成时，其由 uLR 返回到原来的中断点。

8.9 设备驱动程序

EOS 内核支持以下 I/O 设备。

LCD：ARM Versatilepb 虚拟机采用 ARM PL110 彩色 LCD 控制器（ARM primeCell 彩色 LCD 控制器 PL110）作为主要显示设备。EOS 中使用的 LCD 驱动程序与 2.8.4 节中开发的驱动程序相同。它可以显示文本和图像。

键盘：ARM Versatilepb 虚拟机包括一个 ARM PL050 鼠标键盘接口（MKI），该接口支持鼠标和 PS/2 兼容键盘（ARM PL050 MKI）。EOS 使用命令行用户界面。其不使用鼠标设备。EOS 的键盘驱动程序是在 3.5 节中开发的简单键盘驱动程序的改进版本。它同时支持大小写键。其使用一些功能键作为热键来显示内核信息，例如空闲的 PROC 列表、进程状态、readyQueue 的内容、信号量队列和 I/O 缓冲区使用率等，以便调试。它还支持一些转义键序列，例如箭头键，以便将来扩展 EOS。

UART：ARM Versatilepb 虚拟机支持四个用于串行 I/O 的 PL011 UART 设备。UART 驱动程序在 3.6 节中有过介绍。在引导期间，EOS 引导程序使用 UART0 作为用户界面。引导结束后，将 UART 端口用作用户登录的串行终端。

计时器：ARM Versatilepb 虚拟机包含两个 SB804 双计时器模块（ARM 926EJ-S 2016）。每个计时器模块包含两个计时器，它们由同一时钟驱动。计时器驱动程序在 3.4 节中有过介绍。在这四个计时器中，EOS 仅使用 timer0 提供计时器服务功能。

SDC：SDC 驱动程序支持文件块大小的多扇区的读 / 写。

除 LCD 外，所有设备驱动程序都是中断驱动的，并使用信号量在中断处理程序和进程之间进行同步。

8.10 EOS 中的进程调度

EOS 中的进程调度是按时间片和动态进程优先级进行的。当计划运行某个进程时，会为其分配 5 ～ 10 个计时器滴答的时间片。当进程在 Umode 下运行时，计时器中断处理程序在每个计时器滴答时将其时间片减 1。当进程时间片到期时，将设置一个切换进程标志，并在退出Kmode时调用resechdule()来切换进程。为了使系统保持简单，EOS使用简化的优先级方案。它不是动态地重新计算进程优先级，而是仅使用两个不同的优先级值。当进程处于Umode时，以用户级别优先级128运行。当进入Kmode时，将继续以相同的优先级运行。如果某个进程被阻塞（由于I/O或文件系统操作），则在解除阻塞再次运行时，它的Kmode优先级固定为256。当进程退出Kmode时，它将回落到用户级别的优先级128。

练习　修改EOS内核使其根据CPU使用时间实现动态进程优先级。

8.11　EOS中的计时器服务

EOS内核为进程提供以下计时器服务。

（1）pause(*t*)：进程睡眠*t*秒。

（2）itimer(*t*)：将间隔计时器设置为*t*秒。当间隔计时器到期时，将向进程发送SIGALRM(14)信号。

为了简化讨论，我们将假设每个进程仅有一个未完成的计时器请求，并且时间单位是实际的秒，也就是说，无论该进程是否在执行，该进程的虚拟计时器都会继续运行。

（1）**计时器请求队列**：计时器服务通过单个物理计时器为每个进程提供虚拟或逻辑计时器。这可以通过维护计时器队列以跟踪进程计时器请求来实现。计时器队列元素（TQE）是一种结构，如下所示。

```
typedef struct tq{
        struct tq *next;      // 下一个元素指针
        int       time;       // 请求的时间
        struct PROC *proc;    // 指向 PROC 的指针
        int     (*action)();  // 0 | 1 | 处理程序函数指针
}TQE;
TQE *tq, tqe[NPROC];          // tq = 计时器队列指针
```

在TQE中，action是函数指针，其中0表示唤醒，1表示通知，其他值表示要执行的处理函数的入口地址。最初，计时器队列为空。当进程调用计时器服务时，其请求将添加到计时器队列中。图8.2为一个计时器队列的示例。

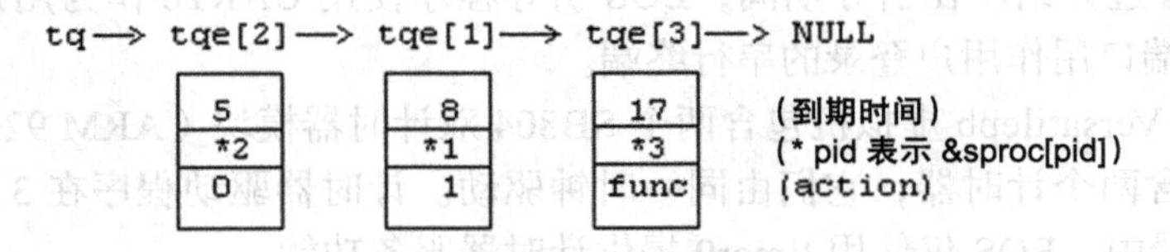

图8.2　计时器请求队列

每一秒，中断处理程序将每个TQE的时间字段递减1。当TQE的时间达到0时，中断处理程序将从计时器队列中删除TQE，并调用TQE的操作函数。例如，在5秒之后，它将从计时器队列中删除tqe[2]并唤醒P2。在上面的计时器队列中，每个TQE的时间字段都包含确切的剩余时间。这种方案的缺点是中断处理程序必须减少每个TQE的时间字段。通常，中断处理程序应尽快完成中断处理。这对于计时器中断处理程序尤为重要。否则，它可能会丢失信号，甚至永远都不能完成任务。我们可以通过修改计时器队列来加速计时器中断处理程序，如图8.3所示。

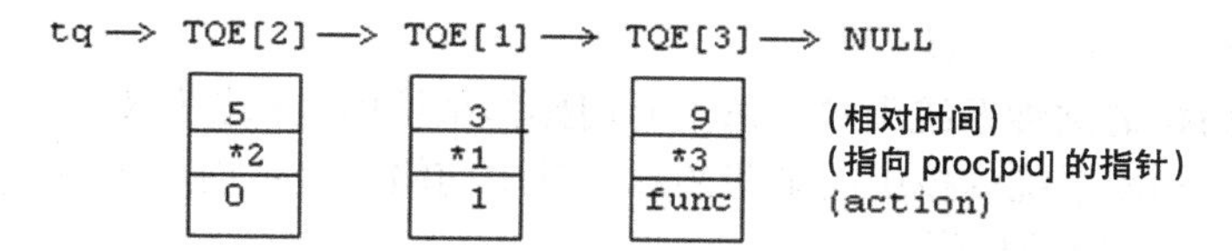

图 8.3　改进的计时器请求队列

在经过修改的计时器队列中，每个 TQE 的时间字段都对应所有先前 TQE 累积的时间。在每一秒，计时器中断处理程序只需减少第一个 TQE 的时间并处理已到期的 TQE。若使用此设置，则必须仔细完成 TQE 的插入和删除。例如，如果进程 P4 发出了 itimer(10) 请求，则其 TQE 应该在 TQE[1] 之后插入，其时间为 2，这将导致 TQE[3] 的 time 更改为 7。类似地，当 P1 调用 itimer(0) 以取消其计时器请求时，其 TQE[1] 将从计时器队列中删除，这将导致 TQE[3] 的 time 更改为 12，依此类推。在此鼓励读者自己设计用于插入和删除 TQE 的一般算法。

（2）**计时器队列作为临界区**：计时器队列的数据结构由进程和计时器中断处理程序共享。为确保其完整性，必须同步对计时器队列的访问。EOS 是单处理器操作系统，一次只能在内核中执行一个进程。在 EOS 内核中，一个进程不会受到另一个进程的干扰，因此不需要进程锁。但是在执行进程时，可能会发生中断。如果在进程正在修改计时器队列时发生计时器中断，则该进程将被转移以执行中断处理程序，该中断处理程序还将尝试修改计时器队列，从而导致竞争状态。为了防止来自中断处理程序的干扰，进程必须在访问计时器队列时屏蔽中断 itimer( ) 的算法如下。

```
/***************    itimer() 的算法    *********************/
int itimer(t)
{
  (1). 填写 TQE[pid] 信息，例如 proc 指针、动作;
  (2). lock();        // 屏蔽中断
  (3).  遍历计时器队列以计算插入 TQE 的位置;
  (4).  插入 TQE 并更新下一个 TQE 的 time;
  (5). unlock();      // 取消屏蔽中断
}
```

8.12　文件系统

通用操作系统必须支持文件系统，允许用户以文件的形式保存和检索信息，并为运行和开发应用程序提供平台。事实上，大多数操作系统内核需要根文件系统才能运行。因此，文件系统是通用操作系统不可分割的一部分。在本节中，我们将讨论文件操作的原则，通过示例程序演示文件操作，并展示在 EOS 中完整的 EXT2 文件系统的实现。

8.12.1　文件操作级别

文件操作包括从低到高的 6 个级别，如下所示。

（1）**硬件级**：硬件级的文件操作如下。

- fdisk：将大容量存储设备（例如 SDC）划分为多个分区。
- mkfs：格式化分区使其可用于文件系统。
- fsck：检查和修复文件系统。
- 碎片整理：在文件系统中压缩文件。

这些操作大多数是面向系统的实用程序。普通用户可能永远都不需要它们，但它们是创建和维护文件系统不可或缺的工具。

（2）**操作系统内核的文件系统函数**：每个通用操作系统内核都提供对基本文件操作的支持。下面列出了类UNIX系统内核中的某些函数，其中前缀k表示内核函数，这些函数依赖于实际设备上的I/O设备驱动程序。

- kmount( )、kumount( )：挂载/卸载文件系统。
- kmkdir( )、krmdir( )：创建/删除目录。
- kchdir( )、kgetcwd( )：更改目录，获取CWD路径名。
- klink( )、kunlink( )：硬链接/取消链接文件。
- kchmod( )、kchown( )、ktouch( )：更改r | w | x权限、所有者、时间。
- kcreat( )、kopen( )：为R、W、RW、APPEND创建/打开文件。
- kread( )、kwrite( )：读/写打开的文件。
- klseek( )、kclose( )：查找/关闭打开的文件描述符。
- ksymlink( )、kreadlink( )：创建/读取符号链接文件。
- kstat( )、kfstat( )、klstat( )：获取文件状态/信息。
- kopendir( )、kreaddir( )：打开/读取目录。

（3）**系统调用**：用户模式程序使用系统调用来访问内核函数。例如，以下程序读取文件的第二个1024字节。

```
/******* 示例程序：读取文件的前 1KB  *******/
#include <stdio.h>
#include <stdlib.h>
#include <fcntl.h>
int main(int argc, char *argv[ ])    // 以 a.out 文件名运行
{
   int fd, n;
   char buf[1024];
   if ((fd = open(argv[1], O_RDONLY)) < 0) // 如果打开失败
      exit(1);
   lseek(fd, (long)1024, SEEK_SET);     // 查找字节 1024
   n = read(fd, buf, 1024);             // 读取文件的 1024 个字节
   close(fd);
}
```

在上面的示例程序中，函数open( )、read( )、lseek( )和close( )是C库函数。每个库函数都会发出一个系统调用，这会使进程进入内核模式以执行相应的内核函数，例如：open( )进入kopen( )，read( )进入kread( )，等等。当进程完成执行内核函数时，它将返回用户模式并返回所需的结果。在用户模式和内核模式之间切换需要大量操作（和时间）。因此，内核空间和用户空间之间的数据传输的代价非常昂贵。虽然允许使用read(fd, buf, 1)系统调用以只读取一个字节的数据，但是这样做不是很明智，因为一个字节的数据会带来巨大的开销。当必须进入内核模式时，我们应尽力使过程更有价值。对于读/写文件，最好的方法是匹配内核的函数。内核按块大小（1～8KB）读取/写入文件。例如，在Linux中，硬盘的默认块大小为4KB，而软盘的默认块大小为1KB。因此，每次读/写系统调用也应尝试一次传输一个数据块。

（4）**库I/O函数**：系统调用允许用户模式程序读取/写入数据块，这些数据只是字节序列。它们不了解也不关心数据的含义。用户模式程序通常需要读取/写入单独的字符、行或

数据结构记录等。仅通过系统调用，用户模式程序必须自己从缓冲区执行这些操作。大多数用户会觉得这很不方便。C 库提供了一组标准 I/O 函数，以方便使用，并提高运行效率。库 I/O 函数包括：

- 文件模式 I/O：fopen( )，fread( )；fwrite( )，fseek( )，fclose( )，fflush( )。
- 字符模式 I/O：getc( )，getchar( )，ugetc( )；putc( )，putchar( )。
- 行模式 I/O：gets( )，fgets( )；puts( )，fputs( )。
- 格式化 I/O：scanf( )，fscanf( )，sscanf( )；printf( )，fprintf( )，sprintf( )。

除了 sscanf( )/sprintf( ) 可以读取 / 写入内存位置以外，所有其他库 I/O 函数均建立在系统调用之上，即它们最终发出系统调用，以便通过系统内核进行实际数据传输。

（5）**用户命令**：用户可以使用 UNIX/Linux 命令来执行文件操作，而不是编写程序。用户命令的例子有 mkdir、rmdir、cd、pwd、ls、link、unlink、rm、cat、cp;、mv、chmod 等。

实际上，每个用户命令都是可执行程序（cd 除外），该程序通常调用库 I/O 函数，而库 I/O 函数又发出系统调用以调用相应的内核函数。用户命令的处理顺序为：

```
    命令 => 库 I/O 函数 => 系统调用 => 内核函数
或  命令 ============> 系统调用 => 内核函数
```

大多数现代操作系统都支持图形用户界面（GUI），该界面允许用户通过 GUI 进行文件操作。例如，在程序名称图标上单击鼠标可以调用程序执行。同样，在文件名图标上单击指针设备，然后选择“复制”下拉菜单，将文件内容复制到全局缓冲区，可以通过“粘贴”等将其传输到目标文件。许多用户非常习惯于使用 GUI，以至于他们经常忽略甚至不理解 GUI 界面下到底发生了什么。这对大多数新手计算机用户而言是可以的，但对计算机科学和计算机工程专业的学生则不合适。

（6）**sh 脚本**：尽管命令比系统调用方便得多，但是必须手动输入命令，或者像在使用 GUI 一样，通过反复拖动和单击来输入命令，这既烦琐又耗时。sh 脚本是用 sh 编程语言编写的程序，可以由命令解释器 sh 执行。sh 语言包括所有有效的 UNIX/Linux 命令。它还支持变量和控制语句，例如 if、do、for、while、case 等。在实践中，sh 脚本广泛用于所有类 UNIX 系统的系统编程中。除 sh 外，许多其他脚本语言（例如 Perl 和 Tcl）也得到了广泛使用。

8.12.2 文件 I/O 操作

图 8.4 展示了文件 I/O 操作图。在图 8.4 中，双线上方的上半部分表示内核空间，下半部分表示进程的用户空间。该图显示了进程在读 / 写文件流时的操作序列。控制流由标签 1 至 10 标识，下面将对其进行说明。

用户模式操作

（1）图 8.4（1）。用户模式下的进程执行

```
FILE *fp = fopen("file", "r"); or FILE *fp = fopen("file", "w");
```

这将打开文件流以进行读或写。

（2）图 8.4（2）。fopen( ) 在用户（堆）空间中创建一个文件结构，其中包含文件描述符 fd 和 fbuf [BLKSIZE]。它向内核中的 kopen( ) 发出 fd = open("file", flags = READ or WRITE) 系统调用，该调用构造一个 OpenTable 来表示打开的文件的实例。OpenTable 的 mptr 指向内存中文件的索引节点。对于非专用文件，索引节点的 i_block 数组指向存储设备上的数据块。如果成功，fp 指向文件结构，其中 fd 是 open( ) 系统调用返回的文件描述符。

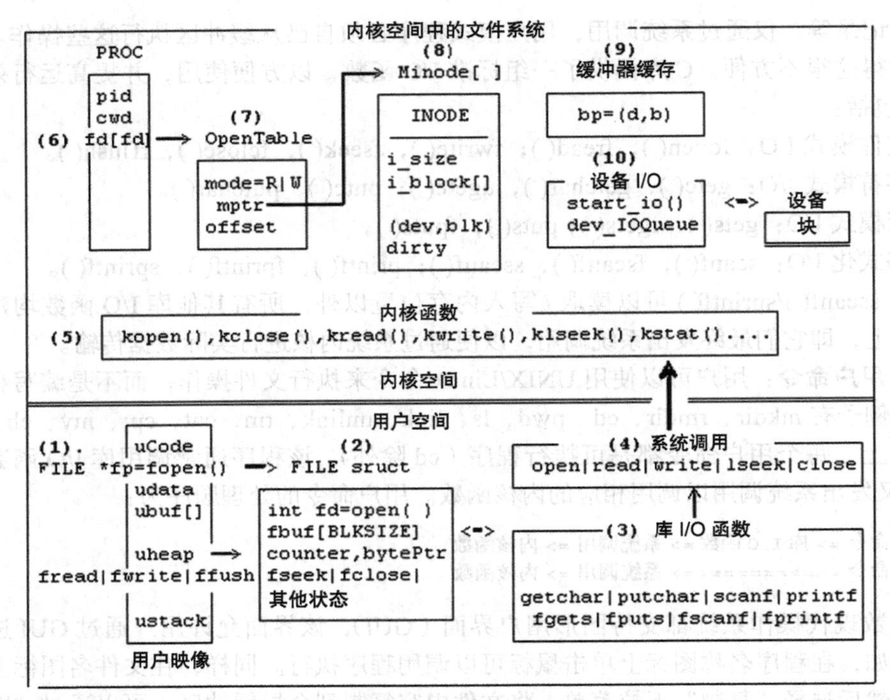

图 8.4 文件操作图

（3）图 8.4（3）。fread(ubuf, size, nitem, fp)：每次读取 nitem 个到 ubuf。

- 将数据从文件结构的 fbuf 复制到 ubuf，如果足够，则返回；
- 如果 fbuf 没有更多数据，则执行（4a）。

（4a）图 8.4（4）。使用 read(fd, fbuf, BLKSIZE) 系统调用从内核读取文件块到 fbuf，然后将数据复制到 ubuf，直到足够或文件没有更多数据为止。

（4b）图 8.4（4）。fwrite(ubuf, size, nitem, fp)：将数据从 ubuf 复制到 fbuf。

- 如果 fbuf 有空间：将数据复制到 fbuf，返回；
- 如果 fbuf 已满：使用 write(fd、fbuf、BLKSIZE) 系统调用，将一个块写入内核，然后再次写入 fbuf。

因此，fread( )/fwrite( ) 向内核发出 read( )/write( ) 系统调用，但它们仅在必要时这样做，并且为了提高效率，它们在 BLKSIZE 中从 / 向内核传输数据块。同样，其他库 I/O 函数（例如 fgetc/fputc、fgets/fputs、fscanf/fprintf 等）也在用户空间中的文件结构中的 fbuf 上运行。

内核模式操作

（1）图 8.4（5）。内核中的文件系统功能：采用非专用文件的 read(fd, fbuf[], BLKSIZE) 系统调用。

（2）图 8.4（6）。在 read( ) 系统调用中，fd 是一个已打开文件的描述符，它是运行的 PROC 的 fd 数组索引，指向一个表示已打开文件的 OpenTable。

（3）图 8.4（7）。OpenTable 包含文件的打开模式、指向内存中文件的索引节点的指针以及文件中用于读取 / 写入的当前字节偏移量。根据 OpenTable 的偏移量，内核 kread( ) 函数执行以下操作。

- 计算逻辑块编号 lbk。
- 通过 INODE.i_block 数组将逻辑块转换为物理块 blk。

（4）图 8.4（8）。Minode 包含文件的内存索引节点。INODE.i_block 数组包含指向物理磁盘块的指针。文件系统可能会使用物理块编号直接从磁盘块读取数据或将数据写入磁盘块，但是这会导致过多的物理磁盘 I/O。

对 write(fd, fbuf[], BLKSIZE) 系统调用的处理与之类似，但可能会分配新的磁盘块并在将新数据写入文件时增加文件大小。

（5）图 8.4（9）。为了提高磁盘 I/O 效率，操作系统内核通常使用一组 I/O 缓冲区作为内核内存和 I/O 设备之间的缓存，以减少物理 I/O 的数量。我们将在后面讨论 I/O 缓冲。

我们通过以下示例说明文件操作的各个级别之间的关系。

例 1　示例程序 C8.1 展示了如何通过系统调用来建立目录。

```
            int mkdir(char *dirname, int mode)
/****    程序 C8.1: mkdir.c。作为 a.out 目录名称运行    ****/
#include <stdio.h>
#include <stdlib.h>
#include <errno.h>
int main(int argc, char *argv[])
{   int r;
    if (argc < 2){
       printf("Usage: a.out dirname); exit(1);
    }
    if ((r = mkdir(argv[1], 0755)) < 0)
       perror("mkdir"); // 输出错误信息
    }
}
```

为了建立目录，程序必须发出 mkdir( ) 系统调用，因为只有内核知道如何建立目录。系统调用被路由到内核中的 kmkdir( )，该内核尝试使用指定的名称和模式创建一个新目录。如果操作成功，则系统调用将返回 r = 0；如果失败，则返回 -1。如果系统调用失败，则错误号在（外部）全局变量 errno 中。程序可以调用库函数 perror("mkdir")，该函数打印程序名称，后跟描述错误原因的字符串，例如“mkdir：File exists”等。

练习 1　修改程序 C8.1，用一个命令创建多个目录，例如

```
mkdir dir1 dir2…dirn // 带有命令行参数
```

练习 2　Linux 系统调用 int r = rmdir(char *pathname) 删除一个目录，该目录必须为空。编写一个 C 程序 rmdir.c，以删除目录。

例 2　本示例开发了一个 ls 程序，该程序模仿 UNIX/Linux 的 ls -l 命令：在 UNIX/Linxu 中，stat 系统调用

```
int  stat(const char *file_name, struct stat *buf);
int lstat(const char *file_name, struct stat *buf);
```

返回指定文件的信息。stat( ) 和 lstat( ) 之间的区别在于前者遵循符号链接，而后者不遵循符号链接。返回的信息位于 stat 结构中（在 stat.h 中定义），该结构如下。

```
struct stat {
   dev_t      st_dev;       /* 设备 */
   ino_t      st_ino;       /* 索引节点号 */
   mode_t     st_mode;      /* 文件类型和权限 */
   nlink_t    st_nlink;     /* 硬链接数 */
   uid_t      st_uid;       /* 文件所有者的用户 ID */
```

```
  gid_t     st_gid;      /* 所有者的组ID */
  dev_t     st_rdev;     /* 设备类型(如果是inode设备) */
  off_t     st_size;     /* 总大小,以字节为单位 */
  blksize_t st_blksize;  /* 用于文件系统I/O的块大小 */
  blkcnt_t  st_blocks;   /* 512字节扇区的数量 */
  time_t    st_atime;    /* 上次访问时间 */
  time_t    st_mtime;    /* 上次修改时间 */
  time_t    st_ctime;    /* 上次状态更改的时间 */
};
```

在stat结构中，st_dev标识文件所在的设备（编号），st_ino是该设备上的索引节点号。st_mode字段是一个2字节的整数，它指定文件类型、特殊用法和用于保护的权限位。具体来说，st_mode的位如下。

```
  4    3   3   3   3
|----|---|---|---|---|
|tttt|fff|rwx|rwx|rwx|
```

st_mode的最高4位确定文件类型，例如：b1000 = REGular文件，b0100 = DIRectory，b1100 = 符号链接文件，等等。文件类型可以通过预定义的宏S_ISREG、S_ISDIR、S_ISLNK等进行测试。例如：

```
if (S_ISREG(st_mode))  // 测试REGular文件
if (S_ISDIR(st_mode))  // 测试DIR文件
if (S_ISLNK(st_mode))  // 测试符号链接文件
```

st_mode的低9位将文件所有者的权限位定义为r（可读）、w（可写）、x（可执行），与所有者和其他的组相同。对于目录文件，x位表示是否允许cd进入目录。st_nlink字段是指向文件的硬链接的数量，st_size是以字节为单位的文件大小，st_atime、st_mtime和st_ctime是时间字段。在类UNIX系统中，时间是自1970年1月1日00:00:00起经过的时间（以秒为单位）。库函数char *ctime(time_t *time)可以将时间字段转换为日历形式的字符串。

根据stat系统调用返回的信息，我们可以编写一个ls.c程序，与UNIX/Linux的ls -l命令的作用相同。该程序由C8.2表示，如下所示。

```
/** 程序C8.2: ls.c。作为a.out [文件名]运行 **/
#include <stdio.h>
#include <stdlib.h>
#include <string.h>
#include <sys/stat.h>
#include <time.h>
#include <sys/types.h>
#include <dirent.h>
#include <errno.h>

char *t1 = "xwrxwrxwr-------";
char *t2 = "----------------";
struct stat mystat, *sp;
int ls_file(char *fname)     // 列出单个文件
{
  struct stat fstat, *sp = &fstat;
  int r, i;
```

```
    char sbuf[4096];
    r = lstat(fname, sp);        // 对文件执行 lstat
    if (S_ISDIR(sp->st_mode))
       printf("%c",'d');         // 将文件类型打印为 d
    if (S_ISREG(sp->st_mode))
       printf("%c",'-');         // 将文件类型打印为 -
    if (S_ISLNK(sp->st_mode))
       printf("%c",'l');         // 将文件类型打印为 l
    for (i=8; i>=0; i--){
      if (sp->st_mode & (1<<i))
         printf("%c", t1[i]); // 打印权限位为 r w x
      else
  printf("%c", t2[i]); // 打印权限位为 -
    }
    printf("%4d ", sp->st_nlink);  // 链接数
    printf("%4d ", sp->st_uid      // uid
    printf("%8d ", sp->st_size);   // 文件大小
    strcpy(ftime, ctime(&sp->st_ctime));
    ftime[strlen(ftime)-1] = 0;         // 删去最后的 \n
    printf("%s ",ftime);                // 日历形式的时间
    printf("%s", basename(fname));      // 文件基名
    if (S_ISLNK(sp->st_mode)){          // 如果是符号链接
      r = readlink(fname, sbuf, 4096);
      printf(" -> %s", sbuf);           // -> 链接的路径名
    }
    printf("\n");
  }
  int ls_dir(char *dname)           // 列出 DIR(目录)
  {
    char name[256];                 // EXT2 文件名：1 ~ 255 个字符
    DIR *dp;
    struct dirent *ep;
    // 打开 DIR 读取名称
    dp = opendir(dname);            // opendir() 系统调用
    while (ep = readdir(dp)){       // readdir() 系统调用
       strcpy(name, ep->d_name);
       if (!strcmp(name, ".") || !strcmp(name, ".."))
          continue;                 // 跳过“.”和“..”
       strcpy(name, dname);
       strcat(name, "/");
       strcat(name, ep->d_name);
       ls_file(name);               // 调用 list_file()
    }
  }
  int main(int argc, char *argv[])
  {
    struct stat mystat, *sp;
    int r;
    char *s;
    char filename[1024], cwd[1024];
```

```
    s = argv[1];                    // ls [filename]
    if (argc == 1)                  // 无参数：ls CWD
       s = "./";
    sp = &mystat;
    if ((r = stat(s, sp)) < 0){ // stat() 系统调用
       perror("ls"); exit(1);
    }
    strcpy(filename, s);
    if (s[0] != '/'){               // 文件名与 CWD 相关
       getcwd(cwd, 1024);           // 获取 CWD 路径
       strcpy(filename, cwd);
       strcat(filename, "/");
       strcat(filename,s);          // 构造 $CWD/ 文件名
    }
    if (S_ISDIR(sp->st_mode))
       ls_dir(filename);            // 列出目录
    else
       ls_file(filename);           // 列出单个文件
}
```

读者可以在 Linux 下编译并运行程序 C8.2。它应该以与 Linux 的 ls -l 命令相同的格式列出单个文件或 DIR。

例 3 文件复制程序。此示例展示了两个文件复制程序的实现：一个使用系统调用，另一个使用库 I/O 函数。这两个程序都作为 a.out src dest 运行，将 src 复制到 dest。为展示这两个程序的异同，我们将它们并列列出。

```
------------ cp.syscall.c ------------|------ cp.libio.c ------------
#include <stdio.h>                    | #include <stdio.h>
#include <stdlib.h>                   | #include <stdlib.h>
#include <fcntl.h>                    |
main(int argc, char *argv[ ])         | main(int argc, char *argv[ ])
{                                     | {
 int fd, gd;                          |  FILE *fp, *gp;
 int n;                               |  int n;
 char buf[4096];                      |  char buf[4096];
 if (argc < 3) exit(1);               |  if (argc < 3) exit(1);
 fd = open(argv[1], O_RDONLY);        |  fp = fopen(argv[1], "r");
 gd = open(argv[2],O_WRONLY|O_CREAT); |  gp = fopen(argc[1], "w+");
 if (fd < 0 || gd < 0) exit(2);       |  if (fp==0 || gp==0) exit(2);
 while(n=read(fd, buf, 4096)){        |  while(n=fread(buf,1,4096,fp)){
    write(gd, buf, n);                |     fwrite(buf, 1, n, gp);
 }                                    |  }
 close(fd); close(gd);                |  fclose(fp); fclose(gp);
}                                     | }
-------------------------------------------------------------------
```

左侧的 cp.syscall.c 程序使用系统调用。首先，它发出 open( ) 系统调用来打开 src 文件以读取，并打开目标文件以写入。如果目标文件不存在，则会创建目标文件。open( ) 系统调用返回两个（整数）文件描述符 fd 和 gd。然后使用循环将数据从 fd 复制到 gd。在循环中，它在 fd 上发出 read( ) 系统调用，将最多 4KB 的数据从内核读取到本地缓冲区。然后在 gd 上执行 write( ) 系统调用，将数据从本地缓冲区写入内核。当 read( ) 返回 0 时，循环结束，

表明源文件没有更多数据需要读取。

右侧的程序 cp.libio.c 使用库 I/O 函数。首先调用 fopen( ) 创建两个文件流 fp 和 gp，它们是指向文件结构的指针。fopen( ) 在程序的堆区中创建一个文件结构（在 stdio.h 中定义）。每个文件结构包含一个文件块大小的本地缓冲区 char fbuf[BLKSIZE] 和一个文件描述符字段。然后，发出 open( ) 系统调用以获取文件描述符并将文件描述符记录在文件结构中。然后它返回一个指向文件结构的文件流（指针）。当程序调用 fread( ) 时，它将尝试从文件结构中的 fbuf 读取数据。如果 fbuf 为空，则 fread( ) 发出 read( ) 系统调用，以将大小为 BLKSIZE 的数据从内核读取到 fbuf。然后它将数据从 fbuf 传输到程序的本地缓冲区。当程序调用 fwrite( ) 时，它将数据从程序的本地缓冲区写入文件结构中的 fbuf。如果 fbuf 已满，则 fwrite( ) 发出 write( ) 系统调用以将大小为 BLKSIZE 的数据从 fbuf 写入内核。因此，库 I/O 函数是建立在系统调用之上的，但它们仅在需要时才发出系统调用，并且以文件块大小从 / 向内核传输数据以提高效率。根据这些讨论，读者应该能够推断出，如果目标只是传输数据，那么哪个程序更有效。但是，如果用户模式程序打算访问文件中的单个字符或对行进行读 / 写操作等，那么使用库 I/O 函数将是更好的选择。

练习 3 假设我们按如下所示重写例 3 的程序中的数据传输循环，两者每次传输一个字节。

```
        cp.syscall.c              |         cp.libio.c
----------------------------------------------------------------
while((n=read(fd, buf, 1)){       |   while((n=fgetc(fp))!= EOF){
   write(gd, buf, n);             |      fputc(n, gp);
}                                 |   }
----------------------------------------------------------------
```

哪个程序效率更高？请给出你的理由。

练习 4 复制文件时，源文件必须是常规文件，并且我们绝不应将文件复制到其自身。修改例 3 中的程序来处理这些情况。

8.12.3 EOS 中的 EXT2 文件系统

多年来，Linux 使用 EXT2（Card 等，1995；EXT2 2001）作为默认文件系统。EXT3（ETX3 2015）是 EXT2 的扩展。EXT3 的主要新增功能是日志文件，该日志文件将对文件系统所做的更改记录在日志记录中。它可以更快地在文件系统崩溃时从错误中恢复。没有错误的 EXT3 文件系统与 EXT2 文件系统相同。EXT3 的最新扩展是 EXT4（Cao 等，2007）。EXT4 的主要变化在于磁盘块的分配。在 EXT4 中，块编号为 48 位。EXT4 不是分配离散的磁盘块，而是分配连续的磁盘块范围，称为扩展区。EOS 是一个小型系统，主要用于教学和学习嵌入式操作系统的内部原理。大文件存储容量不是设计目标。主要的重点是文件系统设计与实现原理，其中简单性和与 Linux 的兼容性是主要的关注点。由于这些原因，我们选择 ETX2 作为文件系统。对其他文件系统（如 FAT 和 NTFS）的支持在 EOS 内核中没有实现。如有需要，可以将它们实现为用户级实用程序。本节描述了 EOS 内核中 EXT2 文件系统的实现。Wang 在（Wang，2015）中详细讨论了 EXT2 文件系统的实现。为了完整性和方便读者，我们也将介绍这些知识。

8.12.3.1 文件系统组织

图 8.5 展示了 EXT2 文件系统的内部组织结构。组织结构图的说明如下。

（1）是运行中的进程的 PROC 结构。每个 PROC 都有一个 cwd 字段，该字段指向 PROC 当前工作目录（CWD）内存中的索引节点。它还包含文件描述符数组 fd[]，这些描述符指向已打开的文件实例。

（2）是文件系统的根目录指针。它指向内存根索引节点。系统启动时，将选择其中一台设备作为根设备，它必须是有效的 EXT2 文件系统。根设备的根索引节点（索引节点 #2）作为文件系统的根目录（/）加载到内存中。此操作称为“挂载根文件系统”。

（3）是一个 openTable 条目。当进程打开文件时，PROC 的 fd 数组条目指向一个 openTable，该表指向已打开文件的内存索引节点。

（4）是内存中的索引节点。当需要文件时，该文件的索引节点就会加载到一个 minode 槽中以供参考。由于索引节点是唯一的，任何时候每个索引节点只能在内存中有一个副本。在 minode 中，(dev, ino) 标识索引节点的来源，以便在修改后将索引节点写回到磁盘。refCount 字段记录正在使用 minode 的进程数。dirty 字段表明索引节点是否已被修改。挂载标志指示索引节点是否已挂载，如果已挂载，则 mntabPtr 指向已挂载的文件系统的挂载表条目。lock 字段是为了确保内存索引节点一次只能由一个进程访问，例如当修改索引节点或进行读 / 写操作时。

（5）是已挂载文件系统的表。对于每个已挂载的文件系统，使用挂载表中的一个条目来记录挂载的文件系统信息。在挂载点的内存索引节点中，挂载标志开启，mntabPtr 指向挂载表条目。在挂载表条目中，mntPointPtr 指向挂载点的内存索引节点。如稍后所示，这些双向链接指针使我们在遍历文件系统树时跨越挂载点。此外，挂载表项还可以包含挂载文件系统的其他信息，如设备名、超级区块、组描述符和位图等，以便快速引用。当然，如果在内存中更改了任何此类信息，则必须在挂载的文件系统被卸载时将它们写回存储设备。

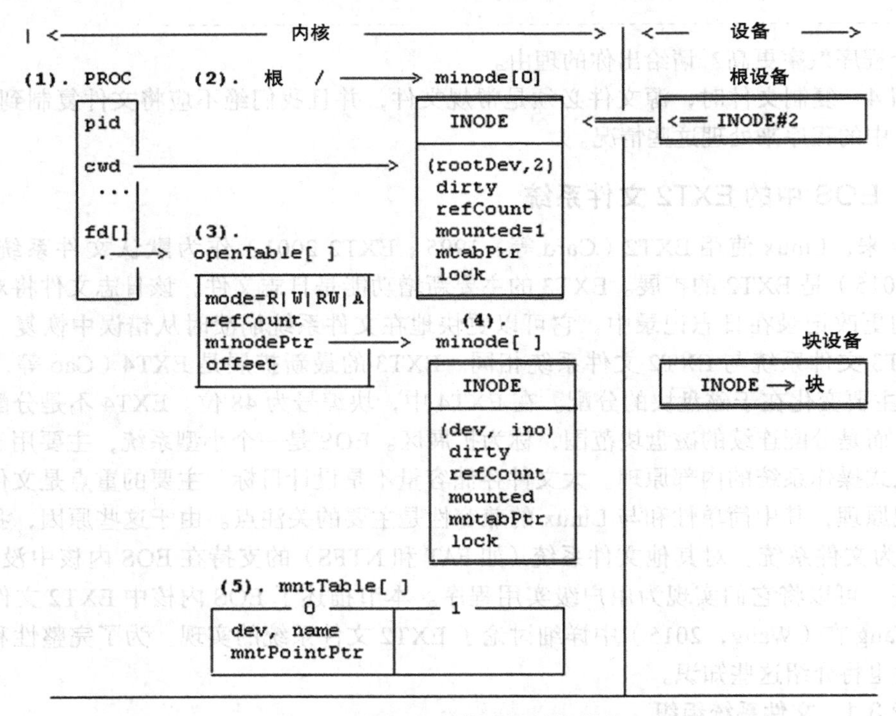

图 8.5　EXT2 文件系统数据结构

8.12.3.2　EOS/FS 目录中的源文件

在 EOS 内核源代码树中，FS 目录包含实现 EXT2 文件系统的文件。文件的组织结构如下。

FS 通用文件	
type.h	EXT2 数据结构类型
global.c	FS 的全局变量
util.c	常用的实用程序函数：getino( )、iget( )、iput( )、search( ) 等
allocate_deallocate.c	索引节点 / 块管理功能

文件系统的实施分为三级。每级都处理文件系统的不同部分。这有利于实现过程模块化且更易于理解。第一级实现了基本的文件系统树。它包含以下文件，这些文件实现了指定的功能。

第一级 FS	
mkdir_creat.c	制作目录，创建常规文件和特殊文件
cd_pwd.c	更改目录，获取 CWD 路径
rmdir.c	删除目录
link_unlink.c	硬链接和取消链接文件
symlink_readlink.c	符号链接文件
stat.c	返回文件信息
misc1.c	access、chmod、chown、touch 等

使用第一级 FS 功能的用户级程序包括：mkdir、creat、mknod、rmdir、link、unlink、symlink、rm、ls、cd、pwd 等。

第二级实现文件内容的读写功能。

第二级 FS	
open_close_lseek.c	为 READ | WRITE | APPEND 打开文件，关闭文件以及 lseek
read.c	从打开的文件描述符中读取
write.c	写入打开的文件描述符
opendir_readdir.c	打开和读取目录
dev_switch_table	读取 / 写入特殊文件
buffer.c	块设备 I/O 缓冲区管理

第三级实现挂载、计算和文件保护。

第三级 FS	
mount_umount.c	挂载 / 卸载文件系统
file protection	访问权限检查
file-locking	锁定 / 解锁文件

8.12.4 第一级 FS 的实现

（1）type.h 文件：该文件包含 EXT2 文件系统的数据结构类型，例如超级块（super block）、组描述符、索引节点和目录条目结构。此外，它还包含了打开文件表、挂载表、管道和 PROC 结构以及 EOS 内核的常量。

（2）global.c 文件：该文件包含 EOS 内核的全局变量，例如：

```
MINODE minode[NMINODES];     // 内存中的索引节点
MOUNT  mounttab[NMOUNT];     // 挂载表
OFT    oft[NOFT];            // 打开的文件实例
```

（3）util.c 文件：该文件包含文件系统的实用程序函数。最重要的实用程序函数是 getino( )、iget( ) 和 iput( )，我们将对其进行详细说明。

1）u32 getino(int *dev, char *pathname)：getino( ) 返回路径名的索引节点号。当遍历路径名时，如果路径名跨越挂载点，则设备号可能会更改。参数 dev 用于记录最终设备号。因此，getino( ) 返回路径名的 (dev, ino)。该函数使用 tokenize( ) 将路径名分解为组件字符串。然后调用 search( ) 在连续目录 minode 中搜索组件字符串。search( ) 返回组件字符串的索引节点号（如果存在），否则返回 0。

2）MINODE *iget(in dev, u32 ino)：此函数返回一个指向 (dev, ino) 的内存索引节点的指针。返回的 minode 是唯一的，即内核内存中仅存在一个索引节点副本。此外，minode 被锁定（通过 minode 的锁定信号量）以独占使用，直到它被释放或解锁。

3）iput(MINODE *mip)：此函数释放并解锁由 mip 指向的 minode。如果该进程是使用 minode 的最后一个进程（refCount = 0），那么若索引节点是脏的（修改过的），则将会被写回磁盘。

4）minode 锁定：每个 minode 都有一个锁定段，这确保了一个 minode 一次只能被一个进程访问，尤其是在修改索引节点时。UNIX 使用忙碌标志和睡眠 / 唤醒来同步访问同一 minode 的进程。在 EOS 中，每个 minode 都有一个初始值为 1 的锁定信号量。仅当进程持有该信号量锁时，进程才能访问该 minode。minode 锁定的原因如下。

假定进程 Pi 需要 (dev, ino) 的索引节点，但它不在内存中。Pi 必须将索引节点加载到 minode 条目中。minode 必须标记为 (dev, ino)，以防止其他进程再次加载相同的索引节点。当从磁盘加载索引节点时，Pi 可能会等待 I/O 完成，这会切换到另一个进程 Pj。如果 Pj 需要完全相同的索引节点，则表明所需的 minode 已经存在。如果没有 minode 锁，Pj 将在加载 minode 之前继续使用它。有了锁，Pj 必须等待，直到 minode 被 Pi 加载、使用然后释放。另外，当进程读 / 写一个打开的文件时，它必须锁定文件的 minode，以确保每次读 / 写操作都是原子操作。

（4）allocate_deallocate.c 文件：该文件包含实用程序函数，用于分配和取消分配 minode、索引节点、磁盘块和打开文件表项。需要注意的是，索引节点和磁盘块编号均从 1 开始计数。因此，在位图中，位 i 表示索引节点 / 块编号 $i+1$。

（5）mount_root.c 文件：该文件包含 mount_root( ) 函数，在系统初始化期间调用该函数可以挂载根文件系统。它读取根设备的超级块，以确认该设备是有效的 EXT2 文件系统。它将根索引节点（ino = 2）加载到 minode 中，并将根指针设置为根 minode。然后它解锁根 minode，以允许所有进程访问根 minode。它分配了一个挂载表条目来记录已挂载的根文件系统。根设备上的一些关键参数，如位图和索引节点表的起始块，也记录在挂载表中，以供快速引用。

（6）mkdir_creat.c 文件：该文件包含用于创建目录和创建文件的 mkdir 和 creat 函数。mkdir 和 creat 非常相似，因此它们共享一些通用代码。在讨论 mkdir 和 creat 的算法之前，我们首先展示如何在父目录中插入 / 删除 DIR 条目。目录的每个数据块均包含以下格式的 DIR 条目。

```
|ino rlen nlen name|ino rlen nlen name| ...
```

其中 name 是一个没有终止 NULL 字节的 nlen 字符序列。由于每个 DIR 条目均以 u32 索引节点号开头，因此每个 DIR 条目的 rec_len 始终为 4 的倍数（用于内存对齐）。数据块中的最后一个条目跨越剩余的块，即它的 rec_len 是从条目开始到块结束的位置。在 mkdir 和 creat 中，我们有如下假设。

- 一个 DIR 文件最多具有 12 个直接块。这种假设是合理的，因为在块大小为 4KB、文件名平均为 16 个字符的情况下，DIR 可以包含 3000 多个条目。我们可以假设没有用户会在一个目录中放置这么多条目。
- 一旦分配后，即使 DIR 的数据块为空，也会保留该数据块以供重用。

基于这些假设，插入和删除算法如下。

```
/************** Insert_dir_entry 的算法 *******************/
(1)  need_len = 4*((8+name_len+3)/4); // 新条目需要长度
(2)  for 每个现有数据块 do {
        if(块只有一个索引节点号为 0 的条目)
           输入新条目作为块中的第一个条目;
        else{
(3)        进入块中的最后一个条目;
           ideal_len = 4*((8+ 最后一个条目的 name_len+3)/4);
           remain = 最后一个条目的 rec_len - ideal_len;
           if (remain >= need_len){
              将最后一个条目的 rec_len 修剪为 ideal_len;
              使用 rec_len = remain 作为最后一个条目;
           }
(4)        else{
              分配一个新的数据块;
              在数据块中输入新条目作为第一个条目;
              将 DIR 的大小增加 BLKSIZE;
           }
        }
        将块写到磁盘;
     }
(5)  将 DIR 的 minode 修改为写回;

/************** Delete_dir_entry(name) 的算法 **************/
(1)  按条目的名称搜索 DIR 的数据块;
(2)  if(条目是块中唯一的条目)
        将条目的索引节点号清 0;
     else{
(3)     if(条目是块中的最后一个条目)
             将条目的 rec_len 添加到前一个条目的 rec_len;
(4)     else{ // 块中间的条目
             将条目的 rec_len 添加到最后一个条目的 rec_len;
             将所有尾随条目左移以覆盖已删除的条目;
        }
     }
(5)  将块写回磁盘;
```

请注意，在 Delete_dir_entry 算法中，不会释放空块，而是将其保留以供重用。这意味着 DIR 的大小永远不会减小。替代方案将在“思考题”部分作为编程练习列出。

8.12.4.1 mkdir-creat-mknod

mkdir使用包含默认“.”和“..”条目的数据块来创建一个空目录。mkdir的算法如下。

```
/********* mkdir 的算法 *********/
int mkdir(char *pathname)
{
 1. if(pathname 是绝对路径)dev = root->dev;
    else                   dev = PROC's cwd->dev
 2. 将 pathname 拆分为 dirname 和 basename 两部分;
 3. // 目录名必须存在并且是 DIR:
    pino = getino(&dev, dirname);
    pmip = iget(dev, pino);
    检查 pmip->INODE 是一个 DIR
 4. // basename 必定不在父 DIR 中:
       search(pmip, basename) 必须返回 0;
 5. 调用 kmkdir(pmip, basename) 来创建一个 DIR;
    kmkdir() 包括四个步骤:
    5-1. 分配一个 INODE 和一个磁盘块:
           ino = ialloc(dev); blk = balloc(dev);
           mip = iget(dev,ino);  // 将 INODE 加载到 minode 中
    5-2. 将 mip-> INODE 初始化为 DIR INODE;
           mip->INODE.i_block[0] = blk; 其他 i_block[] 为 0;
           将 minode 标记为已修改 (dirty);
           iput(mip);  // 将 INODE 写回磁盘
    5-3. 使 INODE 的第 0 个数据块包含“.”条目和“..”条目;
         写入磁盘块 blk.
    5-4. enter_child(pmip, ino, basename); 它将 (ino, basename)
         作为 DIR 条目输入父 INODE;
 6. 将父 INODE 的 links_count 增加 1, 并将 pmip 标记为 dirty;
    iput(pmip);
}
```

creat将创建一个空的常规文件。creat的算法类似于mkdir。creat的算法如下。

```
/****************** creat 的算法 ******************/
creat(char * pathname)
{
  类似于 mkdir(), 除了以下内容:
  (1) INODE.i_mode 字段设置为 REG 文件类型, rw-r--r-- 的“权限位”设置为 0644;
  (2) 没有分配数据块, 因此文件大小为 0;
  (3) 不增加父 INODE 的 links_count。
}
```

注意，上述creat算法与UNIX/Linux中的算法不同。默认情况下，新文件的权限设置为0644，并且不会以WRITE模式打开文件并返回文件描述符。实际上，很少将creat用作独立的系统调用。kopen()函数在内部使用它，它可以创建一个文件，将其打开以进行写操作并返回一个文件描述符。稍后将介绍打开操作。

mknod创建一个特殊文件，该文件表示一个字符或块设备，设备号为（主设备号，次设备号）。mknod的算法如下。

```
/*********** mknod 的算法 ***********/
mknod(char *name, int type, int device_number)
```

```
{
  与 creat() 相似，除了以下内容：
  (1) 默认的父目录是 /dev;
  (2) INODE.i_mode 设置为 CHAR 或 BLK 文件类型;
  (3) INODE.I_block[0] 包含 device_number=(major, minor)。
}
```

8.12.4.2 chdir-getcwd-stat

每个进程都有一个当前工作目录（CWD），该目录指向内存中该进程的 CWD minode。chdir(pathname) 将进程的 CWD 更改为路径名。getcwd( ) 返回 CWD 的绝对路径名。stat( ) 以 STAT 结构返回文件的状态信息。chdir( ) 的算法如下。

```
/********** chdir 的算法  ************/
int chdir(char *pathname)
{
  (1) 将路径名的 INODE 放入一个 minode;
  (2) 确认它是一个目录;
  (3) 将运行中进程的 CWD 更改为路径名的 minode;
  (4) iput（旧 CWD）; 返回 0 表示 OK。
}
```

getcwd( ) 通过递归实现。它从 CWD 开始将父 INODE 放入内存，在父 INODE 的数据块中搜索当前目录的名称并保存名称字符串。它对父 INODE 重复该操作，直到到达根目录为止。它在返回时构造 CWD 的绝对路径名，然后将绝对路径名复制到用户空间。stat(pathname, STAT *st) 返回 STAT 结构中文件的信息。stat 的算法如下。

```
/********* stat 的算法 *********/
int stat(char *pathname, STAT *st) // st 指向 STAT 结构
{
  (1) 将路径名的 INODE 放入一个 minode;
  (2) 在 Umode 中将 (dev, ino) 复制到 STAT 结构的 (st_dev, st_ino);
  (3) 将 INODE 的其他字段复制到 Umode 的 STAT 结构中;
  (4) iput(minode); 返回 0 表示 OK。
}
```

8.12.4.3 rmdir

与 UNIX/Linux 中一样，为了删除一个目录，该目录必须为空，理由如下。首先，删除非空目录意味着删除目录中的所有文件和子目录。尽管可以实现 rrmdir( ) 操作用来以递归方式删除整个目录树，但基本操作仍然是一次删除一个目录。其次，非空目录可能包含正在使用中的文件，例如打开文件以进行读 / 写等操作。删除这样的目录显然是不行的。尽管可以检查目录中是否有任何活动文件，但这会在内核中产生过多的开销。最简单的方法是规定要删除的目录必须为空。rmdir( ) 的算法如下。

```
/******** rmdir 的算法  ********/
rmdir(char *pathname)
{
  1. 获取路径名的内存 INODE:
     ino = getino(&de, pathanme);
     mip = iget(dev,ino);
  2. 确认 INODE 是 DIR（查看 INODE.i_mode 字段）;
```

```
    minode 不忙 (refCount = 1);
    DIR 为空（遍历满足条目数为 2 的数据块）
  3. /* 获取父级的 ino 和 inode */
    pino = findino(); //从 INODE.i_block [0] 中的 .. 条目中获取 pino
    pmip = iget(mip->dev, pino);
  4. /* 从父目录中删除名称 */
    findname(pmip, ino, name); //从父目录查找名称
    rm_child(pmip, name);
  5. /* 取消分配其数据块和 inode */
    truncat(mip); // 释放 INODE 和数据块
  6. 释放 INODE
    idalloc(mip->dev, mip->ino); iput(mip);
  7. 将父 links_count 减 1; iput(pmip);
  8. 若成功则返回 0。
}
```

8.12.4.4 link-unlink

link_unlikc.c 文件实现链接和取消链接。link(old_file,new_file) 创建从新文件到旧文件的硬链接。硬链接只能链接到常规文件，而不能链接到 DIR，因为链接到 DIR 可能会在文件系统名称空间中创建循环。硬链接文件共享相同的索引节点。因此，它们必须在同一设备上。link 的算法如下。

```
/********* link 的算法 ********/
link(old_file, new_file)
{
  1. // 验证 old_file 存在并且不是 DIR;
    oino = getino(&odev, old_file);
    omip = iget(odev, oino);
    检查文件类型（不能是 DIR）.
  2. // new_file 可能还不存在：
    nion = get(&ndev, new_file) 必须返回 0;
    dirname (new_file) 的 ndev 必须与 odev 相同
  3. // 用相同的 ino 在 new_parent 目录中创建条目
    pmip -> dirname(new_file)  的minode;
    enter_name(pmip, omip->ino, basename(new_file));
  4. omip->INODE.i_links_count++;
    omip->dirty = 1;
    iput(omip);
    iput(pmip);
}
```

unlink 将文件的 links_count 减 1，并从其父 DIR 中删除文件名。当文件的 links_count 达到 0 时，unlink 通过分配其数据块和索引节点真正删除该文件。unlink 的算法如下。

```
/*********** unlink 的算法 *********/
unlink(char *filename)
{
  1. 获取 filename 的 minode:
    ino = getino(&dev, filename);
    mip = iget(dev, ino);
```

```
    检查是 REG 还是 SLINK 文件
  2. // 从父 DIR 中删除 basename
    rm_child(pmip, mip->ino, basename);
    pmip->dirty = 1;
    iput(pmip);
  3. // 将 INODE 的 link_count 递减
    mip->INODE.i_links_count--;
    if (mip->INODE.i_links_count > 0){
       mip->dirty = 1; iput(mip);
    }
  4. if (!SLINK file)  // 假设: SLINK 文件没有数据块
       truncate(mip); // 取消分配所有数据块
    取消分配 INODE;
    iput(mip);
}
```

8.12.4.5 symlink-readlink

symlink(old_file, new_file) 创建一个从 new_file 到 old_file 的符号链接。与硬链接不同，符号链接可以链接到任何内容，包括不在同一设备上的 DIR 或文件。symlink 的算法如下。

```
symlink(old_file, new_file)
{
  1. 检查: old_file 必须存在而 new_file 还不存在;
  2. 创建 new_file; 将 new_file 更改为 SLINK 类型;
  3. // 假设 old_file 名称的长度不大于 60 个字符
     将 old_file 名称存储在 new_file 的 INODE.i_block [] 区域中;
     将 new_file 的 minode 标记为 dirty;
     iput(new_file 的 minode);
  4. 将 new_file 父 minode 标记为 dirty;
     iput(new_file 的父 minode);
}
```

readlink(file, buffer) 读取 SLINK 文件的目标文件名，并返回目标文件名的长度。readlink( ) 的算法如下。

```
readlink (file, buffer)
{
  1. 将 file 的 INODE 放入内存; 验证它是一个 SLINK 文件;
  2. 将 INODE.i_block 中的目标文件名复制到 buffer 中;
  3. return strlen((char *)mip->INODE.i_block);
}
```

8.12.4.6 其他一级函数

其他一级函数包括 stat、access、chmod、chown、touch 等。这些函数的操作都具有相同的模式：

（1）通过以下方法获取文件的内存 INODE。

```
ino = getinod(&dev, pathname);
mip = iget(dev,ino);
```

（2）从 INODE 获取信息或修改 INODE。

（3）如果修改了 INODE，则将其标记为 DIRTY 以便回写。

（4）iput(mip)。

8.12.5 第二级 FS 的实现

FS 的第二级实现了文件内容的读/写操作。它包含以下函数：open、close、lseek、read、write、opendir 和 readdir。

8.12.5.1 open-close-lseek

文件 open_close_lseek.c 实现了 open( )、close( ) 和 lseek( )。系统调用

```
int open(char *filename, int flags);
```

为读或写操作打开一个文件，其中 R | W | RW | APPEND 的标记分别为 0 | 1 | 2 | 3。另外，也可以将标志指定为符号常量 O_RDONLY、O_WRONLY、O_RDWR 之一，可以将它们与文件创建标志 O_CREAT、O_APPEND、O_TRUNC 进行按位或运算。这些符号常量在 type.h 中定义。成功后，open( ) 将为后续的 read( )/write( ) 系统调用返回一个文件描述符。open( ) 的算法如下。

```
/**************  open() 的算法  ***********/
int open(file, flags)
{
 1. 获取文件的 minode:
    ino = getino(&dev, file);
    if (ino==0 && O_CREAT){
       creat(file); ino = getino(&dev, file);
    }
    mip = iget(dev, ino);
 2. 检查文件 INODE 的访问权限;
    对于非特殊文件，检查不兼容的打开模式;
 3. 分配一个 openTable 条目;
    初始化 openTable 条目;
    为 R | W | RW 设置 byteOffset = 0; 为 APPEND 模式设置为文件大小;
 4. 在 PROC 中搜索具有最低索引 fd 的空闲 fd[] 条目;
    让 fd[fd] 指向 openTable 条目;
 5. 解锁 minode;
    返回 fd 作为文件描述符;
}
```

图 8.6 展示了 open( ) 创建的数据结构。在图中，（1）是调用 open( ) 进程的 PROC 结构。返回的文件描述符 fd 是 PROC 结构中 fd[] 数组的索引。fd[fd] 的内容指向一个 OFT，它指向文件的 minode。OFT 的 refCount 表示共享同一已打开文件实例的进程数。当进程第一个打开文件时，它会将 OFT 中的 refCount 设置为 1。当进程进行派生时，它将所有打开的文件描述符复制到子进程，以便子进程与父进程共享所有打开的文件描述符，这会将每个共享 OFT 的 refCount 递增 1。当进程关闭文件描述符时，它将 OFT 的 refCount 递减 1 并将其 fd[] 条目清除为 0。当 OFT 的 refCount 达到 0 时，它将调用 iput( ) 处理 minode 并释放 OFT。OFT 的偏移量是指向文件中当前字节位置的概念指针，用于读/写。对于 R | W | RW 模式，其初始化为 0；对于 APPEND 模式，其初始化为文件大小。

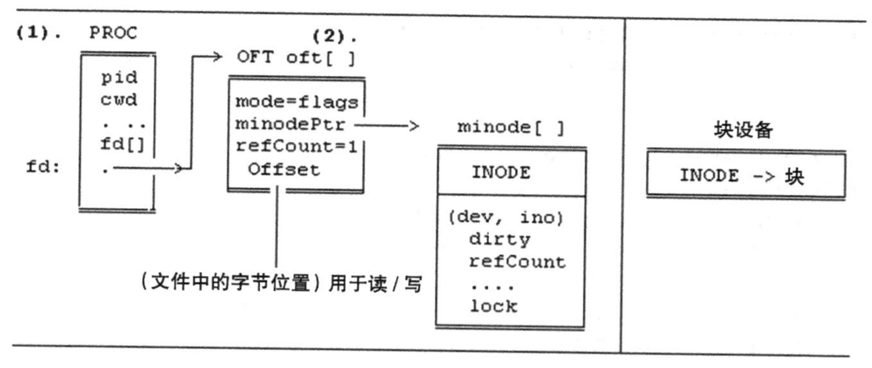

图 8.6 open( ) 的数据结构

在 EOS 中，lseek(fd, position) 设置文件描述符 fd 的当前位置为 position（相对于文件开头的字节数）。设置后，下一个读/写将从当前偏移位置开始。lseek( ) 的算法很简单。对于为读操作而打开的文件，它只检查位置值以确保其在 [0, fil_size] 的范围内。如果 fd 是为写操作打开的常规文件，则 lseek 允许字节偏移量超过当前文件的大小，但不会为该文件分配任何磁盘块。当实际将数据写入文件时，将分配磁盘块。关闭文件描述符的算法如下。

```
/************** close() 的算法 ******************/
int close(int fd)
{
  (1)  检查 fd 是有效的已打开文件描述符;
  (2)  if (PROC's fd[fd] != 0){
  (3)     if (openTable's mode == READ/WRITE PIPE)
             return close_pipe(fd); // 关闭管道描述符
  (4)     if (--refCount == 0){ // 如果最后一个进程使用这个 OFT
             lock(minodeptr);
             iput(minode);       // 释放 minode
          }
       }
  (5)  clear fd[fd] = 0;         // 将 fd[fd] 置 0
  (6)  return SUCCESS;
}
```

8.12.5.2 读常规文件

系统调用 int read(int fd, char buf[], int nbytes) 从打开的文件描述符中将 nbytes 读取到用户空间的缓冲区中。read( ) 在内核中调用 kread( )，实现了 read 系统调用。kread( ) 的算法如下。

```
/***************** 内核中的 kread() 算法 *****************/
int kread(int fd, char buf[ ], int nbytes, int space) //space=K|U
{
 (1)  验证 fd; 确保打开了 oft, 可用于读或读写;
 (2)  if (oft.mode = READ_PIPE)
         return read_pipe(fd, buf, nbytes);
 (3)  if (minode.INODE 是特殊文件 )
         return read_special(device,buf,nbytes);
 (4)  if( 常规文件 ):
         return read_file(fd, buf, nbytes, space);
}
```

```
/**************** 读取常规文件的算法 ****************/
int read_file(int fd, char *buf, int nbytes, int space)
{
(1)  lock minode;
(2)  count = 0; avil = fileSize - offset;
(3)  while (nbytes){
       计算逻辑块:         lbk   = offset / BLKSIZE;
       块中的起始字节:     start = offset % BLKSIZE;
(4)    将逻辑块编号 lbk 转换为物理块编号 blk，通过 INODE.i_block[] 数组；
(5)    read_block(dev, blk, kbuf); // 将blk读入kbuf[BLKSIZE];
       char *cp = kbuf + start;
       remain = BLKSIZE - start;
(6)    while (remain){// 将字节从kbuf[]复制到buf[]
          (space)? put_ubyte(*cp++, *buf++) : *buf++ = *cp++;
          offset++; count++;              // 对offset和count执行加1操作；
          remain--; avil--; nbytes--;     // 对 remain、avil和nbytes执行减1操作；
          if (nbytes==0 || avail==0)
              break;
       }
     }
(7)  unlock minode;
(8)  return count;
}
```

用图 8.7 可以更好地解释 read_file( ) 的算法。假定已打开 fd 以进行读取，OFT 中的偏移量指向文件中当前字节的位置，我们希望从该位置读取 nbytes。对于内核来说，文件只是（逻辑上）连续字节的序列，从 0 到 fileSize − 1 编号。如图 8.7 所示，当前字节位置（offset）落在逻辑块中，lbk = offset / BLKSIZE，开始读取的字节为 start = offset%BLKSIZE，逻辑块中剩余的字节数为 remain = BLKSIZE − start。此时，文件还有 avail = fileSize − offset 个字节可供读取。这些数字用于 read_file 算法。在 EOS 中，块大小为 4KB，并且文件最多具有双重间接块。

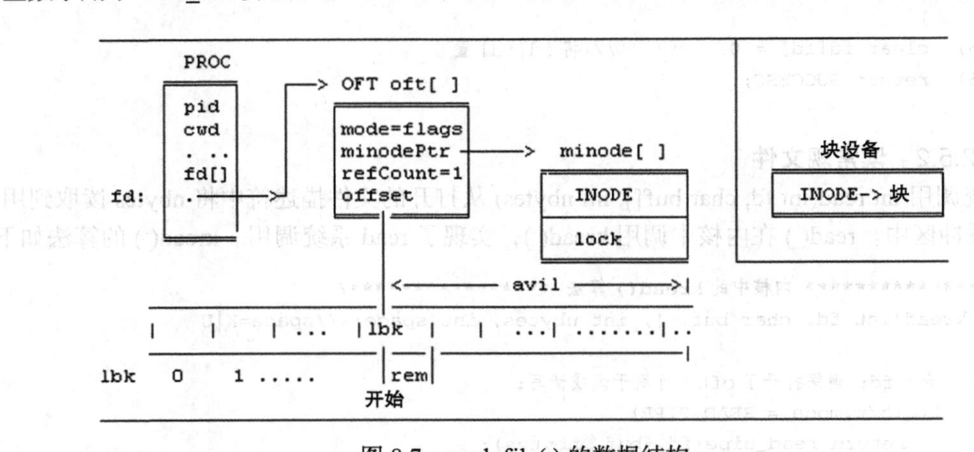

图 8.7　read_file( ) 的数据结构

将逻辑块编号转换为物理块编号以进行读取的算法如下。

```
/* 将逻辑块转换为物理块的算法 */
u32 map(INODE, lbk){                    // 将lbk转换为blk
```

```
    if (lbk < 12)                    // 直接块
        blk = INODE.i_block[lbk];
    else if (12 <= lbk < 12+256){ // 间接块
        将 INODE.i_block[12] 读入 u32 ibuf[256];
        blk = ibuf[lbk-12];
    }
    else{                            // 双间接块
        将 INODE.i_block[13] 读入 u32 dbuf[256];
        lbk -= (12+256);
        dblk = dbuf[lbk / 256];
        将 dblk 读入 dbuf[];
        blk  = dbuf[lbk % 256];
    }
    return blk;
}
```

8.12.5.3 写常规文件

系统调用 int write(int fd, char ubuf[], int nbytes) 将用户空间中 ubuf 的 nbytes 写入已打开的文件描述符，并返回实际写入的字节数。write( ) 在内核中调用 kwrite( )，该函数实现 write 系统调用。kwrite( ) 的算法如下。

```
/*************** 内核中的 kwrite 算法 ************/
int kwrite(int fd, char *ubuf, int nbytes)
{
 (1)  验证 fd；确保已经打开 OFT，可进行写操作；
 (2)  if (oft.mode = WRITE_PIPE)
         return write_pipe(fd, buf, nbytes);
 (3)  if (minode.INODE 是特殊文件 )
         return write_special(device,buf.nbytes);
 (4)  return write_file(fd, ubuf, nbytes);
}
```

可以根据图 8.8 解释 write_file( ) 算法。

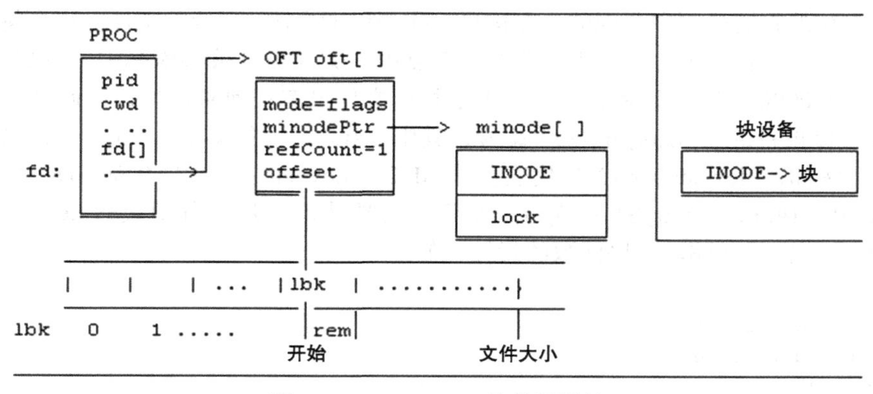

图 8.8 write_file( ) 的数据结构

在图 8.8 中，OFT 中的偏移量是文件中用于写入的当前字节位置。与 read_file( ) 一样，它首先计算逻辑块编号、lbk、起始字节位置和逻辑块中剩余的字节数。它通过文件的 INODE.i_block 数组，将逻辑块转换为物理块。然后，它将物理块读入缓冲区，并向其写入数据，再将缓冲区写回磁盘。下面展示了 write_file( ) 算法。

```
/************** 写入常规文件的算法 ***************/
int write_file(int fd, char *ubuf, int nbytes)
{
(1) lock minode;
(2) count = 0;           // 写入的字节数
(3) while (nbytes){
      计算逻辑块:      lbk = oftp->offset / BLOCK_SIZE;
      计算起始字节: start = oftp->offset % BLOCK_SIZE;
(4)   将 lbk 转换为物理块编号 blk
(5)   read_block(dev, blk, kbuf); //将 blk 读入 kbuf[BLKSIZE];
      char *cp = kbuf + start; remain = BLKSIZE - start;
(6)   while (remain){  // 将字节从 kbuf[] 复制到 ubuf[]
          put_ubyte(*cp++, *ubuf++);
          offset++;  count++;      // 递增 offset 和 count;
          remain --; nbytes--;     // 递减 remain 和 nbytes;
          if (offset > fileSize) fileSize++; // 递增文件大小
          if (nbytes <= 0) break;
      }
(7)   wrtie_block(dev, blk, kbuf);
    }
(8) set minode dirty = 1; // 为 iput() 标记 minode 为 dirty
    unlock(minode);
    return count;
}
```

将逻辑块转换为物理块以进行写操作的算法与读操作的算法类似，但有以下不同之处。在写入期间，预期的数据块可能还不存在。如果不存在直接块，则必须对其进行分配并记录在索引节点中。如果不存在间接块，则必须对其进行分配并将其初始化为 0。如果不存在间接数据块，则必须对其进行分配并记录在间接块中，依此类推。读者可以查阅 write.c 文件以获得详细信息。

8.12.5.4　读写特殊文件

在 kread( ) 和 kwrite( ) 中，对读 / 写管道和特殊文件的处理方式有所不同。读 / 写管道是在 EOS 内核的管道机制中实现的。在这里，我们仅考虑读 / 写特殊文件。每个特殊文件在 /dev 目录中都有一个文件名。特殊文件索引节点中的文件类型被特殊标记，例如：0060000 = 块设备，0020000 = 字符设备，等等。由于特殊文件没有任何磁盘块，因此其索引节点的 i_block[0] 存储设备的（major, minor）编号，其中 major = 设备类型，minor = 该设备类型的单位编号。例如，/dev/sdc0 = (3,0) 代表整个 SDC，/dev/sdc1 = (3,1) 代表 SDC 的第一个分区，/dev/tty0 = (4,0), /dev/ttyS1 = (5,1)，等等。主要设备号是设备切换表 dev_sw[] 中的索引，该表包含指向设备驱动程序函数的指针，如：

```
struct dev_sw {
    int (*dev_read)();
    int (*dev_write)();
} dev_sw[];
```

假设 int nocall( ) { } 是一个空函数，并且

```
sdc_read(), sdc_write(),          // SDC 读 / 写
console_read(), console_write(), // 控制台读 / 写
serial_read(), serial_write(),   // 串行端口读 / 写
```

是设备驱动程序函数。设备开关表被设置为包含驱动程序功能指针。

```
struct dev_sw dev_sw[ ] =
{ //   read             write
  //--------          --------
     nocall,          nocall,          // 0=/dev/null
     nocall,          nocall,          // 1= 内核内存
     nocall,          nocall,          // 2= FD (EOS 中无 FD)
     sdc_read,        sdc_write,       // 3=SDC
     console_read,    console_write,   // 4=console
     serial_read,     serial_write     // 5= 串口
};
```

然后读 / 写一个特殊文件可以通过以下步骤实现。

（1）从 INODE.i_block[0] 获得特殊文件的 (major, minor) 编号。

（2）return (*dev_sw[major].dev_read)(minor, parameters);   // 读
    return (*dev_sw[major].dev_write)(minor, parameters);   // 写

第 2 步调用相应的设备驱动程序函数，并根据需要传递次要设备号和其他参数。设备切换表是所有类 UNIX 系统中使用的标准技术。它不仅使 I/O 子系统结构清晰，而且大大减小了读 / 写代码的大小。

8.12.5.5 opendir-readdir

UNIX 将一切都视为一个文件。因此，我们应该能够像打开常规文件一样打开 DIR 进行读取。从技术角度来看，不需要单独的 opendir( ) 和 readdir( ) 函数。但是，不同的类 UNIX 系统可能有不同的文件系统。用户可能难以解释 DIR 文件的内容。因此，POSIX 指定了独立于文件系统的 opendir 和 readdir 操作。对 opendir 的支持并不重要，因为这是相同的开放系统调用。但 readdir( ) 的形式为

```
struct dirent *ep = readdir(DIR *dp);
```

它会在每次调用时返回指向 dirent 结构的指针。这可以在用户空间中作为库 I/O 函数实现。由于 EOS 还不支持库函数用户级 I/O 流，因此我们将 opendir( ) 和 readdir( ) 作为系统调用来实现。

```
int opendir(pathaname)
{   return open(pathname, O_RDONLY|O_DIR); }
```

其中 O_DIR 是用于将文件作为 DIR 打开的位模式。在打开的文件表中，mode 字段包含 O_DIR 位，用于将 readdir 系统调用发送到 kreaddir( ) 函数。

```
int kreaddir(int fd, struct udir *dp) // struct udir{DIR; name[256]};
{
   // 与内核中的 kread() 相同，除了：
   使用 OFT 中的当前字节偏移量读取下一个 DIR 记录；
   将 DIR 记录复制到用户空间的 *udir 中；
   将偏移增加 DIR 条目的 rec_len。
}
```

用户模式程序必须使用 readdir(fd, struct udir *dir) 系统调用，而不是 readdir(DIR *dp) 调用。

8.12.6 第三级 FS 的实现

FS 的第三级实现了文件系统的挂载、卸载以及文件保护。

8.12.6.1 mount-umount

mount 命令，mount filesys mount_point 将文件系统挂载到 mount_point 目录。它允许文件系统将其他文件系统作为现有文件系统的一部分包含在内。挂载中使用的数据结构是 MOUNT 表和 mount_point 目录的内存 minode。mount 的算法如下。

```
/**************  mount 的算法  **************/
mount()  // 用法: mount [filesys mount_point]
{
1. 如果没有参数，则显示当前已挂载的文件系统。
2. 检查是否已挂载文件系统:
   MOUNT 表条目包含已挂载的文件系统（设备）名称及其挂载点。如果设备已经挂载，则拒绝。
   否则分配一个空闲的 MOUNT 表条目。
3. filesys 是一个特殊文件，其设备号为 dev = (major, minor)。
   读取 filesys 的超级块以确认它是 EXT2 FS。
4. 找到 ino，然后找到 mount_point 的 minode:
       调用 ino = get_ino(&dev, pathname); // 获取 ino
       调用 mip = iget(dev, ino); // 将其索引节点加载到内存中
5. 检查 mount_point 是 DIR 且不忙，例如：不是其他组件的 CWD。
6. 在 MOUNT 表条目中记录 dev 和 filesys 名称;
   另外，存储其 ninodes、nblocks 等以供快速参考。
7. 将 mount_point 的 minode 标记为已挂载（挂载标志 = 1），然后让它指向 MOUNT 表条目，
   该条目指向 mount_point minode。
}
```

umount filesys 操作将挂载的文件系统从其挂载点分离出来，其中 filesys 可以是特殊文件名，也可以是挂载点目录名。umount 的算法如下。

```
/******************* umount 的算法 *******************/
umount(char *filesys)
{
 1. 搜索 MOUNT 表以检查 filesys 是否确实已挂载。
 2. 检查（通过检查所有活动的 minode[].dev）是否有文件在已挂载的文件系统中处于活动状态;
    如果是，则拒绝。
 3. 查找 mount_point 的内存索引节点，该索引节点在挂载时应位于内存中。将 minode 的挂载
    标志重置为 0；然后对 minode 执行 iput( )。
}
```

8.12.6.2 mount 的含义

虽然很容易实现挂载和卸载，但其中有一些含义。对于挂载，我们必须修改 get_ino(&dev, pathname) 函数以支持越过装载点。假设文件系统 newfs 已挂载在目录 /a/b/c/ 上。遍历路径名时，挂载点可能会在两个方向上发生交叉。

（1）向下遍历：遍历路径名 /a/b/c/x 时，一旦到达 /a/b/c 的 minode，便应该看到该 minode 已被挂载（挂载标志 = 1）。我们不是在 /a/b/c 的索引节点中搜索 x，而是必须：

- 按照 minode 的 mountTable 指针找到挂载表条目。
- 从 newfs 的 dev 号中，将其根（ino = 2）索引节点存入内存。
- 然后继续在 newfs 的根索引节点下搜索 x。

（2）向上遍历：假设我们在目录 /a/b/c 中并向上遍历，例如 cd ../../，它将越过挂载点 /a/b/c。当到达挂载文件系统的根索引节点时，我们应该看到它是一个根目录（ino = 2），但是它的 dev 号与实际根目录不同，因此它还不是实际根目录。使用它的 dev 号，我们可以找

到其挂载表条目，该条目指向 /a/b/c/ 中已挂载的 minode。然后，我们切换到 /a/b/c 的 minode，并继续向上遍历。因此，越过挂载点就像猴子或松鼠从一棵树跳到另一棵树然后跳回。

8.12.6.3 文件保护

在 UNIX 中，通过权限检查来保护文件。每个文件的索引节点都有一个 i_mode 字段，其中低 9 位用于文件权限。这 9 个权限位是：

```
owner  group  other
-----  -----  -----
r w x  r w x  r w x
------ ------ -----
```

其中前 3 位适用于文件的所有者，接下来 3 位适用于与所有者在同一组中的用户，最后 3 位适用于所有其他用户。对于目录，x 位表示是否允许进程进入该目录。每个进程都有一个 uid 和一个 gid。当进程尝试访问文件时，文件系统会根据文件的权限位检查进程的 uid 和 gid，以确定是否允许使用预期的操作模式访问该文件。如果进程没有正确的权限，则不允许其访问文件。为了简单起见，EOS 忽略了 gid。它仅使用进程的 uid 来检查文件访问权限。

8.12.6.4 实际 uid 和有效 uid

在 UNIX 中，一个进程具有一个实际 uid 和一个有效 uid。文件系统通过其有效 uid 检查进程的访问权限。在正常情况下，有效 uid 和实际 uid 是相同的。当一个进程执行 setuid 程序（该程序打开文件的 i_mode 字段中的 setuid 位（第 11 位））时，该进程的有效 uid 成为该程序的 uid。在执行 setuid 程序时，进程实际上成为程序的所有者。例如，当进程执行 mail 程序（超级用户拥有的 setuid 程序）时，它可以写入另一个用户的邮件文件。当进程完成执行 setuid 程序后，它将返回到实际 uid。为简单起见，EOS 尚不支持有效 uid。其权限检查基于实际 uid。

8.12.6.5 文件锁定

文件锁定是一种机制，它允许进程锁定一个文件或文件的一部分，以防止在更新文件时出现竞争。文件锁可以是共享的（允许并发读取），也可以是独占的（强制执行独占写入）。文件锁也可以是强制性的或建议性的。例如，Linux 支持共享文件锁和独占文件锁，但文件锁定仅是建议性的。在 Linux 中，可以通过 fcntl( ) 系统调用设置文件锁，并通过 flock( ) 系统调用进行操作。在 EOS 中，仅在非特殊文件的 open( ) 系统调用中强制执行文件锁定。当进程尝试打开非特殊文件时，将检查预期的操作模式是否兼容。唯一兼容的模式是读取。如果已经为更新模式打开了文件，即 W | RW | APPEND，则无法再次打开该文件。这不适用于特殊文件，例如终端。即使模式不兼容，一个进程也可能会多次打开其终端。这是因为对特殊文件的访问最终由设备驱动程序控制。

用户模式下的文件操作全部基于系统调用。到目前为止，EOS 尚不支持文件流上的库文件 I/O 功能。

8.13 块设备的 I/O 缓冲

EOS 文件系统将 I/O 缓冲用于块设备（SDC），以提高文件 I/O 操作的效率。I/O 缓冲在 buffer.c 文件中实现。当 EOS 启动时，它将调用 binit( ) 来初始化 256 个 I/O 缓冲区。每个 I/O 缓冲区均包含用于缓冲区管理的标头和用于 SDC 数据块的 4KB 数据区域。I/O 缓冲区的 1MB 数据区域分配在 EOS 内存映射的 4MB ～ 5MB 中。每个缓冲区（标头）都有一个锁定信号量，用于独占访问该缓冲区。接下来介绍缓冲区管理算法。

8.14　I/O 缓冲区管理算法

（1）bfreelist = 可用缓冲区列表。最初，所有缓冲区都在 bfreelist 中。

（2）dev_tab = SDC 分区的设备表。它包含设备 ID、起始扇区号和扇区数量中的大小。它还包含两个缓冲区链表。dev_list 包含分配给设备的所有 I/O 缓冲区，每个 I/O 缓冲区均由缓冲区的（dev, blk）号标识。设备 I/O 队列包含用于挂起 I/O 的缓冲区。

（3）当进程需要读取 SDC 块数据时，它将调用

```
struct buffer *bread(dev, blk)
{
  struct buffer *bp = getblk(dev, blk); // 获取 bp =(dev,blk)
  if(bp 数据无效){
     标记 bp 用于读取
     start_io(bp);            // 在缓冲区上启动 I/O
     P(&bp->iodone);          // 等待 I/O 完成
  }
  return bp;
}
```

（4）当从缓冲区读取数据后，该进程通过 brelse(bp) 释放缓冲区。已释放的缓冲区保留在设备列表中，以供后续可能的重用。如果不使用，它也在 bfreelist 中。

（5）当进程将数据写入 SDC 块时，它将调用

```
int bwrite(dev, blk)
{
   struct buffer *bp;
   if(写入新块或完整的块)
      bp = getblk(dev, blk);   // 为 (dev,blk) 获取一个缓冲区
   else                        // 写入现有块
      bp = bread(dev,blk);     // 获取一个包含有效数据的缓冲区
   将数据写入 bp;
   标记 bp 数据有效且脏（用于延迟的写回）
   brelse(bp);                 // 释放 bp
}
```

（6）脏缓冲区[⊖]包含有效数据，可以由任何进程读取 / 写入。仅在将脏缓冲区重新分配给另一个块时，才将脏缓冲区写回 SDC。

```
awrite(struct buffer *bp)   // 用于 ASYNC 写
{
   标记 bp ASYNC 写 ;
   start_io(bp);   // 不要等待完成
}
```

当 ASYNC 写操作完成后，SDC 中断处理程序将关闭缓冲区的 ASYNC 和脏标志并释放缓冲区。

```
int start_io(struct buf *bp) // 在 bp 上启动 I/O
{
  int ps = int_off();
```

⊖ 当对某个缓冲区中的数据进行修改后，这个缓冲区就被标记为脏缓冲区。——译者注

```
  将 bp 输入 dev_tab.IOqueue;
  if (bp 在 dev_tab.IOqueue 中是第一个){
     if(bp 用于读取)
       get_block(bp->blk, bp->buf);
     else  // 写入
       put_block(bp->blk, bp->buf);
  }
  int_on(ps);
}
```

(7)SDC 中断处理程序:

```
{
   bp = dequeue(dev_tab.IOqueue);
   if (bp==READ){
       标记 bp 数据有效
       V(&bp->iodone);  // 解除阻塞在 bp 上等待的进程
   else{
       关闭 bp ASYNC 标志
       brelse(bp);
   }
   bp = dev_tab.IOqueue;
   if (bp){  // I/O 队列非空
      if (bp==READ)
         get_block(bp->blk, bp->buf);
      else
         put_block(bp->blk, bp->buf);
      }
}
```

(8)getblk()和 brelse()构成缓冲区管理的核心。下面列出了 getblk()和 brelse()的算法,它们使用信号量进行同步。

```
SEMAPHORE freebuf = NBUF; // 计数信号量
每个缓冲区有信号量 lock = 1; io_done = 0;

 struct buf *getblk(int dev, int blk)
{
  struct buf *bp;
  while(1){
    P(&freebuf);              // 获取一个空闲 buf
    bp = search_dev(dev,blk);
    if (bp){                  // 缓存中的 buf
       hits++;                // 缓冲区命中数
       if (bp->busy){         // 如果 buf 忙
         V(&freebuf);         // bp 不在空闲列表中，放弃空闲 buf
         P(&bp->lock);        // 等待 bp
         return bp;
       }
       // bp 在缓存中且不忙
       bp->busy = 1;          // 标记 bp 忙
       out_freelist(bp);
       P(&bp->lock);          // 锁定 bp
```

```
        return bp;
    }
    // buf 不在缓存中； 已经有一个空闲 buf
    lock();
      bp = freelist;
      freelist = freelist->next_free;
    unlock();
    P(&bp->lock);            // 锁定缓冲区
    if (bp->dirty){          // 延迟写入 buf，无法使用
       awrite(bp);
       continue;             // 继续 while(1) 循环
    }
    // bp 是一个新的缓冲区；重新分配到 (dev,blk)
    if (bp->dev != dev){
       if (bp->dev >= 0)
          out_devlist(bp);
       bp->dev = dev;
       enter_devlist(bp);
    }
    bp->dev = dev; bp->blk = blk;
    bp->valid = 0; bp->async = 0; bp->dirty = 0;
    return bp;
  }
}
int brelse(struct buf *bp)
{
  if (bp->lock.value < 0){ // bp 有等待者
      V(&bp->lock);
      return;
  }
  if (freebuf.value < 0 && bp->dirty){
      awrite(bp);
      return;
  }
  enter_freelist(bp);        // 输入 b pint bfreeList
  bp->busy = 0;              // bp 不再忙
  V(&bp->lock);              // 解锁 bp
  V(&freebuf);               // V(freebuf)
}
```

由于进程和 SDC 中断处理程序都可以访问和操纵空闲缓冲区列表和设备 I/O 队列，因此当进程对这些数据结构进行操作时，将禁止中断，以防任何竞争的出现。

I/O 缓冲区高速缓存的性能

使用 I/O 缓冲，当系统启动时，I/O 缓冲高速缓存的命中率约为 40%。在系统运行期间，命中率始终高于 60%。这证明了 I/O 缓冲方案的有效性。

8.15　用户界面

所有用户命令都是 /bin 目录（在根设备上）中的 ELF 可执行文件。从 EOS 的角度来看，最重要的用户模式程序是 init、login 和 sh，这是启动 EOS 所必需的。下面，我们将解释这

些程序的作用和算法。

8.15.1 init 程序

当 EOS 启动时，将手动创建初始化进程 P0。P0 通过加载 /bin/init 文件作为其 Umode 映像来创建子 P1。当 P1 运行时，它将在用户模式下执行初始化程序。因此，P1 在 UNIX/Linux 中扮演与初始化进程相同的角色。下面展示了一个简单的初始化程序，该程序仅在系统控制台上派生一个登录进程。读者可以将其修改为派生几个登录进程，每个进程位于不同的终端上。

```
/********************** init.c 文件 ****************/
#include "ucode.c"
int console;
int parent()      // P1 的代码
{
  int pid, status;
  while(1){
    printf("INIT : wait for ZOMBIE child\n");
    pid = wait(&status);
    if (pid==console){   // 如果控制台登录进程终止
       printf("INIT: forks a new console login\n");
       console = fork(); // 派生另一个
       if (console)
           continue;
       else
          exec("login /dev/tty0"); // 新的控制台登录进程
    }
    printf("INIT: I just buried an orphan child proc %d\n", pid);
  }
}
main()
{
   int in, out;    // 终端 I/O 的文件描述符
   in  = open("/dev/tty0", O_RDONLY); // 文件描述符 0
   out = open("/dev/tty0", O_WRONLY); // 用于显示到控制台
   printf("INIT : fork a login proc on console\n");
   console = fork();
   if (console)   // 父进程
      parent();
   else           // 子进程: 执行登录 tty0
      exec("login /dev/tty0");
}
```

8.15.2 login 程序

所有登录进程都在不同的终端上执行相同的 login 程序，以供用户登录。login 程序的算法如下。

```
/****************** login 的算法 *******************/
// login.c: 当进入时, argv[0]=login, argv[1]=/dev/ttyX
#include "ucode.c"
int in, out, err;   char name[128],password[128]
main(int argc, char *argv[])
```

```
{
  (1) 关闭从 INIT 继承的文件描述符 0 和 1。
  (2) 打开 argv [1] 3 次，分别为 in(0)、out(1)、err(2)。
  (3) settty(argv [1]); // 在 PROC.tty 中设置 tty 名称字符串
  (4) 打开 /etc/passwd 文件进行读取;
      while(1){
  (5)     printf("login:");    gets(name);
          printf("password:"); gets(password);
           for/etc/passwd 文件中的每一行 do{
               标记用户账户行
  (6)          if (用户拥有有效账户){
  (7)              将 uid、gid 更改为用户的 uid、gid          // chuid()
                   将 cwd 更改为用户的主 DIR                 // chdir()
                   关闭打开的 /etc/passwd 文件               // close()
  (8)              对用户账户进行编程                        // exec()
               }
           }
          printf("login failed, try again\n");
      }
}
```

8.15.3 sh 程序

登录后，用户进程通常执行命令解释器 sh，它从用户获取命令行并执行命令。对于每个命令行，如果不是简单命令，即不是 cd 或 exit，则 sh 派生一个子进程来执行命令行，并等待该子进程终止。对于简单命令，命令行的第一个标记是 /bin 目录中的可执行文件。命令行可能包含 I/O 重定向符号。如果是这样，则子 sh 将首先处理 I/O 重定向。然后，使用 exec 更改映像以执行命令文件。当子进程终止时，将唤醒父 sh，提示输入另一个命令行。如果命令行包含管道符号，例如 cmd1 | cmd2，则子 sh 通过以下 do_pipe 算法处理管道。

```
/*****************     do_pipe 算法     ***************/
int pid, pd[2];
pipe(pd);  // 创建管道: pd[0]=READ, pd[1]=WRITE
pid = fork();          // 派生一个子进程以共享管道
if (pid){              // 父进程: 作为管道的读取器
   close(pd[1]);       // 关闭管道写入端
   dup2(pd[0], 0);     // 将标准输入重定向到管道读取端
   exec(cmd2);
}
else{                  // 子进程: 作为管道的写入器
   close(pd[0]);       // 关闭管道读取端
   dup2(pd[1], 1);     // 将标准输出重定向到管道写入端
   exec(cmd1);
}
```

从右到左递归处理多个管道。

8.16 EOS 的演示

8.16.1 EOS 的启动

EOS 的启动画面如图 8.9 所示。启动后，首先初始化 LCD，配置向量中断并初始化设备

驱动程序。之后初始化 EOS 内核以运行初始进程 P0。P0 建立页目录、页表并切换页目录以使用动态二级分页。P0 使用 /bin/init 命令创建 INIT 进程 P1，作为 Umode 映像。然后将进程切换为在用户模式下运行 P1。P1 在控制台上派生一个登录进程 P2，在串行终端上派生另一个登录进程 P3。当创建新进程时，它会动态显示分配给进程映像的页架。当进程终止时，它释放分配的页架以供重用。然后，P1 循环执行，等待僵尸子进程。

```
QEMU
                Welcome to EOS in ARM                        00:02:20
LCD init(): binit vectorInterrupt_init()
kbd_init(): uart[0-4] init(): timer_init(): timer_start: sdc_init(): done
kernel_init()
building pgdirs at 5MB: building P0's pgdirs at 32KB
build 512 Kmode pgtables at 5MB: build 64 proc pgdir at 6MB
switch pgdir to use 2-level paging : switched pgdir OK
build pfreeList: start=0x800000  end=0x10000000  : 63487  4KB entries
mounting root : SUPER magic=0xEF53  blksize=4096  bmap=9  imap=10  iblock=11
/dev/sda1  mounted on / OK
fork1: pgtables= 0x801000 0x902000 0xA03000 0xB04000
kfork:load /bin/init proc 0  kforked a child 1
readyQueue = [1 256 ]->NULL
P0 switch to P1
proc 1  in Umode argc=2  init start
fork1: pgtables= 0xC06000 0xD07000 0xE08000 0xF09000
FORK: proc 1  forked a child 2
readyQueue = [2 256 ]->[0 0 ]->NULL
fork1: pgtables= 0x100B000 0x110C000 0x120D000 0x130E000
FORK: proc 1  forked a child 3
readyQueue = [2 256 ]->[3 256 ]->[0 0 ]->NULL
KCLOGIN : open /dev/tty0 as stdin=0 , stdout=1 , stderr=2
login:root
password:12345
KCLOGIN : Welcome! root
KCLOGIN : cd to HOME=/  change uid to 0
sh 2 #
```

图 8.9　EOS 启动画面

每个登录进程都会为终端 I/O 打开自己的终端专用文件，作为 stdin(0)、stdout(1) 和 stderr(2)。然后，每个登录进程都会在其终端上显示一个“login:”提示符，并等待用户登录。当用户尝试登录时，登录进程通过检查 /etc/passwd 文件中的用户账户来验证用户。用户登录后，登录进程通过获取用户进程的 uid 并将目录更改为用户的主目录进而成为用户进程。然后，用户进程更改映像以执行命令解释器 sh，命令解释器 sh 提示输入用户命令并执行命令。

8.16.2　EOS 的命令处理

图 8.10 展示了 EOS sh 进程（P2）对命令行“ cat f1 | grep line”的处理顺序。

```
sh 2 # cat f1 | grep line
parent sh 2 : fork a child
fork1: pgtables= 0x1C1A000 0x1D1B000 0x1E1C000 0x1F1D000
FORK: proc 2  forked a child 6
readyQueue = [6 256 ]->[0 0 ]->NULL
parent sh 2 : wait for child 6  to die
child sh 6  running : cmd=cat f1 | grep line
fork1: pgtables= 0x201F000 0x2120000 0x2221000 0x2322000
FORK: proc 6  forked a child 7
readyQueue = [7 256 ]->[0 0 ]->NULL
proc 6  exec grep line
      KC's grep in action
      KC's cool cat MEOW!
proc 7  in kexit, exitValue=0
with a few lines for testing
proc 6  in kexit, exitValue=0
proc 2  found a ZOMBIE child 6  deallocate 6  kstack at 0x1C19000
sh 2 : child 6  exit status = 0x0
sh 2 # proc 1  found a ZOMBIE child 7  deallocate 7  kstack at 0x201E000
KCINIT: I just buried an orphan child task 7
```

图 8.10　EOS sh 的命令处理

对于任何非凡的命令行，sh 派生一个子进程来执行命令并等待子进程终止。由于命令行具有管道符号，子 sh（P8）创建一个管道并派生一个子 sh（P9）来共享管道。然后子 sh（P8）从管道中读取数据并执行 grep 命令。子 sh（P9）写入管道并执行命令 cat。P8 和 P9 通过管道连接并同时运行。当管道读取器（P8）终止时，它将子 P9 作为孤儿发送到 INIT 进程 P1，P1 将唤醒并释放孤立进程 P9。

8.16.3 EOS 的信号和异常处理

在 EOS 中，异常由统一的信号处理框架处理。我们通过以下示例演示 EOS 中的异常和信号处理。

8.16.3.1 间隔计时器和警报信号捕获器

在 USER 目录中，itimer.c 程序演示了间隔计时器、警报信号和警报信号捕获器。

```
/******************** itimer.c 文件 ************************/
void catcher(int sig)
{ printf("proc %d in catcher: sig=%d\n", getpid(), sig); }

main(int argc, char *argv[])
{
  int t = 1;
  if (argc>1) t = atoi(argv[1]);    // 计时器时间间隔
  printf("install catcher? [y|n]");
  if (getc()=='y')
     signal(14, catcher);  // 为 SIGALRM(14) 安装 catcher()
  itimer(t);                  // 在内核中设置间隔计时器
  printf("proc %d looping until SIGALRM\n", getpid());
  while(1);                   // 循环直到被信号终结
}
```

在 itimer.c 程序中，首先让用户选择是否安装 SIGALRM(14) 信号的捕获器。然后将间隔计时器设置为 *t* 秒，并执行 while(1) 循环。当间隔计时器过期时，计时器中断处理程序将 SIGALRM(14) 信号发送到进程。如果用户未安装信号 14 捕获器，则该进程将因信号而终止。否则，它将执行一次捕获并继续循环。在第二种情况下，该进程可以通过其他方式终止，如通过〈Ctrl + C〉键或另一个进程的 kill pid 命令。读者可以修改 catcher( ) 函数以再次安装捕获器。重新编译并运行系统以观察效果。

8.16.3.2 EOS 中的异常处理

除计时器信号外，我们还通过以下用户模式程序演示了统一的异常和信号处理。每个程序都可以作为用户命令运行。

Data.c：该程序演示了 data_abort 异常处理。在 data_abort 处理程序中，我们首先读取并显示 MMU 的故障状态和地址寄存器，以显示 MMU 状态和导致异常的无效 VA。如果异常发生在 Kmode 中，则一定是由内核代码中的错误所致。在这种情况下，内核无法处理。因此，它会打印紧急信息（PANIC）并停止。如果在 Umode 中发生异常，则内核将其转换为信号 SIGSEG(11)，表示分段错误，并将该信号发送给进程。如果用户没有为信号 11 安装捕获器，则该进程将因该信号而终止。如果用户安装了信号 11 捕获器，则该进程将在收到信号 11 时在 Umode 中执行 catch 函数。catch 函数使用长跳转绕过错误代码，从而使进程正常终止。

Prefetch.c：该程序演示了 prefetch_abort 异常处理。C 代码尝试执行内联汇编代码 asm(“bl 0x1000”)，这会在下一个 PC 地址 0x1004 处导致 prefetch_abort，因为它在 Umode

VA 空间之外。在这种情况下，该进程还将获得 SIGSEG(11) 信号，该信号的处理方式与 data_abort 异常的处理方式相同。

Undef.c：该程序演示了未定义的异常处理。C 代码尝试执行

```
asm("mcr p14,0,r1,c8,c7,0")
```

这将导致 undef_abort，因为协处理器 p14 不存在。在这种情况下，该进程获得非法指令信号 SIGILL(4)。如果用户未安装信号 4 捕获器，则该进程将因该信号而终止。

除以零： 大多数 ARM 处理器没有除法指令。ARM 中的整数除法是通过 aeabi 库中的 idiv 和 udiv 函数实现的，这些函数检查除以零的错误。当检测到被零除时，它分支到 __aeabi_idiv0 函数。用户可以使用链接寄存器来识别有问题的指令并采取补救措施。在 Versatilepb 虚拟机中，除以零只会返回最大整数值。尽管不可能在 ARM Versatilepb 虚拟机上生成被零除的异常，但是 EOS 的异常处理方案应适用于其他 ARM 处理器。

8.17 本章小结

本章介绍了功能齐全的通用嵌入式操作系统，称为 EOS。以下是 EOS 的组织结构和功能的简要摘要。

1. 系统映像：可引导的内核映像和用户模式可执行文件由 ARM 工具链（Ubuntu 15.0 Linux）从源代码树生成，并驻留在 SDC 分区上的 EXT2 文件系统中。SDC 包含用于从 SDC 分区引导内核映像的阶段 1 和阶段 2 引导程序。启动后，内核将 SDC 分区挂载为根文件系统。

2. 进程：系统支持 NPROC = 64 个进程，每个进程支持 NTHRED = 128 个线程，如果需要，这两者都可以增加。每个进程（空闲进程 P0 除外）都在内核模式或用户模式下运行。进程映像的内存管理通过二级动态分页进行。通过动态优先级和时间片来调度进程。它通过管道和消息传递来支持进程间通信。EOS 内核支持用于进程管理的 fork、exec、vfork、threads、exit 和 wait。

3. 它包含最常用的 I/O 设备的设备驱动程序，例如 LCD、计时器、键盘、UART 和 SDC。它使用 SDC 读 / 写的 I/O 缓冲实现了完全兼容 Linux 的 EXT2 文件系统，从而提高了效率和性能。

4. 它支持多用户登录到控制台和 UART 终端。用户界面 sh 支持执行具有 I/O 重定向的简单命令，以及通过管道连接的多个命令。

5. 它提供计时器服务功能，并且将异常处理与信号处理统一起来，允许用户安装信号捕获器以在用户模式下处理异常。

6. 该系统在 QEMU 下的各种 ARM 虚拟机上运行，这主要是为了方便。它还应在支持合适 I/O 设备的基于 ARM 的实际系统板上运行。将 EOS 移植到一些流行的基于 ARM 的系统（如 Raspberry PI-2）的工作目前正在进行中。该工作在完成后可供读者下载。

思考题

1. 在 EOS 中，初始进程 P0 的 kpgdir 位于 32KB。每个进程在 PROC.res 中都有其自己的 pgdir。对于 4MB 的 Umode 映像大小，每个 PROC pgdir 的 2048 ～ 2051 条目定义了进程的 Umode 页表。在切换任务时，我们使用

```
switchPgdireeintTrunning->res->pgdirT;
```

切换到下一个正在运行的进程的pgdir。修改scheduler()函数（在kernel.c文件中），如下所示。

```
int *kpgdir = (int *)0x8000; // Kmode pgdir 位于 32KB
if (running != old){          // 真正切换进程
   for (i=0; i<npgdir; i++)  // 将 Umode 的 pgtable 复制到 kpgdir
      kpgdir[2048+i] = running->res->pgdir[2048+i];
   switchPgdir((int)kpgdir); // 使用 32KB 处的 kpgdir
}
```

（1）验证修改后的scheduler()是否仍然有效，并解释为什么。

（2）扩展此方案使所有进程使用同一个kpgdir。

（3）讨论每个进程使用一个pgdir与所有进程使用同一个pgdir的优缺点。

2. EOS中的send/recv操作使用同步协议，该操作受阻塞，并且可能由于以下原因而导致死锁：没有空闲的消息缓冲区。重新设计send/recv操作以防止死锁。

3. 按照以下方式修改Delete_dir_entry算法。如果删除的条目是数据块中的唯一条目，请重新分配该数据块并压缩DIR INODE的数据块数组。相应地修改Insert_dir_entry算法，并在EOS文件系统中实现新算法。

4. 在8.12.5.2节的read_file算法中，可以将数据从文件读取到用户空间或内核空间。

（1）证明为什么有必要将数据读取到内核空间。

（2）在read_file算法的内部循环中，为清楚起见，一次只传输一个字节的数据。通过每次传输多个数据块来优化内部循环（提示：块中剩余数据和文件中可用数据的量的最小值）。

5. 修改8.12.5.3节中的write_file算法，以允许以下功能。

（1）将数据写入内核空间。

（2）通过复制数据块来优化数据传输。

6. 假设：dir1和dir2是目录，cpd2d递归地将dir1复制到dir2中。

（1）为cpd2d程序编写C代码。

（2）如果dir1包含dir2，例如cpd2d /a/b /a/b/c/d，会怎样？

（3）如何确定dir1是否包含dir2？

7. 当前的EOS尚不支持文件流，实现库I/O函数以支持用户空间中的文件流。

参考文献

Android: https://en.wikipedia.org/wiki/Android_operating_system, 2016.

ARM Versatilepb: ARM 926EJ-S, 2016: Versatile Application Baseboard for ARM926EJ-S User Guide, Arm information Center, 2016.

Cao, M., Bhattacharya, S, Tso, T., "Ext4: The Next Generation of Ext2/3 File system", IBM Linux Technology Center, 2007.

Card, R., Theodore Ts'o,T., Stephen Tweedie,S., "Design and Implementation of the Second Extended Filesystem", web.mit.edu/tytso/www/linux/ext2intro.html, 1995.

EXT2: www.nongnu.org/ext2-doc/ext2.html, 2001.

EXT3: jamesthornton.com/hotlist/linux-filesystems/ext3-journal, 2015.

FreeBSD: FreeBSD/ARM Project, https://www.freebsd.org/platforms/arm.html, 2016.

Raspberry_Pi: https://www.raspberrypi.org/products/raspberry-pi-2-model-b, 2016.

Sevy, J., "Porting NetBSD to a new ARM SoC", http://www.netbsd.org/docs/kernel/porting_netbsd_arm_soc.html, 2016.

Wang, K.C., "Design and Implementation of the MTX Operating System", Springer International Publishing AG, 2015.

嵌入式系统中的多处理器

9.1 多处理器

多处理器（MP）系统有多个处理器，包括多核心处理器，这些处理器共享主内存和I/O设备。如果共享的主内存是系统中唯一的内存，则称为统一内存访问（UMA）系统。如果除了共享内存之外，每个处理器还有私有本地内存，则将其称为非统一内存访问（NUMA）系统。如果处理器的角色不同（例如只有一些处理器可以执行内核代码，而其他处理器不能），那么就称为非对称多处理器（ASMP）系统。如果所有处理器在功能上都相同，则称为对称多处理器（SMP）系统。随着多核处理器技术的发展，SMP实际上已经成为MP的同义词。在本章中，我们将讨论基于ARM的多处理器系统上的SMP操作系统。

9.2 SMP系统的需求

SMP系统需要的不仅仅是多个处理器或处理器核心。为了支持SMP，系统体系结构必须具有其他的功能。在PC领域，SMP并不新鲜，它在20世纪90年代初由Intel在基于x86的多核处理器上开创。Intel的多处理器规范（Intel 1997）将符合SMP的系统定义为具有以下功能的PC/AT兼容系统。

（1）高速缓存一致性。在符合SMP的系统中，多个CPU或核心共享内存。为了加速内存访问，系统通常采用多级高速缓存，例如：在每个CPU内部使用L1缓存，在CPU和主内存之间使用L2缓存，等等。内存子系统必须实现缓存一致性协议，以确保缓存内存的一致性。

（2）支持中断路由和处理器间中断。在符合SMP的系统中，可以将来自I/O设备的中断路由到不同的处理器，以平衡中断处理负载。处理器可以通过用于通信和同步的处理器间中断（IPI）完成相互中断。在符合SMP的系统中，这些功能由一组高级可编程中断控制器（APIC）提供。符合SMP的系统通常具有系统范围的IOAPIC和单个处理器的一组本地APIC。这些APIC一起实现了处理器间通信协议，该协议支持中断路由和IPI。

（3）扩展BIOS，用于检测系统配置并为操作系统构建SMP数据结构。

（4）当符合SMP的系统启动时，其中一个处理器将被指定为引导处理器（BSP），它会执行引导代码以启动系统。其他处理器都称为应用处理器（AP），这些处理器最初处于空闲状态，但可以通过从BSP接收IPI来启动。启动后，所有处理器在功能上都是相同的。

相比之下，基于ARM的系统上的SMP相对较新并且仍在不断发展。将ARM的SMP方法与Intel的方法进行比较，可能会有所启发。

（1）**高速缓存一致性**：所有基于ARM MPCore的系统都包括一个探听控制单元（SCU），该单元实现了一个高速缓存一致性协议以确保高速缓存的一致性。由于ARM CPU的内部管道，ARM引入了几种屏障来同步内存访问和指令执行。

（2）**中断路由**：与Intel的APIC相似，所有ARM MPCore系统都使用通用中断控制器（GIC）（ARM GIC 2013）进行中断路由。GIC由两部分组成：中断分配器和到CPU的接口。

GIC的中断分配器接收外部中断请求并将其发送到CPU。每个CPU都有一个CPU接口，可以对该接口进行编程以允许或禁止将中断发送到CPU。每个中断都有一个中断ID号，编号越小优先级越高。中断路由可以由CPU的中断优先级掩码寄存器进行进一步控制。对于I/O设备，中断ID号大致对应于其传统的向量号。

（3）**处理器间中断**：ID号为0～15的16个特殊GIC中断是为软件生成中断（SGI）保留的，这些中断对应于Intel SMP体系结构中的IPI。在基于ARM MPCore的系统中，作为处理器间通信的一种方式，CPU可以发出SGI，以将其他CPU从WFI状态唤醒，从而使它们采取操作（例如执行中断处理程序）。在ARM Cortex-A9 MPCore中，SGI寄存器（GICD_SGIR）与外设基址间的偏移量为0x1F00。SGI寄存器的内容如下。

SGI 寄存器内容	
位25～24	targetListfilter：00 = 到指定的CPU 01 = 到其余所有CPU 10 = 到请求的CPU
位23～16	CPUtargetList；每个位对应一个CPU接口
位15	仅用于具有安全扩展的CPU
位3～0	中断ID（0～15）

要发送SGI，只需将适当的值写入SGI寄存器。例如，以下代码段会将中断ID的SGI发送到特定的目标CPU。

```
int send_sgi(int intID, int targetCPU, int filter)
{
   int *sgi_reg = (int *)(CGI_BASE + 0x1F00);
   *sgi_reg = (filter<<24)|((1<<targetCPU)<<16)|(intID);
}
send_sgi(0x00, CPUID, 0x00);  // intID=0x00, CPUID = 0~3, filter=0x00
```

要将SGI发送到所有其他CPU，需将过滤器的值更改为0x01。在这种情况下，目标CPU列表应设置为0x0F（用于4个CPU）。当接收到SGI中断后，目标CPU可以从WFI状态继续运行，也可以对中断ID号执行中断处理程序以执行规定的任务。

SGI的一个特殊用法是：当ARM SMP系统启动时，初始引导程序通常选择CPU0作为引导处理器，该处理器执行启动代码以初始化系统。同时，所有其他辅助CPU都保持在WFI循环中，等待CPU0中的SGI启动。初始化系统后，CPU0将辅助CPU的起始地址写入通信区域，该区域可以是固定的内存位置，也可以是所有CPU均可访问的系统级寄存器。然后它将SGI广播到辅助CPU。当从SGI中断被唤醒后，每个辅助CPU都会检查通信区域的内容。如果内容为零，则重复WFI循环；否则，它将从CPU0存放的起始地址开始执行。通信区域和辅助CPU的起始地址由初始引导程序和内核启动代码选择。例如，当使用Uboot在ARM上引导SMP Linux内核时，CPU0将辅助CPU的起始地址写入SYS_FLAGSSET寄存器（在MPCore 2010上引导ARM Linux SMP）。在QEMU下的模拟real-view-pbx-a9虚拟机中，它还将SYS_FLAGSSET寄存器用作CPU0和辅助CPU之间的通信区域。

9.3　ARM MPCore处理器

ARM Cortex-A是一组在ARMv7体系结构下实现的32位和64位处理器核心。该组包括Cortex-A5、A8、A9、A12这些32位ARM MPCore处理器，以及一些64位的型号，例如

Cortex-A15 和 A17。这些不是简单的微控制器，而是用于通用 MP 应用程序的多核（MPCore）处理器。在下文中，出于以下原因，我们将讨论限制在 32 位 Cortex-A9 MPCore 处理器上。

（1）ARM Cortex-A9 MPCore 技术参考手册详细介绍了 ARM Cortex-A9 MPCore 处理器。而且基于 Cortex-A9 MPCore 已经实现了一系列 ARM RealView 底板，并且在“Cortex-A9 的 ARM RealView 平台底板”进行了详细介绍。

（2）Cortex-A9 处理器支持 CPU 同步指令和内存管理，这对于多任务操作系统是必不可少的。

（3）ARM RealView 底板支持标准的 ARM 外设，例如 UART、LCD、键盘和 SDC 的多媒体接口。

（4）讨论 SMP 的一般原理相当容易。但是，如果没有编程实践，那么这类知识将是肤浅的。由于大多数读者可能无法使用基于 ARM MPCore 的真实硬件系统，因此在学习 SMP 的理论和实践方面都面临挑战。为了解决这个问题，我们再次转向虚拟机。到目前为止，QEMU 支持基于 ARM Cortex-A9 MPCore 的多个版本的 ARM MPCore 虚拟机。例如，它支持最多 4 个核心的 ARM realview-pb-a8、realview-pbx-a9 和 vexpress-a9 板。此外，它还支持 vexpress-a15，它基于最多 8 个核心的 ARM Cortex-A15 MPCore 处理器。QEMU 模拟的 ARM MPCore 虚拟机为我们提供了开发和运行 SMP 操作系统的便利环境。

尽管我们已经在多个版本的 ARM MPCore 虚拟机上测试了所有编程示例，但在下面，我们将主要关注 QEMU 下的 realview-pbx-a9 虚拟机。

9.4 ARM Cortex-A9 MPCore 处理器

下面介绍支持 SMP 的 ARM Cortex-A9 MPCore 处理器的主要特性。

9.4.1 处理器的核心

处理器具有 1 至 4 个核心。每个核心的 SMP 状态由协处理器 CP15 的辅助控制寄存器（ACTL）的第 6 位控制。每个 CPU 核心可以被编程来选择是否参与 SMP。具体来说，每个 CPU 核心都可以使用以下代码段来加入或断开 SMP 操作。

```
join_smp:                          // CPU 加入 SMP 操作
     MRC p15, 0, r0, c1,c0, 1   // 读取 ACTLR
     ORR r0, r0, #0x040         // 设置第 6 位
     MCR p15, r0, c1, c0, 1     // 写入 ACTLR
     BX  lr

disjoin_smp:                       // CPU 断开 SMP 操作
     MRC 0, r0, c1, c0, 1       // 读取 ACTLR
     BIC r0, #0x040             // 清除第 6 位
     MCR p15, 0, r0, c0, 1      // 写入 ACTLR
     BX  lr
```

如果某些核心不参与 SMP，则可以将其指定为在 SMP 环境之外运行专用任务，甚至运行独立的操作系统，从而变成非对称多处理器（ASMP）系统。由于 MP 系统应尝试利用所有核心的全部功能，因此我们将假定一个默认的 SMP 环境，其中所有核心都参与 SMP 操作。

9.4.2 监听控制单元

监听控制单元（Snoop Control Unit，SCU）确保各 CPU 间 L1 缓存的一致性。

9.4.3 通用中断控制器

通用中断控制器（Generic Interrupt Controller，GIC）的中断分配器可以通过编程将中断路由到特定的CPU。每个CPU都有自己的CPU接口，可以对其进行编程以允许或禁止具有不同优先级的中断。在ARM realview-pbx-a9板上，外设基址为0x1F000000。也可以通过以下方式将其从p15协处理器读取到通用寄存器Rn中：

```
MRC p15, 4, Rn, c15, c0, 0
```

从外设基址来看，CPU接口位于偏移地址0x100，而中断分配器位于偏移地址0x1000。其他寄存器相对于这些基址有32位偏移量。以下是对GIC寄存器的描述。

中断分配器寄存器：用于SCU控制的32位寄存器，其偏移量及功能如下。

- 0x000：分配器控制，位0 = 启用/禁用。
- 0x100：3个（32位）设置启用寄存器，每个位启用一个相应的中断ID。
- 0x180：3个（32位）清除启用寄存器，每个位禁用一个相应的中断ID。
- 0x800：CPU以寄存器为目标，发送中断ID到目标CPU。
- 0xC00：配置寄存器，确定1到N或N到N中断处理模型。
- 0xF00：软件生成中断（SGI）寄存器，将SGI发送到目标CPU。

CPU接口寄存器：SCU中的32位CPU接口寄存器，其偏移地址和功能如下。

- 0x00：控制寄存器，位0 = 启用/禁用。
- 0x04：优先级掩码，仅当其优先级高于掩码时，才会向该CPU发送中断。较低的值表示较高的优先级。
- 0x08：二进制点，指定是否允许抢占式中断。
- 0x0C：中断ACK寄存器，包含中断ID号。
- 0x10：中断寄存器结束，将中断ID写入该寄存器以向EOI发出信号。

9.5 GIC编程示例

由于GIC是ARM MPCore系统的重要组成部分，因此了解其功能和用法是必要且重要的。在讨论ARM SMP之前，我们首先通过一个示例来演示GIC编程。

9.5.1 配置GIC以路由中断

像之前一样，示例程序C9.1包含一个ts.s汇编文件和一个用C编写的t.c文件。首先，我们将仅使用单个CPU来支持三种中断：来自两个UART（键盘和计时器）的输入中断。ARM realview-pbx-a9板支持与ARM Versatilepb板相同的I/O设备（ARM926EJ-S 2010；ARM Timers 2004），但是它们的基址和IRQ号不同。以下列出了ARM realview-pbx-a9板的预期I/O设备的基址和GIC IRQ号。

I/O设备	基　址	GIC IRQ号
Timer0	0x10011000	36
UART0	0x10009000	44
UART1	0x1000A000	45
键盘	0x10006000	52
LCD	0x10120000	—

当ARM realview-pbx-a9虚拟机启动时，CPU0以SVC模式执行重置处理程序。它设置SVC和IRQ模式堆栈指针并将向量表复制到地址0，然后启用IRQ中断并在C中调用main( )。由于此处的目标是展示GIC配置和编程，所以所有的设备驱动程序都是前面几章为ARM Versatilepb板开发的驱动程序的简化版本。每个简化的驱动程序仅包括用于初始化设备以生成中断的init( )函数，以及用于响应中断的中断处理程序。为了让读者可以直接测试运行该程序，我们将展示完整的C9.1程序代码。

（1）**C9.1的ts.s文件。**

```
/*************** C9.1 的 ts.s 文件 ****************/
.text
.code 32
.global reset_handler, vectors_start, vectors_end
.global enable_scu, get_cpu_id
reset_handler:
  LDR sp, =svc_stack_top  // 设置 SVC 堆栈
// 进入 IRQ 模式设置 IRQ 堆栈
  MSR cpsr, #0x92
  LDR sp, =irq_stack_top  // 设置 IRQ 堆栈
// 返回 SVC 模式
  MSR cpsr, #0x93
  BL  copy_vectors        // 将向量复制到地址 0
  MSR cpsr, #0x13         // 启用 IRQ 中断
  BL main                 // CPU0 在 C 中调用 main()
  B .
irq_handler:
  sub lr, lr, #4
  stmfd sp!, {r0-r3, r12, lr}
  bl  irq_chandler        // 在 C 中调用 irq_chandler()
  ldmfd sp!, {r0-r3, r12, pc}^
// 未使用的伪异常处理程序
undef_handler:
swi_handler:
prefetch_abort_handler:
data_abort_handler:
fiq_handler:
  B .
// SMP 实用程序功能:
enable_scu:                      // void enable_scu(void)
  MRC p15, 4, r0, c15, c0, 0     // 读取外围基址
  LDR r1, [r0, #0x0]             // 读取 SCU 控制寄存器
  ORR r1, r1, #0x1               // 设置位 0 (启用位)
  STR r1, [r0, #0x0]             // 将修改后的值写回
  BX  lr
// int get_cpu_id(): 返回正在执行的 CPU 的 ID (0 到 3)
get_cpu_id:
  MRC p15, 0, r0, c0, c0, 5      // 读取 CPU ID 寄存器
  AND r0, r0, #0x03              // 解除屏蔽低 2 位 = CPU ID
  BX  lr
vectors_start:
  LDR PC, reset_handler_addr
```

```
  LDR PC, undef_handler_addr
  LDR PC, swi_handler_addr
  LDR PC, prefetch_abort_handler_addr
  LDR PC, data_abort_handler_addr
  B .
  LDR PC, irq_handler_addr
  LDR PC, fiq_handler_addr
reset_handler_addr:           .word reset_handler
undef_handler_addr:           .word undef_handler
swi_handler_addr:             .word swi_handler
prefetch_abort_handler_addr:  .word prefetch_abort_handler
data_abort_handler_addr:      .word data_abort_handler
irq_handler_addr:             .word irq_handler
fiq_handler_addr:             .word fiq_handler
vectors_end:
```

（2）C9.1 的 uart.c 文件。

```
/************** C9.1 的 uart.c 文件 *************/
#define UART0_BASE  0x10009000
typedef struct uart{
  u32 DR;           // 数据寄存器
  u32 DSR;
  u32 pad1[4];      // 8+16=24 个字节到 FR 寄存器
  u32 FR;           // 标志寄存器位于 0x18
  u32 pad2[7];
  u32 imsc;         // imsc 寄存器偏移量为 0x38
}UART;
UART *upp[4];       // 4 个指向 UART 结构的 UART 指针
int uputc(UART *up, char c)
{
  int i = up->FR;
  while((up->FR & 0x20));
  (up->DR) = (int)c;
}
void uart_handler(int ID)
{
  UART *up;
  char c;
  int cpuid = get_cpu_id();
  color = (ID==0)? YELLOW : PURPLE;
  up = upp[ID];
  c = up->DR;
  uputc(up, c);
  printf("UART%d interrupt on CPU%d c=%c\n", ID, cpuid, c);
  if (c=='\r')
     uputc(up, '\n');
  color=RED;
}
int uart_init()
{
  int i;
```

```
  for (i=0; i<4; i++){       // uart0 至 uart2 相邻
    upp[i] = (UART *)(UART0_BASE + i*0x1000);
    upp[i]->imsc |= (1<<4); // 启用 UART RXIM 中断
  }
}
```

（3）C9.1 的 kbd.c 文件。

```
/*************** C9.1 的 kbd.c 文件 *************/
#include "keymap"
extern int kputc(char);  // 在 LCD 驱动程序的 vid.c 中

typedef struct kbd{       // 基址 = 0x10006000
  u32 control; // 7- 6-    5(0=AT)  4=RxIntEn 3=TxIntEn  2   1   0
  u32 status;  // 7- 6=TxE 5=TxBusy 4=RXFull  3=RxBusy   2   1   0
  u32 data;
  u32 clock;
  u32 intstatus;
  // 其他字段
}KBD;
KBD *kbd;

void kbd_handler()
{
  unsigned char scode, c;
  int cpuid = get_cpu_id();
  color = RED;
  scode = kbd->data;
  if (scode & 0x80)        // 忽略按键释放
     goto out;
  c = unsh[scode];
  printf("kbd interrupt on CPU%d: c=%x %c\n", cpuid, c, c);
 out:
  kbd->status = 0xFF;
}
int kbd_init()
{
  kbd = (KBD *)0x10006000; // 基址
  kbd->control = 0x14;      // 0001 0100
  kbd->clock = 8;
}
```

（4）C9.1 的 timer.c 文件。

```
/************* C9.1 的 timer.c 文件 ************/
#define CTL_ENABLE          ( 0x00000080 )
#define CTL_MODE            ( 0x00000040 )
#define CTL_INTR            ( 0x00000020 )
#define CTL_PRESCALE_1      ( 0x00000008 )
#define CTL_PRESCALE_2      ( 0x00000004 )
#define CTL_CTRLEN          ( 0x00000002 )
#define CTL_ONESHOT         ( 0x00000001 )
#define DIVISOR 64
```

```
typedef struct timer{
  u32 LOAD;    // 加载寄存器，TimerXLoad                    0x00
  u32 VALUE;   // 当前值寄存器，TimerXValue                 0x04
  u32 CONTROL;// 控制寄存器，TimerXControl                  0x08
  u32 INTCLR; // 中断清除寄存器，TimerXIntClr               0x0C
  u32 RIS;     // 原始中断状态寄存器，TimerXRIS             0x10
  u32 MIS;     // 被屏蔽的中断状态寄存器，TimerXMIS         0x14
  u32 BGLOAD; // 后台加载寄存器，TimerXBGLoad               0x18
  u32 *base;
}TIMER;
TIMER *tp[4];  // 4个计时器；每个单元2个计时器；位于0x00和0x20
int kprintf(char *fmt, ...);
extern int row, col;
int kpchar(char, int, int);
int unkpchar(char, int, int);
char clock[16];
char *blanks = "  :  :  ";
int hh, mm, ss;
u32 tick = 0;
void timer0_handler()
{
    int i;
    tick++;
    if (tick >= DIVISOR){
       tick = 0; ss++;
       if (ss==60){
          ss = 0; mm++;
          if (mm==60){
            mm = 0; hh++;
          }
       }
    }
    if (tick==0){  // 每秒显示一个挂钟
       color = GREEN;
       for (i=0; i<8; i++){
           unkpchar(clock[i], 0, 60+i);
       }
       clock[7]='0'+(ss%10); clock[6]='0'+(ss/10);
       clock[4]='0'+(mm%10); clock[3]='0'+(mm/10);
       clock[1]='0'+(hh%10); clock[0]='0'+(hh/10);
       for (i=0; i<8; i++){
          kpchar(clock[i], 0, 60+i);
       }
    }
    timer_clearInterrupt(0); // 清除计时器中断
}
void timer_init()
{
   int i;
   printf("timer_init()\n");
   // 设置versatilepb-A9板的计时器基址
```

```
   tp[0] = (TIMER *)0x10011000;
   tp[1] = (TIMER *)0x10012000;
   tp[2] = (TIMER *)0x10018000;
   tp[3] = (TIMER *)0x10019000;
 // 将控制计数器寄存器设置为默认值
   for (i=0; i<4; i++){
     tp[i]->LOAD = 0x0;    // reset
     tp[i]->VALUE= 0xFFFFFFFF;
     tp[i]->RIS  = 0x0;
     tp[i]->MIS  = 0x0;
     tp[i]->LOAD     = 0x100;
     // 0x62=|011- 0010=|NOTEn|Pe|IntE|-|scal=00|1=32-bit|0=wrap|
     tp[i]->CONTROL = 0x62;
     tp[i]->BGLOAD  = 0xF0000/DIVISOR;
   }
   strcpy(clock, "00:00:00");
   hh = mm = ss = 0;
 }
void timer_start(int n) // timer_start(0), 1, 等等
{
  TIMER *tpr;
  printf("timer_start\n");
  tpr = tp[n];
  tpr->CONTROL |= 0x80;  // 设置使能位 7
}
int timer_clearInterrupt(int n) // timer_start(0), 1, 等等
{
  TIMER *tpr = tp[n];
  tpr->INTCLR = 0xFFFFFFFF;
}
```

（5）C9.1 的 vid.c 文件：与前几章相同，只是 LCD 基址 = 0x10120000。

（6）C9.1 的 t.c 文件。

```
/*************  C9.1 的 t.c 文件: ConfigGIC  *************/
#define GIC_BASE 0x1F000000

#include "uart.c"
#include "kbd.c"
#include "timer.c"
#include "vid.c"

int copy_vectors(){ // 如前所述 }

int config_int(int intID, int targetCPU)
{
  int reg_offset, index, address;
  char priority = 0x80;
  // 在 int ID 寄存器中设置 intID 位
  reg_offset = (intID>>3) & 0xFFFFFFFC;
  index = intID & 0x1F;
  address   =  (GIC_BASE + 0x1100) + reg_offset;
  *(int *)address |= (1 << index);
```

```
  // 在处理器目标寄存器中设置 intID 字节
  reg_offset = (intID & 0xFFFFFFFC);
  index = intID & 0x3;
  address   = (GIC_BASE + 0x1400) + reg_offset + index;
  // 在优先级寄存器中设置优先级字节
  *(char *)address = (char)priority;
  address   = (GIC_BASE + 0x1800) + reg_offset + index;
  *(char *)address = (char)(1 << targetCPU);
}

int config_gic()
{
  printf("config interrupts 36, 44, 45, 52\n");
  config_int(36, 0);  // Timer0
  config_int(44, 0);  // UART0
  config_int(45, 0);  // UART1
  config_int(52, 0);  // KBD
  // 设置 int 优先级掩码寄存器
  *(int *)(GIC_BASE + 0x104) = 0xFF;
  // 设置 CPU 接口控制寄存器：启用中断路由
  *(int *)(GIC_BASE + 0x100) = 1;
  // 设置分配器控制寄存器：向 CPU 发送待处理的中断
  *(int *)(GIC_BASE + 0x1000) = 1;
}

int irq_chandler()
{
   // 读取 GIC 中 CPU 接口的 ICCIAR
   int intID = *(int *)(GIC_BASE + 0x10C);
   switch(intID){
     case 36: timer0_handler(); break; // 计时器中断
     case 44: uart_handler(0);  break; // UART0 中断
     case 45: uart_handler(1);  break; // UART1 中断
     case 52: kbd_handler();    break; // KBD 中断
   }
   *(int *)(GIC_BASE + 0x110) = intID; // 写入 EOI
}

int main()
{
   fbuf_init();      // 初始化 LCD 驱动器
   printf("***** Config ARM GIC Example ******\n");
   enable_scu();     // 启用 SCU
   config_gic();     // 配置 GID
   kbd_init();       // 初始化 KBD 驱动程序
   uart_init();      // 初始化 UART 驱动程序
   timer_init();     // 初始化计时器驱动程序
   timer_start(0); // 启动计时器
   printf("enter a key from KBD or UARTs :\n");
   while(1);         // 循环但可以响应中断
}
```

（7）将 ts.s 和 t.c 编译链接到 t.bin：与前面的章节相同。

(8)在具有 2 个 UART 端口的 realview-pbx-a9 虚拟机上运行 t.bin:

```
qemu-system-arm -M realview-pbx-a9 -kernel t.bin \
                -serial mon:stdio -serial /dev/pts/1
```

9.5.2 GIC 配置代码说明

在 config_gic() 中,设置 CPU 接口和分配器启用寄存器(均在位 0)的行很明显。CPU 的中断屏蔽寄存器设置为最低优先级 0xFF,因此 CPU 将接收优先级值小于 0xFF 的中断。在中断分配器(位于 GIC 基址 + 0x1000)中,各个寄存器的偏移量如下。

- 0x100:中断设置启用寄存器,每一位 = 启用一个 intID。
- 0x400:中断优先级寄存器,每个字节的高 4 位 = intID 的优先级。
- 0x800:目标 CPU 寄存器,每个字节 = intID 的目标 CPU。

有 3 个中断设置启用寄存器,分别由 Set-enable0 到 Set-enable2 表示,它们的偏移量为 0x100 至 0x108。这些寄存器可以看作位的线性列表,其中每个位都启用一个中断 ID,如下所示。

```
BITS: |0 1  . . .  31|32 33 . . . 63|64 65 . . .  95|
      ----------------------------------------------
REGs: |  Set-enable0 |  Set-enable1 |  Set-enable2  |
      ----------------------------------------------
```

给定一个中断 ID 号 intID,我们必须确定要在中断设置启用寄存器中设置的位的位置。该计算基于除法和模运算,在文献(Wang,2015)中被称为 Mailman 算法。首先,我们计算 intID 的寄存器和位偏移量。

```
reg_offset        = 4*(intID  /  32); // 如同 (intID >> 5) << 2
index             = intID % 32;       // 如同 intID & 0x1F
```

接下来的代码将中断 ID 的启用位设置为 1。

```
address    =  (GIC_BASE + 0x1100) + reg_offset;
*(int *)address |= (1 << index);
```

我们可以使用相同的算法设置中断 ID 的优先级和目标 CPU 字节。有 24 个目标 CPU 寄存器。每个寄存器拥有 4 个中断 ID 的 CPU 数据,即每个字节指定一个中断 ID 的目标 CPU。同样,有 24 个中断优先级寄存器。每个寄存器均具有 4 个中断 ID 的优先级,即每个字节均具有中断 ID 的优先级。这些寄存器的(线性)布局与上述布局相似,不同之处在于每个字节指定的是目标 CPU 列表或中断优先级。给定一个中断 ID,我们计算寄存器和字节偏移量为

```
reg_offset       = intID  /  4;           // 如同 intID >> 2
index            = intID % 4;             // 如同 intID & 0x3
```

下面的代码在目标 CPU 寄存器中设置 CPU 字节。可以使用完全相同的算法在优先级掩码寄存器中设置中断优先级掩码字节。

```
address     = (GIC_BASE + 0x1800) + reg_offset + index;
*(char *)address = (char)(1 << targetCPU);
```

由于尚未启用其他 CPU,因此暂时将所有中断路由到 CPU0。稍后我们将展示如何将中断路由到不同的 CPU。通常,每个中断 ID 都应路由到唯一的 CPU。一个中断 ID 也可以路

由到多个 CPU。在这种情况下，用户必须确保中断处理使用 1 到 N 模型，在该模型中，只有一个 CPU 实际处理该中断。

9.5.3　中断优先级和中断屏蔽

每个中断 ID 的优先级可以设置为 0 ～ 15，其中低值表示高优先级。为了向 CPU 发送中断，中断优先级必须高于 CPU 的优先级掩码值（值较低）。为简单起见，在该示例中，所有中断都被设置为相同的优先级 8。CPU 的掩码寄存器设置为 0xF，因此它将接受优先级大于 0xF 的任何中断。读者可以尝试以下实测。如果将 CPU 的优先级掩码寄存器设置为不大于 8，则不会发生中断，因为不会将中断发送给 CPU。

9.5.4　GIC 编程的演示

图 9.1 展示了运行示例程序 C9.1 的输出。对于计时器中断，计时器中断处理程序将显示挂钟。对于键盘和 UART 中断，它显示中断和输入键。对于每个 UART 中断，它也将输入键回送到 UART 端口，如图 9.1 所示。

```
bc
QEMU
********** Config ARM GIC Example ************          00:00:59
config interrupts 36, 44, 45, 52
timer_init()
timer_start
enter a key from KBD or UARTs :
kbd interrupt on CPU0 : c=0x61  a
UART0  interrupt on CPU0  c=b
UART0  interrupt on CPU0  c=c
```

图 9.1　GIC 编程演示

9.6　ARM MPCore 的启动顺序

基于 Intel x86 的 SMP 系统的启动顺序已有明确定义（Intel 1997）。所有基于 Intel x86 的 SMP 系统都在 ROM 中包含一个标准 BIOS，该 BIOS 在系统启动或重启后运行。当基于 Intel x86 的 SMP 系统启动时，BIOS 首先为 SMP 操作配置系统。它指定一个 CPU（通常为 CPU0）作为引导处理器（BSP），执行引导代码以启动系统。所有其他 CPU 被称为应用处理器（AP），它们保持非活动状态，等待来自 BSP 的处理器间中断（IPI）以启动。有关基于 Intel x86 的 SMP 系统启动顺序的更多信息，读者可以查阅（Intel 1997；Wang，2015）。

相反，ARM SMP 系统的启动顺序有些模糊，且在许多情况下是临时的。其缺乏标准的主要原因是，基于 ARM 的系统没有标准的 BIOS。大多数 ARM 系统都有在固件中实现的板载引导程序。ARM SMP 系统的启动顺序严重依赖于板载引导程序，该程序的种类差异很大，具体取决于特定的板或供应商。通过查阅文献，我们可以将 ARM SMP 系统的启动顺序分为三类。

9.6.1　原始启动顺序

当基于 ARM 的 SMP 系统启动时，所有 CPU 均从向量地址 0 开始执行（假定引导期间没有向量重定位）。每个 CPU 可以从协处理器 p15 获得其 CPU ID 号。根据 CPU ID 号，仅选择一个 CPU（通常为 CPU0）作为 BSP，BSP 会自行初始化并执行系统初始化代码。所有其他辅助 CPU（AP）进入忙等循环或节能 WFI 状态，等待来自 BSP 的 SGI（软件生成中断）

以真正启动。初始化系统后，BSP 将 AP 的起始地址写入通信区域，该区域可以是内存中的固定位置，也可以是所有 CPU 均可访问的系统范围的寄存器。大多数 ARM SMP 系统使用系统范围的 SYS_FLAGSSET 寄存器作为通信区域。然后 BSP 通过发送 SGI 激活 AP。与 Intel SMP 系统一样，可以将 ARM SGI 发送到每个单独的 AP（CPUfilterList = 00）或通过广播发送到所有 AP（CPU targetList = 0xF，filterList=01）。从 WFI 状态唤醒后，每个 AP 都会检查通信区域的内容。如果内容为零，则重复 WFI 循环；否则，它将从 BSP 存放的起始地址开始执行。

9.6.2 引导程序辅助下的启动顺序

当 ARM SMP 系统启动时，板载引导程序选择 CPU0 作为 BSP，并将其他辅助 CPU 搁置，直到它们被 BSP 激活。在许多情况下，由于板载引导程序太简单，而无法真正启动操作系统。因此，从存储设备加载阶段 2 引导程序，并将控制权移交给阶段 2 引导程序。阶段 2 引导程序旨在引导特定的 SMP 内核。它只在 BSP 初始化内核之后才激活 AP。这样做可以将 AP 的启动信息存储在不同的通信区域中。大多数 ARM SMP Linux 使用 Das Uboot 作为阶段 2 引导程序（在 MPCore 2010 上引导 ARM Linux SMP）。

9.6.3 在虚拟机上引导 SMP

许多 ARM 虚拟机支持用于 SMP 的 ARM MPCore。更具体地说，我们将考虑 ARM realview-pbx-a9 虚拟机，它基于具有多达 4 个核心的 ARM Cortex-A9 MPCore。当 QEMU 仿真的虚拟机启动时，QEMU 通过 –kernel IMAGE 选项将可执行映像加载到 0x10000，然后开始执行映像。加载的映像可以是操作系统内核或阶段 2 引导程序。因此，对于仿真的虚拟机，QEMU 的作用类似于板载或阶段 1 引导程序。它将 AP 置于 WFI 状态，等待来自 BSP 的 SGI。在这种情况下，CPU 使用 SYS_FLAGSSET 寄存器作为通信区域，该寄存器位于 realview-pbx-a9 板上内存映射地址为 0x10000030 的位置。为了激活 AP，BSP 将起始地址写入 SYS_FLAGSSET 寄存器，然后向所有 AP 广播 SGI。

9.7 ARM SMP 启动示例

尽管启动 SMP 系统非常容易，但是 SMP 系统的操作比单处理器系统的操作要复杂得多。为了使读者对 SMP 操作有更好的了解，我们首先通过一系列示例说明 ARM SMP 系统的启动顺序。更具体地说，我们将在 QEMU 下使用仿真的 realview-pbx-a9 虚拟机作为实现平台。

9.7.1 ARM SMP 启动示例 1

在第一个示例（C9.2）中，我们展示了启动基于 ARM 的 SMP 系统所需的最少代码。为简单起见，我们将仅支持来自 UART 的输入中断和计时器的中断。为了显示输出，我们还实现了 uprintf( ) 函数，用于格式化打印到 UART 端口。

（1）**ts.s 文件**。

```
/******************  C9.2 的 ts.s 文件  **********************\
.text
.code 32
.global reset_handler, vectors_start, vectors_end
```

```
.global enable_SCU, get_cpuid
reset_handler:          // 所有CPU在此处开始执行
// 获取CPU ID并将其保留在R11中
  MRC p15, 0, r11, c0, c0, 5   // 将CPU ID寄存器读入R11
  AND r11, r11, #0x03          // 仅解除屏蔽CPU ID
// 设置SVC堆栈
  LDR r0, =svc_stack           // r0->svc_stack (t.ld中的16KB区域)
  mov r1, r11                  // r1 = cpuid
  add r1, r1, #1               // cpuid++
  lsl r2, r1, #12              // (cpuid+1)* 4096
  add r0, r0, r2
  mov sp, r0                   // SVC sp=svc_stack[cpuid] 高端
// 进入IRQ模式，中断关闭
  MSR cpsr, #0x92
// 设置IRQ堆栈
  LDR r0, =irq_stack           // r0->irq_stack (t.ld中的16KB区域)
  mov r1, r11
  add r1, r1, #1
  lsl r2, r1, #12              // (cpuid+1) * 4096
  add r0, r0, r2
  mov sp, r0                   // IRQ sp=irq_stack[cpuid] 高端
// 回到SVC模式，IRQ开启
  MSR cpsr, #0x13
  cmp r11, #0
  bne APs                      // 仅CPU0复制向量，调用main()
  BL copy_vectors              // 将向量复制到地址0
  BL main                      // CPU0在C中调用main()
  B .
APs:                           // 每个AP调用C中的APstart()
  adr r0, APaddr
  ldr pc, [r0]
APaddr: .word  APstart
irq_handler:
  sub lr, lr, #4
  stmfd sp!, {r0-r3,r12, lr}
  bl  irq_chandler             // 在C中调用irq_chandler()
  ldmfd sp!, {r0-r3, r12, pc}^

vectors_start:
  LDR PC, reset_handler_addr
  LDR PC, undef_handler_addr
  LDR PC, swi_handler_addr
  LDR PC, prefetch_abort_handler_addr
  LDR PC, data_abort_handler_addr
  B .
  LDR PC, irq_handler_addr
  LDR PC, fiq_handler_addr
reset_handler_addr:           .word reset_handler
undef_handler_addr:           .word undef_handler
swi_handler_addr:             .word swi_handler
```

```
prefetch_abort_handler_addr: .word prefetch_abort_handler
data_abort_handler_addr:     .word data_abort_handler
irq_handler_addr:            .word irq_handler
fiq_handler_addr:            .word fiq_handler
vectors_end:
// 未使用的伪异常处理程序
undef_handler:
swi_handler:
prefetch_abort_handler:
data_abort_handler:
fiq_handler:  B .

enable_scu:                    // 启用 SCU
  MRC p15, 4, r0, c15, c0, 0   // 读取外设基址
  LDR r1, [r0]                 // 读取 SCU 控制寄存器
  ORR r1, r1, #0x1             // 将 bit0（启用位）设置为 1
  STR r1, [r0]                 // 写回修改值
  BX  lr
get_cpuid:
  MRC p15, 0, r0, c0, c0, 5    // 读取 CPU ID 寄存器
  AND r0, r0, #0x03            // 解除屏蔽 CPU ID 字段
  MOV pc, lr
// ------------------ ts.s 文件结束 --------------------
```

ts.s 文件的说明：系统被编译链接到一个起始地址为 0x10000 的 t.bin 可执行映像。在链接器脚本文件 t.ld 中，它将 svc_stack 指定为 16KB 区域的起始地址，该区域将是 4 个 CPU 的 SVC 模式堆栈。同样，CPU 将使用 irq_stack 中的 16KB 区域作为其 IRQ 模式堆栈。由于我们不打算处理任何其他类型的异常，因此省略了 ABT 和 UND 模式堆栈以及异常处理程序。该映像运行在 QEMU 下：

```
qemu-system-arm -m realview-pbx-a9 -smp 4 -m 512M -kernel t.bin -serial mon:stdio
```

为了清晰，计算机类型（–m realview-pbx-a9）和 CPU 数量（-smp 4）以黑体显示。当系统启动时，QEMU 将可执行映像加载到 0x10000 并从那里运行。当 CPU0 开始执行 reset_handler 时，QEMU 也启动了其他 CPU（CPU1 至 CPU3），但它们保持在 WFI 状态。因此，只有 CPU0 首先执行 reset_handler。它设置 SVC 和 IRQ 模式堆栈，将向量表复制到地址 0，然后在 C 中调用 main( )。CPU0 首先初始化系统。然后，它将 0x10000 作为 AP 的起始地址写入 SYS_FLAGSSET 寄存器（在 0x10000030 处），并向所有 AP 发出一个 SGI，使它们从 0x10000 处的相同 reset_handler 代码执行。但是，基于它们的 CPU ID 号，每个 AP 只会建立自己的 SVC 和 IRQ 模式堆栈，并在 C 中调用 APstart( )，从而绕过系统初始化代码，例如 CPU0 已经完成的向量复制。

（2）**t.c 文件**：在 main( ) 中，CPU0 启用 SCU 并配置 GIC 以路由中断。为简单起见，系统仅支持 UART0（0x10009000）和 timer0（0x10011000）。在 config_gic( ) 中，计时器中断被路由到 CPU0，而 UART 中断被路由到 CPU1，这是非常任意的。如有需要，读者可以验证它们是否可以被路由到任何 CPU。然后，CPU0 初始化设备驱动程序并启动计时器。然后，它将 AP 起始地址写入 0x10000030，并发出 SGI 来激活 AP。此后，所有 CPU 都在 WFI 循环中执行，但是 CPU0 和 CPU1 可以响应并处理计时器中断和 UART 中断。

```
/******************** C9.2 的 t.c 文件 ***************************/
#include "type.h"
#define GIC_BASE 0x1F000000
int *apAddr = (int *)0x10000030; // SYS_FLAGSSET 寄存器

#include "uart.c"
#include "timer.c"

int copy_vectors(){ // 如前所述 }
int APstart()          // AP 启动代码
{
    int cpuid = get_cpuid();
    uprintf("CPU%d start: ", cpuid);
    uprintf("CPU%d enter WFI state\n", cpuid);
    while(1){
       asm("WFI");
    }
}
int config_int(int intID, int targetCPU)
{
   int reg_offset, index, address;
   char priority = 0x80;
   reg_offset = (intID>>3) & 0xFFFFFFFC;
   index = intID & 0x1F;
   address    =   (GIC_BASE + 0x1100) + reg_offset;
   *(int *)address = (1 << index);
   // 设置中断 ID 优先级
   reg_offset = (intID & 0xFFFFFFFC);
   index = intID & 0x3;
   address   = (GIC_BASE + 0x1400) + reg_offset + index;
   *(char *)address = (char)priority;
   // 设置目标 CPU
   address    = (GIC_BASE + 0x1800) + reg_offset + index;
   *(char *)address = (char)(1 << targetCPU);
}
int config_gic()
{
   // 设置 int 优先级掩码寄存器
   *(int *)(GIC_BASE + 0x104) = 0xFF;
   // 启用 CPU 接口控制寄存器以发出中断信号
   *(int *)(GIC_BASE + 0x100) = 1;
   // 启用分配器控制寄存器以向 CPU 发送中断
   *(int *)(GIC_BASE + 0x1000) = 1;
   config_int(36, 0);  // timer ID=36 至 CPU0
   config_int(44, 1);  // UART0 ID=44 至 CPU1
}
int irq_chandler()
{
   // 读取 GIC 中 CPU 接口的 ICCIAR
   int intID = *(int *)(GIC_BASE + 0x10C);
   if (intID == 36)
      timer_handler();  // timer0 中断
```

```
    if (intID == 44)
       uart_handler(0);  // UART0 中断
    *(int *)(GIC_BASE + 0x110) = intID; // 发出 EOI
}
int main()
{
    enable_scu();                  // 启用 SCU
    uart_init();                   // 初始化 UART
    uprintf("CPU0 starts\n");
    timer_init();                  // 初始化计时器
    timer_start(0);                // 启动计时器
    config_gic();                  // 配置 GIC
    // 发送 SGI 以唤醒 AP
    send_sgi(0x00, 0x0F, 0x01);    // intID=0,CPUs=0xF,filter=0x01
    apAddr  = (int *)0x10000030;   // SYS_FLAGSSET 寄存器
    *apAddr = (int)0x10000;        // 所有 AP 从 0x10000 开始执行
    uprintf("CPU0 enter WFI loop: enter key from UART\n");
    while(1)
      asm("WFI");
}
```

（3）**timer.c 文件**：该文件实现 timer0 驱动程序。每秒显示一行至 UART0 端口。

```
//****************  C9.2 的 timer.c 文件  *****************
#define DIVISOR 64
typedef struct timer{
  u32 LOAD;      // 加载寄存器
  u32 VALUE;     // 当前值寄存器
  u32 CONTROL;   // 控制寄存器
  u32 INTCLR;    // 中断清除寄存器
  u32 RIS;       // 原始中断状态寄存器
  u32 MIS;       // 被屏蔽的中断状态寄存器
  u32 BGLOAD;    // 后台加载寄存器
}TIMER;
TIMER *tp;
extern UART *up;
u32 tick = 0, ss = 0;
int timer_handler()
{
    int cpuid = get_cpuid();
    tick++;
    if (tick >= DIVISOR){
       tick = 0; ss++;
       if (ss==60)
          ss = 0;
    }
    if (tick==0){  // 每秒显示一行
       uprintf("TIMER interrupt on CPU%d : time = %d\r", cpuid, ss);
    }
    timer_clearInterrupt(0); // 清除计时器中断
}
int timer_init()
```

```
{
  tp = (TIMER *)0x10011000; // 设置计时器基址
  // 设置控制和计数器寄存器
  tp->LOAD = 0x0;
  tp->VALUE= 0xFFFFFFFF;
  tp->RIS  = 0x0;
  tp->MIS  = 0x0;
  tp->LOAD = 0x100;
  tp->CONTROL = 0x62; // |En|Per|Int|-|Sca|00|32B|Wrap|=01100010
  tp->BGLOAD  = 0xF0000/DIVISOR;
}
int timer_start()
{
  TIMER *tpr = tp;
  tpr->CONTROL |= 0x80;    // 设置启动位 7
}
int timer_clearInterrupt()
{
  TIMER *tpr = tp;
  tpr->INTCLR = 0xFFFFFFFF;  // 写入 INTCLR 寄存器
}
```

（4）uart.c 文件：这是 UART 驱动程序。驱动程序已准备好连接 4 个 UART，但它只使用 UART0。为了简洁起见，并没有展示 uprintf( ) 代码。

```
/************ C9.2 的 uart.c 文件 ***********/
#define UART0_BASE 0x10009000
typedef struct uart{
 u32 DR; // 数据寄存器
 u32 DSR;
 u32 pad1[4]; // 8+16=24 字节到 FR 寄存器
 u32 FR; // 在 0x18 处标记寄存器
 u32 pad2[7];
 u32 IMSC; // 在偏移量 0x38 处
}UART;
UART *upp[4]; // 4 个 UART 指针
UART *up; // 激活 UART 指针
int uprintf(char *fmt, ...){ // 如前所述 }
int uart_handler(int ID)
{
 char c;
 int cpuid = get_cpuid();
 up = upp[ID];
 c = up->DR;
 uprintf("UART%d interrupt on CPU%d : c=%c\n", ID, cpuid, c);
}
int uart_init()
{
 int i;
 for (i=0; i<4; i++){ // UART 基址
    upp[i] = (UART *)(0x10009000 + i*0x1000);
```

```
    upp[i]->IMSC |= (1<<4); // 启用 UART RXIM 中断
  }
}
```

9.7.2　ARM SMP 启动示例 1 的演示

图 9.2 展示了 SMP 启动示例程序 C9.2 的输出。该系统有 4 个 CPU，分别标识为 CPU0 ～ CPU3。在 config_gic( ) 中，计时器中断（36）被路由至 CPU0，而 UART 中断（44）被路由至 CPU1。计时器每秒显示一行，以秒为单位显示经过的时间。所有 CPU 都在 WFI 循环中执行，但是 CPU0 和 CPU1 可以响应并处理中断。作为练习，读者可以修改 config_gic( ) 代码以将中断路由到不同的 CPU 来观察效果。

```
CPU0 starts
CPU0 enter WFI loop: enter key from UART
CPU1  start: CPU1  enter WFI state
CPU2  start: CPU2  enter WFI state
CPU3  start: CPU3  enter WFI state
UART0  interrupt on CPU1  : c=t = 10
UART0  interrupt on CPU1  : c=e = 13
UART0  interrupt on CPU1  : c=s
UART0  interrupt on CPU1  : c=t = 14
TIMER interrupt on CPU0  : time = 19
```

图 9.2　ARM SMP 启动示例 1

9.7.3　ARM SMP 启动示例 2

在第二个 ARM SMP 启动示例程序（C9.3）中，我们添加 LCD 和键盘驱动程序，以获得更好的用户界面和显示效果。这些与前几章为 ARM Versatilepb 板开发的 LCD 和键盘驱动程序相同，除了以下区别：在 ARM realview-pbx-a9 板上，LCD 显示时序参数与以前相同，但其基址为 0x10120000。对于键盘，基址（在 0x1000600 处）与以前相同，但是它使用 GIC 中断号 52，因为 realview-pbx-a9 板没有 VIC 和 SIC 中断控制器。当 AP 启动时，我们让每个 AP 在 LCD 上打印几行。为了简洁起见，我们仅展示修改后的 t.c 文件。

```
/*************** C9.3 的 t.c 文件: SMP 启动示例 2 ***************/
#include "type.h"
extern int uprintf(char *fmt, ...);
extern int printf(char *fmt, ...);
#define GIC_BASE 0x1F000000
int *apAddr = (int *)0x10000030;

#include "uart.c"
#include "timer.c"
#include "kbd.c"            // 键盘驱动程序
#include "vid.c"            // LCD 驱动程序

int copy_vectors(){// 如前所述 }
int sen_sgi(int filter,int targetCPU, int intID){//如前所述 }

int APstart()
{
  int i, cpuid = get_cpuid();
  printf("CPU%d start\n", cpuid);
  for (i=0; i<2; i++){
     printf("CPU%d before WFI state i=%d\n",cpuid, i);
  }
```

```
    printf("CPU%d enter WFI state\n", cpuid);
    while(1){
       asm("WFI");
    }
}
int config_gic()
{
   // 设置 int 优先级掩码寄存器
   *(int *)(GIC_BASE + 0x104) = 0xFF;
   // 设置 CPU 接口控制寄存器：启用信号中断
   *(int *)(GIC_BASE + 0x100) = 1;
   // 分配器控制寄存器将挂起的中断发送到 CPU
   *(int *)(GIC_BASE + 0x1000) = 1;
   config_int(36, 0);      // 到 CPU0 的计时器中断
   config_int(44, 1);      // 到 CPU1 的 UART0 中断
   config_int(52, 2);      // 到 CPU2 的键盘中断
}

int config_int(int intID, int targetCPU){// 与示例 1 相同 }

int irq_chandler()
{
    // 读取 GIC 中 CPU 接口的 ICCIAR
    int intID = *(int *)(GIC_BASE + 0x10C);
    if (intID == 36)
       timer_handler();
    if (intID == 44)
       uart_handler(0);
    if (intID == 52)          // 键盘中断处理程序
       kbd_handler();
    *(int *)(GIC_BASE + 0x110) = intID; // 发出 EOI
}

int main()
{
    enable_scu();
    fbuf_init();                  // 初始化 LCD 显示
    printf("********* ARM SMP Startup Example 2 ************\n");
    kbd_init();
    uart_init();
    printf("CPU0 starts\n");
    timer_init();
    timer_start(0);
    config_gic();
    send_sgi(0x00, 0x0F, 0x01); // intID=0,CPUs=0xF,filter=b01
    apAddr  = (int *)0x10000030;
    *apAddr = (int)0x10000;
    printf("CPU0 enter while(1)loop. Enter key from KBD:\n");
    uprintf("Enter key from UART terminal:\n");
    while(1)
       asm("WFI");
}
```

9.7.4 ARM SMP 启动示例 2 的演示

图 9.3 展示了运行示例程序 C9.3 的输出。如图所示，AP 的输出是交错的。例如，在 CPU2 完成打印之前，CPU3 也开始打印，从而产生混合输出。如果我们让 AP 打印更多行，那么某些行可能会出现乱码。这是因为 CPU 可能会在 LCD 显示内存中写入相同位置。这是不同 CPU 并行执行的典型现象。CPU 可以按任意顺序访问和修改共享内存位置。当许多 CPU 尝试修改相同的内存位置时，如果结果取决于执行顺序，则称为竞争条件。在 SMP 系统中，竞争条件必须不存在，因为它可能破坏共享数据对象，从而导致不一致的结果并导致系统崩溃。上面的示例旨在说明，虽然在 SMP 系统中启动多个 CPU 非常容易，但是我们必须控制它们的执行，以确保共享数据对象的完整性。这导致我们重新检查进程同步问题，这对于每个 SMP 系统都是必不可少的。

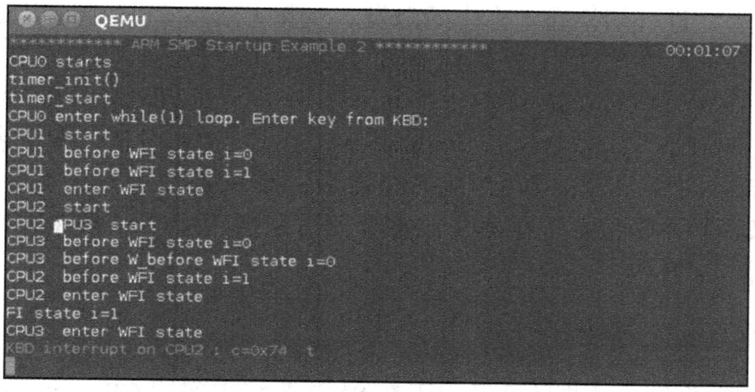

```
QEMU
************ ARM SMP Startup Example 2 ************          00:01:07
CPU0 starts
timer_init()
timer_start
CPU0 enter while(1) loop. Enter key from KBD:
CPU1  start
CPU1  before WFI state i=0
CPU1  before WFI state i=1
CPU1  enter WFI state
CPU2  start
CPU2 PU3  start
CPU3  before WFI state i=0
CPU3  before W before WFI state i=0
CPU2  before WFI state i=1
CPU2  enter WFI state
FI state i=1
CPU3  enter WFI state
KBD interrupt on CPU2 : c=0x74  t
```

图 9.3 ARM SMP 启动示例 2

9.8 SMP 的临界区

在 SMP 系统中，每个 CPU 执行一个进程，该进程可以访问共享内存中的相同数据对象。临界区（Critical Region，CR）（Silberschatz 等，2009；Stallings，2011）是一个针对共享数据对象的执行序列，一次只能由一个进程执行。临界区实现了进程互斥原理，是实现进程同步的基础。因此，如何在 SMP 系统中实现临界区是一个基本问题。

9.8.1 SMP 临界区的实现

假设 x 是一个可寻址的内存位置，例如一个字节或一个字。在每个计算机系统中，read(x) 和 write(x) 是原子操作。无论有多少 CPU 尝试读取或写入相同的 x，即使在同一时间，内存控制器一次也只能允许一个 CPU 访问 x。一旦一个 CPU 开始读或写 x，在它完成操作之前，其他任何 CPU 都不会被允许访问 x。但是，read(x) 和 write(x) 的独立原子性不能保证 x 可以被正确更新。这是因为更新 x 需要两步：先 read(x)，然后 write(x)。在这两步之间，可能会插入其他 CPU，它们要么读取尚未更新的 x 旧值，要么将 x 的值覆盖。为解决此问题，为多处理设计的 CPU 通常支持 Test-and-Set（TS）或等效指令，其工作原理如下。再次假设 x 是可寻址的内存位置，并且最初为 0。TS(x) 指令在 x 上执行以下操作，作为单个不可分（原子）运算。

```
TS(x) = {从内存读取 x; 测试 x 为 0 或 1; 将 1 写入 x}
```

无论有多少 CPU 尝试执行 TS(x)，就算在同一时间，也只有一个 CPU 可以将 x 读取为 0，其他所有 CPU 都会将 x 读取为 1。在 Intel x86 CPU 中，等效指令为 XCHG，它在一次单个不可分运算中将 CPU 寄存器与内存位置交换。在较早版本的 ARM CPU（在 ARMv6 之前）中，等效指令是 SWAP。使用 TS 或等效指令，我们可以实现与 x 相关的 CR，如下所示。

```
    Byte x = 0;
(1) int SR = int_off();
(2) while(TS(x));
    ------------------
(3) | Critical Region |
    ------------------
(4) x = 0;
(5) int_on(SR);
```

在每个 CPU 上，进程切换通常由中断触发。步骤 1 禁用 CPU 中断以防止进程切换。这样可以确保每个进程都在 CPU 上保持运行而不会被切换掉。在步骤 2 中，进程循环直到 TS(x) 变为 0 值。在尝试执行 TS(x) 的 CPU 中，只有一个可以得到 0 以进入步骤 3 中的 CR。其他的 CPU 将获得值 1，并继续执行 while 循环。因此，CR 内任何时候都只有一个进程。当进程完成 CR 后，它将 x 清除为 0，从而允许另一个进程通过步骤 2 进入 CR。在步骤 5 中，进程恢复原始的 CPU 状态寄存器，该寄存器可能启用中断以允许进程在 CPU 上切换，但是进程已经退出了 CR。

9.8.2 XCHG/SWAP 操作的缺点

尽管类似 TS 的指令可以并且已经用于在 SMP 系统中实现 CR（Wang，2015），但它们也有一些缺点。

（1）当 CPU 开始执行类似 TS 的指令时，整个内存总线可能会被锁定，直到指令完成为止。同时，没有其他 CPU 可以访问内存，这降低了并发性。

（2）当 CPU 开始执行类似 TS 的指令时，它必须先完成指令才能接收中断，这会增加中断处理的延迟。

（3）假定 CPU 已将内存位置设置为 1，并且正在 CR 中执行。在 CPU 将内存位置重置为 0 之前，所有其他试图将其设置为 1 的 CPU 必须持续执行类似 TS 的指令。这增加了功耗，在嵌入式和移动系统中是不受欢迎的。

9.8.3 SMP 的 ARM 同步指令

为了弥补类似 TS 的指令的缺点，ARM 在其 MPCore 处理器中引入了几条新指令，以实现 SMP 中的进程同步。

9.8.3.1 ARM LDREX/STREX 指令

LDREX：LDREX 指令从内存中加载一个字，该字被标记为独占访问。它还会初始化关联的硬件单元（称为独占监视器）的状态，以跟踪这些内存位置上的更新操作。

STREX：STREX 指令尝试将字存储到标记为互斥访问的内存位置。如果独占监视器允许存储，它将更新内存位置并返回 0，表示操作成功。如果独占监视器不允许存储，它将不更新内存位置并返回 1，表示操作失败。在后一种情况下，CPU 可能稍后再尝试 STREX 或采取其他措施。

LDREX-STREX 有效地将经典的类似 TS 的操作分为两个单独的步骤。借助独占监视器，它们支持 ARM MPCore 处理器中的原子内存更新。无论有多少 CPU 尝试更新相同的内存位置，都只有一个 CPU 能成功。由于 CPU 分两步执行 LDREX-STREX，因此它不必持续执行指令序列直到成功为止。当执行 LDREX 后，如果发现 CPU 的内存位置已经为 1，则可能会执行其他操作，而不是反复尝试。更好的方法是将 CPU 置于省电模式，直到被激活，此时它可能会尝试再次设置内存位置。为此，ARM 引入了 WFI、WFE 和 SEV 指令，接下来将介绍其使用方法。

9.8.3.2 ARM WFI、WFE、SEV 指令

WFI（等待中断）：CPU 进入省电模式，等待任何中断将其唤醒。

WFE（等待事件）：CPU 进入省电模式，等待任何事件（包括由另一个 CPU 引起的中断和事件）将其唤醒。

SEV（发送事件）：发送事件以唤醒 WFE 模式下的其他 CPU。

如果 CPU 和（优化）编译器未更改程序的指令执行顺序，则上述指令将起作用。然而，ARM 工具链生成的代码和 ARM CPU 本身可能会重新排序指令执行顺序，这可能导致与程序中的指令序列不同的无序内存访问。在 SMP 系统中，无序的内存访问可能会产生不一致的结果。为了确保来自不同执行实体的内存内容具有一致的视图，ARM 引入了内存屏障。

9.8.3.3 ARM 内存屏障

内存屏障是一种指令，它使 CPU 对屏障指令之前和之后发出的内存操作强制执行排序约束。这通常意味着预先发送给屏障的操作将被保证在屏障之后发送的操作之前执行。ARM 内存屏障包括以下内容。

DMB（数据内存屏障）：DMB 充当内存屏障。它可以确保在 DMB 启动之前的所有显式数据内存传输会在 DMB 启动之后的任意后续显式数据内存事务之前完成。这样可以确保两次内存访问之间的正确顺序。

DSB（数据同步屏障）：DSB 是一种特殊的内存屏障。DSB 指令确保在 DSB 之前的所有显式数据传输会在 DSB 执行之后的任何指令之前完成。当该指令之前的所有显式内存访问以及所有缓存、分支预测器和 TLB 维护操作完成时，该指令完成。

ISB（指令同步屏障）：ISB 刷新处理器中的流水线，以便在完成指令后从缓存或内存中提取 ISB 之后的所有指令。它确保对在 ISB 指令之前执行的上下文更改操作（例如更改 ASID、完成的 TLB 维护操作或分支预测器维护操作）以及对 CP15 寄存器的所有更改的影响，对 ISB 之后获取的指令是可见的。此外，ISB 指令确保在 ISB 指令之后以程序顺序出现的任何分支始终被写入分支预测逻辑，并且上下文在 ISB 指令之后是可见的。这确保了指令流的正确执行。

9.9 SMP 中的同步原语

同步原语是用于进程同步的软件工具。同步原语有很多种，从简单的自旋锁到非常复杂的高级同步构造，例如条件变量和监视器等（Wang，2015）。在下文中，我们将仅讨论 SMP 操作系统中最常用的同步原语。

9.9.1 自旋锁

最简单的同步原语是自旋锁，它是一种用于保护短持续时间临界区（CR）的概念锁。要访问 CR，进程必须先获取与 CR 关联的自旋锁。它会反复尝试获取自旋锁，直到成功为止，因此被称为自旋锁。当完成 CR 后，该进程将释放自旋锁，从而允许另一个进程获取该自旋

锁以进入CR。自旋锁操作包括两个主要函数。

- slock(int *spin)：获取由spin指向的自旋锁
- sunlock(int *spin)：释放由spin指向的自旋锁

这两个函数分别以slock(&spin)和sunlock(&spin)方式调用，其中spin表示初始化为未锁定状态的自旋锁。以下代码展示了ARM汇编中自旋锁函数的实现。

```
UNLOCKED = 0
LOCKED = 1
int spin = 0;              // 自旋锁,0=未锁定,1=已锁定
slock:                     // slock(int *spin): 获取自旋锁
  ldrex r1, [r0]           // 读取自旋锁值
  cmp   r1, #0x0           // 与 0 比较
  WFENE                    // 不为 0 表示已经锁定：执行 WFE
  bne   slock              // 被事件唤醒后重试
  mov   r1, #1             // 设置 r1=1
  strex r2, r1, [r0]       // 尝试将 1 存储到 [r0]; r2 = 返回值
  cmp   r2, #0x0           // 检查 r2 中的返回值
  bne   slock              // 不为 0 表示失败；重试再次锁定
  DMB                      // 访问 CR 之前的内存屏障
  bx    lr                 // 仅在获取自旋锁后返回
sunlock:                   // sunlock(int *spin)
  mov   r1, #0x0           // 设置 r1=0
  DMB                      // 释放 CR 之前的内存屏障
  str   r1, [r0]           // 存储 0 至 [r0]
  DSB                      // 确保在 SEV 之前更新完成
  SEV                      // 发送事件信号以唤醒 WFE 模式中的 CPU
  bx    lr                 // 返回
```

9.9.2 自旋锁示例

在SMP启动示例程序中，CPU0是BSP，它会首先初始化系统，然后通过发送SGI唤醒其他AP。唤醒后，所有AP都会执行相同的APstart( )代码。如图9.3所示，它们在LCD屏幕上的输出很可能是混合在一起的。例如，CPU0的输入提示甚至在所有AP被唤醒之前就出现了。在实际运行时，BSP应该等到所有AP准备就绪后再继续。为此，我们可以初始化一个（全局）变量nCPU = 1，并在每个AP启动并准备就绪时将nCPU递增1。发送SGI唤醒AP后，BSP在显示输入提示之前执行忙等循环while(nCPU < 4)。但是，如果没有适当的同步，此方案可能无法正常工作，因为由于竞争条件，AP可能会以任意顺序更新nCPU。nCPU的最终值可能不是4，从而使BSP陷入while循环。这些问题都可以通过添加自旋锁以确保AP每次执行单个APstart( )来消除。为此，我们定义全局变量spin为自旋锁，定义nCPU为计数器，并修改APstart( )和t.c代码，如下所示。

```
int spin = 0;              // 自旋锁
volatile int ncpu = 1; // 就绪的 CPU 数量

int APstart()              // 用于 AP 执行的代码
{
   int cpuid = get_cpuid();
   slock(&spin);
     printf("CPU%d in APstart\n", cpuid);
```

```
    ncpu++;
    printf("CPU%d enter WFI loop ncpu=%d\n", cpuid, ncpu);
   sunlock(&spin);
   while(1)
     asm("WFI");
}
main()                  // 由 CPU0 执行
{
   // 与以前相同的代码
   while(ncpu < 4);  // 等待所有 AP 就绪
   printf("enter a key from KBD or UARTs : ");
   while(1) asm("WFI");
}
```

9.9.3　使用自旋锁启动 SMP 的演示

然后我们重新编译修改后的程序 C9.4，并再次运行。图 9.4 展示了修改后的程序 C9.4 的示例输出。如图所示，所有输出现在都按 CPU 顺序排列。

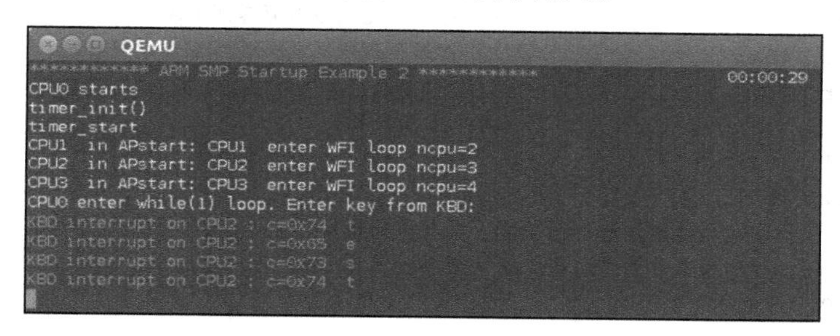

图 9.4　带自旋锁的 SMP 启动程序

9.9.4　SMP 中的互斥锁

互斥锁是一种软件同步工具，用于锁定 / 解锁长持续时间的临界区。互斥锁包含一个指示该互斥锁处于锁定状态还是未锁定状态的锁定字段、一个所有者字段（标识执行实体，例如当前持有互斥锁的进程或 CPU ID）。解锁的互斥锁没有所有者。如果执行实体成功锁定了互斥锁，则它将成为所有者。只有所有者才能解锁锁定的互斥锁。互斥锁的最简单形式是对所有执行实体可见的一个（全局）整数变量。假定执行实体 ID 均不小于 0。无效 ID 为 -1 的互斥锁表示解锁状态，而非负 ID 表示锁定状态以及互斥锁的所有者。首先，我们假定这样一个简单的互斥锁形式，以 CPU 作为执行实体。

```
typedef struct mutex{
    int lock;
}MUTEX; MUTEX m;             // m 是一个互斥锁
```

以下 ARM 汇编代码段展示了互斥锁操作的实现，包含三个函数：mutex_init、mutex_lock 和 mutex_unlock。

```
  UNLOCKED=0xFFFFFFFF              // 与 -1 相同
mutex_init:                        // init_mutex(MUTEX *m)
  MOV     r1, #UNLOCKED            // 标记为未锁定
  STR     r1, [r0]
  BX      lr
```

```
mutex_lock:                        // int mutex_lock(MUTEX *m)
  LDREX    r1, [r0]                // 读取锁定字段
  CMP      r1, #UNLOCKED           // 与解锁比较
  WFENE                            // 如果已经锁定，WFE
  BNE      mutex_lock              // 唤醒时再试一次
  // 尝试使用 CPU ID 锁定互斥锁
  MRC      p15, 0, r1, c0, c0, 5   // 读取 CPU ID 寄存器
  AND      r1, r1, #0x03           // 解除屏蔽 CPU ID 字段 r1
  STREX    r2, r1, [r0] // 尝试将 CPU ID 写入 m-> lock
  CMP      r2, #0x0      // 检查返回值：0 = 成功，1 = 失败
  BNE      mutex_lock    // 如果存储失败，重试
  DMB
  BX       lr            // 返回

mutex_unlock:                      // int mutex_unlock(MUTEX *m)
  MRC      p15, 0, r1, c0, c0, 5   // 将 CPU ID 寄存器读取到 r1
  AND      r1, r1, #0x03           // 解除屏蔽 CPU ID 字段 r1
  LDR      r2, [r0]                // 读取互斥锁的锁定字段
  CMP      r1, r2                  // 比较 CPU ID 与互斥所有者
  MOVNE    r0, #0x1                // 如果不是所有者：返回 1 表示失败
  BXNE     lr
  DMB              // 确保已完成对共享资源的所有访问
  MOV      r1, #unlocked           // 将“解锁”写入锁定字段
  STR      r1, [r0]
  DSB              // 在唤醒其他 CPU 之前，确保更新完成
  SEV              // 将事件发送到在 WFE 中等待的其他 CPU
  MOV      r0, #0x0                // 返回 0 表示成功
  BX       lr
```

可以看出，互斥锁操作的实现与自旋锁类似。两者都依赖于原子更新和内存屏障操作。唯一的区别是，锁定的互斥锁具有一个所有者，且只能由当前所有者解锁。相反，自旋锁没有任何所有者，因此即使执行实体不拥有该自旋锁，也可以进行解锁，这可能导致自旋锁滥用。

9.9.5 使用自旋锁实现互斥锁

互斥锁也可以被认为是由以下字段组成的结构。

```
typedef struct mutex{
        int lock;    // 自旋锁访问此互斥锁
        int status;  // 0= 未锁定，1= 已锁定
        int owner;   // 所有者 ID；-1= 没有所有者
}MUTEX; MUTEX m;
```

锁定字段是自旋锁，可确保对互斥锁的任何操作只能在互斥锁的自旋锁的 CR 内执行，状态字段表示互斥锁的当前状态，例如：0 = 未锁定，1 = 已锁定，并且所有者字段标识持有互斥锁的当前执行实体。使用自旋锁字段，可以基于自旋锁上的 slock( )/sunlock( ) 实现互斥锁操作。以下代码展示了高级 C 语言中互斥锁操作的实现。

```
#define NO_OWNWR -1
int mutex_init(MUTEX *m)
{ m->lock = 0; m->status = UNLOCKED; m->owner = NO_OWNER; }
```

```
int mutex_lock(MUTEX *m)
{
   while(1){
     slock(&m->lock);      // 获取自旋锁
     if (m->status == UNLOCKED)
        break;
     sunlock(&m->lock);    // 释放自旋锁
     asm("WFE");           // 等待事件，然后重试
   }
   // 现在持有自旋锁，更新 CR 中的互斥锁
   m->status = LOCKED;
   m->owner = get_cpuid();
   sunlock(&m->lock);       // 释放自旋锁
}
int mutex_unlock(MUTEX *m)
{
   slock(&m->lock);         // 获取自旋锁
   if (m->owner != get_cpuid()){
      sunlock(&m->lock);    // 如果不是所有者：释放自旋锁
      return -1;             // 返回 -1 表示失败
   }
   m->status = UNLOCKED;    // 将互斥锁标记为 UNLOCKED
   m->owner = NO_OWNER;     // 没有所有者
   sunlock(&m->lock);       // 释放自旋锁
   return 0;                // 返回 0 表示成功
}
```

上述互斥锁操作的 C 语言实现可能比汇编语言实现的效率略低，但是它有两个好处。首先，因为 C 代码的可读性总是比汇编代码好，所以其更容易理解，并且包含错误的可能性较小。其次，更重要的是，它展示了不同种类的同步原语之间的层次关系。一旦有了自旋锁来保护较短持续时间的 CR，就可以将它们用作实现互斥锁的基础，互斥锁实际上是较长持续时间的 CR。同样，我们也可以使用自旋锁来实现其他更强大的同步工具。在分层方法中，我们不必在新的同步工具中重复底层 LDREX-STREX 和内存屏障序列。

9.9.6 使用互斥锁启动 SMP 的演示

在示例程序 C9.5 中，我们将使用互斥锁来同步 AP 的执行。其效果与使用自旋锁时相同，两者都强制每个 AP 执行单个 APstart( )。

```
/****************** C9.5 的 t.c 文件 *******************/
#include "mutex.c"
MUTEX m;
volatile int ncpu = 1;
int APstart()
{
   int i;
   int cpuid = get_cpuid();
   mutex_lock(&m);
    printf("CPU%d start\n", cpuid);
    for (i=0; i<4; i++){ // 每个 AP 在 CR 内打印行
```

```
        printf("CPU%d before WFI state i=%d\n", cpuid, i);
    }
    printf("CPU%d enter WFI state\n", cpuid, cpuid);
    ncpu++;                  // 每个AP在CR内将nCPU递增1
  mutex_unlock(&m);
  while(1)
     asm("WFI");
}
int main()
{
  // 与示例2相同的代码
  send_sgi(0x0, 0x0F, 0x01); // intID=0,targetList=0xF,filter=0x01
  apAddr  = (int *)0x10000030;
  *apAddr = (int)0x10000;
  while(ncpu < 4);             // 等待所有AP准备就绪
  printf("CPU0 enter while(1) loop. Enter key from KBD:\n");
  uprintf("Enter key from UART terminal:\n");
  while(1);
}
```

图9.5展示了使用互斥锁进行CPU同步的ARM SMP启动程序的输出。可以看出，在持有互斥锁的同时，每个CPU都可以进行打印或执行任何操作，而不会受到其他CPU的干扰。

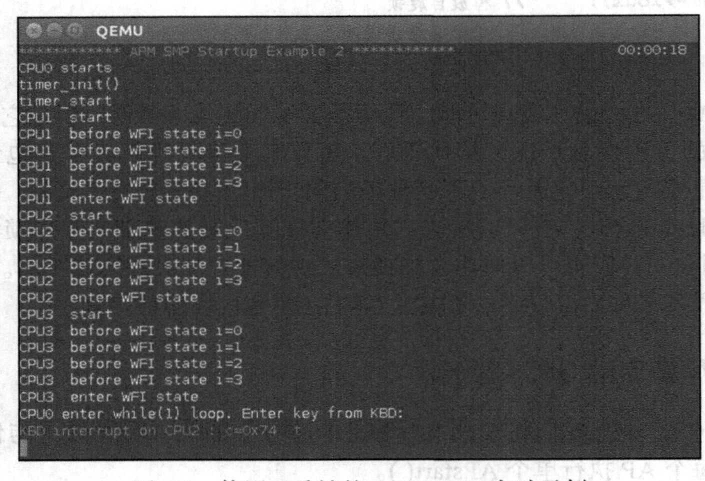

图9.5 使用互斥锁的ARM SMP启动示例

9.10 全局计时器和本地计时器

realview-pbx板支持几种不同的计时器：

- 全局计时器：所有CPU共有的64位全局计时器。
- 本地计时器：每个CPU都有一个32位的本地计时器。
- 外设计时器：4个外设计时器。

全局计时器是一个64位的向上计数计时器，可用作ARM MPCore系统中所有CPU的单个计时源。每个CPU都有一个私有的64位比较器寄存器。当全局计时器计数到达本地比较器值时，它将生成一个 ID 为 27 的中断。到目前为止，我们仅使用了外设计时器。在下文中，我们将使用 CPU 的本地计时器进行 SMP 操作。示例程序 C9.6 演示了 CPU 的本地计时器。每个 CPU 的本地计时器都位于外设基址 + 0x600。它使用中断 29。每个 CPU 都必须配置 GIC 才能将中断 29 路由到其自身。对于每个 CPU，我们将在 LCD 屏幕的右上角基于其本地计时器显示一个挂钟。下面的代码展示了如何实现本地计时器。

```
/***************  C9.6 的 ptimer.c 文件  *****************/
#define DIVISOR 64
#define TIME 0x6000000/DIVISOR
int plock = 0;
typedef struct ptimer{
  u32 load;     // 加载寄存器       0x00
  u32 count;    // 当前计数寄存器    0x04
  u32 control;  // 控制寄存器       0x08
  u32 intclr;   // 中断清除寄存器    0x0C
}PTIMER;
PTIMER *ptp;
// 基址 +0x600, interruptID=29 处的私有计时器
int printf(char *fmt, ...);
char clock[4][16];
char *blanks = "  :  :  ";
//             01234567
struct tt{
  int hh, mm, ss, tick;
}tt[4];

int ptimer_handler()  // 本地计时器中断处理程序
{
   int i, id;
   struct tt *tp;
   int cpuid = id = get_cpuid();
   tp = &tt[cpuid];
   slock(&plock);
   tp->tick++;
   if (tp->tick >= DIVISOR){
      tp->tick = 0; tp->ss++;
      if (tp->ss==60){
         tp->ss = 0;   tp->mm++;
         if (tp->mm==60){
             tp->mm = 0; tp->hh++;
         }
      }
   }
   if (tp->tick==0){  // 每秒显示一个挂钟
      color = GREEN+cpuid;
       for (i=0; i<8; i++){
           unkpchar(clock[cpuid][i], 0+cpuid, 70+i);
      }
      clock[id][0]='0'+(tp->hh/10); clock[id][1]='0'+(tp->hh%10);
      clock[id][3]='0'+(tp->mm/10); clock[id][4]='0'+(tp->mm%10);
```

```
        clock[id][6]='0'+(tp->ss/10); clock[id][7]='0'+(tp->ss%10);
        for (i=0; i<8; i++){
            kpchar(clock[id][i], 0+cpuid, 70+i);
        }
    }
    sunlock(&plock);
    ptimer_clearInterrupt(); // 清除计时器中断
}
int ptimer_init()
{
    int i;
    printf("ptimer_init() ");
    // 设置计时器基址
    ptp = (PTIMER *)0x1F000600;
    // 将控制计数器寄存器设置为默认值
    ptp->load = TIME;
    ptp->control = 0x06; // IAE 位 =110, 尚未启用
    for (i=0; i<4; i++){
        tt[i].tick = tt[i].hh = tt[i].mm = tt[i].ss = 0;
        strcpy(clock[i], "00:00:00");
    }
}
int ptimer_start()             // 启动本地计时器
{
    PTIMER *tpr;
    printf("ptimer_start\n");
    tpr = ptp;
    tpr->control |= 0x01;      // 设置启用位 0
}
int ptimer_stop()              // 停止本地计时器
{
    PTIMER *tptr = ptp;
    tptr->control &= 0xFE;     // 清除启用位 0
}
int ptimer_clearInterrupt() // 清除中断
{
    PTIMER *tpr = ptp;
    ptp->intclr = 0x01;
}

int APstart()                  // AP 启动代码
{
    int cpuid = get_cpuid();
    mutex_lock(&m);
    printf("CPU%d start: ", cpuid);
    config_int(29, cpuid);    // 每个 CPU 都需要
    ptimer_init();
    ptimer_start();
    ncpu++;
    printf("CPU%d enter WFI state\n", cpuid, cpuid);
    mutex_unlock(&m);
```

```
    while(1){
        asm("WFI");
    }
}
int irq_chandler()
{
    int int_ID = *(int *)(GIC_BASE + 0x10C);
    if (int_ID == 29){
        ptimer_handler();
    }
    *(int *)(GIC_BASE + 0x110) = int_ID;
}
```

SMP 中本地计时器的演示

图 9.6 展示了运行示例程序 C9.6 的输出，展示了带有用于 CPU 同步的互斥锁和本地计时器的 ARM SMP 启动序列。

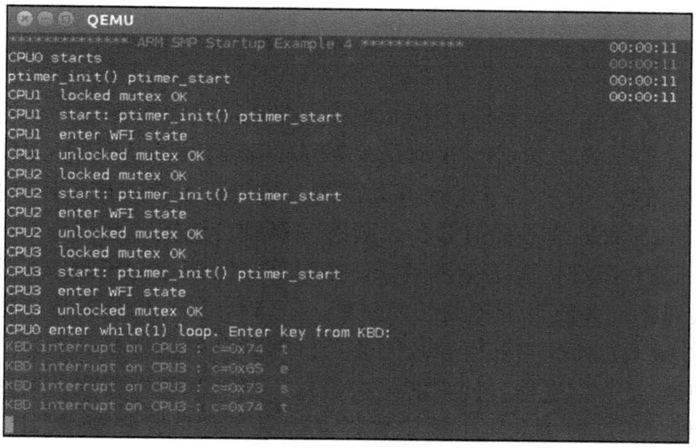

```
QEMU
*************** ARM SMP Startup Example 4 ************       00:00:11
CPU0 starts                                                   00:00:11
ptimer_init() ptimer_start                                    00:00:11
CPU1  locked mutex OK                                         00:00:11
CPU1  start: ptimer_init() ptimer_start
CPU1  enter WFI state
CPU1  unlocked mutex OK
CPU2  locked mutex OK
CPU2  start: ptimer_init() ptimer_start
CPU2  enter WFI state
CPU2  unlocked mutex OK
CPU3  locked mutex OK
CPU3  start: ptimer_init() ptimer_start
CPU3  enter WFI state
CPU3  unlocked mutex OK
CPU0 enter while(1) loop. Enter key from KBD:
KBD interrupt on CPU3 : c=0x74  t
KBD interrupt on CPU3 : c=0x65  e
KBD interrupt on CPU3 : c=0x73  s
KBD interrupt on CPU3 : c=0x74  t
```

图 9.6　SMP 中的本地计时器演示

9.11　SMP 中的信号量

（计数）信号量是一种结构：

```
typedef struct sem{
        int lock;          // 自旋锁
        int value;         // 值
  struct proc *queue;      // FIFO PROC 队列
}SEMAPHORE;
SEMAPHORE s = VALUE;       // s.lock=0; s.value=VALUE; s.queue=0;
```

在信号量结构中，lock 字段是一个自旋锁，它确保对信号量的任何操作都必须在信号量自旋锁的 CR 内执行。value 字段是该信号量的初始值，表示受信号量保护的可用资源的数量。queue 是等待可用资源的阻塞进程 FIFO 队列。最常用的信号量操作是 P 和 V，其定义如下。

```
// running 是指向当前正在执行的进程的指针
-----------------------------------------------------------------
P(SEMAPHORE *s)                    | V(Semaphore *s)
{                                  | {
  int sr = int_off();              |    int sr = int_off();
  slock(&s->lock);                 |    slock(&s->lock);
  if (--s->value < 0)              |    if (++s->value <= 0)
     BLOCK(s);                     |       SIGNAL(s);
  else                             |
     sunlock(&s->lock);            |    sunlock(&s->lock);
  int_on(sr);                      |    int_on(sr);
}                                  | }
-----------------------------------------------------------------
int BLOCK(SEMAPHORE *s)            | int SIGNAL(SEMAPHORE *s)
{                                  | {
   running->status = BLOCK;        |    PROC *p = dequeue(&s->queue);
   enqueue(&s->queue, running);    |    p->status = READY;
   sunlcok(s->lock);               |    enqueue(&readyQueue, p);
   tswitch(); // 切换进程           |
}                                  | }
-----------------------------------------------------------------
```

在 SMP 系统中，进程切换通常由中断触发。在 P 函数和 V 函数中，进程首先禁用中断以防止 CPU 上的进程切换。然后它获取信号量的自旋锁以防止其他 CPU 进入相同的 CR。因此，无论有多少 CPU，只有一个进程可以在同一信号量上执行任何函数操作。在 P(s) 中，进程将信号量值减 1。如果信号量值非负，则进程释放自旋锁、启用中断并返回。在这种情况下，该进程将完成 P 操作，而不会被阻塞。如果信号量值变为负数，则进程将自己阻塞在（FIFO）信号量队列中，释放自旋锁并切换进程。在 V(s) 中，进程禁用中断，获取信号量的自旋锁，并将信号量值加 1。如果信号量值非正，则意味着信号量队列中有阻塞的进程，它将从信号量队列中释放一个进程，使其能再次运行。当阻塞的进程在 P(s) 中恢复运行时，它将启用中断并返回。在这种情况下，该进程将在被阻塞后完成 P 操作。再次需要注意的是，本书中定义的信号量是计数信号量，它比传统的二进制信号量更通用。作为计数信号量，该值可能会变为负数。在任何时候，下列不变式都成立。

```
if (s.value >= 0) : value   = 可用资源的数量
else              : |value| = 信号量队列中阻塞进程的数量
```

信号量在 SMP 中的应用

信号量与只能被用于锁定的互斥锁不同，它更加灵活，因为它既可以用作锁也可以用于进程协作。有关信号量应用的内容，读者可以参考文献（Wang，2015）的第 6 章。在本书中，我们将信号量用作资源管理、设备驱动程序和文件系统中的同步工具。

9.12　条件锁定

自旋锁、互斥锁和信号量均使用锁定协议，该协议会阻塞进程直到成功。任何锁定协议都可能导致死锁（Silberschatz 等，2009；Stallings，2011；Wang，2015）。死锁是一组进程相互等待的情况，在这种情况下没有进程可以继续运行。防止死锁的一种简单方法是确保获取不同锁的顺序始终是单向的，这样就永远不会发生交叉锁定或圆形锁定。然而，这并不是在所有并发程序中都可行。防止死锁的另一种实用方法是使用条件锁定和回退。在此方案中，如果已经持有某些锁的进程又试图获取另一个锁，它将在有条件的情况下尝试获取下一个锁。如果锁定尝试成功，则照常进行。如果锁定尝试失败，则将采取补救措施（通常包括释放已经持有的一些锁并重试算法）。为了实现此方案，我们引入了以下条件锁定操作。

9.12.1 条件自旋锁

当进程尝试获取常规自旋锁时，它在获得此自旋锁前不会返回。由于不同进程的交叉锁定尝试，这可能导致死锁。假定进程 Pi 已获取自旋锁 spin1，并且试图获取另一个自旋锁 spin2。而另一个进程 Pj 已获取 spin2，但尝试获取自旋锁 spin1。Pi 和 Pj 会永远相互等待，由于交叉锁定尝试而陷入死锁。为防止此类死锁出现，其中一个进程可以使用条件自旋锁，其定义如下。

```
// int cslock(int *spin): 有条件地获取自旋锁
// 如果锁定失败，则返回 0; 如果锁定成功，则返回 1
cslock:
   ldrex r1, [r0]        // 读取自旋锁值
   cmp   r1, #UNLOCKED // 与 UNLOCKED(0) 比较
   beq   trylock
   mov   r0, #0          // 如果失败则返回 0
   bx    lr
trylock:                 // 尝试锁定
   mov   r1, #1          // 设置 r1=1
   strex r2, r1, [r0]   // 尝试将 1 存储到 [r0]; r2 = 返回值
   cmp   r2, #0x0        // 检查 r2 中的 strex 返回值
   bne   cslock          // strex 失败，重试再次锁定
   DMB                   // 访问 CR 之前的内存屏障
   Mov   r0, #1
   bx    lr              // 成功则返回 1
```

如果自旋锁已被锁定，则条件 cslock( ) 返回 0（表示失败）。如果获取到自旋锁，则返回 1（表示成功）。在前一种情况下，进程可能会释放已经持有的一些锁并再次重试算法，从而防止任何可能出现的死锁。同样，我们还可以实现其他类型的条件锁定机制。

9.12.2 条件互斥锁

```
int mutex_clock(MUTEX *m)
{
    slock(&m->lock);    // 获取自旋锁
    if (m->status == LOCKED || m->owner != running->pid){
       sunlock(&m->lock);  // 释放自旋锁
      return 0;            // 失败则返回 0
    }
// 现在持有自旋锁，在 CR 中更新互斥锁
m->status = LOCKED;
m->owner = get_cpuid();
sunlock(&m->lock);       // 释放自旋锁
return 1;                // 成功则返回 1
```

9.12.3 条件信号量操作

```
int CP(SEMAPHORE *s)                 | int CV(Semaphore *s)
{                                    | {
  int sr = int_off();                |     int sr = int_off();
  slock(&s->lock);                   |     slock(&s->lock);
  if (s->value <= 0){                |     if (s->value >= 0){
     sunlock(&s->lock)               |        sunlock(&s->lock);
     return 0;                       |        return 0;
  }                                  |     }
  if (--s->value < 0)                |     if (++s->value <= 0)
     BLOCK(s);                       |        SIGNAL(s);
  int_on(sr);                        |     int_on(sr);
  return 1;                          |     return 1;
}                                    | }
```

条件CP的操作与P完全相同，如果信号量值大于0，则返回1表示成功。否则，它将返回0表示失败，且不改变信号量的值。条件CV的操作与V完全相同，并且如果信号量值小于0则返回1。否则，它返回0而不更改信号量值或从信号量队列中解除任何进程的阻塞。我们稍后将在SMP操作系统内核中演示这些条件锁定操作的用法。

9.13 SMP中的内存管理

Cortex-A9（ARM Cortex-A9 MPCore技术参考手册，r4p1，2012）和Cortex-A11（ARM11 MPCore Processor，r2p0，2008）中的内存管理单元（MMU）具有以下支持SMP的附加功能。

（1）**一级描述符**：一级页表描述符包含额外的位：NS（19）、NG（17）、S（16）、APX（15）、TEX（14 ～ 12） 和P（9）。AP（11 ～ 10）、DOMain（8 ～ 5）、CB（3 ～ 2）、ID（1 ～ 0）中的其他位保持不变。在添加的位中，S位决定内存区域是否共享。TEX（类型扩展）位用于将内存区域划分为**共享**、**非共享**或**设备**类型。共享内存区域是所有CPU都可以访问的严格排序的全局内存区域。非共享内存区域是特定的CPU所私有的。设备内存区域是所有CPU均可访问的内存映射外围设备。例如，使用分页时，应将一级页表条目中的内存区域属性设置为

- 共享：0x14C06。
- 非共享：0x00C1E。
- 设备：0x00C06。

而不是0x412或0x41E的值。否则MMU将禁止内存访问，除非将域访问AP位设置为用于管理器模式的0x3，该模式根本不会强制执行权限检查。当使用二级分页时，页大小可以是4KB、64KB、1MB或16MB（超级页）。域和4KB小页的可访问性位保持不变。

（2）**更多TLB特性**：在Cortex-A9到Cortex-A11中，TLB由用于指令和数据的微TLB组成，同时也是一个统一的主TLB。这些实质上将TLB分为了二级缓存，从而可以更快地解析TLB条目。除了锁定TLB条目外，还可以通过使用地址空间标识符（ASID）将主TLB条目与特定的进程或应用程序相关联，从而使这些TLB条目在上下文切换期间保持驻留状

态，而无须再次加载它们。

（3）**程序流预测**：ARM CPU 通常会预测分支指令。在 Cortex-A9 中，可以明确地禁用和启用程序流预测。这些特性可以与数据同步屏障（DSB）一起用于确保 TLB 条目的一致性维护。

9.13.1 SMP 中的内存管理模型

当为 SMP 配置 ARM MMU 时，可以将 CPU 的虚拟地址（VA）空间配置为统一的或非统一的。在统一 VA 空间模型中，所有 CPU 的 VA 到 PA 映射都是相同的。在非统一 VA 空间模型中，每个 CPU 可以将相同的 VA 范围映射到不同的 PA 区域以供私有使用。我们通过以下示例演示这些内存映射模型。

9.13.2 统一 VA 空间

在示例程序 C9.7 中，假设有 4 个 CPU：CPU0 ～ CPU3。系统启动时，CPU0 开始执行 reset_handler，QEMU 将其加载到 0x10000。它初始化 SVC 和 IRQ 模式堆栈，将向量表复制到地址 0，并使用 1MB 段创建一个一级页表，以将 512MB VA 映射到 PA。除了 256MB 处的 1MB I/O 空间被标记为 DEVICE（0x00C06），所有其他内存区域都标记为 SHARED（0x14C06）。所有内存区域都位于域 0 中，其 AP 位设置为客户端模式（b01）以强制执行权限检查。然后，它启用用于 VA 到 PA 转换的 MMU，并在 C 中调用 main( )。初始化系统后，CPU0 发出 SGI 来唤醒辅助 CPU。

所有辅助 CPU 或 AP 在 0x10000 处开始执行相同的 reset_handler 代码。每个 AP 设置自己的 SVC 和 IRQ 模式堆栈，但不再复制向量表并创建页表。每个 AP 使用 CPU0 在 0x4000 创建的相同页表来打开 MMU。因此，所有 CPU 共享相同的 VA 空间，因为它们的页表是相同的。然后每个 AP 在 C 中调用 APstart( )。

```
/********************** C9.7 的 ts.s 文件 ***********************/
.text
.code 32
.global reset_handler, vectors_start, vectors_end
.global apStart, slock, sunlock
// 所有 CPU 在 0x10000 处执行 reset_handler
reset_handler:
// 获取 CPU ID 并将其保留在 R11 中
  MRC p15, 0, r11, c0, c0, 5    // 读取 CPU ID 寄存器
  AND r11, r11, #0x03           // 解除屏蔽 CPU ID 字段
// 设置 CPU SVC 堆栈
  LDR r0, =svc_stack        // r0->16KB svc_stack 在 t.ld中
  mov r1, r11               // r1 = cpuid
  add r1, r1, #1            // cpuid++
  lsl r2, r1, #12           // (cpuid+1) * 4096
  add r0, r0, r2
  mov sp, r0                // SVC sp=svc_stack[cpuid] 高端
// 进入 IRQ 模式
  MSR cpsr, #0x12
// 设置 CPU IRQ 堆栈
```

```
  LDR r0, =irq_stack        // r0->16KB irq_stack 在 t.ld 中
  mov r1, r11
  add r1, r1, #1
  lsl r2, r1, #12           // (cpuid+1) * 4096
  add r0, r0, r2
  mov sp, r0                // IRQ sp=irq_stack[cpuid] 高端
// 返回到 SVC 模式
  MSR cpsr, #0x13
  cmp r11, #0
  bne skip                  // AP 跳过
  BL copy_vectors           // 仅 CPU0 将向量复制到地址 0
  BL mkPtable               // 仅 CPU0 在 C 中创建 pgdir 和 pgtable
skip:
  ldr r0, Mtable            // 所有 CPU 均启用 MMU
  mcr p15, 0, r0, c2, c0, 0  // 设置 TTBase
  mcr p15, 0, r0, c8, c7, 0  // 刷新 TLB
// 将 domain0 AP 设置为 01=client (检查权限)
  mov r0, #0x1              // AP=b01 用于 CLIENT
  mcr p15, 0, r0, c3, c0, 0
// 启用 MMU
  mrc p15, 0, r0, c1, c0, 0
  orr r0, r0, #0x00000001    // 设置 bit0
  mcr p15, 0, r0, c1, c0, 0  // 写入 c1
  nop
  nop
  nop
  mrc p15, 0, r2, c2, c0
  mov r2, r2
  cmp r11, #0
  bne APs
  BL main                   // CPU0 在 C 中调用 main()
  B .
APs:                        // 每个 AP 在 C 中调用 APstart()
  adr r0, APaddr
  ldr pc, [r0]
APaddr:  .word  APstart
Mtable:  .word  0x4000

/********************  C9.7 的 t.c 文件  ********************/
int *apAddr = (int *)0x10000030; // SYS_FLAGSSET 寄存器
int aplock = 0;                 // AP 的自旋锁
volatile int ncpu = 1;          // 就绪 CPU 的数量
#include "uart.c"               // UART 驱动程序
#include "kbd.c"                // 键盘驱动程序
#include "ptimer.c"             // 本地计时器驱动程序
#include "vid.c"                // LCD 驱动程序
int copy_vectors()        { // 如前所述 }
int config_gic(int cpuid){ // 如前所述 }
int irq_chandler()        ( // 如前所述 )
int send_sgi()            { // 如前所述 }
// 各种内存区域的描述符模板
```

```
#define SHARED    0x14C06
#define NONSHARED 0x00C1E
#define DEVICE    0x00C06
int mkPtable()               // 通过 CPU0 创建 pgdir
{
  int i;
  u32 *ut = (u32 *)0x4000; // Mtable 位于 16KB
  for (i=0; i<4096; i++)   // 将 pgdir 条目清除为 0
      ut[i] = 0;
  u32 entry = SHARED;      // 从 default = SHARED 开始
  for (i=0; i<512; i++){   // 512 个条目: 恒等映射 512MB VA 到 PA
    ut[i] = entry;
    entry += 0x100000;
  }
  // 将位于 256MB 的 1MB I/O 空间标记为 DEVICE
  ut[256] = (256*0x100000) | DEVICE;
}
int APstart()                // AP 启动代码
{
   slock(&aplock);
   int cpuid = get_cpuid();
   printf("CPU%d in APstart()\n", cpuid);
   config_int(29, cpuid);  // 按 CPU 本地计时器配置
   ptimer_init(); ptimer_start();
   ncpu++;
   sunlock(&aplock);
   printf("CPU%d enter WFI loop ncpu=%d\n", cpuid, ncpu);
   while(1){
      asm("WFI");
   }
}
int main()
{
   enable_scu();
   fbuf_init();
   printf("********** ARM SMP Startup Example 5 ************\n");
   kbd_init();
   uart_init();
   ptimer_init(); ptimer_start();
   config_gic();
   *apAddr = (int)0x10000;      // AP 在 0x10000 开始执行
   send_sgi(0x01, 0x0F, 0x00); // 唤醒 AP
   printf("CPU0: wait for APs ready\n");
   while(ncpu < 4);
   printf("CPU0: continue ncpu=%d\n", ncpu);
   printf("enter a key from KBD or UARTs : ");
   while(1) asm("WFI");
```

统一 VA 空间映射的演示

图 9.7 展示了具有统一 VA 空间映射的 SMP 系统的输出。

```
QEMU
********** ARM SMP Startup Example 6 ************          00:00:13
CPU0 : ptimer_init() ptimer_start                           00:00:13
CPU0 : config_gic                                           00:00:13
lock=0x0  owner=0xFFFFFFFF                                  00:00:13
CPU0: ncpu=1
CPU1  in APstart()
CPU1 : ptimer_init() ptimer_start
CPU1  enter WFI loop ncpu=2
CPU2  in APstart()
CPU2 : ptimer_init() ptimer_start
CPU2  enter WFI loop ncpu=3
CPU3  in APstart()
CPU3 : ptimer_init() ptimer_start
CPU3  enter WFI loop ncpu=4
CPU0: ncpu=4
enter a key from KBD or UARTs :
```

图 9.7　统一 VA 空间映射的演示

9.13.3　非统一 VA 空间

在非统一 VA 空间模型中，CPU 可以将相同的 VA 范围映射到不同的 PA 范围，以创建包含 CPU 特定信息的私有内存区域。在这种情况下，每个 CPU 都有自己的页表，该页表可以由 CPU0 或每个 CPU 自己在系统启动时创建。我们通过以下示例说明此技术。

在示例 C9.8 中，我们假定系统以物理内存中的最低 1MB 执行。系统启动时，我们将让 CPU0 创建 4 个一级页表，每个 CPU 一个。在页表中，我们根据 CPU ID 将相同的 VA = 1MB 映射到不同的 PA。由于 QEMU 在 0x10000（64KB）处加载系统，因此没有足够的空间在 0x4000（16KB）处创建 4 个（16KB）页表。我们将使用 1MB 以下的 64KB 空间（位于 0xF0000）作为 CPU 的一级页表（pgdir）。系统启动时，CPU0 创建 4 个 pgdir，每个 CPU 一个，在 0xF0000 + cpuid × 16KB 处恒等映射 512MB VA 到 PA。但是，对于每个 CPU，位于 1MB 的 VA 空间被映射到物理内存中的另一个 1MB 区域。具体来说，cpuid 的 VA = 1MB 被映射为 PA = (cpuid + 1) × 1MB。在启用 MMU 之前，CPU0 可以访问所有 PA。它在 1MB 到 4MB 处向 PA 写入不同的字符串，每个字符串对应不同的 CPU。然后，CPU0 初始化系统并发出 SGI 来唤醒 AP。

当 AP 开始执行 reset_handler 时，其仅初始化 SVC 和 IRQ 模式堆栈。每个 AP 获取其 cpuid，并在 0xF0000 + cpuid × 16KB 处的 pgdir 启用 MMU。在 APstart( ) 中，每个 AP 以相同的 VA = 1MB 打印字符串。除了上面提到的修改，该系统的汇编代码与以前相同。因此，我们仅展示修改后的 C 代码。

```
/*******************   C9.8 的 t.c 文件   *******************/
int *apAddr = (int *)0x10000030;
int aplock = 0;
volatile int ncpu = 1;
#include "uart.c"
#include "kbd.c"
#include "ptimer.c"
#include "vid.c"
int copy_vectors() { // 如前所述 }
int config_gic()   { // 如前所述 }
int irq_chandler() { // 如前所述 }
int seng_sgi()     { // 如前所述 }

#define SHARED       0x00014C06
#define NONSHARED    0x00000C1E
```

```
#define DEVICE      0x00000C06
int mkPtable()      // CPU0 创建 4 个 pgdir
{
  int i, j, *ut;
  for (i=0; i<4; i++){              // 创建 4 个 pgdir
     ut = (u32 *)(0xF0000 + i*0x4000); // 相距 16KB
     u32 entry = SHARED;
     for (j=0; j<4096; j++)         // 清除 pgdir 条目
         ut[j] = 0;
     for (j=0; j<512; j++){         // 恒等映射 512MB VA 到 PA
         ut[j] = entry;
         entry += 0x100000;
     }
     ut[256] = 256*0x100000 | DEVICE; // 将 I/O 空间标记为 DEVICE
     if (i){                          // 用于 CPU1 到 CPU3
        ut[1] = (i+1)*0x100000 | NONSHARED;
        ut[2] = ut[3] = ut[4] = 0;    // 不再有效的条目
     }
  }
  // 在启用 MMU 之前，将不同的字符串写入 PA=1MB 到 4MB
  char *cp = (char *)0x100000;        // PA=1MB
  strcpy(cp, "initial string of CPU0");
  cp += 0x100000;                     // PA=2MB
  strcpy(cp, "INITIAL string of CPU1");
  cp += 0x100000;                     // PA=3MB
  strcpy(cp, "initial STRING of CPU2");
  cp += 0x100000;                     // PA=4MB
  strcpy(cp, "INITIAL STRING of CPU3");
}
int APstart()
{
   char *cp;
   slock(&aplock);
   int cpuid = get_cpuid();
   cp = (char *)0x100000;         // 相同的 VA=1MB
   printf("CPU%d in APstart(): string at VA 1MB = %s\n", cpuid, cp);
   config_int(29, cpuid);         // 按 CPU 本地计时器配置
   ptimer_init(); ptimer_start();
   ncpu++;
   sunlock(&aplock);
   printf("CPU%d enter WFI loop ncpu=%d\n", cpuid, ncpu);
   while(1){
      asm("WFI");
   }
}
int main()
{
   enable_scu();
   fbuf_init();
   printf("********** ARM SMP Startup Example 6 ************\n");
   kbd_init();
```

```
    uart_init();
    ptimer_init();  ptimer_start();
    config_gic();
    apAddr  = (int *)0x10000030;
    *apAddr = (int)0x10000;
    send_sgi(0x01, 0x0F, 0x01);
    printf("CPU0: ncpu=%d\n", ncpu);
    while(ncpu < 4);
    printf("CPU0: ncpu=%d\n", ncpu);
    char *cp = (char *)0x100000;    // 在 VA=1MB 处
    printf("CPU0: ncpu=%d string at VA 1MB = %s\n", ncpu, cp);
    printf("enter a key from KBD or UARTs : ");
    while(1)
        asm("WFI");
}
```

非统一 VA 空间映射的演示

图 9.8 展示了具有非统一 VA 空间映射的 SMP 系统的输出。如图所示，每个 AP 在其私有内存区域中 VA = 1MB 处显示不同的字符串。

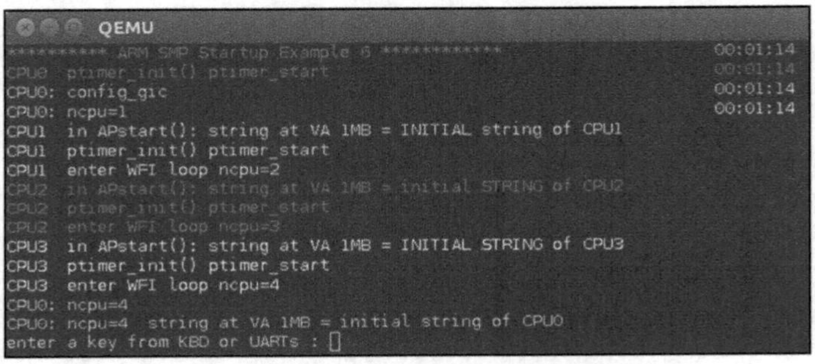

```
QEMU
********** ARM SMP Startup Example 6 ************
CPU0  ptimer_init() ptimer_start
CPU0: config_gic
CPU0: ncpu=1
CPU1  in APstart(): string at VA 1MB = INITIAL string of CPU1
CPU1  ptimer_init() ptimer_start
CPU1  enter WFI loop ncpu=2
CPU2  in APstart(): string at VA 1MB = initial STRING of CPU2
CPU2  ptimer_init() ptimer_start
CPU2  enter WFI loop ncpu=3
CPU3  in APstart(): string at VA 1MB = INITIAL STRING of CPU3
CPU3  ptimer_init() ptimer_start
CPU3  enter WFI loop ncpu=4
CPU0: ncpu=4
CPU0: ncpu=4  string at VA 1MB = initial string of CPU0
enter a key from KBD or UARTs :
```

图 9.8　非统一 VA 空间映射的演示

9.13.4　非统一 VA 空间中的并行计算

我们演示一个使用非统一 VA 空间内存模型的并行计算系统。在此示例系统中，我们让 CPU 执行如下并行计算。在设置页表和启用 MMU 之前，CPU0 在每个 CPU 的私有内存区域中存放一个由 *N* 个整数组成的序列。当启用 MMU 以完成 VA 到 PA 的转换后，每个 CPU 可以通过同一 VA 访问自己的私有内存区域。然后每个 CPU 计算其私有内存区域内 *N* 个整数的和。当 CPU 计算（局部）部分和后，它将部分和添加到（全局）总变量（该变量被初始化为 0）中。当所有 CPU 更新了总和后，CPU0 将打印最终结果。该示例程序旨在展示 SMP 中并行处理的重要原理，如下所示。

（1）每个 CPU 都可以在其私有内存区域中执行一个进程。

（2）当 CPU 打算修改任何共享的全局变量时，它必须在自旋锁或互斥锁保护的临界区（CR）中执行更新。

下面列出了这种并行计算系统的主要代码段。

（1）**ts.s 文件**：ts.s 文件与 C9.8 的相同。

（2）**t.c 文件**。

```
/****************** C9.9 的 t.c 文件 *******************/
int aplock = 0;     // AP 的自旋锁
MUTEX m;            // 互斥锁
volatile int total = 0;
volatile int ncpu = 1;
int *apAddr = (int *)0x10000030;

#include "uart.c"   // UART 驱动程序
#include "kbd.c"    // KBD 驱动程序
#include "ptimer.c" // 本地计时器驱动程序
#include "vid.c"    // LCD 驱动程序
#include "mutex.c"  // 互斥锁功能

int copy_vectors(){ // 如前所述 }
int config_gic()  { // 如前所述 }
int irq_chandler(){ // 如前所述 }
int send_sgi()    { // 如前所述 }

#define SHARED    0x14C06
#define NONSHARED 0x00C1E
#define DEVICE    0x00C06

int mkPtable()       // CPU0 创建 4 个 pgdir
{
  int i, j, *ut;
  for (i=0; i<4; i++){             // 创建 4 个 pgdir
    ut = (u32 *)(0xF0000 + i*0x4000); // 间隔 16KB
    u32 entry = SHARED;
    for (j=0; j<4096; j++)         // 清除 pgdir 条目
        ut[j] = 0;
    for (j=0; j<512; j++){         // 恒等映射 512MB VA 到 PA
        ut[j] = entry;
        entry += 0x100000;
    }
    ut[256] = 256*0x100000 | DEVICE; // 将 I/O 空间标记为 DEVICE
    if (i){                        // 用于 CPU1 到 CPU3:
       ut[1] = (i+1)*0x100000 | NONSHARED;
       ut[2] = ut[3] = ut[4] = 0;    // 不再有效的条目
    }
  }
}

int fill_values()    // CPU0: 用数字填充 1MB 到 4MB
{
  int i, j, k = 1;
  int *ip = (int *)0x100000; // 1MB PA
  for (i=1; i<5; i++){       // 4 个数据区域
    for (j=0; j<8; j++){     // 每个区域 8 个数字
      ip[j] = k++;           // 值
    }
    ip += 0x100000/4;        // ip 指向下一个 1MB
  }
}
```

```
// 所有CPU调用compute()来计算局部和并更新总和
int compute(int cpuid)
{
  int i, *ip, sum = 0;
  printf("CPU%d compute partial sum\n", cpuid);
  ip = (int *)0x100000;      // VA 位于 1MB
  for (i=0; i<8; i++){
    printf("%d ", ip[i]);  // 显示 VA=1MB 中的本地数据
    sum += ip[i];           // 计算局部和
  }
  printf("CPU%d: sum=%d\n", cpuid, sum);
  mutex_lock(&m);             // 锁定互斥锁 m
   total += sum;              // 更新全局总和
  mutex_unlock(&m);           // 解锁互斥锁 m
}

int APstart()
{
   char *cp; int sum;
   slock(&aplock);
   int cpuid = get_cpuid();
   config_int(29, cpuid);  // 按 CPU 本地计时器配置
   ptimer_init(); ptimer_start();
   compute(cpuid);            // 调用 compute()
   printf("CPU%d enter WFI loop ncpu=%d\n", cpuid, ncpu);
   ncpu++;
   sunlock(&aplock);
   while(1) asm("WFI");
}

int main()
{
   enable_scu();
   fbuf_init();
   printf("********** ARM SMP Startup Example 6 ************\n");
   kbd_init();
   uart_init();
   ptimer_init();
   ptimer_start();
   config_gic();
   mutex_init(&m);                  // 初始化互斥锁 m
   apAddr  = (int *)0x10000030;
   *apAddr = (int)0x10000;
   send_sgi(0x01, 0x0F, 0x00); // 唤醒 AP
   printf("CPU0: ncpu=%d\n", ncpu);
   while(ncpu < 4); // 等待所有 AP 完成计算
   printf("CPU0: ncpu=%d\n", ncpu);
   compute(0);
   printf("total = %d\n", total);
   printf("enter a key from KBD or UARTs : ");
   while(1);
}
```

图 9.9 展示了运行并行计算系统 C9.9 的输出。

```
QEMU
********** ARM SMP Startup Example 6 *************      CPU0: 00:00:15
ptimer_start                                            CPU1: 00:00:15
CPU0: config_gic                                        CPU2: 00:00:15
CPU0: ncpu=1                                            CPU3: 00:00:15
ptimer_start
CPU1  compute partial sum
9  10  11  12  13  14  15  16  CPU1 : sum=100
CPU1  locked mutex OK
CPU1  enter WFI loop ncpu=1
ptimer_start
CPU2  compute partial sum
17  18  19  20  21  22  23  24  CPU2 : sum=164
CPU2  locked mutex OK
CPU2  enter WFI loop ncpu=2
ptimer_start
CPU3  compute partial sum
25  26  27  28  29  30  31  32  CPU3 : sum=228
CPU3  locked mutex OK
CPU3  enter WFI loop ncpu=3
CPU0: ncpu=4
CPU0  compute partial sum
1  2  3  4  5  6  7  8  CPU0 : sum=36
CPU0  locked mutex OK
total = 528
enter a key from KBD or UARTs :
```

图 9.9　并行计算系统的输出

9.14　SMP 中的多任务

在简单的并行计算示例中，每个 CPU 仅执行一个任务，而这并没有充分利用 CPU 的能力。一种更有效的方法是让每个 CPU 通过多任务执行多个进程。每个进程都可以以两种不同的模式执行：内核模式和用户模式。在内核模式下，所有进程都在内核的相同地址空间中执行。在用户模式下，每个进程都有一个受 MMU 保护的私有内存区域。在单 CPU 系统中，一次只能在内核模式下执行一个进程。因此，无须保护内核数据结构免受进程并发执行的影响。在 SMP 中，许多进程可以在不同的 CPU 上并行执行。此时必须保护 SMP 内核中的所有数据结构，以防止竞争条件造成损坏。在单处理器系统中，内核通常使用单个 running 指针指向当前正在执行的进程。在 SMP 中，单个 running 指针不再足够，因为许多进程可能在不同的 CPU 上同时执行。我们必须设计一种方法来识别当前在 CPU 上执行的进程。此问题有两种可能的解决方法。第一种方法是使用虚拟内存。定义 CPU 结构如下。

```
struct cpu{
   struct cpu *cpu;        // 指向此 CPU 结构的指针
   PROC       *proc;       // 指向此 CPU 上 PROC 的指针
   int        cpuid;       // CPU ID
   int        *pgdir;      // 该 CPU 的 pgdir
   PROC       *readyQueue; // 此 CPU 的 readyQueue
   // 其他字段
}cpu;
```

每个 CPU 在私有内存区域中都有一个 CPU 结构，该结构由所有 CPU 映射到相同的 VA（例如在 1MB 处）。定义以下符号。

```
#define cpu (struct cpu *)0x100000
#define running cpu->proc
```

然后，我们可以使用相同的 running 符号来访问当前每个 CPU 上执行的进程。该方案的缺点在于，这会使在不同 CPU 上运行的进程调度变得相当复杂。这是因为 CPU 的一级页表（pgdir）和二级页表（如果使用二级分页）都不同。为了将进程分派给 CPU，我们必须将进程

pgdir 更改为目标 CPU 的 pgdir，这可能需要刷新 CPU 的 TLB 中的许多条目或使这些条目无效。因此，该方案仅适用于运行固定且不会迁移到其他 CPU 的进程的每一个 CPU。

第二种方案是使用多个 PROC 指针，每个指针均指向当前在 CPU 上执行的进程。为此我们定义以下符号。

```
#define PROC *run[NCPU]
#define running run[get_cpuid()]
```

然后，我们可以在所有 C 代码中使用相同的 running 符号来引用 CPU 当前正在执行的进程。在这种情况下，所有的 CPU 都可以使用统一 VA 空间内存模型。所有进程的内核模式 VA 空间都是相同的，因此它们可以在内核模式下共享相同的 pgdir 和页表。只有它们的用户模式页表条目可能不同。在这种方案中，将进程分派到 CPU 要容易得多。尽管我们仍然需要更改进程 pgdir 以适应目标 CPU，但它只涉及 CPU TLB 中用户模式条目的一些更改。因此，统一 VA 内存模型更适合通过动态进程调度在不同的 CPU 上运行进程。

9.15　用于进程管理的 SMP 内核

在第 7 章中，我们为单处理器（UP）系统开发了一个简单的内核。该简单内核支持内核模式和用户模式下的动态进程。作为 UP 系统，它一次只允许一个进程在内核中执行。在本节中，我们将展示如何为 SMP 扩展 UP 内核。以下是所得的 SMP 系统的修改列表。

（1）系统应从 SDC 分区中的 EXT2/3 文件系统启动。当在 QEMU 下的 ARM realview-pbx-a9 虚拟机上运行时，QEMU 将内核映像加载到 0x10000 并从那里运行。

（2）当在 ARM realview-pbx-a9 虚拟机上运行时，系统支持 4 个 CPU。

（3）系统使用具有二级动态分页的统一 VA 空间内存模型。所有进程在内核中共享相同的 VA 空间，该空间被恒等映射到低 512MB PA。每个 CPUi 首先运行一个初始进程 iproc[i]，它只在内核模式下以最低优先级 0 运行。每个 CPU 的初始进程也是 CPU 的空闲进程，它在没有其他可运行的进程时运行。

（4）系统维持单个进程调度队列，按照进程优先级排序。所有 CPU 都尝试从相同的 readyQueue 运行进程。如果 readyQueue 为空，则每个 CPU 运行一个空闲进程，该进程将 CPU 置于 WFI 省电状态，等待中断。

（5）所有其他进程在 VA 范围（2GB 到 2GB + 映像大小）下以用户模式正常运行。可执行的用户模式映像位于 SDC 上文件系统的 /bin 目录下。为简单起见，我们假设一个固定的运行时映像大小为 1 ～ 4MB。进程的用户模式映像由动态分配的页架组成。进程终止时，它将页架释放回空闲页表以供重用。

（6）用户模式进程使用系统调用（通过 SWI）进入内核以执行内核函数。每个系统调用都会将一个值返回到用户模式，但 exit( ) 永不返回，而如果操作成功，exec( ) 将返回到一个不同的映像。

（7）CPU0 使用控制台（键盘 + LCD）进行 I/O。每个 AP 使用专用的 UART 终端，例如，CPUi 使用 UARTi 进行 I/O。

由于此处的主要目的是演示 SMP 中的进程管理，因此系统仅支持两个用户模式映像，分别由 u1 和 u2 表示。它们用于说明 exec( ) 的更改映像操作。如果需要，读者可以为要执行的进程生成额外的用户模式映像。下面列出了 SMP 系统的主要代码，用 C9.10 表示。为简洁起见，未展示设备驱动程序和异常处理程序。

9.15.1 ts.s 文件

```
/**************** C9.10 的 ts.s 文件 ***************/
        .text
.code 32
.global reset_handler, vectors_start, vectors_end
.global proc, iproc, iprocsize, run
.global tswitch, scheduler, goUmode, switchPgdir
.global int_on, int_off, setUlr
.global apStart, slock, sunlock, lock, unlock
.global get_cpuid, enable_scu, send_sgi

reset_handler: // 所有 CPU 开始执行 reset_handler
// 将 SVC 堆栈设置为 iproc[cpuid] 的高端
  MRC  p15, 0, r11, c0, c0, 5    // 将 CPU ID 寄存器读入 R11
  AND  r11, r11, #0x03           // 解除屏蔽 CPU ID; R11 = CPU ID
  LDR sp, =iproc       // r0 指向 iproc
  LDR r1, =procsize    // r1 -> procsize
  LDR r2, [r1, #0]     // r2 = procsize
  mov r3 ,r2           // r3 = procsize
  mov r1, r11          // 获取 CPU ID
  mul r3, r1           // procsize* cpuid
  add sp, r3, r3       // sp += r3
  add sp, r2, r2       // sp->iproc[cpuid] 高端
// 将 SVC 的先前模式设置为用户模式
  MSR spsr, #0x10      // 写入先前的 spsr 模式
// 进入 IRQ 模式以设置 IRQ 堆栈
  MSR cpsr, #0xD       // 写入 cspr,因此现在处于 IRQ 模式
  mov r1, r11
  add r1, r1, #1       // cpuid +1
  ldr r0, =irq_stack   // t.ld 中的 16 KB svc_stack 区域
  lsl r2, r1, #12      // r2 = (cpuid+1)*4096
  ADD r0, r0, r2       // r0 -> 高端 irq_stack[cpuid]
  MOV sp, r0
// 进入 ABT 模式以设置 ABT 堆栈
  MSR cpsr, #0xD7
  mov r1, r11
  add r1, r1, #1       // cpuid+1
  ldr r0, =abt_stack   // t.ld 中的 16 KB abt_stack 区域
  lsl r2, r1, #12      // r2 = (cpuid+1)*4096
  ADD r0, r0, r2       // r0 -> 高端 irq_stack[cpuid]
  MOV sp, r0
// 进入 UND 模式以设置 UND 堆栈
  MSR cpsr, #0xDB
  mov r1, r11
  add r1, r1, #1       // cpuid+1
  ldr r0, =und_stack   // t.ld 中 16 KB und_stack 区域
  lsl r2, r1, #12      // r2 = (cpuid+1)*4096
  ADD r0, r0, r2       // r0 -> 高端 irq_stack[cpuid]
  MOV sp, r0
// 回到 SVC 模式
  MSR cpsr, #0x13      // 写入 CPSR
```

```
  mov r1, r11          // CPU ID
  cmp r1, #0           // 如果不是CPU0，则跳过
  bne skip
// 仅CPU0复制向量表并创建初始pgdir
  BL copy_vector_table
  BL mkPtable    // 在C中创建pgdir和pgtable
skip:
  ldr r0, Mtable // 所有CPU使用相同的pgdir启用MMU
  mcr p15, 0, r0, c2, c0, 0  // 设置TTBase
  mcr p15, 0, r0, c8, c7, 0  // 刷新TLB
// 设置域0: 01 =客户端（检查权限）
  mov r0,  #0x01             // 01用于CLIENT
  mcr p15, 0, r0, c3, c0, 0
// 启用MMU
  mrc p15, 0, r0, c1, c0, 0
  orr r0, r0, #0x00000001    // 设置bit0
  mcr p15, 0, r0, c1, c0, 0  // 写入c1
  nop
  nop
  nop
  mrc p15, 0, r2, c2, c0
  mov r2, r2
// 启用IRQ中断
  mrs r0, cpsr
  BIC r0, r0, #0x80  // I位=0 启用IRQ
  MSR cpsr, r0       // 写入CPSR
  mov r1, r11
  cmp r1, #0
  bne skip2
  adr r0, mainstart  // CPU0调用main()
  ldr pc, [r0]
  B .
skip2:
  adr r0, APgo        // AP调用APstart()
  ldr pc, [r0]

Mtable:     .word 0x4000
mainstart: .word main
APgo:       .word APstart

irq_handler:                   // IRQ中断入口点
  sub lr, lr, #4
  stmfd sp!, {r0-r12, lr}  // 将所有Umode寄存器保存在kstack中
  bl irq_chandler          // 用C语言在svc.c文件中调用irq_chandler()
  ldmfd sp!, {r0-r12, pc}^ // 从kstack弹出但恢复Umode SR

data_handler:
  sub lr, lr, #4
  stmfd sp!, {r0-r12, lr}
  bl data_abort_handler
  ldmfd sp!, {r0-r12, pc}^

tswitch:                       // tswitch()处于Kmode
```

```
// 屏蔽 IRQ 中断
   MRS r0, cpsr
   ORR r0, r0, #0x80
   MSR cpsr, r0

   stmfd sp!, {r0-r12, lr}
   LDR r4, =run                  // r4=&run
   MRC p15, 0, r5, c0, c0, 5 // 将 CPU ID 寄存器读取到 r5
   AND r5, r5, #0x3              // 解除屏蔽 CPU ID
   mov r6, #4                    // r6 = 4
   mul r6, r5                    // r6 = 4*cpuid
   add r4, r6                    // r4 = &run[cpuid]
   ldr r6, [r4, #0]              // r6->运行中的 PROC
   str sp, [r6, #4]              // 将 sp 保存到 PROC.ksp

   bl  scheduler                 // 在 C 中调用 scheduler()

   LDR r4, =run                  // r4=&run
   MRC p15, 0, r5, c0, c0, 5 // 将 CPU ID 寄存器读取到 r5
   AND r5, r5, #0x3              // 只有 CPU ID
   mov r6, #4                    // r6 = 4
   mul r6, r5                    // r6 = 4*cpuid
   add r4, r6                    // r4 = &run[cpuid]
   ldr r6, [r4, #0]              // r6->运行中的 PROC
   ldr sp, [r6, #4]              // 从 PROC.ksp 恢复 sp

// 启用 IRQ 中断
   MRS r0, cpsr  BIC r0, r0, #0x80
   MSR cpsr, r0
   Ldmfd sp!, {r0-r12, pc}   // 恢复下一个正在运行的 PROC

klr:  .word 0

svc_entry: // 系统调用入口点，r0~r3 中的系统调用参数
   stmfd sp!, {r0-r12, lr}
   LDR r4, =run                  // r4=&run
   MRC p15, 0, r5, c0, c0, 5     // 将 CPU ID 寄存器读取到 r5
   AND r5, r5, #0x3              // 解除屏蔽 CPU ID
   mov r6, #4                    // r6=4
   mul r6, r5                    // r6 = 4*cpuid
   add r4, r4, r6                // r4 = &run[cpuid]
   ldr r6, [r4, #0]              // r6 ->运行中的 PROC
   mrs r7, spsr                  // 用户模式 cpsr
   str r7, [r6, #16]             // 保存到 PROC.spsr
// 从用户模式获取 usp = r13
   mrs r7, cpsr         // r7 = SVC 模式 cpsr
   mov r8, r7           // 在 r8 中保存副本
   orr r7, r7, #0x1F    // r7 = SYS 模式
   msr cpsr, r7         // 将 cpsr 更改为 SYS 模式
// 现在在 SYS 模式下,r13 等同于用户模式 sp r14= 用户模式 lr
   str sp, [r6, #8]     // 将 usp 保存到偏移量为 8 的 PROC.usp 中
   str lr, [r6, #12]    // 将 Umode PC 保存到 PROC.upc 中，偏移量为 12
// 切换回 SVC 模式
   msr cpsr, r8
```

```
// 在kstack中保存的lr返回svc条目，而不是在系统调用中使用Umode PC
// 在系统调用中用Umode PC替换kstak中保存的lr
  mov r5, sp
  add r5, r5, #52     // 偏移量 = 来自sp的13×4字节
  ldr r7, [r6, #12]   // 在系统调用的Umode中使用lr
  str r7, [r5]
// 使IRQ中断
  MRS r7, cpsr
  BIC r7, r7, #0x80   // I位=0启用IRQ
  MSR cpsr, r7

  bl  svc_handler      // 在C中调用svc_chandler

 // 用svc_handler()的返回值r替换堆栈上保存的r0
  add sp, sp, #4       // 有效地将保存的r0弹出堆栈
  stmfd sp!,{r0}       // 将r作为已保存的r0压入Umode

goUmode:
  LDR r4, =run                     // r4=&run
  MRC p15, 0, r5, c0, c0, 5        // 将CPU ID寄存器读取到r5
  AND r5, r5, #0x3                 // 解除屏蔽CPU ID
  mov r6, #4                       // r6 = 4
  mul r6, r5                       // r6 = 4*cpuid
  add r4, r4, r6                   // r4 = &run[cpuid]
  ldr r6, [r4, #0]                 // r6->运行中的PROC
  ldr r7, [r6, #16]                // 从PROC.spsr恢复spsr
  msr spsr, r7                     // 恢复spsr
 // 将cpsr设置为SYS模式以访问用户模式sp
  mrs r2, cpsr                     // r2 = SVC模式cpsr
  mov r3, r2                       // 在r3中保存副本
  orr r2, r2, #0x1F                // r0 = SYS模式
  msr cpsr, r2                     // 将cpsr更改为SYS模式
 // 现在处于SYS模式
  ldr sp, [r6, #8]                 // 从PROC.usp还原usp
 // 返回SVC模式
  msr cpsr, r3                     // 返回SVC模式
  ldmfd sp!, {r0-r12, pc}^         // 返回Umode

 // 实用函数
 int_on:                     // int_on(int sr)
  MSR cpsr, r0
  mov pc,lr
 int_off:                    // int sr=int_off()
  MRS r1, cpsr
  mov r0, r1                 // r0 = r1
  ORR r1, r1, #0x80
  MSR cpsr, r1
  mov pc, lr                 // 返回r0 =原始cpsr
 unlock:                     // 在cpsr中解除屏蔽IRQ
  MRS r0, cpsr
  BIC r0, r0, #0x80
  MSR cpsr, r0
  mov pc,lr
```

```
lock:                    // 在 cpsr 中屏蔽 IRQ
  MRS r0, cpsr
  ORR r0, r0, #0x80
  MSR cpsr, r0
  mov pc,lr
switchPgdir: // 将 pgdir 切换到新的 PROC 的 pgdir
// r0 包含 PROC 的 pgdir 地址
  mcr p15, 0, r0, c2, c0, 0    // 设置 TTBase
  mov r1, #0
  mcr p15, 0, r1, c8, c7, 0    // 刷新 TLB
  mcr p15, 0, r1, c7, c10, 0   // 刷新 TLB
  mrc p15, 0, r2, c2, c0, 0
// 设置域 0、1: 全部为 01 = client (检查权限)
  mov r0, #0xD                 //11|01 用于 manager|client
  mcr p15, 0, r0, c3, c0, 0
  mov pc, lr                   // 返回
setUlr:      // 用于进程中的线程
// 进入 SYS 模式,将 ulr 设置为 r0
  mrs r7, cpsr          // r7 = SVC 模式 cpsr
  mov r8, r7            // 将副本保存在 r8 中
  orr r7, r7, #0x1F     // r7 = SYS 模式
  msr cpsr, r7
// 现在处于 SYS 模式
  mov lr, r0            // 设置 r13 = r0 = VA(4)
// 返回 SVC 模式
  msr cpsr, r8          // 返回 SVC 模式
  mov pc, lr
get_cpuid:
  MRC  p15, 0, r0, c0, c0, 5   // 读取 CPU ID 寄存器
  AND  r0, r0, #0x03           // 解除屏蔽, 保留 CPU ID 字段
  BX   lr
enable_scu:
  MRC  p15, 4, r0, c15, c0, 0  // 读取外围基地址
  LDR  r1, [r0, #0x0]          // 读取 SCU 控制寄存器
  ORR  r1, r1, #0x1            // 设置位 0 (启用位)
  STR  r1, [r0, #0x0]          // 写回修改后的值
  BX   lr
send_sgi: // sgi(filter=r0, CPUs=r1, intID=r2)
  AND  r0, r0, #0x0F  // filter_list 的低 4 位
  AND  r1, r1, #0x0F  // CPU 的低 4 位
  AND  r3, r2, #0x0F  // 将 intID 的低 4 位放入 r3
  ORR  r3, r3, r0, LSL #24     // 填写 filter 字段
  ORR  r3, r3, r1, LSL #16     // 填写 CPU 字段
  // 获取 GIC 的地址
  MRC  p15, 4, r0, c15, c0, 0  // 读取外围设备基址
  ADD  r0, r0, #0x1F00         // 增加 sgi_trigger 的偏移量
  STR  r3, [r0]   // 写入 SGI 寄存器 (ICDSGIR)
  BX   lr
slock:                  // int slock(&spin)
  ldrex r1, [r0]
  cmp   r1, #0x0
```

```
  WFENE
  bne   slock
  mov   r1, #1
  strex r2, r1, [r0]
  cmp   r2, #0x0
  bne   slock
  DMB                  // 屏障
  bx    lr
sunlock:               // sunlock(&spin)
  mov   r1, #0x0
  DMB
  str   r1, [r0]
  DSB
  SEV
  bx    lr
vectors_start:
  LDR PC, reset_handler_addr
  LDR PC, undef_handler_addr
  LDR PC, svc_handler_addr
  LDR PC, prefetch_abort_handler_addr
  LDR PC, data_abort_handler_addr
  B .
  LDR PC, irq_handler_addr
  LDR PC, fiq_handler_addr
reset_handler_addr:          .word reset_handler
undef_handler_addr:          .word undef_handler
svc_handler_addr:            .word svc_entry
prefetch_abort_handler_addr: .word prefetch_abort_handler
data_abort_handler_addr:     .word data_handler
irq_handler_addr:            .word irq_handler
fiq_handler_addr:            .word fiq_handler
vectors_end:
.end
```

ts.s 文件的说明

为了支持 SMP，系统定义了 NCPU = 4 个全局变量（在 kernel.c 文件中）。

```
PROC iporc[NCPU];    // CPU 的初始 PROC
PROC  *run[NCPU];    // 指向执行 PROC 的 CPU 的指针
```

在 kernel_init( ) 中，我们初始化 run[i] = &iproc[i]，以便每个 run[i] 指向 CPUi 的初始 PROC 结构。在系统运行期间，每个 run[i] 都指向在 CPUi 上执行的进程。在整个系统的 C 代码中，使用 running 符号

```
#define running run[get_cpuid()]
```

以访问在 CPU 上执行的进程。ts.s 中的汇编代码由以下部分组成。

（1）reset_handler：所有 CPU 都以在 SVC 模式（其中关闭中断并禁用 MMU）执行 reset_handler 为开始。首先，它获取 CPU ID 并将其保存在 R11 中，这样以后就不必重复获取 CPU ID。它将 SVC 模式 sp 设置为 iproc[cpuid] 的高端，这使 iproc[cpuid] 的 kstack 成为 CPU 的初始堆栈。它将先前的模式（SPSR）设置为用户模式，这使 CPU 准备好之后在

用户模式下运行映像。然后，它设置其他特权模式的堆栈。在 CPU 中，只有 CPU0 将向量表复制到地址 0，并在 16KB 处使用 1MB 段创建初始的一级页表，其将低 512MB VA 恒等映射到 PA。随后，所有 CPU 使用相同的页表来配置并启用 MMU，以进行 VA 到 PA 的转换。然后，它启用 IRQ 中断并调用 t.c 文件中的函数。CPU0 调用 main( )，所有其他 AP 调用 APstart( ) 以继续初始化，直到它们准备好运行任务为止。

（2）**IRQ 和异常处理程序**：如前所述。为了使系统保持简洁，内核是非抢占式的，即 IRQ 中断不会在内核模式下切换进程。我们稍后将扩展内核以允许抢占式进程调度。

（3）**tswitch**：tswitch 用于内核（SVC）模式下的进程切换。在 tswitch 中，调用进程首先禁用中断并获取与 readyQueue 相关的自旋锁。当保存进程内核模式上下文（在 PROC.kstack 中）和堆栈指针之后，它将调用 scheduler( ) 选择下一个正在运行的进程。自旋锁在恢复时由下一个运行中的进程释放。

（4）**svc_entry**：这是系统调用的入口点。用户模式下的进程发出系统调用（通过 SWI）以进入内核来执行内核函数。进入后，它将用户模式上下文（upc、ucpsr、usp）保存到 PROC 结构中，以便稍后返回到用户模式。然后，它启用中断并在 C 中调用 svc_chandler( ) 来处理系统调用。

（5）**goUmode**：当进程完成系统调用时，它退出内核以返回到用户模式。在 goUmode 中，它将从 PROC 结构还原保存的用户模式上下文，然后是 LDMFD SP!, {R0-R12, SP}^，从而返回到用户模式。每个系统调用都会将一个值返回到用户模式，但 kexit( ) 永远不会返回。返回的值通过进程 kstack 中的 R0。

（6）**switchPgdir**：系统启动时，它将使用初始一级页表，其在 16KB 处且段大小为 1MB。在 kernel_init( ) 中，它将在 32KB 处创建二级页表（pgdir）并在 5MB 处创建二级页表。然后将 pgdir 切换为使用二级动态分页。每个进程都有自己的 pgdir 和二级页表。在进程切换期间，调度程序使用 switchPgdir 将 CPU 的 pgdir 切换到下一个正在运行的进程。

（7）**实用函数**：剩余的汇编代码包含实用函数，例如 slock/sunlock、enable_scu、get_cpuid、send_sgi 等，以支持 SMP 操作。

9.15.2 t.c 文件

```
/*******************  C9.10 的 t.c 文件  *****************/
#include "type.h"
#define NCPU 4
#define running run[get_cpuid()]

#include "uart.c"        // UART 驱动程序
#include "kbd.c"         // 键盘驱动程序
#include "ptimer.c"      // 本地计时器驱动程序
#include "vid.c"         // LCD 驱动程序
#include "except.c"      // 异常处理程序
#include "queue.c"       // 队列函数
#include "kernel.c"      // 内核代码
#include "wait.c"        // 睡眠 / 唤醒、退出、等待
#include "fork.c"        // 派生函数
#include "exec.c"        // 更改映像
#include "svc.c"         // 系统调用路由表
#include "loadelf.c"     // ELF 映像加载器
```

```
#include "thread.c"          // 线程
#include "sdc.c"             // SDC 驱动程序
int copy_vector_table(){  // 如前所述 }
int config_int(int N, int targetCPU){ // 如前所述 }
int aplock = 0;              // AP 的自旋锁
volatile int ncpu = 1;       // 就绪 CPU 的数量
int APstart()
{
   slock(&aplock);           // 获取自旋锁
   int cpu = get_cpuid();
   printf("CPU%d in Apstart switchPgdir to 0x8000\n", cpu);
   switchPgdir(0x8000);      // 切换到二级分页
   config_int(29, cpu);      // 配置并启动本地计时器
   ptimer_init();
   ptimer_start();
   printf("CPU%d enter run_task() loop\n", cpu);
   ncpu++;
   sunlock(&aplock);         // 释放自旋锁
   run_task();               // 所有 AP 调用 run_task()
}
int config_gic()
{
  int cpuid = get_cpuid();
  //设置int 优先级掩码寄存器
  *(int *)(GIC_BASE + 0x104) = 0xFFFF;
  // 设置 CPU 接口控制寄存器: 启用发送中断信号
  *(int *)(GIC_BASE + 0x100) = 1;
  //设置分配器控制寄存器以将中断路由到CPU
  *(int *)(GIC_BASE + 0x1000) = 1;
  config_int(29, 0);         // CPU0 本地计时器在 intID=29
  config_int(44, 0);         // UART0
  config_int(45, 1);         // UART1
  config_int(46, 2);         // UART2
  config_int(47, 3);         // UART3
  config_int(49, 0);         // SDC 中断到 CPU0
  config_int(52, 0);         // KBD
}
#define SHARED    0x00014c06
#define NONSHARED 0x00000c1e
#define DEVICE    0x00000c06
int mkPtable()     // 创建初始一级 pgdir
{
  int i;
  u32 *ut = (u32 *)0x4000; // 在 16KB
  u32 entry = 0 | SHARED;  // 域 0
  for (i=0; i<4096; i++)   // 清除 pgdir 条目
    ut[i] = 0;
  for (i=0; i<512; i++){   // 恒等映射 512MB
    ut[i] = entry;
    entry += 0x100000;
```

```
    }
    ut[256] = (256*0x100000) | DEVICE; // I/O 页位于 256MB
  }
  int irq_chandler()
  {
      int intID = *(int *)0x1F00010C; // 读取 intID 寄存器
      switch(intID){
         case 29 : ptimer_handler(); break;
         case 44 : uart_handler(0);  break;
         case 45 : uart_handler(1);  break;
         case 46 : uart_handler(2);  break;
         case 47 : uart_handler(3);  break;
         case 49 : sdc_handler();    break;
         case 52 : kbd_handler();    break;
      }
      *(int *)0x1F000110 = intID;    // 写 EOF
  }
  int main()
  { int i;
     fbuf_init();   // 初始化 LCD
     printf("=========== Welcome to Wanix in ARM ============\n");
     enable_scu();           // 启用 SCU
     sdc_init();             // 初始化 SDC
     kbd_init();             // 初始化键盘
     uart_init();            // 初始化 UART
     config_gic();           // 配置 GIC
     ptimer_init();          // 配置本地计时器
     ptimer_start();         // 启动本地计时器
     kernel_init();          // 初始化内核
     printf("CPU0 startup APs\n");
     int *APaddr = (int *)0x10000030;
     *APaddr = (int)0x10000;      // AP 开始执行地址
     send_sgi(0x00, 0x0F, 0x01); // 发送 SGI 以唤醒 AP
     printf("CPU0 waits for APs ready\n");
     while(ncpu < 4);
     printf("CPU0 continue\n");
     // CPU0: 将 NCPU PROC 创建到 readyQueue 中
     for (i=0; i<NCPU; i++)
         kfork("/bin/u1");
     run_task();            // CPU0 调用 run_task()
  }
```

9.15.3 kernel.c 文件

```
/******************** C9.10 的 kernel.c 文件 *******************/
PROC proc[NPROC+NTHREAD];
PROC *run[NCPU]           // 执行 PROC 指针
PROC iproc[NCPU];         // CPU 的初始 PROC
PROC *freeList, *tfreeList, *readyQueue, *sleepList;
int  freelock, tfreelock, readylock, sleeplock; // 自旋锁
int  procsize = sizeof(PROC);
```

```
char *pname[NPROC]={"sun", "mercury", "venus", "earth", "mars",
     "jupiter", "saturn","uranus", "neptune", "Pluto"};

// pfreeList,free_Page_list(),palloc(),pdealloc(): 动态分页
int *pfreeList;               // 空闲页架列表
int pfreelock;                // pfreeList 的自旋锁
int *palloc()                 // 分配一个空闲页架
{
  slock(&pfreelock);
  int *p = pfreeList;
  if (p)
     pfreeList = (int *)(*p);
  sunlock(&pfreelock);
  return p;
}
int pdealloc(int *p)     // 取消分配页架
{
  slock(&tfrelock);
  int *a = (int *)((int)p & 0xFFFFF000);
  *a = (int)pfreeList;
  pfreeList = a;
  sunlock(&pfreelock);
}
int *free_page_list(int *startva, int *endva)
{
  int *p;
  printf("build pfreeList: start=%x end=%x : ", startva, endva);
  pfreeList = startva;
  p = startva;
  while(p < (int *)(endva-1024)){
    *p = (int)(p + 1024);
     p += 1024;
     i++;
  }
  *p = 0;
  printf("%d 4KB entries\n", i);
  return startva;
}

u32 *MTABLE = (u32 *)0x4000;
int *kpgdir = (int *)0x8000;
int kernel_init()
{
  int i, j, *ip;
  PROC *p;
  int *MTABLE, *mtable, *ktable, *pgtable;
  int paddr;
  printf("kernel_init(): init procs\n");
  for (i=0; i<NCPU; i++){ // 初始化 CPU 变量
    p = &iproc[i];
    p->pid = 1000 + i;     // 初始 PROC 的特殊 pid
    p->status = READY;
```

```
    p->priority = 0;
    p->ppid = p->pid;
    p->pgdir = (int *)0x8000; // pgdir 位于0x8000
    run[i] = p;               // run[i]=&iproc[i]
  }
  for (i=0; i<NPROC; i++){     // 初始化进程
    p = &proc[i];
    p->pid = i;
    p->status = FREE;
    p->priority = 0;
    p->ppid = 0;
    strcpy(p->name, pname[i]);
    p->next = p + 1;
    p->pgdir = (int *)(0x600000 + (p->pid-1)*0x4000);  }
  for (i=0; i<NTHREAD; i++){  // 线程
    p = &proc[NPROC+i];
    p->pid = NPROC + i;
    p->status = FREE;
    p->priority = 0;
    p->ppid = 0;
    p->next = p + 1;
  proc[NPROC-1].next = 0;
  freeList = &proc[1];  // 跳过 proc[0]，以让 P1 为 proc[1]
  readyQueue = 0;
  sleepList = 0;
  tfreeList = &proc[NPROC];
  proc[NPROC+NTHREAD-1].next = 0;
  // CPU0: 运行初始 iproc[0]
  running = run[0];           // CPU0 运行 iproc[0]
  MTABLE = (int *)0x4000;  // 初始 pgdir 位于 16KB
  printf("build pgdir and pgtables at 32KB (ID map 512MB VA to PA)\n");
  mtable = (u32 *)0x8000;  // 新 pgdir 位于 32KB
  for (i=0; i<4096; i++){  // 将 4096 个条目归零
    mtable[i] = 0;
  }
  for (i=0; i<512; i++){   // 假设 512MB PA: 恒等映射 VA 到 PA
      mtable[i] = (0x500000 + i*1024) | 0x01; // DOMAIN0,Type=01
  }
  printf("build Kmode level-2 pgtables at 5MB\n");
  for (i=0; i<512; i++){
    pgtable = (u32 *)((u32)0x500000 + (u32)i*1024);
    paddr = i*0x100000 | 0x55E;     // 所有 AP=01|01|01|01|CB=11|type=10
    for (j=0; j<256; j++){ // 256 个条目，每个指向 4KB PA
      pgtable[j] = paddr + j*4096; // 递增 4KB
    }
  }
  printf("build 64 level-1 pgdirs for PROCs at 6MB\n");
  ktable = (u32 *)0x600000; // 在 6MB 处构建 64 个进程的 pgdir
  for (i=0; i<64; i++){       // 6MB 中的 512KB 区域
    ktable = (u32 *)(0x600000 + i*0x4000); // 每个 ktable = 16KB
    for (j=0; j<4096; j++){
```

```
            ktable[j] = 0;
        }
        // 复制 P0 的 mtable[] 的低条目,Kmode 空间是相同的
        for (j=0; j<1024; j++){
            ktable[j] = mtable[j];
        }
        // 创建 proc 时将设置 Umode pgdir 条目 [2048]
        ktable[2048] = 0;
    }
    printf("switch pgdir to use 2-level paging : ");
    switchPgdir((u32)mtable);
    printf("switched pgdir OK\n");
    // 创建空闲页架列表: 从 8MB 开始,到 256MB
    pfreeList = free_page_list((int *)0x00800000, (int *)0x10000000);
}
// 所有 CPU 从同一个 readyQueue 运行任务
int run_task()
{
    while(1){
        slock(&readylock);
        if (readyqueue == 0){
            sunlock(&readylock);
            asm("WFI");
        }
        else{
            tswitch();
        }
    }
}
int scheduler()
{
    int cpuid = get_cpuid();
    PROC *old = running;
    // 调用者已持有 readyQueue 自旋锁
    if (running->pid < 1000){ // 空闲进程不进入 readyQueue
        if (running->status == READY){
            enqueue(&readyQueue, running);
        }
    }
    running = dequeue(&readyQueue);
    if (running == 0){            // 如果 readyQueue 为空
        running = &iproc[cpuid];// 运行空闲进程
    }
    if (running != old){
        switchPgdir((u32)running->pgdir);
    }
    sunlock(&readylock);          // 下一个运行中的 PROC 释放自旋锁
}
```

9.15.4　SMP 中的设备驱动程序和中断处理程序

示例 SMP 系统支持以下 I/O 设备。

- LCD：vid.c。
- UART：uart.c。
- TIMER：ptimer.c。
- 键盘：kbd.c。
- SDC：sdc.c。

所有设备驱动程序（LCD 除外）都是中断驱动的。在中断驱动的设备驱动程序中，进程和中断处理程序共享数据缓冲区和控制变量，从而形成一个临界区（CR）。在单处理器内核中，当进程执行设备驱动程序时，它可以屏蔽中断以防止来自设备中断处理程序的干扰。在 SMP 中，屏蔽中断不再足够。这是因为当一个进程在一个 CPU 上执行设备驱动程序时，另一个 CPU 可能会同时执行设备中断处理程序。为了防止进程和中断处理程序相互干扰，必须修改 SMP 中的设备驱动程序。这可以通过要求进程和中断处理程序在公共临界区内执行来实现。由于中断处理程序无法睡眠或被阻塞，因此必须使用自旋锁或其他等效机制。设备驱动程序的进程端可能会使用阻塞机制（例如信号量）以进行等待，但必须先释放自旋锁，然后才能被阻塞。下面，我们将通过使用 SDC 驱动程序作为特定示例来说明 SMP 驱动程序的设计原则。

SMP 中的 SDC 驱动程序

SDC 驱动程序支持多扇区块的读 / 写。SDC 中断被路由到特定的 CPU，例如 CPU0，它处理所有 SDC 中断。要序列化进程和中断处理程序的执行，则两者都必须在自旋锁的同一临界区（sdclock）内执行。当进程执行 get_block( ) 或 put_block( ) 时，它首先获取自旋锁。在向 SDC 发出读 / 写命令之前，如果进程正在 CPU0 上运行，则必须先释放自旋锁。否则，进程会将自己锁定在它仍然持有的自旋锁上，从而导致退化类型的死锁。如果该进程在其他 CPU 上运行，则可能在发出 I/O 命令后释放自旋锁。进程等待 P(&sdc_sem) 完成数据传输，这可能会阻塞 sdc_sem 信号量上的进程。

当中断处理程序（在 CPU0 上）执行时，它首先获取自旋锁来处理当前中断。它在每个中断处理结束时释放自旋锁。当 SDC 块传输完成时，它将发出 V(&sdc_sem) 来解除对进程的阻塞。下面列出了 SDC 驱动程序代码。

```
  /******************  C9.10 的 sdc.c 文件  ******************/
#include "sdc.h"  // SDC 类型和结构
int sdclock = 0;  // SDC 驱动程序自旋锁
struct semaphore sdc_sem; // 用于 SDC 驱动程序同步的信号量
int P(struct semaphore *s){ // P operation }
int V(struct semaphore *s){ // V operation }

// SDC 驱动程序和中断处理程序之间的共享变量
volatile char *rxbuf, *txbuf;
volatile int  rxcount, txcount;
int sdc_handler()
{
  u32 status, status_err, *up;
  int i, cpuid=get_cpuid();
  slock(&sdclock);        // 获取自旋锁
  // 读取状态寄存器以确定是 TxEmpty 或 RxAvail
  status = *(u32 *)(base + STATUS);
  if (status & (1<<17)){ // RxFull: 一次读取 16 个 u32;
     up = (u32 *)rxbuf;
     status_err = status & (DCRCFAIL | DTIMEOUT | RXOVERR);
```

```
      if (!status_err && rxcount){
         for (i = 0; i < 16; i++)
            *(up + i) = *(u32 *)(base + FIFO);
         up += 16;
         rxcount -= 64;
         rxbuf += 64;
         status = *(u32 *)(base + STATUS); // 清除RX中断
      }
      if (rxcount == 0){                   // 读取块完成
         do_command(12, 0, MMC_RSP_R1);    // 停止传输
         V(&sdc_sem);                      // 对进程执行V
      }
   }
   else if (status & (1<<18)){ // TxEmpty: 一次写入16个u32
     up = (u32 *)txbuf;
     status_err = status & (DCRCFAIL | DTIMEOUT);
     if (!status_err && txcount) {
         for (i = 0; i < 16; i++)
            *(u32 *)(base + FIFO) = *(up + i);
         up += 16;
         txcount -= 64;
         txbuf += 64;              // 为进行下一次写入递增txbuf
         status = *(u32 *)(base + STATUS); // 清除TX中断
     }
     if (txcount == 0){                    // 写入块完成
         do_command(12, 0, MMC_RSP_R1); // 停止传输
         V(&sdc_sem);                      // 对进程执行V
     }
   }
   //printf("write to SDC status_clear register\n");
   *(u32 *)(base + STATUS_CLEAR) = 0xFFFFFFFF;
   sunlock(&sdclock);       // 释放自旋锁
}
int delay(){ int i; for (i=0; i<100; i++); }
int do_command(int cmd, int arg, int resp)
{
   *(u32 *)(base + ARGUMENT) = (u32)arg;
   *(u32 *)(base + COMMAND)  = 0x400 | (resp<<6) | cmd;
    delay();
}
int sdc_init()
{
   u32 RCA = (u32)0x45670000; // QEMU的硬编码RCA
   base    = (u32)0x10005000; // PL180基址
   printf("sdc_init() ");
   *(u32 *)(base + POWER) = (u32)0xBF; // 启动
   *(u32 *)(base + CLOCK) = (u32)0xC6; // 默认CLK
   // send init command sequence
   do_command(0,  0,   MMC_RSP_NONE);// 空闲状态
   do_command(55, 0,   MMC_RSP_R1);  // 准备状态
```

```
    do_command(41, 1,   MMC_RSP_R3);  // 参数不能为零
    do_command(2,  0,   MMC_RSP_R2);  // 询问卡的 CID
    do_command(3,  RCA, MMC_RSP_R1);  // 分配 RCA
    do_command(7,  RCA, MMC_RSP_R1);  // 传输状态: 必须使用 RCA
    do_command(16, 512, MMC_RSP_R1);  // 设置数据块长度
    // 设置中断 MASK0 寄存器的位 = RxFull(17)|TxEmpty(18)
    *(u32 *)(base + MASK0) = (1<<17)|(1<<18);
    // 初始化自旋锁和 sdc_sem 信号量
    sdclock = 0;
    sdc_sem.lock = 0; sdc_sem.value = 0; sdc_sem.queue = 0;
  }
  int get_block(int blk, char *buf)
  {
    u32 cmd, arg;
    int cpuid=get_cpuid();
    slock(&sdclock);       // 进程获取自旋锁
    rxbuf = buf; rxcount = FBLK_SIZE;
    *(u32 *)(base + DATATIMER) = 0xFFFF0000;
    // 将 data_len 写入 datalength 寄存器
    *(u32 *)(base + DATALENGTH) = FBLK_SIZE;
    if (cpuid==0) // CPU0 处理 SDC 中断: 必须释放 sdclock
      sunlock(&sdclock);
    cmd = 18;          // CMD18: 读取多扇区
    arg = ((bsector + blk*2)*512);
    do_command(cmd, arg, MMC_RSP_R1);
    // 0x93=|9|0011|=|9|DMA=0,0=BLOCK,1=Host<-Card,1=Enable
    *(u32 *)(base + DATACTRL) = 0x93;
    if (cpuid)    // 其他 CPU 释放自旋锁
      sunlock(&sdclock);
    P(&sdc_sem); // 等待读取块完成
  }
  int put_block(int blk, char *buf)
  {
    u32 cmd, arg;
    int cpuid = get_cpuid();
    slock(&sdclock);  // 进程获取自旋锁
    txbuf = buf; txcount = FBLK_SIZE;
    *(u32 *)(base + DATATIMER) = 0xFFFF0000;
    *(u32 *)(base + DATALENGTH) = FBLK_SIZE;
    if (cpuid == 0) // CPU0 处理 SDC 中断,必须释放 sdclock
      sunlock(&sdclock);
    cmd = 25;        // CMD25: 写入多扇区
    arg = (u32)((bsector + blk*2)*512);
    do_command(cmd, arg, MMC_RSP_R1);
    // write 0x91=|9|0001|=|9|DMA=0,BLOCK=0,0=Host->Card, Enable
    *(u32 *)(base + DATACTRL) = 0x91; // Host->card
    if (cpuid)         // 其他 CPU 释放自旋锁
      sunlock(&sdclock);
    P(&sdc_sem);       // 等待中断处理程序完成
  }
```

9.15.5 SMP 中进程管理的演示

图 9.10 展示了程序 C9.10 的示例输出，该示例演示了 SMP 中的进程管理。

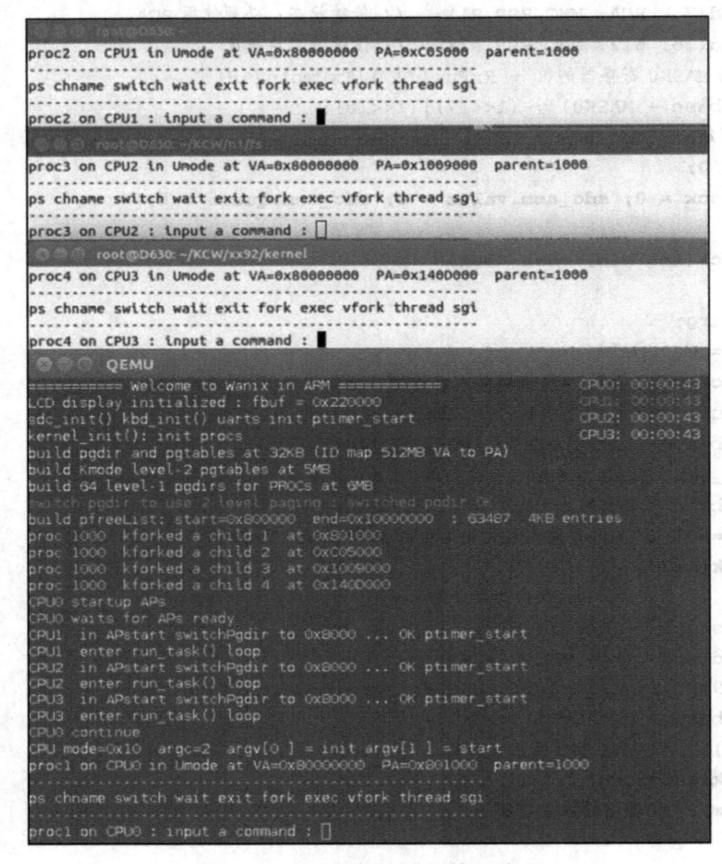

图 9.10 SMP 中的进程管理演示

当系统启动时，CPU0 创建 NCPU = 4 个进程（P1 ～ P4），所有进程都具有相同的用户模式映像 u1，并将它们置入 readyQueue。然后发送 SGI 来激活其他 CPU（AP）。每个 AP 首先执行 reset_handler 以进行初始化，然后调用 APstart( )。由于 CPU0 被指定处理 SDC 中断，因此它可以在激活和运行 AP 之前从 SDC 加载 u1 映像文件。如果将 SDC 中断路由到其他 CPU，则必须在 AP 启动并运行后完成映像加载。当 CPU 准备就绪时，它们都调用 run_task( )，尝试从同一 readyQueue 中运行任务。如果 readyQueue 为非空，则 CPU 从 readyQueue 中获取一个进程并切换到运行该进程。如果 readyQueue 为空，它将运行空闲进程，该进程将使 CPU 处于 WFI 状态，等待中断。由于每个 CPU 都有一个本地计时器，因此它将定期启动以处理计时器中断，然后再次尝试从 readyQueue 运行任务。另外，CPU 也可以使用 SGI 相互通信。例如，当 CPU 使进程准备好运行时，例如通过 fork、唤醒或 V 操作，它会向其他 CPU 发送一个 SGI，使它们再次运行 readyQueue 中的任务。在用户模式下运行时，每个进程都会显示一个菜单，包括正在运行该进程的 CPU ID，如下所示。

```
              进程 x 运行在 CPUy 上：输入一个命令：
-----------------------------------------------------------
| ps  chname switch wait exit fork exec vfork thread sgi  |
-----------------------------------------------------------
```

然后它提示输入命令并执行该命令。命令的操作如下。

- ps：打印所有 PROC 的状态信息。
- chname：更改正在运行的 PROC 的名称字符串。
- switch：进入内核以切换进程。
- wait：等待僵尸子进程，返回子进程的 pid 和退出状态。
- exit：为成为僵尸进程在内核中终止，唤醒父进程。
- fork：使用相同的用户模式映像对子 PROC 进行派生。
- exec：更改执行映像。
- vfork：派生一个子进程并等待；派生的子进程运行 u2 映像并终止。
- thread：创建线程并等待，线程执行并终止。
- sgi：将 SGI 发送到目标 CPU，使其执行 SGI 处理函数。

读者可以输入命令来测试系统。作为 SMP 的自然结果，进程可能会从一个 CPU 迁移到不同的 CPU 上执行。

9.16 通用 SMP 操作系统

本节我们将介绍一个用于 ARM 体系结构的通用 SMP 操作系统，用 SMP_EOS 表示。

9.16.1 SMP_EOS 的组织结构

SMP_EOS 本质上与第 8 章中的单处理器 EOS 相同，但其适用于 SMP。

硬件平台

SMP_EOS 能够在任何支持合适 I/O 设备的基于 ARM MPCore 的系统上运行。由于大多数读者可能无法访问真正的基于 ARM MPCore 的硬件系统，因此我们将使用 QEMU 下的仿真 ARM realview-pbx-a9 虚拟机作为实现和测试的平台。仿真的 realview-pbx-a9 虚拟机支持以下 I/O 设备。

（1）SDC：SMP_EOS 使用 SDC 虚拟磁盘作为主要的大容量存储设备。为简单起见，SDC 只有一个分区，该分区从（fdisk 默认）扇区 2048 开始。创建虚拟 SDC 文件后，我们为该分区设置了一个循环设备，并将其格式化为 EXT2 文件系统，块大小为 4KB，具有一个分区块组。然后，我们安装循环设备，并在其中填充 DIR 和文件，以备使用。生成的文件系统大小为 128MB，这对于大多数应用程序来说足够大了。磁盘映像上的单个块组假设只是为了方便，因为它简化了文件系统遍历以及索引节点和磁盘块管理算法。如果需要，可以为较大的文件系统使用多个块组甚至多个分区来创建 SDC。下面是 SDC 的内容。

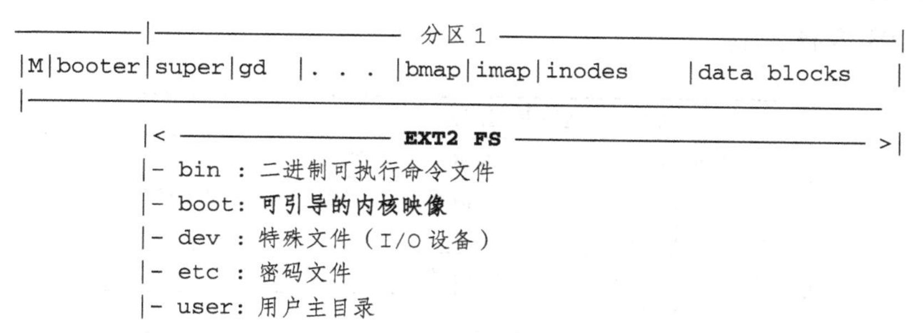

在 SDC 上，MBR 扇区（0）包含分区表和引导程序的开始部分。假设引导程序大小不超过 2046 个扇区，将整个引导程序安装在扇区 2 至 booter_size 中（实际的引导程序大小小

于10KB)。该引导程序旨在从SDC分区中的EXT2文件系统引导内核映像。启动后，SMP_EOS内核将SDC分区作为根文件系统挂载，并在SDC分区上运行。

（2）LCD：LCD是主要的显示设备。LCD和键盘起系统控制台的作用。

（3）**键盘**：realview-pbx-a9虚拟机的键盘设备。它是控制台和UART串行终端的输入设备。

（4）UART：realview-pbx-a9虚拟机的4个UART，用作用户登录的串行终端。尽管嵌入式系统几乎不可能有多个用户，但我们的目的是证明SMP_EOS具有同时支持多个用户的能力。

（5）**计时器**：realview-pbx-a9虚拟机在外围设备内存区域中有4个计时器。此外，每个CPU还具有一个私有的本地计时器。在SMP_EOS中，每个CPU使用自己的本地计时器进行计时和进程调度。所有进程的计时器服务功能由CPU0提供。

9.16.2　SMP_EOS源文件树

SMP_EOS的源文件被组织为文件树。

```
SMP_EOS
   |- booter1, booter2: stage1 和 stage2 引导程序
   |- type.h, include.h, mk script
   |- kernel      : 内核源文件
   |- driver      : 设备驱动程序文件
   |- fs          : 文件系统文件
   |- USER        : 命令和用户模式程序
```

booter1包含阶段1引导程序的源代码。当在realview-pbx-a9虚拟机上运行SMP_EOS时，QEMU将阶段1引导程序加载到0x10000并首先执行它。阶段1引导程序从SDC的开始部分将阶段2引导程序加载到2MB，然后执行它。booter2包含阶段2引导程序的源代码。它旨在从EXT2分区中的/boot目录启动内核映像。由于SDC仅有一个从扇区2048开始的分区，因此不需要阶段2引导程序在启动时找出要引导的分区。那么我们只需将阶段2引导程序放置在扇区2及更高的扇区中，这简化了阶段1引导程序的加载任务。阶段2引导程序将内核映像加载到1MB，并将控制权转移到已加载的内核映像，从而启动内核。

- type.h：SMP_EOS内核数据结构类型、EXT2文件系统类型等。
- include.h：常量和函数原型。
- Mk：sh脚本，用于重新编译SMP_EOS并将可引导映像安装到SDC分区。

9.16.3　SMP_EOS内核文件

内核——进程管理部分	
type.h	内核数据结构类型，例如PROC、资源等
ts.s	reset_handler、tswitch、中断掩码、自旋锁、SMP中的CPU、svc和中断处理程序进入/退出代码等
eoslib.c	内核库函数，memset、memcpy和字符串操作
except.c	异常处理程序
io.c	内核I/O函数
irq.c	配置SCU、GIC和IRQ中断处理程序入口点

（续）

内核——进程管理部分	
queue.c	入队、出队、列表操作函数
mem.c	使用二级动态分页的内存管理函数
wait.c	ksleep、kwakeup、kwait、kexit 函数
loader.c	ELF 可执行映像加载器
fork.c	kfork、fork、vfork 函数
exec.c	kexec 函数
threads.c	线程和互斥锁函数
pipe.c	管道创建和读 / 写函数
mes.c	消息传递；发送 / 接收函数
signal.c	信号和信号处理
syscall.c	简单的系统调用函数
svc.c	系统调用路由表
t.c	主条目、初始化、进程调度程序的组成部分
设备驱动程序	
vid.c	LCD 驱动程序
ptimer.c	计时器和计时器服务函数
pv.c	信号量操作
kbd.c	控制台键盘驱动程序
uart.c	UART 端口驱动程序
文件系统	
fs	使用 I/O 缓冲的简单 EXT2 文件系统实现
USER	用户级程序的源代码。所有用户命令都是 /bin 目录下的 ELF 可执行文件

SMP_EOS 主要是用 C 实现的，其中只有不到 2% 的汇编代码。

9.16.4 SMP_EOS 中的进程管理

本节介绍 SMP_EOS 内核中的进程管理。

9.16.4.1 PROC 结构

在 SMP_EOS 中，每个进程或线程都由 PROC 结构表示，该结构由三部分组成。

- 进程管理字段。
- 指向每个进程资源结构的指针。
- 内核模式堆栈：动态分配的 4KB 页架。

PROC 和资源结构与第 8 章中 EOS 的相同。

9.16.4.2 运行 PROC 指针

为了引用在不同的 CPU 上运行的进程，SMP_EOS 内核定义了 NCPU = 4 个 PROC 指针，每个指针均指向当前在 CPU 上执行的 PROC。

```
#define PROC *run[NCPU]
#define running run[get_cpuid()]
```

在内核的 C 代码中，它使用 running 符号访问当前在 CPU 上执行的 PROC。在内核的汇编代码中，它使用以下代码段来访问在 CPU 上执行的 PROC。

```
.global run                      // PROC *run[4] 全局
LDR r4, =run                     // r4=&run
MRC p15, 0, r5, c0, c0, 5 // 将 CPU ID 寄存器读取到 r5
AND r5, r5, #0x3                 // 解除屏蔽 CPU ID
mov r6, #4                       // r6 = 4
mul r6, r5                       // r6 = 4*cpuid
add r4, r4, r6                   // r4 = &run[cpuid]
ldr r6, [r4, #0]                 // r6-> 运行中的进程
```

9.16.4.3　自旋锁和信号量

在 SMP 中，进程可以在不同的 CPU 上并行运行。必须保护 SMP 内核中的所有数据结构，以防止竞争条件对其造成损坏。实现此目的的典型工具是自旋锁和信号量。自旋锁适用于 CPU 以等待较短持续时间的临界区，在这些区域中不需要或不允许进行任务切换，例如在中断处理程序中。要访问临界区，进程必须首先获取与临界区关联的自旋锁，如下所示。

```
int spin = 0;           // 初始值 = 0
slock(&spin);           // 获取自旋锁
  // 访问临界区 CR
sunlock(&spin);         // 释放自旋锁
```

对于持续时间较长的临界区，最好通过放弃 CPU 让进程等待。在这种情况下，互斥锁和信号量更为合适。在 SMP 中，每个信号量必须具有一个自旋锁字段，以确保对信号量的所有操作只能在自旋锁的临界区中执行。互斥锁和互斥锁操作也需要类似的修改。在 SMP_EOS 中，我们将同时使用自旋锁和信号量来保护内核数据结构。

9.16.4.4　在 SMP 中使用睡眠 / 唤醒

SMP_EOS 内核在进程管理和管道中使用（修改过的）睡眠 / 唤醒。作为一种同步机制，睡眠 / 唤醒在单处理器（UP）系统中运行良好，但不适用于 SMP。这是因为事件只是一个值，它没有关联的内存位置来记录事件的发生。当事件发生时，唤醒会尝试唤醒该事件上睡眠的所有进程。如果事件上没有进程正在睡眠，则唤醒不起作用。这要求一个进程在另一个进程或中断处理程序试图唤醒它之前先睡眠。这种先睡眠后唤醒的顺序在 UP 中总是可以实现，而在 SMP 中则不行。在 SMP 系统中，进程可以在不同的 CPU 上并行运行。无法保证进程执行顺序。因此，在最初的形式中，SMP 不能使用睡眠 / 唤醒。在经过改进的睡眠 / 唤醒中，这两种操作都必须经过一个受自旋锁保护的共同临界区（Cox 等，2011；Wang，2015）。在保持自旋锁的同时，如果某个进程必须进入睡眠状态，则它会完成睡眠操作并通过单个不可分的（原子）操作释放自旋锁。

9.16.5　保护 SMP 中的内核数据结构

在 UP 内核中，一次仅执行一个进程。因此，UP 内核中的数据结构不需要任何针对并发进程执行的保护。当为 SMP 调整 UP 内核时，必须保护所有内核数据结构，以确保进程一次只能访问一个内核数据结构。所需的修改可以分为两类。

（1）第一类修改包括用于资源分配和回收的内核数据结构，包括：空闲 PROC 列表、空闲页架列表、管道结构、消息缓冲区、索引节点和磁盘块的位图、内存索引节点、打开文件表、挂载表等。

每个数据结构都可以由自旋锁或信号量锁保护。然后将分配 / 回收算法修改为临界区，如下所示。

```
allocate(resource)
{
   LOCK(resource_lock);
    // 从资源数据结构分配资源
   UNLOCK(resource_lock);
   retrun allocated resource;
}
deallocate(resource)
{
   LOCK(resource_lock)
    // 将资源释放到资源数据结构中
   UNLOCK(resource_lock);
}
```

其中 LOCK/UNLOCK 表示自旋锁上的 slock/sunlock 或信号量锁上的 P/V。由于 P/V 要求对信号量的自旋锁执行隐式操作，因此直接使用自旋锁更为有效。例如，在 SMP_EOS 中，我们定义了一个自旋锁 freelock = 0 以保护空闲 PROC 列表，并按如下方式修改 get_proc( )/put_proc( )。

```
PROC *get_proc(PROC **list)
{
   slock(&freelock);
    // PROC  *p  = 从 *list 获取 PROC 指针
   sunlock(&freelosck);
   return p;
}
void put_proc(PROC **list, PROC *p)
{
    slock(sfreelist);
     // 在 *list 中输入 p
    sunlock(sfreelist);
}
```

当持有自旋锁时，空闲 PROC 列表上的操作与在 UP 内核中的操作完全相同。同样，我们可以使用自旋锁来保护其他资源。简而言之，此类修改包括所有内核数据结构，进程的行为是访问这些数据结构时不会停顿。

（2）第二类修改包括进程必须首先获取锁才能在数据结构中搜索所需项目的情况。如果所需的项目已经存在，则进程不得再次创建相同的项目，但可能需要等待该项目。如果是这样，它必须释放锁以允许并发。但是，这可能导致以下竞争条件。在释放锁之后但在进程完成等待操作之前，该项目可能会被运行在不同 CPU 上的其他进程所更改，从而导致它等待错误的项目。这种竞争条件不会在 UP 中发生，但很可能在 SMP 中发生。有两种可能的方法可以防止这种竞争条件发生。

1）释放锁之前，在项目上设置一个保留标志。确保只能在锁的临界区内操作该标志。例如，在文件系统的 iget( ) 函数（该函数返回一个锁定的 minode）中，每个 minode 都有一个 refCount 字段，该字段代表仍在使用该 minode 的进程数。当进程执行 iget( ) 时，它首先获取一个锁，然后搜索所需的 minode。如果 minode 已经存在，则将 minode 的 refCount 增加 1 以保留该 minode。然后释放锁并尝试锁定该 minode。当进程通过 iput( ) 释放一个 minode 时，它必须在与 iget( ) 相同的临界区中执行。在将 minode 的 refCount 减 1 后，如果

refCount 不为零（意味着 minode 仍然有用户），则不会释放 minode。由于 iget( ) 和 iput( ) 都在锁的同一临界区中执行，因此不会发生竞争条件。

2）在释放锁之前，确保该进程完成了对所需项目的等待操作，从而消除了时间间隔。当使用自旋锁时，这与要求睡眠和唤醒在自旋锁的同一临界区执行的技术相同。当使用信号量锁时，我们可以使用条件 CP 操作来测试信号量是否已被锁定。如果信号量已被锁定，我们将使用 PV(s1, s2) 操作，该操作在释放信号量 s2 之前原子性地阻塞信号量 s1 上的进程，以等待锁定的信号量。作为示例，再次考虑 iget( )/iput( ) 函数。假设 mlock 是内存中所有 minode 的信号量锁，并且每个 minode 都有一个锁定信号量 minode.sem = 1。我们只需要稍微修改一下 iget( )/iput( ) 即可，如下所示。

```
MINODE *iget(int dev, int ino) // 返回锁定的 minode=(dev,ino)
{
   P(mlock);                      // 获取 minode 锁
   if (需要的 minode 已存在){
      if (!CP(minode.sem)         // 如果 minode 已被锁定
         PV(minode.sem, mlock);   // 原子 (P(s1),V(s2))
      return minode;              // 返回锁定的 minode
   }
   // 所需的 minode 不在内存中,仍然保持 mlock
   分配一个空闲的 minode;
   P(minode.sem);                 // 锁定 minode
   V(mlock);                      // 释放 minode 锁
   将索引节点从磁盘加载到 minode;
   return minode;                 // 返回锁定的 minode
}
void iput(MINDOE minode)
{
   // 调用者已经持有 minode.sem 锁
   P(mlock);
   // 照常释放 minode 操作
   V(minode.sem);
   V(mlock);
}
```

9.16.6 SMP 中的死锁预防

SMP 内核依靠锁定机制来保护数据结构。通常，任何锁定机制都可能导致死锁（Silberschatz 等，2009；Wang，2015）。有几种处理死锁的方案，包括死锁预防、死锁避免和死锁检测与恢复。在实际的操作系统中，唯一可行的方案是死锁预防。在此方案中，可以设计 SMP 系统来防止死锁的发生。在 SMP_EOS 内核中，我们使用以下策略来确保系统没有死锁。

（1）当使用自旋锁或信号量时，确保锁的顺序始终是单向的，这样就不会发生循环等待。

（2）如果无法避免交叉锁定，则使用条件锁定以及回退以防止任何发生锁定的机会。

如上所示，（1）的有效性是显而易见的。我们将通过一个例子说明（2）的技术。

并行算法中的死锁预防

在操作系统内核中，PROC 结构是进程创建和终止的重点。在 UP 内核中，只需在一个空闲列表中维护所有空闲的 PROC 结构就足够了。在 SMP 中，单个空闲列表可能会成为严重的瓶颈，因为它会大大降低并发性。为了提高并发性，我们可以将空闲的 PROC 划分到不同的空闲列表，每个空闲列表与一个 CPU 相关联。这允许派生期间在不同的 CPU 上执行的进程并行进行，并等待子进程终止。如果 CPU 的空闲 PROC 列表变为空，则让它动态地从其他空闲列表中获取 PROC。因此，在 SMP 内核中，可以通过并行算法按如下方式管理空闲 PROC。

```
    Define: PROC *freelist[NCPU];          // 空闲 PROC 列表，每个 CPU 一个
            int   procspin[NCPU]={0};      // PROC 列表的自旋锁

  PROC *get_proc()  // 在 fork/vfork 期间分配一个空闲 PROC
  {
    int cpuid = get_cpuid();              // CPU ID
    while(1){
    (1) slock(procspin[cpuid]);           // 获取 CPU 的自旋锁
    (2) if (freelist[cpuid]==0){          // 如果 CPU 的空闲列表为空
    (3)     if (refill(cpuid)==0){        // 重新填充 CPU 的空闲列表
                sunlock(procspin[cpuid]);
                continue;                 // 重试
            }
        }
    (4) 从 LOCAL freelist[cpuid] 分配一个 PROC *p
    (5) sunlock(procspin[cpuid]);         // 释放 CPU 的自旋锁
    }
    return p;
  }

  int refill(int cpuid)                   // 重新填充 CPU 的空闲 PROC 列表
  {
    int i, n = 0;
    for (i=0; i<NCPU && i!=cpuid; i++){// 尝试其他 CPU 的空闲列表
        if (!cslock(procspin[i]))         // 如果条件锁定失败
            continue;                     // 尝试下一个空闲 PROC 列表
        if (freelist[i]==0){              // 如果其他空闲列表为空
            sunlock(procspin[i])          // 释放自旋锁
            continue;                     // 尝试下一个 CPU 的空闲列表
        }
        从 freelist[i] 移出一个 PROC;      // 获得空闲 PROC
        输入 freelist[cpuid];              // 添加到 CPU 的列表
        n++;
        sunlock(procspin[i]);             // 释放自旋锁
    }
    return n;
  }

  void put_proc(PROC *p) //将 p 释放到 CPU 的空闲 PROC 列表中
  {
    int cpuid = get_cpuid();
    (1) slock(procspin[cpuid];            // 获取 CPU 的自旋锁
    (2) 输入 p 到 freelist[cpuid];
    (3) sunlock(procspin[cpuid]);         // 释放 CPU 的自旋锁
  }
```

在 get_proc( ) 中，进程首先锁定它正在其上执行的 CPU 的空闲 PROC 列表。如果 CPU 的空闲 PROC 列表是非空的，它将获得一个空闲 PROC，释放锁并返回。类似地，在 put_proc( ) 中，进程仅需要锁定每个 CPU 的空闲 PROC 列表。在正常情况下，运行在不同 CPU 上的进程可以并行进行，因为它们不会争夺相同的空闲 PROC 列表。唯一可能的争用发生在 CPU 的空闲 PROC 列表为空时。在这种情况下，该进程执行 refill( ) 操作，该操作试图从其他每个 CPU 获取一个空闲 PROC 并放入当前 CPU 的空闲 PROC 列表中。由于该进程已经拥有 CPU 的自旋锁，尝试获取另一个 CPU 的自旋锁可能会导致死锁。因此，它改为使用条件锁定 cslock( )。如果条件锁定失败，则该进程将回退以防止出现死锁。如果再填充后 CPU 的空闲 PROC 列表仍然为空，则释放自旋锁并重试该算法。这样就可以防止同一 CPU 上的自锁。

9.16.7　调整 UP 算法以适用于 SMP

除了使用锁来保护内核数据结构外，UP 内核中使用的许多算法也必须经过修改才能适用于 SMP。我们将通过示例说明这一点。

9.16.7.1　调整 UP 进程调度算法以适用于 SMP

UP 内核通常只有一个进程调度队列。我们可以对 UP 进程调度算法进行如下调整以适用于 SMP。定义自旋锁、就绪锁来保护调度队列。在任务切换期间，进程必须首先获取就绪锁，该锁将在下一个进程恢复运行时释放。

9.16.7.2　调整 UP 管道算法以适用于 SMP

在第 8 章的 EOS 中，管道是通过 UP 算法实现的，该算法使用常规的睡眠 / 唤醒进行同步。我们可以通过向每个管道中添加自旋锁，并要求管道读取器和写入器在自旋锁的同一临界区执行，来调整 UP 管道算法以适用于 SMP。在保持自旋锁的同时，如果某个进程必须睡眠以获取管道中的数据或空间，则它必须在释放自旋锁之前完成睡眠操作。这些可以通过用修改后的 sleep(event, spinlock) 操作替换常规的 sleep(event) 来实现。

9.16.7.3　调整 UP I/O 缓冲区管理算法以适用于 SMP

EOS 文件系统为块设备使用 I/O 缓冲区。I/O 缓冲区管理算法使用信号量进行进程同步。该算法仅在 UP 中有效，因为它假设一次仅运行一个进程。我们可以通过添加自旋锁并确保 getblk( ) 和 brelse( ) 在相同的临界区中执行，来使算法适用于 SMP。在 getblk( ) 中，持有自旋锁的同时，如果某个进程发现一个所需的缓冲区已经存在但处于忙碌状态，则将该缓冲区的 usercount 增加 1 以保留该缓冲区。然后它会释放自旋锁并通过 P 在缓冲区的信号量锁上等待缓冲区。当进程（或中断处理程序）通过 brelse( ) 释放缓冲区时，它必须在 getblk( ) 的同一临界区中执行。在将缓冲区的 usercount 减 1 后，如果 usercount 不为零（意味着缓冲区仍然有用户），则它不会释放缓冲区，而是释放缓冲区的信号量锁以解除阻塞进程。同样，我们也可以调整其他 UP 算法以适用于 SMP。

9.16.8　SMP 中的设备驱动程序和中断处理程序

在中断驱动的设备驱动程序中，进程和中断处理程序通常共享数据缓冲区和控制变量，它们构成了进程和中断处理程序之间的临界区。在 UP 内核中，当进程执行设备驱动程序时，它可以屏蔽中断，以防止来自中断处理程序的干扰。在 SMP 中，屏蔽中断不再足够。这是因为在进程执行设备驱动程序时，另一个 CPU 可能会同时执行设备中断处理程序。为了序列化进程和中断处理程序的执行，还必须修改 SMP 中的设备驱动程序。由于中断处理程序不能睡眠或被阻塞，因此必须使用自旋锁或等效机制。接下来，我们通过 SMP_EOS 内核中的具体示例来说明 SMP 驱动程序的设计原则。

（1）LCD 显示屏是一个内存映射设备，不使用中断。为了确保进程一次执行一个 kputc( )，使用自旋锁来保护驱动程序就足够了。

（2）在计时器驱动程序中，进程和中断处理程序共享计时器服务和进程调度队列，但是进程从不等待计时器中断。在这种情况下，可以通过自旋锁来保护每个与计时器相关的数据结构。

（3）字符设备驱动程序也使用 I/O 缓冲区来提高效率。在 EOS 中，所有字符设备驱动程序都使用信号量进行同步。为了使派生程序适应 SMP，每个驱动程序使用一个自旋锁来序列化进程和中断处理程序的执行。在持有自旋锁的同时，如果进程必须等待 I/O 缓冲区中的数据或空间，那么它将使用 PU(s, spin)，等待信号量 s 并在单个原子操作中释放自旋锁。

（4）在 SDC 驱动程序中，进程和中断处理程序共享数据结构。对于此类驱动程序，可以使用自旋锁来序列化进程和中断处理程序的执行。

（5）SMP 设备驱动程序中的进程和中断处理程序必须遵循以下时序顺序。

进程	中断处理程序
(a) 禁用中断	(a) 获取自旋锁
(b) 获取自旋锁	(b) 处理中断
(c) 开始 I/O 操作	(c) 如果需要，开始下一个 I/O
(d) 释放自旋锁	(d) 释放自旋锁
(e) 启用中断	(e) 发出 EOI

在这两种情况下，都必须严格遵守（d）和（e）的顺序，以防止进程将自己锁定在同一自旋锁上。

9.17 SMP_EOS 演示系统

SMP_EOS 是为 ARM MPCode 体系结构设计的通用 SMP 操作系统。本节介绍 SMP_EOS 的操作和功能。

9.17.1 SMP_EOS 的启动顺序

SMP_EOS 的启动顺序如下。

（1）**引导 SMP_EOS 内核**：QEMU 将阶段 1 引导程序加载到 16KB 并首先执行它。阶段 1 引导程序将从 SDC 加载阶段 2 引导程序到 2MB 处，然后执行它。阶段 2 引导程序将 SMP_EOS 内核加载到 1MB，并将控制权转移到已加载的内核映像。下面的步骤 2 ～ 7 仅由引导处理器 CPU0 执行。

（2）**reset_handler**：CPU0 执行 reset_handler 来设置 SVC 和特权模式堆栈指针，将向量复制到地址 0，创建初始的一级页表，启用 MMU，并在 C 中调用 main( )。

（3）**main( )**：启用 SCU，为 IRQ 中断配置 GIC，初始化设备驱动程序，调用 kernel_init( ) 来初始化内核。

（4）**kernel_init( )**：初始化内核数据结构，将 CPU 的运行指针设置为具有特殊 pid（1000 ～ 1003）的初始 PROC，以 pid = 1000 运行初始进程。构建二级页表和空闲页表，切换到二级页表以使用动态分页。

（5）**fs_init( )**：初始化文件系统并挂载根文件系统。

（6）**创建 INIT 进程**：创建 INIT 进程 P1 并将其输入 readyQueue。

（7）**激活其他 CPU**：发送 SGI 以激活辅助 CPU（CPU1 ～ CPU3），然后调用 run_task( ) 以运行 INIT 进程 P1。

（8）**每个辅助 CPU**：从 1MB 处开始执行 reset_hanlder，设置 SVC 和特权模式堆栈，使用位于 16KB 的一级页表打开 MMU，然后调用 APstart( )。

（9）**APstart( )**：切换到位于 32KB 的二级页表，配置并启动本地计时器，然后调用 run_task( )，尝试从同一 readyQueue 运行任务。

（10）**INIT 进程 P1（在 CPU0 上运行）**：在控制台和串行终端上派生登录进程，以允许用户登录。然后 P1 等待任何子进程终止。当登录进程启动后，系统就可以使用了。

（11）**用户登录**：用户登录后，登录进程变为用户进程，并执行命令解释器 sh。

（12）**sh 进程**：用户输入命令让 sh 执行。当用户 sh 进程终止时（用户注销或按〈Ctrl + D〉），它将唤醒 INIT 进程 P1，该进程将在终端上派生另一个登录进程。

9.17.2　SMP_EOS 的功能

SMP_EOS 内核由进程管理、内存管理、设备驱动程序和完整的文件系统组成。它支持动态进程创建和终止，允许进程更改映像以执行不同的文件。每个进程都以用户模式在私有虚拟地址空间中运行。内存管理是通过二级动态分页进行的。它通过时间片和动态进程优先级来进行进程调度。作为 SMP 系统，SMP_EOS 内核能够支持抢占式进程调度。为简单起见，将禁用抢占式进程调度，以避免内核模式下过多的任务切换。在演示系统中，进程切换只在进程退出内核以返回用户模式时发生。它支持与 Linux 完全兼容的完整 EXT2 文件系统。在文件系统和 SDC 驱动程序之间使用块设备 I/O 缓冲来提高效率和性能。它支持控制台和串行终端的多用户登录。命令解释器 sh 支持通过 I/O 重定向执行单个命令，以及通过管道连接的多个命令。它为进程提供间隔计时器服务，并支持通过信号、管道和消息传递进行进程间通信。它将异常与信号处理统一起来，允许用户安装信号捕获器来在用户模式下处理异常。

9.17.3　SMP_EOS 的演示

图 9.11 展示了运行 SMP_EOS 的示例输出。这里在引导期间使用 UART0 显示信息，并作为在系统启动后用于用户登录的串行终端。登录后，读者可以输入命令来测试系统。所有用户命令都在 /bin 目录中。如图所示，进程可能在不同的 CPU 上运行。

9.18　本章小结

本章介绍了嵌入式系统中的多处理器。首先指出了对称多处理器（SMP）系统的需求，并将 ARM 的 SMP 方法与 Intel 的 SMP 方法进行了比较；列出了 ARM MPCore 处理器，并描述了支持 SMP 的 ARM MPCore 处理器的组件和功能。所有基于 ARM MPCore 的系统都依赖通用中断控制器（GIC）进行中断路由和处理器间通信。本章展示了如何配置 GIC 来路由中断，并通过示例演示了 GIC 编程；展示了如何启动 ARM MPCore，并指出了在 SMP 环境中进行同步的必要性；展示了如何使用经典的测试并设置或等效指令来实现原子更新和临界区，并指出了它们的缺点。然后介绍了支持 SMP 的 ARM MPCore 的新特性，包括 LDRES/STRES 指令和存储屏障。本章展示了如何使用 ARM MPCore 的新特性来实现自旋锁、互斥锁和信号量，以实现 SMP 中的进程同步。本章为 SMP 内核中的死锁预防定义了条件锁。还涵盖了用于 SMP 的 ARM MMU 的其他特性。本章提出了调整单处理器操作系统内核以适用于 SMP 的通用方法。最后应用这些原理开发了一个完整的嵌入式 SMP 操作系统。

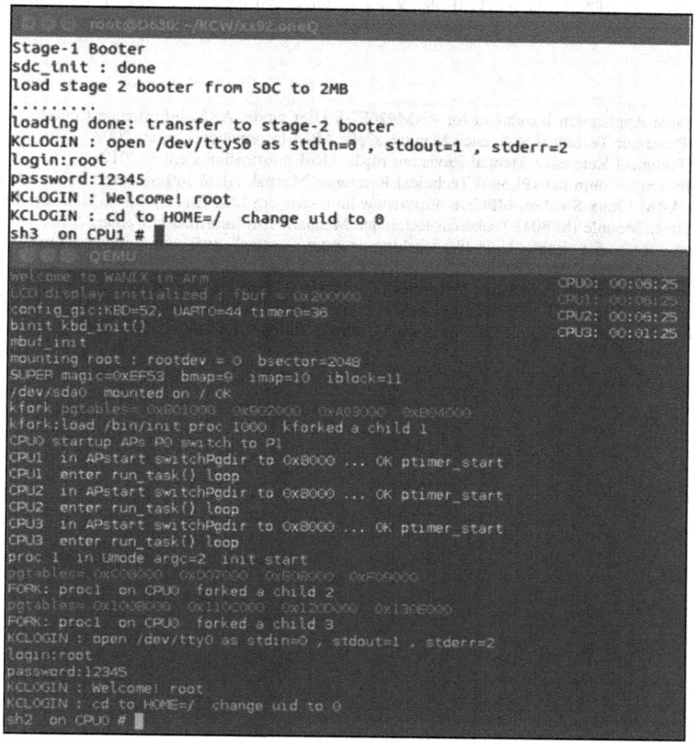

```
Stage-1 Booter
sdc_init : done
load stage 2 booter from SDC to 2MB
.........
loading done: transfer to stage-2 booter
KCLOGIN : open /dev/ttyS0 as stdin=0 , stdout=1 , stderr=2
login:root
password:12345
KCLOGIN : Welcome! root
KCLOGIN : cd to HOME=/  change uid to 0
sh3  on CPU1 #
```

```
welcome to WANIX in Arm                                   CPU0: 00:06:25
LCD display initialized : fbuf = 0x200000                 CPU1: 00:06:25
config_gic:KBD=52, UART0=44 timer0=36                     CPU2: 00:06:25
binit kbd_init()                                          CPU3: 00:01:25
mbuf_init
mounting root : rootdev = 0  bsector=2048
SUPER magic=0xEF53  bmap=9  imap=10  iblock=11
/dev/sda0  mounted on / OK
kfork pgtables= 0x801000  0x902000  0xA03000  0xB04000
kfork:load /bin/init proc 1000  kforked a child 1
CPU0 startup APs P0 switch to P1
CPU1  in APstart switchPgdir to 0x8000 ... OK ptimer_start
CPU1  enter run_task() loop
CPU2  in APstart switchPgdir to 0x8000 ... OK ptimer_start
CPU2  enter run_task() loop
CPU3  in APstart switchPgdir to 0x8000 ... OK ptimer_start
CPU3  enter run_task() loop
proc 1  in Umode argc=2  init start
pgtables= 0xC06000  0xD07000  0xE08000  0xF09000
FORK: proc1  on CPU0  forked a child 2
pgtables= 0x100B000  0x110C000  0x120D000  0x130E000
FORK: proc1  on CPU0  forked a child 3
KCLOGIN : open /dev/tty0 as stdin=0 , stdout=1 , stderr=2
login:root
password:12345
KCLOGIN : Welcome! root
KCLOGIN : cd to HOME=/  change uid to 0
sh2  on CPU0 #
```

图 9.11　SMP_EOS 演示

示例程序列表

C9.1：GIC 编程示例程序
C9.2：ARM SMP 启动示例 1
C9.3：ARM SMP 启动示例 2
C9.4：使用自旋锁的 SMP 启动
C9.5：使用互斥锁的 SMP 启动
C9.6：SMP 中的本地计时器
C9.7：统一 VA 空间映射
C9.8：非统一 VA 空间映射
C9.9：并行计算系统
C9.10：SMP 中的进程管理

思考题

1. 在示例程序 C9.1 中，修改 config_gic( ) 代码以将中断路由到不同的 CPU，观察效果。
2. 使用全局计时器代替所有 CPU 的本地计时器，为所有 CPU 提供一个单一的计时源。
3. 实现多个调度队列而不是单个调度队列。如每个 CPU 一个调度队列，以加快 SMP 系统中的任务调度。

4. SMP_EOS 使用 KML 虚拟内存映射方案，其中内核的 VA 空间被映射到低虚拟地址。通过使用 KMH 虚拟内存映射方案来重新实现系统，将内核的 VA 空间映射到 2GB。

参考文献

ARM 926EJ-S : ARM Versatile Application Baseboard for ARM926EJ-S User guide, ARM Information Center, 2010.

ARM11: ARM11 MPCore Processor Technical Reference Manual, r2p0, ARM Information Center, 2008.

ARM Cortex-A9 MPCore: Technical Reference Manual Revision: r4p1, ARM information Center, 2012.

ARM GIC: ARM Generic Interrupt Controller (PL390) Technical Reference Manual, ARM Information Center, 2013.

ARM Linux SMP: Booting ARM Linux SMP on MPCore http://www.linux-arm.org/LinuxBootLoader/SMPBoot, 2010.

ARM Timers: ARM Dual-Timer Module (SP804) Technical Reference Manual, Arm Information Center, 2004.

Cox, R., Kaashoek, F., Morris, R. "xv6 a simple, Unix-like teaching operating system", xv6-book@pdos.csail.mit.edu, Sept. 2011.

Intel: MultiProcessor Specification, v1.4, Intel, 1997.

Stallings, W. "Operating Systems: Internals and Design Principles (7th Edition)", Prentice Hall, 2011.

Silberschatz, A., P.A. Galvin, P.A., Gagne, G, "Operating system concepts, 8th Edition", John Wiley & Sons, Inc. 2009.

Wang, K.C., "Design and Implementation of the MTX Operating Systems", Springer International Publishing AG, 2015.

嵌入式实时操作系统

10.1 RTOS 的概念

实时操作系统（Real-Time Operating System，RTOS）（Dietrich 和 Walker，2015）是一种用于实时应用程序的操作系统。实时应用程序通常具有非常严格的时序要求。首先，RTOS 必须能够快速响应外部事件，比如在很短的时间内（响应），这段时间称为*中断延迟*。其次，它必须在规定的时间内完成每个请求的服务，即*任务期限*。如果实时系统始终能够满足这些关键的时序要求，则称为*硬实时系统*。如果它只能在大多数时间满足要求，但不能总是满足要求，则称为*软实时系统*。为了满足严格的时序要求，通常为实时操作系统设计以下功能。

- **最小中断延迟**：中断延迟是从接收中断到 CPU 开始执行中断处理程序之间的时间量。为了最大限度减少中断延迟，RTOS 内核不得长时间屏蔽中断。这通常意味着系统必须支持嵌套中断，以确保低优先级中断的处理不会延迟高优先级中断的处理。
- **短临界区**：所有操作系统内核都依赖临界区来保护共享数据对象以及实现进程同步。在 RTOS 内核中，所有临界区必须尽可能短。
- **抢占式任务调度**：抢占表示优先级较高的任务可以随时抢占优先级较低的任务。为了满足任务期限，RTOS 内核必须支持抢占式任务调度。任务切换时间也必须短。
- **先进的任务调度算法**：抢占式调度是实时系统的必要条件，但不是充分条件。如果没有抢占式调度，则高优先级任务可能会被低优先级任务延迟（延迟的时间量）可变，从而无法满足任务期限。但是，即使采用抢占式调度，也无法保证任务将能够按时完成。系统必须使用合适的调度算法来帮助实现此目标。

10.2 RTOS 中的任务调度

在通用操作系统中，任务调度策略的设计通常是为了在各种相互冲突的目标之间实现平衡的系统性能，如吞吐量、资源利用率和对交互用户的快速响应等。相反，在 RTOS 中，唯一的目标是确保快速响应并保证满足任务期限。调度策略必须优先考虑那些具有最紧急时序约束的任务。这样的约束可以转化为任务优先级。因此，RTOS 的调度算法必须基于任务优先级实现抢占。RTOS 的任务调度算法主要包括两种类型，即速率单调调度和最早截止期限优先调度，以及它们的变体形式。

10.2.1 速率单调调度

速率单调调度（Rate-Monotonic Scheduling，RMS）（Liu 和 Layland，1973）是一种基于静态优先级的实时系统调度算法。RMS 模型假设以下条件。

（1）周期性任务：任务是周期性的，其期限等于周期。

（2）静态优先级：周期较短的任务被分配较高的优先级。

（3）抢占：系统始终运行优先级最高的任务，这会立即抢占其他优先级较低的任务。

（4）任务不共享会导致其阻塞或等待的资源。

（5）上下文切换和其他任务操作时间（例如释放和启动时间）为零。

RMS分析这样的系统模型，并得出可以使任务在最后期限之前完成的条件。Liu和Layland证明了对于一组具有独特周期的n个周期性任务，如果CPU利用率U低于某一特定界限，则存在一个始终能够满足任务期限的可行时间表。RMS的可调度性条件为

$$U = \underset{i=1}{\overset{n}{\text{SUM}}}(\text{Ci/Ti}) \leqslant n(2**(1/n)-1)$$

其中Ci是taski的计算时间，Ti是taski的周期，n是要调度的任务数。例如，对于两个任务，$U \leqslant 0.8284$。当任务数n变大时，U的值趋于极限值

$$\ln(2) = 0.693247\cdots$$

这意味着如果CPU利用率低于69.32%，则RMS可以满足所有任务期限。此外，从某种意义上说，RMS对于抢占式单处理器系统是最优的，因为如果任何静态优先级调度算法可以满足所有期限，则RMS算法也可以。值得注意的是，RMS的可调度性测试只是一个充分条件，但不是必要条件。例如，对于任务集task1 = (C1 = 2, T1 = 4)，task2 = (C2 = 4, T2 = 8)，U的值为1.0，该值大于RMS界限0.828，但是任务是可以调度的，CPU利用率为100%，如下面的时序图所示。

```
time: 0  1  2  3  4  5  6  7  8
      -------------------------
      |task1|    |task1|      |
      |     |task2|    |task2|
      -------------------------
```

通常，如果任务周期是**谐波的**（意味着对于每个任务，其周期是周期较短的每个任务的精确倍数），则这些任务是可调度的，且其利用率要高于RMS界限。

10.2.2　最早截止期限优先调度

在最早截止期限优先（Earliest-Deadline-First，EDF）模型（Leung等，1982）中，任务可以是周期性的或非周期性的。每个任务都有确定的期限。任务按其最接近的截止期限排序在优先级队列中，即期限较短的任务具有较高的优先级。EDF调度算法始终以最接近的截止期限运行任务。与RMS一样，EDF也是抢占式单处理器系统的最佳选择。当调度期限等于周期的周期性任务时，EDF的CPU利用率界限为100%。EDF的可调度性条件为

$$U = \underset{i=1}{\overset{n}{\text{SUM}}}(\text{Ci/Ti}) \leqslant 1$$

其中Ci和Ti是最坏情况下任务的计算时间和到达间隔时间。与RMS相比，EDF可以保证在较高的CPU利用率下满足任务期限，但是它也有两个缺点。首先，EDF更难实现，因为任务优先级不再是静态的，而是动态的。它必须跟踪任务期限，并在发生重新调度事件时更新任务队列。其次，当系统过载（CPU利用率大于1）时，将错过RMS期限的任务通常是周期较长（优先级较低）的任务。在EDF模型中，此类任务在很大程度上是不可预测的，这意味着任何任务都可能错过其期限。但是，也有对EDF与RMS的比较分析倾向于反驳这种说法（Buttazzo，2005）。尽管如此，大多数实时RTOS还是更偏向于RMS而不是EDF，这主要是因为静态任务优先级和RMS的确定性。

10.2.3　截止期限单调调度

截止期限单调调度（Deadline-Monotonic Scheduling，DMS）（Audsley，1990）是RMS

的一种推广形式。在 RMS 中，假定任务期限和周期相等。DMS 模型放宽了此条件，允许任务期限小于或等于任务周期，即

$$任务计算时间 \leqslant 截止期限 \leqslant 周期$$

在 DMS 中，其为期限较短的任务分配了更高的优先级。因此，DMS 也被称为逆截止期限调度（Inverse-Deadline Scheduling，IDS）。运行时调度与 RMS 中的调度相同，即抢占式任务优先级。当任务期限和周期相等时，DMS 会简化为 RMS（特殊情况）。在文献（Audsley 等，1993）中，RMS 条件被放宽以允许任务期限小于任务周期。它还扩展了 DMS 模型，使其包括非周期性任务和针对此类情况派生的可调度性测试。

尽管有这些实时系统模型和分析结果，RMS 和 EDF 都只能用作实际 RTOS 设计中的一般准则。当涉及实际的 RTOS 系统时，该问题变得更加突出，这主要是由于以下原因。RMS 和 EDF 模型中的一个基本缺陷是任务无法共享会导致它们阻塞或等待的资源，并且任务切换的开销为零。这些条件是不现实的，因为在实际系统中，任务之间的资源共享是不可避免的，并且任务切换时间永远不能为零。尽管研究人员已经进行了一些尝试来扩展 RMS 和 EDF 模型，以通过在可调度性分析中包括任务阻塞时间来允许资源共享，但是结果通常涉及许多难以量化的变量，因此其仅假设最坏的情况下的值。此外，允许资源共享还会导致其他问题，例如优先级和截止期限倒置，这些问题必须在实际的 RTOS 中正确处理。

10.3　优先级倒置

与任何操作系统一样，RTOS 内核必须使用临界区（CR）来保护共享资源。用于强制执行临界区的软件工具包括事件控制框（ECB）、互斥锁、信号量和消息队列等。这些机制都基于锁定协议，在该协议中，如果任务无法获得 CR，则会被阻塞。除了常见的锁定问题（如死锁和饥饿）之外，允许在临界区进行抢占还导致了一个独特的问题，即优先级倒置（Sha 等，1990），对其描述如下。

令 TL、TM、TH 分别表示低、中、高优先级的任务。假定 TL 已获取 CR，并且正在 CR 内部执行。接下来，当 TH 准备好运行时，它将抢占 TL。假设 TH 也需要相同的 CR，但其仍由 TL 持有。因此 TH 在 CR 上阻塞，等待 TL 释放 CR。然后，TM 准备运行且不需要 CR。由于 TM 的优先级高于 TL，因此它会立即抢占 TL。现在，TM 正在运行，但是它的优先级低于 TH，这将导致优先级倒置。在最坏的情况下，TH 可能会延迟未知的时间，因为 TM 可能会被其他优先级介于 TH 和 TM 之间的任务抢占，等等。这种现象称为*无界优先级倒置*。同样，在 EDF 模型中，任务优先级是根据其最接近的截止期限动态分配的。如果任务共享资源（这可能会导致优先级更高的任务阻塞），则会发生相同的优先级倒置问题，从而导致*截止期限倒置*。

需要注意的是，在一个普通的操作系统内核中，优先级倒置也可能发生，但是它的影响通常不明显且无害，因为它所做的只是将某些较高优先级的任务延迟一会儿，但其最终会获得所需的 CR 并继续。在 RTOS 中，延迟高优先级任务可能导致这些任务错过截止期限，这可能会触发系统故障警报。优先级倒置的最著名例子是火星探路者任务中发生的系统重置问题（Jones，1997；Reeves，1997）。此问题直到 JPL 的工程师在地球上复制问题、确定原因并修改机载任务调度程序以避免优先级倒置之后才得以解决。

10.4　优先级倒置的预防

有很多方法可以预防优先级倒置。第一种方法是如同 RMS 和 EDF 模型都要求的，不要

让任务共享资源，但这显然是不切实际的。第二种方法是为所有任务分配相同的优先级，这也是不切实际的。到目前为止，预防优先级倒置的唯一实用方法是以下方案。

10.4.1 优先级上限

在优先级上限方案中，假定对于每个CR，最高限度的CR优先级大于可能竞争CR的所有任务的最高优先级。每当任务获得CR的控制权时，其优先级就会立即提高到CR的最高优先级，从而防止被优先级低于最高优先级的其他任务抢占。这也意味着如果一个任务的优先级高于被其他任务锁定的所有CR的最高优先级，则该任务可以锁定CR。当任务退出CR时，它将恢复为原始优先级。优先级上限很容易实现，但可能会造成不必要的抢占阻止。例如，在持有CR的同时，低优先级任务将阻止抢占任何低于最高优先级的任务，即使它不需要相同的CR。

10.4.2 优先级继承

在优先级继承（Sha等，1990）方案中，当一个任务持有一个CR时，如果另一个具有更高优先级的任务试图获取相同的CR，则它将暂时把持有CR的任务的优先级提高到发出请求的任务的优先级。这样可以确保在CR内部执行的任务的优先级始终等于在CR上阻塞的任务的最高优先级。当执行任务退出CR时，它将恢复为原始优先级。优先级继承比优先级上限更灵活，但是它也带来了更多的开销。在优先级上限方案中，在CR内部执行的任务的优先级是静态的，直到退出CR时，它的优先级才改变。在优先级继承方案中，每当任务要在CR上被阻塞时，它都必须检查其优先级是否在等待CR的所有任务中最高，如果是，则必须将优先级传递给持有该CR的任务。因此，当在CR内部执行任务时，任务的优先级可能会动态地变化。

10.5 RTOS的概况

与通用操作系统不同，实时操作系统（RTOS）通常用于特殊环境，其功能有限。因此，RTOS通常比通用操作系统简单得多。例如，在大多数RTOS中，所有任务都在相同的地址空间中运行，因此它们没有单独的内核模式和用户模式。此外，大多数RTOS不支持文件系统和用户界面等。尽管有严格的时序要求，但与通用操作系统相比，RTOS实际上更易于开发。互联网上的大量实时操作系统（从针对业余爱好者的开源RTOS到针对商业市场的专有实时操作系统）可以证明这一点。在本节中，我们将简要介绍一些流行的RTOS。

10.5.1 FreeRTOS

FreeRTOS（2016）是专门为小型嵌入式系统设计的开源实时内核。FreeRTOS本质上是一个准系统内核，它为开发实时应用程序提供基本支持。FreeRTOS的主要特性如下。

（1）**任务**：FreeRTOS中的执行单元称为任务。每个任务由任务控制块表示。所有任务都在内核的相同地址空间中执行。内核提供对任务创建、挂起、恢复、优先级更改和删除的支持。它还支持协同例程，即不需要太多堆栈空间的可执行单元。

（2）**调度**：FreeRTOS中的任务调度是按优先级进行的。对于具有相同优先级的任务，它还支持带时间片选项的协作和循环。嵌套中断处理期间不允许执行任务切换。可以禁用任务调度程序，以防止在长临界区切换任务。

（3）**同步**：FreeRTOS中的任务同步基于队列操作。它使用二进制和计数信号量进行常规任务同步，并使用具有优先级继承的递归互斥锁来保护临界区。所有者可以递归锁定 / 解锁递归互斥锁，深度最多为 256 级。

（4）**内存保护**：FreeRTOS 通常没有内存保护，但是它在某些特定的 ARM 板上支持内存保护，例如 FreeRTOS-MPU 支持 ARM Cortex-M3 内存保护单元。

（5）**计时器服务**：FreeRTOS 内核同时支持计时器滴答和软件计时器。它还支持无滴答模式，该模式抑制周期性的计时器滴答中断，以降低功耗。

（6）**可移植性**：FreeRTOS 内核仅包含少数文件，其中大多数都是用 C 编写的。它已移植到几种不同的体系结构，包括 ARM、Intel x86 和 PowerPC 等。DNX（DNX 2015）是基于 FreeRTOS 的 RTOS。它在基本的 FreeRTOS 内核中增加了类似 UNIX 的 API 接口、文件系统支持和新的设备驱动程序。

10.5.2 MicroC/OS

MicroC/OS（μC/OS）（Labrosse，1999）是一种用于微处理器、微控制器和数字信号处理器（DSP）的抢占式实时多任务内核。当前版本是 μC/OS-III，由 Micrium（2016）维护和销售。

（1）**任务**：在 μC/OS 中，执行单元称为任务，本质上是在内核的相同地址空间中执行的线程。μC/OS 内核支持任务创建、挂起、恢复、删除和统计。μC/OS-II 支持多达 256 个任务。在 μC/OS-III 中，任务数是可变的，仅受可用内存的数量限制。

（2）**调度**：任务调度是通过抢占式静态优先级进行的。任务优先级由用户分配（大概通过 RMS 算法分配）。在 μC/OS-II 中，所有任务都有不同的优先级（按任务 ID）。μC/OS-III 允许多个任务以相同的优先级运行，因此它还支持按时间片进行循环调度。

（3）**内存管理**：μC/OS 内核不提供任何内存保护。它允许用户定义由固定大小的存储块组成的存储区域的分区。内存分配是通过固定大小的块进行的。

（4）**同步**：μC/OS 内核依赖于禁用 / 启用中断来保护短临界区，使用禁用 / 启用任务调度程序来保护长临界区。用于任务同步的其他机制包括事件控制块（ECB）、信号量、邮箱和消息队列。μC/OS-III 内核使用具有优先级继承的互斥信号量（互斥锁）来防止优先级倒置。

（5）**中断**：μC/OS 内核支持嵌套中断。中断处理直接在 ISR 例程中执行。嵌套中断处理期间禁用任务调度。仅当所有嵌套中断均已结束时才执行任务切换。

（6）**计时器服务**：μC/OS 需要周期性的时间源来跟踪时间延迟和超时。内核只为任务提供用于在计时器的指定时刻挂起自己的函数。挂起的任务在其延迟时间到期后可以重新运行。在请求的时间到期之前，挂起的任务也可以由另一个任务恢复。它不提供常规的计时器服务功能，例如带有通知和取消功能的间隔计时器等。

（7）**端口**：μC/OS 主要用 ANSI-C 编写。它的语法、文件命名约定和开发环境均基于 Intel-x86 体系结构上的 Microsoft IDE。据报道，μS/OS-III 已移植到其他几个平台，例如 ARM 体系结构。

10.5.3 NuttX

NuttX（Nutt，2016）是一个 RTOS，强调遵守 POSIX 和 ANSI 标准。它包括标准的 POSIX 1003 API，以及其他常见 RTOS 所采用的 API。某些 API（例如 task_creat、waitpid、vfork、execv 等）经过了调整以适用于嵌入式环境。

（1）**任务**：NuttX 内核支持任务创建、终止、删除、初始化、激活和重新启动等。可以通过 task_creat 一步创建任务。或者，任务也可以先由 task_init 创建，再由 task_activate 启动。与大多数其他 RTOS 不同，NuttX 试图严格遵守 POSIX 标准。例如，NuttX 中的任务遵循父子关系。子任务可以继承文件流，例如来自父任务的 stdin、stdout 和 stderr，并且父任务可能会等待子任务终止。它允许任务通过 execv 将执行映像更改为不同的文件。在某些硬件平台上，它甚至支持 vfork，其创建没有执行映像的任务框架。派生的任务可以使用 execv 从可执行文件创建自己的映像。

（2）**调度**：任务调度是通过抢占式任务优先级进行的。每个任务都可以将其调度策略设置为 FIFO（先进先出）或 RR（循环）。具有相同优先级的任务按 FIFO 调度或者按指定的时间片进行循环调度。此外，任务还可以更改优先级并将 CPU 分配给具有相同优先级的其他任务。

（3）**同步**：NuttX 内核使用具有优先级继承的计数信号量，可将其作为可配置选项使用。它支持 POSIX 的命名消息队列，用于任务间通信。任何任务都可以向 / 从指定消息队列发送 / 接收消息。中断处理程序还可以通过命名消息队列发送消息。为了防止在整个消息队列上阻塞任务，可以使用超时选项发送消息。在 NuttX 中，超时是通过 UNIX 中的 POSIX 信号实现的。

（4）**信号**：除了信号量和消息队列外，NuttX 还使用信号进行任务间通信。它允许任何任务或中断处理程序（通过任务 ID）向任何任务发送信号。信号是任务的（软件）中断，导致任务执行规定的信号处理程序功能。与 Unix 不同，NuttX 中没有针对信号的预定义操作。对所有信号的默认操作是忽略信号。它允许用户安装信号处理程序来处理信号。

（5）**时钟和计时器服务**：NuttX 内核支持 POSIX 兼容的计时器和间隔计时器服务功能。每个任务都可以基于时钟创建一个单独的计时器，该计时器提供时钟滴答。任务可以设置一个间隔计时器请求。当间隔计时器到期时，将向任务传递超时信号，从而使其可以通过预安装的信号处理程序来处理信号。

（6）**文件系统和网络接口**：NuttX 包括一个可选的文件系统，它不是 NuttX 的运行所必需的。如果启用了文件系统，则 NuttX 将从内存中的伪根文件系统开始。可以将真实文件系统安装在伪根文件系统上。文件系统接口由一组标准的 POSIX API 组成，如打开、关闭、读取、写入等。它通过套接字接口函数的子集提供有限的网络功能。

10.5.4　VxWorks

VxWorks（2016）是 Wind River 为嵌入式系统开发的专有 RTOS。由于其专有性，我们只能基于公开领域中可用的已发布文档和用户指南来收集有关该系统的一些常规信息。该系统的主要特性包括：

（1）**任务和调度**：具有抢占式和循环调度以及快速中断响应的多任务内核。

（2）**同步**：二进制和计数信号量、具有优先级继承的互斥量。

（3）**进程间通信**：本地和分布式消息队列。

（4）**开发环境**：在嵌入式系统中，VxWorks 通常使用交叉编译开发环境。应用软件是在主机系统（如 Linux）上开发的。主机提供了一个集成开发环境（IDE），该环境由编辑器、编译器工具链、调试器和仿真器组成。应用程序经过交叉编译在目标系统上运行，这些目标系统包括 ARM、Intel x86 和 PowerPC。除了 IDE 外，VxWorks 还包括板级支持包、TCP/IP 网络堆栈、错误检测 / 报告和符号调试。

（5）**文件系统**：VxWorks 支持多种文件系统，其中包括用于 flash 设备的可靠性文件系统（HRFS）、FAT 文件系统（DOSFS）、网络文件系统（NFS）和 TFFS。这些可能是支持开发环境的 IDE 的一部分。尚不清楚任何实时应用程序是否可能包含文件系统支持。

10.5.5 QNX

QNX（2015）是专有的类 UNIX 的 RTOS，主要针对嵌入式系统市场。QNX 的独特之处在于它是基于微内核的系统。QNX 内核仅包含 CPU 调度、进程间通信、中断重定向和计时器。所有其他功能都作为微内核外部的用户进程执行。QNX 的主要特性如下。

（1）**进程间通信**（IPC）：QNX 微内核支持进程。每个进程都驻留在唯一的地址空间中。进程通过微内核交换消息，以此相互通信。QNX IPC 包括将消息从一个进程发送到另一个进程，然后等待答复。由于消息交换的开销，大多数基于微内核的系统不能很好地运行。QNX 通过使用更有效的消息传递机制来解决此问题。在 QNX 中，msgSend 是一项操作，它允许进程发送消息并等待答复。内核将消息从发送进程的地址空间复制到接收进程的地址空间。如果接收进程正在等待消息，那么 CPU 的控制权将同时转移到接收进程，这样就不需要显式地解除接收进程的阻塞并调用调度器。消息传递和 CPU 调度之间的紧密集成是使 QNX 微内核正常工作的关键机制。所有 I/O 操作、文件系统操作和网络操作均基于消息传递。消息处理程序按线程优先级确定优先级。由于 I/O 请求是使用消息传递执行的，因此高优先级线程先于低优先级线程接收 I/O 服务。QNX 的后续版本减少了独立进程的数量，并将网络堆栈和其他函数块集成到单个应用程序中，以提高系统性能。

（2）**线程**：在 QNX 中，最小的执行实体是线程。每个进程包含多个线程，这些线程是进程的同一地址空间中的独立执行单元。QNX 微内核支持用于线程创建、管理和同步的 Pthreads 兼容 API。

（3）**调度**：线程调度基于抢占式优先级进行。此外，它还支持自适应分区调度（APS），即使其他线程可能具有更高的优先级，该分区也可以保证对选定线程组分配的最低 CPU 百分比。

（4）**同步**：在 QNX 中，IPC 用于在位于不同地址空间的进程之间传递消息。它不适用于位于相同进程地址空间内的线程。对于线程同步，QNX 使用 POSIX 兼容的 API 以支持互斥锁、条件变量、信号量、屏障和读写器锁等。当允许进程共享内存时，大多数机制也适用于不同进程中的线程。

（5）**引导加载程序**：QNX 的另一个关键组件是引导加载程序，它可以加载既包含内核也包含用户程序和共享库的任何所需集合的映像。它允许将用户程序、设备驱动程序和支持库构建到同一引导映像中。

（6）**平台**：根据最新的 QNX 文档，QNX Neutrino 支持具有处理器功能的 SMP 和 MP，从而将每个应用程序锁定到特定的 CPU。由于其微内核体系结构，QNX 更容易适应分布式环境。

10.5.6 实时 Linux

标准 Linux 是一个通用操作系统，它不是为实时应用程序设计的。尽管如此，标准 Linux 仍具有出色的平均性能，甚至可以提供毫秒级的任务调度精度。但是，它不能提供要求亚毫秒级精度和可靠时序保证的实时服务。其根本原因是 Linux 内核不是抢占式的。传统上，Linux 内核仅在某些情况下才允许任务抢占：

- 当任务以用户模式运行时。

- 当任务从系统调用或中断处理返回用户模式时。
- 当任务在内核中睡眠或阻塞，以明确地将控制权交给另一个进程时。

当任务在Linux内核中执行时，如果发生使高优先级任务准备运行的事件，则高优先级任务无法抢占正在运行的任务，直到后者明确让出控制权为止。在最坏的情况下，切换到高优先级任务的等待时间可能有数百毫秒或更长。因此，在标准Linux内核中，高优先级任务可能会延迟一段时间，从而导致系统无法快速响应事件或无法满足任务期限。许多研究人员尝试修改Linux内核以增强它的实时功能。在下文中，我们将讨论解决此问题的两种不同方法。

10.5.6.1 实时Linux补丁

Linux 2.6内核具有一个配置选项CONFIG_PREEMPT_VOLUNTARY，可以在编译内核映像时启用它。它引入了对造成内核代码中长延迟的最常见因素的检查，从而使内核可以自动将控制权交给优先级更高的任务。该方案的优点是非常易于实现，并且对系统吞吐量的影响很小。其缺点是，尽管它减少了长延迟的发生次数，但并不能完全消除长延迟。为了进一步解决该问题，Linux 2.6内核提供了一个附加选项CONFIG_PREEMPT，它使自旋锁保护的区域和中断处理程序之外的所有内核代码都可以被优先级更高的任务抢占。使用此选项，尽管某些设备驱动程序可能具有仍会导致更长延迟的中断处理程序，但最坏情况下的延迟会降至约10毫秒以内（Hagen，2005）。为了支持需要延迟在几毫秒以内的实时任务，当前的Linux内核还有另一个选择，即CONFIG_PREEMPT_RT，称为RT-Preempt补丁，它可以通过以下方式将Linux内核转换为完全可抢占的内核。

- 通过使用实时互斥锁（rt_mutex）重新实现内核中的锁定基元（自旋锁）抢占。rt_mutex通过优先级继承扩展了简单互斥锁的语义，其中rt_mutex的低优先级所有者继承了所有等待rt_mutex的任务的最高优先级。在对rt_mutex的请求链中，如果rt_mutex的所有者在另一个rt_mutex上被阻塞，则它将提升的优先级传播给另一个rt_mutex的所有者。一旦rt_mutex被解锁，优先级提升将立即被取消。通过使用内核的p-list来追踪被阻塞任务的最高优先级，rt_mutex的实现变得更加高效。在支持cmpxhg（比较和交换）原子操作的体系结构上，可以进一步优化rt_mutex上的锁定/解锁操作。
- 将中断处理程序转换为可抢占式内核线程。RT-Preempt补丁将中断处理程序的执行视为内核伪线程，其优先级高于所有常规线程，但可以被其他优先级更高的伪线程抢占，从而允许Linux内核通过中断优先级支持嵌套中断。
- 使用高分辨率实时计时器。将旧的Linux计时器API转换为用于高分辨率内核计时器的单独基础结构，以及用于超时的类看门狗计时器，从而在用户空间中使用高分辨率POSIX计时器。

使用RT-Preempt补丁的Linux 2.6内核的性能已经在文献（Hagen，2005）中研究过。测试结果表明中断处理中的抖动显著减少，从而使Linux系统的响应性和可预测性大大提高。

10.5.6.2 RTLinux

RTLinux（Yodaiken，1999）是一个RTOS，它在与标准Linux所使用的相同计算机上运行特殊的实时任务和中断处理程序。它将Linux视为具有最低优先级的抢占式任务，仅当没有可运行的实时任务时才运行，并且只要实时任务准备就绪就可以抢占。RTLinux的基本原理非常简单。它在Linux和中断控制器硬件之间放置了一层仿真软件，即RTLinux内核。仿真器首先捕获所有硬件中断。它直接处理与实时相关的中断，并将其他与非实时相关的中断转发到 Linux 内核。在 Linux 内核代码（在 Intel x86 体系结构上）中，所有 cli（禁用中断）、sti（启用中断）和 iret（从中断返回）指令均分别由模拟宏 S_CLI、S_STI 和 S_IRET 代替。S_CLI 宏将全局变量 SFIF 清除为零，表示 Linux 内核刚刚执行了 cli 来禁用中断。S_STI 宏通过创建由已保存的 CPU FLAG 寄存器、Linux 内核 DS 寄存器和返回地址组成的堆栈帧来模拟实际中断，但改为执行 S_IRET 宏。当发生 Linux 中断时，仿真器将检查 SFIF 变量。如果已设置，即 Linux 内核启用了中断，它将立即调用 Linux 中断处理程序。否则，它将在 SFIF 变量中设置一个位，以表示挂起的 Linux 中断。当 Linux 内核通过 sti 启用中断时，S_IRET 宏将扫描 SFIF 变量以查找挂起的 Linux 中断（非零位）。对于每个挂起的 Linux 中断，它将调用相应的 Linux 中断处理程序，直到处理完所有挂起的中断为止。

RTLinux 由一个小的核心组件和一组可选组件组成。核心组件允许安装具有非常低的延迟的中断处理程序，这些处理程序不能被 Linux 本身以及某些低级同步和中断控制例程延迟或抢占。在 RTLinux 内部，实时任务作为 Linux 模块安装，在与 Linux 内核所在的相同地址空间中执行。Linux 进程和实时任务之间的通信是通过共享内存或专用 FIFO 管道进行的。一些较早的测试（Yokaiken，1999）表明，RTLinux 核心可以在较早的 Intel x86 CPU 上以数十微秒的延迟支持实时任务。但是也有相关文献提到，非常频繁的实时中断会完全阻止 Linux 运行。

10.5.7 现有 RTOS 的评价

在本节中，我们将对各种实时操作系统进行评估，并为实时操作系统的设计与实现制定一套通用的指导原则。

10.5.7.1 RTOS 的组织结构

根据前述案例研究，我们可以看到大多数 RTOS 都基于自下而上的方法，其中 RTOS 是由基本内核构建的，其支持任务、任务调度、临界区和任务同步。然后将其他功能添加到基本内核中，例如执行追踪、事件记录、调试、文件系统和网络连接等，以提高系统的能力。大多数针对商业市场的专有 RTOS 通常还提供集成开发环境，以促进用户应用程序的开发。自下而上方法的主要缺点是缺乏一致性。不同的 RTOS 可能会开发并提示其自己的专有系统接口，从而使开发用户应用程序的过程变得复杂。为了解决此问题，许多 RTOS 尝试遵守 POSIX 1003.1b 实时扩展。尽管研究人员做出了这些努力，但是标准系统服务功能的可用性仍然因系统而异。

自上而下的方法是 RTOS 设计的一种替代方法，其目的是将现有的操作系统（如 Linux）转换为支持实时操作。该方法的优点是显而易见的。除了添加实时功能外，它还可以直接访问完整操作系统的所有功能。这种方法的主要缺点是系统规模大，可能不适合小型嵌入式系统或实时系统。

10.5.7.2 RTOS 的任务

在操作系统中，进程是指具有不同地址空间的执行实体，而线程是进程的同一地址中的执行单元。为了给每个进程提供唯一的地址空间，进程通常以两种不同的模式执行，即内核模式和用户模式。在内核模式下，所有进程共享内核的相同地址空间。在用户模式下，每个进程都在单独的地址空间中执行，该地址空间与其他进程隔离并受到保护。这通常是通过内存管理硬件的虚拟地址映射来实现的。在所有类 UNIX 系统中，进程是由 fork-exec 范例创建的。fork 创建一个与父进程具有相同（用户模式）映像的子进程。exec 允许进程将执行映像更改为其他文件。另外，进程也服从父子关系。父进程可能会等待子进程终止。当进程终止时，它会通知父进程，后者收集子进程退出状态并最终释放该子进程以供重用。但是，该进程模型不适用于简单的嵌入式系统和实时系统，但基于微内核的系统（例如 QNX）除外。在几乎所有的 RTOS 中，任务实质上都是线程，因为它们都在系统内核的同一地址空间中执行。

10.5.7.3 RTOS 的内存管理

内存管理涉及三个不同方面：虚拟地址空间映射、执行期间的动态内存分配以及运行时堆栈溢出检查。在下面，我们将讨论大多数 RTOS 中使用的内存管理方案。

实地址空间

大多数 RTOS 中的任务在内核的相同地址空间中执行。单一地址空间环境具有许多优点。首先，它消除了内存管理硬件与虚拟地址映射相关的开销。其次，它允许任务直接共享内存以进行快速的任务间通信。单地址空间方案的主要缺点是缺乏内存保护。任何任务都可能破坏共享内存，从而导致其他任务或整个系统出现故障。

虚拟地址空间

大多数 RTOS 不允许任务具有单独的地址空间。因此没有虚拟地址映射和内存保护。出于安全性和可靠性，可能需要进行内存保护。如果是这样，为了提高效率，RTOS 应该使用内存管理单元（MMU）硬件最简单的内存映射方案。例如，在 Intel 体系结构上，它应该使用分段而不是（二级）分页。同样，在 ARM 体系结构上，应使用具有较大页大小的一级分页，而不是二级分页。一些页条目，例如共享的内核页可以作为锁定条目放置在 TLB 中，以最大限度减少任务切换期间的 MMU 开销。

动态内存分配

许多 RTOS 允许任务在执行期间动态分配内存。某些 RTOS 甚至支持 C 库的标准 malloc( )/free( ) 函数，以动态分配 / 释放内存（假设是从系统的堆区中进行的）。但是，若仔细研究实时系统需求，应该会发现在运行时允许动态内存分配可能不是一个好主意。与常规任务不同，实时任务的一个关键要求是其行为必须是确定的和可预测的。运行时动态分配内存会给任务执行带来有变数的延迟，使其无法预测。唯一合理的内存分配需求是为任务提供共享内存，以实现快速的任务间通信。在这种情况下，所需的内存应静态分配或作为固定大小的块分配，而不是以可变大小的块分配。

堆栈溢出检查

所有 RTOS 都支持任务创建。在创建新任务时，用户可以指定任务执行的函数、任务堆栈大小和指向函数初始参数的指针。大多数 RTOS 在运行时都支持堆栈溢出检查。这似乎是一个好特性，但实际上是很肤浅的，原因如下。第一，在程序设计期间应仔细控制任何程序的堆栈使用情况。一旦编写了程序，就可以通过函数调用的长度和函数中局部变量空间的数量来估计执行期间所需的堆栈大小。程序的实际堆栈大小可以通过测试来观察。可以在最终程序代码中将最大堆栈大小设置为观察到的大小加上安全系数。毕竟，这是所有操作系统内核设计人员的标准做法。如果每个程序都是以此方式开发的，则在执行过程中没有任何理由耗尽任何堆栈空间。第二，在没有内存保护硬件的情况下，堆栈溢出检查必须由软件完成，例如：在进入每个函数时，对照预设的堆栈限制值检查堆栈指针。但这会带来额外的运行时开销和延迟。第三，即使我们引入了运行时堆栈溢出检查，也不清楚如果任务导致堆栈溢出该怎么办。中止任务可能是不可能的。要扩展堆栈空间并允许任务继续进行，可能会导致无法接受的延迟。大多数 RTOS 只是将这个问题留给用户。通常，处理堆栈溢出的最佳方法是通过测试来防止在程序开发期间发生堆栈溢出。

10.5.7.4 符合 POSIX 的 API

POSIX（2016）为类 UNIX 系统指定了一组标准。POSIX.1 指定了核心服务功能，例如信号、管道、文件和目录操作。POSIX.1b 添加了实时扩展，而 POSIX1.c 添加了线程支持。POSIX 标准的目标是提供一个统一的用户界面，以促进类 UNIX 系统上可移植应用程序的开发。许多实时系统都试图与 POSIX 兼容。但是，严格遵守 POSIX 标准实际上可能会妨碍实时操作。在标准 UNIX 中，执行单元是进程。在大多数实时系统中，任务实质上是线程，因为它们在内核的相同地址空间中执行。为任务同步提供线程同步机制（例如互斥锁、屏障和条件变量）是有意义的，但是很难证明为什么任务必须对 I/O 的文件描述符使用开 – 关 – 读 – 写的机制。如果实时任务需要 I/O，则直接调用设备驱动程序要比通过文件描述符遍历映射其他层更有效。

10.5.7.5 同步原语

所有 RTOS 都提供一组用于任务同步的工具。下面，我们将讨论这些工具在 RTOS 中的适用性。

- 禁用中断和任务调度器：某些 RTOS 允许用户程序在进入临界区时禁用中断，但这与实时系统对短中断延迟的要求相矛盾。许多 RTOS 允许用户程序禁用任务调度程序，以防止在较长的临界区执行任务切换，但这与抢占式任务调度相矛盾。在 RTOS 中，应该避免甚至不允许用户应用程序执行这些低级操作。
- 互斥锁：几乎所有的 RTOS 都使用具有优先级继承的简单互斥锁，以确保对临界区的独占访问。一些 RTOS 支持递归互斥锁，所有者可以递归锁定 / 解锁互斥锁。当使用任何类型的锁定机制编写并发程序时，一个基本要求就是程序必须没有死锁。这通常通过确保锁定顺序始终是单向的来实现。难以置信为什么任何任务需要再获得已经拥有的锁。因此，实际上并不需要递归互斥锁。
- 二进制和计数信号量：信号量是用于常规任务同步和协作的便捷工具。许多 RTOS 支持二进制和计数信号量，这需要不同的语义和实现。由于计数信号量比二进制信号量更通用，因此不需要两种信号量。在某些 RTOS 中，当任务尝试获取一个信号量时，它可能会指定一个超时参数。如果任务在信号量上被阻塞，则其在超时值到期时将被解除阻塞。由于此特性可能引起许多问题，因此其实用性十分令人怀疑。首先，这将给计时器中断处理程序带来额外的延迟，该程序必须处理所有阻塞任务的剩余时间，并在其时间到期时取消阻塞。其他问题包括：超时值应该是多少？如果超时，任务应该怎么办？更好的解决方案是对信号量使用条件 CP 操作。如果任务无法获取信号量，则它允许用户立即指定替代操作，而不是等待超时。
- 事件控制块：与互斥锁和信号量不同，事件标志允许任务等待可变数量的事件，这提高了系统的灵活性。
- 任务间通信：使用共享内存并与互斥锁一起提供保护，对于快速的任务间通信既方便又有效。许多 RTOS 为任务交换消息提供静态或动态消息队列。虽然不如共享内存和管道有效，但它们允许应用程序具有更高的灵活性。一些 RTOS，例如 NuttX，尝试使用信号这种糟糕的选择，因为常规信号不适合进程间通信（Wang，2015），扩展信号的效率不及消息。

10.5.7.6 RTOS 的中断处理

RTOS 的基本要求之一是最小中断延迟，这意味着 RTOS 必须允许嵌套中断。所有 RTOS 支持嵌套中断，但是它们可能以不同方式处理嵌套中断。在大多数 RTOS 中，中断处理直接在中断处理程序中执行。在完成所有嵌套中断处理之前，将禁用任务切换。在具有实时补丁的Linux中，中断由内核中的伪线程处理。由于每个中断处理程序仅需要激活一个伪线程，而不需要实际处理该中断，因此可以加快中断响应速度。在这种方案中，嵌套中断处理被推到伪线程级别。应基于中断硬件选择是直接处理嵌套中断还是通过伪任务处理嵌套中断。对于没有单独的中断模式堆栈的Intel x86 CPU，中断是在被中断任务的上下文中处理的，该任务可以使用相同的堆栈来处理嵌套中断。在这种情况下，最好直接在ISR内部处理嵌套中断。对于使用单独的IRQ模式堆栈的ARM CPU，必须在允许另一个中断之前将中断的上下文传输到其他特权模式堆栈。在这种情况下，最好通过伪任务处理嵌套中断。

10.5.7.7 任务期限

尽管所有RTOS都是（或声称是）针对硬实时系统的，但实际上大多数RTOS仅为开发实时应用程序提供了基本框架。因此，任何已发布的RTOS都无法真正满足任务期限。RMS和EDF的分析结果仅在最简单和最理想的条件下为RTOS提供一般指导。它们不考虑实际RTOS系统中中断处理、资源共享导致的任务阻塞时间、任务调度和切换时间等开销。当使用RTOS开发实时应用程序时，完全由用户确定任务是否可以满足其截止期限。考虑到实时应用程序的范围之广，这不足为奇。为了帮助解决此问题，大多数RTOS提供了运行时跟踪工具，使用户可以监视禁用中断的时间和/或在临界区内花费的任务时间等。尽管做出了这些努力，实时系统的性能评估本质上还是归结为个别案例分析。

10.6 RTOS的设计原则

基于以上讨论，我们为RTOS关键组件的设计与实现提出了一套通用指南。

10.6.1 中断处理

RTOS必须支持嵌套中断。根据中断硬件的不同，可以直接在中断处理程序中执行中断处理，也可以将其作为比普通任务具有更高优先级的伪任务执行。

10.6.2 任务管理

RTOS应该支持任务创建。只要可能，任务应该是静态的。动态任务应被视为无关紧要。对于简单的RTOS，任务应在内核的相同地址空间中执行。对于具有较高安全性和可靠性要求的RTOS，任务应在单独的虚拟地址空间中的用户模式下运行，但系统应使用最简单的虚拟地址映射方案以提高效率。

10.6.3 任务调度

任务调度必须是基于任务优先级的抢占式调度。尽管RMS是静态的且更简单，但任务优先级应基于EDF，因为它在满足任务期限方面更现实。

10.6.4 同步工具

使用具有优先级继承的简单互斥锁来保护临界区。使用计数信号量进行任务协作。为了提高灵活性，使用事件标志来允许任务等待可变数量的事件。

10.6.5 任务通信

将共享内存（受简单互斥锁保护）用于直接任务通信。使用管道执行任务以共享数据流。

对任务使用同步消息传递来交换消息。

10.6.6 内存管理

如果可能，应避免使用虚拟地址映射。允许任务以固定大小的块分配内存，但不能以任意大小的块分配内存。在开发过程中支持堆栈溢出检查，但在最终系统中不支持。

10.6.7 文件系统

如果需要文件系统，则将文件系统改为内存中的 RAM 磁盘。系统启动时，将文件系统从 SDC 加载到 RAM 磁盘，并定期将对文件系统的所有更改写回 SDC。

10.6.8 跟踪与调试

RTOS 应该提供跟踪和调试功能，以允许用户至少在开发过程中监视任务的进度。

在以下各节中，我们将展示两种 RTOS 的设计与实现，一种用于单处理器（UP）系统，另一种用于多处理器（MP）系统。

10.7 单处理器 RTOS

单处理器 RTOS（UP_RTOS）是用于单处理器（UP）系统的实时操作系统。它基于 5.12.3 节中开发的完全抢占式 UP 内核，但具有以下扩展功能以支持实时应用程序。

（1）按（静态）任务优先级进行抢占式任务调度。

（2）支持嵌套中断。

（3）具有临界区优先级继承和资源共享的互斥锁。

（4）具有优先级继承的信号量，用于进程合作。

（5）共享内存、管道和消息以进行进程间通信。

（6）日志任务，将任务活动记录到 SDC 以便进行跟踪和调试。

下面将介绍 UP_RTOS 内核。

10.7.1 UP_RTOS 的任务管理

UP_RTOS 支持可变数量的任务。系统中的最大任务数（NPROC）是一个可配置的参数，可以将其设置为需要的值。任务可以是静态的，也可以是动态的。使用静态任务时，所有任务都是在系统初始化期间创建的，并且它们会永久存在于系统中。使用动态任务时，可以按需创建任务，并且任务在完成工作后会终止。每个任务都是以静态优先级创建的。所有任务都在内核的相同地址空间中执行。通过以下 API 创建任务。

```
kfork(int * f() task_function, int priority);
```

它创建一个任务来执行具有指定优先级的 task_function( )。每个任务都由一个 PROC 结构表示。

```
#define NPROC 256
typedef struct proc{
  struct proc *next;     // 指向下一个 PROC 的指针
  int     *ksp;          // 不运行时保存 sp
  int     status;        // 状态
  int     pid;           // 任务 ID
```

```
  int      pause;          // 暂停时间
  int      ready_time;     // 任务释放或准备时间
  int      priority;       // 有效优先级
  int      rpriority;      // 实际优先级
  MSG      *mqueue         // 消息队列
  SEMAPHORE nmsg;          // 消息队列中消息的数量
  MUTEX    mqlock          // 消息队列锁
  SEMAPHORE wchild;        // 等待僵尸子进程
  int      kstack[SSIZE];  // 4KB至8KB任务堆栈区域
}PROC;
PROC proc[NPROC];          // NPROC PROC结构
PROC *readyQueue;          // 按PROC优先级排序的就绪队列
PROC *running;             // 当前正在运行的PROC指针
```

10.7.2 UP_RTOS的任务同步

UP_RTOS仅在管道中将睡眠/唤醒用于任务同步。它使用互斥锁和计数信号量进行一般任务同步。互斥锁用作专用锁来保护临界区。信号量用于任务协作。两者都通过优先级继承实现，以防止优先级倒置。每个互斥锁已经具有owner字段，该字段标识了持有互斥锁的当前任务。为了支持信号量中的优先级继承，我们修改了信号量结构使得也包含owner字段，该字段标识了持有信号量的当前任务。为简单起见，优先级继承只是一个级别，即它仅适用于每个互斥锁或信号量，而不是传递给一系列的互斥锁或信号量请求。扩展优先级继承以支持嵌套的互斥锁或信号量请求将留作练习。

10.7.3 UP_RTOS的任务调度

任务调度是基于抢占式优先级的。任务抢占的实现方式如下。首先，内核使用全局计数器来跟踪中断嵌套级别。当进入中断处理程序时，计数器加1。当退出中断处理程序时，计数器递减1。以此类推。如果中断嵌套级别为非零，则不允许进行任务切换。其次，唯一可以使任务准备好运行的操作是任务创建、mutex_unlock以及信号量上的V。每当将就绪任务输入readyQueue时，它就会调用reschedule()函数来重新调度任务。下面展示了任务抢占算法。

```
/****************** 任务抢占算法 *****************/
int intnest; // 中断嵌套计数器，最初为0
int swflag;  // 切换任务标志
reschedule
{
  if (readyQueue->priority > running->priority){
     if (intsest==0)// 如果不在中断处理程序中
          tswitch();  // 立即抢占正在运行的任务
      else{
          swflag = 1; // 推迟抢占直到中断结束
}
interrupt_handler_exit // 如果swflag位为1且IRQ结束，则切换任务
{
  if (!intnest && swflag)
     tswtich() in SVC mode;
  }
}
```

在 reschedule( ) 中，如果当前正在运行的任务不再是最高优先级，并且不在任何中断处理程序中执行，则它将立即抢占当前正在运行的任务。如果仍在中断处理程序内部中执行，则会设置一个切换任务标志，该标志将延迟任务切换，直到所有嵌套的中断处理结束为止。

10.7.4 UP_RTOS 的任务间通信

UP_RTOS 内核提供了三种用于任务间通信的机制。

10.7.4.1 共享内存

当系统启动时，它初始化固定数量（32）的 64KB 内存区域，例如从 32MB 到 34MB，用于通过共享内存进行任务间通信。每个共享内存区域由一个结构表示。

```
#define NPID NPROC/sizeof(int)
struct shmem{
   int procID[NPID];   // NPROC 任务 ID 的位向量
   MUTEX mutex;        // 共享区域的互斥锁
   char *address;      // 内存区域的起始地址
}shmem[32];
```

系统启动时，它将初始化 shmem 结构以包含

```
procID = {0};              // 尚无使用 shmem 的任务
mutex = UNLOCKED;          // 以独占方式访问共享区域
address = 指向唯一的 64KB 存储区的指针
```

要使用共享内存，任务必须首先通过以下方式将其自身附加到 shmem 结构：

```
int shmem_attach(struct shmem *mp);
```

shmem_attach( ) 在 procID 中记录任务 ID 位（用于可访问性检查），并返回当前连接到共享内存的任务数。当附加到共享内存后，任务可以使用

```
shmem_read( struct shmem *mp, char buf[ ], int nbytes);
shmem_write(struct shmem *mp, char buf[ ], int nbytes);
```

从共享内存中读取 / 写入数据。读 / 写功能只保证每个读 / 写操作都是原子性的（通过共享内存的互斥锁）。共享内存内容的数据格式和含义完全由用户决定。

10.7.4.2 数据流的管道

这与 5.11.2 节的管道机制相同。它允许任务使用管道来读取 / 写入数据流。

10.7.4.3 消息队列

这与 5.11.4 节的同步消息传递机制相同。它允许任务通过交换消息进行通信。与共享内存一样，用户可以设计消息格式和内容以满足需要。

10.7.5 临界区的保护

在 UP_RTOS 中，所有临界区均受互斥锁保护。互斥锁的锁定顺序始终是单向的，因此在 UP_RTOS 内核中永远不会发生死锁。

10.7.6 文件系统和日志

日志记录通常需要将信息写入文件系统中的日志文件，这可能会导致任务延迟时间的变化。我们没有看到在实时系统中执行文件操作的任何合理需求。为了简化和提高效率，我们

通过特殊的日志记录任务来实现日志记录，该任务通过消息接收其他任务的日志记录请求，并将日志记录信息直接写入存储设备（例如SDC）。当系统启动时，它将创建一个优先级第二低（为1）的日志记录任务（高于优先级为0的空闲任务）。其他任务使用

```
log(char * log_information)
```

向日志中记录一行。日志记录操作向日志记录任务发送一条消息，该消息以以下形式格式化日志信息：

```
timestamp : taskID : line
```

并在运行时将其写入SDC（1KB）块。它还将记录的行写入UART端口，以使用户可以在线查看日志记录活动。当系统终止时，可以从SDC检索日志信息以进行跟踪和分析。

我们通过以下示例程序演示UP_RTOS内核的实现并演示其功能。

- C10.1：具有静态周期性任务和循环调度的UP_RTOS。
- C10.2：具有静态周期性任务和抢占式调度的UP_RTOS。
- C10.3：具有动态任务和抢占式调度的UP_RTOS。

10.7.7 具有静态周期性任务和循环调度的UP_RTOS

第一个UP_RTOS示例（C10.1）演示了具有循环调度的静态周期性任务。我们假设所有任务都是周期性的且周期相同，因此根据RMS调度算法，其具有相同的优先级。作为单处理器（UP）系统，UP_RTOS内核维护用于任务调度的单个readyQueue。在readyQueue中，任务按优先级排序。具有相同优先级的任务按先进先出（FIFO）的顺序排序。由于所有任务具有相同的优先级，因此将它们安排为循环运行。当系统启动时，它将创建4个静态任务，所有任务均以相同的周期执行相同的taskCode()函数。每个任务执行一个无限循环，在该循环中，任务首先在一个独特的信号量（初始化为0）上阻塞自己。计时器会在任务周期内定期清除阻塞的任务。当任务被解除阻塞并准备运行时，我们从全局时间获取其准备时间，并将其记录在任务PROC结构中。当任务运行时，它首先获取开始时间。然后进行计算，并通过延迟循环进行仿真。在执行循环的末尾，每个任务将获取结束时间，并按以下方式计算其执行时间和截止时间。

执行时间 Ci = end_time – start_time;

截止时间 Di = end_time – ready_time;

它将截止时间与任务周期进行比较，以查看是否达到截止期限（等于任务周期）。然后它再次重复循环。下面列出了C10.1程序的代码。为了使程序保持简单，系统仅支持嵌套中断、抢占式任务调度，而不支持优先级继承。优先级继承将在之后实现和说明。

（1）**C10.1的ts.s文件**：ts.s文件的主要特性是它支持嵌套的IRQ中断。任务切换推迟到嵌套中断处理结束为止。任务抢占的详细内容将在后面说明。

```
/*************   C10.1的ts.s文件   ***************/
        .text
        .code 32
.global vectors_start, vectors_end
.global proc, procsize
.global tswitch, scheduler, running
.global int_off, int_on, lock, unlock
```

```
.global swflag, intnest, int_end
.set vectorAddr, 0x10140030 // VIC 向量基址
reset_handler:
// 将 SVC 堆栈设置为 proc[0].kstack 的高端
  ldr r0, =proc
  ldr r1, =procsize
  ldr r2, [r1, #0]
  add r0, r0, r2
  mov sp, r0
// 将向量表复制到地址 0
  bl copy_vectors
// 进入 IRQ 模式，设置 IRQ 堆栈
  msr cpsr, #0x92
  ldr sp, =irq_stack_top
// 在 IRQ 打开的情况下在 SVC 模式下调用 main()：所有任务在 SVC 模式下运行
  msr cpsr, #0x13
  bl main
  b .
irq_handler:                 // 支持 SVC 模式下的嵌套中断
  sub      lr, lr, #4
  stmfd sp!, {r0-r12, lr}
  mrs r0, spsr
  stmfd sp!, {r0}          // push SPSR
  ldr r0, =intnest         // r0->intnest
  ldr r1, [r0]
  add r1, #1
  str r1, [r0]             // intnest++
  mov r1, sp               // 将 irq sp 放入 r1
  ldr sp, =irq_stack_top // 将 IRQ 堆栈指针重置到 IRQ 堆栈顶部
// 切换到 SVC 模式          // 允许嵌套的 IRQ：清除 IRQ 源
  MSR cpsr, #0x93          // 进入 SVC 模式，中断关闭
  sub sp, #60              // 将 SVC 模式 sp 减少 15 个条目
  mov r0, sp               // r0=SVC 栈顶
// 将 IRQ 堆栈复制到 SVC 堆栈
  mov r3, #15          // 15 次
copy_stack:
  ldr r2, [r1], #4     // 从 IRQ 堆栈获取条目
  str r2, [r0], #4     // 写入 proc 的 kstack
  sub r3, #1           // 将 15 个条目从 IRQ 堆栈复制到 PROC 的 kstack
  cmp r3, #0
  bne copy_stack
// 读取向量地址寄存器：必须！否则没有中断
  ldr  r1, =vectorAddr
  ldr  r0, [r1]  // 将 vectorAddr 寄存器读取到 ACK 中断
  stmfd sp!, {r0-r3, lr}
  msr cpsr, #0x13       // 仍处于 SVC 模式但启用 IRQ
  bl irq_chandler       // 在 SVC 模式下处理中断，IRQ 关闭
  msr cpsr, #0x93
  ldmfd sp!, {r0-r3, lr}
  ldr r0, =intnest      // 检查中断嵌套级别
  ldr r1, [r0]
```

```
  sub r1, #1
  str r1, [r0]          // intnest--
  cmp r1, #0            // if intnest != 0 => no_switch
  bne no_switch
// intnest==0: IRQ 结束: if swflag=1: 切换任务
  ldr r0, =swflag
  ldr r0, [r0]
  cmp r0, #0
  bne do_switch         // if swflag=0: 无任务切换
no_switch:
  ldmfd sp!, {r0}
  msr   spsr, r0        // 恢复 SPSR
// irq_chandler() 已发出 EOI
  ldmfd sp!, {r0-r12, pc}^  // 由 SVC 堆栈返回
do_switch:                  // 仍处于 IRQ 模式
  bl endIRQ                 // 显示"IRQ 结束"
  bl tswitch                // 调用 tswitch(): 恢复到此处
// 将切换任务,因此必须发出 EOI
  ldr  r1, =vectorAddr
  str  r0, [r1]         // 发出 EOI
  ldmfd sp!, {r0}
  msr   spsr, r0
  ldmfd sp!, {r0-r12, pc}^  // 由 SVC 堆栈返回

tswitch:                // 用于 SVC 模式下的任务切换
// 禁用 IRQ 中断
  mrs r0, cpsr
  orr r0, r0, #0x80   // 将 I 位设置为屏蔽 IRQ 中断
  msr cpsr, r0
  stmfd     sp!, {r0-r12, lr}
  ldr r0, =running    // r0=&running
  ldr r1, [r0, #0]    // r1->runningPROC
  str sp, [r1, #4]    // running->ksp = sp
  bl  scheduler
  ldr r0, =running
  ldr r1, [r0, #0]    // r1->runningPROC
  ldr sp, [r1, #4]
  // 启用 IRQ 中断
  mrs r0, cpsr
  bic r0, r0, #0x80   // 清除位表示解除屏蔽 IRQ 中断
  msr cpsr, r0
  ldmfd     sp!, {r0-r12, pc}

// 实用功能: int_on/int_off/lock/unlock: 未显示
vectors_start:
  LDR PC, reset_handler_addr
  LDR PC, undef_handler_addr
  LDR PC, swi_handler_addr
  LDR PC, prefetch_abort_handler_addr
  LDR PC, data_abort_handler_addr
  B .
```

```
  LDR PC, irq_handler_addr
  LDR PC, fiq_handler_addr
reset_handler_addr:            .word reset_handler
undef_handler_addr:            .word undef_handler
swi_handler_addr:              .word swi_handler
prefetch_abort_handler_addr:  .word prefetch_abort_handler
data_abort_handler_addr:       .word data_abort_handler
irq_handler_addr:              .word irq_handler
fiq_handler_addr:              .word fiq_handler
vectors_end:
```

ts.s 文件的说明

- reset_handler：通常，reset_handler 是入口点。首先，它将 SVC 模式堆栈指针设置为 proc[0] 的高端，并将向量表复制到地址 0。接下来，它将切换到 IRQ 模式以设置 IRQ 模式堆栈。然后，它在 SVC 模式下调用 main( )。在系统运行期间，所有任务都以 SVC 模式在内核的相同地址中运行。
- irq_handler：任务切换通常由中断触发，这可能会使被使阻塞的任务准备运行。因此，irq_handler 是与进程抢占相关的最重要的汇编代码。因此，我们仅关注 irq_handler 代码。在第 2 章中，ARM CPU 无法在 IRQ 模式下处理嵌套中断。嵌套中断处理必须在其他特权模式下执行。为了支持由中断引起的进程抢占，我们选择在 SVC 模式下处理 IRQ 中断。下面是对 irq_handler 算法的描述。

/********* IRQ 处理器的全任务抢占算法 ********/

1）进入后，调整返回 lr；将上下文（包括 spsr）保存在 IRQ 堆栈中。
2）中断嵌套计数器加 1。
3）切换到 SVC 模式并禁用中断。
4）将上下文从 IRQ 堆栈传输到 proc 的 SVC 堆栈；重置 IRQ 堆栈。
5）确认并清除中断源（防止来自同一中断源的无限循环）。
6）启用 IRQ 中断；将工作寄存器保存在 SVC 堆栈中。
7）在启用了 IRQ 中断的 SVC 模式下调用 ISR。
8）（从 ISR 返回）：禁用 IRQ 中断；恢复工作寄存器。
9）中断嵌套计数器减 1。
10）如果仍在中断处理程序中（计数器非零）：转到 no_switch。
11）（IRQ 结束）：如果设置了 swflag，则转到 do_switch。
12）no_switch：通过 SVC 堆栈中保存的上下文返回。
13）do_switch：将 EOI 写入中断控制器；调用 tswitch( ) 以切换任务。
14）（恢复切出的任务时）：通过 SVC 堆栈中保存的中断上下文返回。

（2）**uart.c 文件**：UART 驱动程序，仅通过 TX 中断输出。
（3）**vid.c 文件**：LCD 驱动器，除帧缓冲区为 4MB 外，其他如前所述。
（4）**timer.c 文件**：使用 timer0 定期激活任务。

```
/*** C10.1 的 timer.c 文件 ***/
#define TLOAD    0x0
#define TVALUE   0x1
#define TCNTL    0x2
#define TINTCLR  0x3
```

```c
#define TRIS    0x4
#define TMIS    0x5
#define TBGLOAD 0x6

typedef struct timer{
  u32 *base;            // 计时器的基址
  int tick, hh, mm, ss; // 每个计时器数据区
  char clock[16];
}TIMER;
TIMER timer[4];         // 4个计时器,仅使用timer0

void timer_init()
{
  int i;
  TIMER *tp;
  printf("timer_init(): ");
  gtime = 0;
  for (i=0; i<4; i++){ // 4个计时器，仅使用timer0
    tp = &timer[i];
    if (i==0) tp->base = (u32 *)0x101E2000;
    if (i==1) tp->base = (u32 *)0x101E2020;
    if (i==2) tp->base = (u32 *)0x101E3000;
    if (i==3) tp->base = (u32 *)0x101E3020;
    *(tp->base+TLOAD) = 0x0;    // 重启
    *(tp->base+TVALUE)= 0xFFFFFFFF;
    *(tp->base+TRIS)  = 0x0;
    *(tp->base+TMIS)  = 0x0;
    *(tp->base+TLOAD) = 0x100;
    //0x62=|011-0000=|NOTEn|Pe|IntE|-|scal=00|32-bit|0=wrap|
    *(tp->base+TCNTL) = 0x62;
    *(tp->base+TBGLOAD) = 0xF00; // 计时器计数
    tp->tick = tp->hh = tp->mm = tp->ss = 0;
    strcpy((char *)tp->clock, "00:00:00");
  }
}
void timer_handler(int n)
{
    int i;
    TIMER *t = &timer[n];
    gtime++;                  // 增加全局时间
    t->tick++;                // 用于本地挂钟
    if (t->tick >= 64){
      t->tick=0; t->ss++;
      if (t->ss == 60){
        t->ss=0; t->mm++;
       if (t->mm==60){
         t->mm=0; t->hh++;
       }
      }
    }
```

```
// 显示挂钟时间
    if (t->tick == 0){ // 显示挂钟时间
        for (i=0; i<8; i++){
          unkpchar(t->clock[i], 0, 70+i);
        }
        t->clock[7]='0'+(t->ss%10); t->clock[6]='0'+(t->ss/10);
        t->clock[4]='0'+(t->mm%10); t->clock[3]='0'+(t->mm/10);
        t->clock[1]='0'+(t->hh%10); t->clock[0]='0'+(t->hh/10);
        for (i=0; i<8; i++){
           kpchar(t->clock[i], 0, 70+i);
        }
    }
// 按周期解除阻塞任务
    if ((gtime % period)==0){           // period = N*T 计时器滴答
       for (i=1; i<=4; i++){
          V(&ss[i]);                     // 激活任务 i
          proc[i].start_time = gtime;    // 任务准备运行时间
       }
    }
    timer_clearInterrupt(n);
}
void timer_start(int n) // timer_start(0), 1, 等
{
  TIMER *tp = &timer[n];
  printf("timer_start %d\n", n);
  *(tp->base+TCNTL) |= 0x80;     // 设置启用位 7
}
int timer_clearInterrupt(int n) // timer_start(0), 1, 等
{
  TIMER *tp = &timer[n];
  *(tp->base+TINTCLR) = 0xFFFFFFFF;
}
```

（5）C10.1 的内核文件。

```
/***********  C10.1 的 pv.c 文件  ***********/
extern PROC *running;
extern PROC *readyQueue;
extern int swflag;
extern int intnest;
int P(struct semaphore *s) // 没有优先级继承
{
  int SR = int_off();
  s->value--;
  if (s->value < 0){
     running->status = BLOCK;
     enqueue(&s->queue, running);
     int_on(SR);
     tswitch();
  }
```

```
  int_on(SR);
}
int V(struct semaphore *s) // 没有优先级继承
{
  PROC *p; int cpsr;
  int SR = int_off();
  s->value++;
  if (s->value <= 0){
     p = dequeue(&s->queue);
     p->status = READY;
     enqueue(&readyQueue, p);
     printf("V up task%d pri=%d; running pri=%d\n",
             p->pid, p->priority, running->priority);
     reschedule();    // 可能抢占正在运行的任务
  }
  int_on(SR);
}
/*****************  C10.1 的 kernel.c 文件  ***************/
#define NPROC 256
PROC proc[NPROC], *running, *freeList, *readyQueue;
int procsize = sizeof(PROC);
int swflag = 0;  // 切换任务标志
int intnest;     // 中断嵌套级别
int kernel_init()
{
  int i, j;
  PROC *p;
  kprintf("kernel_init()\n");
  for (i=0; i<NPROC; i++){
    p = &proc[i];
    p->pid = i;
    p->status = READY;
    p->run_time = 0;
    p->next = p + 1;
  }
  proc[NPROC-1].next = 0;
  freeList = &proc[0];
  sleepList = 0;
  readyQueue = 0;
  intnest = 0;
  running = getproc(&freeList); // 创建并运行 P0
  running->priority = 0;
  printf("running = %d\n", running->pid);
}
int scheduler()
{
  printf("task%d switch task: ", running->pid);
  if (running->status==READY)
```

```
      enqueue(&readyQueue, running);
   printQ(readyQueue);
   running = dequeue(&readyQueue);
   printf("next running = task%d pri=%d realpri=%d\n",
         running->pid, running->priority, running->realPriority);
   color = RED+running->pid;
   swflag = 0;
}

int reschedule() // 在禁用 IRQ 的情况下从 V() 内部调用
{
   if (readyQueue && readyQueue->priority > running->priority){
      if (intnest==0){
         printf("task%d PREEMPT task%d IMMEDIATELY\n", readyQueue->pid,
                running->pid);
         tswitch();
      }
      else{
         printf("task%d DEFER PREEMPT task%d ", readyQueue->pid,
                running->pid);
         swflag = 1;  // IRQ 被禁用，因此无须锁定 / 解锁
      }
   }
}

// kfork() 创建一个新任务并进入 readyQueue
PROC *kfork(int func, int priority)
{
   int i;
   PROC *p = getproc(&freeList);
   if (p==0){
      kprintf("kfork failed\n");
      return (PROC *)0;
   }
   p->ppid = running->pid;
   p->parent = running;
   p->status = READY;
   p->realPriority = p->priority = priority;
   p->run_time = 0;
   p->ready_time = 0;
   // 设置 kstack 重新开始以执行 func()
   for (i=1; i<15; i++)
      p->kstack[SSIZE-i] = 0;
   p->kstack[SSIZE-1] = (int)func;
   p->ksp = &(p->kstack[SSIZE-14]);
   enqueue(&readyQueue, p);
   printf("task%d create a child task%d\n", running->pid, p->pid);
   reschedule();
   return p;
}
```

```
/*******************   C10.1 的 t.c 文件   ****************/
// 设置计时器滴答 T=5, 任务周期  = 8*T
#define T 5
#define period 8*T

#include "type.h"
#include "string.c"
#include "queue.c"
#include "pv.c"
#include "uart.c"
#include "vid.c"
#include "exceptions.c"
#include "kernel.c"
#include "timer.c"
// 全局变量
struct semaphore ss[5];    // 阻塞任务的信号量
volatile u32 gtime;        // 全局时间
UART *up0, *up1;
int tcount = 0;            // 低 IRQ 中的计时器中断数
void copy_vectors(void) { // 与之前一样        }

int enterint() // 用于嵌套的 IRQ: 清除中断源
{
  int status, ustatus, scode;
  status = *((int *)(VIC_BASE_ADDR)); // 读取状态寄存器
  if (status & (1<<4)){ // 在 IRQ 4 的 timer0
     tcount++;
  }
  if (status & (1<<12)){ // 在 IRQ 12 的 uart0
     ustatus = *(up0->base + UDS);  // 读取 UDS 寄存器
  }
  if (status & (1<<13)){ // 在 IRQ 13 的 uart1
    ustatus = *(up1->base + UDS);  // 读取 UDS 寄存器
  }
}
int endIRQ() { printf("until END of IRQ\n"); }
int int_end(){ printf("task switch at end of IRQ\n"); }

// 使用 PL190 向量中断
void timer0_handler()
{
   timer_handler(0);
}
void uart0_handler()
{
  uart_handler(&uart[0]);
}
void uart1_handler()
{
  uart_handler(&uart[1]);
}
```

```
int vectorInt_init()
{
  printf("vectorInterrupt_init()\n");
  *((int *)(VIC_BASE_ADDR+0x100)) = (int)timer0_handler;
  *((int *)(VIC_BASE_ADDR+0x104)) = (int)uart0_handler;
  *((int *)(VIC_BASE_ADDR+0x108)) = (int)uart1_handler;
  //写入 intControlRegs = E=1|IRQ# =  1xxxxx
  *((int *)(VIC_BASE_ADDR+0x200)) = 0x24;  //0100100 at IRQ 4
  *((int *)(VIC_BASE_ADDR+0x204)) = 0x2C;  //0101100 at IRQ 12
  *((int *)(VIC_BASE_ADDR+0x208)) = 0x2D;  //0101101 at IRQ 13
  // 将32位0写入IntSelectReg以生成IRQ中断
  *((int *)(VIC_BASE_ADDR+0x0C)) = 0;
}
void irq_chandler()
{
  int (*f)();                          // f是一个函数指针
  f =(void *)*((int *)(VIC_BASE_ADDR+0x30)); // 获取ISR地址
  f();                                 // 调用ISR函数
  *((int *)(VIC_BASE_ADDR+0x30)) = 1; // 以EOI的形式写入vectorAddr
}
int delay(int pid)          // 延迟循环：模拟任务计算时间
{
  int i, j;
  for (i=0; i<1000; i++){
    // 可以将pid用于不同的任务延迟时间
    for (j=0; j<1000; j++); // 根据不同的需要改变此行
  }
}
/*************** 静态周期性任务 ***************/
int taskCode()
{
  int pid = running->pid;
  u32 time1, time2, t, ready_time, complete_time;
  while(1){
    lock(); // 重置任务信号量和ready_time
     ss[running->pid].value = 0;
     ss[running->pid].queue = 0;
     running->start_time = 0;
    unlock();
    // 在每个进程的信号量上阻塞，直到由计时器结束
    P(&ss[running->pid]);
    ready_time = running->start_time;
     printf("%d ready=%d", pid, ready_time); // 至LCD
    uprintf("%d ready=%d", pid, ready_time); // 至UART0
    time1 = gtime;
     printf("start=%d", time1);
    uprintf("start=%d", time1);
       delay(pid);
    time2 = gtime;
```

```
    t = time2 - time1;
    complete_time = time2 - ready_time;

     printf("end=%d%d[%d %d]", time2, t, ready_time, complete_time);
    uprintf("end=%d%d[%d %d]", time2, t, ready_time, complete_time);

    if (complete_time > period){ // 如果任务错过了截止期限
        printf(" PANIC:miss deadline!\n");
        uprintf(" PANIC:miss deadline!\n");
    }
    else{
        printf(" OK\n");
        uprintf(" OK\n");
    }
}
int main()
{
    int i;
    PROC *p;
    color = WHITE;
    fbuf_init();
    uart_init();
    up0 = &uart[0];
    up1 = &uart[1];
    kprintf("Welcome to UP_RTOS in ARM\n");
    /* 启用 timer0,1, uart0,1 中断 */
    VIC_INTENABLE = 0;
    VIC_INTENABLE |= (1<<4);    // timer0,1位于bit4
    VIC_INTENABLE |= (1<<12);   // UART0位于bit12
    VIC_INTENABLE |= (1<<13);   // UART2位于bit13
    vectorInt_init();
    timer_init();
    timer_start(0);
    kernel_init();
    printf("P0 kfork tasks\n"); // 创建4个任务
    for (i=1; i<=4; i++){
        ss[i].value = 0;          // 初始化任务信号量
        ss[i].queue = (PROC *)0;
        kfork((int)taskCode, 1); // 所有相同的优先级 = 1
    }
    unlock();
    while(1){                     // 空闲任务 P0 循环
        if (readyQueue)
            tswitch();
    }
}
```

C10.1 系统的截止期限分析：对于4个周期相等的任务，根据RMS的可调度性条件，如果满足以下条件，则所有任务都应能够满足其截止期限。

$$(C1 + C2 + C3 + C4)/period < 4*(2**(1/4) - 1) = 0.7568 \quad (10.1)$$

如果我们假设所有任务计算时间 Ci = C 都相同，则条件（10.1）变为

$$C/\text{period} < 0.189 \tag{10.2}$$

图 10.1 展示了示例程序 C10.1 的示例输出。该图表明，单个任务的计算时间在 3 到 5 个计时器滴答之间变化。任务计算时间包括由计时器和 I/O 中断处理中断导致的开销，以及任务调度和切换时间。在测试程序 C10.1 中，我们将所有任务计算时间设置为 $C = 5$ 个计时器滴答，任务周期 = $8 \times C$，以使 C/period = 1/8 = 0.125，这在 RMS 的可调度范围内。在这种情况下，所有任务确实都可以按时完成任务，如图 10.1 所示。

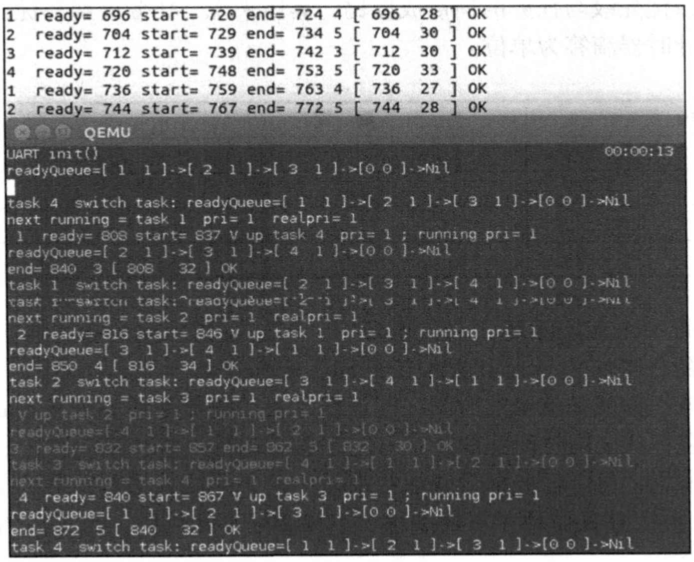

```
1  ready= 696 start= 720 end= 724 4 [ 696  28 ] OK
2  ready= 704 start= 729 end= 734 5 [ 704  30 ] OK
3  ready= 712 start= 739 end= 742 3 [ 712  30 ] OK
4  ready= 720 start= 748 end= 753 5 [ 720  33 ] OK
1  ready= 736 start= 759 end= 763 4 [ 736  27 ] OK
2  ready= 744 start= 767 end= 772 5 [ 744  28 ] OK
QEMU
UART init()                                             00:00:13
readyQueue=[ 1  1 ]->[ 2  1 ]->[ 3  1 ]->[0 0 ]->Nil

task 4  switch task: readyQueue=[ 1  1 ]->[ 2  1 ]->[ 3  1 ]->[0 0 ]->Nil
next running = task 1  pri= 1  realpri= 1
 1  ready= 808 start= 837 V up task 4  pri= 1 ; running pri= 1
readyQueue=[ 2  1 ]->[ 3  1 ]->[ 4  1 ]->[0 0 ]->Nil
end= 840  3 [ 808   32 ] OK
task 1  switch task: readyQueue=[ 2  1 ]->[ 3  1 ]->[ 4  1 ]->[0 0 ]->Nil
next running = task 2  pri= 1  realpri= 1
 2  ready= 816 start= 846 V up task 1  pri= 1 ; running pri= 1
readyQueue=[ 3  1 ]->[ 4  1 ]->[ 1  1 ]->[0 0 ]->Nil
end= 850  4 [ 816   34 ] OK
task 2  switch task: readyQueue=[ 3  1 ]->[ 4  1 ]->[ 1  1 ]->[0 0 ]->Nil
next running = task 3  pri= 1  realpri= 1
 V up task 2  pri= 1 ; running pri= 1
readyQueue=[ 4  1 ]->[ 1  1 ]->[ 2  1 ]->[0 0 ]->Nil
3  ready= 832 start= 857 end= 862  5 [ 832   30 ] OK
task 3  switch task: readyQueue=[ 4  1 ]->[ 1  1 ]->[ 2  1 ]->[0 0 ]->Nil
next running = task 4  pri= 1  realpri= 1
 4  ready= 840 start= 867 V up task 3  pri= 1 ; running pri= 1
readyQueue=[ 1  1 ]->[ 2  1 ]->[ 3  1 ]->[0 0 ]->Nil
end= 872  5 [ 840   32 ] OK
task 4  switch task: readyQueue=[ 1  1 ]->[ 2  1 ]->[ 3  1 ]->[0 0 ]->Nil
```

图 10.1　具有循环调度的 UP_RTOS

条件（10.2）建议，如果 C/period < 0.189，则我们应该期望所有任务都能在截止时间之前完成。然而，测试结果表明并非如此。例如，如果将任务期限设置为 $7 \times C$（C/period = 0.1428），但仍在 RMS 范围内，则某些任务将开始错过其截止期限，如图 10.2 所示。

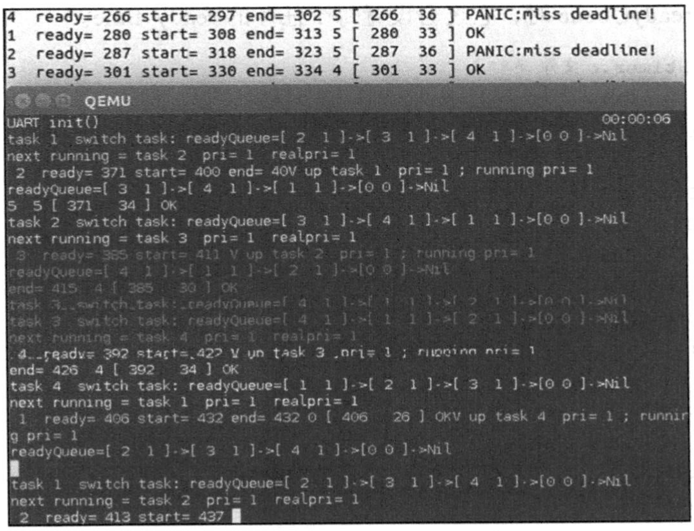

```
4  ready= 266 start= 297 end= 302 5 [ 266  36 ] PANIC:miss deadline!
1  ready= 280 start= 308 end= 313 5 [ 280  33 ] OK
2  ready= 287 start= 318 end= 323 5 [ 287  36 ] PANIC:miss deadline!
3  ready= 301 start= 330 end= 334 4 [ 301  33 ] OK
QEMU
UART init()                                             00:00:06
task 1  switch task: readyQueue=[ 2  1 ]->[ 3  1 ]->[ 4  1 ]->[0 0 ]->Nil
next running = task 2  pri= 1  realpri= 1
 2  ready= 371 start= 400 end= 40V up task 1  pri= 1 ; running pri= 1
readyQueue=[ 3  1 ]->[ 4  1 ]->[ 1  1 ]->[0 0 ]->Nil
5  5 [ 371   34 ] OK
task 2  switch task: readyQueue=[ 3  1 ]->[ 4  1 ]->[ 1  1 ]->[0 0 ]->Nil
next running = task 3  pri= 1  realpri= 1
 3  ready= 385 start= 411 V up task 2  pri= 1 ; running pri= 1
readyQueue=[ 4  1 ]->[ 1  1 ]->[ 2  1 ]->[0 0 ]->Nil
end= 415  4 [ 385   30 ] OK
task 3  switch task: readyQueue=[ 4  1 ]->[ 1  1 ]->[ 2  1 ]->[0 0 ]->Nil
next running = task 4  pri= 1  realpri= 1
 4  ready= 392 start= 422 V up task 3  pri= 1 ; running pri= 1
end= 426  4 [ 392   34 ] OK
task 4  switch task: readyQueue=[ 1  1 ]->[ 2  1 ]->[ 3  1 ]->[0 0 ]->Nil
next running = task 1  pri= 1  realpri= 1
 1  ready= 406 start= 432 end= 432 0 [ 406   26 ] OKV up task 4  pri= 1 ; runnin
g pri= 1
readyQueue=[ 2  1 ]->[ 3  1 ]->[ 4  1 ]->[0 0 ]->Nil

task 1  switch task: readyQueue=[ 2  1 ]->[ 3  1 ]->[ 4  1 ]->[0 0 ]->Nil
next running = task 2  pri= 1  realpri= 1
 2  ready= 413 start= 437
```

图 10.2　任务错过截止时间的演示

实际上，测试结果表明，在 period = 6 × C（C/period = 0.167）的情况下，几乎所有任务都将错过其截止期限。该示例表明，尽管可以轻松设计与实现 RTOS 内核以支持周期性任务，但是即使系统严格遵循 RMS 原理，也无法保证任务可以满足其截止期限。

10.7.8　具有静态周期性任务和抢占式调度的 UP_RTOS

UP_RTOS 的第二个示例（C10.2）演示了具有抢占式任务调度的静态周期性任务。系统启动时，它将创建四个具有不同周期的静态任务。与在 RMS 中一样，其为每个任务分配一个静态优先级，该优先级与任务的周期成反比。具体来说，任务周期和优先级分配如下，其中任务周期以 T 计时器滴答为单位。

任　务	周　期	优先级
P1	5T	1
P2	4T	2
P3	3T	3
P4	2T	4

每个任务执行一个无限循环，在该循环中，首先在初始化为 0 的唯一信号量上阻塞自己。每个被阻塞的任务将由计时器根据任务周期定期进行 V 处理。在程序 C10.1 中，任务的就绪时间是指该任务准备就绪的时间，即该任务由计时器激活或进入 readyQueue 的时间。当任务运行时，它将从全局时间获取开始时间，然后进行一些计算，并通过延迟循环进行仿真。在执行循环末尾，每个任务都会获取结束时间，并测试其是否已达到截止期限（等于任务周期）。然后它再次重复循环。下面展示了 C10.2 程序的代码。为了简洁起见，我们只展示有过修改的部分。

（1）C10.2 的 **ts.s 文件**与 C10.1 的相同。

（2）**uart.c 文件**：UART 驱动程序，仅通过 TX 中断进行输出。

（3）**vid.c 文件**：LCD 驱动程序。与之前一样，只是帧缓冲位于 4MB。

（4）**timer.c 文件**：在计时器中断处理程序中，按任务周期对任务进行 V 处理。当任务进入 readyQueue 时，它还会设置每个任务的 ready_time。

```
/*** C10.2 的 timer.c 文件 ***/
#define TLOAD    0x0
#define TVALUE   0x1
#define TCNTL    0x2
#define TINTCLR  0x3
#define TRIS     0x4
#define TMIS     0x5
#define TBGLOAD  0x6
typedef struct timer{
  u32 *base;              // 计时器的基址
  int tick, hh, mm, ss; // 每个计时器数据区
  char clock[16];
}TIMER;
TIMER timer[4];           // 4 个计时器，仅使用 timer0
void timer_init()
{
```

```
  int i;
  TIMER *tp;
  printf("timer_init(): ");
  gtime = 0;
  for (i=0; i<4; i++){ // 4个计时器，仅使用 timer0
    tp = &timer[i];
    if (i==0) tp->base = (u32 *)0x101E2000;
    if (i==1) tp->base = (u32 *)0x101E2020;
    if (i==2) tp->base = (u32 *)0x101E3000;
    if (i==3) tp->base = (u32 *)0x101E3020;
    *(tp->base+TLOAD) = 0x0;    // 重启
    *(tp->base+TVALUE)= 0xFFFFFFFF;
    *(tp->base+TRIS)  = 0x0;
    *(tp->base+TMIS)  = 0x0;
    *(tp->base+TLOAD) = 0x100;
    //0x62=|011-0000=|NOTEn|Pe|IntE|-|scal=00|32-bit|0=wrap|
    *(tp->base+TCNTL) = 0x62;
    *(tp->base+TBGLOAD) = 0xF00; // 计时器计数
    tp->tick = tp->hh = tp->mm = tp->ss = 0;
    strcpy((char *)tp->clock, "00:00:00");
  }
}
void timer_handler(int n)
{
    int i;
    TIMER *t = &timer[n];
    gtime++;                  // 增加全局时间
    t->tick++;                // 用于本地挂钟
    if (t->tick >= 64){
      t->tick=0; t->ss++;
      if (t->ss == 60){
         t->ss=0; t->mm++;
       if (t->mm==60){
          t->mm=0; t->hh++;
       }
      }
    }
    if (t->tick == 0){ // 显示挂钟
         for (i=0; i<8; i++){
            unkpchar(t->clock[i], 0, 70+i);
         }
         t->clock[7]='0'+(t->ss%10); t->clock[6]='0'+(t->ss/10);
         t->clock[4]='0'+(t->mm%10); t->clock[3]='0'+(t->mm/10);
         t->clock[1]='0'+(t->hh%10); t->clock[0]='0'+(t->hh/10);
         for (i=0; i<8; i++){
             kpchar(t->clock[i], 0, 70+i);
         }
    }
    if ((gtime % (2*T))==0){      // 每 2T 激活 P4
       V(&ss[4]);
       proc[4].ready_time = gtime;
```

```
    }
    if ((gtime % (3*T))==0){       // 每 3T 激活 P3
       V(&ss[3]);
       proc[3].ready_time = gtime;
    }
    if ((gtime % (4*T))==0){       // 每 4T 激活 P2
       V(&ss[2]);
       proc[2].ready_time = 0;
    }
    if ((gtime % (5*T))==0){       // 每 5T 激活 P1
       V(&ss[1]);
       proc[1].ready_time = gtime;
    }
    timer_clearInterrupt(n);
}
void timer_start(int n) // timer_start(0), 1, 等
{
  TIMER *tp = &timer[n];
  printf("timer_start %d\n", n);
  *(tp->base+TCNTL) |= 0x80;     // 设置启用位 7
}
int timer_clearInterrupt(int n) // timer_start(0), 1, 等
{
  TIMER *tp = &timer[n];
  *(tp->base+TINTCLR) = 0xFFFFFFFF;
}
```

（5）C10.2 的内核文件：与 C10.1 的相同。
（6）C10.2 的 t.c 文件。

```
/****************   C10.2 的 t.c 文件   ****************/
#define T 32
#include "type.h"
#include "string.c"
#include "queue.c"
#include "pv.c"
#include "uart.c"
#include "vid.c"
#include "exceptions.c"
#include "kernel.c"
#include "timer.c"
// 全局变量
struct semaphore ss[5];   // 阻塞任务的信号量
volatile u32 gtime;       // 全局时间
UART *up0, *up1;
int tcount = 0;           // 低 IRQ 中的计时器中断数
void copy_vectors(void) { // 如前所述 }

int enterint() // 用于嵌套的 IRQ: 清除中断源
{
  int status, ustatus, scode;
  status = *((int *)(VIC_BASE_ADDR)); // 读取状态寄存器
```

```
  if (status & (1<<4)){ // IRQ 4 处的 timer0
     tcount++;
  }
  if (status & (1<<12)){ // IRQ 12 处的 uart0
     ustatus = *(up0->base + UDS);   // 读取 UDS 寄存器
  }
  if (status & (1<<13)){ // IRQ 13 处的 uart1
    ustatus = *(up1->base + UDS);   // 读取 UDS 寄存器
  }
}
int endIRQ() { printf("until END of IRQ\n"); }
int int_end(){ printf("task switch at end of IRQ\n"); }
// 使用 PL190 的向量中断
void timer0_handler()
{
   timer_handler(0);
}
void uart0_handler()
{
  uart_handler(&uart[0]);
}
void uart1_handler()
{
  uart_handler(&uart[1]);
}
int vectorInt_init()
{
  printf("vectorInterrupt_init()\n");
  *((int *)(VIC_BASE_ADDR+0x100)) = (int)timer0_handler;
  *((int *)(VIC_BASE_ADDR+0x104)) = (int)uart0_handler;
  *((int *)(VIC_BASE_ADDR+0x108)) = (int)uart1_handler;
  //写入 intControlRegs = E=1|IRQ# =  1xxxxx
  *((int *)(VIC_BASE_ADDR+0x200)) = 0x24;  //0100100 位于 IRQ 4
  *((int *)(VIC_BASE_ADDR+0x204)) = 0x2C;  //0101100 位于 IRQ 12
  *((int *)(VIC_BASE_ADDR+0x208)) = 0x2D;  //0101101 位于 IRQ 13
  // 将 32 位 0 写入 IntSelectReg 以生成 IRQ 中断
  *((int *)(VIC_BASE_ADDR+0x0C)) = 0;
}
void irq_chandler()
{
  int (*f)();                              // f 是函数指针
  f =(void *)*((int *)(VIC_BASE_ADDR+0x30)); // 获取 ISR 地址
  f();                                     // 调用 ISR 函数
  *((int *)(VIC_BASE_ADDR+0x30)) = 1; // 以 EOI 的形式写入 vectorAddr
}
int delay(int pid) // 延迟循环: 模拟任务计算时间
{
  int i, j;
```

```
  for (i=0; i<1000; i++){
    for (j=0; j<1000; j++); // 根据需要更改此行
  }
}
int taskCode()
{
  int pid = running->pid;
  u32 time1, time2, t, period, read_ytime, ctime;
  period = (6 - running->pid)*T; // 任务周期 =5,4,3,2
  while(1){
    lock();
     ss[running->pid].value = 0;
     ss[running->pid].queue = 0;
     proc[pid].ready_time = 0;
    unlock();

    P(&ss[running->pid]); // 阻塞信号; 按周期进行 V 操作

    readytime = running->ready_time;
    time1 = gtime;
     printf("P%dready=%dstart=%d", pid, readytime, time1);
    uprintf("P%dready=%dstart=%d", pid, readytime, time1);
       delay(pid); // 计算模拟任务时间
    time2 = gtime;
    t = time2 - time1;
    ctime = time2 - readytime; // 任务完成时间
     printf("end=%d%d[%d%d]", time2, t, period, ctime);
    uprintf("end=%d%d[%d%d]", time2, t, period, ctime);
    if (dtime > period){
       printf(" PANIC! miss deadline!\n"); // 至 LCD
      uprintf(" PANIC! miss deadline!\n"); // 至 UART0
    }
    else{
      printf(" OK\n");
     uprintf(" OK\n");
    }
  }
}
int main()
{
   int i;
   PROC *p;
   fbuf_init();
   uart_init();
   up0 = &uart[0];
   up1 = &uart[1];
   kprintf("Welcome to UP_RTOS in ARM\n");
   /* 启用 timer0,1, uart0,1 SIC 中断 */
```

```
    VIC_INTENABLE = 0;
    VIC_INTENABLE |= (1<<4);  // timer0,1 在 bit4
    VIC_INTENABLE |= (1<<5);  // timer2,3
    VIC_INTENABLE |= (1<<12); // UART0 在 bit12
    VIC_INTENABLE |= (1<<13); // UART2 在 bit13
    VIC_INTENABLE |= (1<<31); // SIC 到 VIC 的 IRQ31
    vectorInt_init();
    timer_init();
    timer_start(0);
    kernel_init();
    kprintf("P0 kfork tasks\n");
    for (i=1; i<=4; i++){          // 创建 4 个静态任务
      ss[i].value = 0;
      ss[i].queue = (PROC *)0;
      kfork((int)taskCode, i);  // 优先级 = 1,2,3,4
    }
    printQ(readyQueue);
    unlock();
    while(1){   // P0 循环
      if (readyQueue)
         tswitch();
    }
}
```

C10.2 系统的截止期限分析：使用 4 个周期为 $2T$ 到 $5T$ 的任务，我们可以得出任务计算时间的上限，如下所示。假定 Ci 是 taski 的计算时间。根据 RMS 的可调度性条件，我们希望所有任务都能在截止期限之前完成，条件如下。

$$C1/5T + C2/4T + C3/3T + C4/2T < 4(2 **(1/4) - 1)$$

或

$$12C1 + 15C2 + 20C3 + 30C4 < 45.41T$$

此条件可用于估计任务的最大计算时间，而不会错过截止期限。例如，如果我们假设所有任务的计算时间都相同，即所有 i 的 $C = \mathrm{Ci}$，则单个任务的计算时间上限为

$$C < (45.41/77)T = 0.59T \tag{10.3}$$

但是，如果我们考虑由中断处理、任务阻塞时间和任务切换时间等带来的开销，则允许的任务计算时间必须小得多。与其尝试调整单个任务的计算时间，不如简单地在测试程序中使用不同的 T 值并观察运行时任务的行为。在测试程序中，任务周期 T 的单位最初设置为 32 个计时器滴答。

图 10.3 展示了运行 C10.2 程序的示例输出。该图显示所有 4 个任务均被激活以定期运行。平均任务计算时间约为 5 个计时器滴答或 $0.156T$，这明显低于理论值 $0.59T$。在这种情况下，所有任务确实可以按时完成。但是，如果将 T 缩小，则某些任务将开始错过其截止期限。例如，在 $T = 16$ 计时器滴答、$C = 0.31T$（仍远低于 RMS 界限 $0.59T$）的情况下，仅任务 4 运行，因为它的激活速度非常快，以至于它始终是优先级最高的就绪任务。在这种情况下，任务 1 至任务 3 将始终错过其截止期限，因为它们永远都无法被安排运行。该示例表明，采用抢占式任务调度，根据 RTOS 的理论模型更难确定任务是否能按时完成。这是 RTOS 的一个需要更多研究的领域，无论是从理论分析还是从经验上。

```
P1 ready=1600 start=1611 end=1615 4 [ 160 `15 ] OK
P3 ready=1632 start=1633 end=1638 5 [96 6 ] OK
P4 ready=1664 start=1665 end=1670 5 [64 6 ] OK
P2 ready=1664 start=1676 end=1681 5 [ 128 `17 ] OK
P4 ready=1728 start=1729 end=1735 6 [64 7 ] OK
QEMU
UART init()                                                    00:00:30
P 4 ready= 1856 start= 1857 end= 1861  4 [ 64  5 ] OK
task 4  switch task: readyQueue=[0 0 ]->Nil
next running = task0  pri=0  realpri=0
V up task 4  pri= 4 ; running pri=0
IRQ:DEFER PREEMPT task0   V up task 3  pri= 3 ; running pri=0
IRQ:DEFER PREEMPT task0   V up task 2  pri= 2 ; running pri=0
IRQ:DEFER PREEMPT task0   V up task 1  pri= 1 ; running pri=0
IRQ:DEFER PREEMPT task0   until END of IRQ
task0  switch task: readyQueue=[ 4  4 ]->[ 3  3 ]->[ 2  2 ]->[ 1  1 ]->[0 0 ]->N
il
next running = task 4  pri= 4  realpri= 4
P 4 ready= 1920 start= 1921 end= 1925  4 [ 64  5 ] OK
task 4  switch task: readyQueue=[ 3  3 ]->[ 2  2 ]->[ 1  1 ]->[0 0 ]->Nil
next running = task 3  pri= 3  realpri= 3
P 3 ready= 1920 start= 1930 end= 1934  4 [ 96  14 ] OK
task 3  switch task: readyQueue=[ 2  2 ]->[ 1  1 ]->[0 0 ]->Nil
next running = task 2  pri= 2  realpri= 2
P 2 ready= 1920 start= 1940 end= 1945  5 [ 128  25 ] OK
task 2  switch task: readyQueue=[ 1  1 ]->[0 0 ]->Nil
next running = task 1  pri= 1  realpri= 1
P 1 ready= 1920 start= 1950 end= 1956  6 [ 160  36 ] OK
task 1  switch task: readyQueue=[0 0 ]->Nil
next running = task0  pri=0  realpri=0
```

图 10.3　具有周期性任务和抢占式调度的 UP_RTOS

10.7.9　具有共享资源的动态任务的 UP_RTOS

UP_RTOS 的第三个示例（C10.3）演示了共享资源的动态任务。资源由互斥锁模拟，互斥锁支持优先级继承以防止优先级倒置。在 C10.3 系统中，任务是动态创建的，可以在完成工作后终止。任务调度基于抢占式（静态）任务优先级。下面列出了 C10.3 程序的实现代码。

（1）C10.3 的 ts.s 文件：与 C10.1 的相同。

（2）C10.3 的内核文件。

为简便起见，我们只展示支持任务抢占的修改后的内核函数，包括对信号量的 V 操作和 mutex_unlock，这可能使阻塞的任务准备好运行并更改 readyQueue。此外，kfork 可能会创建一个比当前正在运行的任务具有更高优先级的新任务。这些函数都调用 reschedule( )，它可以立即切换任务或将任务切换推迟到 IRQ 结束中断处理完成之后。

```
int reschedule()
{
  int SR = int_off();
  int pid = running->pid;
  if (readyQueue && readyQueue->priority > running->priority){
    if (intnest==0){ // 不在 IRQ 处理程序中：立即抢占
       printf("%d PREEMPT %d IMMEDIATELY\n", readyQueue->pid, pid);
       tswitch();
    }
    else{          // 仍在 IRQ 处理程序中：推迟抢占
      printf("%d DEFER PREEMPT %d\n", readyQueue->pid, running->pid);
      swflag = 1;    // 设置需要切换的任务标志
    }
  }
  int_on(SR);
}
```

```
int P(struct semaphore *s)
{
  int SR = int_off();
  s->value--;
  if (s->value < 0){            // 阻塞正在运行的任务
     running->status = BLOCK;
     enqueue(&s->queue, running);
     running->status = BLOCK;
     enqueue(&s->queue, running);
     // 优先级继承
     if (running->priority > s->owner->priority){
        s->owner->priority = running->priority; // 提高所有者优先级
        reorder_readyQueue(); // 重新排序 readyQueue
     }
     tswitch();
  }
  s->owner = running;           // 作为信号量的所有者
  int_on(SR);
}
int V(struct semaphore *s)
{
  PROC *p; int cpsr;
  int SR = int_off();
  s->value++;
  s->owner = 0;                 // 清除 s 所有者字段
  if (s->value <= 0){           // s 队列有等待者
     p = dequeue(&s->queue);
     p->status = READY;
     s->owner = p;              // 新的所有者
     enqueue(&readyQueue, p);
     running->priority = running->rpriority; // 恢复所有者优先级
     printf("timer: V up task%d pri=%d; running pri=%d\n",
            p->pid, p->priority, running->priority);
     resechedule();
  }
  int_on(SR);
}
int mutex_lock(MUTEX *s)
{
  PROC *p;
  int SR = int_off();
  printf("task%d locking mutex %x\n", running->pid, s);
  if (s->lock==0){ // 互斥锁处于解锁状态
       s->lock = 1;
       s->owner = running;
  }
  else{ // 互斥已被锁定：在互斥上调用 BLOCK
     running->status = BLOCK;
     enqueue(&s->queue, running);
     // 优先级继承
     if (running->priority > s->owner->priority){
```

```
        s->owner->priority = running->priority; // 提高所有者优先级
        reorder_readyQueue(); // 重新排序 readyQueue
      }
      tswitch(); // 切换任务
    }
    int_on(SR);
}
int mutex_unlock(MUTEX *s)
{
  PROC *p;
  int SR = int_off();
  printf("task%d unlocking mutex\n", running->pid);
  if (s->lock==0 || s->owner != running){ // 解锁错误
     int_on(SR); return -1;
  }
  // 互斥锁已锁定，正在运行的任务是所有者
  if (s->queue == 0){ // 互斥锁没有等待者
     s->lock = 0;      // 清除锁定
     s->owner = 0;     // 清除所有者
  }
  else{ // 互斥锁有等待者：以新所有者的身份取消阻塞一个进程
     p = dequeue(&s->queue);
     p->status = READY;
     s->owner = p;
     enqueue(&readyQueue, p);
     running->priority = running->rpriority; // 恢复所有者优先级
     resechedule();
   }
   int_on(SR);
   return 1;
}
PROC *kfork(int func, int priority)
{
  // 像以前一样创建具有优先级的新任务 p
  p->rpriority = p->priority = priority;
  // 对于动态任务,readyQueue 必须由互斥锁保护
  mutex_lock(&readyQueuelock);
   enqueue(&readyQueue, p); // 将新任务输入 readyQueue
  mutex_unlock(&readyQueuelock);
  reschedule();
  return p;
}
```

（3）C10.3 的 t.c 文件。

```
/****************  C10.3 的 t.c 文件  ****************/
#include "type.h"
MUTEX *mp;                       // 全局互斥锁
struct semaphore s1;             // 全局信号量
#include "queue.c"
#include "mutex.c"               // 修改后的互斥锁操作
#include "pv.c"                  // 修改后的 P/V 操作
```

```
#include "kbd.c"
#include "uart.c"
#include "vid.c"
#include "exceptions.c"
#include "kernel.c"
#include "timer.c"
#include "sdc.c"               // SDC 驱动程序
#include "mesg.c"              // 信息传递

int klog(char *line){ send(line, 2) } ;// 发送消息到日志任务 #2
int endIRQ(){ printf("until END of IRQ\n") }
void copy_vectors(void) { // 如前所述 }

// 使用 PL190 的向量中断
int timer0_handler(){ timer_handler(0) }
int uart0_handler() { uart_handler(&uart[0]) }
int uart1_handler() { uart_handler(&uart[1]) }
int v31_handler()
{
  int sicstatus = *(int *)(SIC_BASE_ADDR+0);
  if (sicstatus & (1<<3)) { kbd_handler() }
  if (sicstatus & (1<<22)){ sdc_handler() }
}
int vectorInt_init()       // 添加 KBD 和 SDC 中断
{
  printf("vectorInt_init() ");
  /******* 写入 vectorAddr 寄存器 ****************************/
  *((int *)(VIC_BASE_ADDR+0x100)) = (int)timer0_handler;
  *((int *)(VIC_BASE_ADDR+0x104)) = (int)uart0_handler;
  *((int *)(VIC_BASE_ADDR+0x108)) = (int)uart1_handler;
  *((int *)(VIC_BASE_ADDR+0x10C)) = (int)kbd_handler;
  *((int *)(VIC_BASE_ADDR+0x10C)) = (int)v31_handler;
  *((int *)(VIC_BASE_ADDR+0x110)) = (int)sdc_handler;
  /***** 写入 intControlRegs: E=1|IRQ# = 1xxxxx *********/
  *((int *)(VIC_BASE_ADDR+0x200)) = 0x24; //0100100 在 IRQ 4
  *((int *)(VIC_BASE_ADDR+0x204)) = 0x2C; //0101100 在 IRQ 12
  *((int *)(VIC_BASE_ADDR+0x208)) = 0x2D; //0101101 在 IRQ 13
  *((int *)(VIC_BASE_ADDR+0x20C)) = 0x3F; //0111111 在 IRQ 31
  *((int *)(VIC_BASE_ADDR+0x210)) = 0x36; //0110110 在 IRQ 22
  /***** 向 IntSelectReg 写 0 以生成 IRQ 中断 */
  *((int *)(VIC_BASE_ADDR+0x0C)) = 0;
}
int irq_chandler()
{
  int (*f)();                              // f 是函数指针
  f =(void *)*((int *)(VIC_BASE_ADDR+0x30)); // 读取 vectorAddr 寄存器
  f();                                     // 调用 ISR 函数
  *((int *)(VIC_BASE_ADDR+0x30)) = 1; // 以 EOI 的形式写入 vectorAddr
}

int delay(){ // 延迟循环以模拟任务计算 }
```

```
int task5()
{
    printf("task%d running: ", running->pid);
    klog("start");
    mutex_lock(mp);
     printf("task%d inside CR\n",  running->pid);
     klog("inside CR");
    mutex_unlock(mp);
    klog("terminate");
    kexit(0);
}
int task4()
{
    klog("create task5");
    kfork((int)task5, 5);  // 创建P5，其优先级=5
    delay();
    printf("task%d terminte\n", running->pid);
    klog("terminate");
    kexit(0);
}
int task3()                    // 由计时器定期进行V操作
{
  int pid, status;
  while(1){
    printf("task%d waits for timer event\n", running->pid);
    P(&s1);
    klog("running");
    mutex_lock(mp);
     printf("task%d inside CR\n", running->pid);
     klog("create task4");
     kfork((int)task, 4);  // 在持有互斥锁期间创建P4
     delay();
    mutex_unlock(mp);
    pid = kwait(&status);
  }
}
int task2()  // 以优先级1记录任务
{
   int blk = 0;
   char line[1024];            // 1KB日志行
   printf("task%d: ", running->pid);
   while(1){
     //printf("task%d:recved line=%s\n", running->pid, line);
     r = recv(line);
     put_block(blk, line);   // 将日志行写入SDC
     blk++;
     uprintf("%s\n", line);   // 在行中显示UART0
     printf("log: ");
   }
```

```
}
int task1()
{
   int status, pid;
   pid = kfork((int)task2, 2);
   pid = kfork((int)task3, 3);
   while(1)  // task1 等待任何一个僵尸子进程
      pid = kwait(&status);
}
int main()
{
   fbuf_init();                 // LCD
   uart_init();                 // UART
   kbd_init();                  // KBD
   printf("Welcome to UP_RTOS in ARM\n");
   /* 为中断配置 VIC 和 SIC */
   VIC_INTENABLE = 0;
   VIC_INTENABLE |= (1<<4);     // timer0,1 在 bit4
   VIC_INTENABLE |= (1<<12);    // UART0 在 bit12
   VIC_INTENABLE |= (1<<13);    // UART2 在 bit13
   VIC_INTENABLE |= (1<<31);    // SIC 到 VIC 的 IRQ31
   UART0_IMSC = 1<<4;           // 启用 UART0 RXIM 中断
   SIC_INTENABLE = (1<<3);      // KBD int=SIC 上的位 3
   SIC_INTENABLE |= (1<<22);    // SDC int=SIC 上的位 22
   SIC_ENSET = (1<<3);          // KBD int=SIC 上的位 3
   SIC_ENSET |= 1<<22;          // SDC int=SIC 上的位 22
   vectorInt_init();            // 初始化向量中断
   timer_init();
   timer_start(0);              // 计时器 0
   sdc_init();                  // 初始化 SDC 驱动程序
   msg_init();                  // 初始化消息缓冲区
   mp = mutex_create();         // 互斥锁和信号量
   s1.value = 0; s1.queue = 0;
   kernel_init();               // 初始化内核,运行 P0
   kfork((int)task1, 1);        // 创建优先级为 1 的 P1
   while(1){                    // P0 循环
     if (readyQueue)
        tswitch();
   }
}
```

当 C10.3 系统启动时，它创建并运行初始任务 P0，该任务的优先级为 0（最低）。P0 将创建一个优先级为 2 的新任务 P1。由于 P1 具有较高的优先级，因此它将直接抢占 P0，这表明其立即抢占任务而没有任何延迟。当 P1 运行时，它将创建优先级为 1 的子任务 P2 作为日志任务。在这种情况下，它不会切换进程。然后，它创建另一个优先级为 3 的子任务 P3。由于 P3 具有更高的优先级，因此它将立即抢占 P1。当 P1 再次运行时，它将循环执行，等待任何僵尸子进程并释放该子进程以供重用。当 P3 运行时，它会等待一个计时器事件，该事件将由计时器定期进行 V 处理。当 P3 再次运行时，它将锁定一个互斥锁并创建优先级为

4 的 P4，该优先级立即抢占 P3。P4 创建具有优先级 5 的子进程 P5，该子进程 P5 立即抢占 P4。当 P5 运行时，它将尝试获取相同的互斥锁，该互斥锁仍由 P3 持有。因此 P5 在互斥锁上被阻塞，但它将 P3 的优先级提高到 5，从而防止了优先级倒置。当 P3 解锁互斥锁时，它将解锁 P5 并将自己的优先级恢复为 3，从而允许 P4 而不是 P3 继续运行。以上演示了 UP_RTOS 中的优先级继承。当解锁互斥锁后，P3 有两个选项：重复循环或终止。如果 P3 重复循环，则它必须等待其子进程终止并释放子 PROC 结构以供重用。否则，每次 P3 运行时，可用的 PROC 结构的数量将减少 1。如果 P3 终止，则 P1 将处理所有终止的 PROC，并再次创建 P3 的新实例。在演示系统 C10.3 中，任务 P2 是日志任务。它以第二低的优先级运行，因此它不会妨碍其他任务的执行。P2 反复尝试接收消息，即来自其他任务的日志记录请求。对于每个请求，P2 将日志请求格式化为以下形式

timestamp : pid:log information

并通过直接调用 SDC 驱动程序将行写入 SDC 中的 1KB 块。图 10.4 展示了运行 UP_RTOS 系统 C10.3 的示例输出。

```
00:00:05 : 3 : running
00:00:05 : 3 : create task4
00:00:05 : 4 : create task5
00:00:05 : 5 : start
00:00:06 : 5 : inside CR
00:00:06 : 5 : terminate
00:00:07 : 4 : terminate
00:00:07 : 3 : release ZOMBIE child 4
00:00:07 : 1 : release ZOMBIE child 5
```

```
QEMU
Welcome to RTOS_UP in ARM
vectorInt_init() timer_init(): timer_start 0                    00:00:09
sdc_init : mesg_init() kernel_init(): task 0  running
fs_init(): mount root: EXT2 MAGIC=0x EF53  bmap= 9  imap= 10  iblk= 11  OK
task0  create a child task 1 : task 1  PREEMPT task0  IMMEDIATELY
task 1  create a child task 2 : task 1  create a child task 3 : task 3  PREEMPT
task 1  IMMEDIATELY
task 3  waits for timer event
task 2 : open: filename=log: found log ino= 76  opened fd = 0x 497E8
V up task 3  pri= 3 ; running pri=0
task 3  DEFER PREEMPT task0  until END of IRQ
V up task 2  pri= 1 ; running pri= 3
task 3  inside CR
task 3  create a child task 4 : task 4  PREEMPT task 3  IMMEDIATELY
task 4  create a child task 5 : task 5  PREEMPT task 4  IMMEDIATELY
task 5  running: TASK 5  BLOCK ON MUTEX
RAISE PROC 3  PRIORITY to  5
 3  mutex_unlock: new owner=task 5  restore task 3  priorit to  3
task 5  PREEMPT task 3  IMMEDIATELY
task 5  inside CR
task 4  terminte
task 3  free ZOMBIE child  4
task 3  waits for timer event
task 1  free ZOMBIE child  5
log:log:log:log:log:log:log:log:log:
```

图 10.4　具有共享资源的动态任务的 UP_RTOS

图 10.4 的上半部分显示了由日志记录任务显示到 UART 端口的日志信息行。日志信息也作为永久记录保存到 SDC。在演示程序中，SDC 是一个虚拟 SD 卡，它不是普通文件。可以通过 SDC 驱动程序的 get_block( ) 操作读取其内容以进行检查。

可调度性和截止期限分析：包含共享资源的任务的 RTOS 的可调度性已经被很多研究人员研究。通过资源共享，任务优先级不再是静态的。因此，此类分析不适用于简单的 RMS 模型，但适用于 EDF 和 DMS 模型。以下是基于 Audsley 等（1993）的工作的（简化的）可调度性分析。首先，我们定义以下术语。

- Ci：每次释放任务 *i* 最坏情况下的计算时间。
- Ti：任务 *i* 连续到达间隔时间的下限。对于周期性任务，Ti 等于任务周期。

- Di：任务 i 的截止期限要求，相对于任务 i 的给定释放时间测得。
- Bi：任务 i 由优先级继承导致的阻塞时间的最坏情况。Bi 通常等于优先级最低任务的最长临界区，该任务访问信号量（上限大于或等于任务 i 的优先级）。
- Ii：最坏情况下任务 i 可能会遭到的其他任务带来的干扰。对任务 i 的干扰定义为较高优先级的任务可以抢占任务 i 并执行，从而阻止任务 i 执行。
- Ri：从任务释放之时起测量的任务 i 的最坏情况下的响应时间。对于可调度的任务，如果未指定截止期限 Di，则 Ri < Di 或 Ri < Ti。
- hp(i)：比任务 i 的基础优先级高的任务集合，即可以抢占任务 i 的任务的集合。

根据上述术语，task i 的响应时间可以表示为

$$\mathrm{Ri} = \mathrm{Ci} + \mathrm{Bi} + \mathrm{Ii} \tag{10.4}$$

可以通过在隔离的环境中运行每个任务来确定最坏情况下的计算时间 Ci。最坏情况下的阻塞时间 Bi 等于访问信号量或互斥锁的任何较低优先级任务的最长临界区。任务 i 来自任务 j 的最坏情况下的干扰是 [Ri/Tj]Cj，这说明了由任务抢占导致任务 i 被任务 j 阻塞的时间。任务 i 来自所有其他任务 j 的总干扰为

$$\mathrm{Ii} = \underset{j \text{ in hp}(i)}{\mathrm{SUM}}\{[\mathrm{Ri/Tj}]\mathrm{Cj}\} \tag{10.5}$$

结合式（10.4）和式（10.5）可得出（递归）方程

$$\mathrm{Ri}(n+1) = \mathrm{Ci} + \mathrm{Bi} + \underset{j \text{ in hp}(i)}{\mathrm{SUM}}\{[\mathrm{Ri}(n)/\mathrm{Tj}]\mathrm{Cj}\} \tag{10.6}$$

递归方程可以通过迭代求解。迭代从 Ri(0) = 0 开始，并在 Ri(n + 1) = Ri(n) 时终止。如果 Ri(n + 1) > Di 或 Ri(n + 1) > Ti，则可以提前终止迭代，这表明任务 i 将无法在截止期限之前完成。此外，已经证明，如果 CPU 利用率小于 100%，则可以保证迭代收敛（Josheph 和 Pandya，1986）。在计算了所有任务的响应时间之后，只需测试一下它们是否可以满足截止期限即可。如果满足以下条件，则所有任务均可按时完成。

$$\mathrm{Ri} < \mathrm{Di} \text{ 或 } \mathrm{Ri} < \mathrm{Ti}（\text{周期性任务}）\forall i$$

在设计具有资源共享的 RTOS 时，该分析结果可用作指导。为了确定实际 RTOS 中的任务是否可以满足其截止期限，仍然必须凭经验进行验证。对于示例 RTOS 系统 C10.3，我们将任务截止期限的可调度性分析和验证留作练习。

10.8 多处理器 RTOS

在第 9 章中，我们详细讨论了 ARM MPCore 体系结构的 SMP 操作。在本节中，我们将展示如何为 SMP 系统设计与实现 RTOS。尽管设计原则是通用的，适用于任何 SMP 系统，但我们将使用 ARM A9-MPCore 体系结构作为实现和测试的平台。与一步提供完整的系统不同，我们将逐步开发 SMP_RTOS 系统。在每个步骤中，我们将专注于 SMP 环境中实时操作所特有的问题，并通过示例系统演示解决方案。我们的步骤如下：

（1）开发一个用于任务管理的 SMP 内核，以改进其并发性。

（2）将 UP_RTOS 应用于 SMP。

（3）在 SMP 中按优先级实现抢占式任务调度。

（4）在 SMP 中实现嵌套中断。

（5）在 SMP 中实现优先级继承。

（6）将结果集成到完整的 SMP_RTOS。

10.8.1 用于任务管理的SMP_RTOS内核

我们先展示用于任务管理的初始SMP_RTOS内核的设计与实现。初始SMP_RTOS内核仅支持动态任务创建、任务终止和任务同步。它应该利用多个CPU的并行处理能力来提高并发性。首先，我们将假定任务具有下列操作环境。

- 每个任务都是一个单独的执行实体。任务中没有其他线程。
- 所有任务都在同一地址空间中执行，因此不需要虚拟地址映射。
- 任务不使用信号进行任务间通信，也不需要文件系统支持，因此它们不需要任何资源，就像一般操作系统一样。

这些对于实时应用来说是合理的假设，简化了实时任务的PROC结构。下面将展示SMP_RTOS内核中简化的PROC结构。

10.8.1.1 SMP_RTOS中的PROC结构

```
#define SSIZE 1024
typedef struct proc{
  struct proc *next;
  int    *ksp;              // 保存的堆栈指针
  int    status;            // FREE|READY|BLOCK|ZOMBIE, 等
  int    priority;          // 有效优先级
  int    pid;
  int    ppid;
  struct proc *parent;
  int    exitCode;          // 退出代码
  int    ready_time;
  struct mbuf *mqueue;      // 消息队列
  struct mutex mlock;       // 消息队列互斥锁
  struct semaphore nmsg;    // 等待消息信号
  int    cpuid;             // 这个 proc 在哪个 CPU 上运行
  int    rpriority;         // 用于优先级继承
  int    timeslice;         // 用于时间片调度
  struct semaphore wchild;  // 等待僵尸子进程
  int    kstack[SSIZE];
}PROC;
```

在简化的PROC结构中，虚拟地址空间、用户模式上下文和资源等字段（例如文件描述符和信号）被全部去除。为了清楚起见，为实时操作添加的字段以粗体显示。

10.8.1.2 内核数据结构

内核数据结构的定义如下。

```
#define NCPU    4
#define NPROC 256
```

每个任务都由PROC结构表示。PROC结构的总数NPROC是一个配置参数，可以根据实际系统需求进行设置。最初，所有PROC结构都在freeList中。当创建任务时，我们从freeList中分配一个空闲的PROC。当任务终止时，其PROC结构最终会释放回freeList以供重用。在分配/取消分配空闲PROC期间，自旋锁保护freeList。

```
PROC *freeList;     // 包含所有空闲的 PROC
int freelock = 0; // 用于 freeList 的自旋锁
```

在 UP 内核中，可以使用指向当前正在执行的 PROC 的单个 running 指针。在 SMP 内核中，我们将通过以下方式识别在不同 CPU 上执行的任务。

```
#define running run[get_cpuid()]
PROC *run[NCPU];  // 指向每个 CPU 上运行的 PROC 的指针
```

在 UP 内核中，可以使用单个队列进行任务调度。在 SMP 内核中，单个调度队列可能会成为瓶颈，从而严重限制了系统的并发性。为了提高并发性和效率，我们假设每个 CPU 都有一个受自旋锁保护的单独的调度队列。

```
PROC *readyQueue[NCPU];  // 每个 CPU 任务调度队列
int  readylock[NCPU];    // readyQueue[cpuid] 的自旋锁
```

每个 CPU 始终尝试从其自己的 readyQueue[cpuid] 运行任务。如果 CPU 的 readyQueue 为空，它将运行一个特殊的空闲任务，该任务使 CPU 处于节能状态，等待事件或中断。系统启动时，每个 CPU 都会运行一个特殊的初始任务，这也是 CPU 上的空闲任务。

```
PROC iproc[NCPU];        // 每个 CPU 的初始 / 空闲任务
```

任务通常以超级用户（SVC）模式运行，该模式使用 PROC 结构中的堆栈。一个任务可以进入 IRQ 模式来处理中断，或者进入 ABT 模式来处理数据中止异常，等等。每个 CPU 必须具有单独的堆栈来进行中断和异常处理。因此，我们将每个 CPU IRQ 和异常模式堆栈定义为

```
int irq_stack[NCPU][1024];  // 每个 CPU IRQ 模式堆栈
int abt_stack[NCPU][1024];  // 每个 CPU ABT 模式堆栈
int und_stack[NCPU][1024];  // 每个 CPU UND 模式堆栈
```

在 RTOS 内核中，抢占式任务调度和嵌套中断至关重要。使用抢占式任务调度，每个 CPU 都需要一个切换任务标志。对于嵌套中断，每个 CPU 必须跟踪中断嵌套级别。当 CPU 在任何中断处理程序中执行时，不允许执行任务切换。仅当所有嵌套中断处理均已结束时，才可能发生任务切换。因此，我们定义

```
volatile int intnest[NCPU]; // 每个 CPU 中断嵌套计数器
volatile int swflag[NCPU];  // 每个 CPU 切换任务标志
```

由于每一个上述变量只能由单个 CPU 访问（无论是从 CPU 上运行的任务还是由同一 CPU 上的中断处理程序访问），因此可以通过通常的 CPU 禁用 / 启用中断来保护它们。

10.8.1.3 内核数据结构的保护

每个内核数据结构均受自旋锁保护。自旋锁的请求通常是单级的，当任务必须获得多个自旋锁时，我们应确保锁定顺序始终是单向的，以免发生死锁。

10.8.1.4 同步工具

SMP_RTOS 内核支持以下用于任务同步和任务间通信的工具。

- **自旋锁**：自旋锁用于保护持续时间短的临界区（CR），也用于设备中断处理程序。
- **互斥锁**：互斥锁用于保护持续时间长的 CR。它通过优先级继承实现，以防止优先级倒置。
- **信号量**：信号量仅用于过程协作。它也通过优先级继承实现。
- **共享内存**：任务在同一地址空间中执行，因此它们可以使用共享内存进行任务间通信。每个共享内存区域均受互斥锁保护，以确保独占访问。

● **消息**：任务可以通过每个任务的消息队列发送/接收消息。

10.8.1.5　任务管理

可以动态创建任务以在特定CPU上以静态优先级执行函数。通过以下API创建任务。

```
int pid = kfork((int)func, int priority, int cpu)
```

为了与传统的UNIX/Linux内核保持一致，任务遵循通常的父子关系。任务在完成工作后可以由以下API终止。

```
void kexit(int exitValue)
```

当带有子项的任务终止时，它首先释放其终止的子项（如果有），并将其他子项发送到特殊任务P1，其行为类似于UNIX/Linux内核中的INIT进程。终止的任务成为僵尸任务，并通知其父级，该父级可以是原始父级或采用的父级P1。父任务可以通过以下API等待子任务终止。

```
int kwait(int *status)
```

它返回终止的子pid、其退出状态并释放僵尸子PROC以供重用。父子任务之间的同步是通过父PROC中的信号量实现的，即使父任务和子任务在不同的CPU上并行运行，也可以避免它们之间的竞争条件。

接下来，我们将展示SMP_RTOS内核的任务管理部分的实现。与往常一样，内核代码由一个ts.s文件和一组C语言文件组成。内核文件被编译链接到二进制可执行文件t.bin，该文件直接由一个sh脚本在QEMU下的仿真realview-pbx-a9虚拟机上运行。

```
arm-none-eabi-as -mcpu=cortex-a9 ts.s -o ts.o
arm-none-eabi-gcc -c -mcpu=cortex-a9 t.c -o t.o
arm-none-eabi-ld -T t.ld ts.o t.o -Ttext=0x10000 -o t.elf
arm-none-eabi-objcopy -O binary t.elf t.bin
qemu-system-arm -M realview-pbx-a9 -smp 4 -m 512M -sd ../sdc \
              -kernel t.bin -serial mon:stdio
```

或者，我们也可以将t.bin作为内核映像写入SDC文件系统中的boot/目录，并使用单独的引导程序从SDC启动内核映像。

（1）**启动顺序**：当realview-pbx-a9虚拟机启动时，CPU0是引导处理器，所有其他辅助CPU（AP）保持WFI状态，等待引导处理器中的SGI真正启动。引导处理器开始在ts.s文件中执行reset_handler。CPU0的操作如下。

- 将SVC模式堆栈指针设置为iproc[0]的高端，这会使iproc[0].kstack成为初始堆栈。
- 将IRQ模式堆栈指针设置为irq_stack[0]的高端，这使irq_stack[0]成为其IRQ模式堆栈。按同样的方式设置ABT和UND模式堆栈。
- 将向量表复制到地址0，然后在C中调用main( )以初始化内核。

下面展示了CPU0的reset_handler代码和AP的启动代码。

（2）reset_handler和apStart的汇编代码。

```
.global reset_handler, apStart          // CPU0, AP 代码
.global iproc, procsize                 // 全局
.global irq_stack, abt_stack, und_stack // 全局
.global tswitch, scheduler
.global int_on, int_off, lock, unlock
```

```
.global get_cpsr, get_spsr;
.global slock, sunlock, get_cpuid
.global vectors_start, vectors_end

  reset_handler:

// CPU0: 将 SVC 堆栈设置为 iproc[0].kstack[] 的高端
  ldr r0, =iproc        // r0 指向 proc
  ldr r1, =procsize     // r1 -> procsize
  ldr r2, [r1, #0]      // r2 = procsize
  add r0, r0, r2
  mov sp, r0            // SVC sp -> iproc[0] 的高端
// CPU0: 进入 IRQ 模式以设置 IRQ 堆栈
  msr cpsr, #0x92
  ldr sp, =irq_stack  // 指向 int irq_stack[0][1024]
  add sp, sp, #4096   // irq_stack[0] 的高端
// CPU0: 进入 ABT 模式以设置 ABT 堆栈
  msr cpsr, #0x97
  ldr sp, =abt_stack
  add sp, sp, #4096
// CPU0: 进入 UND 模式以设置 UND 堆栈
  msr cpsr, #0x9B
  ldr sp, =und_stack
  add sp, sp, #4096
// CPU0: 以 SVC 模式返回以将 SPSR 设置为 SVC 模式,IRQ 开启
  msr cpsr, #0x93
  msr spsr, #0x13
// CPU0: 将向量表复制到地址 0
  bl copy_vectors
  bl  main              // 在 C 中调用 main()
  b   .                 // 如果 main() 返回,则挂起
apStart:                // AP 入口点
  LDR r0, =iproc        // r0 指向 iproc
  LDR r1, =procsize     // r1 -> procsize
  LDR r2, [r1, #0]      // r2 = procsize
// 获取 CPU ID
  MRC p15, 0, r1, c0, c0, 5   // 将 CPU ID 寄存器读取到 r1
  AND r1, r1, #0x03           // 仅解除屏蔽 CPU ID 位
  mul r3, r2, r1        // procsize*CPUID: r3->iproc[CPUID] 的高端
  add r0, r0, r3        // r0 += r3
  mov sp, r0            // sp->iproc[CPUID] 高端
//AP: 进入 IRQ 模式以设置 IRQ 堆栈
  MSR cpsr, #0x92
  ldr r0, =irq_stack  // int irq_stack[4][1024] in C
  lsl r2, r1, #12     // r2 = r1*4096
  ADD r0, r0, r2      // r0 -> 高端 svcstack[cpuid]
  MOV sp, r0          // CPU ID 的 IRQ sp-> irq[ID][1024] 的高端
//AP: 进入 ABT 模式以设置 ABT 堆栈
  MSR cpsr, #0x97
  LDR sp, =abt_stack
  lsl r2, r1, #12     // r2 = r1*4096
```

```
  ADD r0, r0, r2        // r0 -> 高端 svcstack[cpuid]
  MOV sp, r0            // CPU ID 的 IRQ sp-> irq[ID][4096] 的高端
//AP: 进入 UND 模式以设置 UND 堆栈
  MSR cpsr, #0x9B
  LDR sp, =und_stack
  lsl r2, r1, #12       // r2 = r1*4096
  ADD r0, r0, r2        // r0 -> svcstack[cpuid] 的高端
  MOV sp, r0            // CPU ID 的 IRQ sp-> irq[ID][4096] 的高端
//AP: 以 SVC 模式返回以设置 SPSR
  MSR cpsr, #0x93
  MSR spsr, #0x13
//AP: 调用 APstart(), IRQ 开启
  MSR cpsr, #0x13
  bl APstart            // 在 C 中调用 APstart()
```

（3）main( ) 和 APstart( ) 函数的 C 代码。

在 main( ) 中，CPU0 首先初始化设备驱动程序，为中断配置 GIC，初始化内核数据结构并以 pid = 1000 运行初始任务。然后，它发出 SGI 来激活 AP。当所有 AP 准备就绪后，它将创建一个 P0 作为日志记录任务和一个 INIT 任务 P1。然后，它执行 run_task( )，尝试从同一 CPU 的 readyQueue 中运行任务。当从 CPU0 接收到 SGI 后，每个 AP 便开始执行 apStart 的汇编代码。每个 AP 的动作都类似于 CPU0 的动作：将 SVC 模式堆栈指针设置为 iproc[cpuid] 和 IRQ 的高端，并通过 cpuid 将其设置为其他模式堆栈。然后，它在 C 中调用 APstart( )。在 APstart( ) 中，每个 AP 配置并启动其本地计时器，更新全局变量 ncpu 以与 CPU0 同步。然后，它也调用 run_task( )。此时，AP 的 readyQueue 仍然为空。因此，每个 AP 都使用 pid = 1000 + cpuid 运行一个空闲任务，并进入 WFE 状态。当在 AP 上创建任务后，有两种让 AP 继续运行的方法。CPU0 可能会向所有 AP 发送 SGI，从而使它们从 WFE 状态启动；或者每个 AP 在其本地计时器中断时都将启动。下面展示了 run_task( )、APstart( ) 和 main( ) 的代码段。

```
int run_task()  // 每个 CPU 尝试从自己的 readyQueue 运行任务
{
   int cpuid = get_cpuid();
   while(1){
      slock(&readylock[cpuid]);
      if (readyQueue[cpuid] == 0){  // 检查自己的 readyQueue
         sunlock(&readylock[cpuid]);
         asm("WFE");                // 等待事件/中断
      }
      else{
         sunlock(&readylock[cpuid]);
         ttswitch();                // 在 CPU 上切换任务
      }
   }
}
int APstart()
{
   int cpuid = get_cpuid();
   slock(&aplock);
```

```
    color = YELLOW;
    printf("CPU%d in APstart ... ", cpuid);
    config_int(29, cpuid);          // 配置本地计时器
    ptimer_init(); ptimer_start(); // 启动本地计时器
    ncpu++;
    running = &iproc[cpuid];        // 运行初始 iproc[cpuid]
    printf("%d running on CPU%d\n", running->pid, cpuid);
    sunlock(&aplock);
    run_task();
}
int main()
{
    // 初始化设备驱动程序
    // 为中断配置 GIC
    kernel_init(); // 初始化内核
    printf("CPU0 startup APs: ");
    int *APaddress = (int *)0x10000030;
    *APaddress = (int)apStart;
    send_sgi(0x0, 0x0F, 0x01);    // 向所有 AP 发送 SGI 0
    printf("CPU0 waits for APs ready\n");
    while(ncpu < 4);
    printf("CPU0 continue\n");
    kfork(int)logtask, 1, 0); // 在 CPU0 上创建 P0 作为日志记录任务
    kfork((int)f1,      1, 0); // 在 CPU0 上创建 P1 作为 INIT 任务
    run_task();
}
```

10.8.1.6 SMP_RTOS 中任务管理的演示

我们通过一个示例程序（C10.4）在初始 SMP_RTOS 内核中演示任务管理。任务管理包括任务创建、任务终止和等待子任务终止。该程序由以下组件组成。

（1）C10.4 的 ts.s 文件。

```
/************   C10.4 的 ts.s 文件：SMP_RTOS 内核    **********/
        .text
        .code 32
.global reset_handler, vectors_start, vectors_end
.global proc, procsize, apStart
.global tswitch, scheduler
.global int_on, int_off, lock, unlock
.global get_fault_status, get_fault_addr, get_cpsr, get_spsr;
.global slock, sunlock, get_cpuid
reset_handler:
    // 与之前相同
apStart:                    // AP 入口点
    // 与之前相同
irq_handler:                // IRQ 中断入口点
  sub  lr, lr, #4
  stmfd sp!, {r0-r12, lr}  // 保存上下文
  bl   irq_chandler         // 调用 irq_handler()
  ldmfd sp!, {r0-r12, pc}^ // 返回
data_handler:
```

```
  sub lr, lr, #4
  stmfd sp!, {r0-r12, lr}
  bl  data_abort_handler
  ldmfd sp!, {r0-r12, pc}^
tswitch:                        // SVC 模式下的 tswitch()
  msr   cpsr, #0x93             // 中断关闭
  stmfd sp!, {r0-r12, lr}
  ldr r4, =run                  // r4=&run
  mrc p15, 0, r5, c0, c0, 5 // 将 CPU ID 寄存器读取到 r5
  and r5, r5, #0x3              // 只有 CPU ID
  mov r6, #4                    // r6 = 4
  mul r6, r5                    // r6 = 4*cpuid
  add r4, r6                    // r4 = &run[cpuid]
  ldr r6, [r4, #0]              // r6->运行中的 PROC
  str sp, [r6, #4]              // 将 sp 保存在 PROC.ksp 中
  bl  scheduler                 // 在 C 中调用 scheduler()
  ldr r4, =run                  // r4=&run
  mrc p15, 0, r5, c0, c0, 5 // 将 CPU ID 寄存器读取到 r5
  and r5, r5, #0x3              // 只有 CPU ID
  mov r6, #4                    // r6 = 4
  mul r6, r5                    // r6 = 4*cpuid
  add r4, r6                    // r4 = &run[cpuid]
  ldr r6, [r4, #0]              // r6->运行中的 PROC
  ldr sp, [r6, #4]              // 恢复 ksp
  msr cpsr, #0x13               // 中断开启
  ldmfd sp!, {r0-r12, pc}       // 恢复新的运行

int_off:                        // int sr=int_off()
  stmfd sp!, {r1}
  mrs r1, cpsr
  mov r0, r1                    // r0 = r1
  orr r1, r1, #0x80
  msr cpsr, r1                  // 屏蔽 IRQ
  ldmfd sp!, {r1}
  mov pc, lr                    // 返回原始 cpsr
int_on:                         // int_on(SR)
  mrs cpsr, r0
  mov pc, lr
lock:                           // 屏蔽 cpsr 中的 IRQ
  mrs r0, cpsr
  orr r0, r0, #0x80
  msr cpsr, r0
  mov pc, lr
unlock:                         // 解除屏蔽 cpsr 中的 IRQ
  mrs r0, cpsr
  bic r0, r0, #0x80
  msr cpsr, r0
  mov pc, lr
  .global send_sgi
// void send_sgi(int ID, int target_list, int filter_list)
```

```
send_sgi:                              // 与 CPUTarget 列表一起发送 sgi
  and   r3, r0, #0x0F                  // 将 ID 的未使用位屏蔽为 r3
  and   r1, r1, #0x0F                  // 屏蔽 target_filter 的未使用位
  and   r2, r2, #0x0F                  // 屏蔽 filter_list 的未使用位
  orr   r3, r3, r1, LSL #16            // 组合 ID 和 target_filter
  orr   r3, r3, r2, LSL #24            // 和现在的过滤器列表
// 获取 GIC 的地址
  mrc   p15, 4, r0, c15, c0, 0         // 读取外围基址
  add   r0, r0, #0x1F00                // 加上 sgi_trigger 寄存器的偏移量
  str   r3, [r0]                       // 写入 SGI 寄存器 (ICDSGIR)
  bx    lr
slock:                                 // int slock(&spin)
  ldrex r1, [r0]
  cmp   r1, #0x0
  WFENE
  bne   slock
  mov   r1, #1
  strex r2, r1, [r0]
  cmp   r2, #0x0
  bne   slock
  DMB                                  // 屏障
  bx    lr
sunlock:                               // sunlock(&spin)
  mov   r1, #0x0
  DMB
  str   r1, [r0]
  DSB
  SEV
  bx    lr
get_fault_status:  // 读取并返回 MMU 寄存器 5
  mrc p15,0,r0,c5,c0,0     // 读取 DFSR
  mov pc, lr
get_fault_addr:            // 读取并返回 MMU 寄存器 6
  mrc p15,0,r0,c6,c0,0     // 读取 DFSR
  mov pc, lr
get_cpsr:
  mrs r0, cpsr
  mov pc, lr
get_spsr:
  mrs r0, spsr
  mov pc, lr
get_cpuid:
  mrc p15, 0, r0, c0, c0, 5   // 读取 CPU ID 寄存器
  and r0, r0, #0x03           // 屏蔽，保留 CPU ID 字段
  bx  lr
  .global  enable_scu
// void enable_scu(void): 启用 SCU
enable_scu:
  mrc p15, 4, r0, c15, c0, 0  // 读取外围基址
```

```
  ldr r1, [r0, #0x0]          // 读取 SCU 控制寄存器
  orr r1, r1, #0x1            // 设置位 0（启用位）
  str r1, [r0, #0x0]          // 写回修改后的值
  bx  lr
vectors_start:
  LDR PC, reset_handler_addr
  LDR PC, undef_handler_addr
  LDR PC, svc_handler_addr
  LDR PC, prefetch_abort_handler_addr
  LDR PC, data_abort_handler_addr
  B .
  LDR PC, irq_handler_addr
  LDR PC, fiq_handler_addr
reset_handler_addr:          .word reset_handler
undef_handler_addr:          .word undef_handler
svc_handler_addr:            .word svc_entry
prefetch_abort_handler_addr: .word prefetch_abort_handler
data_abort_handler_addr:     .word data_handler
irq_handler_addr:            .word irq_handler
fiq_handler_addr:            .word fiq_handler
vectors_end:
// 其他 SMP 实用程序功能：不显示
```

（2）SMP_RTOS 的 kernel.c 文件。

```
#define NCPU      4
#define NPROC   256
#define SSIZE 1024
#define FREE      0
#define READY     1
#define BLOCK     2
#define ZOMBIE    3
typedef struct proc{
  struct proc *next;
  int     *ksp;              // 保存的堆栈指针
  int     status;            // FREE|READY|BLOCK|ZOMBIE，等
  int     priority;          // 实际优先级
  int     pid;
  int     ppid;
  struct proc *parent;
  int     exitCode;          // 退出代码
  int     ready_time;
  struct mbuf *mqueue;       // 消息队列
  struct mutex mlock;        // 消息队列互斥锁
  struct semaphore nmsg;     // 等待消息信号
  int     cpuid;             // 这个 proc 在哪个 CPU 上
  int     epriority;         // PI 的有效优先级
  int     timeslice;         // 用于时间片调度
  struct semaphore wchild;   // 等待僵尸子进程
  int     kstack[SSIZE];
}PROC;
```

```
#define running run[get_cpuid()]
// 内核数据结构和自旋锁
PROC iproc[NCPU];             // 每个 CPU 初始 / 空闲 PROC
PROC *run[NCPU];              // 指向每个 CPU 上正在运行的 PROC 的指针
PROC proc[NPROC];             // PROC 结构
PROC *freeList;               // freeList
PROC *readyQueue[NCPU];       // 每个 CPU readyQueue
int readylock[NCPU];          // 每个 CPU readyQueue 的自旋锁
int intnest[NCPU];            // 每个 CPU IRQ 嵌套级别
int swflag[NCPU];             // 每个 CPU 切换任务标志
int freeListlock = 0;         // freeList 自旋锁
int procsize = sizeof(PROC);  // PROC 大小
int irq_stack[NCPU][1024];    // 每个 CPU IRQ 模式堆栈
int abt_stack[NCPU][1024];    // 每个 CPU ABT 模式堆栈
int und_stack[NCPU][1024];    // 每个 CPU UND 模式堆栈

int kernel_init()
{
  int i;
  PROC *p; char *cp;
  printf("kernel_init(): init iprocs\n");
  for (i=0; i<NCPU; i++){     // 初始化每个 CPU 初始 PROC
    p = &iproc[i];
    p->pid = 1000 + i;        // 每个 CPU 空闲 PROC 的特殊 pid
    p->status = READY;
    p->ppid = p->pid;
    run[i] = p;               // run[i] 指向空闲的 iPROC[i]
    readyQueue[i] = 0;        // 就绪队列
    readylock[i] = 0;         // 自旋锁
    intnest[i] = 0;           // IRQ 嵌套级别
    swflag[i] = 0;            // 切换任务标志
  }
  for (i=0; i<NPROC; i++){
    p = &proc[i];
    p->pid = i;
    p->status = FREE;
    p->priority = 0;
    p->ppid = 0;
    p->next = p + 1;
  }
  proc[NPROC-1].next = 0;     // PROC 的 freeList
  freeList = &proc[0];
  sleepList = 0;
  freelock = 0;
  running = run[0];           // CPU0 上的初始任务
}

int ttswitch()                // 在 CPUID 上切换任务
{
  int cpuid = get_cpuid();
```

```
  lock();
  slock(&readylock[cpuid]);
    tswitch();
  sunlock(&readylock[cpuid]);
  unlock();
}

int scheduler()
{
  int pid; PROC *old=running;
  int cpuid = get_cpuid();
  slock(&readylock[cpuid];
  if (running->pid < 1000){  // 常规任务
     if (running->status==READY)
        enqueue(&readyQueue[cpuid], running);
  }
  running = dequeue(&readyQueue[cpuid]);
  if (running == 0)
     running = &iproc[cpuid];// 在 CPU 上运行空闲任务
  swflag[cpuid] = 0;
  sunlock(&readylock[cpuid]);
}

int kfork(int func, int priority, int cpu)
{
  int cpuid = get_cpuid();
  PROC *p = getproc(&freeList);  // 分配一个空闲的 PROC
  if (p==0){ printf("kfork1 failed\n"); return -1 }
  p->ppid = running->pid;
  p->parent = running;
  p->status = READY;
  p->priority = priority;
  p->cpuid = cpuid
  for (i=1; i<15; i++)                // 所有 14 个条目 = 0
      p->kstack[SSIZE-i] = 0;
  p->kstack[SSIZE-1] = (int)func;  // 恢复到 func
  p->ksp = &(p->kstack[SSIZE-14]); // 保存的 ksp
  slock(&readylock[cpu]);
    enqueue(&readyQueue[cpu], p);  // 将 p 输入 rQ[cpu]
  sunlock(&readylock[cpu]);
  if (p->priority > running->priority){
    if (cpuid == cpu){                // 如果在同一 CPU 上
      printf("%d PREEMPT %d on CPU%d\n", p->pid, running->pid, cpuid);
      ttswitch();
    }
  }
  return p->pid;
}

int P(struct semaphore *s)  // SMP 中的 P 操作
```

```
{
  int SR = int_off();
  slock(&s->lock);
  s->value--;
  if (s->value < 0){
    running->status = BLOCK;
    enqueue(&s->queue, running);
    // 仅在同一 CPU 上时进行优先级继承
    if (running->priority > s->owner->priority){
       if (s->owner->cpu == running->cpu){
          s->owner->priority = running->priority; //提高所有者优先级
          reorder_readyQueue(); // 重新排序 readyQueue
       }
    }
    sunlock(&s->lock);
    ttswitch();
  }
  else{
    s->owner = running;        // 作为 s 的所有者
    sunlock(&s->lock);
  }
  int_on(SR);
}

int V(struct semaphore *s)  // SMP 中的 V 操作
{
  PROC *p;
  int SR = int_off();
  slock(&s->lock);
  s->value++;
  s->owner = 0;                // 清除 s owner 字段
  if (s->value <= 0){          // s 队列中有等待者
     p = dequeue(&s->queue);
     p->status = READY;
     s->owner = p;             // 新所有者
     slock(&readylock[p->cpuid]); // 原始 CPU 的 rQ
       enqueue(&readyQueue[p->cpuid], p);
     sunlock(&readylock[p->cpuid]);
     running->priority = running->rpriority; // 恢复所有者优先级
     resechedule();
  }
  sunlock(&s->lock);
  int_on(SR);
}

int kexit(int value)  // 任务终止
{
  int i; PROC *p;
  if (running->pid==1){ return -1 } // P1 不会死亡
  slock(&proclock);                // 获取 proclock
```

```
    for (i=2; i<NPROC; i++){
      p = &proc[i];
      if ((p->status != FREE) && (p->ppid == running->pid)){
        if (p->status==ZOMBIE){
            p->status = FREE;
            putproc(&freeList, p); // 释放任何僵尸子进程
        }
        else{
            printf("send child %d to P1\n", p->ppid);
            p->ppid = 1;
            p->parent = &proc[1];
      }
    }
   sunlock(&proclock);                 // 释放proclock
   running->exitCode = value;
   running->status = ZOMBIE;
   V(&running->parent->wchild);
   ttswitch();
}

int kwait(int *status)      // 等待任意僵尸子进程
{
   int i, nChild = 0;
   PROC *p;
   slock(&proclock);            // 获取proclock
   for (i=2; i<NPROC; i++){
      p = &proc[i];
      if (p->status != FREE && p->ppid == running->pid)
         nChild++;
   }
   sunlock(&proclock);
   if (!nChild){                // 没有子进程错误
      return -1;
   }
   P(&running->wchild);        // 等待僵尸子进程
   slock(&proclock);
   for (i=2; i<NPROC; i++){
       p = &proc[i];
       if ((p->status==ZOMBIE) && (p->ppid == running->pid)){
       *status = p->exitCode;
       p->status = FREE;
       putproc(&freeList, p);
       sunlock(&proclock);
       return p->pid;
   }
}
```

(3) SMP_RTOS 的 t.c 文件。

```
/*************  SMP_RTOS 的 t.c 文件  ***********/
#include "type.h"
```

```
int aplock = 0;
int ncpu = 1;
#include "string.c"
#include "queue.c"
#include "pv.c"
#include "uart.c"
#include "kbd.c"
#include "ptimer.c"
#include "vid.c"
#include "exceptions.c"
#include "kernel.c"
#include "sdc.c"
#include "message.c"

int copy_vectors(){ // 如前所述 }
#define GIC_BASE 0x1F000000
int config_gic()
{
  // 设置 int 优先级掩码寄存器
  *(int *)(GIC_BASE + 0x104) = 0xFFFF;
  // 设置 CPU 接口控制寄存器：启用发送中断信号
  *(int *)(GIC_BASE + 0x100) = 1;
  // 分配器控制寄存器，用于将待处理的中断发送到 CPU
  *(int *)(GIC_BASE + 0x1000) = 1;
  config_int(29, 0);     // ptimer 在 29 到 CPU0
  config_int(44, 1);     // UAR0   到 CPU1
  config_int(49, 2);     // SDC    到 CPU0
  config_int(52, 3);     // KBD    到 CPU1
}
int config_int(int N, int targetCPU)
{
  int reg_offset, index, value, address;
  reg_offset = (N>>3)&0xFFFFFFFC;
  index = N & 0x1F;
  value = 0x1 << index;
  address  = (GIC_BASE + 0x1100) + reg_offset;
  *(int *)address |= value;
  reg_offset = (N & 0xFFFFFFFC);
  index = N & 0x3;
  address  = (GIC_BASE + 0x1800) + reg_offset + index;
  *(char *)address = (char)(1 << targetCPU);
  address  = (GIC_BASE + 0x1400) + reg_offset + index;
  *(char *)address = (char)0x88; // prioirty=8
}
int irq_chandler()
{
  // 在 GIC 中读取 CPU 接口的 ICCIAR
  int intID = *(int *)(GIC_BASE + 0x10C);
  if (intID == 29){    // CPU 的本地计时器
     ptimer_handler();
```

```
  }
  if (intID == 44){    // uart0
     uart_handler(0);
  }
  if (intID == 49){    // SDC
     sdc_handler();
  }
  if (intID == 52){    // KBD
     kbd_handler();
  }
  *(int *)(GIC_BASE + 0x110) = intID; // 发出 EOI
}
int kdelay(int d){ // 延迟循环 }
int taskCode()
{
  int cpuid = get_cpuid();
  int pid = running->pid;
  while(1){
    printf("TASK%d ON CPU%d: ", pid, cpuid);
    kdelay(pid*100000); // 模拟任务计算
    ttswitch();
  }
}
int INIT_task()  // INIT 任务 P1
{
  int i, pid, status;
  // 在不同的 CPU 上创建 2 个任务
  for (i=0; i<2; i++){
      kfork((int)taskCode, 1, 0);
      kfork((int)taskCode, 1, 1);
      kfork((int)taskcode, 1, 2);
      kfork((int)taskCode, 1, 3);
  }
  while(1){ // 任务 1 等待僵尸子任务
     pid = kwait(&status);
  }
}
int logtask()   // 记录任务 P0
{
  int pid;
  int cpuid = get_cpuid();
  char msg[128];
  printf("LOGtask%d start on CPU%d\n", running->pid, cpuid);
  while(1){ // 任务 0 等待消息
    pid = recv(msg);
  }
}
int run_task()  // 每个 CPU 尝试从自己的 readyQueue 运行任务
{
```

```
    int cpuid = get_cpuid();
    while(1){
       slock(&readylock[cpuid]);
       if (readyQueue[cpuid] == 0){    // 检查自己的 readyQueue
          sunlock(&readylock[cpuid]);
          asm("WFE");                  // 等待事件/中断
       }
       else{
          sunlock(&readylock[cpuid]);
          ttswitch();                  // 在 CPU 上切换任务
       }
    }
}
int APstart()
{
    int cpuid = get_cpuid();
    slock(&aplock);
    color = YELLOW;
    printf("CPU%d in APstart ... ", cpuid);
    config_int(29, cpuid);    // 每个 CPU 本地计时器
    ptimer_init();
    ptimer_start();
    ncpu++;
    running = &iproc[cpuid]; // 根据 CPU 初始任务运行
    printf("%d running on CPU%d\n", running->pid, cpuid);
    sunlock(&aplock);
    run_task();
}
int main()
{
    int cpuid = get_cpuid();
    enable_scu();
    fbuf_init();
    printf("Welcome to SMP_RTOS in ARM\n");
    sdc_init();
    kbd_init();
    uart_init();
    ptimer_init();
    ptimer_start();
    config_gic();
    printf("CPU0 initialize kernel\n");
    kernel_init();
    printf("CPU0 startup APs: ");
    int *APaddr = (int *)0x10000030;
    *APaddr = (int)apStart;
    send_sgi(0x0, 0x0F, 0x01);
    printf("CPU0 waits for APs ready\n");
    while(ncpu < 4);
    printf("CPU0 continue\n");
```

```
    kfork(int)logtask, 1, 0);      // CPU0 上的 P0 作为日志记录任务
    kfork((int)INIT_task,  1, 0); // CPU0 上的 P1 作为 INIT 任务
    run_task();
}
```

初始 SMP_RTOS 内核的目的是演示系统可以在不同的 CPU 上创建和运行任务。系统启动时，CPU0 创建并运行初始任务 P1000，该任务调用 main()。在 main() 中，P1000 初始化设备驱动程序和系统内核。然后，它激活辅助 CPU（AP）。每个 AP 都会初始化自身并运行初始任务 P1000 + cpuid，该任务调用 run_task()，尝试从其自己的 readyQueue[cpuid] 运行任务。当激活 AP 后，P1000 在 CPU0 上创建一个日志记录任务 P0 和一个 INIT 任务 P1。然后，P1000 切换任务以运行 INIT 任务 P1。P1 在每个 CPU 上创建两个子任务，并等待任何子任务终止。每个任务执行一个循环，在该循环中延迟一段时间以模拟任务计算，并调用 ttswitch() 来切换任务。在示例系统中，任务连续运行循环。读者可以通过修改 taskCode() 函数以使任务终止来测试 kwait() 操作。图 10.5 展示了运行程序 C10.4 的示例输出，演示了 SMP_RTOS 内核中的任务管理。

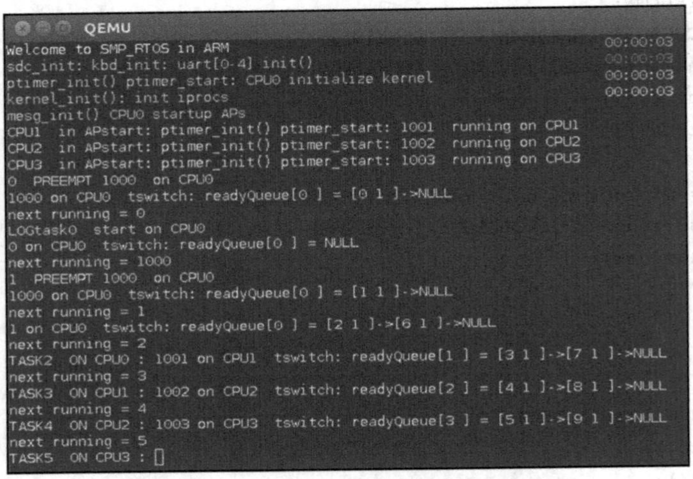

```
QEMU
Welcome to SMP_RTOS in ARM                                                   00:00:03
sdc_init: kbd_init: uart[0-4] init()                                         00:00:03
ptimer_init() ptimer_start: CPU0 initialize kernel                           00:00:03
kernel_init(): init iprocs                                                   00:00:03
mesg_init() CPU0 startup APs
CPU1  in APstart: ptimer_init() ptimer_start: 1001  running on CPU1
CPU2  in APstart: ptimer_init() ptimer_start: 1002  running on CPU2
CPU3  in APstart: ptimer_init() ptimer_start: 1003  running on CPU3
0  PREEMPT 1000  on CPU0
1000 on CPU0  tswitch: readyQueue[0 ] = [0 1 ]->NULL
next running = 0
LOGtask0  start on CPU0
0 on CPU0  tswitch: readyQueue[0 ] = NULL
next running = 1000
1  PREEMPT 1000  on CPU0
1000 on CPU0  tswitch: readyQueue[0 ] = [1 1 ]->NULL
next running = 1
1 on CPU0  tswitch: readyQueue[0 ] = [2 1 ]->[6 1 ]->NULL
next running = 2
TASK2  ON CPU0 : 1001 on CPU1  tswitch: readyQueue[1 ] = [3 1 ]->[7 1 ]->NULL
next running = 3
TASK3  ON CPU1 : 1002 on CPU2  tswitch: readyQueue[2 ] = [4 1 ]->[8 1 ]->NULL
next running = 4
TASK4  ON CPU2 : 1003 on CPU3  tswitch: readyQueue[3 ] = [5 1 ]->[9 1 ]->NULL
next running = 5
TASK5  ON CPU3 :
```

图 10.5　SMP_RTOS 中的任务管理

10.8.2　调整 UP_RTOS 以适应 SMP

为多处理器开发 RTOS 的最简单方法是调整 UP_RTOS 以适应 MP 操作。在这种方法中，系统包含多个 CPU。每个 CPU 执行一组绑定到 CPU 并在 CPU 本地环境中运行的任务。这种方法的主要优点在于其简单性。将 UP_RTOS 转换为 MP RTOS 只需很少的工作。其缺点是生成的系统只是一个非对称 MP 系统，而不是 SMP 系统。我们通过示例程序 C10.5 来说明 MP_RTOS 系统。其程序由以下组件组成。

（1）**ts.s 文件**：与 UP_RTOS 中的文件相同，只是简化了 irq_hanler，它支持任务切换，但没有嵌套的中断。

```
irq_handler:                     // IRQ 中断入口点
  sub    lr, lr, #4
  stmfd sp!, {r0-r12, lr}   // 将所有 Umode reg 保存在 kstack 中
```

```
    mrs   r0, spsr
    stmfd sp!, {r0}
    bl  irq_chandler
// 检查返回的值：0=nornal, 1=设置了 swflag => 切换任务
    cmp r0, #0
    bgt doswitch
    ldmfd sp!, {r0}
    msr   spsr, r0
    ldmfd sp!, {r0-r12, pc}^
doswitch:
    msr cpsr, #0x93
    stmfd sp!, {r0-r3, lr}
    bl ttswitch
    msr cpsr, #0x93
    ldmfd sp!, {r0-r3, lr}
    msr cpsr, #0x92
    ldmfd sp!, {r0}
    msr   spsr, r0
    ldmfd sp!, {r0-r12, pc}^
```

（2）**kernel.c 文件**：与 UP_RTOS 中用于任务管理的文件相同，但我们定义了

```
struct semaphore sem[NCPU];
```

并初始化每个 sem.value 为 0。每个信号量都与一个 CPU 相关联，只能由在同一 CPU 上执行的任务访问。如果某个任务在信号量上被阻塞，则它将由 CPU 的本地计时器定期取消阻塞。

```
void ptimer_handler()
{
    int cpuid = id = get_cpuid();
    struct ttt *tp = &tt[cpuid];
    slock(&plock);
    // 更新 tick、ss、mm、hh：与以前相同
    if (tp->tick==0){  // 每秒：显示一个挂钟
       // 显示挂钟：如前所述
       if ((tp->ss % 5)==0)  // 每 5 秒激活一次任务
          V(&sem[cpuid]);    // 执行 V 以取消阻塞正在等待的任务
    }
    sunlock(&plock);
    ptimer_clearInterrupt(); // 清除计时器中断
}
```

（3）**t.c 文件**：除以下修改外，其与 UP_RTOS 中用于任务管理的文件相同。每个 CPU 的初始任务都创建一个任务以在同一 CPU 上执行 INIT_task( )，而不是在不同的 CPU 上创建任务。每个任务都会在同一 CPU 上创建另一个任务来执行 taskCode( )。所有任务都具有相同的优先级 1。每个任务执行一个无限循环，在该循环中，它会延迟一段时间以模拟任务计算，然后在与 CPU 相关的信号量上阻塞自己。每个 CPU 的本地计时器都会定期调用 V 来取消阻塞任务，从而使它们继续执行。只要将就绪任务输入 CPU 的本地调度队列，它就会抢占同一 CPU 上当前正在运行的任务。

```
/*********** MP_RTOS C10.5 的 t.c 文件 ************/
int run_task(){ // 与以前相同
int kdelay(int d){ // 延迟 }

int taskCode()
{
  int cpuid = get_cpuid();
  while(1){
    printf("TASK%d ON CPU%d\n", running->pid, cpuid);
    kdelay(running->pid*10000);
    reset_sem(&sem[cpuid]);      // 将 sem.value 重置为 0
    P(&sem[cpuid]);
  }
}
int INIT_task()
{
  int cpuid = get_cpuid();
  kfork((int)taskCode, 1, cpuid);
  while(1){
    printf("task%d on CPU%d\n", running->pid, cpuid);
    kdelay(running->pid*10000);
    reset_sem(&sem[cpuid]);     // 将 sem.value 重置为 0
    P(&sem[cpuid]);
  }
}

int APstart()
{
   int cpuid = get_cpuid();
   slock(&aplock);
   printf("CPU%d in APstart: ", cpuid);
   config_int(29, cpuid); // 每个 CPU 需要这个
   ptimer_init(); ptimer_start();
   ncpu++;
   running = &iproc[cpuid];
   printf("%d running on CPU%d\n", running->pid, cpuid);
   sunlock(&aplock);
   kfork((int)INIT_task, 1, cpuid);
   run_task();
}
int main()
{
   // 初始化设备驱动程序、GIC 和内核: 如前所述
   kprintf("CPU0 continue\n");
   kfork((int)f1, 1, 0);
   run_task();
}
```

MP_RTOS 的演示

图 10.6 展示了运行 MP_RTOS 系统的输出。

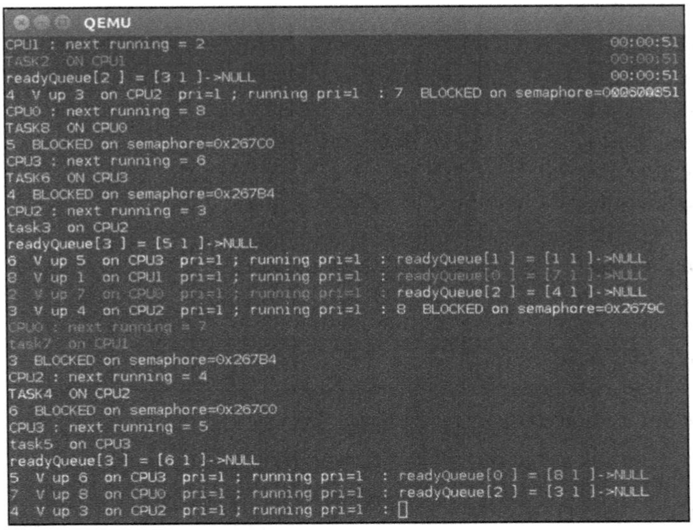

```
QEMU
CPU1 : next running = 2                                                      00:00:51
TASK2  ON CPU1                                                               00:00:51
readyQueue[2 ] = [3 1 ]->NULL                                                00:00:51
4  V up 3  on CPU2  pri=1 ; running pri=1  : 7  BLOCKED on semaphore=0x00600851
CPU0 : next running = 8
TASK8  ON CPU0
5  BLOCKED on semaphore=0x267C0
CPU3 : next running = 6
TASK6  ON CPU3
4  BLOCKED on semaphore=0x267B4
CPU2 : next running = 3
task3  on CPU2
readyQueue[3 ] = [5 1 ]->NULL
6  V up 5  on CPU3  pri=1 ; running pri=1  : readyQueue[1 ] = [1 1 ]->NULL
8  V up 1  on CPU1  pri=1 ; running pri=1  : readyQueue[0 ] = [7 1 ]->NULL
2  V up 7  on CPU0  pri=1 ; running pri=1  : readyQueue[2 ] = [4 1 ]->NULL
3  V up 4  on CPU2  pri=1 ; running pri=1  : 8  BLOCKED on semaphore=0x2679C
CPU0 : next running = 7
task7  on CPU1
3  BLOCKED on semaphore=0x267B4
CPU2 : next running = 4
TASK4  ON CPU2
6  BLOCKED on semaphore=0x267C0
CPU3 : next running = 5
task5  on CPU3
readyQueue[3 ] = [6 1 ]->NULL
5  V up 6  on CPU3  pri=1 ; running pri=1  : readyQueue[0 ] = [8 1 ]->NULL
7  V up 8  on CPU0  pri=1 ; running pri=1  : readyQueue[2 ] = [3 1 ]->NULL
4  V up 3  on CPU2  pri=1 ; running pri=1  : []
```

图 10.6　MP_RTOS 系统演示

10.8.3　SMP_RTOS 的嵌套中断

在 UP RTOS 内核中，只有一个 CPU 处理所有中断。为了确保对中断的快速响应，允许嵌套中断至关重要。在 SMP RTOS 内核中，通常将中断路由到不同的 CPU，以平衡中断处理负载。尽管如此，仍然需要允许嵌套中断。例如，每个 CPU 可以使用本地计时器，该计时器会生成具有高优先级的计时器中断。如果没有嵌套中断，则低优先级的设备驱动程序可能会阻塞计时器中断，从而导致计时器丢失滴答。在本节中，我们将通过示例程序 C10.6 展示如何在 SMP_RTOS 内核中实现嵌套中断。该原理与 UP_RTOS 中的原理相同，除了以下微小差异。

所有 ARM MPCore 处理器都使用 GIC 进行中断控制。为了支持嵌套中断，在启用中断之前，中断处理程序必须读取 GIC 的中断 ID 寄存器以确认当前中断。GIC 的中断 ID 寄存器只能被读取一次。中断处理程序必须使用中断 ID 来调用 C 中的 irq_chandler(int intID)。对于特殊的 SGI 中断（0 ～ 15），应将它们分开处理，因为它们具有较高的中断优先级并且不需要任何嵌套。

```
    .set GICreg, 0x1F00010C   // GIC intID 寄存器
    .set GICeoi, 0x1F000110   // GIC EOI   寄存器
irq_handler:
    sub   lr, lr, #4
    stmfd sp!, {r0-r12, lr}
    mrs   r0, spsr
    stmfd sp!, {r0}           // 推送 SPSR
// 读取 GICreg 以获取 intID 和 ACK 当前中断
    ldr   r1, =GICreg
    ldr   r0, [r1]
// 直接处理 SGI intID
    cmp   r0, #15             // SGI 中断
    bgt   nesting
    ldr   r1, =GICeoi
    str   r0, [r1]            // 发出 EOI
    b     return
```

```
nesting:
// 进入 SVC 模式
   msr   cpsr, #0x93          // SVC 模式，IRQ 关闭
   stmfd sp!, {r0-r3, lr}
   msr   cpsr, #0x13          // SVC 模式，IRQ 中断开启
   bl    irq_chandler         // 调用 irq_chandler(intID)
   msr   cpsr, #0x93          // SVC 模式，IRQ 关闭
   ldmfd sp!, {r0-r3, lr}     //
   msr   cpsr, #0x92          // IRQ 模式,中断已关闭
return:
   ldmfd sp!, {r0}
   msr   spsr, r0
   ldmfd sp!, {r0-r12, pc}^
int irq_chandler(int intID)  // 用中断 ID 调用
{
  int cpuid = get_cpuid();
  int cpsr = get_cpsr() & 0x9F; // 使用 |IRQ|mode| 掩码的 CPSR

  intnest[cpuid]++;             // 将 intsest 加 1
  if (intID != 29)
     printf("IRQ%d on CPU%d in mode=%x\n", intID, cpuid, cpsr);
  if (intID == 29){             // CPU 的本地计时器
     ptimer_handler();
  }
  if (intID == 44){             // UART0 中断
     uart_handler(0);
  }
  if (intID == 49){             // SDC 中断
     sdc_handler();
  }
  if (intID == 52){             // KBD 中断
     kbd_handler();
  }
  *(int *)(GIC_BASE + 0x110) = intID; // 发出 EOF
  intnest[cpuid]--;             // 将 intnest 减 1
}
```

图 10.7 展示了运行程序 C10.6 的输出，演示了带有嵌套中断的 SMP_RTOS。如图所示，所有中断都在 SVC 模式下处理。

10.8.4 SMP_RTOS 的抢占式任务调度

为了满足任务期限，每个 RTOS 必须支持抢占式任务调度，以确保可以尽快执行高优先级任务。在本节中，我们将展示如何在 SMP_RTOS 内核中实现抢占式任务调度，并通过示例程序 C10.7 演示如何抢占任务。任务抢占问题可以分为两种主要情况。

- 情况 1：当正在执行的任务使另一个具有更高优先级的任务准备运行时，例如当创建具有更高优先级的新任务或取消阻塞具有更高优先级的任务时。
- 情况 2：当中断处理程序使任务可运行时，例如当取消阻塞具有更高优先级的任务时，或者当前正在运行的任务在按时间片的循环调度中耗尽其时间量时。

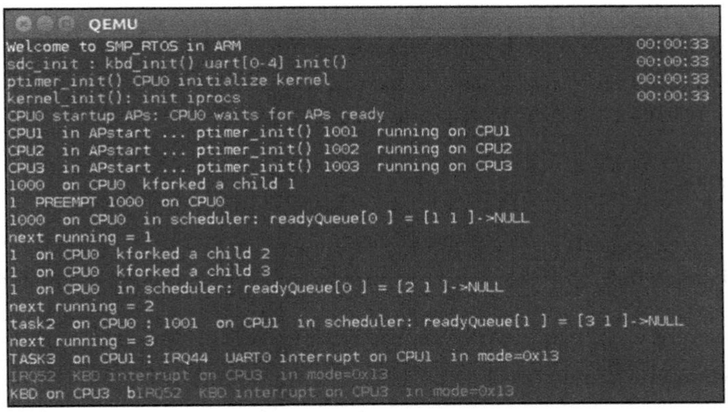

```
QEMU
Welcome to SMP_RTOS in ARM                                          00:00:33
sdc_init : kbd_init() uart[0-4] init()                              00:00:33
ptimer_init() CPU0 initialize kernel                                00:00:33
kernel_init(): init iprocs                                          00:00:33
CPU0 startup APs: CPU0 waits for APs ready
CPU1  in APstart ... ptimer_init() 1001  running on CPU1
CPU2  in APstart ... ptimer_init() 1002  running on CPU2
CPU3  in APstart ... ptimer_init() 1003  running on CPU3
1000  on CPU0  kforked a child 1
1  PREEMPT 1000  on CPU0
1000  on CPU0  in scheduler: readyQueue[0 ] = [1 1 ]->NULL
next running = 1
1  on CPU0  kforked a child 2
1  on CPU0  kforked a child 3
1  on CPU0  in scheduler: readyQueue[0 ] = [2 1 ]->NULL
next running = 2
task2  on CPU0 : 1001  on CPU1  in scheduler: readyQueue[1 ] = [3 1 ]->NULL
next running = 3
TASK3  on CPU1 : IRQ44  UART0 interrupt on CPU1  in mode=0x13
IRQ52  KBD interrupt on CPU3  in mode=0x13
KBD on CPU3  bIRQ52  KBD interrupt on CPU3  in mode=0x13
```

图 10.7　SMP_RTOS 中的嵌套中断

在 UP 内核中，实现任务抢占非常简单。对于第一种情况，每当一个任务使另一个任务准备好运行时，它仅检查新任务是否具有更高的优先级。如果是这样，它将调用任务切换以立即抢占自身。对于第二种情况，情况稍微复杂一些。对于嵌套中断，中断处理程序必须检查所有嵌套中断处理是否已经结束。如果是这样，它可以调用任务切换以抢占当前正在运行的任务。否则，它将推迟任务切换，直到嵌套中断处理结束为止。

在 SMP 中，情况非常不同。在 SMP 内核中，在一个 CPU 上执行的执行实体（即任务或中断处理程序）可能会使另一任务准备好在不同的 CPU 上运行。如果是这样，它必须通知另一个 CPU 重新调度任务以进行可能的任务抢占。在这种情况下，它必须发出 SGI，例如具有中断 ID = 2 的另一个 CPU。通过响应 SGI_2 中断，目标 CPU 可以执行 SGI_2 中断处理程序以重新调度任务。我们将通过示例程序 C10.7 说明基于 SGI 的任务切换。为了简洁起见，我们仅展示相关的代码段。

10.8.5　基于 SGI 的任务切换

```
/************ ts.s 文件中的 irq_handler() *************/
irq_handler:                    // IRQ 中断入口点
   sub   lr, lr, #4
   stmfd sp!, {r0-r12, lr}     // 将所有 Umode 寄存器保存在 kstack 中
   bl     irq_chandler         // 在 svc.c 文件中调用 irq_handler()
// 返回 value= 1 表示已设置 swflag => 切换任务
   cmp   r0, #0
   bne   doswitch
   ldmfd sp!, {r0-r12, pc}^ // 返回
doswitch:
   msr   cpsr, #0x93
   stmfd sp!, {r0-r3, lr}
   bl    ttswitch              // 在 SVC 模式下切换任务
   ldmfd sp!, {r0-r3, lr}
   msr   cpsr, #0x92           // 通过 IRQ 堆栈中的上下文返回
   ldmfd sp!, {r0-r12, pc}^
/************** t.c 文件 ******************************/
int send_sgi(int ID, int targetCPU, int filter)
{
  int target = (1 << targetCPU); // 设置 CPU ID 位
```

```
  if (targetCPU > 3) // 大于3表示所有CPU
     target = 0xF;    // 打开所有4个CPU ID位
  int *sgi_reg = (int *)(GIC_BASE + 0x1F00);
  *sgi_reg = (filter << 24) | (target<<16) | ID;
}
int SGI2_handler()
{
  int cpuid = get_cpuid();
  printf("%d on CPU%d got SGI_2: set swflag\n", running->pid, cpuid);
  swflag[cpuid] = 1;
}
int irq_chandler()
{
  int intID = *(int *)(GIC_BASE + 0x10C);
  int cpuid = get_cpuid();
  if (intID == 2){
    SGI2_handler();
  }
  // 其他intID情况: 与以前相同
  *(int *)(GIC_BASE + 0x110) = (cpuid<<10)|intID; // 发出EOI
  if (swflag[cpuid]){ // 为irq_handler中的任务切换返回1
    swflag[cpuid] = 0;
    return 1;
  }
  return 0;
}
int kdelay(int d){ // 模拟任务计算的延迟 }
int f2()
{
  int cpuid = get_cpu_id();
  while(1){
    printf("TASK%d RUNNING ON CPU%d: ", running->pid, cpuid);
    kdelay(running->pid*10000);  // 模拟任务计算时间
  }
}
int f1()
{
  int cpuid = get_cpu_id();
  while(1){
    printf("task%d running on CPU%d: ", running->pid, cpuid);
    kdelay(running->pid*100000); // 模拟任务计算时间
  }
}
int main()
{
  // 启动AP: 如前所述
  printf("CPU0 continue\n");
  kfork((int)f1, 1, 1); // 在CPU1上创建任务
  kfork((int)f2, 1, 1);
  kfork((int)f1, 1, 2); // 在CPU2上创建任务
  kfork((int)f2, 1, 2);
```

```
  while(1){
    printf("input a line: ");
    kgetline(line); printf("\n");
    send_sgi(2, 1, 0);  // SGI_2 到 CPU1
    send_sgi(2, 2, 0);  // SGI_2 到 CPU2
  }
}
```

在示例程序 C10.7 中，当启动 AP 后，在 CPU0 上执行的主程序在 CPU1 和 CPU2 上创建两组任务，它们的优先级都为 1。所有任务均执行无限循环。没有外部输入，每个 CPU 将永远继续执行相同的任务。当在不同的 CPU 上创建任务后，主程序会提示从键盘输入。然后，它将 intID = 2 的 SGI 发送到其他 CPU，使它们执行 SGI2_handler。在 SGI2_handler 中，每个 CPU 都打开其切换任务标志并返回 1。在 irq_handler 代码中，它检查返回值。如果返回值非零，则表明需要切换任务，它将返回 SVC 模式并调用 ttswitch( ) 来切换任务。当切换出的任务恢复时，它通过 IRQ 堆栈中保存的上下文返回到原始中断点。图 10.8 展示了基于 SGI 进行任务切换的输出。如图所示，每条输入行都将 SGI-2 发送到 CPU1 和 CPU2，从而导致它们切换任务。

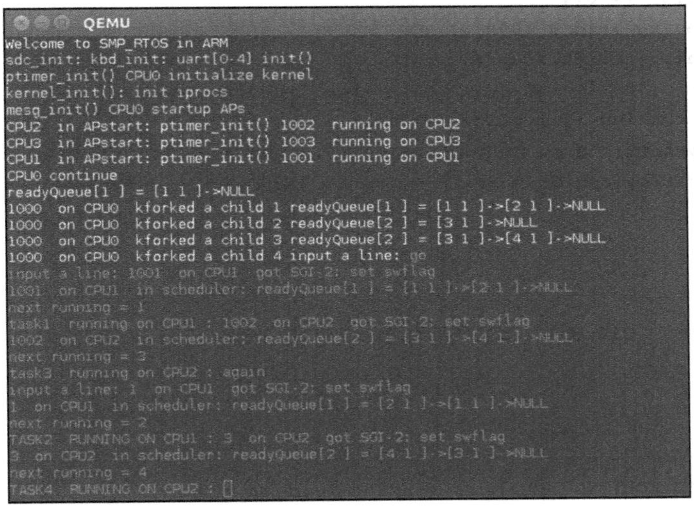

```
QEMU
Welcome to SMP_RTOS in ARM
sdc_init: kbd_init: uart[0-4] init()
ptimer_init() CPU0 initialize kernel
kernel_init(): init iprocs
mesg_init() CPU0 startup APs
CPU2  in APstart: ptimer_init() 1002  running on CPU2
CPU3  in APstart: ptimer_init() 1003  running on CPU3
CPU1  in APstart: ptimer_init() 1001  running on CPU1
CPU0 continue
readyQueue[1 ] = [1 1 ]->NULL
1000  on CPU0  kforked a child 1 readyQueue[1 ] = [1 1 ]->[2 1 ]->NULL
1000  on CPU0  kforked a child 2 readyQueue[2 ] = [3 1 ]->NULL
1000  on CPU0  kforked a child 3 readyQueue[2 ] = [3 1 ]->[4 1 ]->NULL
1000  on CPU0  kforked a child 4 input a line: go
input a line: 1001  on CPU1  got SGI-2: set swflag
1001  on CPU1  in scheduler: readyQueue[1 ] = [1 1 ]->[2 1 ]->NULL
next running = 1
task1  running on CPU1 : 1002  on CPU2  got SGI-2: set swflag
1002  on CPU2  in scheduler: readyQueue[2 ] = [3 1 ]->[4 1 ]->NULL
next running = 3
task3  running on CPU2 : again
input a line: 1  on CPU1  got SGI-2: set swflag
1  on CPU1  in scheduler: readyQueue[1 ] = [2 1 ]->[1 1 ]->NULL
next running = 2
TASK2  RUNNING ON CPU1 : 3  on CPU2  got SGI-2: set swflag
3  on CPU2  in scheduler: readyQueue[2 ] = [4 1 ]->[3 1 ]->NULL
next running = 4
TASK4  RUNNING ON CPU2 :
```

图 10.8 SMP_RTOS 中基于 SGI 的任务切换

10.8.6 SMP_RTOS 的分时任务调度演示

在 RTOS 中，任务可能具有相同的优先级。与其等待这些任务自动放弃 CPU，不如使用时间片进行循环调度。在此方案中，当计划运行某个任务时，将给定一个时间片作为允许该任务运行的最大时间量。在计时器中断处理程序中，它周期性地减少正在运行的任务的时间片。当正在运行的任务的时间片为 0 时，它将被抢占来运行另一个任务。通过一个示例，我们演示了 SMP_RTOS 内核中基于时间片的任务调度。示例程序 C10.8 与 C10.7 相同，只是做了以下修改。

```
/**********  C10.8 的 kernel.c 文件  ***********/
int scheduler()
{
```

```
  int pid; PROC *old=running;
  int cpuid = get_cpuid();
  if (running->pid < 1000){ // 仅常规任务
    if (running->status==READY)
       enqueue(&readyQueue[cpuid], running);
  }
  running = dequeue(&readyQueue[cpuid]);
  if (running == 0)            // 如果CPU的readyQueue为空
    running = &iproc[cpuid]; // 运行空闲任务
  running->timeslice = 4;      // 4秒时间片
  swflag[cpuid] = 0;
  sunlock(&readylock[cpuid]);
}
/*********  C10.8的ptimer.c文件   ***************/
void ptimer_handler()             // 本地计时器处理程序
{
  int cpuid = get_cpuid();
  // 更新滴答，显示挂钟：如前所述
  ptimer_clearInterrupt();    // 清除计时器中断
  if (tp->tick == 0){         // 每秒
    if (running->pid < 1000){// 仅常规任务
      running->timeslice--;
      printf("%dtime=%d ", running->pid, running->timeslice);
      if (running->timeslice <= 0){
        printf("%d on CPU%d time up\n", running->pid, cpuid);
        swflag[cpuid] = 1; // 在IRQ的末尾设置swflag以切换任务
      }
    }
  }
}
/*************  C10.8的t.c文件   ****************/
int f3()
{
  int cpuid = get_cpuid();
  while(1){
    printf("TASK%d ON CPU%d\n", running->pid, cpuid);
    kdelay(running->pid * 100000); // 模拟计算
  }
}
int f2()
{
  int cpuid = get_cpuid();
  while(1){
    printf("task%d on cpu%d\n", running->pid, cpuid);
    kdelay(running->pid * 100000); // 模拟计算
  }
}
int f1()
{
  int pid, status;
  kfork((int)f2, 1, 1);     // 在CPU1上创建任务
```

```
    kfork((int)f3, 1, 1);      // 在 CPU1 上创建任务
    while(1){
       pid = kwait(&status); // P1 等待僵尸子任务
    }
}
int run_task(){ // 如前所述 }
int main()
{
    // 启动 AP, 如前所述
    printf("CPU0 continue\n");
    kfork((int)f1, 1, 0);  // 在 CPU0 上创建任务 1
    run_task();
}
```

在示例程序 C10.8 中，CPU0 的初始任务创建了任务 1 以在 CPU0 上执行 f1( )。任务 1 在 CPU1 上创建具有相同优先级的任务 2 和任务 3。然后任务 1 等待任何子任务终止。由于任务 2 和任务 3 都具有相同的优先级，并且没有时间片，因此 CPU1 将永远继续运行任务 2。当使用时间片时，任务 2 和任务 3 将轮流运行，每次运行的时间片为 4 秒。图 10.9 展示了运行 C10.8 程序的输出，它演示了分时任务调度。

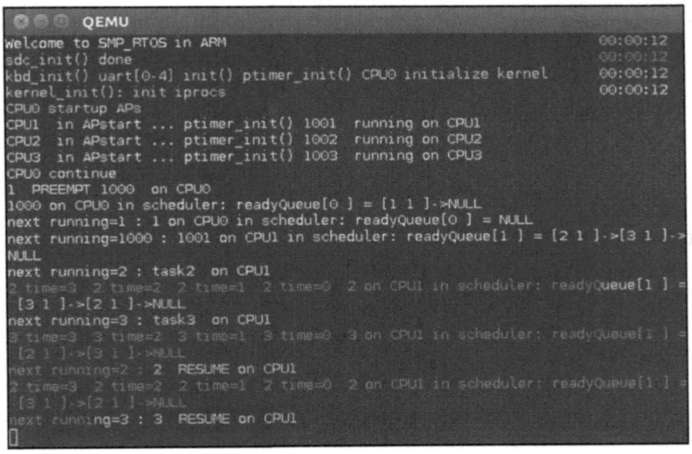

图 10.9　SMP_RTOS 中的分时任务调度

10.8.7　SMP_RTOS 的抢占式任务调度演示

基于前面的讨论，我们现在展示 SMP_RTOS 内核中抢占式任务调度的实现。

10.8.7.1　任务抢占的重新调度功能

```
int reschedule(PROC *p)
{
  int cpuid = get_cpuid();  // 执行 CPU
  int targetCPU = p->cpuid; // 目标 CPU
  if (cpuid == targetCPU){  // 如果是同一个 CPU
     if (readyQueue[cpuid]->priority > running->priority){
        if (intnest[cpuid]==0){ // 立即抢占
           ttswitch();
```

```
        }
        else{                          // 推迟直到嵌套 IRQ 结束
           swflag[cpuid] = 1;
        }
     }
   }
   else{                          // 不同的 CPU
      send_sgi(intID=2, CPUID=targetCPU, filter=0);
 }
}
```

10.8.7.2 抢占式任务创建

```
int kfork(int func, int priority, int cpu)
{
   int cpuid = get_cpuid();  // 执行 CPU
   // 像之前一样创建一个新的任务 p，然后进入 readyQueue[cpuid]
   reschedule(p);            // 调用 reschedule
   return p->pid;
}
```

10.8.7.3 抢占式信号量

```
int V(struct semaphore *s)
{
  PROC *p = 0;
  int SR = int_off();
  slock(&s->lock);
  s->value++;
  if (s->value <= 0){
     p = dequeue(&s->queue);
     p->status = READY;
     slock(&readylock[p->cpuid]);
      enqueue(&readyQueue[p->cpuid], p);
     sunlock(&readylock[p->cpuid]);
  }
  sunlock(&s->lock);
  int_on(SR);
  if (p)              // 如果一个等待者已经解除阻塞
     reschedule();
}
```

10.8.7.4 抢占式互斥锁

```
int mutex_unlock(MUTEX *s)
{
  PROC *p = 0;
  int SR = int_off();
  slock(&s->lock)      // 获取自旋锁
  // 假设：互斥锁有等待者：取消阻塞一个等待者作为新所有者
  p = dequeue(&s->queue);
  p->status = READY;
  s->owner = p;
  slock(&readylock[p->cpuid]);
```

```
    enqueue(&readyQueue[p->cpuid], p);
  sunlock(&readylock[p->cpuid]);
  sunlock(&s->lock);  // 释放自旋锁
  int_on(SR);
  if (p)                // 如果已经解除对等待者的阻塞
     reschedule();
}
```

10.8.7.5 抢占式嵌套 IRQ 中断

```
int SGI2_handler()
{
   int cpuid = get_cpuid();
   PROC *p = readyQueue[cpuid];
   if (p && p->priority > running->priority){
        swflag[cpuid] = 1;  // 设置任务切换标志
   }
}
int irq_chandler(int intID) // 用中断 ID 调用
{
  int cpuid = get_cpuid();
  intnest[cpuid]++;           // 将 instest 计数加 1
  if (intID == 2){            // SGI_2 中断
     SGI2_handler();
  }
  // 其他 IRQ 中断处理程序: 与以前相同
  *(int *)(GIC_BASE + 0x110) = (cpuID<<10)|intID; // 发出 EOI
  intnest[cpuid]--;           // 将 intnest 计数减 1
}
int checkIRQnesting()// 如果 IRQ 嵌套结束且设置了 swflag, 则返回 1
{
   int cpuid = get_cpuid();
   if (intnest[cpuid] == 0 && swflag[cpuid])
      return 1;
   return 0;
}
/*** 具有嵌套中断和 SGI_2 的 irq_handler ****/
     .set GICreg, 0x1F00010C  // GIC intID 寄存器
     .set GICeoi, 0x1F000110  // GIC EOI   寄存器
irq_handler:
   sub    lr, lr, #4
   stmfd sp!, {r0-r12, lr}
   mrs    r0, spsr
   stmfd sp!, {r0}  // 推出 SPSR
// 读取 GICreg 以获取 intID
   ldr    r1, =GICreg
   ldr    r0, [r1]
// 直接处理 SGI intID = 0
   cmp    r0, #0            // 启动期间使用的 SGI 0
   bgt    nesting
   ldr    r1, =GICeoi
   str    r0, [r1]          // 发出 EOI
```

```
   b      return
nesting:                     // 到 SVC 模式
   msr    cpsr, #0x93        // SVC 模式，IRQ 关闭
   stmfd sp!, {r0-r3, lr}
   msr    cpsr, #0x13        // SVC 模式，中断已打开
   bl     irq_chandler       // irq_chandler 返回 1：任务切换
   msr    cpsr, #0x93        // SVC 模式，IRQ 关闭
   bl     checkIRQnesting    // 如果确定切换任务，则返回 1
   cmp    r0, #0
   bgt    doswitch
   ldmfd sp!, {r0-r3, lr}
   b      return
doswitch:
   stmfd sp!, {r0-r3, lr}
   bl     ttswitch           // 切换任务为 SVC 模式
   ldmfd sp!, {r0-r3, lr}
return:
   msr    cpsr, #0x92        // IRQ 模式，中断已关闭
   ldmfd sp!, {r0}
   msr    spsr, r0
   ldmfd sp!, {r0-r12, pc}^
/************   irq_handler 结束   *******************/
```

10.8.8 优先级继承

在 SMP_RTOS 内核中，自旋锁、互斥锁和信号量用于进程同步。自旋锁是非阻塞的，即它不会引起上下文切换，因此不需要优先级继承。互斥锁和信号量是阻塞的，这可能会导致任务切换，因此它们必须支持优先级继承。除了以下差异之外，SMP 中优先级继承的实现与 UP_RTOS 中的相似。当某个任务即将在互斥锁或信号量上被阻塞时，它可能必须提高互斥锁或信号量所有者的优先级，后者可能正在其他 CPU 上运行。如果互斥锁或信号量所有者与当前任务位于同一 CPU 上，则情况与 UP_RTOS 中的情况相同。否则，当前任务必须将 SGI 发送到互斥锁或信号量所有者的 CPU，从而使其调整任务优先级并在目标 CPU 上重新安排任务。该方案可以用如下步骤实现。当某个任务即将在互斥锁或信号量上被阻塞时：

（1）将 [pid, priority] 写入专用共享内存，其中 pid 是互斥锁 / 信号量所有者的 PID，而 priority 是新的优先级。

（2）向互斥锁 / 信号量所有者任务的 CPU 发出 SGI_3。

（3）目标 CPU 上的 SGI_3_handler：

- 从共享内存中获取 [pid, priority]；
- 提高目标任务的优先级并重新安排任务。

下面展示了 SMP_RTOS 中互斥锁优先级继承的实现。信号量优先级继承的实现方式相似。

```
volatile int PID[NCPU];  // SGI_3 处理程序的共享内存
int mutex_lock(MUTEX *s)
{
  PROC *p;
  int cpuid = get_cpuid();
  int SR = int_off();
```

```
  slock(&s->lock);    // 自旋锁
  if (s->state==UNLOCKED{   // 互斥锁处于解锁状态
     s->state = LOCKED;
     s->owner = running;
     sunlock(&s->lock);
     int_on(SR);
     return 1;
  }
  /******************* 互斥锁已锁定 ***********************/
  if (s->owner == running){ // 已被此任务锁定
      printf("mutex already locked by you!\n");
      sunlock(&s->lock);
      int_on(SR);
      return 1;
  }
  printf("TASK%d BLOCK ON MUTEX: ", running->pid);
  running->status = BLOCK;
  enqueue(&s->queue, running);
  // 将所有者优先级提高到正在运行的优先级
  if (running->priority > s->owner->priority){
     if (s->owner->cpuid == cpuid){ // 相同的 CPU
        s->owner->priority = running->priority; // 提高所有者优先级
     }
     else{ // 不是同一个 CPU
        PID[s->owner-cpuid] = s->owner->pid; // 所有者的 pid
        send_sgi(3, s->owner->cpuid, 0); // 发送 SGI 以重新调度任务
     }
  }
  sunlock(&s->lock);
  tswitch(); // 切换任务
  int_on(SR);
  return 1;
}
int mutex_unlock(MUTEX *s)
{
  PROC *p;
  int cpuid = get_cpuid();
  int SR = int_off();
  slock(&s->lock);          // 自旋锁
  if (s->state==UNLOCKED || s->owner != running){
     printf("%d mutex_unlock error\n", running->pid);
     sunlock(&s->lock);
     int_on(SR);
     return 0;
  }
  // 调用者是所有者，互斥锁已锁定
  if (s->queue == 0){        // 互斥锁没有等待者
     s->state = UNLOCKED;  // 清除锁定状态
     s->owner = 0;          // 清除所有者
     running->priority = running->rpriority;
  }
```

```
else{  // 互斥锁有等待者：取消阻塞一个等待者作为新所有者
   p = dequeue(&s->queue);
   p->status = READY;
   s->owner = p;
   slock(&readylock[p->cpuid]);
     enqueue(&readyQueue[p->cpuid], p);
   sunlock(&readylock[p->cpuid]);
   running->priority = running->realPriority; // 恢复优先级
   if (p->cpuid == cpuid){  // 同一CPU
      if (p->priority > running->priority){
         if (intnest==0)     // 不在IRQ处理程序中
            ttswitch();      // 现在抢占
         else{
            swflag[cpuid] = 1; // 将抢占推迟到IRQ结束
   }
   else // 调用者和p在不同的CPU上 => SGI到p的CPU
       send_sgi(2, p->cpuid, 0); // 发送SGI以重新调度任务
 }
 sunlock(&s->lock);
 int_on(SR);
 return 1;
}
```

10.8.9 SMP_RTOS系统的演示

SMP_RTOS系统集成了前面讨论的所有功能，用于为系统提供以下功能。

（1）用于任务管理的SMP内核。任务被分配给不同的CPU，以提高SMP中的并发性。

（2）通过优先级和时间片进行抢占式任务调度。

（3）支持嵌套中断。

（4）互斥锁和信号量操作中的优先级继承。

（5）通过共享内存和消息进行任务通信。

（6）通过SGI进行处理器间同步。

（7）用于将任务活动记录到SDC的日志记录任务。

我们通过示例程序C10.9演示了SMP_RTOS系统。为了简洁起见，我们仅展示系统的t.c文件。

```
/************  SMP_RTOS演示系统C10.9的t.c文件  ************/
#include "type.h"          // 系统类型和常量
#include "string.c"
struct semaphore s0, s1;  // 用于任务同步
int irq_stack[4][1024], abt_stack[4][1024], und_stack[4][1024];
#include "queue.c"         // 入队/出队功能
#include "pv.c"            // 具有优先级继承的信号量
#include "mutex.c"         // 具有优先级继承的互斥锁
#include "uart.c"          // UART驱动程序
#include "kbd.c"           // KBD驱动程序
#include "ptimer.c"        // 本地计时器驱动程序
#include "vid.c"           // LCD驱动程序
#include "exceptions.c"    // 异常处理程序
```

```
#include "kernel.c"       // 内核初始化和任务调度程序
#include "wait.c"         // kexit() 和 kwait() 函数
#include "fork.c"         // kfork() 函数
#include "sdc.c"          // SDC 驱动程序
#include "message.c"      // 消息传递

int copy_vectors(){ // 如前所述 }
int config_gic()  { // 如前所述 }
int config_int(int N, int targetCPU){// 如前所述 }
int irq_chandler(){ // 如前所述 }
int APstart()     { // 如前所述 }

int SGI_handler()   // sgi 处理程序
{
  int cpuid = get_cpuid();
  printf("%d on CPU%d got SGI-2: ", running->pid, cpuid);
  if (readyQueue[cpuid]){ // 如果 readyQueue 非空
     printf("set swflag\n");
     swflag[cpuid] = 1;
  }
  else{ // 空的 readyQueue
    printf("NO ACTION\n");
    swflag[cpuid] = 0;
  }
}
int klog(char *line){ send(line, 2) }
char *logmsg = "log information";
int task5()
{
  printf("task%d running: ", running->pid);
  klog("start");
  mutex_lock(mp);
     printf("task%d inside CR\n",  running->pid);
     klog("inside CR");
  mutex_unlock(mp);
  klog("terminate");
  kexit(0);
}
int task4()
{
  int cpuid = get_cpuid();
  while(1){
    printf("%d on CPU%d: ", running->pid, cpuid);
    kfork((int)task5, 5, 2);  // 在 CPU2 上创建任务 5
    kdelay(running->pid*10000);
    kexit(0);
  }
}
int task3()
{
```

```
  int cpuid = get_cpuid();
  while(1){
    printf("%d on CPU%d: ", running->pid, cpuid);
    klog(logmsg);
    mutex_lock(mp);  // 锁定互斥锁
      pid = kfork((int)task4, 4, 2); // 在CPU2上创建任务4
      kdelay(running->pid*10000);
    mutex_unlock(mp);
    pid = kwait(&status);
  }
}
int task2()  // 记录任务
{
   int r, blk;
   char line[1024];
   printf("log task %d start\n", running->pid);
   blk = 0;    // 开始写入SDC的块0
   while(1){
     printf("LOGtask%d: receiving\n", running->pid);
     r = recv(line);            // 接收日志行
     put_block(blk, line);      // 将日志写入SDC（1KB）块
     blk++;
     uprintf("%s", line);       // 将日志显示到UART0的一行
     printf("log: ");
   }
}
int task1()
{
  int status, pid, p3;
  int cpuid = get_cpuid();
  fs_init();
  kfork((int)task2, 2, 1);
  V(&s0); // 启动logtask
  kfork((int)task3, 3, 2);
  while(1)
     pid = kwait(&status);
}
int run_task(){ // 如前所述 }

int main()
{
   int cpuid = get_cpuid();
   enable_scu();
   fbuf_init();
   kprintf("Welcome to SMP_RTOS in ARM\n");
   sdc_init();
   kbd_init();
   uart_init();
   ptimer_init();
   ptimer_start();
```

```
    msg_init();
    config_gic();
    kprintf("CPU0 initialize kernel\n");
    kernel_init();
    mp = mutex_create();
    s0.lock = s1.lock  = s0.value = s1.value = 0;
    s0.queue = s1.queue = = 0;
    printf("CPU0 startup APs: ");
    int *APaddr = (int *)0x10000030;
    *APaddr = (int)apStart;
    send_sgi(0x0, 0x0F, 0x01);
    printf("CPU0 waits for APs ready\n");
    while(ncpu < 4);
    kfork((int)task1, 1, 0);
    run_task();
}
```

图 10.10 展示了运行 SMP_RTOS 系统的结果。图 10.10 的顶部显示了由日志记录任务生成的日志信息行。图 10.10 的底部显示了 SMP_RTOS 的启动屏幕。

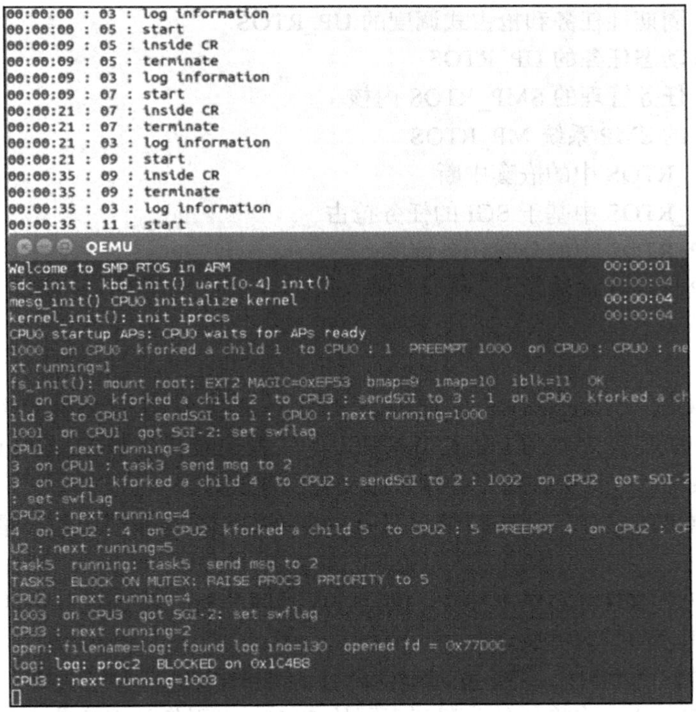

```
00:00:00 : 03 : log information
00:00:00 : 05 : start
00:00:09 : 05 : inside CR
00:00:09 : 05 : terminate
00:00:09 : 03 : log information
00:00:09 : 07 : start
00:00:21 : 07 : inside CR
00:00:21 : 07 : terminate
00:00:21 : 03 : log information
00:00:21 : 09 : start
00:00:35 : 09 : inside CR
00:00:35 : 09 : terminate
00:00:35 : 03 : log information
00:00:35 : 11 : start
QEMU
Welcome to SMP_RTOS in ARM                                    00:00:01
sdc_init : kbd_init() uart[0-4] init()                        00:00:04
mesg_init() CPU0 initialize kernel                            00:00:04
kernel_init(): init iprocs                                    00:00:04
CPU0 startup APs: CPU0 waits for APs ready
1000  on CPU0  kforked a child 1  to CPU0 : 1  PREEMPT 1000  on CPU0 : CPU0 : ne
xt running=1
fs_init(): mount root: EXT2 MAGIC=0xEF53  bmap=9  imap=10  iblk=11  OK
1  on CPU0  kforked a child 2  to CPU3 : sendSGI to 3 : 1  on CPU0  kforked a ch
ild 3  to CPU1 : sendSGI to 1 : CPU0 : next running=1000
1001  on CPU1  got SGI-2: set swflag
CPU1 : next running=3
3  on CPU1 : task3  send msg to 2
3  on CPU1  kforked a child 4  to CPU2 : sendSGI to 2 : 1002  on CPU2  got SGI-2
: set swflag
CPU2 : next running=4
4  on CPU2 : 4  on CPU2  kforked a child 5  to CPU2 : 5  PREEMPT 4  on CPU2 : CP
U2 : next running=5
task5  running: task5  send msg to 2
TASK5  BLOCK ON MUTEX: RAISE PROC3  PRIORITY to 5
CPU2 : next running=4
1003  on CPU3  got SGI-2: set swflag
CPU3 : next running=2
open: filename=log: found log ino=130  opened fd = 0x77D0C
log: log: proc2  BLOCKED on 0x1C4B8
CPU3 : next running=1003
```

图 10.10　SMP_RTOS 的演示

在 SMP_RTOS 系统的 main( ) 函数中，CPU0 上的初始进程创建一个任务 P1，其行为与 INIT 进程相同。P1 在 CPU1 上创建任务 2 作为记录任务，在 CPU2 上创建任务 3。然后，P1 执行循环以等待任何僵尸子任务。任务 3 首先锁定互斥锁。然后创建任务 4，任务 4 创建任务 5，这两个任务都在 CPU2 上，但是优先级不同。当任务 5 运行时，它将尝试获取相同的互斥锁，该互斥锁仍由任务 3 持有。在这种情况下，任务 5 将在互斥锁上被阻塞，但是它将任务3的有效优先级提高到5，这展示了优先级继承。此外，系统还展示了SGI的任务抢占和处理器间同步。所有任务都可以将日志信息作为消息发送给日志记录任务，日志记录任务直接调用SDC驱动程序以将日志信息写入SDC的（1KB）块。它还将日志信息写入UART端口以在行中显示。在“思考题”部分中，我们将日志记录方案的变体列为编程项目。

10.9 本章小结

本章介绍了嵌入式实时操作系统（RTOS）。首先介绍了实时系统的概念和要求，涵盖了RTOS中的各种任务调度算法（包括RMS、EDF和DMS），解释了由抢占式任务调度导致的优先级倒置问题，并说明了如何处理优先级倒置和任务抢占。本章包含了对几种流行的实时操作系统的案例研究，并提出了RTOS设计的一套一般准则。本章展示了单处理器（UP）系统的UP_RTOS的设计与实现。最后，将UP_RTOS扩展到SMP_RTOS，其支持嵌套中断、抢占式任务调度、优先级继承以及基于SGI的处理器间同步。

示例程序列表

C10.1：具有周期性任务和循环调度的UP_RTOS

C10.2：具有周期性任务和抢占式调度的UP_RTOS

C10.3：具有动态任务的UP_RTOS

C10.4：用于任务管理的SMP_RTOS内核

C10.5：本地的SMP系统MP_RTOS

C10.6：SMP_RTOS中的嵌套中断

C10.7：SMP_RTOS中基于SGI的任务抢占

C10.8：SMP_RTOS中的分时任务调度

C10.9：SMP_RTOS的演示

思考题

1. 在UP_RTOS和SMP_RTOS系统中，日志记录任务绕过文件系统将日志信息直接保存到SDC。修改程序C10.1和C10.8，以使日志记录任务将日志信息保存到SDC上（EXT2/3）文件系统的文件中。讨论使用日志文件的优缺点。

2. 在UP_RTOS内核中，优先级继承只有一个级别。在互斥锁或信号量的嵌套请求链中实现优先级继承。

3. 对于示例UP_RTOS系统C10.3，执行响应时间分析以确定任务是否会按时完成。验证任务是否可以凭经验按时完成。

4. 在MP_RTOS系统中，任务被绑定到单独的CPU以进行并行处理。设计一种支持任务迁移的方法，该方法允许将任务分配到不同的CPU，以平衡处理负载。

5. 在SMP_RTOS系统中，运行在不同CPU上的任务可能会相互干扰，因为它们都在同一地址空间中执行。将MMU与非均匀VA到PA映射配合使用，可以为每个CPU提供单独的VA空间。

6. 在SMP RTOS中，中断可以直接由ISR或伪任务处理。设计与实现采用这些中断处理方案的RTOS系统并比较其性能。

参考文献

Audsley, N.C: "Deadline Monotonic Scheduling", Department of Computer Science, University of York, 1990.

Audsley, N. C, Burns, A., Richardson, M. F., Tindell, K., Wellings, A. J.: "Applying new scheduling theory to static priority pre-emptive scheduling". Software Engineering Journal, 8(5):284–292, 1993.

Buttazzo, G. C.: Counter RMS claims Rate Monotonic vs. EDF: Judgment Day, Real-Time Systems, 29, 5–26, 2005.

Dietrich, S., Walker, D., "The evolution of Real-Time Linux", http://www.cse.nd.edu/courses/cse60463/www/amatta2.pdf, 2015.

DNX: DNX RTOS, http://www.dnx-rtos.org, 2015.

FreeRTOS: FreeRTOS, http://www.freertos.org, 2016.

Hagen, W. "Real-Time and Performance Improvements in the 2.6 Linux Kernel", Linux journal, 2005.

Josheph, M and Pandya, P., "Finding response times in a real-time system", *Comput. J.,* 1986, 29, (5). pp. 390-395.

Jones, M. B. (December 16, 1997). "What really happened on Mars?". Microsoft.com. 1997.

Labrosse, J.: Micro/OS-II, R&D Books, 1999.

Leung, J.Y T., Merrill, M. L : "A note on preemptive scheduling of periodic, real-time tasks. Information Processing Letters", 11(3):115–118, 1982.

Linux: "Intro to Real-Time Linux for Embedded Developers", https://www.linux.com/blog/intro-real-time-linux-embedded-developers.

Liu, C. L.; Layland, J. "Scheduling algorithms for multiprogramming in a hard real-time environment", Journal of the ACM 20 (1): 46–61, 1973.

Micrium: Micro/OS-III, https://www.micrium.com, 2016.

Nutt, G. NuttX, Real-Time Operating system, nuttx.org, 2016.

POSIX 1003.1b: https://en.wikipedia.org/wiki/POSIX, 2016.

QNX: QNX Neutrino RTOS, http://www.qnx.com/products/neutrino-rtos, 2015.

Reeves, G. E.: "What really happened on Mars? - Authoritative Account". Microsoft.com. 1997.

RTLinux: RTLinux, https://en.wikipedia.org/wiki/RTLinux.

Sha, L., Rajkumar,R., Lehoczky,J.P.: (September 1990). "Priority Inheritance Protocols: An Approach to Real-Time Synchronization", IEEE Transactions on Computers,Vol 39, pp1175–1185, 1990.

VxWorks: VxWorks: http://windriver.com, 2016.

Yodaiken, V.:"The RTLinux Manifesto", Proceedings of the 5th Linux Conference, 1999.

Wang, K. C.: "Design and Implementation of the MTX Operating System", Springer Publishing International AG, 2015.